摄于二〇〇五年

戴金星文集

天然气地质学——卷二

戴金星／著

科学出版社
北京

内 容 简 介

专著收录了戴金星院士从事天然气研究和勘探工作50多年来，在天然气地质研究方面公开发表的中文论文。内容包括煤成气含义、煤系生烃特征、煤成气资源评价、煤成气藏类型以及远景区预测、中国天然气地学理论进展、大中型气田形成主控因素、煤成气聚集域、无机成因气田及特征、非常规天然气及其勘探开发意义、世界典型煤成气田富集规律等，这些论述是戴金星院士从事天然气地质研究的结晶，为我国天然气工业的迅速发展做出了重要贡献。

本书可供从事石油天然气地球科学工作者、石油院校师生、油田现场生产部门的技术和管理人员阅读参考！

图书在版编目(CIP)数据

戴金星文集.2，天然气地质学/戴金星著.—北京：科学出版社，2015.11

ISBN 978-7-03-046303-6

Ⅰ.①戴…　Ⅱ.①戴…　Ⅲ.①戴金星-文集②石油天然气地质-文集
Ⅳ.①P5-53

中国版本图书馆CIP数据核字（2015）第267627号

责任编辑：韦　沁　焦　健／责任校对：赵桂芳
责任印制：肖　兴／封面设计：黄华斌

科学出版社 出版
北京东黄城根北街16号
邮政编码：100717
http://www.sciencep.com
北京利丰雅高长城印刷有限公司 印刷
科学出版社发行　各地新华书店经销
*
2015年11月第 一 版　开本：787×1092 1/16
2015年11月第一次印刷　印张：28 1/2
字数：664 000
定价：398.00元
（如有印装质量问题，我社负责调换）

前　言

《戴金星文集》在八旬耄耋之年筹备出版，初拟出六卷。今年交稿四卷，出版三卷，争取2016年出完六卷。今后若还有足量的论文发表，可望将出七卷或更多。

《戴金星文集》是至2015年底我与合作者共正式发表的289篇论文中，仅以我为第一作者或是执笔者的论文入选。前四卷均以油气论文，特别是天然气地质和地球化学的相关论文，一至三卷为中文，四卷为英文。

《戴金星文集》和23部专著，是我半个世纪科研工作的结晶。论文的主要研究方向是天然气地质和地球化学，核心是煤成气地质和地球化学，20世纪70年代末，"煤成作用中形成的天然气和石油"（1979），"我国煤系地层含气性的初步研究"（1980）的论文开启了中国煤成气理论，被认为是"中国开始系统研究煤成烃的标志"，是"第一次系统阐述了中国煤成气理论的核心要点，是中国煤成气理论研究的里程碑"，"一般作为中国天然气地质学的开端"。煤成气理论强调煤系是全天候的良好气源岩，煤系成烃以气为主，以油为辅，使中国勘探天然气指导理论从油型气"一元论"，发展为油型气和煤成气"二元论"，开辟了煤成气勘探新领域，从而推进了中国天然气工业发生重大进展，使中国从贫气国迈进产气大国之列。1978年煤成气理论产生之前，中国天然气探明地质储量仅为2246亿m^3，其中煤成气储量占9%；年产气量137.4亿m^3，国人均享有天然气储量235.8m^3，国人年均用国产气14.3m^3，中国是贫气国。从1979年以"二元论"指导天然气勘探至2014年底，中国天然气探明地质储量总计106430.7亿m^3，其中煤成气储量占71%；年产量为1345亿m^3，中国成为世界第六大产气国。国人均享有天然气地质储量7768.6m^3，国人年均用国产气98.2m^3。由此可见：从"一元论"转化为"二元论"指导天然气勘探，中国天然气工业主要指标发生了重大变化："二元论"比"一元论"时天然气探明地质储量中，煤成气比例提高了62%；国人均有天然气探明地质储量多了7532.8m^3，国人年均享有国产气多了83.9m^3。因此，煤成气是中国天然气工业近期大发展的主角。

鄂尔多斯盆地自1907年在中国大陆首先开始机械化油气勘探至20世纪80年代初，以"一元论"指导勘探，未将广泛分布的石炭-二叠系含煤地层作为气源岩，天然气勘探几乎无进展，盆地内只发现两个小气田（刘家庄和直罗），探明天然气地质储量仅为11.7亿m^3。1980年我指出该盆地"是煤成天然气聚集区，可能找到成群成带的煤成气田"，1983年我国第一批国家重大科技攻关项目"煤成气的开发研究"启动后，长期在鄂尔多斯盆地勘探油气的杨俊杰、裴锡古、王少昌和张文正等对该盆地煤成气生气量、资源量、生气强度、成藏和有利地区作了大量研究，促使盆地从仅勘探油方向在20世纪90年代以来转为油气兼探，从而使鄂尔多斯盆地天然气勘探开发迅速发展。至2014年底，发现天然气地质储量34764亿m^3，为"一元论"时2971倍；年产气425.8亿m^3，成为今天中国天然气最大储量、最大产量的盆地，储量和产量中90%以上为煤成气。

1983～1998年我4次参加国家天然气科技攻关项目并任项目长或副项目长，领导天然气研究、勘探评价和预测，取得丰硕研究成果，为推进我国天然气工业迅速发展添砖加瓦。由此，1987年“中国煤成气的开发研究”、1997年“大中型气田形成条件、分布规律和勘探技术研究”先后两次获国家科技进步一等奖，2010年“中国天然气成因及鉴别”获国家自然科学二等奖，以上三项奖我均为第一贡献者。2001年获何梁何利科学与技术进步奖。

《戴金星文集》以专业学科分卷，除卷一前几篇论文外，各卷论文均以发表年次先后排序。论文先后跨越近半个世纪，由于出版时间不同、杂志不同，参考文献仍保持原文格式，但所有图件力争改为彩图。有的论文中有少许排印错字，甚至个别丢段、图号错误，均作改正。

秦胜飞、胡国艺、米敬奎、杨春、倪云燕、陶小晚、黄士鹏、廖凤蓉、龚德瑜、于聪、房忱琛、刘丹、冯子齐、彭威龙、韩文学博士后、博士参与了文字和彩图校对，在此深表感谢。

我的夫人夏映荷，在文集编辑和出版中，在工作上积极支持和生活上无微不至的照顾，非常感谢。

中国石油勘探开发研究院赵文智院长在出版经费上予以大力支持，十分感谢。

著　者

2015年11月22日

目　　录

中国天然气资源及前景分析*

——兼论“西气东输”的储量保证

中国是世界上最早发现和利用天然气的国家之一，并在公元13世纪就开发了世界上第一个气田——自流井气田[1,2]。但是天然气现代化的研究、勘探和开发则比较滞后，仅近20年才整体启动。因此，中国天然气资源潜力大，储量发现率低，发展天然气工业的前景良好。

一、天然气储量现状及其特征

储量是发展天然气工业的基础。尽管中国现代化的天然气研究和勘探启动较晚，但是近20年来国家给予了高度的重视，连续4次开展天然气的重点科技攻关项目，在理论和人才上为天然气勘探准备条件，同时在近10年来又加强了天然气勘探。所以，近期中国天然气勘探持续出现大好形势，探明储量大幅度增长，为中国天然气工业的快速发展提供了储量的基础。

截止1999年年底，中国（未统计台湾省，下同）探明天然气（仅指气层气，下同）地质储量总计为20635亿m^3，其中煤成气为11174亿m^3，占54%；油型气为9461亿m^3，占46%。可采储量为13049亿m^3，历年累计采出2836亿m^3，剩余可采储量为10213亿m^3。如果把油田溶解气的可采储量3462亿m^3计算在内，中国1999年年底整个天然气可采储量为16511亿m^3。由于溶解气是随石油开采产出，从属于石油的储量，一般天然气储量不将其包括在内。

到1999年底，中国14个盆地共发现以烃类气为主的有机成因气田171个，同时还发现以二氧化碳为主的无机成因气田21个，故共有气田192个（图1）。在此值得指出的是二氧化碳含量达95%以上的气田也具有重要的经济价值，但过去被人们忽略了。松辽盆地万金塔二氧化碳气田、渤海湾盆地花沟二氧化碳气田、苏北盆地黄桥二氧化碳气田和三水盆地沙头圩二氧化碳气田已投入开发。

近20年来中国发现的天然气储量具有以下主要特征。

1. 天然气探明储量明显增加

从1981年至今的4个五年计划中，探明天然气储量连续翻番：“六五”期间探明天然气储量为1345亿m^3，“七五”探明天然气储量为3082亿m^3，比“六五”探明储量翻了一番多；“八五"探明天然气储量6970亿m^3，比“七五”又翻了一番多；“九五”前

---

* 原载于《石油与天然气地质》，2001，第22卷，第1期，作者还有夏新宇、卫延召。由于原文篇幅长，该刊出版时作了删节，现按原文出版。

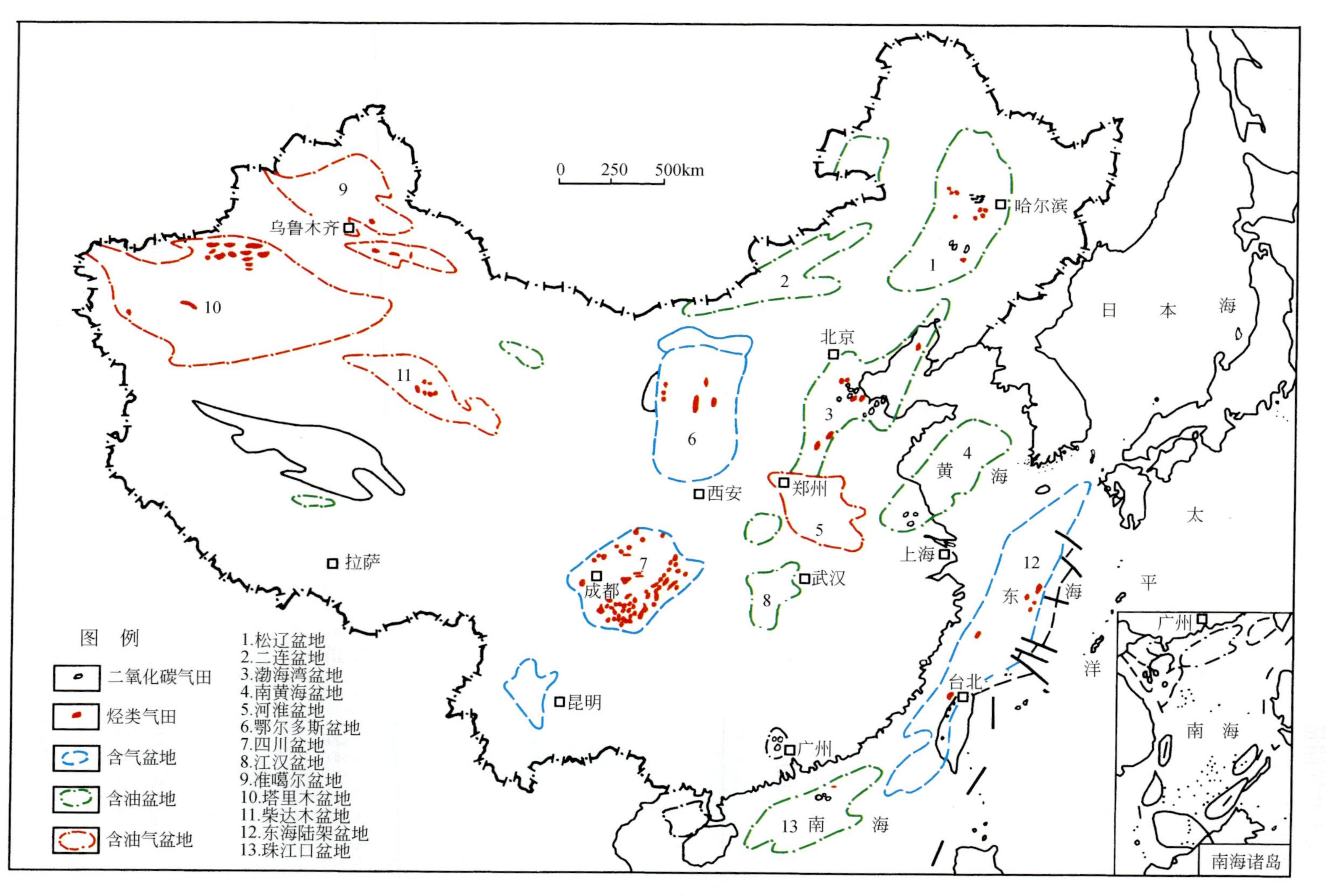

图1 中国天然气田的分布

四年探明天然气储量6621亿m^3（图2），预计2000年全国探明天然气储量为3500亿m^3（克拉2大气田已探明2506亿m^3），故“九五”新增天然气探明储量超过10000亿m^3，在“八五"探明天然气基数增大的情况下，也翻了将近一番。1999年累计探明储量是1980年的7.9倍，迅速增长的天然气储量为中国天然气工业快速发展提供了基础。

2. 煤成气探明储量的比例不断增长

世界上传统石油地质学认为油气是由地史上海洋和湖泊里的低等生物演变形成的，这样的气叫油型气。而20世纪40年代在德国、继之60年代和70年代在苏联、澳大利亚和中国，一些学者认为沼泽和滨海的高等植物形成的煤系是好的生气岩系[3~6]，形成的天然气叫做煤成气，煤成气可以运移出来聚集为气田。传统石油地质学者只用油型气观点来指导天然气勘探，没有看到煤系成气的巨大潜力和前景，使得天然气勘探区域比较局限；而煤成气的倡导者认为除了可以继续采用油型气理论来指导勘探天然气外，还强调煤系发育的盆地也是天然气勘探有利地区，扩大了天然气勘探区域和领域，从而使指导勘探的天然气成因理论从“一元论”（油型气成气理论）走向“二元论”（油型气成气论加煤成气成气论）。中国煤成气理论在1979年出现[4]，其后天然气勘探指导理论从“一元论”走向“二元论”，促进了中国天然气勘探大好形势的形成，促进了中国天然气工业的发展[7]。

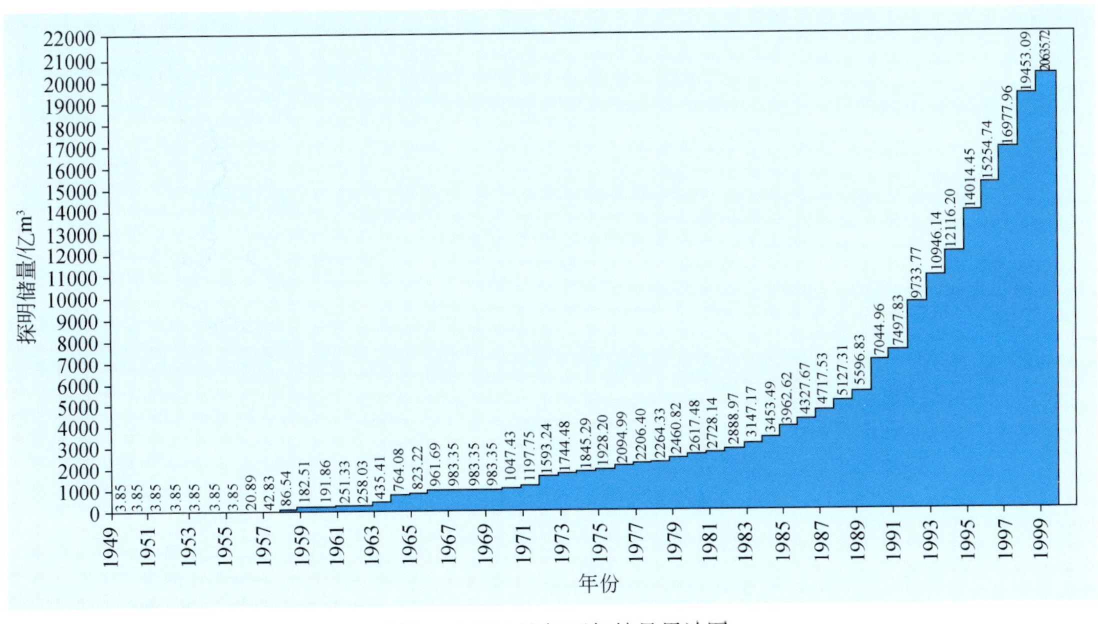

图2 中国天然气历年储量累计图

从1949至1978年中国仅用“一元论”进行天然气勘探，避开在煤系有利区中勘探，此30年间仅探明天然气储量2284亿m^3（图2），平均每年探明储量为76亿m^3；从1980到1999年的20年间，以“二元论”指导中国天然气勘探，共探明天然气18193亿m^3，平均每年探明储量为910亿m^3。“二元论”指导天然气勘探期间，年均探明储量是“一元论”指导期间的11倍。探明储量增长的同时，天然气累计探明储量中煤成气的比例也不断增长，二者呈正相关关系（图3）。例如，在“一元论”指导勘探的1978年，煤成气只

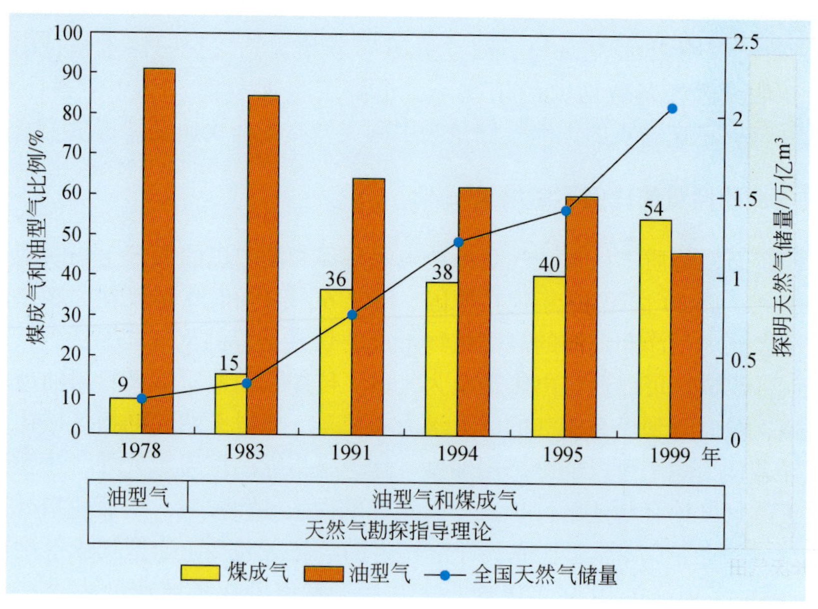

图3　中国各时期煤成气和油型气比例及储量关系图

占当年天然气探明储量的9%[7]，而在“二元论”指导天然气勘探的1991年、1995年和1999年，煤成气占当年天然气储量的比例分别为36%[8]、40%[9]和54%，这些数据表明煤成气储量在天然气中比例不断增长。苏联和俄罗斯正是以煤成气储量作为天然气储量的主要支柱，并发展了称雄于世的强大的天然气工业。在70年代末，苏联大约有65%的探明天然气资源与煤系有关[10]，目前俄罗斯全国天然气总储量约75%是煤成气。目前中国煤成气仅占54%，意味着还可探明更多的天然气储量。

3. 天然气储量集中于大中型气田

截止1999年底，中国共发现探明地质储量大于100亿m^3的大中型气田47个，这些大中型气田的天然气总储量为15171亿m^3，占全国天然气总储量的74%。因此，勘探与开发大中型气田是发展天然气工业的关键。特别值得指出的是，在储量大于500亿m^3的6个最大气田中，前4个气田均是煤成气田[11]，总储量为5000亿m^3，占全国天然气储量的近1/4（图4）。2000年新探明的克拉2气田也是煤成气田。由此可见，煤成大中型气田的储量在全国天然气储量中起着举足轻重的作用。

二、资源前景

1. 认识资源量更加深入

天然气资源量取决于以下三类参数：
① 气源岩的分布面积、厚度和有机质含量；
② 单位质量有机质能够转化成天然气的数量；
③ 天然气从离开气源岩到形成现今的天然气藏，其聚集程度，即聚集系数。

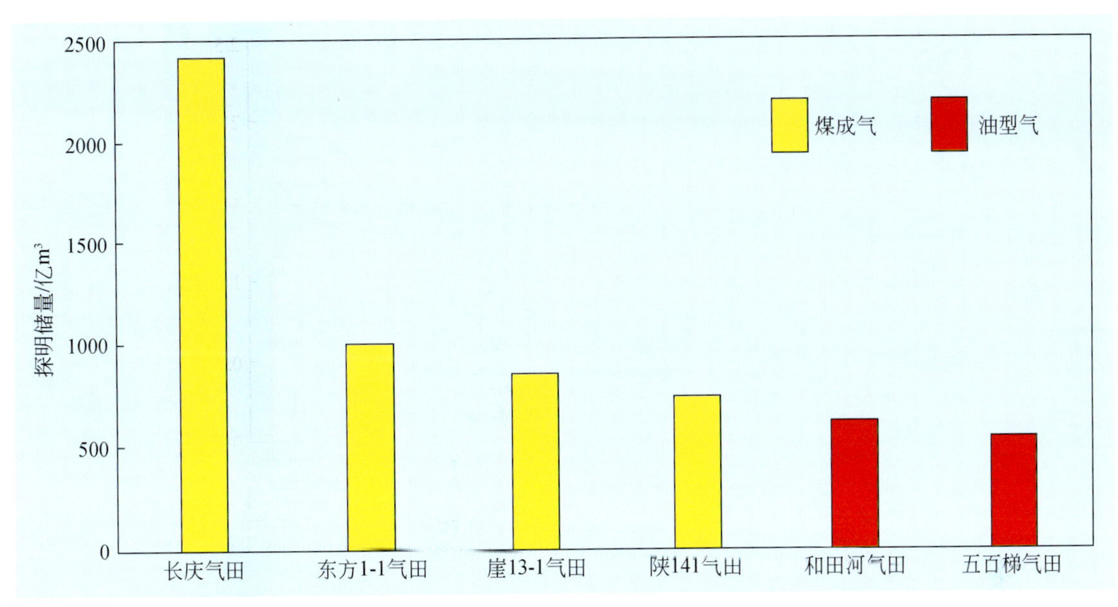

图4 中国储量在500亿m^3以上大气田的气类型图（1999年年底）

天然气资源量的多寡意味着发展天然气工业的“家底”是否雄厚，是制定天然气工业规划决策的重要依据。资源量是一个客观的数量，评价结果的准确与否，取决于人们对上述三类参数认识的准确程度。其中对上述①类参数的认识主要受勘探程度的影响，勘探程度越深，认识越接近实际；而②类和③类参数虽然也受勘探实践的影响，但更主要取决于理论上的认识。

中国天然气的资源评价工作始于“六五”国家重点科技攻关项目“煤成气的开发研究”，当时开始以“二元论”指导勘探，重点研究了煤成气的资源量，例如关士聪等、戴金星等以及原煤炭部等单位分别于1981～1986年先后9次对煤成气资源量进行了预测[12～14]。另外胡朝元等（1983）预测全国天然气资源量为15万亿～17万亿m^3[15]（表1）。这期间中国天然气资源评价和预测工作处于起步阶段，评价预测多属于个人性质，由于掌握资料有限，所得到的结果一般只是粗略的推断。

表1 中国历次天然气资源量评价数据

天然气资源量/万亿m^3				占全国沉积岩面积	资料来源
煤成气	陆相油型气	海相油型气	总量		
5.4					关士聪等，1981[12]
5.97～6.9					戴金星等，1981[13]
6～7					王开宇，1981[14]
13					原煤岩部地质局，1982
8～10			15～17		胡朝元，1983[15]
>19					原地质矿产部石油地质研究所
>16					戴金星，1984
11.3				11个主要含煤盆地104万km^2	原石油工业部石油勘探开发研究院
5.8				9个主要含煤盆地	原地质矿产部石油地质研究所

续表

天然气资源量/万亿 m^3				占全国沉积岩面积	资料来源
煤成气	陆相油型气	海相油型气	总量		
4. 8 ~6. 5				7 个大型含煤盆地 6 个含煤盆地群	田在艺、戚厚发，1986
10. 8	12. 33	10. 31	33. 54		原石油工业部、中国海洋石油总公司，1987
5（陆上）	4. 8 ~10 （伴生气）	11 ~20 （古生界）	25 ~41		原地质矿产部石油地质研究所，1987
13. 07	7. 76 （伴生气）	14. 54	38. 03	67%	原地质矿产部、原中国石油天然气总公司、中国科学院，1990
8. 8 （陆上）	21. 11 （陆上）		38. 04	51. 81%	原中国石油天然气总公司、中国海洋石油总公司，1994
>17. 26 （陆上）			50. 60	51. 81%	本文

20 世纪 80 年代以来，特别是进入 90 年代，中国天然气勘探逐渐进入高潮，不但在勘探实践上积累了大量基础资料，而且在理论上对天然气的形成、运移和聚集的认识也逐渐深入，因此对天然气资源量的认识越来越接近实际。80 年代后期开始，国内进行了 4 次有组织的、大规模的资源评价，准备工作充分、研究时间长，所取得的成果可信程度大大提高。其中，1987 年原石油工业部和中国海洋石油总公司组织进行了国内第一次大规模的油气资源评价（“一次资评”），当时计算的中国天然气资源量为 33. 54 万亿 m^3。1994 年原中国石油天然气总公司和中国海洋石油总公司进行的资源评价（“二次资评”），天然气资源量为 38. 04 万亿 m^3（表 2）。

第二次资源评价至今已逾 6 年，现在的认识同那时相比又有很大发展。一些主要盆地重新进行了油气资源评价，其结果与第二次资源评价的对比见表 2。

表 2　中国主要含油气盆地最新天然气资源量评价结果及其与第二次资源评价结果对比

盆地		盆地面积/万 km^2	资源量/万亿 m^3		增减/万亿 m^3	资料来源
			二次资评	最新研究		
松辽		25. 54	0. 8756	1. 7711	0. 8955	关德师等，2000①
渤海湾（陆上）		14. 45	2. 1181	3. 4219	1. 3038	牛嘉玉等，2000②
鄂尔多斯		37	4. 1797	8. 3894	4. 2097	刘新社等，1999③
四川		19	7. 3575	7. 3575	0	二次资评
准噶尔		13	1. 2289	2. 0927	0. 8638	新疆局内部资料
吐哈		5. 35	0. 3650	0. 4702	0. 1052	袁明生等，1999④
塔里木	台盆区	56	7. 9535	1. 8700	-5. 0056	庞雄奇等，2000⑤
	塔西南			1. 0779		王国林等，2000⑥
	库车		0. 4361	2. 3590	1. 9229	柳少波等，2000⑦

续表

盆地	盆地面积/万 km^2	资源量/万亿 m^3		增减/万亿 m^3	资料来源
		二次资评	最新研究		
柴达木	12.1	0.2937	2.8722	2.5785	庞雄奇等，2000⑧
渤海海域	5.55	0.2881	1.2200	0.9319	杨甲明，2000[16]
南黄海	6.3945	0.0798	0.0798	0	二次资评
东海	25	2.4803	2.4803	0	二次资评
北部湾	1.98	0.1476	0.1476	0	二次资评
琼东南	3.4	1.6253	3.5700	1.9446	杨甲明，2000[16]
珠江口	17.782	1.2987	1.2987	0	二次资评
莺歌海	7.3654	2.2390	5.0500	2.8110	杨甲明，2000[16]
其他		5.0728	5.0728	0	二次资评
全国		38.04	50.60	12.56	

注：①关德师、迟元林、王家春等，东北地区深层石油地质综合研究，石油勘探开发科学研究院，2000；②牛嘉玉、王玉满、崔文青等，渤海湾盆地深层油气资源评价，石油勘探开发科学研究院，2000；③刘新社、付金华、席胜利等，鄂尔多斯盆地上古生界盆地模拟及资源潜力研究，长庆油田公司，1999；④袁明生、张士焕、张代生等，吐哈盆地侏罗系综合评价及勘探目标选择，吐哈石油勘探开发研究院，2000；⑤庞雄奇、罗东坤，塔里木盆地满加尔凹陷及周缘油气资源、经济评价，石油大学，2000；⑥王国林、肖中尧，塔里木盆地西南拗陷区盆地分析及油气资源评价，塔里木油田公司，2000；⑦柳少波、董大忠、丁文龙等，库车拗陷油气资源经济评价及方法研究，石油勘探开发科学研究院，2000；⑧庞雄奇、周瑞年、金之钧等，柴达木盆地天然气资源评价与有利勘探区评价，石油大学，2000。

从表 2 可以看出，重新进行资源评价的主要含油气盆地，最新认识的资源量几乎都比二次资源评价结果有了不同幅度的增加，最显著的是鄂尔多斯盆地，资源量最新评价结果增加了 4 万亿 m^3 多；柴达木盆地、琼东南盆地和莺歌海盆地各增加了 2 万亿 m^3 左右；松辽盆地、渤海湾盆地（陆上）、准噶尔盆地和渤海海域也各增加了约 1 万亿 m^3（图 5）。重新评价结果减少了的只有塔里木盆地，评价结果减少的区域是“台盆区”碳酸盐岩分布区，而北部库车拗陷则有大幅度的增加。应当指出，无论是增加还是减少，最新评价的资源量更接近于实际的认识。以下几方面的认识导致了资源量评价结果的变化。

1）对含煤地层生烃特征的认识逐渐加深

第二次资源评价时一度认为煤系在成熟度较低时以形成石油为主，导致天然气资源量评价结果偏低。后来的研究表明，中国主要盆地的含煤地层不论在何种演化程度，均以生成天然气为主，只在个别情况下才能够形成油藏[17]。例如库车拗陷，第二次资源评价时认为天然气资源量只有 0.4361 万亿 m^3，还不及现在的探明和预测储量。而最新评价结果天然气资源量为 2.36 万亿 m^3，比二次资源评价结果增加了 4 倍有余。

2）对一些盆地气源岩分布面积的认识更加准确

例如随着勘探程度的深入，柴达木盆地新发现了分布面积为 2000km^2、厚度为 600m 的优质气源岩；第三系和第四系烃源岩的面积也有所扩大，因此，天然气资源量评价结果大幅度增加。

3）对一些地区烃源岩厚度的认识更加准确

例如松辽盆地，最新研究发现下白垩统登娄库组也具有生烃能力，并且认识到原来评

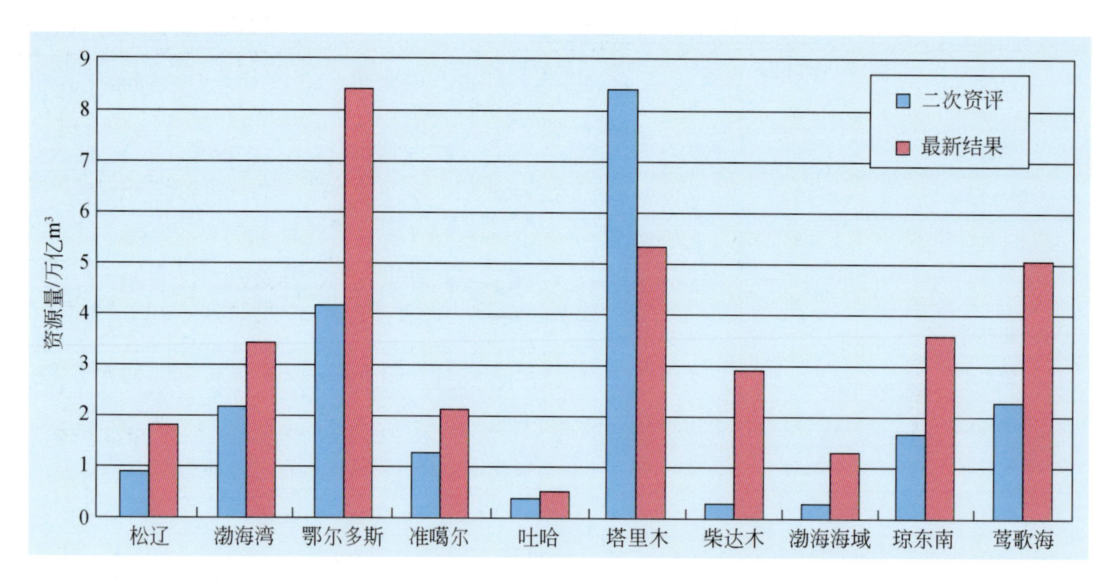

图5 中国主要含气盆地最新资源评价与二次资源评价结果对比

价的一些烃源岩层系在拗陷中部厚度很大，因此资源量的最新评价结果比二次资源评价明显地加。

4）聚集系数更加合理

一个盆地天然气的聚集系数一般通过与地质背景相似、勘探程度较高的盆地对比而来，其结果难免不够精确。鄂尔多斯盆地是中国构造最稳定的盆地，但在二次资源评价时聚集系数不到1%。而近几年的研究结果表明，该盆地的上古生界含气层位具有大面积普遍含气的特点，盆地中部聚集系数可以取到2.0%～2.7%。

上述最新的评价结果均为这几年的勘探进展所证实。例如，鄂尔多斯盆地1988～1995年的天然气勘探集中于下古生界碳酸盐岩，但实际上，下古生界的天然气也主要是上古生界煤系形成的[18]，因此上古生界砂岩中天然气的资源量更为可观。2000年苏6井上古生界一个气层的无阻流量达到日产120万m^3，可以和下古生界碳酸盐岩产层的高产井相媲美。又如，库车拗陷今年克拉2大气田储量达到2506亿m^3，完全证实了库车拗陷是一个富含天然气的地区。

相比之下，塔里木盆地和鄂尔多斯盆地下古生界碳酸盐岩层系的天然气资源量评价结果有明显地减少。

总之，根据目前的认识，中国常规天然气的资源量是50万亿m^3以上（表2）。

国外进行资源评价时一般采用“可采”资源量这一名词。为了和世界油气资源量及储量研究接轨，中国石油天然气集团公司、中国海洋石油总公司、地质矿产部和中国能源研究会的有关专家于1996年研究提出中国常规天然气最终可采资源量为10万亿m^3。其基数是二次资源评价的38万亿m^3，二者比例为26.3%。考虑到本文研究得到的50.6万亿m^3资源量，按照上述比例，中国常规天然气可采资源量可以达到13.3万亿m^3（表3）。

表3 世界主要产油气国家和地区天然气可采资源量和探明程度

国家	可采资源量/万亿 m^3	累计探明可采含量/万亿 m^3	1999年产量/亿 m^3	沉积岩面积/万 m^3	可采资源量/沉积岩面积/万（m^3/km^2）	探明可采含量/沉积岩面积/万（m^3/km^2）	探明可采含量/可采资源量
独联体	107.24	76.56	0.6996	1400	766.0	546.8	71.4%
美国	40.43	32.43	0.5602	803	503.5	403.9	80.2%
伊朗	35.37	23.70	0.0312	100	3537.0	2369.7	67.0%
加拿大	13.75	5.58	0.1912	538	255.6	103.8	40.6%
沙特阿拉伯	13.673	6.34	0.0317	150	875.3	422.4	48.3%
中国	13.32	1.30	0.0243	660	211.6	19.8	9.8%

2. 资源探明率低

1999年年底中国共探明天然气可采储量1.30万亿 m^3，仅占可采资源量13.3万亿 m^3 的9.8%，资源探明率极低（表3）。相比之下，可采资源量的探明率如果能够达到独联体、美国和加拿大的程度，则可采储量将分别达到9.7万亿 m^3、11.2万亿 m^3 和5.7万亿 m^3。若根据沉积岩分布面积来计算，除中国之外表3中的几个国家和地区中探明可采储量与沉积岩面积比值最低的是加拿大，仍达到103.8万 km^3/km^2。其沉积岩面积是538万 km^2；如果达到加拿大的探明程度，则中国天然气探明可采储量可以达到5.58万亿 m^3，探明率达到41.9%。同上述国家和地区的发展程度相比，中国还有超过目前探明储量3.3~7.6倍的可采储量未被探明。需要强调的是，中国天然气资源目前探明率低，并非由于资源量预测过高，而是由于天然气的大规模勘探和研究起步较晚以及地质条件相对复杂。

3. 资源前景好、生产潜力大

中国1999年天然气产量为243亿 m^3，与俄罗斯、美国、加拿大等天然气生产大国相比，产量还很低。之所以如此，一方面是前些年天然气的可采储量还比较低，另一方面是下游利用有限。但是近几年中国天然气可采储量已经有了可观的增长，目前的产量完全可以大幅度提高。不仅如此，上述分析的中国天然气资源前景说明中国完全可以发展为天然气生产大国。

目前世界上有7个国家和地区的天然气年产量超过500亿 m^3，其中4个超过1000亿 m^3。除了大量打井的美国和集中开发大气田的英国，其他国家和地区的情况说明，一个国家天然气的可采储量超过1.5万亿 m^3 就可以保证年产天然气500亿 m^3，而可采储量超过2.7万亿 m^3 就可以保证年产天然气1000亿 m^3（表4）。中国1999年天然气剩余可采储量为1.0213万亿 m^3，已经与年产500亿 m^3 的储量保证相接近；而如果探明率达到上文分析的加拿大的程度（探明可采储量达到2.7万亿 m^3 以上），则年产量1000亿 m^3 可以确保无虞。这一方面说明中国年产500亿 m^3 天然气在近期完全有储量保证，另一方面也说明成为年产1000亿 m^3 的天然气生产大国也完全有资源保证，当然前提是需要进行艰苦细致的研究和勘探工作。戴金星曾预测2005年中国天然气产量可达500亿 m^3，2015年可达1000亿 m^3[19]，从而成为天然气大国。

表4 世界上年产500亿 m^3 ~1000亿 m^3 天然气的国家储量对比表

国家	年产500亿 m^3 左右			年产1000亿 m^3 左右			年产量由500亿 m^3 升至1000亿 m^3 所花时间
	年份	年产量/亿 m^3	气储量/万亿 m^3	年份	年产量/亿 m^3	气储量/万亿 m^3	
美国	1929	541	0.6500	1942	1040	3.1200	13
独联体	1960	452.8①	1.8548	1964	1086	2.7860	4
加拿大	1970	567	1.5114	1987	983②	2.7734	17
荷兰	1972	580	2.2087				
英国	1990	481①	0.5596	1999	1045	0.7546	9
印度尼西亚	1992	483①	1.8222				
阿尔及利亚	1989	656	3.2262				

注：①翌年产气量超过500亿 m^3；②翌年产气量超过1000亿 m^3。

三、“西气东输”的储量保证

“西气东输”是西部大开发过程中一项宏伟的工程，要把地域辽阔、人烟稀少的以塔里木盆地为主的各个盆地丰富的天然气开发出来，需投资1000余亿元，通过4000多公里长输气管线输送到工农业发达、人口稠密、能源缺乏的长江三角洲地区。这对于发展中国西部经济和加速长江三角洲地区的社会经济发展、改善生态环境具有重要意义。

天然气储量是“西气东输”工程的基础。从这个意义上讲，库车拗陷大气田的发现恰逢其时。2000年5月，塔里木盆地库车拗陷探明了地质储量达2506.1亿 m^3（可采储量达1879.60亿 m^3）的克拉2大气田（表5），这是中国储量最大、丰度最高的气藏。如果没有这个气藏，“西气东输”工程就难于现在启动。

表5 西北四大盆地各级储量明细表

盆地	气田	探明地质储量/亿 m^3		可采储量/亿 m^3		剩余可采储量/亿 m^3	
		煤成气	油型气	煤成气	油型气	煤成气	油型气
塔里木	克拉2	2506.10		1879.60		1879.60	
	英买7	295.74		181.17		181.17	
	牙哈	357.78		250.45		250.45	
	羊塔克	249.07		149.44		149.44	
	吉拉克		127.05		81.80		81.80
	雅克拉		196.28		117.77		103.24
	和田河		616.94		445.73		445.73
	柯克亚	292.89		175.73		117.04	
	其他	98.77	200.73	57.98	129.95	57.98	129.13
	全盆地	3800.35	1141.00	2694.37	775.25	2635.68	759.90
		4941.35		3469.62		3395.58	

续表

盆地	气田	探明地质储量/亿 m^3		可采储量/亿 m^3		剩余可采储量/亿 m^3	
		煤成气	油型气	煤成气	油型气	煤成气	油型气
吐哈	丘东	112.96		79.07		78.08	
	其他	163.98		104.94		104.58	
	全盆地	276.94		184.01		182.66	
准噶尔	呼图壁	126.12		107.20		105.36	
	克拉玛依		165.79		130.33		117.04
	其他	4.88	279.13	3.90	176.67	0.21	173.16
	全盆地	131.00	444.92	111.10	307.00	105.57	290.20
		575.92		418.10		395.77	
柴达木	涩北一号	492.22		253.74		251.42	
	涩北二号	422.89		232.59		232.47	
	台南	425.30		240.44		240.39	
	南八仙	124.39		69.22		69.22	
	其他	2.99	4.41	1.79	2.37	1.79	2.37
	全盆地	1467.79	4.41	797.78	2.37	791.29	2.37
		1472.20		800.15		793.66	
西北四大盆地		7266.41		4871.88		4767.67	

尽管“西气东输”长输气管线也经过鄂尔多斯盆地，但是作为该工程稳产年限设计的储量保证，只考虑西北四大盆地（塔里木、准噶尔、柴达木和吐哈）的天然气储量，并且主要以塔里木盆地的储量为基础。这四大盆地油气的大规模勘探虽然已有 40 ~ 50 年的历史，但长期以来均以找油为主，有的放矢地勘探天然气只不过是近 10 年来的事。因此，西北四大盆地天然气的勘探还处在初期阶段，所以单位面积沉积岩中天然气的探明储量以及资源探明率均很低（表 6），天然气的勘探潜力还很大。由于勘探起步较晚，目前探明天然气量还不大，四大盆地总计探明天然气地质储量 7266 亿 m^3（可采储量 4872 亿 m^3），剩余可采储量 4768 亿 m^3（表 5）。

表 6　西北四大盆地天然气资源的沉积岩单位面积探明率

盆地	可采资源量/万亿 m^3	沉积岩面积/万 km^2	可采储量/亿 m^3	资源探明率/%	可采储量/沉积岩面积/万(m^3/km^2)
塔里木	1.3951	56	3469.62	24.87	61.96
准噶尔	0.5501	13	418.10	7.60	32.16
吐哈	0.1236	5.35	184.01	14.89	34.39
柴达木	0.7550	12.1	800.15	10.60	66.13
西北四大盆地	2.8238	86.45	4871.88	17.25	56.35

“西气东输”工程是一项耗资巨大的工程，大家对年产120亿m^3的储量保证和稳产年限非常关心、讨论热烈，这是很自然的。一种意见是，必须有稳产30年的储量保证方能启动；另一种意见是，有20年稳产储量保证、在开发过程同时有探明储量补充可保证动态稳产30年就可以启动，所以现在可以启动“西气东输”工程。我们主张后一意见，毕竟这样可以争取时间，加速西部大开发。为此，我们详细地研究了世界上曾年产120亿m^3的24个国家剩余可采睹量的储采比（表7）。这些国家在接近、达到或超过年产120亿m^3时，储采比从14（意大利）至515（卡塔尔）。当然储采比越大保证稳产年产时间越长。到底多少储采比能最低限度保证稳产30年呢？在此，我们着重研究了储采比小于30的6个国家（美国除外，因为该国最早有年产记录在1918年产量就达到201亿m^3，其年产120亿m^3左右时的储采比不详），即罗马尼亚、墨西哥、意大利、德国、挪威和泰国。从储采比来看，这些国家达到年产120亿m^3时都没有稳产年产30年的储量保证。但是这些国家年产达120亿m^3左右之后，年产不但一直未下降，反而都有不同程度的上升，其中罗马尼亚、墨西哥、德国和意大利至今分别稳产了38年、30年、30年和31年（图6）。世界天然气开发史证明，年产120亿m^3左右时储采比在14至27的国家都能保证稳产年产30年甚至更长，当然这要求边开发、边勘探，增加天然气储量。值得注意的是，意大利和罗马尼亚当时储采比只有14至17，但它们持续开发了31～38年，其间任何一年产量也没有下降到120亿m^3以下，其中罗马尼亚1962年之后几乎每年产量均在200亿m^3以上，最高时达到386亿m^3（1976年），当时储采比仅为8；而意大利1969年达到120亿m^3，其后的31年中，年产几乎都在200亿m^3以上，1990年年产还达209亿m^3。

表7　世界上一些年产始达约120亿m^3国家天然气的储采比

序号	国家	年产120亿m^3（±）	年代	剩余储量/亿m^3	储采比
1	美国	201	1918	4240	21
2	苏联	120.7	1956	5880	49
3	加拿大	118	1959	6840	58
4	罗马尼亚	129	1962	1360（1961） 2350（1963）	12 17
5	荷兰	140.9	1968	23719	169
6	英国	109	1970	9345	86
7	伊朗	115	1970	31149	271
8	意大利	120	1969	1640	14
9	墨西哥	126	1970	3227	26
10	德国（西德）	131	1970	3588	27
11	委内瑞拉	120	1978	11932	99
12	挪威	155	1978	3836	25
13	印度尼西亚	110	1979	8495	77

续表

序号	国家	年产 120 亿 m^3（±）	年代	剩余储量/亿 m^3	储采比
14	巴基斯坦	168	1980	6081	36
15	阿尔及利亚	144.8	1980	27983	193
16	沙特阿拉伯	123	1991	33082	269
17	阿根廷	109.4	1982	7056	64
18	澳大利亚	120	1983	5004	42
19	阿联酋	102.4	1986	29602	289
20	马来西亚	130	1987	14773	114
21	印度	123.9	1990	7093	57
22	埃及	132.4	1996	5760.8	44
23	卡塔尔	137.5	1996	70793	515
24	泰国	119	1996	2016	17

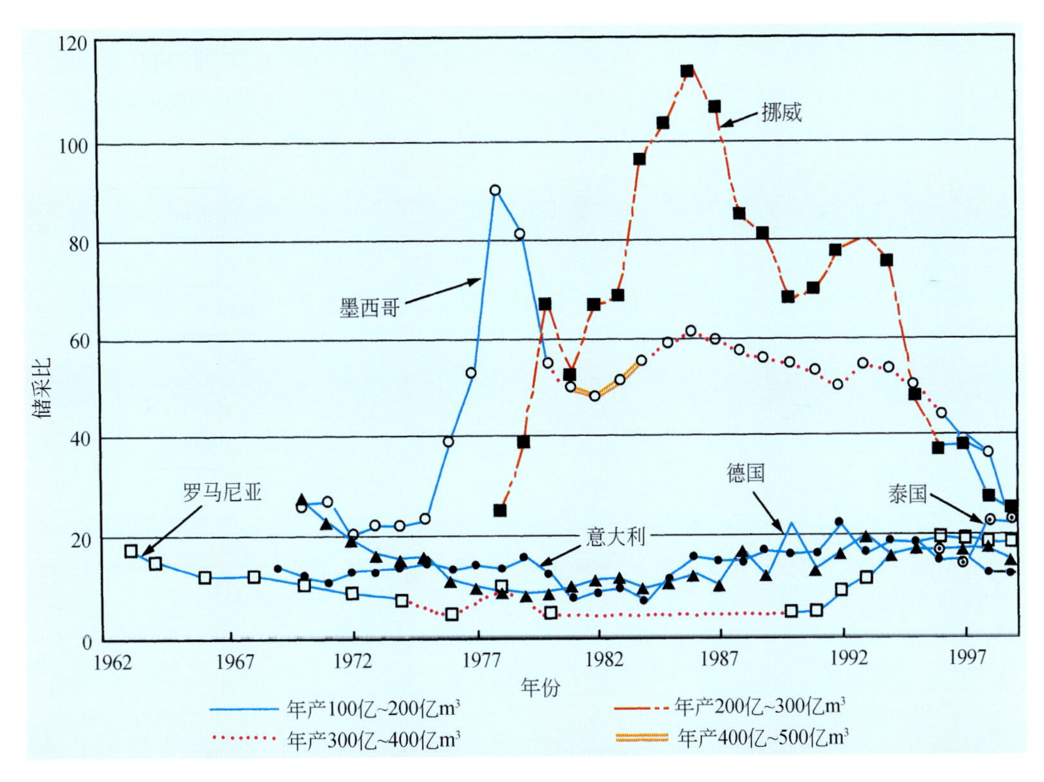

图 6　一些国家天然气储采比的变化

所列的国家初始年产 120 亿 m^3 时储采比小于 30，而至今仍稳产 120 亿 m^3/a，或者 120 亿 m^3/a 以上的时间达 30 年

目前，塔里木盆地剩余可采储量为3397.17亿m^3（表5），以年产120亿m^3计算，储采比为28，比罗马尼亚1962年产129亿m^3、意大利1969年产120亿m^3、墨西哥1970年产126亿m^3和德国1970年产131亿m^3时的剩余可采储量和储采比（表7）都大。因此，以塔里木盆地天然气储量为基础的“西气东输”工程现在完全有启动建设的储量保证，否则会拖延西部开发的速度。

沉积岩的面积是决定天然气远景和储量的最重要因素之一。意大利沉积岩面积为14万km^2、罗马尼亚为18万km^2、德国为29万km^2，均小于塔里木盆地（56万km^2），这些国家能保证120万km^2或更高的产量年产30年以上，塔里木盆地与之相比具有更好的条件。因此，无论根据现有的储采比、还是资源前景，都应该毫不犹豫地启动“西气东输”工程。

四、结论

（1）目前中国探明天然气储量20635亿m^3、可采储量13049亿m^3、剩余可采储量10213亿m^3。

（2）中国天然气资源量为50.6万亿m^3，可采资源量为13.32万亿m^3。

（3）预计中国2005年和2015年可以年产天然气500亿m^3和1000亿m^3。

（4）罗马尼亚、意大利、墨西哥和德国在年产120亿m^3左右储采比为14~27，之后稳产120亿m^3以上30年至38年。目前塔里木盆地剩余可采储量为3397亿m^3，按年产120亿m^3计算，储采比为28，故完全可以启动“西气东输”工程，有动态的稳产30年的储量保证。

参考文献

[1] 戴金星．我国古代发现石油和天然气的地理分布．石油与天然气地质，1981，2(3)：292~299
[2] Meyerhoff A A. Developments in Mainland China. Bull AAPG，1970，54(8)：1949~1969
[3] 史训知，戴金星，王则民等．联邦德国煤成气的甲烷碳同位素研究和对我们的启示．天然气工业，1985，5(2)：1~9
[4] 戴金星．成煤作用中形成的天然气和石油．石油勘探与开发，1979，(3)：1~8
[5] Багринцева К И и др. Роль угленых толщ в процессах генерации природного газа. Геология Нефти и Газа，1968，(6)：7~11
[6] Brooks J D，Smith J W. The diagenesis of plant lipids during the formation of coal，petroleum and natural gasI. Change in n-paraffin hydrocarbons. Geochimica Cosmochimi，Acta，1967，31：2389~2397
[7] 王涛．中国天然气地质理论基础与实践．北京：石油工业出版社，1997.1~8
[8] 戴金星．我国煤成气资源勘探开发和研究的重大意义．天然气工业，1993，13（2）
[9] 傅诚德．天然气科学研究促进了中国天然气工业的起飞．见：戴金星等主编．天然气地质研究新进展．北京：石油工业出版社，1997.1~11
[10] Жабрев И П и др. Генезис газа и прогноз газаоносности. Геология Негти и Газа，1974，(9)：1~8
[11] 戴金星，钟宁宁，刘德汉等．中国煤成大中型气田地质基础和主控因素．北京：石油工业出版社，2000.206~210
[12] 关士聪，阎秀刚，芮振雄等．对我国石油天然气远景资源的分析．石油与天然气地质，1981，2(1)：47~56
[13] 戴金星，戚厚发．关于煤系地层生成天然气量的计算．天然气工业，1981，(3)：49~54

[14] 王开宇. 烟花季节下扬州，专家聚议“煤成气”. 地质论评，1981，27（6）：549
[15] 胡朝元. 对我国天然气类型及资源潜力的初步分析. 石油勘探与开发，1983，（2）：8 ~ 12
[16] 杨甲明. 中国近海天然气资源. 中国海上油气（地质），2000，14（5）：300 ~ 305
[17] 戴金星. 中国煤成气研究二十年的重大进展. 石油勘探与开发，1999，26（3）：1 ~ 10
[18] 夏新宇. 碳酸盐岩生烃与长庆气田气源. 北京：石油工业出版社，2000. 110 ~ 122
[19] 戴金星. 我国天然气资源及其前景. 天然气工业，1999，19（1）：3 ~ 6

为我国2005年产500亿立方米天然气而努力*

2000年我国产气277亿m^3，仅占一次能源结构的2.2%，与世界的约24%相比极不合理，是导致我国环境污染严重的重要原因之一，也造成了目前大量进口石油。因此，增产天然气以气补油十分重要，这不仅是需要，也存在地质条件：一是我国天然气探明率低，最新研究表明，我国相当于国际接轨的天然气可采资源量为13.3万亿m^3，现在探明率仅为13.5%。而世界上3个产气大国（美、俄、加）探明率为80.2%~40.6%，按此比率计算，我国今后至少还可探明可采储量4万亿m^3；二是2000年年底我国天然气剩余可采储量为14800亿m^3，与世界迄今年产500亿m^3的七国（美、俄、加、荷等）当时剩余可采储量一般在15114亿m^3的相近。“九五”期间平均年探明天然气可采储量1618亿m^3，以此指标至2005年我国产500亿m^3天然气的可采储量有充足的保证。有充足的可采储量不等于就可年产500亿m^3天然气，必须要有下游合理配合才能实现。

近20年来，我国天然气年增长3亿~10亿m^3，偶尔年增长达30亿m^3。2005年要达到年产500亿m^3，需平均年持续增长45亿m^3。增产幅度大，有难度。为实现2005年产500亿m^3天然气，要采取以下措施：第一，加强有发现大气田可能的塔里木、鄂尔多斯、准噶尔、柴达木、四川、莺琼和东海盆地的勘探，国家应在经费上予以支持；第二，加强长输管线建设，同时建设适量储气库；第三，规划用气大城市在长输管线进城前基本建好城市的二、三级输气管线；第四，从税收政策上鼓励电厂、化肥厂、汽车和居民用气；第五，城市气销售公司低利销气，提高产气部门气值份额，支持勘探更多的天然气。

---

* 原载于《中国石油》，2001，第4期。

中国天然气勘探开发的若干问题*

天然气是一种高效清洁的能源，大力发展天然气工业对于发展经济和保护环境均具有重要意义。无论是国内还是国外，天然气的勘探程度均远低于石油，在原油资源日渐短缺的今天，天然气的作用越来越大。

一、勘探更多与煤系有关的天然气

中国近年来天然气勘探形势大好，并且越来越好（图1），这大好形势与发现越来越多的煤成气密切相关，从图1和图2的对比可以一目了然。煤成气资源的大量发现，与煤成气理论的发展是密不可分的。传统石油地质学认为天然气主要是由地史上海洋和湖泊里的低等生物演变形成的（即油型气），认为高等植物形成的煤系不能生成商业性气田，故不把煤系和含煤盆地作为天然气的勘探领域，采用“一元论（油型气理论）”来指导天然气勘探。煤成气理论认为煤系是好气源岩，因而开辟了煤成气勘探新领域，并主张用煤成气理论和油型气理论即“二元论”来指导天然气勘探。

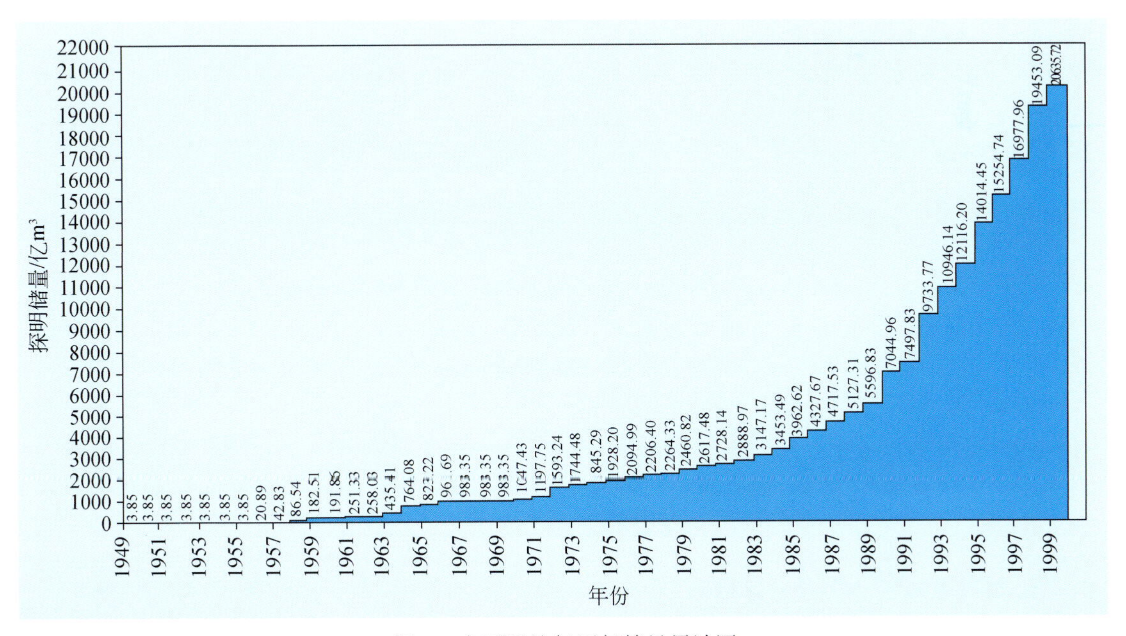

图1　中国天然气历年储量累计图

---

* 详细摘要原载于《中国石油天然气股份有限公司2000年勘探技术座谈会报告集》，石油工业出版社，2001，186～192，作者还有夏新宇、秦胜飞和陶士振。这里发表的全文。

从1949年至1978年中国仅用“一元论”进行指导天然气勘探，避开在煤系有利区中寻找天然气，在此30年期间探明天然气储量仅有2284亿m^3（图1），平均每年探明储量为76亿m^3。从1980年到1999年的20年间，以“二元论”指导中国天然气勘探，共探明天然气18193亿m^3，平均每年探明储量为910亿m^3。“二元论”指导天然气勘探期间，年均探明储量是“一元论”指导期间的11倍。探明储量增长的同时，天然气累计探明储量中煤成气的比例也不断增长，二者呈正相关关系（图2）。例如，在“一元论”指导勘探的1978年，煤成气只占当年天然气探明储量的9%[1]，而在“二元论”指导天然气勘探期间，1991年、1995年和1999年，煤成气占当年天然气储量的比例分别为36%[2]、40%[3]和54%，这些数据表明煤成气储量在天然气中比例不断增长。前苏联和俄罗斯正是以煤成气储量作为天然气储量的主要支柱，并发展了称雄于世的强大的天然气工业：在70年代中期，苏联大约有65%的探明天然气资源与煤系有关[4]，俄罗斯目前全国天然气总储量约75%是煤成气。中国目前煤成气仅占54%，意味着还可探明更多的煤成气储量。

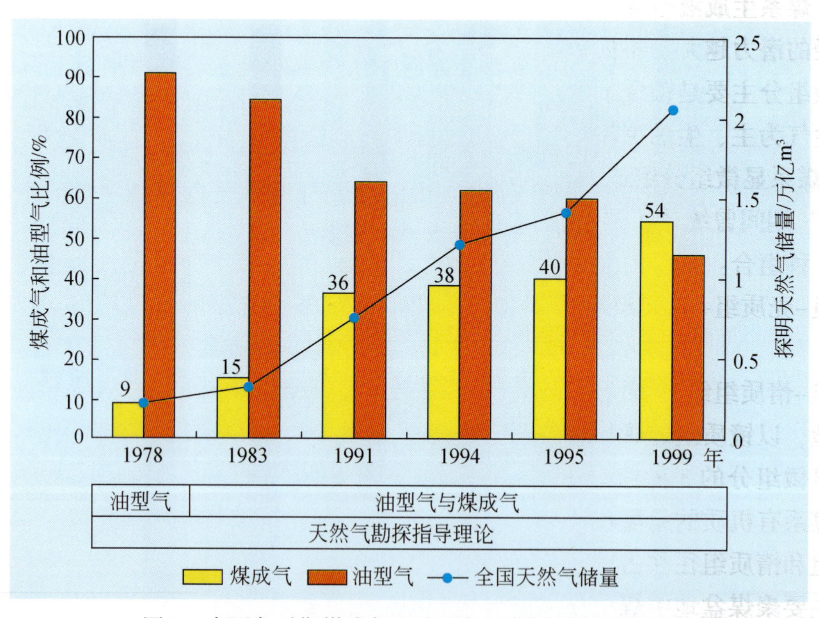

图2 中国各时期煤成气和油型气比例及储量关系图

国际学术界认为煤系成烃以气为主、以油为辅，但是国内仍有部分人主张在煤系寻找煤成油潜力很大。这一问题涉及到勘探方向的确定，故有必要讨论一下煤系为什么以成气为主、出现煤成油藏的条件是什么，这对于有的放矢地寻找更多与煤系有关的天然气显得十分重要。

1. 煤系以成气为主是普遍规律

1）煤系有机质的化学特征决定煤系以成气为主

从煤系有机质的化学特征来看，煤系以成气为主的内在原因是由于煤系有机质主要是腐殖型的。腐殖型有机质原始物质来源于木本植物，其组成中，以生气为主的低H/C的纤维素和木质素占60%～80%；以生油为主的高H/C的蛋白质和类脂类含量一般不超过

5%[5]。另外，从化学结构上看，腐殖型干酪根含有大量甲基和缩合芳环，只含有少许侧链，故以产甲烷为主，同时也形成一定量的轻烃；而腐泥型干酪根则含有很多长链，有利于液态烃生成[6]。所以，煤系有机质的元素组成及化学结构决定了煤系以成气为主。

2）模拟实验表明，煤系烃源岩以生气为主

模拟实验的结果表明，煤系成气还是成油的控制因素主要取决于煤的富氢程度（H/C原子比）、壳质组和腐泥类显微有机组分的含量以及比较富氢的荧光镜质体的含量。

通过对煤的单组分和特种煤进行模拟实验，可以表明，由于藻类体、壳质组的氢指数远远高于镜质体和惰质组，因此单组分液态烃的产率相差很大。例如藻类体最高液态烃产率为377.4mg/g TOC，角质体为278.9mg/g TOC，烛煤为87.7mg/g TOC，均质镜质体为1.57mg/g TOC，而惰质组液态烃产率甚微[3]。

另外，煤岩显微组分单组分的快速热解分析也表明，富氢的壳质组以及藻类体的气油比几乎都小于1，而镜质体和惰质组的气油比一般大于1，最高可达6.33[3]。

所以，煤系生成液态烃的能力取决于煤岩显微组分组成特征，即富氢组分含量越高，生成液态烃的潜力越大。根据国内外积累的资料，中国以及全世界的煤均以腐殖煤为主，其中的显微组分主要是镜质组和惰质组；壳质组和藻类体等富氢组分含量很少，不足以改变煤系以生气为主、生油为辅的状况。国内外煤系的显微组分组成特征见下述。

3）从煤系显微组分组成来看，煤系应以生气为主

“九五”期间曾统计了国内外3000余个煤样的显微组分组成。煤系显微组分的组成可以划分为3种组合：

镜质组-壳质组+腐泥组组合型，显微组分富含镜质组，而壳质组+腐泥组含量也比较高；

镜质组-惰质组组合型，显微组分以镜质组和惰质组占优势，富氢组分含量很少；

过渡型，以镜质组占优势，但含有一定比例的壳质组+腐泥组和惰质组。

煤系显微组分的3种组合中，以镜质组-惰质组组合和过渡型组合最为常见，其原因在于形成煤系有机质的原始物质主要是高等植物，聚煤作用主要发生在弱氧化-弱还原条件，镜质组和惰质组往往占优势。

国内主要聚煤盆地中煤的显微组分组合中，镜质组-壳质组+腐泥组组合型仅存在于第三纪含煤盆地；鄂尔多斯盆地侏罗纪和塔里木盆地侏罗纪煤系为镜质组-惰质组组合型；吐哈盆地侏罗纪煤系以及东北-内蒙古晚侏罗世—早白垩世煤系为过渡型；准噶尔盆地和三塘湖盆地侏罗纪煤系同时存在镜质组-壳质组+腐泥组组合型和镜质组-惰质组组合型，可能反映了煤系中不同煤组形成环境的变化。上述显微组分组合决定了国内主要含煤盆地煤系以生气为主。

另外，勘探实践亦充分证明了煤系以生气为主这一特点。表1列出了世界主要煤成烃盆地和大中型气田的气油比，多数盆地气油比都很高，少数气油比比较低的盆地聚煤时代都比较新，除了吐哈盆地和焉耆盆地外，都是白垩系和第三系。从表1和图3还可以看出，无论是国内还是国外的煤成大中型气田，煤系的煤化程度范围都很大，从褐煤到无烟煤阶段都有，跨越了煤化作用的全过程。因此，认为煤系在低演化阶段将以成油为主、可以普遍勘探煤成油田的认识是不恰当的。

表 1　世界主要煤成烃盆地和大中型气田成熟度和气油比关系[7]

序号	盆地他区	油气田	煤系时代	烃源岩 VR° 范围/%	VR° 均值/%	石油储量 /亿 t	天然气储量 /亿 m^3	气油比 (w/w)
1	Gippsland	全盆地	K_2	0.40～1.20	1.00	24.54	3509.2	0.14
2	加里曼丹 Barito	全盆地	K_2—E	0.21～0.85	0.52	0.79	113.2	0.14
3	西北爪哇	Ardjuna 亚盆地	E	0.45～1.58	0.76	6.65	1901.8	0.29
4	吐哈	全盆地	J	0.39～1.83	0.75	2.31	698	0.30
5	焉耆	全盆地	J	/	0.65	0.23	81.4	0.35
6	西北爪哇	Jatibarang 亚盆地	E	0.45～1.58	0.76	1.43	747.1	0.52
7	Bass	全盆地	K	0.30～1.30	1	0.18	147.20	0.082
8	加里曼丹 Kutei	全盆地	E	0.60～1.20	0.9	17.42	17432.80	1.00
9	Taranaki	全盆地	K_2—E	0.70～1.10	0.85	1.9	1901.80	1.00
10	塔里木	柯克亚	J	0.66～0.91	0.77	0.31	365.00	1.17
11	Cooper	全盆地	P	0.50～5.00	1.5	1.58	2037.60	1.29
12	东海	全盆地	E	0.50～1.50	0.85	0.093	487.11	2.24
13	Surat/Bowen	全盆地	P	0.50～3.00	1.89	0.24	577.30	2.41
14	渤海湾	苏桥	C—P	0.53～2.45	1.07	0.027	131.10	4.86
15	塔里木	库车拗陷	J	0.47～1.17	0.77	0.76	5775.10	7.60
16	卡拉库姆	泽瓦尔迪	J	0.49～1.70	1.25	0.14	1884.00	13.16
17	维柳依	全盆地	J—K	0.40～1.00	0.75	0.18	3089.64	21.76
18	卡拉库姆	全盆地	J_{1-2}	0.49～1.70	1.25	2.649	66955.13	25.28
19	卡拉库姆	坎迪姆	J_{1-2}	0.49～1.70	1.25	0.04415	28.40	34.48
20	卡拉库姆	萨曼切佩	J_{1-2}	0.49～1.70	1.25	0.018	1013.70	55.56
21	莺琼盆地	全盆地	E	0.80～2.00	1.5	0.038	2491.60	66.11
22	卡拉库姆	加兹里	J_{1-2}	0.49～1.70	1.25	0.074	4912.00	66.67
23	卡拉库姆	沙特雷克	J_{1-2}	0.49～1.70	1.25	0.056	4659.54	83.33
24	中欧	格罗宁根	C	1.00～>3.00	2	0.0933	19000.00	203.64
25	渤海湾	文中	C—P	1.10～3.40	1.72	0.00045	152.30	338.44
26	四川	全盆地	T_3	10.80～>2.00	1.7	0.0005	474.66	949.32
27	松辽	汪家屯	J—K	1.30～2.00	1.65	无	123.17	∞
28	鄂尔多斯	长庆	C—P	1.57～2.83	2.05	无	3118.10	∞
29	西西伯里亚（北部）	全盆地	K_2	0.50～0.80	0.65	无	181511.56	∞
30	库克湾	全盆地	E	0.22～0.95	0.53	无	1936.00	∞

2. 煤系成油（田）为主是特例（煤成油田形成的原因分析）

前面已阐述了煤系以成气为主成油为辅的规律，但在国内外有个别的与煤系成烃有关的盆地（地区），在成气（田）为主的情况下也出现了少量的煤成油田（卡拉库姆盆地、库车拗陷），甚至有以煤成油田为主的盆地（吐哈盆地和吉普斯兰盆地）。煤系中出现煤成油田是由煤系烃源岩的内因和所在盆地（地区）天然气地质外因所决定的。

1）内因

一是壳质组含量高（>7%），惰质组含量低（<20%）；二是处在成煤作用初-中阶段。

前述指出煤系有机显微组分通常以镜质组和惰质组占绝对优势，壳质组含量很少，所以总以成气为主，发现气田。但也有个别煤系烃源岩的壳质组含量比较高，而惰质含量则很低或相对较低，如吉普斯兰盆地和吐哈盆地（表2），即壳质组含量大于7%，惰质组通常在20%以下，吉普斯兰盆地甚至少于4%，并且两盆地煤系处于长焰煤-肥煤阶段。因此，这两个盆地以形成煤成油田为主，煤成气田则是少数，例如，吐哈盆地只发现3个煤成气田（丘东、红台和胜北3号），而煤成油田多达13个。吐哈盆地形成煤成油田为主除内因外，同时也与外因有关，分析如下。

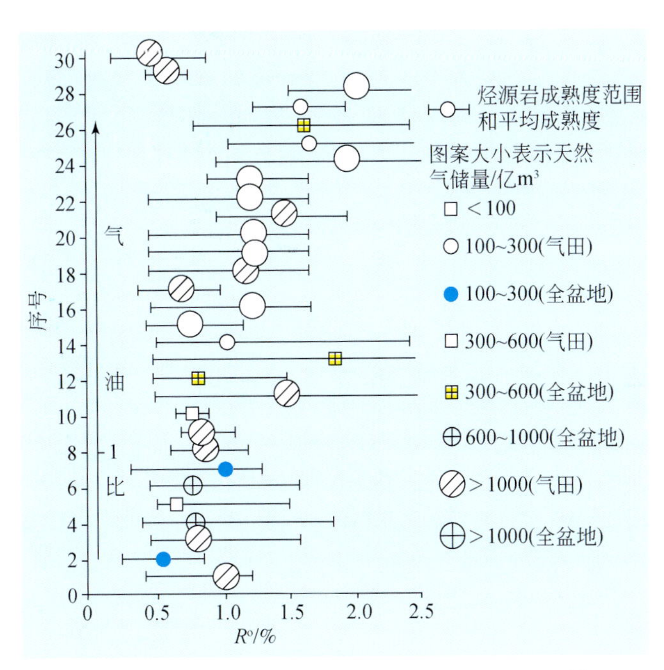

图3　煤成烃盆地大中型气田与煤化程度关系图[7]

序号同表1

表2　库车、吐哈、吉普斯兰盆地捍特罗布组煤的显微组分含量对比

盆地	研究者（年份）	镜质组/%		惰质组/%		壳质组/%	
		含量变化	平均值	含量变化	平均值	含量变化	平均值
库车	秦胜飞（1999）	0～100	52.07	0～52.8	19.09	0～14.97	1.92（130）
	钟宁宁等（1999）	7.1～99.6	48.4	0～92.2	48.5	0～20.0	3.1（50）
	何萍等（1996）					0.4～2.9（木栓质体）	（14）

续表

盆地	研究者（年份）	镜质组/%		惰质组/%		壳质组/%	
		含量变化	平均值	含量变化	平均值	含量变化	平均值
吐哈	秦胜飞（1999）		61.3	8.96		7.59（130）	
	王昌桂等（1998）	40～95	一般60～80	1～67	一般10～25		一般10～25
	吴涛等（1997）	50～90	70	2～67	20	<10	7
	黄第藩（1995）	60～95		5～40			多数10
	何萍等（1996）					（木栓质体）0.4～7.8	（87）
吉普斯兰	Smith等（1984）	50～98	92	0～40	1	2～45	8
	Shibaoka等（1978）		84		4		12

注：最后两列括号内为样品数。

2）外因

许多含煤盆地（地区）煤系的壳质组并不高，以镜质组与惰质组为主，并处在成煤作用初、中级阶段。虽然发现以煤成气田为主，但也有少数煤成油田，例如，库车坳陷（表2，图4）和卡拉库姆盆地。现以库车坳陷来分析其原因。与库车坳陷中、下侏罗统煤系有关的发现煤成气田8个和煤成油田2个（依奇克里克油田和大宛齐油田）。按有机显微组分特征，库车坳陷应均发现煤成气田。但发现2个煤成油田，主要受以下外因控制。

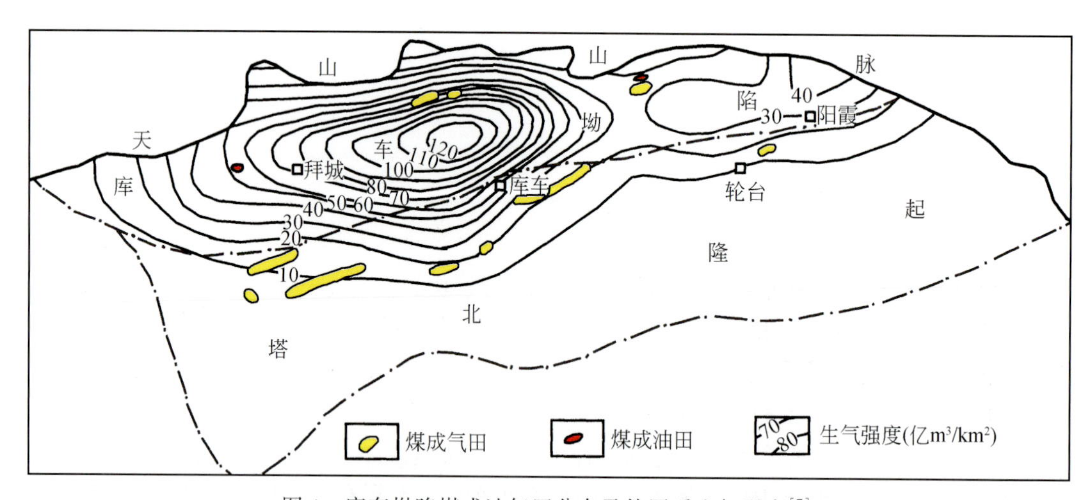

图4 库车坳陷煤成油气田分布及侏罗系生气强度[7]

（1）浅埋扩散。库车坳陷煤系成烃第一期形成含一定量凝析油和轻质油的湿气，在向深埋的保存条件好的局部构造聚集中主要形成以含一定量凝析油和轻质油的气田（牙哈、英买7、羊塔克、红旗、提尔根和玉东2）。但当其向浅埋的保存条件欠佳的局部构造聚集时，由于烃类随分子中的碳数增加扩散能力变小，并随埋深变浅少碳数的分子扩散速度更快（图5）。因此，当埋深越浅甲烷及同系物大量扩散了，而相对碳数多的油分子扩散能力极差，故相对比例越来越大，这就使浅构造大量煤成气扩散耗失了而导致本应是含凝析油和轻质油的气田，由此外因所致变成煤成油田，依奇克里克煤成油田就是这样形成的。这种煤成油田常常在盆地边缘浅部的圈闭中，国外以气田为主的盆地，也由于此因结果在盆地边缘出现煤成油田。如卡拉库姆盆地有120多个煤成气田，但在盆地东南边缘有4个煤成油田。

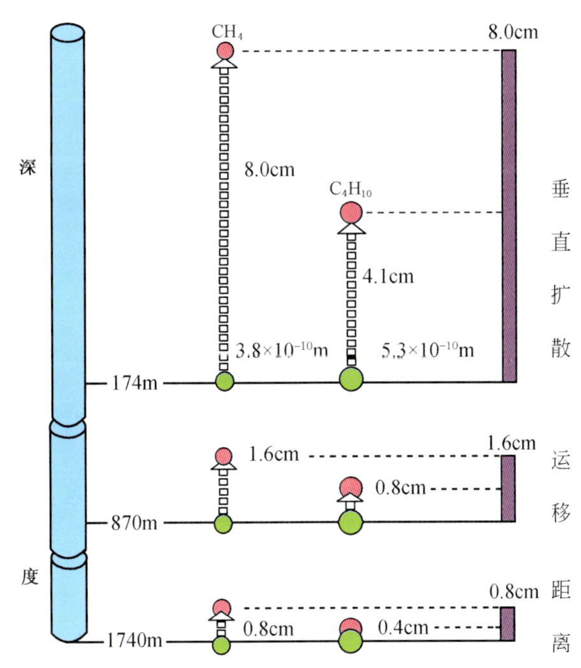

图5　甲烷和丁烷在不同深度储层内垂直扩散运移（cm/ka）

（据G. C. Smith数据绘制）

（2）浅的断裂圈闭有利煤成油田的形成。断裂导致油气分异及散失倍增，特别是浅的断裂 圈闭对含凝析油和轻质油的气田分异效率倍增，致使煤成油田的形成。例如，库车拗陷拜城凹陷的大宛齐煤成油田，由于断层致使埋深变浅而成油田。准噶尔盆地南缘的齐古煤成油田则是边缘、浅埋和断裂圈闭的综合产物。吐哈盆地温吉桑构造带西段从北向南由三排圈闭组成，即北部带（丘东气聚集带）、中部带（温吉桑Ⅰ号-温西Ⅰ号油气聚集带）和南部带（温吉桑Ⅱ号-温西Ⅲ号油聚集带）。这些圈闭气油主要来自北部丘东洼陷[8]，但只有靠近生气中心的北部带以聚集气为主，中部带以聚油为主，也有气藏，南部带则聚集油（部分残存小气顶）。造成这种油气展布状态除了差异聚集因素外，还与煤成烃从北向南的运移和聚集中由于断裂因素使气油逸散率不同有关。因为北部带为背斜型，中部带构造为断背斜型，南部带构造为断鼻型[9]，即从北向南煤成烃运移所过的断裂增多。在没有断裂影响接近丘东洼陷生气中心的北部丘东背斜带，就聚集了成煤作用初期以成气为主、成油为辅的原始气油，形成丘东凝析气田。向南至中部的断背斜带，煤成烃向南运移至少跨越3条较大断裂，造成气大量逸散，改变了煤成烃的原始气油匹配状态，故中部带成为油气聚集带。再南至南部带，断裂影响更大，已属断鼻与断块圈闭，煤成烃从北运移至此至少受4条较大断裂影响，同时断鼻是上倾断层封闭，并且埋藏较浅，更利于气的逸散，因此南部成为油聚集带（图6）。

3. 我国煤成气有利勘探区

根据最新的天然气资源综合评价，我国煤成气资源量约为28.38万亿m^3，可采资源量为7.47万亿m^3，推测最终可探明可采储量为3.03万亿～5.99万亿m^3。截止1999年年底，我国已探明煤成气地质储量1.1174万亿m^3，探明率还很低，因此全国煤成气的勘探潜力还很大。

煤系埋深达到1200m的含煤盆地，如果生气强度达到20亿m^3/km^2，就可以成为煤成气勘探的有利地区。以此为标准，我国陆上煤成气勘探有利区主要有以下几个。

1）鄂尔多斯盆地

石炭–二叠系生气强度超过20亿m^3/km^2的地区面积达11万km^2，盆地中部的生气中心在乌审旗至志丹一线稍东，最大生气强度接近60亿m^3/km^2。鄂尔多斯盆地中部最典型的特征是构造极为稳定，有利于天然气的聚集和天然气藏的保存。由于天然气聚集系数较高，尽管石炭–二叠系生气强度低于一些前陆盆地，但其资源量却超过后者。盆地中部只要储层发育合适，就可以形成气藏。根据储层分布的特征，上述生气中心北部地区的勘探前景优于南部。另外，盆地西部烃源岩更厚、生气强度更大，在构造相对稳定的天环向斜北部也有很大的勘探潜力。

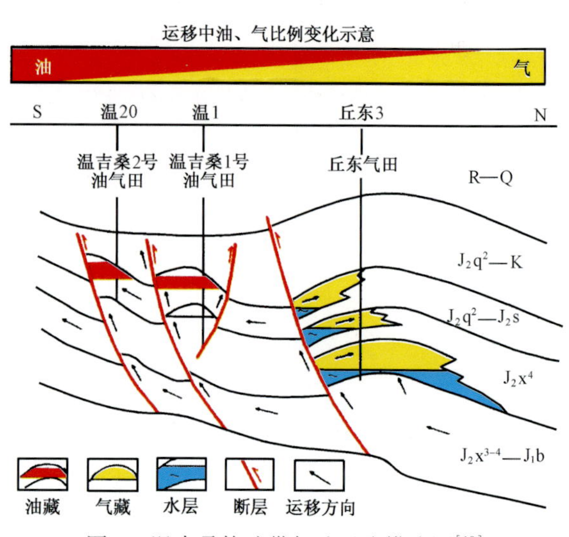

图6 温吉桑构造带气油运聚模式图[10]

2）塔里木盆地

塔里木盆地的煤系气源岩主要是中–下侏罗统，有利勘探区如下。

（1）库车拗陷。最大生气强度达120亿m^3/km^2，而整个拗陷的生气强度几乎都超过20亿m^3/km^2。该地区尽管新构造活动比较强烈，对油气的聚集有一定的不利影响，但是第三系厚层泥岩和含膏泥岩之下仍可以形成大型气藏。目前除继续勘探拜城凹陷以拿到更多大气田之外，应该在乌什凹陷开展钻探，后者推测是煤成油气田并存的凹陷。

（2）塔西南拗陷。沿塔西南昆仑山前从西北向东南分布着一个侏罗系生气中心带，包括喀什生气中心（生气强度为25亿～65亿m^3/km^2）、叶城生气中心和和田生气中心（生气强度为25亿～65亿m^3/km^2）。目前仅在叶城生气中心边部发现柯克亚气田，故勘探潜力还很大。

（3）英吉苏凹陷。该凹陷是个面积较大的隐伏含煤盆地，目前钻井工作量还不大。侏罗纪地层砂泥比高，其保存条件比库车拗陷和塔西南拗陷大为逊色。

3）准南拗陷

准南拗陷早、中侏罗世煤系和区域构造特征与库车拗陷很相似，连片分布着生气强度为20亿~160亿m^3/km^2的地区。目前虽只发现了呼图壁气田，但今后还可发现更多的大中型气田。

4）柴达木盆地

柴达木盆地有两套腐殖型烃源岩，一套是和塔里木盆地及准噶尔盆地相似的中-下侏罗统烃源岩，分布在盆地北缘；另一套是第四系七个泉组含泥炭泥岩，分布于三湖拗陷。

（1）柴北拗陷。该地区勘探采用煤成气（烃）观点的时间还不长，侏罗系分布情况还不清晰，难于做出生气强度评价。即便如此，目前已发现了南八仙中型气田。在进一步搞清煤系烃源岩的分布及成藏条件后，有望发现更多的煤成大中型气田。

（2）三湖拗陷。七个泉组腐殖型烃源岩形成大量煤型生物气，目前已发现了台南、涩北一号、涩北二号3个大气田。生气强度为20亿~80亿m^3/km^2的地区连片分布。以上3个大气田均位于生气中心的西北部，生气中心南缘、东部和西部均未发现煤成大中型气田的有利地区。

5）四川盆地

四川盆地存在两套煤系，上三叠统煤系主要分布于川西拗陷，煤系以陆相为主；上二叠统煤系主要分布于川中地区，煤系形成于海陆过渡相。

（1）川西拗陷。川西地区煤系气源岩为上三叠统气源岩，生气强度为20亿~120亿m^3/km^2，储层主要为上三叠统和侏罗系。目前川西地区侏罗系浅层气勘探效果良好，不过如果要寻找更大的场面，仍应对上三叠统投入更多的勘探工作。

（2）川中地区。川中地区一些中-下三叠统气藏原认为是碳酸盐岩自生自储的气藏，但随着地球化学研究工作的深入进行，现已确定该地区中-下三叠统生烃潜力很低，其主要烃源岩是上二叠统煤系[11]，因此仍是煤成气田。川中地区上二叠统生气强度在20亿~90亿m^3/km^2，已发现一个大型气田（磨溪气田）。如果川中地区上二叠统和中-下三叠统也能够发现类似川东地区的碳酸盐岩储层发育有利相带，将有利于探明更多的上二叠统煤成气田。

6）三肇凹陷

松辽盆地东部在晚侏罗世—早白垩世受北东向同沉积基底断裂的影响形成了三肇凹陷和莺山凹陷，沉积厚度最大超过4000~5000m，其中有沙河子组煤系气源岩。由其形成一个近南北向、生气强度最大达300亿m^3/km^2的生气中心，在该中心北部和西部分别发现了煤成大中型气田（汪家屯气田和昌德气田）。该生气中心附近还可找到大中型煤成气田。

二、华北盆地南缘寒武系烃源岩的发现对深层气的意义

华北盆地深层气气源及成藏研究至今未取得重大突破。该盆地南缘下寒武统烃源岩的发现为华北盆地天然气勘探指出了新领域和新层系，对华北地区深层油气勘探具有重要意义。

新发现的寒武系烃源岩出露于安徽霍邱县与河南固始县交界处，就发育的构造部位和地层层系而言，隶属于北方型，与南方的相应层系不同。

以往寻找华北地台下古生界原生油气藏时，主要立足于奥陶系碳酸盐岩。但是奥陶系碳酸盐岩主要形成于浅水台地动荡氧化的环境，有机质保存条件差，有机碳含量多数在0.2%以下。国外的研究以及近年来国内的研究趋向于认为这种碳酸盐岩生烃能力很差，生成的天然气难以聚集为大中型气田[12]。而新发现的下寒武统烃源岩的岩性和有机质丰度明显优于上述碳酸盐岩。根据一些样品分析，有机碳含量为0.28%～6.02%，平均为2.66%。储层有油浸和运聚痕迹，镜下炭光显示明显[13]

据初步观察，这套寒武系烃源岩所处地层可分为5段。

Ⅰ段（泥页岩段）：与下伏上震旦统四顶山组硅质灰岩呈假整合接触，岩性为黄绿、紫红色钙质页岩、碳质页岩及泥灰岩透镜体。

Ⅱ段（砂砾岩段）：为灰黑、灰紫色钙质砂砾岩，砾石成分主要为叠层石白云岩、白云岩和石灰岩。钙质胶结，普遍含碳质。

Ⅲ段（含磷泥页岩段）：为黑、灰紫色钙质页岩、钙质粉砂岩、含砾粉砂岩，含碳质及磷结核，顶部发育石煤层，产腕足类化石。厚约50m（图版1）。

Ⅳ段（砂灰岩段）：为深灰、棕褐色砂质灰岩、白云岩，产三叶虫 *Hsuaspis*、腕足类和软舌螺等化石。底部多有碳沥青浸染，厚约5m（图版2）。

Ⅴ段（白云岩段）：为厚层块状白云岩，与下伏砂灰岩段为整合接触。

以上Ⅰ—Ⅳ段相当于扬子地台筇竹寺期至沧浪铺早期沉积，而Ⅴ段属于猴家山组。

根据剖面岩性岩相组合特征，Ⅰ段推测为开阔海或海湾沉积，Ⅱ段为海盆或海湾沉积，Ⅲ—Ⅴ段则为斜坡相和开阔海盆沉积，为烃源岩发育的有利环境。

下寒武统烃源岩有两套生储盖组合：第一套由Ⅰ段生、Ⅱ段储和Ⅲ段盖组成，第二套组合由Ⅲ段生、Ⅳ段储和Ⅴ段盖组成[13]。

华北地台下寒武统烃源岩与扬子地台和塔里木盆地下寒武统富有机质的泥页岩和泥质碳酸盐岩发育的时期比较一致，很可能意味着同一期缺氧事件的产物。这套烃源岩的发现，说明华北地台存在有实际意义的下古生界烃源岩，并展现了其真实面貌，对华北地台古生界烃源岩评价和深层油气勘探具有重要的启示。

三、“西气东输”的储量保证

“西气东输”是西部大开发过程中一项宏伟的工程，要把地域辽阔、人烟稀少的以塔里木盆地为主的各个盆地丰富的天然气开发出来，需投资1000余亿元，通过4000多公里长输气管线输送到工农业发达、人口稠密、能源缺乏的长江三角洲地区。这对于发展中国西部经济和加速长江三角洲地区的社会经济发展、改善生态环境具有重要意义。

天然气储量是“西气东输”工程的基础。从这个意义上讲，库车拗陷大气田的发现恰逢其时。2000年5月，塔里木盆地库车拗陷探明了地质储量达2506.1亿m^3（可采储量达1879.60亿m^3）的克拉2大气田（表3），这是中国储量最大、丰度最高的气藏。如果没有这个气藏，“西气东输”工程就难于现在启动。

表 3　西北四大盆地各级储量明细表

盆地	气田	探明地质储量/亿 m^3		可采储量/亿 m^3		剩余可采储量/亿 m^3	
		煤成气	油型气	煤成气	油型气	煤成气	油型气
塔里木	克拉 2	2506.10		1879.60		1879.60	
	英买 7	295.74		181.17		181.17	
	牙哈	357.78		250.45		250.45	
	羊塔克	249.07		149.44		149.44	
	吉拉克		127.05		81.80		81.80
	雅克拉		196.28		117.77		103.24
	和田河		616.94		445.73		445.73
	柯克亚	292.89		175.73		117.04	
	其他	98.77	200.73	57.98	129.95	57.98	129.13
	全盆地	3800.35	1141.00	2694.37	775.25	2635.68	759.90
		4941.35		3469.62		3395.58	
吐哈	丘东	112.96		79.07		78.08	
	其他	163.98		104.94		104.58	
	全盆地	276.94		184.01		182.66	
准噶尔	呼图壁	126.12		107.20		105.36	
	克拉玛依		165.79		130.33		117.04
	其他	4.88	279.13	3.90	176.67	0.21	173.16
	全盆地	131.00	444.92	111.10	307.00	105.57	290.20
		575.92		418.10		395.77	
柴达木	涩北一号	492.22		253.74		251.42	
	涩北二号	422.89		232.59		232.47	
	台南	425.30		240.44		240.39	
	南八仙	124.39		69.22		69.22	
	其他	2.99	4.41	1.79	2.37	1.79	2.37
	全盆地	1467.79	4.41	797.78	2.37	791.29	2.37
		1472.20		800.15		793.66	
西北四大盆地		7266.41		4871.88		4767.67	

尽管“西气东输”长输气管线也经过鄂尔多斯盆地，但是作为该工程稳产年限设计的储量保证，只考虑西北四大盆地（塔里木、准噶尔、柴达木和吐哈）的天然气储量，并且主要以塔里木盆地的储量为基础。这四大盆地油气的大规模勘探虽然已有 40 ~ 50 年的历史，但长期以来均以找油为主，有的放矢地勘探天然气只不过是近 10 年来的事。因此，西北四大盆地天然气的勘探还处在初期阶段，所以单位面积沉积岩中天然气的探明储量以及资源探明率均很低（表 4），天然气的勘探潜力还很大。由于勘探起步较晚，目前探明天然气量还不大，四大盆地总计探明天然气地质储量 7266 亿 m^3（可采储量 4872 亿 m^3），剩余可采储量 4768 亿 m^3（表 3）。

表 4　西北四大盆地天然气资源的沉积岩单位面积探明率

盆地	可采资源量 /万亿 m^3	沉积岩面积 /亿 km^2	可采储量 /亿 m^3	资源探明率/%	可采储量/沉积岩面积 /万(m^3/km^2)
塔里木	1.3951	56	3469.62	24.87	61.96
准噶尔	0.5501	13	418.10	7.60	32.16
吐哈	0.1236	5.35	184.01	14.89	34.39
柴达木	0.7550	12.1	800.15	10.60	66.13
西北四大盆地	2.8238	86.45	4871.88	17.25	56.35

“西气东输”工程是一项耗资巨大的工程，大家对年产 120 亿 m^3 的储量保证和稳产年限非常关心、讨论热烈，这是很自然的。一种意见是，必须有稳产 30 年的储量保证方能启动；另一种意见是，有 20 年稳产储量保证、在开发过程同时有探明储量补充可保证动态稳产 30 年就可以启动，所以现在可以启动“西气东输”工程。我们主张后一意见，毕竟这样可以争取时间，加速西部大开发。为此，我们详细地研究了世界上曾年产 120 亿 m^3的 24 个国家剩余可采睹量的储采比（表 5）。这些国家在接近、达到或超过年产 120 亿 m^3时，储采比从 14（意大利）至 515（卡塔尔）。当然储采比越大保证稳产年产时间越长。到底多少储采比能最低限度保证稳产 30 年呢？在此，我们着重研究了储采比小于 30 的 6 个国家（美国除外，因为该国最早有年产记录在 1918 年产量就达到 201 亿 m^3，其年产 120 亿 m^3 左右时的储采比不详），即罗马尼亚、墨西哥、意大利、德国、挪威和泰国。从储采比来看，这些国家达到年产 120 亿 m^3 时都没有稳产年产 30 年的储量保证。但是这些国家年产达 120 亿 m^3 左右之后，年产不但一直未下降，反而都有不同程度的上升，其中罗马尼亚、墨西哥、德国和意大利至今分别稳产了 38 年、30 年、30 年和 31 年（图 7）。世界天然气开发史证明，年产 120 亿 m^3 左右时储采比在 14 至 27 的国家都能保证稳产年产 30 年甚至更长，当然这要求边开发、边勘探，增加天然气储量。值得注意的是，意大利和罗马尼亚当时储采比只有 14 至 17，但它们持续开发了 31～38 年，其间任何一年产量也没有下降到 120 亿 m^3 以下，其中罗马尼亚 1962 年之后几乎每年产量均在 200 亿 m^3 以上，最高时达到 386 亿 m^3（1976 年），当时储采比仅为 8；而意大利 1969 年达到 120 亿 m^3，其后的 31 年中，年产几乎都在 200 亿 m^3 以上，1990 年产还达 209 亿 m^3。

表 5　世界上一些年产开始达约 120 亿 m^3 国家天然气的储采比

序号	国家	年产 120 亿 m^3（±）	年代	剩余储量/亿 m^3	储采比
1	美国	201	1918	4240	21
2	苏联	120.7	1956	5880	49
3	加拿大	118	1959	6840	58
4	罗马尼亚	129	1962	1360（1961） 2350（1963）	12 17
5	荷兰	140.9	1968	23719	169
6	英国	109	1970	9345	86

续表

序号	国家	年产 120 亿 m^3（±）	年代	剩余储量/亿 m^3	储采比
7	伊朗	115	1970	31149	271
8	意大利	120	1969	1640	14
9	墨西哥	126	1970	3227	26
10	德国（西德）	131	1970	3588	27
11	委内瑞拉	120	1978	11932	99
12	挪威	155	1978	3836	25
13	印度尼西亚	110	1979	8495	77
14	巴基斯坦	168	1980	6081	36
15	阿尔及利亚	144.8	1980	27983	193
16	沙特阿拉伯	123	1991	33082	269
17	阿根廷	109.4	1982	7056	64
18	澳大利亚	120	1983	5004	42
19	阿联酋	102.4	1986	29602	289
20	马来西亚	130	1987	14773	114
21	印度	123.9	1990	7093	57
22	埃及	132.4	1996	5760.8	44
23	卡塔尔	137.5	1996	70793	515
24	泰国	119	1996	2016	17

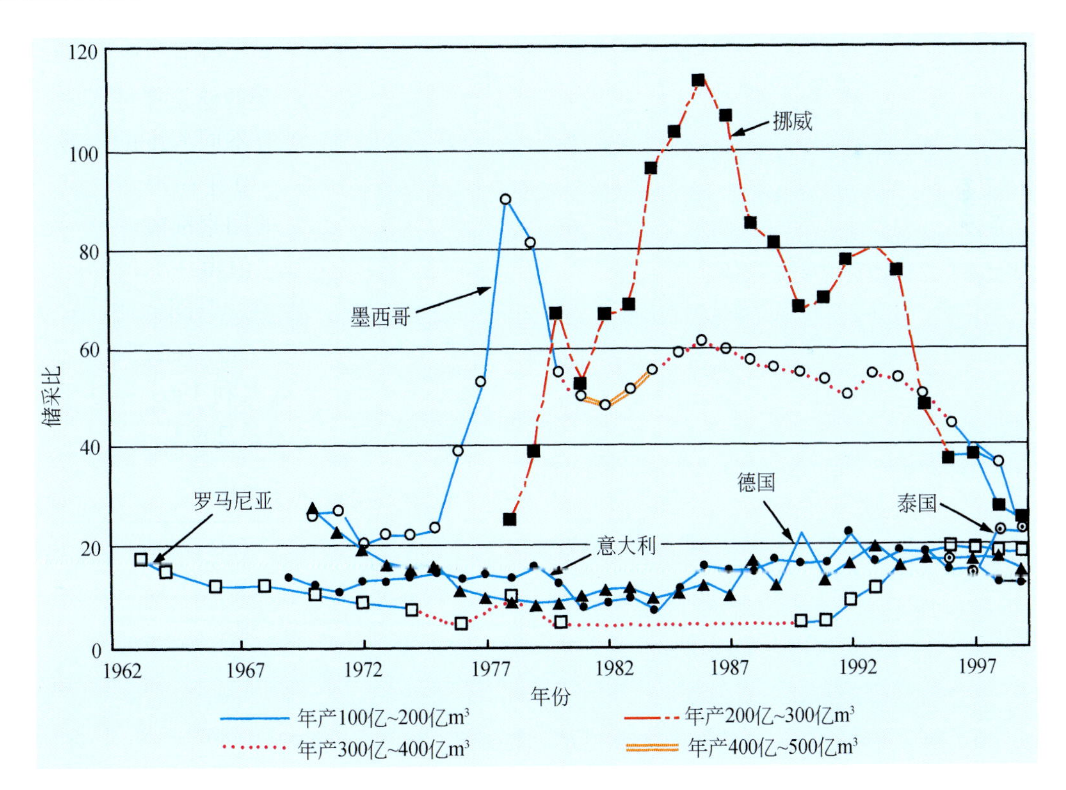

图 7　一些国家天然气储采比的变化

所列的国家初始年产 120 亿 m^3 时储采比小于 30，而至今仍稳产 120 亿 m^3/a，或者 120 亿 m^3/a 以上的时间达 30 年

目前，塔里木盆地剩余可采储量为3397.17亿m^3（表5），以年产120亿m^3计算，储采比为28，比罗马尼亚1962年产129亿m^3、意大利1969年产120亿m^3、墨西哥1970年产126亿m^3和德国1970年产131亿m^3时的剩余可采储量和储采比都大。因此，以塔里木盆地天然气储量为基础的“西气东输”工程现在完全有启动建设的储量保证，否则会拖延西部开发的速度。

沉积岩的面积是决定天然气远景和储量的最重要因素之一。意大利沉积岩面积为14万km^2、罗马尼亚为18万km^2、德国为29万km^2，均小于塔里木盆地（56万km^2），这些国家能保证120万km^2或更高的产量年产30年以上，塔里木盆地与之相比具有更好的条件。因此，无论根据现有的储采比、还是资源前景，都应该毫不犹豫地启动“西气东输”工程。

参考文献

[1] 王涛. 中国天然气地制裁理论基础与实践. 北京：石油工业出版社，1997. 1～8
[2] 戴金星. 我国煤成气资源勘探开发和研究的重大意义. 天然气工业，1993，13（2）：17～12
[3] 傅诚德. 天然气科学研究促进了中国天然气工业的起飞. 见：戴金星等主编. 天然气地质研究新进展. 北京：石油工业出版社，1997. 1～11
[4] Жабрев И П и др. Генезис газа и протноз газаоносности. Геология Нефти и Газа，1974，(9)：1～8
[5] 王启军，陈建渝. 油气地球化学. 武汉：中国地质大学出版社，1988. 75～79
[6] Hunt J M. 石油地球化学和地质学. 胡伯良译. 北京：石油工业出版社，1986. 109～111
[7] 戴金星，钟宁宁，刘德汉等. 中国煤成大中型气田地质基础出和主控因素. 北京：石油工业出社，2000. 24～63
[8] 程克明. 吐哈盆地油气生成. 北京：石油工业出版社，1994
[9] 王昌桂，路锡良. 吐哈盆地石油地质研究论文集. 北京：石油工业出版社，1995. 6～15
[10] 戴金星. 中国煤成气研究20年的重大进展. 石油勘探与开发，1999，26（3）：1～10
[11] 戴鸿鸣，王顺玉，黄清德等. 四川盆地中部中三叠统雷口坡组天然气的气源与运移. 见：戴金星等主编. 煤成烃国际研讨会论文集. 北京：石油工业出版社，2000. 46～55
[12] 夏新宇. 碳酸盐岩生烃与长庆气田气源. 北京：石油工业出版社，2000. 77～87
[13] 刘德良，曹高社，谈迎. 华北盆地南缘发现寒武系烃源岩及油显示. 石油学报，2000，21（2）

图版 1　霍邱县马店乡雨台山寒武系底部马店组含磷沥青质泥而岩段（羊所在部位）

图版 2　霍邱县马店乡雨台山寒武系底部马店组砂灰岩段油斑显示

油气地质学的若干问题*

20 世纪是工农业高速发展的世纪，能源是工农业发展的重要控制因素和人类生活的必备用品。19 世纪能源以薪柴为主，1850 年高污染的薪柴占能耗的 70%，成为当时的主力能源。20 世纪可称为化石能源（煤、石油和天然气）世纪，化石能源取代了薪柴成为主角。人类利用和选择能源品种的主次更替，一个重要的原则是从高污染逐趋洁净。20 世纪能源种类变化就是如此：1920 年煤替代了薪柴在能源构成中占 80% 而成为主宰能源；1980 年石油占能源构成的 40% 而成为主要能源。预计 2015 ~ 2020 年在能源构成上天然气将超过石油，2025 年左右世界能源构成中天然气将占 1/3，从此进入天然气时代。能源的这种更迭和能源地质学的新理论和新发现密不可分，这点在油气地质学中尤为明显。19 世纪 70 年代开始形成海相生油理论萌芽，20 世纪一直在发展和完善；20 世纪 20 年代开始形成陆相生油理论，至今仍在发展；20 世纪 40 年代形成煤成气理论，现也仍在发展中；20 世纪 60 年代发现天然气水合物，有可能大大拓展天然气的勘探领域和资源量。在 20 世纪和 21 世纪油气能源成为主角，原因是由于上述的新理论及重大发现，为油气勘探奠定了科学依据，并为油气储量和产量不断提高提供了基础。

一、陆相生油理论在中国的诞生推动了我国石油工业的兴起与发展

所谓陆相生油顾名思义是指油气形成在陆相烃源岩中，陆相烃源岩虽大部分是淡水沉积物，但部分也可是半咸水和咸水沉积物。以上是狭义的陆相生油论，也是人们通常讲的陆相生油论。广义的陆相生油理论，应包括石油生成的环境和物质及其地质条件、成藏条件和分布规律[1]。

在近代石油工业建立的一百多年以来，世界上已发现的三万多个油气田，绝大多数在海相地层中，故国外石油地质学家绝大多数主张海相生油。由于我国陆相地层发育而海相沉积相对缺乏，故在 20 世纪中国近代石油工业开始萌芽时期，来我国进行研究的一些外国学者得出“中国贫油”的错误结论[2]，阻碍了中国石油工业的发展。

陆相沉积盆地在中国广泛发育，近百年来中国地质学家对其不断进行深入研究，为陆相生油理论首先在我国创立提供了客观和主观条件及基础。一门科学或一个学科从其出现直至建立，往往经历从现象到本质、从推测到规律的过程。陆相生油理论创立也不例外，经历了从现象阐述和推测的初始陆相生油论发展为有定性定量规律的成熟陆相生油论。

1. 初始陆相生油论

初始陆相生油论显著的特点：一是研究手段以石油地质调查为主，二是结论以推断为

---

* 原载于《地球科学进展》，2001，第 16 卷，第 5 期。

主，研究者主要是中国学者。

中国石油地质调查始于20世纪20年代初，至中华人民共和国成立前有较多地质学家从事此项工作，如1921年谢家荣对玉门的石油地质调查；1923年王竹泉，1932年王竹泉和潘钟祥，1934年潘钟祥对陕北的石油调查；1941年、1942年孙健初，1945年蒋静一、1946年司徒愈旺，1946年黄劭显，1947年王慕陆，1948年严爽，1948年张鉴怡对甘、陕的石油地质勘察；1941年陈秉范，1945年、1946年谢家荣，1945年王椒，1947年侯德封等在四川的石油调查；1946年谢家荣和1948年陈秉范对台湾的石油地质调查[1]。系列的石油地质调查发现了大量陆相生油的迹象和事实，因而潘钟祥、谢家荣、尹赞勋和翁文波等提出了石油与陆相沉积的密切关系，诸如“石油不仅来自海相地层，也能够来自淡水沉积”[3]和“至少新疆一部分原油系完全由纯粹陆相侏罗纪地层中产出”[4]；对玉门石油调查后，谢家荣指出石油有开采价值[5]；尹赞勋则明确指出“大部分湖相沉积，淡水生物繁殖……生物之大量暴亡为玉门石油之源”[6]；从而形成初始陆相生油论或观点。这个时期，个别国外学者也发现石油生成与陆相沉积有关，如W. T. Nightingalle阐述了美国泡德瓦胥油田石油产自陆相砂岩中[7]，但由于当时海相生油论风行世界，国外一般沉积盆地又以海相为主，因此国外不可能形成初始陆相生油论。

2. 成熟陆相生油论

成熟陆相生油论显著的特点：一是研究方法从单一的纯石油地质调查发展为多学科石油地质综合研究，即从单一的石油地质发展为石油地球化学、石油地球物理学等的综合研究；二是从地质的推断发展为地球化学指标的科学定量，认为陆相生油主要基础是腐泥型有机质，明确了陆相成油主控因素、成藏条件和油田分布富集规律。

中华人民共和国成立后国家大大加强石油勘探、开发和研究，为成熟陆相生油论的创立提供了条件。

20世纪50年代以来，成熟陆相生油论取得以下主要重大成果：① 对陆相生油层的形成和陆相生油的基本条件作了出色研究[7~13]，总结出“潮湿与干燥气候的时代转变，有利于生油层的形成”[9]、“长期的深拗有利于生油层的形成”。“内陆、潮湿、拗陷”[11]、强烈拗陷的盆地、淡水-半咸水迅速堆积的巨厚湖泊相沉积、有机质丰富、还原环境[12,13]是陆相生油的基本条件。② 陆相油气田富集分布规律出现两个重要理论，一是“源控论”(拗陷型盆地为主)，即生油区控制油气田的分布和富集[10]；二是复式油气聚集区带理论，总结了多断陷、多断块、多含油气层系的陆相盆地，形成多种油气藏类型复合连片聚集的特征[11,14~18]。③ 陆相烃源岩和石油地球化学系列指标和参数的建立，使陆相生油理论从定性的地质推断发展为定性的科学。诸如有机质丰度、组分和类型、成熟度数值和参数的确定[19~22]为烃源岩评价标准、生油量的定量评价及资源评价和石油演化提供了科学依据，为勘探目的层确定提供了准确的方向；陆相烃源岩和油气中生物标志化合物及相关参数的确定[23~25]，为油气源对比和生源、石油运移途径的确定提供了科学信息；烃源岩、干酪根和油气及其组分单体和系列碳同位素组成研究和数值的测定[26~28]，为岩-油-气源直接对比提供了高可信度的途径；石油组分特别是饱和烃组分的确定及其含量的变化以及各种参数的标定[19,20]，为石油和烃源岩的属性研究提供了科学标尺。

综上所述，陆相生油理论从初始阶段发展为成熟阶段才成为完整的陆相生油理论，该理论创立主要凝结了中国科学家的聪明和才智，但也包括个别国外科学家的贡献。陆相石油生成理论的创立推动了我国石油工业的兴起与发展，为我国能源利用作出了重大贡献。科技进步本身的科学含量决定着技术进展和发展程度，这点在陆相生油理论对中国石油工业发展进程的贡献表现得尤为明显。

中国近代石油工业从1878年开始[29]，至40年代末经历了70年，在此期间主要以海相生油理论指导油气勘探，后期30年虽然出现初始陆相生油理论，但由于该理论还处于雏形期，所以到1949年全国（未统计台湾，下同）只发现老君庙、延长和独山子3个陆相小油田，石油地质储量2900万t，年产天然的油、气共仅7万t。建国后由于建立了成熟陆相生油理论并应用于指导勘探，加上大力加强了油气勘探，因此我国建立起世界上一流的石油工业，至1999年年底我国探明石油（其陆相生成的储量占97%）地质储量为205.6493亿t，为1949年（初始陆相生油理论时期）的709倍。1999年产原油1.60亿t，为1949年的1323倍。

由于陆相沉积盆地的面积比海相盆地逊色得多，对成烃有利的还原型沉积比海相的也少。因此，目前世界陆相含油气盆地年产原油仅占世界石油总产量的约6%，其中80%以上产自中国。具有工业性油气田的陆相含油气盆地，除中国外全球还有20多个，遍布各大洲。这20多个盆地石油可采储量之总和，尚没有松辽或渤海湾盆地一个盆地多[30]。由于中国构造具多旋回性、活动性强、控盆断裂活跃，因此陆相盆地数量多而面积相对较大，还原型沉积比例也大，因而我国陆相石油储、产量均居世界之首，今后还有相当的潜力。

二、煤成气（烃）理论的形成发展引起了能源结构的优化

海相生油论和陆相生油论都认为：油气是由较深水还原环境下沉积的烃源岩中低等生物的遗体转化而来的，即由腐泥型物质生成的；形成油气的母质为高H/C原子比的Ⅰ型和$Ⅱ_1$型干酪根。所以从生油物质化学性质来说，海相生油论和陆相生油论没有原则的不同，两者不同点是陆相生油论的烃源岩是形成于大陆环境，而海相生油论的烃源岩是形成在海洋中。

自然界中除腐泥型烃源岩外，同时还有大量在浅水、沼泽及滨海环境下沉积的煤系和亚煤系腐殖型烃源岩，其所含有机质主要来源于高等植物遗体，干酪根为低H/C原子比的Ⅲ型和$Ⅱ_2$型。在化学性质上煤成烃的腐殖型烃源岩和腐泥型烃源岩有根本区别，前者低H/C原子比，后者高H/C原子比；在沉积相上也有区别，煤成烃的烃源岩可以是陆相、海陆交互相或海相，而腐泥型烃源岩要么是海相（海相生油论），要么是湖相（陆相生油论）；在沉积环境上也不同，煤成烃的烃源岩主要形成于弱还原环境，而油型烃的烃源岩主要形成于还原环境。国内外石油地质、地球化学者曾长期认为煤系和亚煤系不是商业烃源岩，不把其作为油气勘探目的层和勘探领域，使油气勘探指导理论处于片面状况，即仅以腐泥型成油论的“一元论”指导油气勘探，限制了油气勘探的领域和发展速度。世界海相生油论的框架出现于19世纪70年代[31,32]，直至20世纪40年代煤成气理论出现[33]才动摇了“一元论”，在中国20世纪70年代末“一元论”才受到挑战。

煤成气（烃）理论的基本内容认为腐殖型烃源岩是商业烃源岩之一，由高等植物遗体形成的煤系和亚煤系能在煤系中或煤系外储层中形成商业性气田或油气田，冲破“一元

论”的束缚，而主张可在腐殖型烃源岩及其有关层系中勘探气田和油气田，开拓了油气勘探的一个新领域，扩大了油气勘探范畴，使油气勘探的指导理论从腐泥成油论的“一元论”，发展为腐泥成油论加腐殖成油（气）论的“二元论”。

煤成烃理论经历了从初步形成至逐渐成熟的3个阶段。

1. 纯朴的煤成气理论

20世纪40年代德国学者首先提出煤不仅能生气，而且其生成的气能从煤中运移出来在煤系中或煤系之外聚集成商业性气田[33]，从而创立了纯朴的煤成气理论。该理论是在第二次世界大战期间在德国创立的，由于德国当时集中精力侵略欧洲各国，故创立初期并没有取得勘探成效。第二次世界大战结束后，在欧洲应用该理论指导天然气勘探并获得重大成功：1959年在荷兰发现储量达2万亿 m^3 的巨型气田——格罗宁根煤成气田，以后在北海南部又发现莱曼等一些大气田[34,35]。60年代原苏联以该观点对西西伯利亚盆地和卡拉库姆盆地等进行资源评价[36,37]，为60年代后期至70年代在这两个盆地大批发现煤成大气田（包括世界上最大的气田——乌连戈伊气田）提供了理论依据[38]。在此阶段由于煤成气创立者只侧重研究和强调煤的成气，未注意到其成油，故称之为纯朴的煤成气理论。

2. 煤成油理论或发展的煤成烃理论

20世纪60年代后期多以澳大利亚学者为代表的腐殖型成烃研究者，注意到煤中的壳质组对成油有重要贡献，并加以研究，说明煤不仅能成气还可成油[39,40]，故可称为发展的煤成烃理论或煤成油理论。特别是澳大利亚吉普斯兰盆地煤系烃源岩发现大量煤成油后，20世纪90年代煤成油理论在我国研究和勘探中出现热潮[41~44]。煤成油理论的出现以及煤系中壳质组能成油观点的产生，是对煤成烃理论的一大贡献，但由于没有全面研究煤系成烃中油气比例的正确关系，未探索出煤系成烃总的规律。

3. 成熟的煤成气（烃）理论

成熟的煤成气（烃）理论总结出煤系在成煤中成烃以气为主以油为辅的总规律。20世纪70年代末我国学者指出煤系成煤作用中成烃分为三期：前干气期、气油兼生期和后干气期。煤成油形成于长焰煤至焦煤阶段的气油兼生期，即使在该期煤系成烃也以气为主油为辅[45,46]，这是因为煤的基础物质是木本植物，有利成气的低H/C原子比的木质素和纤维素占60%~80%，而高H/C原子比有利成油的蛋白质和类脂类含量不超过5%。并以此理论为依据对我国含煤盆地含气性作了科学预测[47]，为天然气勘探作出了重大贡献。例如指出在中亚从卡拉库姆盆地至我国塔里木、准噶尔和吐哈盆地存在一个以早、中侏罗世煤系为烃源岩的煤成气聚集域[48~50]，为我国西北包括克拉2大气田在内一大批煤成气田的发现作了科学预测。在20世纪80年代原苏联学者对中亚煤成气聚集域的卡拉库姆盆地煤系成烃作用研究后，也指出该盆地处于气煤与肥煤阶段的煤系也是以成气为主[51]。20世纪80年代至今我国有许多学者从地质的、有机地球化学的、煤岩学的和煤及其有机显微组分的热模拟实验研究[25,45~50,52~79]指出：煤系成烃总体上以成气为主成油为辅，为成熟的煤成气（烃）理论建立作出了重要贡献。但在这段时间也有部分学者对煤系成烃作用整体性、区域性和综合性不够注意，强调煤系成油有余，正视煤系成气不足，并对我国煤成烃勘探方向和资源评价产生一些负面影响。如一段时间把西北侏罗系煤系作为重点研究和勘探煤成油的目标；在全国第二次油气资源评价中，把库车拗陷长焰煤至无烟煤成煤阶段的中、早侏罗世煤系以成油为主、成气为辅的观点来评价，从而得出气的资源量很低，仅为4438亿m^3，而煤成油资源则为5.692亿t，这与近几年勘探以发现克拉2大气田等一批气田为主的事实不符。

20世纪40年代煤成气理论的出现对油气能源产生了巨大的影响，特别是使指导天然气勘探的理论从一元论发展为二元论，开辟了煤成气勘探新领域并获得重大成功，在一些国家由于煤成气理论的出现使其天然气工业发生了翻天覆地的变化。原苏联（俄罗斯），1940年全苏探明天然气储量只有150亿m^3，年产32.19亿m^3（其中87%是巴库油田产的伴生气），储采比不到5。至1950年，苏联还被认为是贫气的国家，当年只产气57.6亿m^3，而产油则达到3788万t，所产油气能量比为6.5∶1。20世纪60年代苏联应用煤成气理论指导西西伯利亚盆地和卡拉库姆盆地等的评价和勘探，在70至80年代发现了一批大型及巨型煤成气田，储量巨大。在20世纪70年代中期，前苏联约65%的探明天然气资源与煤系有关[37]。在1980年初西西伯利亚盆地探明天然气剩余储量为25.18万亿m^3，占该年全苏天然气储量的73%、世界天然气储量的31%。当时西西伯利亚盆地煤成气储量占天然气总储量的79.13%。1999年西西伯利亚盆地剩余储量为37.1万亿m^3，占世界天然气总剩余储量的25.5%，当年在该盆地从世界上最大气田乌连戈伊气田和巨型气田亚姆堡气田赛诺曼阶中共采出煤成气3470亿m^3[80]，分别占该年独联体和世界总产气量的49.6%和14.7%，可见煤成气在当今能源中的重大作用。目前，俄罗斯天然气储量中煤成气约占75%。荷兰是世界上第一个发现煤成气巨型气田（格罗宁根气田）的国家。发现该气田前的1958年该国年仅产气2亿m^3，是能源进口国。由于格罗宁根气田的发现并在1976年产气973亿m^3，荷兰一跃成为能源输出国，每年向邻国输气约400亿m^3。我国天然气勘探指导理论从前以“一元论”为主，1979年开始转变为“二元论”，使我国天然气探明储量大幅度增长。1978年前，我国发现煤成气储量约为204亿m^3，仅占全国气层气总储量的9%，而至2000年年底煤成气储量已占全国气层气总储量的64%。2000年，是我国煤成气和天然气储量大增长的一年，仅鄂尔多斯盆地和塔里木盆地就发现3个储量超过1000亿m^3的气田（克拉2、苏里格、乌审旗），由此推进了国家“西气东输”宏伟工程的启动。预计今后中国天然气储量的增长仍将主要依靠煤成气。世界上，在天然气储量中以煤成气占优势的国家还有土库曼斯坦、乌兹别克斯坦、澳大利亚和德国等。

世界天然气资源中煤成气到底起多大作用？B. X. Paa6eH指出：全球约80%以上天然气资源与陆相、近岸滨海相煤系和亚煤系有关。因此，今后煤成气研究、勘探和开发不可忽视，人类将勘探和开发更多的煤成气。

三、天然气水合物的重大发现和研究

天然气水合物（以下简称气水合物）是指气体分子（除氢、氦、氖外）在一定高压（>10MPa）低温（0～10℃）条件下，向水的晶格骨架中充填形成似冰状白色固体，故也称之可燃冰或固体气。1m^3气水合物含有0.8m^3水和70～240m^3气体。气含量多少取决于充填气的组分或其组合。气水合物常用$M \cdot nH_2O$表示，M为气分子。因为常见气水合物以充填甲烷（>90%）为主，故也称甲烷水合物。甲烷水合物具有$CH_4 \cdot 5.75H_2O$的格架，由此可推算出甲烷水合物 $1m^3$ 可产出气 $164m^3$ 和水 $0.8m^3$[81,82]。由于形成条件的制约，气水合物仅分布于深度大于 300m 的海（湖）底的沉积或地层中及永久冰土带（极地和冰雪高山）有充足气源的地区。

气水合物的发现和研究可追溯到 200 多年前，18 ~ 19 世纪主要为实验室内小规模的研究。1778 年 Д. Ж. Пристли 发表了二氧化硫沉积物在冷水的实验条件下形成气水合物的报导；1811 年 H. Davy 在实验室合成了氯气水合物，1823 年才确定该气水合物的组分为 $Cl \cdot 10H_2O$。在此之后，世界许多国家学者进行气水合物的实验研究，在 20 世纪 30 年代前，不仅实验获得了甲烷、乙烷、丙烷、异丁烷、氮、二氧化碳、硫化氢、氩、氪和氙各自的气水合物，同时还实验合成了气体混合物的气水合物[83]。20 世纪 30 年代初，前苏联学者在西伯利亚输气管道中首次发现了自然形成的气水合物。1946 年 И. Н. Стрижов 最先提出在永久冻土带存在气水合物的假想。1952 年有人论证了彗星核中也有气水合物。20 世纪 60 年代开始，苏联、美国、德国、荷兰相继开展气水合物的结构和热动力学研究，同时，1960 年在西西伯利亚盆地北部发现了第一个气水合物气藏——麦索雅哈气田，并于 1969 年投入开发，这也是世界上唯一开发的气水合物气藏。1972 年美国学者[84]和俄罗斯学者[83]分别在阿拉斯加北极斜坡第三系中和黑海海底沉积中取得气水合物天然气的样品。第一个气水合物气藏的发现开发以及在地层中气水合物自然样品的获得，对 20 世纪后叶气水合物综合研究和勘探、评价及研究领域迅速扩大、研究国家不断扩大，起了重大的推动作用。例如，20 世纪 70 年代末中美洲海槽执行大洋钻探计划（ODP）中气水合物的发现[85]及其以后 ODP 对气水合物的研究；气水合物成藏模式、气水合物气藏分布规律、资源评价技术、勘探方法、开发工艺及开发过程中对海底环境和全球气候影响的研究[86~88]，对确定气水合物是巨大的潜在接替能源起着至关重大的作用。美国、日本、印度、俄罗斯、英国、加拿大、挪威、巴基斯坦和荷兰在寻找海洋气水合物上有较多投入，并取得显著成果，特别在中、北美洲沿海。迄今，世界上至少有 30 多个国家与地区进行气水合物研究与调查勘探。

我国气水合物研究起步较晚，研究初期以调研为主，以后开展了少量调查勘探。史斗等 1992 年出版了《国外天然气水合物研究进展》（兰州大学出版社）。石油大学郭天民教授在 20 世纪 90 年代中期于实验室合成了气水合物。1996 年末开展了“西太平洋气水合物找矿前景与方法的调研”。1998 年完成了“中国海域气体水合物勘测研究调研”。1998 ~ 1999 年 863 项目开展了“海底气体水合物资源探查的关键技术”研究，同时国家海洋 126 专题设立了“海洋地质地球物理补充调查与矿产资源评价”等研究，与国外相比尚属薄弱，有待开展系统的研究和勘探。

近年来气水合物引起人们极大的注意和兴趣，因其是潜力极巨大的超级潜在能源，有西方学者称其是“21 世纪能源”或“未来能源”。在常规油气资源日益减少，油价攀升之际，气水合物受到宠爱是自然的事。在整体上和区域上气水合物资源量均是惊人的，但各家估测值不一。K. A. Kvenvolden 认为永久冰土带气水合物的甲烷资源最小值为 $1.4 \times 10^{18} m^3$，包括海洋区的最大值为 $7.6 \times 10^{18}\ m^3$[82]；T. S. Collett 估计世界沿海地区气水合物资源量为 $1.4 \times 10^{16} m^3$ 至 $3.4 \times 10^{18} m^3$[84]。目前对气水合物中甲烷总量较为一致的估计在 $2.0 \times 10^{16} m^3$[82]或 $2.1 \times 10^{16} m^3$[83]，相当于当前已探明的化石燃料（煤、石油、天然气）总含碳量的两倍。在区域上一些地区发现的气水合物的资源量也是巨大的。例如美国东面的布莱克海岭 26000km^2 内气水合物和游离气资源量为 4.7×10^{16}g，按 1996 年美国耗气量计算可满足该国使用 105 年。日本周缘海气水合物资源量各家评估不一：一种为 40 万亿 m^3；日本地质调查局估计日本海及其周围有 6 万亿 m^3 甲烷水合物，按 1995 年日本耗气量计算可供 100 年使用。北美东、南、西近海拥有十分丰富的气水合物资源，共计 7.5 万亿 m^3 至 87.2 万亿 m^3，其中墨西哥湾的气水合物为 6 万亿～60 万亿 m^3。陆上气水合物资源量也十分丰富。美国阿拉斯加普拉德霍湾–库帕勒克河地区第三系砂岩和砾岩里的气水合物中天然气为 1.0 万亿 m^3 至 1.2 万亿 m^3，是普拉德霍湾气田储量的 2 倍[84]；在俄罗斯北部永久冻土带虽没有人系统估算过气水合物的资源，但研究确定俄罗斯永久冻土带地区气水合物稳定区带厚 300～1000m，面积约 1700 万 km^2，无疑其气水合物中天然气资源量是十分巨大的，因为在气水合物稳定区带的下伏有储量巨大的油气（西西伯利亚盆地、伯朝拉盆地和维柳伊盆地等），为气水合物大量形成提供了充足的气源。

目前在世界上发现 65 个地区有气水合物分布，但未包括我国新近在南海、台湾的东南和西南海区发现的气水合物。随着研究和勘探深入，世界将会发现更多气水合物分布区。

关于气水合物的气组分、成因和气源，海洋中和陆地上有差别。K. K. Kvenvolden 根据世界各地海洋气水合物样品分析指出：甲烷含量占烃类气的 99% 以上，是干气，$\delta^{13}C_1$（PDB）值从–57‰至–73‰[82]，实际上还有更轻的甲烷碳同位素，在美国布莱克外海岭沉积物中气水合物 $\delta^{13}C_1$ 值为–94‰，日本南海海槽气水合物的 $\delta^{13}C_1$ 值为–96‰。由上可见海洋气水合物的甲烷主要是生物气。但在墨西哥湾和里海两处气水合物 $\delta^{13}C_1$ 值为–29‰至–57‰，烃类气中甲烷含量为 21% 至 97%，以湿气为主，主要表现为热解气的特征。在陆地上（俄罗斯和美国阿拉斯加），气水合物中甲烷含量亦占 99% 以上，也是干气，但 $\delta^{13}C_1$ 值–41‰至–49‰说明是热解气[82]。

根据以上资料可以得出如下初步认识：① 陆上和海上油气田的气水合物的热解气，是来自气水合物下伏的油气田。例如在北极圈的俄罗斯陆上发现气水合物带在西西伯利亚含油气盆地、伯朝拉含油气盆地和维柳伊含气盆地常规油气田之上的浅层；在美国阿拉斯加北极斜坡含油气盆地和加拿大北极海岸含油气盆地常规油气田上的浅层；墨西哥湾和里海的气水合物的热解气也是在下伏常规油气田之上。② 海洋气水合物的气主要是生物气，基本由下伏同体系沉积层（物）和同层沉积物形成的生物气，故气源形成时代新。海洋气水合物的（储集）围岩多为新生代，尤其是上新世地层中，往往成岩欠佳或未成岩。

气水合物主要资源量在海洋，所在层位时代新，成岩欠佳，构造不发育，常呈团块状；故难以用常规气田方法开发。其开采成本高；开采导致海底地貌破坏，影响电缆、港口设施和大型滑体的产生；开采中需解决温室效应比 CO_2 大 20 倍的 CH_4 逸漏，这些因素造成气水合物至今尚未开采。但经过 10～20 年的研究，当这些问题得以解决后，此潜力巨大的非常规能源对改善能源结构将起重要作用。

四、结语

20 世纪世界开采了 1150 亿 t 石油，64 万亿 m^3 天然气。如此大量油气开发是与油气地质的新理论出现并应用于油气勘探密切相关的。21 世纪将开发更多的油气资源。根据世界第 14 届石油大会资料，全球常规油、气最终可采资源量分别为 3113 亿 t 和 328

万亿 m^3，至2000年年底分别只采出36.9%和19.5%。因此，油气生产还有大潜力，不是部分人说的油气资源很快要枯竭了。按2000年世界油气的产量，剩下的油气最终可采资源分别可采59年和106年。从上可知，天然气比石油具有更大的潜力，故21世纪石油在能源结构中的主角地位将被天然气所取代。

参考文献

[1] 石宝珩，刘炳义．中外地质理论的发展与中国石油地质学之崛起．见：王鸿祯主编．中外地质科学交流史．北京：石油工业出版社，1992.243~260

[2] Fuller M L. Exploration in China. Bull AAPG，1919，3：99~116

[3] Pan C H. Non-Marine Origin of petroleum. in North Shansi，and the Cretaceous of Sichuan，China. Bull AAPG，25（11）

[4] 黄汲清，翁文波等．新疆油田地质调查报告．中央地质调查所地质专报，1947

[5] 谢家荣．甘肃玉门石油报告．湖南实业杂志，1922

[6] 尹赞勋．火山爆发白垩纪鱼层及昆虫之大量死亡与玉门石油之生成．地质论评，1948，13（1-2）：139

[7] 黄汝昌．柴达木盆地西部第三纪地层对比岩相变化及含油有利地区．地质学报，1959，39（1）：1~22

[8] 杨少华．柴达木盆地的生油层及主要油源区．地质科学，1959，（5）：145~147

[9] 侯德封．关于陆相沉积盆地石油地质的一些问题．地质学科，1959，（8）：225~227

[10] 胡朝元．生油区控制油气田分布——中国东部陆相盆地进行区域勘探的有效理论．石油学报，1982，3（2）：9~13

[11] 中国科学院兰州地质研究所．中国西北区陆相油气田形成及其分布规律．北京：地质出版社，1960

[12] 田在艺．中国陆相地层的生油和陆相地层中找油．见：中国陆相沉积和找油论文集．北京：石油工业出版社，1960

[13] 韩景行等．中国石油地质工作六十年的回顾和展望．地质论评，1982，28（3）

[14] 闫敦实，王尚文，唐智．渤海湾含油气盆地块断活动与古潜山油气田形成．石油学报，1980，1（2）：1~10

[15] 胡见义，童晓光，徐树宝．渤海湾盆地古潜山油藏的区域分布规律．石油勘探与开发，1981，（5）：1~9

[16] 胡见义，童晓光，徐树宝．渤海湾盆地复式油气聚集区（带）的形成和分布．石油勘探与开发，1986，（1）：1

[17] 张文昭．中国陆相大油田．北京：石油工业出版社，1997

[18] 李德生．渤海湾含油气盆地的地质构造特征．石油学报，1980，1（1）：6~20

[19] 黄第藩，李晋超，等．中国陆相油气生成．北京：石油工业出版社，1982

[20] 黄第藩，李晋超，等．陆相有机质演化和成烃机理．北京：石油工业出版社，1984

[21] 傅家谟，史继杨．石油演化理论与实践（I）——石油演化的机理与石油演化的阶段．地球化学，1979，（2）：87~110

[22] 程克明，王铁冠，钟宁宁等．烃源岩地球化学．北京：科学出版社，1995.6~200

[23] 王铁冠等．生物标志物地球化学．武汉：中国地质大学出版社，1990

[24] 王廷栋，蔡开平．生物标志物在凝析气藏天然气运移和气源对比中的应用．石油学报，1990，11（1）：25~31

[25] 傅家谟，刘德汉，盛国英．煤成烃地球化学．北京：科学出版社，1990.6~355

[26] 戴金星，李鹏举．中国主要含油气盆地天然气的 C_{5-8} 轻烃单体系列碳同位素研究．科学通报，1994，39（23）：2071～2073
[27] 张文正，关德师．液态烃分子系列碳同位素地球化学．北京：石油工业出版社，1997. 20～162
[28] 王大锐．油气稳定同位素地球化学．北京：石油工业出版社，2000. 146～240
[29] 石宝珩，张抗，姜衍文．中国石油地质学五十年．见：王鸿祯主编．中国地质科学五十年．武汉：中国地质大学出版社，1999. 220～230
[30] 刘池洋，赵重远，杨兴科．活动性、深部作用活跃——中国沉积盆地的两个重要特点．石油与天然气地质，2000，21（1）：1～6
[31] Lesquereaux L. The origin of petroleum. Trans Amer Phil Soc，1866，13：324～328
[32] Hunt T S. Report on the geology of Canada. Canadian Geological Survey，1863
[33] 史训知，戴金星，朱家蔚等. 1985. 联邦德国煤成气的甲烷碳同位素研究和对我们的启示．天然气工业，1985，（2）：1～9
[34] Ziegler P A. Petroleum Geology and Geology of the North Sea and Northeast Atlantic Contirental Margin. Universitetsforlaget，1975. 1～27
[35] Watson J M，Swanson C A. North Sea-Major Petroleum Province. Bull AAPG，1975，59（7）：1098～1112
[36] Ъагринцева К Н и др. Роль угленосных толщ впроцессах генераци и природного яаза. Геология Нефти и Газа，1968，（6）：7～11
[37] Жабрев И П. Генезис газа и прогноз газиосности. Геология Нефти и Газа，1974，（9）：1～8
[38] 扎勃列夫. 1989. 气田与凝析气田手册．肖守清译．乌鲁木齐：新疆人民出版社，1989. 100～126，207～253
[39] Brooks J D，Smith J W. The diagenesis of plant lipids during the formation of coal，petroleurn and natural gas-I. Changes in n-paraffin hydrocarbons. Geochimical et Cosmochimica Acta，1967，31：2389～2397
[40] Brooks J D，Smith J W. The diagenesis of plant lipids during the formation of coal，petroleum and natural gas-Ⅱ. Colification and the formation of oil and gas in the Gippsland Basin. Geochimica et Cosmochimica Acta，33：1183～1194
[41] 程克明．吐哈盆地油气生成．北京：石油工业出版社，1994. 1～199
[42] 黄第藩等．煤成油的形成和成烃机理．北京：石油工业出版社，1995. 1～425
[43] 金奎励，王宜林．新疆准噶尔侏罗系煤成油．北京：石油工业出版社，1997. 1～136
[44] 胡社荣．煤成油理论与实践．北京：地震出版社，1998. 1～184
[45] 戴金星．成煤作用中形成的天然气和石油．石油勘探与开发，1979，（3）：10～17
[46] 戴金星．我国煤系地层的含油气性初步研究．石油学报，1980，1（4）：27～37
[47] 戴金星．我国煤成气藏的类型和有利的煤成气远景区．见：中国石油学会石油地质委员会编．天然气勘探．北京：石油工业出版社，1986. 15～31
[48] 戴金星等．中亚煤成气聚集域形成及其源岩．石油勘探与开发，1995，22（3）：1～6
[49] 戴金星等．中亚煤成气聚集域东部煤成气的地球化学特征．石油勘探与开发，22（4）：1～5
[50] 戴金星等．中亚煤成气聚集域东部气聚集带特征．石油勘探与开发，1995，22（5）：1～7
[51] Ботнева Т А. Геохимия Нефтей и Оряанического Вещества Пород Нефтегазоносных Провинщнй и Областей СССР. Москва：Недра，1983. 103～116
[52] 史训知．煤成气的研究与发展．见：煤成气地质研究编委会主编．煤成气地质研究．北京：石油工业出版社，1987. 1～8
[53] 裴锡古，费安琦，王少昌等．鄂尔多斯盆地上古生界煤成气藏形成条件及勘探方向．见：煤成气地质研究编委会主编．煤成气地质研究．北京：石油工业出版社，1987. 9～20
[54] 罗启后等．四川盆地上三叠统煤成气富集规律与勘探方向．见：煤成气地质研究编委会主编．煤成

气地质研究．北京：石油工业出版社，1987. 86 ~ 96
[55] 陈伟煌．崖 13-1 气田煤成气特征及气藏形成条件．见：煤成气地质研究编委会主编．煤成气地质研究．北京：石油工业出版社，1987. 97 ~ 102
[56] 宋岩，戴金星，张志伟．煤系气源岩的主要地球化学特征．见：煤成气地质研究编委会主编．煤成气地质研究．北京：石油工业出版社，1987. 106 ~ 117
[57] 朱家蔚，许化政 . 1987. 利用稳定碳同位素研究混合气中的煤成气比例．见：煤成气地质研究编委会主编. 煤成气地质研究．北京：石油工业出版社，1987. 175 ~ 181
[58] 张文正，刘桂霞，陈安定等．低阶煤及煤岩显微组分的成烃模拟实验．见：煤成气地质研究编委会主编．煤成气地质研究．北京：石油工业出版社，1987. 222 ~ 228
[59] 朱家蔚，戚厚发，廖永胜．文留煤成气藏的发现及其对华北盆地找气的意义．石油勘探与开发，1983，(1)：4 ~ 11
[60] 徐永昌，沈平．中原华北油气区“煤型气”的地球化学特征初探．沉积学报，1985，3 (2)：37 ~ 46
[61] 王少昌．陕甘宁盆地上古生界煤成气资源远景．见：中国石油学会石油地质委员会编．天然气勘探. 北京：石油工业出版社，1986. 125 ~ 136
[62] 伍致中，王生荣，卡未力．新疆中下侏罗统煤成气初探．见：中国石油学会石油地质委员会编．天然气勘探．北京：石油工业出版社，1986. 137 ~ 149
[63] 戚厚发，戴金星．我国煤成气藏分布特征及富集因素．石油学报，1989，10 (2)：1 ~ 8
[64] 张士亚，郜建军，蒋泰然．利用甲、乙烷碳同位素判别天然气类型的种新方法．见：地质矿产部石油地质所编．石油与天然气地质文集 (第 1 集)．北京：地质出版社，1988. 48 ~ 59
[65] 王庭斌，张书麟，李晶．中国煤成气的储层特征及成岩后生作用影响．见：地质矿产部石油地质所编．石油与天然气地质文集 (第 1 集)．北京：地质出版社，1988. 85 ~ 100
[66] 张义纲，胡惕麟，曹慧缇等．天然气的生成和气源岩评价方法．见：地质矿产部石油地质研究所编. 石油与天然气地质文集 (第 4 集)．北京：地质出版社，1994. 51 ~ 64
[67] 张士亚．鄂尔多斯盆地天然气气源及其勘探方向．天然气工业，1994，14 (3)：1 ~ 4
[68] 冯福闿，王庭斌，张士亚等．中国天然气地质．北京：地质出版社，1995. 4 ~ 5，138 ~ 147
[69] 戴金星，裴锡古，戚厚发．中国天然气地质学 (卷一)．北京：石油工业出版社，1992. 65 ~ 82
[70] 戴金星，裴锡古，戚厚发．中国天然气地质学 (卷二)．北京：石油工业出版社，1996. 115 ~ 134，145 ~ 184
[71] 杨俊杰，裴锡古．中国天然气地质学 (卷四)．北京：石油工业出版社，1996. 1 ~ 285
[72] 戴金星，宋岩，张厚福．中国天然气聚集区带．北京：科学出版社，1997. 57 ~ 90，110 ~ 118
[73] 毛希森，蔺殿忠．中国近海大陆架的煤成气．中国海上油气 (地质)，1990，4 (2)：27 ~ 28
[74] 何家雄．莺歌海盆地东方 1-1 构造的天然气地质地化特征及成因探讨．天然气地球科学，1994，5 (3)：1 ~ 8
[75] 邓鸣放，张宏友，梁可明等．琼东南、莺歌海盆地油气特征及其烃源岩研究．中国海上油气 (地质)，1990，4 (11)：15 ~ 22
[76] 张启明，郝芳．莺-琼盆地的烃源岩与油气生成．见：龚再升等著．南海北部大陆架边缘盆地分析与油气聚集．北京：科学出版社，1997. 15 ~ 22
[77] 吴国蕙．西湖拗陷下中新统天然气成因探讨．天然气工业，1989，9 (6)：7 ~ 11
[78] 朱家蔚，徐永昌．申建中等．东濮凹陷天然气氩同位素特征及煤成气判别．科学通报，1984，(1)：41 ~ 44
[79] 沈平，徐永昌，王先彬等．气源岩和天然气地球化学特征及成因机理研究．兰州：甘肃科学技术出版社，1991. 1 ~ 243
[80] Промыщленность Г. Преспективы Развития Сырьевой базы. Газовая Промыщленность，2000，

(1): 1

[81] Max M D, Dillon W P. Oceanic methane hydrate: the character of the Black Ridge hydrate stabitity zone, and the potential for methane extraction. J of Petroleum Geology, 1998, 21 (3): 343 ~ 359

[82] Kvenvolden K A. A review of the geochemistry of methane in nature gas hydrate Org Creocheme, 1995, 23 (11-12): 997 ~ 1008

[83] Якущев В С, Истомин В А. Прироные газовые гираты-реалвная алвтернатива традционным месторожениям. Газовая Промыщленность, 2000, (7): 34 ~ 36

[84] Collett T S. Natural gas hydrates of the Prudhoe Bay and Kupruk River area, North Slope, Alaska. Bull AAPG, 1993, 77 (5): 793 ~ 812

[85] Shipley T H, Didyk B M. Occurrence of methane hydrates offsho sourthern Mexco. Initial Reports DSDP, 1982, 66: 547 ~ 555

[86] Sloan L C Possible methane-induced polar warming in the early Eocene. Nature, 1999, 357: 320 ~ 322

[87] Dickens G R. The blast in the past. Nature, 1999, 401: 752 ~ 755

[88] Bains S, *et al*. Mechanisms of climate wmming at the end of the paleocence. Science, 1999, 285 (54-28): 724 ~ 726

无机成因油气论和无机成因的气田（藏）概略*

无机成因油气论系指油气的组成元素是非生物源的，其形成与生物作用无关而是无机化学作用的结果。无机成因油气田是指其中占绝对优势的组分或各组分均是无机成因的。

一、无机成因油气论概略

1. 无机成因油气论的提出

从18世纪中叶无机成因油气论产生至20世纪70年代，是以地质为主，特别是以大地构造臆测为基础的古典无机成因油气论阶段，其特征是从油气本身地球化学角度来定量研究油气无机成因不够，而多靠旁推侧击的地质推论来阐明油气无机成因，从而导致无机成因油气论处于兴短衰长的被动局面。

2. 无机成因油气论从臆测到科学确定

从1763年至今，大量无机成因油气论者提出了大胆的推论，可惜他们对油气本身地球化学缺乏深入研究或没有研究油气主体的地球化学，只去探索油气的从属的地球化学，使其立论难以获得支持。

近几十年来，由于现代科学技术的进步，使从油气，特别是天然气本身来科学厘定其无机成因成为可能。1979年Welham等指出，东太平洋北纬21°处中脊喷出的热液（400℃）中，含氢气、甲烷和氦。氢气的体积浓度为10%，每年喷出氢气和甲烷分别为12亿m^3和1.6亿m^3，$\delta^{13}C_1$值为-17.6‰～-15‰，R/R_a约为8，说明这些气体是幔源的[1]。我国在1988年，首先肯定存在的无机成因天然气是云南省腾冲县硫磺塘-澡塘河的热泉中的天然气，气组分CO_2为96.00%至96.94%，CH_4为0.024%至0.396%，He为0.0043%至0.0051%，$\delta^{13}C_{CO_2}$为-1.9‰～-6.3‰，$\delta^{13}C_1$-19.95‰～-29.29‰[2]。张义纲等指出，东海盆地天外天构造1井有两层日产500m^3的以烷烃气为主的气层，其烷烃气的碳同位素分别是：$\delta^{13}C_1$为-17‰，$\delta^{13}C_2$为-22‰，$\delta^{13}C_3$为-29‰[3]，具有典型的负碳同位素系列，故是无机成因烷烃气。我国有许多气井与气苗高含CO_2的天然气，二氧化碳的碳同位素特征可以证明这些天然气均是无机成因的，有的还形成气田[4,5]。

---

* 原载于《石油学报》，2001，第22卷，第6期，作者还有石昕，卫延召。

二、无机成因油气的地球化学依据及其鉴别标准

1. 无机成因油气的地球化学依据

传统的有机成因和无机成因油气理论的争论焦点是有关油气存在的地球化学条件或依据。一般认为，无机成因的油气是在高温下形成的，在高温状况下，石油能否形成和存在，还是个有争议并且值得深入研究的问题，而高温条件下烃类气（特别是甲烷）和二氧化碳存在和形成则有充分的地球化学依据。

1）无机成因气的地球化学依据

在常温常压下烃类气体主要包括甲烷、乙烷、丙烷、正丁烷、异丁烷和新戊烷等。这些气体在地表与地球深处不能存在的温度值，即死亡温度极限，对其可否属无机成因是个极为重要的参数。

甲烷具有较高的热稳定性，其在自然界中或地层状况下存在的最高温度目前已知可大于500℃。山东日照榴辉岩（地幔岩）的形成温度为600～1000℃，在其石榴子石包裹体中均含甲烷、乙烷、丙烷和丁烷。因此，把在地层状态下甲烷死亡温度定为800℃左右较合适，丁烷死亡温度也不低于600℃。由此可见，甲烷至丁烷气在酸性岩浆（700～800℃）和高温热液（300～500℃）矿床条件下可形成和存在。如果以常规的地温梯度计算，甲烷和丁烷在地下20～25km处可形成和存在。若考虑压力因素，其死亡温度值还要高些。

二氧化碳是无机成因气的一个重要组分，具有很高的稳定性，它的分解温度为2000℃，相当于上、下地幔交界处温度[6]。也就是说，二氧化碳在地幔和地壳均有形成和存在的地球化学依据，在地幔岩、火山岩和花岗岩包裹体中发现的以二氧化碳为主的气体是其佐证[4]。

2）无机成因石油的地球化学依据探讨

一般认为，石油在150℃以上就裂解为以烷烃气为主的天然气。实际上，石油裂解成为气体的温度比150℃要高些。例如，美国怀俄明州夫伦蒂油砂岩地温达163℃[7]。但美国俄克拉荷马州Bertha Rogers 1号超深井（9.6km）、德克萨斯Jacobs 1号井（7km、300℃）的观察及其实验证明，在290℃的条件下C_{14}—C_{25}烃仍是稳定的[8,9]。基于以上分析，石油死亡温度可否以200℃为宜？若如此，石油生存的地球化学条件仅只能在低温热液中（50～200℃），也就是说无机成因石油比无机成因天然气的形成和存在的地球化学条件要差很多。

3）地球深部无机成因油气的稳定性

大量的科学实验表明，在地壳深部高温高压下，无机成因的甲烷和二氧化碳有能够形成和存在的条件。由于二氧化碳和甲烷的热力学稳定性的差异，地球内部无机成因气有两种组合类型：一是在较高氧逸度下以二氧化碳气为主；另一种是在较低氧逸度下以甲烷为主。在这两种类型气体向地球浅部运移的过程中，以二氧化碳为主的气体基本不变，但氧逸度较低的以甲烷为主的气体，随着向浅部运移，由于氧逸度的增加，甲烷及其同系物被氧化成二氧化碳。所以在地层浅部发现无机成因的气体以二氧化碳为主，而烃类气占的比例较小。这也许是如今世界上发现无机成因烃类气为主的气藏少、但发现了许多无机成因

二氧化碳气藏（田）的重要原因之一。

2. 无机成因气的鉴别

对于无机成因和有机成因气的鉴别研究，我国走在世界前列[3~5,10~15]。以下重点分析有机成因和无机成因的烷烃气和二氧化碳的判别问题。

1）烷烃气鉴别

（1）无机成因甲烷一般 $\delta^{13}C_1 > -30‰$ 划分无机成因和有机成因甲烷的 $\delta^{13}C_1$ 界限值，主要有3种意见（表1）：第一种定为其值大于−20‰[3,15,16]；第二种定为大于−25‰[17]；第三种定为大于−30‰[2,11]。综合分析，划分无机成因和有机成因甲烷的 $\delta^{13}C_1$ 界限值定为大于−30‰较为合理与实用。一是考虑国内外无机成因甲烷，虽有 $\delta^{13}C_1 > -20‰$ 和−25‰，但更多的，特别在地热区则多数是在−20‰～−30‰。如果把界限值定为大于−20‰和−25‰，必然把大量无机成因甲烷错划在有机成因范围；二是因为大于−20‰和−25‰也不是划分两种成因气的绝对标准数值，因为在−10‰和−20‰之间也还有少量过成熟的煤成甲烷[4,5,11]。可用地质综合分析法认识出这少量 $\delta^{13}C_1$ 为−10‰至−30‰的煤成甲烷，因为后者在煤系之中或附近。

表1　国内外学者关于划分有机成因和无机成因甲烷的 $\delta^{13}C_1$ 界限值

有机成因和无机成因甲烷的 $\delta^{13}C_1$，界限值/‰，PDB	资料来源	有机成因和无机成因甲烷的 $\delta^{13}C_1$，界限值/‰，PDB	资料来源
>−20	沈　平等（1991）	>−25	Jenden，1993
>− 20	张义纲等（1991）	一般>−30	戴金星，1988，1992
>−20	徐永昌等（1994）	>−30	Fuex，1977

（2）无机成因烷烃气具负碳同位素系列（$\delta^{13}C_1 > \delta^{13}C_2 > \delta^{13}C_3$）。所谓烷烃气碳同位素系列是指依烷烃气分子中碳数顺序递增，$\delta^{13}C_1$ 值依次递增或递减。递减者谓之负碳同位素系列（$\delta^{13}C_1 > \delta^{13}C_2 > \delta^{13}C_3$），递增者称为正碳同位素系列（$\delta^{13}C_1 < \delta^{13}C_2 < \delta^{13}C_3 < \delta^{13}C_4$）[8,11]。无机成因烷烃气具有负碳同位素系列，而有机成因烷烃气则有正碳同位素系列。据此，发现我国主要含油气盆地中烷烃气绝大多数是有机成因的，但在松辽盆地和东海盆地也发现少量具有负碳同位素系列的无机成因的烷烃气（表2）。

表2　国内外具有负碳同位素系列的无机成因烷烃气

气样地点	$\delta^{13}C_1$/‰	$\delta^{13}C_2$/‰	$\delta^{13}C_3$/‰
中国松辽盆地昌德气藏芳深1井	−18. 63	−23. 22	
中国松辽盆地昌德气藏芳深2井	−18. 90	− 19. 90	− 34. 10
中国松辽盆地升501井	−27. 26	−27. 69	−28. 90
中国东海盆地天外天构造1井	−17	−22	−29
俄罗斯希比尼地块	−3. 2	−9. 1	−16. 2
美国黄石公园泥火山	−21. 5	−26. 5	

（3）无机成因甲烷的 $CH_4/^3He$ 值为 $n\times10^{5\sim7}$。在我国渤海湾盆地翟庄子二氧化碳气田巷 151 气藏中，无机成因甲烷的 $CH_4/^3He$ 值为 4.1152×10^7，云南腾冲地区和长白山天池幔源型温泉气中无机成因甲烷的 $CH_4/^3He$ 值为 $10^{6\sim7}$ 量级[5]。东太平洋北纬 21°中脊喷出的热液中的冰岛热点区地热气的和日本列岛温泉气中的幔源成因的甲烷的 $CH_4/^3He$ 为 $10^{5\sim7}$ 量级[1,18]。而我国有机成因甲烷的 $CH_4/^3He$ 为 $10^{10\sim12}$ 量级，与无机成因气的甲烷的 $CH_4/^3He$ 为 $10^{5\sim7}$ 量级明显有别（表 3）。

表 3　$CH_4/^3He$、$\delta^{13}C_1$ 和 R/R_a 值判别甲烷成因

样品所在地点或井号	$\delta^{13}C_1$/‰, PDB	R/R_a	$CH_4/^3He$	资料来源	甲烷成因
渤海湾盆地黄骅坳陷港 151 井	−28.60	3.62	4.1152×10^7	戴金星等，1997	幔源成因
吉林省长白山天池温泉（3）	−24.04	1.19	1.7365×10^7		
云南省腾冲县大滚锅温泉	−19.48	3.26	7.0489×10^6	戴金星等，1994	
云南省腾冲县小滚锅温泉	−20.58	3.37	7.5666×10^6		
东太平洋北纬 21°中脊热液流体	−17.6 ~ −15	约 8	5×10^6	Welham *et al.*，1979	
日本列岛温泉气			3.2×10^7 ~ 2.9×10^6	卜部明子等，1983	
冰岛热点区地热气			1×10^7 ~ 2.1×10^5	Sano，1985	
鄂尔多斯盆地陕 30 井（O_1m）	−33.94	0.02	3.1650×10^{11}	戴金等，1997	有机成因
四川盆地河 1 井（P_2ch）	−35.91	0.01	5.618×10^{12}		
渤海湾盆地冀中坳陷马 21 井	−58.07	0.30	3.9284×10^9		
渤海湾盆地黄骅坳陷乌 13 井	−40.14	0.14	5.2369×10^{10}		
渤海湾盆地济阳坳陷陈气 53 井	−53.36	0.27	7.0744×10^{11}		
吐哈盆地勒 1 井（J_2b）	−43.14	0.02	3.7378×10^{11}		
塔里木盆地轮 23 井（T）	−36.12	0.04	9.0339×10^{11}		
准噶尔盆地克 75 井（P_2w）	−31.03	0.32	4.0031×10^{10}		

2）二氧化碳的鉴别

（1）无机成因 $\delta^{13}C_{CO_2}$ 大于−8‰。戴金星等在综合国内外大量二氧化碳有关鉴别数据后，归总出无机成因 $\delta^{13}C_{CO_2}$ 大于−8‰，主要在−8‰至 3‰区间。无机成因二氧化碳中，碳酸盐岩变质成因的二氧化碳的 $\delta^{13}C_{CO_2}$ 值接近碳酸盐岩 $\delta^{13}C$ 值，在 0±3‰左右；岩浆–幔源成因的二氧化碳的 $\delta^{13}C_{CO_2}$ 大多在−6‰± 2‰[5]。

（2）各种成因二氧化碳的鉴别图版。根据我国 390 个和国外 100 个不同成因的 $\delta^{13}C_{CO_2}$ 值与对应的气组分资料，编绘出的鉴别各种成因二氧化碳的图版[5]见图 1。可见，在气组分中，当二氧化碳含量达 60% 或更高，该二氧化碳是无机成因的。在多数情况下，二氧化碳含量小于 15% ，该二氧化碳是有机成因的。$\delta^{13}C_{CO_2}$ 大于−8‰ ，该二氧化碳为无机成因的；当$\delta^{13}C_{CO_2}$小于-10‰，该二氧化碳则为有机成因的；当二氧化碳碳同位素在-10‰到-8‰，为有机成因二氧化碳、无机成因二氧化碳和有机成因及无机成因二氧化碳的混合气的共存区。

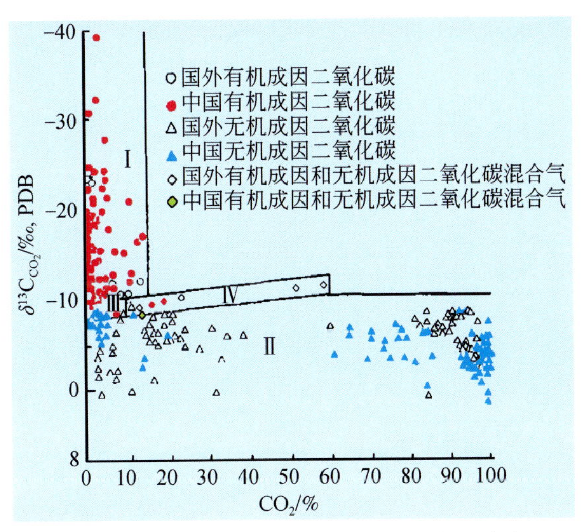

图1　无机成因和有机成因二氧化碳鉴别图

Ⅰ. 有机成因二氧化碳区；Ⅱ. 无机成因二氧化碳区；Ⅲ. 有机成因与无机成因二氧化碳共存区；
Ⅳ. 无机成因和有机成因二氧化碳混合气

三、无机成因的气田（藏）

国内外虽然有许多有科学依据的无机成因天然气苗和气井，但对无机成因的气田（藏）研究则是极薄弱的。近十多年来，我国对无机成因的气田（藏）研究取得了重要的进展，不仅对无机成因的二氧化碳气田（藏）研究成果卓著，同时还在世界上首次科学肯定了无机成因烷烃气田（藏）的存在。

1. 无机成因的烷烃气田（藏）——昌德气藏

昌德气藏位于松辽盆地三肇凹陷安达-肇州带中部的昌德-大青山构造上，后者是在变质岩基底隆起上发育起来的背斜（图2），有4个高点，是岩性构造气藏。该构造上有17条近南北及北东向断层，断层上小下大，向上消失于泉头组（K_1q）泥岩段中，断距50～100m，但向下断距增大，在基岩面断距可达500m以上①，无机成因气通过深切变质岩基底的断裂向上运移。主要的储集层为登娄库组三、四段（K_1d^{3-4}）中细砂岩，厚度130m左右，单层厚度3～5m。气层19～26m，埋深2700～3100m。盖层为登娄库组二段以上的泉头组（K_1q）下部稳定泥岩段及登娄库组上部泥岩和致密砂岩层，厚达数百米。

1992年，戴金星等根据昌德气藏芳深1井烷烃气具有负碳同位素系列的特征，且其$\delta^{13}C_1$值（>-30‰）大于无机成因甲烷下限值的地球化学依据，指出其烷烃气为无机成

① 高瑞祺，程学儒，文亨范等，松辽盆地北部不同成因类型天然气地球化学特征和早期资源评价，大庆油田勘探开发研究院，1989。

因[11]。1994 年，郭占谦和王先彬也发现昌德气藏芳深 2 井烷烃气负碳同位素系列，同时 $\delta^{13}C_1$值亦大于-30‰，也指出该气藏存在无机成因烷烃气[12]（表 2）。由于芳深 1 井 $\delta^{13}C_{CO_2}$为-19.15‰，低于无机成因 $\delta^{13}C_{CO_2}$下限值-8‰，故二氧化碳是有机成因的。同时该井氦同位素 R/R_a 为 0.50，属壳源型。因此，得出昌德气藏烷烃气总体上是壳源无机成因的结论是较为科学的。芳深 1 井天然气的甲烷为 91.559%，乙烷为 1.449%，丙烷为 0.151%，二氧化碳为 0.390%，氮为 6.363%，是以烷烃气为主的无机成因气藏，该类气藏的发现不仅在国内属首次，国外亦未见报道。

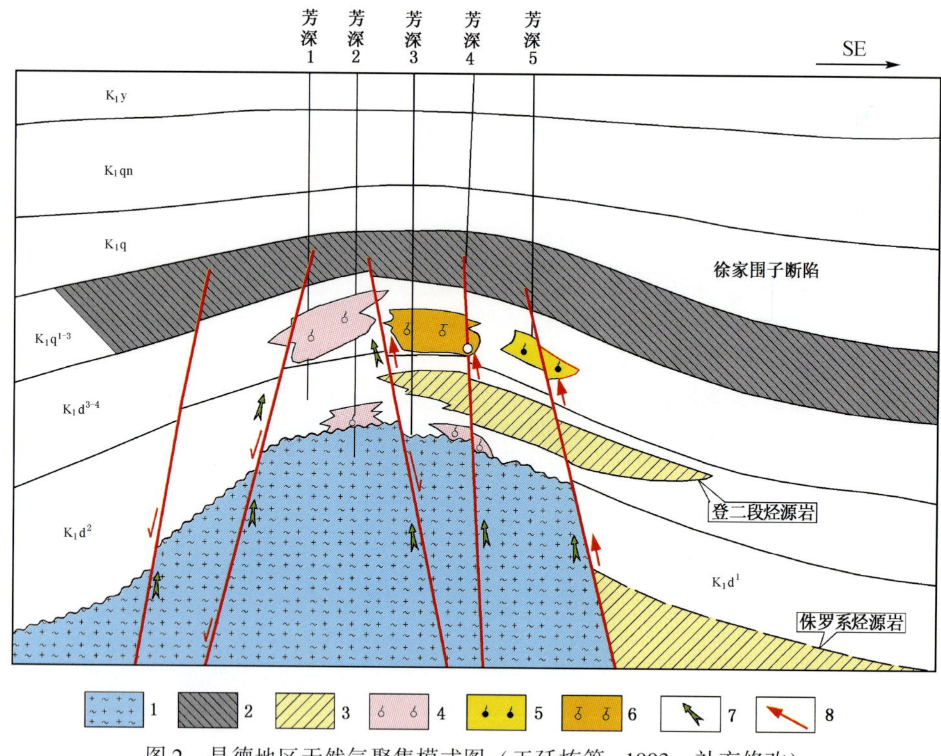

图 2　昌德地区天然气聚集模式图（王廷栋等，1993，补充修改）

1. 变质岩基底；2. 泥岩盖层；3. 烃源岩；4. 无机成因为主气藏；5. 有机成因为主气藏；6. 有机成因和无机成因混合气藏；7. 无机成因气的运移方向；8. 有机成因气的运移方向

由图 2 可知，昌德-大青山构造有好几个气藏。只有芳深 1 井和芳深 2 井气藏的烷烃气具有负碳同位素系列，且 $\delta^{13}C_1$> -30‰，把此气藏称为昌德气藏。该气藏登娄库组和基岩中天然气 $\delta^{13}C_1$ 值均大于-30‰，有无机成因的特征，同时 $\delta^{13}C_1$ 值十分相近，如芳深 2 井基岩中 $\delta^{13}C_1$ 值为-22.01‰，登娄库组中 $\delta^{13}C_1$值为-22.51‰（图 3），说明两者的同源性。结合图 2 来看，由于有机成因气的烃源岩对其影响极少，故聚集了从变质岩中断裂运移来的无机成因气。

在芳深 3 井和芳深 4 井登娄库组气藏中，烷烃气的 $\delta^{13}C_1$ 值在-29.13‰～-30.75‰，比昌德气藏 $\delta^{13}C_1$ 值-22.25‰～-23.03‰轻得多，比芳深 4 井基岩中 $\delta^{13}C_1$值-20.88‰也轻得多（图 3）。由于芳深 3-芳深 4 登娄库组气藏下伏有登娄库组二段烃源岩可生成有机成因烷烃气，由基岩沿断裂向上运移的无机成因烷烃气，在经过登娄库组二段必然会同有机

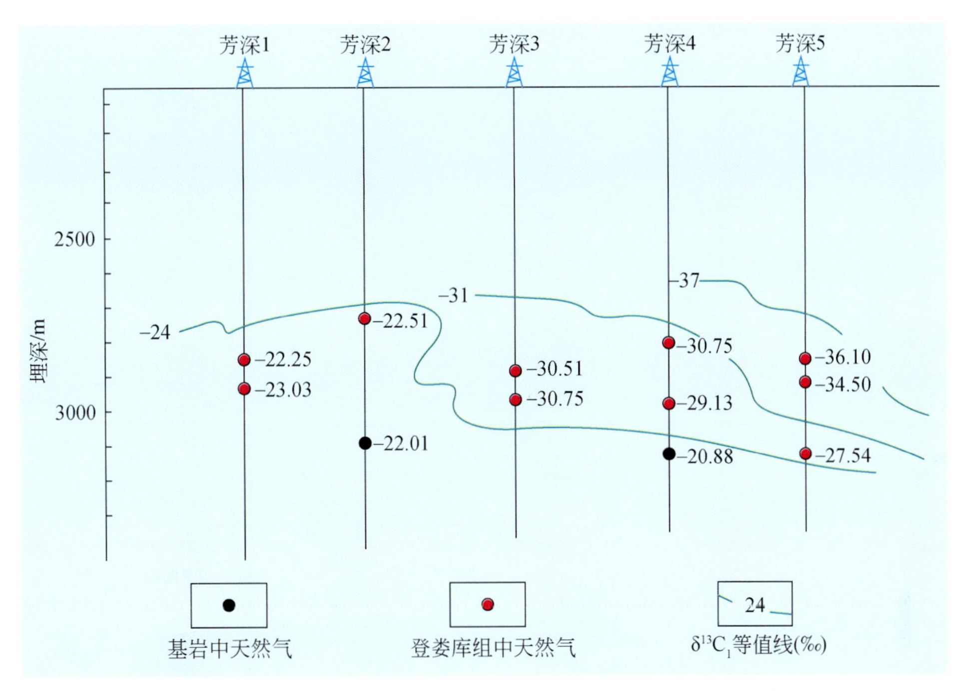

图 3　昌德地区 $\delta^{13}C_1$ 值剖面分布示意图（王廷栋，1993，稍修改）

成因烷烃气混合再向上运移至登娄库组三、四段（K_1d^{3-4}），并聚集成藏，故该气是有机成因和无机成因的混合气（图 2）。芳深 4 井 $\delta^{13}C_1$ 值从深至浅变轻，即从基岩至登娄库组，由-20.88‰→-29.13‰→-30.75‰（图 3），表明有机成因的甲烷气从深至浅混入程度由几乎不存在而逐渐增多。

在芳深 5 井气藏中，$\delta^{13}C_1$ 值从登娄库组深部至浅处逐渐变轻，最轻的为-36.10‰（图 3）。芳深 5 井气藏接受登娄库组二段和侏罗系两个烃源岩的有机成因气，而从基岩运移来的无机成因气的贡献作用要比昌德气藏和芳深 3— 芳深 4 气藏弱得多，故形成的是有机成因气或有机成因气占绝对优势的气藏。

2. 无机成因二氧化碳气田（藏）

所谓二氧化碳气田（藏），是指气组分中二氧化碳占优势的气藏，即占 60% 以上，往往是 95% 以上。在国内外都发现有无机成因二氧化碳气田（藏）。中国二氧化碳气田（藏）目前仅在东部盆地中发现。在松辽盆地、渤海湾盆地、苏北盆地和三水盆地[4,18,19]，大陆架上的东海盆地[20]、珠江口盆地[21]和莺歌海盆地[22,23]等共发现了 29 个二氧化碳气田（藏）（图 4）[20]。

如万金塔气田，位于松辽盆地东南部惠德凹陷西缘，初步估计储量在 30 亿 m^3 以上[24]。万金塔短轴背斜走向北东，是个在古生界变质岩断块及火山岩体基础上发展起来的披覆构造，并被断层复杂化。气藏位于下白垩统泉头组一、二、三段中。气田的区域盖层为泉三段上部和泉四段，以泥岩为主，厚度达 150 ~ 200m。气田的主要气藏在泉三段，储气层为灰白、浅灰色粉砂岩、细砂岩，单层砂岩厚度可达 5m 以上。

在万金塔气田各气藏的天然气中，CO_2 含量为 57.79% 至 99.77% ，一般大于 90% ，

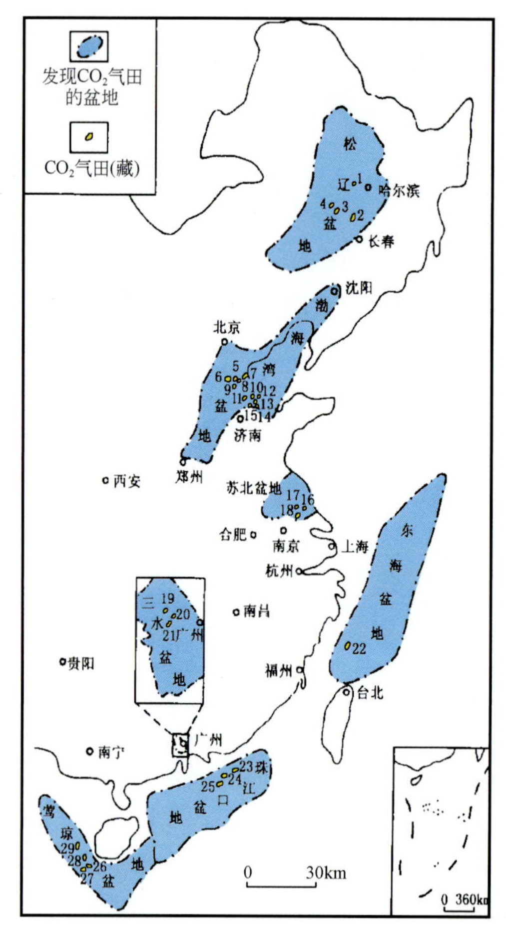

图4 中国东部和大陆架上盆地二氧化碳气田（藏）分布示意图（戴金星等，1997）

二氧化碳气藏（田）：1. 芳深9；2. 万金塔；3. 孤店；4. 乾安；5. 旺21井；6. 旺古1井；7. 友爱村；8. 翟庄子；9. 齐古1井；10. 阳25井；11. 阳2井；12. 平方王；13. 平南；14. 花沟；15. 高53；16. 丁庄垛；17. 纪1井；18. 黄桥；19. 南岗；20. 沙头圩；21. 坑田；22. 石门潭；23. 惠州18-1；24. 惠州22-1；25. 番禺28-2；26. 乐15-1；27. 乐21-1；28. 乐8-1；29. 东方1-1

是典型的二氧化碳气田。由于$\delta^{13}C_{CO_2}$值为-4.04‰至-8.83‰，平均值为-5.35‰，处于岩浆-幔源成因的$\delta^{13}C_{CO_2}$在-6‰±2‰。同时，从与二氧化碳伴生的氦同位素的R/R_a为3.34～4.96，与壳源成因$R/R_a<1$迥然不同这一点来看，二氧化碳主要是岩浆-幔源成因的，二氧化碳是从深部运移来的。但气藏中的烃类气主要是甲烷，含量从0.13%至34.56%，一般小于10%，其$\delta^{13}C_1$为-38.66‰～-45.37‰，远轻于无机成因的$\delta^{13}C_1$底限值-30‰，应是有机成因。岩浆-幔源成因的二氧化碳中存在少量的有机成因烃类气，是因为深部岩浆-幔源成因的二氧化碳向上运移进入松辽盆地的有机成因的生油层系，故免不了掺混由生油层生成的有机成因的烃类气。

四、无机成因二氧化碳和烷烃气有利发育带主要控制因素

（1）莫霍面隆起或地幔柱上隆地区。万金塔气田、昌德气藏等位于莫霍面隆起处，莫霍面高点埋深均在29～31km。

（2）热流值大于 1.3HFU，地温梯度大于 3.5℃ /100m 的高热— 热构造区带。如莺歌海盆地东方 1-1 气田，其二氧化碳气藏热流值很高，地温梯度达 4.49 ~ 4.79℃ /100m。

（3）R/R_a> 1 正异常带，特别在 R/R_a> 2 的地带。例如，济阳拗陷高青— 平南二氧化碳气聚集带发现四个气田（气顶）均在 R/R_a> 1 正异常中。

（4）近期或较新时代玄武岩或岩浆活动带，沿气源断裂带。当气源断裂附近具备储、盖、圈、保配套条件时，往往易形成无机成因气藏。中国东部伸展盆地带及晚第三纪至第四纪北西西向构造、岩浆活动带是无机成因气释放的有利地区。

无机成因油是否存在，目前还缺乏充足的地球化学依据，但无机成因气存在无疑，并已有充足的地球化学依据，说明可形成工业价值的气田（藏），然而其与有机成因气田（藏）相比则是凤毛麟角。随着有机成因气田大量开采而渐趋减少，将来会把无机成因气田勘探提到议程上来。因此，超前进行无机成因气及其气田分布规律研究是十分必要的。

参 考 文 献

[1] Welham J, Craig H. Methane and hydrogen in East Pacific rise hydrothermal fluids. Geophys Res Lett, 1979, 6（11）: 829 ~ 831

[2] 戴金星．云南省腾冲县硫磺塘天然气的碳同位素组成特征和成因．科学通报，1988，33（15）：1168 ~ 1170

[3] 张义纲等．天然气的生成聚集和保存．南京：河海大学出版社，1991. 78

[4] 戴金星，宋岩，戴春森．中国东部无机成因及其气藏形成条件．北京：科学出版社，1995. 1 ~ 212

[5] 戴金星，宋岩，张厚福等．中国天然气的聚集区带．北京：科学出版社，1997. 182 ~ 218

[6] 南京大学地质系矿物岩石教研室．火成岩岩石学．北京：地质出版社，1980. 7 ~ 24

[7] 莱复生 A I. 石油地质学（下册）．北京：地质出版社，1975. 117 ~ 141

[8] Price L C, *et al.* Organic geochemistry of the 9.6km Bertha Rogers # 1Well. Oklahoma Org Geochem, 1981, 3: 59 ~ 77

[9] Price L C. Organic geochemistry of core sample from the ulrta deep hot well（300℃, 7km）. Chem Geol, 1982, 37: 215 ~ 228

[10] Abrajano T A, *et al.* Methane - hydrogen gas seeps, Zambales ophiolile, Philippines: deep or shallow origin? Chem Geols, 1988, 71: 211 ~ 222

[11] 戴金星．各类烷烃气的鉴别．中国科学（B 辑），1992，（2）：185 ~ 193

[12] 郭占谦，王先彬．松辽盆地非生物成因气的探讨．中国科学（B 辑），1994，24（3）：303 ~ 309

[13] Зорькин Л М и др. Геохимия Природных Газов НефтегазонОсных бассйнов. Москва: Недра, 1984. 162 ~ 164

[14] Hulston J R, McCabe W J. Mass spec trometer measurements in the thermal areas of New Zealand. Geochim et Cosmochim Acta, 1962, 26: 399 ~ 410

[15] 徐永昌等．天然气成因理论及应用．北京：科学出版社，1994. 97 ~ 1016

[16] 沈平等．气源岩和天然气地球化学特征及成气机理研究．兰州：甘肃科学技术出版社，1991. 115 ~ 122

[17] Jenden P D, Hilton D R. The future of energy gases. USGS Workshop（OCT 1992）, 1993: 31 ~ 56

[18] 戴金星等．中国东部无机成因的二氧化碳气藏及其特征．中国海上油气（地质），1994，8（4）：215 ~ 222

[19] Dai J X, *et al.* Geochemistry and accumulation of carbon dioxide gases in China. AAPG Bulletin, 1996, 80（10）: 1615 ~ 1626

[20] 戴金星等．论中国东部和大陆架二氧化碳气田（藏）及其气的成因类型．见：戴金星等编，天然气地质研究新进展．北京：石油工业出版社，1997. 183 ~ 203
[21] 向凤典．珠江口盆地（东部）的 CO_2 气藏及其对油气聚集的影响．中国海上油气（地质），1994，8（3）：155 ~ 162
[22] 赖万忠．中国南海北部二氧化碳气成因．中国海上油气（地质），1994，8（5）：319 ~ 327
[23] 何家雄．莺歌海盆地东方 1-1 构造天然气地质地化特征及成因探讨．天然气地球科学，1994，5（3）：1 ~ 8
[24] 陈荣书．天然气地质学．武汉：中国地质大学出版社，1989. 264 ~ 265

中国西部煤成气资源及其大气田*

天然气是污染少的清洁能源，备受人们的欢迎。近年来我国天然气探明储量大幅度地增长，年产量也随之迅速增加，在“九五”期间年产量以10%的速度增长。长期以来我国一次能源构成中天然气长期仅占2%，这一局面开始被打破，2000年这一比例已达3%[1]，预计今后将逐渐增加。我国近年来天然气勘探大好形势的出现是与煤成气理论研究以及煤成气的大量探明密切相关的[2]。今后一段时期内，中国天然气还将处于大发现大开发中，这种大发现大开发在天然气类型上以煤成气为基础，在地区上以西部为主。“石油工业‘十五’规划”指出：经过“十五”或更长一点时间的努力，在全国形成四个各累计天然气探明储量在1万亿 m^3 以上、年产量100亿 m^3 以上的天然气生产基地，其中三个（四川、鄂尔多斯和塔里木）都在西部[1]。因此，研究和勘探西部的天然气特别是煤成气对我国能源工业有重大意义。

一、西部煤成气资源量和储量

我国西部大开发正在热火朝天地进行，西部大开发的重大工程之一——“西气东输”已经启动。“西气东输”工程依靠的核心气田克拉2气田的气源是煤成气，可见煤成气的重大意义。

根据最近研究，我国天然气资源量为50.6万亿 m^3，可采资源量为13.3万亿 m^3[3]。我国西部主要含气盆地天然气资源量为31.92万亿 m^3（表1），占全国资源量的63.09%，因此，西部雄厚的天然气资源将成为我国天然气今后增长的重要地区。在西部主要含气盆地天然气资源的31.92万亿 m^3 中，煤成气为19.95万亿 m^3，占其整个资源量的62.5%（表1），说明今后西部探明的天然气将以煤成气为主。

表1　中国西部主要含气盆地天然气资源量

盆地	资源量/万亿 m^3			煤成气和油型气比例/%	
	煤成气	油型气	总计	煤成气	油型气
鄂尔多斯	8.3894①，0.388②	8.7774	95.6	4.4	
四川	3.421③	5.0147②	8.4357	40.6	59.4
准噶尔	0.7889④	1.3036③	2.0925	37.7	62.3
吐哈	0.4702⑤	0	0.4702	100.0	0

* 原载于《中国矿物岩石地球化学通报》，2002，第21卷，第1期，作者还有秦胜飞、夏新宇。

续表

盆地	资源量/万亿 m^3			煤成气和油型气比例/%	
	煤成气	油型气	总计	煤成气	油型气
塔里木	2.359（库车）⑥，1.0779（塔西南）⑦	5.268⑧	8.7049	39.5	60.5
柴达木	2.8722⑨	0	2.8722	100.0	0
楚雄	0.569⑩	0	0.569	100.0	0
全部	19.9476	11.9743	31.9219	62.5	37.5

注：①刘新社、付金华、席胜利等，鄂尔多斯盆地上古生界盆地模拟及资源潜力研究，长庆油田研究院，1999；②据夏新宇（2000）数据（生聚系数取1%）；③黄籍中，王廷栋等，四川盆地碳酸盐岩发育区主要烃源岩分布及有机质演化，四川石油管理局，1995；④刘德光等，准噶尔盆地天然气勘探目标评价，新疆油田研究院，2000；⑤袁明生、张士焕、张代生等，吐哈盆地侏罗系综合评价及勘探目标选择，吐哈石油勘探开发研究院，2000；⑥柳少波、董大忠、丁文龙等，库车拗陷油气资源经济评价及方法研究，石油勘探开发科学研究院，2000；⑦王国林、肖中尧，塔里木盆地西南拗陷区盆地分析及油气资源评价，塔里木油田公司，2000；⑧卢双舫等，塔里木盆地气源岩有效层段及潜力评价，大庆石油学院，1998；⑨庞雄奇、周瑞年、金之钧等，柴达木盆地天然气资源评价与有利勘探区评价，石油大学，2000；⑩全国第二次油气资源评价（1994）。

在我国西部7个主要含煤盆地中，煤成气资源量大于1万亿 m^3 的有4个，依次为鄂尔多斯盆地（8.3894万亿 m^3）、塔里木盆地（3.4369万亿 m^3）、四川盆地（3.421万亿 m^3）和柴达木盆地（2.8722万亿 m^3）（表1）。在这4个盆地都发现了煤成大气田（详见后述）（图1），可见煤成气田的发现与煤成气的资源量密切相关。在此，特别要指出的是准噶尔盆地煤成气资源量不及1万亿 m^3，测算偏低。因为西北聚煤区中、下侏罗统是主要煤系，而在准噶尔、吐哈和塔里木北缘含煤区中又以准噶尔中、下侏罗统含煤性最好[4,5]，尤其是在准噶尔盆地南缘和腹部，侏罗纪煤系厚度大，多稳定在800～1200m，其中暗色泥岩厚300～800m，平均有机碳为5.7%；煤层总厚一般为20～80m，最大可达200多米，同时大部分含煤地层潜埋在深部。准噶尔盆地南缘大片地区侏罗系煤和泥岩的生气强度普遍大于20亿 m^3/km^2，煤的最大生气强度为120亿 m^3/km^2，暗色泥岩最大生气强度达45亿 m^3/km^2[6]。根据以上情况，目前准噶尔盆地的煤成气资源量预测偏低，估计应在1万亿 m^3以上。

我国西部至2000年年底探明天然气储量为21262亿 m^3，其中煤成气的为14407亿 m^3（煤成气可采储量为9076亿 m^3），占西部全部已探明天然气的67.76%，占全国煤成气储量的79.91%（表2）。因此，西部的煤成气不仅在本区而且在全国都占有重要的意义。西部煤成气资源为19.95万亿 m^3，折合成可采资源量为5.24万亿 m^3，目前煤成气可采资源量探明率仅为17.31%，还有很大的勘探潜力。世界上产气大国独联体、美国和加拿大可采资源量的探明率分别为71.4%、80.2%和40.6%[3]。据这些参数，中国西部将可探明煤成气的可采储量为2.13万亿 m^3 至4.20万亿 m^3，故在仅从煤成气资源与储量上，完全有条件建立起四川、鄂尔多斯和塔里木3个天然气生产基地。

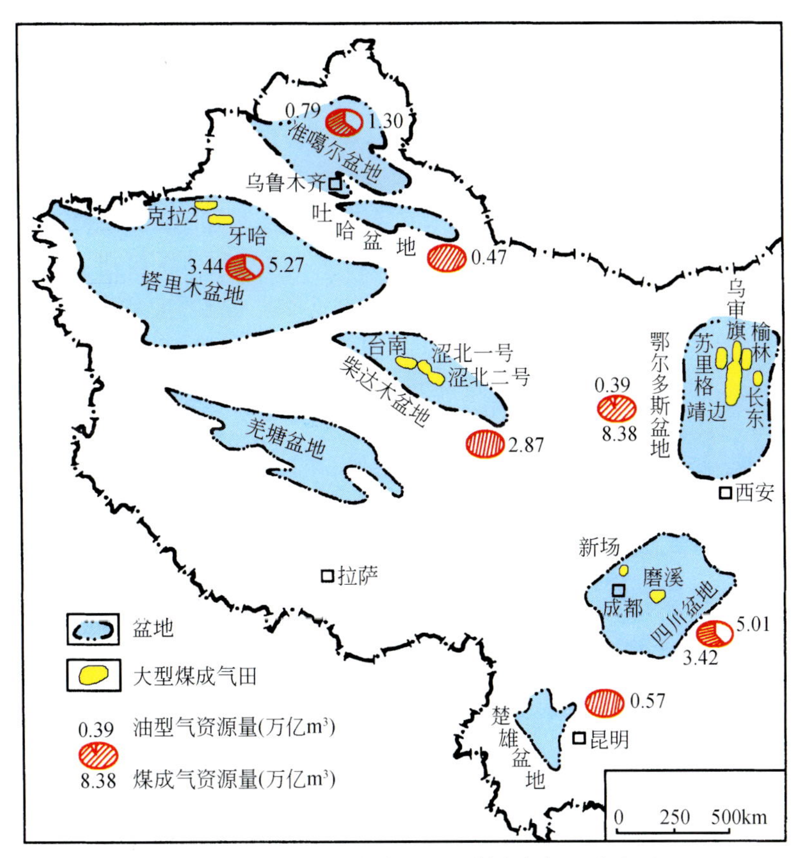

图 1　中国西部天然气资源量及煤成大气田分布图

表 2　中国西部主要盆地天然气探明储量（2000 年年底）

盆地	储量/亿 m³			西部储量中煤成气和油型气比例/%		煤成气储量占全国比例/%
	煤成气	油型气	总计	煤成气	油型气	
鄂尔多斯	6738. 85	9. 80	6748. 65①	99. 86	1. 40	37. 38
四川	1776. 11	5249. 68	7025. 79	25. 28	74. 73	9. 85
准噶尔	126. 12	449. 83	575. 95	21. 90	78. 10	0. 70
吐哈	276. 94	0	276. 94	100	0	1. 53
塔里木	4021. 62	1141. 00	5162. 62	77. 98	22. 10	22. 31
柴达木	1467. 79	4. 41	1472. 20	99. 70	0. 30	8. 14
楚雄	0	0	0	–	–	—
全部	14407. 43	6854. 72	21262. 15	67. 76	32. 24	79. 91

注：①截至 2001 年 1 月 5 日。

二、西部煤成大气田

大气田的划分以储量标准进行，各国、各学者对大气田划分标准不同，国外一般把天然气储量大于或等于1000亿m^3的气田称为大气田。我国和俄罗斯（苏联）则把储量大于或等于300亿m^3的气田列为大气田[7]。本文按国家标准来划分大气田。

国内外天然气工业实践证明，发现与开发大气田是迅速发展天然气工业的主要途径和措施。我国威远大气田和卧龙河大气田先后于1968年和1973年投产开发，使我国“四五”期间天然气产量平均增长达11%；“九五”期间我国天然气年均产量以10%快速增加（图2）[2]，这显然应当归因于截至“八五”我国发现了11个大气田，其中崖13-1大气田1996年、靖边大气田1997年和五百梯大气田1998先后投入开发。国外由于发现与开发大气田而迅速改变能源结构并成为产气大国的不乏其例。1950年，苏联还被认为是个贫气的国家，当年只产气57.6亿m^3。但苏联从1960～1990年天然气年产量从453亿m^3增长到8150亿m^3，增加了近17倍，这是因为在此期间发现了40多个大气田，其中包括世界上最大气田——乌连戈伊气田。这些大气田的发现并部分开发投产，促使该国天然气工业持续高速发展，1983年起天然气年产量超过美国，成为世界第一天然气大国，荣获“天然气沙特”之称。荷兰1958年产气仅2亿m^3，为能源进口国，但1959年发现储量达2万亿m^3的格罗宁根大气田，1970年该气田全面投入开发，从而使荷兰1976年天然气产量达963亿m^3，成为天然气输出国。

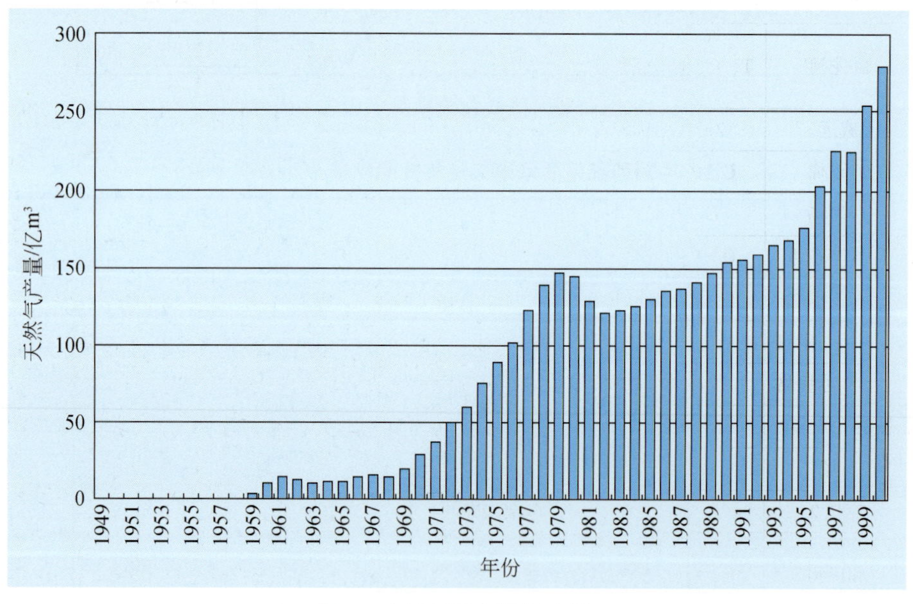

图2　中国天然气历年产量

我国西部要迅速提高天然气产量，保证长期稳定向东部供气，也必须以发现与开发大气田的措施来实现。目前在西部4个盆地（四川、鄂尔多斯、塔里木和柴达木）共发现了17个大气田（表3），其中煤成大气田12个，其探明煤成气储量为12133.67亿m^3，占西部天然气探明总储量的57.07%；占西部煤成气探明储量的84.22%。西部目前发现油型大气田 5 个，共探明油型气储量 2390. 89 亿 m^3，占西部探明天然气总储量的 11. 24%；占西部油型气总储量的 34. 88%。这些数据说明，与油型气相比，煤成气资源丰富，并且储量集中于大气田。

至 2000 年年底我国共发现大气田 21 个，探明天然气总储量 16400. 51 亿 m^3，为全国已探明天然气储量的 64. 12%。西部地区 17 个大气田，占全国大气田的 80. 95%。西部大气田储量为 14524. 56 亿 m^3，占我国天然气储量的 56. 79%。值得指出的是我国储量大于 1000 亿 m^3 的 5 个大气田（靖边、榆林、乌审旗、苏里格和克拉 2）全部在西部（表 3），原因在于西部有我国最稳定、最大的几个盆地，天然气地质条件优越。因此，从资源量、总储量、发现大气田的数量、大气田储量规模以及未开发大气田占有率上分析（表 2、表 3），西部是我国快速发展天然气工业的基地，是今后发现更多更大大气田的有利地区。目前西部发现大气田气源上以煤成气为主，储量规模上以煤成大气田为主，预计今后亦将如此。

表 3　中国西部盆地大型气田一览表

<table>
<tr><th>盆地</th><th colspan="2">气田</th><th>主力气层</th><th>储层岩性</th><th>储量/亿 m^3</th><th>主要气源岩</th><th>成因类型</th><th>探明年份</th><th>开始开发年份</th></tr>
<tr><td rowspan="6">四川</td><td colspan="2">新场</td><td>J_2、J_3</td><td>砂岩</td><td>462. 12</td><td>T_3 煤系</td><td rowspan="2">煤成气</td><td>1994</td><td>1994（大量）</td></tr>
<tr><td colspan="2">磨溪</td><td>T_2</td><td>碳酸盐岩</td><td>375. 12</td><td>P_2 煤系</td><td>1987</td><td>1991</td></tr>
<tr><td colspan="2">卧龙河</td><td>T、C、P</td><td>碳酸盐岩</td><td>380. 52</td><td>S、P_1 海相泥页岩、P_2 煤系</td><td rowspan="4">油型气</td><td>1959</td><td>1973</td></tr>
<tr><td colspan="2">威远</td><td>Zn</td><td>碳酸盐岩</td><td>408. 61</td><td>Є海相页岩</td><td>1965</td><td>1968（大量）</td></tr>
<tr><td colspan="2">五百梯</td><td>C、P</td><td>碳酸盐岩</td><td>587. 11</td><td rowspan="2">S、P_1 海相泥页岩、P_2 煤系</td><td>1993</td><td>1998</td></tr>
<tr><td colspan="2">沙坪场</td><td>C</td><td>碳酸盐岩</td><td>397. 71</td><td>1996</td><td>未开发</td></tr>
<tr><td rowspan="5">鄂尔多斯</td><td rowspan="4">长庆</td><td>靖边</td><td>O、P</td><td rowspan="2">碳酸盐岩、砂岩</td><td>2384. 00</td><td rowspan="5">P 煤系、C 石灰岩</td><td rowspan="5">煤成气</td><td>1992</td><td>1997</td></tr>
<tr><td>榆林</td><td>P、O</td><td>1132. 81</td><td>1997</td><td>未开发</td></tr>
<tr><td>乌审旗</td><td>P</td><td>砂岩</td><td>1012. 10</td><td></td><td>未开发</td></tr>
<tr><td>苏里格</td><td>P</td><td>砂岩</td><td>2204. 75</td><td>2001</td><td>未开发</td></tr>
<tr><td colspan="2">长东（米脂）</td><td>P</td><td>砂岩</td><td>358. 48</td><td>1999</td><td>未开发</td></tr>
<tr><td rowspan="3">塔里木</td><td colspan="2">牙哈</td><td>E</td><td>砂岩</td><td>357. 78</td><td rowspan="2">J 煤系</td><td rowspan="2">煤成气</td><td>1994</td><td>2000</td></tr>
<tr><td colspan="2">克拉 2</td><td>K</td><td>砂岩为主</td><td>2506. 10</td><td>2000</td><td>未开发</td></tr>
<tr><td colspan="2">和田河</td><td>O、C</td><td>碳酸盐岩</td><td>616. 94</td><td>Є海相泥岩、泥灰岩</td><td>油型气</td><td>1998</td><td>未开发</td></tr>
<tr><td rowspan="3">柴达木</td><td colspan="2">台南</td><td>Q</td><td>砂岩</td><td>425. 30</td><td rowspan="3">Q 亚煤系</td><td rowspan="3">煤成气</td><td>1989</td><td>2001（大量）</td></tr>
<tr><td colspan="2">涩北二号</td><td>Q</td><td>砂岩</td><td>422. 89</td><td>1990</td><td>未开发</td></tr>
<tr><td colspan="2">涩北一号</td><td>Q</td><td>砂岩</td><td>492. 22</td><td>1991</td><td>未开发</td></tr>
</table>

我国西部在 4 个盆地发现了煤成大气田（图 1），现以盆地为序简述各大气田（气田有关参数见表 3）。

1. 鄂尔多斯盆地

目前，鄂尔多斯盆地的煤成气资源量（表1）、煤成气探明储量（表2）和煤成大气田数（表3）均占全国各盆地之冠，是我国今后产气和勘探天然气最有潜力的盆地之一。

鄂尔多斯盆地共发现了5个煤成大气田，即靖边气田、榆林气田、苏里格气田、乌审旗气田和长东（米脂）气田（图3），储层以砂岩为主，也有碳酸盐岩。

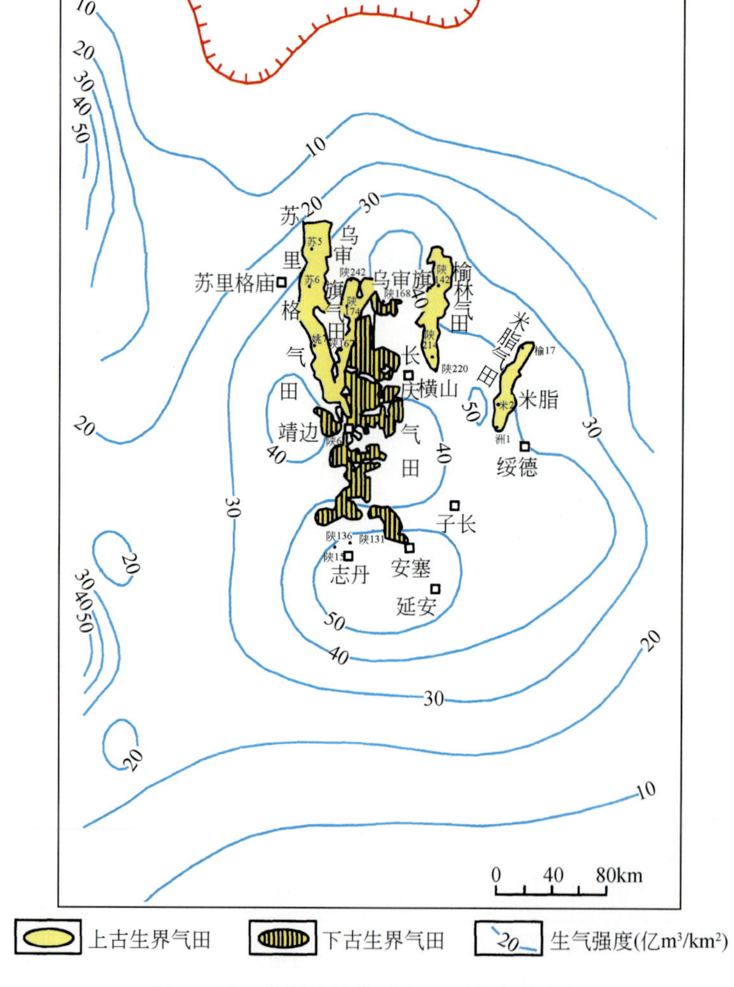

图3 鄂尔多斯盆地煤成大气田分布及其与石炭-二叠系生气强度关系

1）靖边气田

位于陕西省靖边、横山、志丹、安塞和内蒙古自治区乌审旗境内，在鄂尔多斯盆地中部伊陕斜坡上，呈南北向不规则长条形，发现井为陕参1井。靖边气田是鄂尔多斯盆地煤成大气田中唯一一个主要储集于碳酸盐岩层系的气田（上古生界砂岩层有普遍气显示，但绝大部分未测试，故至今未探明储量）。奥陶系马家沟组经历了1.4亿年长期风化淋滤，形成古风化壳储层，直接盖层为石炭系本溪组底的铝土质泥岩和泥岩。气藏类型为地层岩性型（图4）。关于靖边气田的气源长期有争论：一种认为是奥陶系碳酸盐岩自生自储为主的油型气，少部分气源是来自上覆石炭–二叠系煤系的煤成气[8~11]；另一种认为马家沟组聚集的气源以来自石炭–二叠系煤成气为主，下古生界烃源岩形成的油型气比例不大[12~16]；再一种认为聚集在马家沟组中的天然气基本来自上古生界，主要是来自石炭–二叠系煤系的煤成气，少部分油型气是来自石炭系太原组石灰岩生成的油型气[17,18]。后一种观点既有地球化学依据又与地质紧密结合，并为现在大量勘探所证实，因此是可信度最高的一种认识。

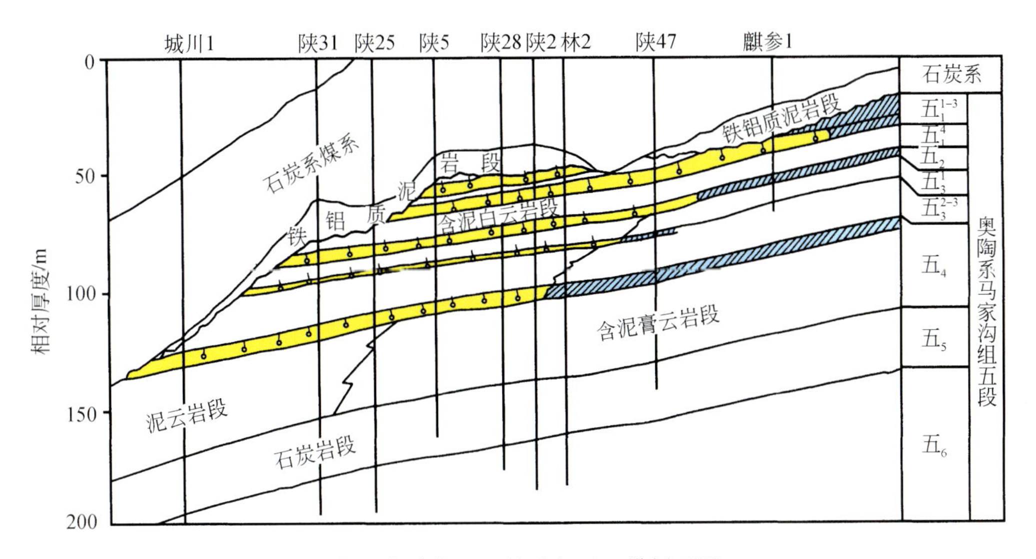

图4　长庆气田（靖边气田）横剖面图

靖边气田之所以成为大气田，除了处于奥陶系储层的有利发育相带，还由于其处于石炭–二叠系生气强度最大的地区，生气强度为38亿~52亿m^3/km^2[19]（图3），有充足的气源供应而成为大气田。

2）榆林气田

位于陕西省榆林、横山境内，在靖边气田的东北，呈长条状南北向分布，气田形状显然受靖边三角洲河道砂体控制。气田有盒8、山1、山2、太1和奥陶系风化壳五套气层，除后者为碳酸盐岩外均为砂岩储层。山2为主力气层，气藏类型为岩性型（图5）。气田处于鄂尔多斯盆地石炭–二叠系最大产气中心延安–乌审旗生气中心的东北部[19]（图3），生气强度为35亿~45亿m^3/km^2，有充足的气源供应而成为大气田。

3）乌审旗气田

位于内蒙古乌审旗境内，紧邻靖边气田西北，呈Y字形南北向分布，气田形状也受靖边三角洲河道砂体控制。气田主力气藏为盒8砂岩气藏，此外还有马五白云岩气藏。主力气藏类型为岩性型（图6），砂体属河流–三角洲相沉积。气田处于鄂尔多斯盆地石炭–二叠系延安–乌审旗生气中心的西北部，生气强度在38亿~42亿m^3/km^2，有充足的气源供应而成为大气田。

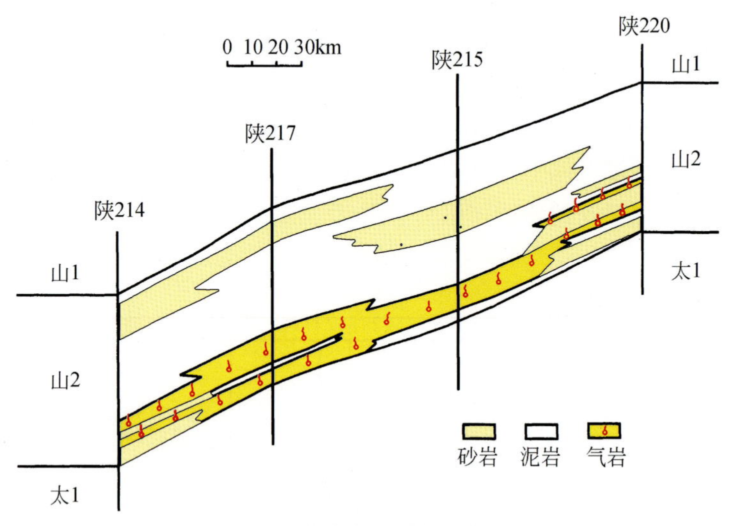

图 5　榆林气田横剖面图

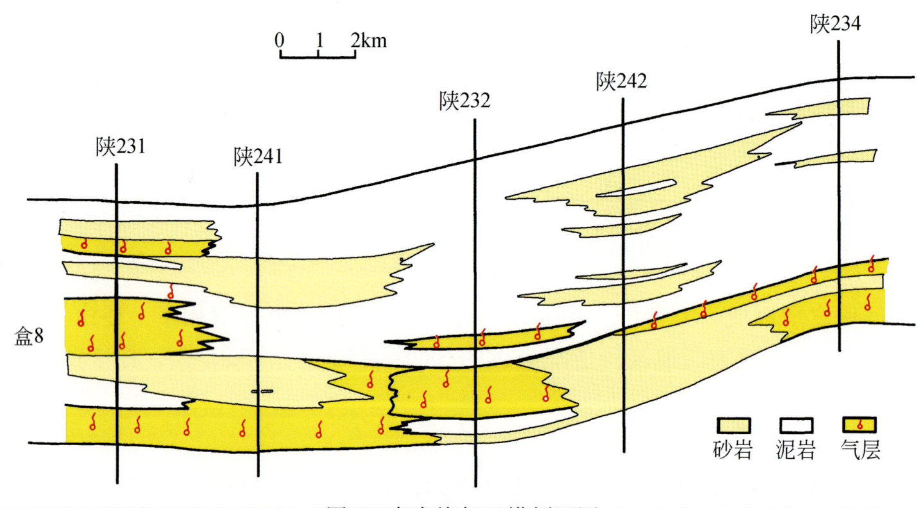

图 6　乌审旗气田横剖面图

4）苏里格气田

位于内蒙古乌审旗、鄂尔克旗境内，在靖边气田西边，呈 H 形南北向分布，气田形状亦受靖边三角洲河道砂体控制。气田是 2000 年发现的，目前正在勘探扩大中。H 形东部已探明天然气储量 2204.75 亿 m^3，往北还有扩大前景。H 形西部的南、北部控制了含气面积，有待探明。预计该气田最终累计探明储量可达 7000 亿 m^3，将成为我国的超大型气田。气田有盒 7、盒 8 和山 1 层系气藏，盒 8 为主力气藏，气藏类型为岩性型（图 7）。气田处于鄂尔多斯盆地石炭–二叠系生气中心的西北部，生气强度为 20 亿～42 亿 m^3/km^2（图 3），有充足气源供应而成为大气田。

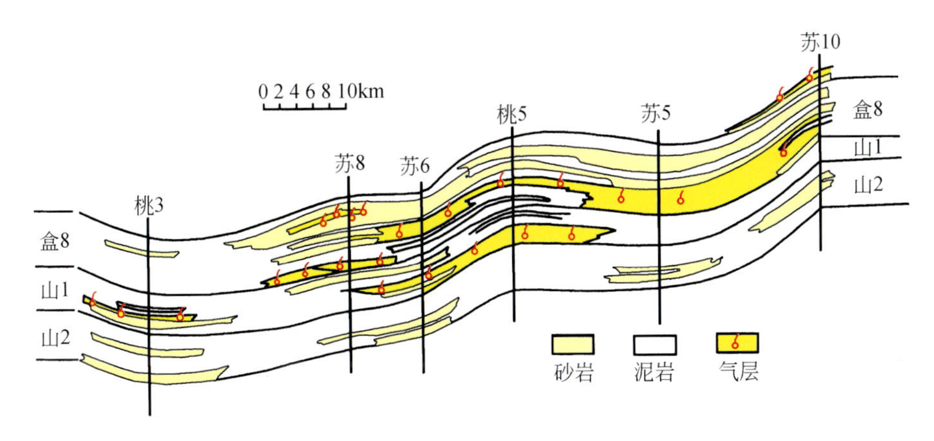

图7 苏里格气田横剖面图

5）米脂（长东）气田

位于陕西省的米脂、子洲和佳县境内，在鄂尔多斯盆地的东部。气田形状受米脂三角洲河道砂体控制，呈东北向长条状分布。该气田在马家沟组（马五$_1$）、山西组（山2）、下石盒子组（盒8）和石千峰组（峰5）都发现了气藏。主力气藏为盒8，气藏类型为岩性型（图8）。气田处于该盆地石炭–二叠系延安–乌审旗生气中心东部，生气强度为34亿～44亿m^3/km^2，有充足的气源供应而成为大气田。

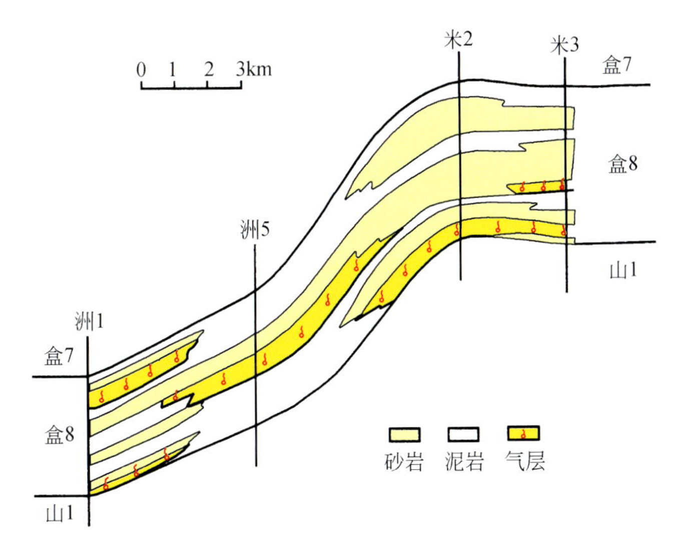

图8 米脂（长东）气田横剖面图

图5至图8根据中国石油天然气股份有限公司2001年油气勘探部署图册简化

2. 四川盆地

该盆地煤成大气田的气源岩一是上二叠统龙潭组，二是上三叠统须家河组。

1）磨溪气田

位于四川省遂宁市以南约25km的遂宁、蓬溪和潼南三县市境内，在四川盆地中部构造稳定区。气田在中三叠统碳酸盐岩中发现嘉二[1]、嘉二[3] 和雷一[1] 气藏，在上三叠统香溪群砂岩中有香四气藏。雷一[1] 为主力气藏，是有统一气水界面的构造气藏[20]。气田处于龙潭组煤系生气中心的西部，生气强度为 50 亿 ~75 亿 m^3/km^2 [图 9（a)]。气田气源是龙潭组煤成气[21]，有充足的气源从下向上运移而成为大气田。

2）新场气田

位于四川省德阳市北约 20km，绵阳市南约 35km，在四川盆地川西拗陷中段。气田从上而下有 4 个组合气藏（图 10）[20]：① 蓬莱镇组上组合气藏，为透镜状砂体岩性气藏，气藏由多个互不连通砂体组成；② 蓬莱镇组中组合气藏，为河道沙坝砂体岩性气藏；③ 沙溪庙组气藏，为超高压构造-岩性复合型气藏，气藏内有 3 ~4 层连续性好的三角洲相砂岩层；④ 千佛崖组气藏，为构造、岩性复合型孔隙-裂缝性气藏，储集体为千佛崖组底部砂砾岩。4 个气藏组的气源均为埋深 2700m 以下的须家河组煤成气，属下生上储气藏；储层和盖层均为侏罗系陆相红色碎屑岩；储层由浅到深逐渐由低孔渗或近常规到致密层；气层孔隙压力系数随埋深增加而递增；各气藏的含气丰度均受控于裂缝、断裂系统及砂体分布的有效配置；均无明显的底水和边水，为岩性圈闭、弹性驱动气藏。气田处于须家河组煤系生气中心，生气强度为 80 亿 ~100 亿 m^3/km^2 [图 9（b)]，有充足的气源从下向上运移供应而成大气田（图 10）。

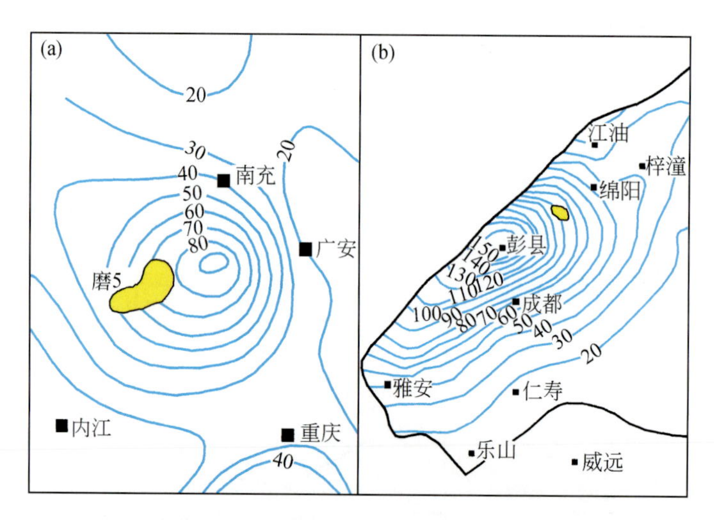

图 9 四川盆地煤成大气田及其与生气中心关系

（生气强度单位：亿 m^3/km^2）

（a）磨溪气田与龙潭组生气中心；（b）新场气田与须家河组生气中心

3. 柴达木盆地

我国各主要盆地煤成大气田的气源岩均是成熟的和过成熟的煤系，唯有柴达木盆地的气源岩是第四系未成熟的暗色泥质岩、碳质泥岩和碳质页岩[22]，由其形成的煤成气型生物气[23]是该盆地大气田的气源。

1）涩北一号气田

位于青海省格尔木市西北 120km 处，在该盆地三湖第四纪拗陷北斜坡涩北构造带的西部，紧邻生气凹陷。储层为粉砂岩和泥质粉砂岩。气田有 5 个气层组，位于 K_2—K_{13} 标准

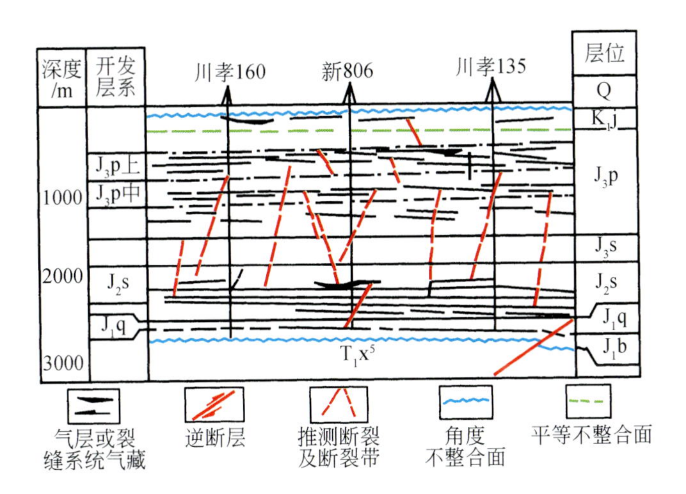

图 10 新场气田横剖面图（符晓，1997）

层间。从上而下气层组为零气层组、第一气层组、第二气层组、第三气层组和第四气层组。气田聚集受同生低幅度背斜控制，气藏类型为背斜型边水驱动层状气藏。气田处于三湖湖相类沼泽相第四系生气中心北缘的生气强度为 25 亿 ~ 35 亿 m^3/km^2（图 11），气源充足，并与同生构造配置良好，因而形成大气田。

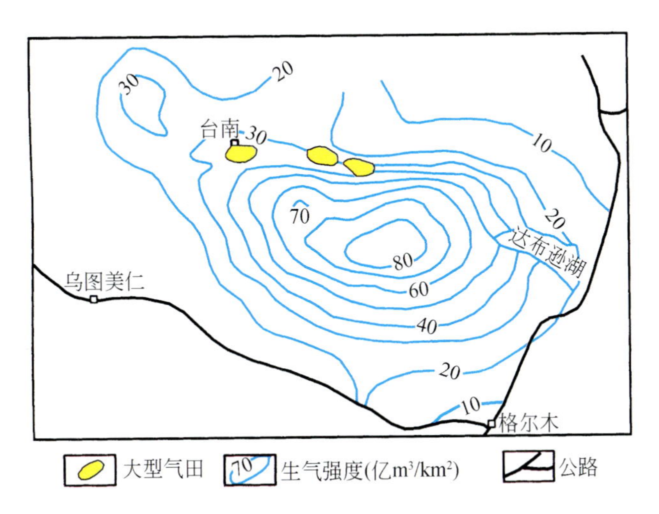

图 11 柴达木盆地三湖地区第四系生气中心与大气田

2）涩北二号气田

位于青海省格尔木市境内，涩北一号气田之东。储层以粉砂岩为主。气田有 3 个气层组：第一气层组，由 7 个气藏组成；第二气层组，有 2 个气藏；第三个气层组，由 9 个气藏组成。气田的富集因素、气藏类型、所处的生气中心、生气强度位置均同涩北一号气田（图 11）。

3）台南气田．

位于青海省格尔木市境内，涩北一号气田的西部，在台乃吉尔湖的西南侧，三湖第四纪拗陷长轴的西部。气田的发现井为台南中 1 井，储层以粉砂岩为主。气田有 4 个气层组，即第一、二、三，至四气层组（图 12）。气田的富集因素和气的类型同涩北一号和涩北二号气田。气田处于三湖生气中心长轴的西部，生气强度为 35 亿 m^3/km^2，有充足的气源供应而形成大气田（图 11）。

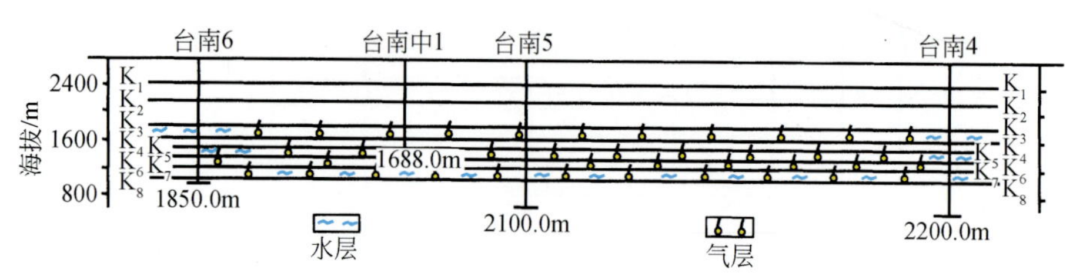

图 12　台南气田横剖面图（顾树松，1993）

4. 塔里木盆地

塔里木盆地目前仅在库车拗陷侏罗系煤系生气中心及其周缘发现了两个煤成大气田。

1）克拉 2 气田

位于新疆维吾尔自治区拜城县城东北，在库车拗陷克拉苏构造带中段，北为北部单斜带，西南为拜城凹陷，发现井为克拉 2 井。气田有两个气藏：下第三系砂质白云岩边水层状背斜气藏；下第三系—白垩系巴什基奇克组砂岩底水块状背斜气藏（图 13）。克拉 2 气田压力系数高达 1.95～2.1，不仅是我国而且是世界上压力系数最高的大气田，如此高压能成藏而保存下来，显然与气藏之上的下第三系中上部厚达 474m 膏泥岩优质盖层有关。气田探明含气面积 47.1km^2，探明地质储量 2506.10 亿 m^3，每平方公里储量 53.21 亿 m^3[20]，是我国丰度最大的整装大气田。气田紧临拜城凹陷中-下侏罗统煤系生气中心北侧，生气强度为 55 亿～80 亿 m^3/km^2，有利于获得充足的气源而成为大气田（图 14）。

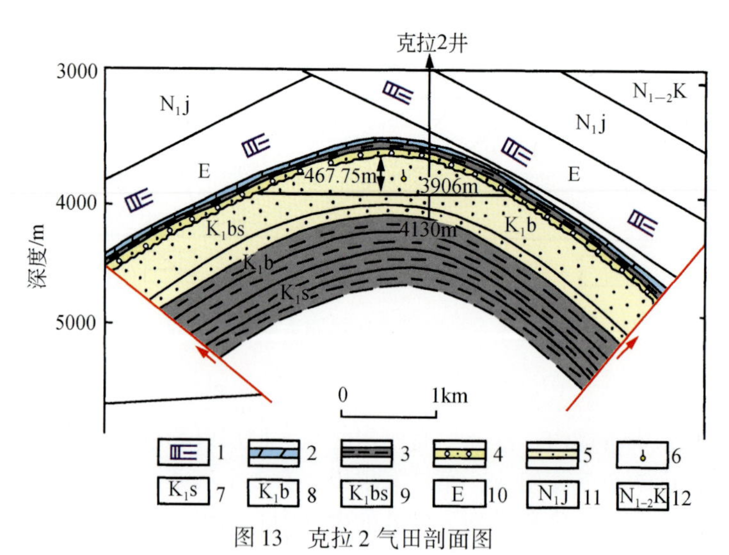

图 13　克拉 2 气田剖面图

1. 膏盐；2. 白云岩；3. 泥岩；4. 砂砾岩；5. 砂岩；6. 气藏；7. 舒善河组；8. 巴西盖组；9. 巴什基奇克组；10. 下第三系；11. 吉迪克组；12. 康村组

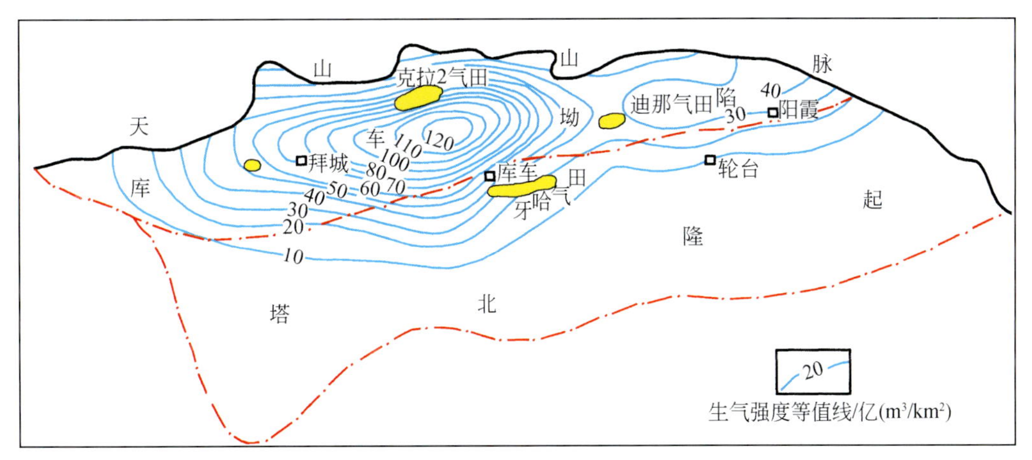

图 14 库车拗陷中、下侏罗统生气中心与煤成大气田关系

2）牙哈气田

位于新疆维吾尔自治区库车县境内，在塔北隆起轮台断隆的牙哈断裂构造带上。该构造带下第三系和吉迪克组共有 6 个背斜，共发现 12 个砂岩油气藏（图 15），其中 9 个为凝析气藏，3 个为油藏。凝析气藏类型有两种：底水块状型和边水层状型。气田位于拜城生气中心的东南缘，生气强度为 15 亿～35 亿 m^3/km^2，有较充足的气源供应而成为大气田（图 15）。

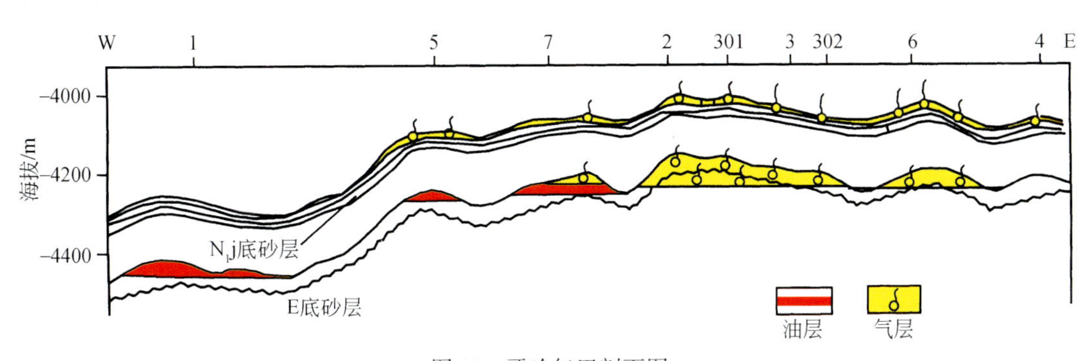

图 15 牙哈气田剖面图

三、结语

我国西部煤成气的资源量和探明储量分别为近 20 万亿 m^3 及 1.4407 万亿 m^3，相应地占该区天然气总资源量和总储量的 62.5% 和 67.8%；同时我国 5 个储量 1000 亿 m^3 以上的大气田都在西部，均为煤成气，并且大部分未开发。因此，西部煤成气将是我国今后大幅度增加天然气储量、增加天然气产量的重要支柱。

煤成大气田的勘探实践证实，控制煤成大气田诸因素中，最有效并且最具定量性的是生气中心，煤成大气田发育于天然气中心及其周缘生气强度大于 20 亿 m^3/km^2 的地区。

参考文献

[1] 国家经济贸易委员会．石油工业“十五”规划．中国石油报，2001，7.6

[2] 夏新宇，秦胜飞，卫延召等．煤成气研究促进中国天然气储量迅速增长．石油勘探与开发，2002，29（2）

[3] 戴金星，夏新宇，卫延召．中国天然气资源及前景分析．石油与天然气地质，2001，22（1）：1~8

[4] 胡天玉，李瑞玲等．中国煤炭资源远景预测．北京：地质出版社，1995.62~63

[5] 叶建平，秦勇，林大杨．中国煤层气资源．徐州：中国矿业大学出版社，1998

[6] 戴金星，钟宁宁，刘德汉等．中国煤成大中型气田地质基础和主控因素．北京：石油工业出版社，2000.199~201

[7] 戴金星，戚厚发，郝石生．天然气地质学概论．北京：石油工业出版社，1989.144~154

[8] 陈安定．陕甘宁盆地中部气田奥陶系天然气的成因及运移．石油学报，1994，15（2）：1~10

[9] 徐永昌．天然气成因理论及其应用．北京：科学出版社，1994.182~187

[10] 郝石生，高耀斌，黄志龙．鄂尔多斯盆地中部大气田聚集条件及运聚动平衡．中国科学，1996，26（6）：488~492

[11] 黄第藩，熊传武，杨俊杰等．鄂尔多斯盆地中部气田气源判识和天然气成因类型．天然气工业，1996，16（6）：1~5

[12] 张文正，斐戈，关德师．鄂尔多斯盆地中、古生界原油轻烃单体系列碳同位素研究．科学通报，1992，37（3）：248~251

[13] 张文正，裴戈，关德师．液态正构烷烃系列、姥鲛烷、植烷碳同位素初步研究．石油勘探与开发，1992，19（5）：32~41

[14] 张文正，关德师．液态烃分子系列碳同位素地球化学．北京：石油工业出版社，1997.142~161

[15] 关德师，张文正，裴戈．鄂尔多斯中部气田奥陶系产层的油气源．石油与天然气地质，1993，14（3）：191~199

[16] 孙冬敏，秦胜飞，李先奇．鄂尔多斯盆地奥陶系风化壳天然气来源分析．见：戴金星等主编．天然气地质研究新进展．北京：石油工业出版社，1997.46~54

[17] 戴金星，夏新宇．长庆气田奥陶系风化壳气藏气源研究．地学前缘，1999，6（增刊）：22~24

[18] 夏新宇．碳酸盐岩生烃与长庆气田气源．北京：石油工业出版社，2000.88~98

[19] 戴金星，钟宁宁，刘德汉等．中国煤成大中型气田地质基础和主控因素．北京：石油工业出版社，2000.210~213

[20] 康竹林，傅诚德，崔淑芬等．中国大中型气田概论．北京：石油工业出版社，2000.115~122，137~141，244~257

[21] 王顺玉，戴鸿鸣，王廷栋等．磨溪气田高成熟天然气的气源与运移．勘探家，1998，3（2）：5~8

[22] 顾树松．柴达木盆地东部第四系气田形成条件及勘探实践．北京：石油工业出版社，1993.50~66

[23] 戴金星，宋岩．煤成气型生物成因气及其成因的探讨．见：中国石油学会石油地质委员会编．有机地球化学和陆相生油．北京：石油工业出版社，1986.297~304

加速寻找我国大中型气田*

建国以来，我国天然气工业有了很大的发展：建国前仅发现两个气田（石油沟、圣灯山），至1987年发现气田总数则达89个（包括台湾省8个在内为97个）；1950年产天然气仅646万m^3，而1987年达135.37亿m^3，即在36年内增加2096倍。尽管建国后我国天然气工业有很大的发展，但距国家要求还相差很大，突出矛盾一是油气产量能量比不协调，即为9∶1，世界上油气产量能量比约为1.5∶1，美国为1.1∶1，苏联为0.9∶1；二是探明天然气储量尚少，并且在已探明的气储量中，能适于高速开采的气层气储量的比例不大，仅占43%；三是大中型气田少，小型气田多。至今，我国尚未发现国际上一般通认储量在1000亿m^3或以上的大气田，最大气田仅是近年来在南海琼东南盆地发现的崖13-1气田，储量近1000亿m^3，储量100亿m^3至1000亿m^3以下的中型气田或气藏仅有10个，其中储量在1000亿m^3以下至500亿m^3的气田1个。

探明天然气储量少、气层气储量少和大中型气田少是阻碍我国天然气工业快速发展的主要矛盾。从客观上说，我国有大力发展天然气工业的先决条件：良好的天然气地质基础；存在寻找大中型气田的有利盆地和区带。因此，只要加强天然气的研究，重视和加速天然气勘探，我国天然气工业将会有较大的发展。

一、良好的天然气地质基础

尽管我国过去投入天然气勘探和研究的力度与石油的相比大为逊色，但以下一些资料和事实说明我国有良好的天然气地质基础，具有较快发展天然气工业的条件。

1. 天然气资源丰富

据石油部、地矿部和有关专家测算，我国天然气资源量在15万亿～33.6万亿m^3，其中煤成气为5.4万亿～19万亿m^3。目前探明天然气储量仅占资源量的2.8%至6.1%，比石油探明储量占资源量的约15%低得多。说明今后存在天然气储量增长速度比石油增长速度快的优越客观条件。

2. 沉积岩面积和体积大，探明天然气储量率低

我国沉积岩面积为669万km^2，沉积岩体积为2257万km^3，与国外一些沉积岩面积和体积大的国家(例如，苏联沉积岩面积为1664万km^2；美国沉积岩面积为732.5万km^2，沉积岩体积为2649.1万km^3；加拿大沉积岩面积为707.7万km^2，沉积岩体积为2329.7

---

* 原载于《石油科技专辑(1)》，1988。

万 km^3）相比，探明天然气储量率低。譬如，以 1985 年来比较，我国沉积岩的面积和体积探明天然气储量率分别为 13.72 万 m^3/km^2，4.07 万 m^3/km^2；苏联的为 255.1 万 m^3/km^2；美国的分别为 516 万 m^3/km^2，142.7 万 m^3/km^3；加拿大的分别为 90.4 万 m^3/km^2，27.5 万 m^3/km^3。由上比较可见，我国沉积岩的面积和体积的探明天然气率比苏联、美国和加拿大的低得多，说明我国天然气勘探潜力大，将可探明更大量的天然气储量。根据上述三个国家目前沉积岩探明天然气储量推算，我国至少可探明天然气储量在 6 万亿 m^3 以上。

3. 各地层层系中天然气显示普遍，其中大部分层系发现气藏（田）

我国从第四系至前震旦系都发现有天然气显示。从第四系至震旦系各系中，目前除寒武系、志留系和泥盆系外，各系均发现有气藏（田），既在构造变形微弱，成岩作用不佳而尚未成熟的第四系中，如柴达木盆地发现了涩北一号、涩北二号气田和盐湖气田等，又在震旦系成熟度高（$R°$为 4.6%）的老地层中发现了威远气田。甚至在同一气田或同一系地层的纵向上发现众多的气藏，例如，卧龙河气田从上三叠统至石炭系发现 7 个层位气藏；又如四川盆地的三叠系，纵向上有 13 个层位发现气藏，其中海相碳酸盐岩占 11 个。这说明了我国地层纵向剖面上有勘探天然气广阔的前景与很大的潜力。

4. 气源岩类型齐备和广布

腐泥型和混合型烃源岩在我国分布广泛，分布面积约 500 万 km^2，从震旦系至第四系皆有发育，由其形成的油型气是我国目前探明气层气储量的主要组成部分（占 85%）。煤系（腐殖型）是煤成气的源岩，从泥盆系至第四系皆有发育。我国煤系分布面积据各家统计在 115 万～300 万 km^2，虽其分布面积和层系没有腐泥型和混合型源岩大、多，但由于其成气有机物的丰度比腐泥型和混合型一般高 3～4 倍，故其分布区成气浓度大而肥，我国最大的气田就是煤成气田。世界发现储量超过 1 万亿 m^3 的 14 个超大气田，其中煤成气就占 8 个。

二、寻找大中型气田的有利盆地和区带

要高速发展天然气工业，寻找大中型气田，特别是大气田是关键所在。例如，1964 年我国发现陆上最大气田威远气田，尔后即投产开发，使我国“三五”期间天然气产量平均年增长达 11%。而 1979 年至 1983 年由于没有发现较大气田投产，故此间我国天然气年产下降。国外一些天然气工业飞速发展的国家，都是靠发现了大气田作支柱。荷兰在 1958 年产天然气仅 2 亿 m^3，是能源进口国，但 1959 年发现了格罗宁根大气田后，天然气工业飞快发展，1976 年产气 973 亿 m^3，成为天然气输出国。苏联从 1960～1980 年天然气年产量从 453 亿 m^3 增长到 4350 亿 m^3，增加了近 9 倍，年增长率为 7%～30%，年增量在 120 亿～320 亿 m^3，这是因为苏联在此期间发现了 36 个大气田，其中包括储量达 7.77 万亿 m^3 的世界最大气田乌连戈伊气田，这些气田的发现并部分投产，使苏联天然气工业持续高速发展。

因此，要快速发展我国天然气工业，寻找大中型气田是当务之急。我国勘探大中型气田的有利地区主要如下：

1. 东海–南海大陆架盆地–太平洋西部大陆架及其沿岸第三系聚煤区带的中国部分

赵隆业（1982）在研究世界第三纪煤田指出，在太平洋西部大陆架及其沿岸发育一个第三系聚煤区带。此聚煤区带从北端的西堪察加盆地经萨哈林–鄂霍次克盆地、石狩盆地、台西盆地、琼东南至南端暹罗湾–马来盆地均发现了第三系煤成气田，因此其也是煤成气田聚集带。在西堪察加含煤地层产气率为70亿m^3/km^3，在萨哈林–鄂霍次克盆地达金组含煤沉积产气率为36亿m^3/km^3，在萨哈林发现25个气田。在暹罗湾、马来盆地至少发现6个煤成气田，并都为中型气田，可能有1个大气田。

东海盆地位于太平洋西部大陆架第三系煤成气田聚集带的中部，面积为25万km^2，新生代的沉积巨厚，在西湖拗陷最大沉积岩厚达15000m。上新统、中新统、渐新统、古新统和始新统都含煤，同时第三系各统的泥质岩干酪根的氢碳原子比，始新统为0.78、渐新统为0.82、中新统下部为0.82，由此可知各统泥质岩有机物主要是腐殖型的。多旋回的含煤沉积，分布有机质以腐殖型为主，有利于煤成气的形成聚集，平湖1井从成煤作用中期（R^{o}为1.2%）的煤系中获得以气为主，轻质油或凝析油为辅的高产油气井就是例证。东海盆地目前发现和圈定局部构造208个，一些构造面积在100km^2以上，目前已钻探井7口，其中4口获得工业气流或油气流，发现一个油气田和两个含气构造。东海盆地第三系含煤地层发育，探井发现以气为主以油为辅，有众多构造，大型构造多，位于太平洋西部大陆架第三系煤成气田聚集带中部，其南带（暹罗湾–马来盆地、琼东南盆地）与北带（萨哈林–鄂霍次克盆地、堪察加盆地）均发现煤成气田，故该盆地有发现大中型气田的良好条件。

南海大陆架上珠江口盆地和琼东南盆地等在第三系中均发现有含煤沉积，是找煤成气有利盆地。其中琼东南盆地已发现储量近1000亿m^3的崖13–1煤成气田，是我国目前发现最大的气田。该气田源岩是渐新世崖城组含煤地层，钻厚达350多米，煤层24层22.4m，暗色泥岩有机碳平均含量为2.43%，以Ⅱ型为主。该组地层据地震资料向拗陷厚达2000余米。在崖13–1气田所在的崖南断陷，拗陷中心崖城组最大生气强度超过200亿m^3/km^2，因此是找气的有利地区。由于这里下第三系有较好的生储盖组合，崖城组为气源岩，陵水组二段河流三角洲相砂岩为储层，梅山组下部泥岩为盖层，同时发育较多有古构造背景的背斜圈闭，仅在崖南断陷这样局部构造就有10多个，所以在此具备较好的寻找大中型气田条件，特别是崖21–1和崖28–1构造钻探后可能发现大中型气田。

2. 我国中部克拉通盆地带——四川盆地和鄂尔多斯盆地

要找到大中型气田，除了生储盖条件良好匹配外，盆地的构造稳定性是关键，因为频繁而强烈的构造运动随之产生众多的断裂，使易于运移和扩散的天然气难于聚集成大中型气田。A. A. 迈耶霍夫指出了大油、气田形成的11～12点基本要求，其中对于天然气保存来说，再没有比构造稳定性更重要了。四川和鄂尔多斯盆地具备寻找大中型气田的构造稳定性。

四川盆地具有面积大（18万km^2）、沉积岩厚（6000～12000m）、气源岩多（从震旦系至上三叠统至少有7个气源层系）、发现工业气层多、气田多（从三叠系至震旦系已发现16个工业气层系，69个气田）、构造发育（至少发现地面构造257个，潜伏构造223

个）等发现中大型气田较优越的条件。威远、卧龙河、中坝等中型气田发现预示了能找到大中型气田。

鄂尔多斯盆地面积大（地台区 26 万 km^2）。发现两套区域性天然气生储盖组合：石炭–二叠系煤成气源岩，下石盒子组砂岩储层，上石盒子组泥质岩盖层；下古生界以奥陶系为主油型气源岩，下古生界碳酸盐储层，石炭–二叠系煤系盖层。气资源量丰富（仅煤成气资源量就为 2 万亿 ~4 万亿 m^3）和沉积岩厚达 5000 ~ 10000m 等寻找大中型气田的优越条件。鄂尔多斯盆地天然气勘探近几年才起步，就在胜利井构造上任 11 井石盒子组获得日产 27 万 m^3 煤成气；天池构造天 1 井奥陶系获日产 16 万 m^3 油型气，同时还发现一批工业气井，说明勘探天然气潜力大。

在中部稳定盆地带寻找大中型气田，重要的是研究储层，发现好的孔隙层。

3. 西北主要盆地——塔里木盆地和准噶尔盆地

此两盆地是西起高加索盆地经卡拉库姆盆地，过塔吉克–阿富汗盆地越费尔干纳盆地欧亚中–下侏罗统含煤带东部的主要组成部分；在该含煤带西部的苏联境内盆地中，已发现不少大中型煤成气田，其中卡拉库姆盆地发现 121 个气田，其大部分是大中型的。我国上述两个盆地中–下侏罗统煤系分布大于 8 万 km^2，煤的资源量均在 5000 万 t 以上，有丰富煤成气资源，并有储盖组合与局部构造匹配，对大中型煤成气田发育是有利的。

塔里木盆地面积大（56 万 km^2），沉积岩厚达万米，圈闭类型多，大构造发育（如塔中 1 号构造东高点闭合面积为 2200km^2，幅度 1100m），有寒武–奥陶系、石炭–二叠系和下第三–白垩系三套油型气源岩，故也是寻找大中型油型气田的有利场所。塔北隆起雅克拉构造上沙参 2 井奥陶系初期日产气 200 万 m^3，油 1000m^3，甲、乙、丙烷碳同位素分别为–39. 8‰、–31. 0‰、–29. 2‰，为典型的油型气，是发现大中型油型气田的预兆。同时，准噶尔盆地也有发现大中型油型气田的条件。

此外，我国东部裂谷盆地带，寻找大型气田条件欠佳，但还是具备发现中型气田的某些条件。

寻找大中型气田与加速发展天然气工业之浅见*

天然气是目前世界能源发展的一个方向。天然气工业的发展状况，从一个侧面反映了一个国家科学和生产水平。

一、我国天然气工业发展概况

建国以来，我国天然气工业有了很大的发展。建国前仅在四川盆地发现两个气田（石油沟、圣灯山），至1987年底则在7个盆地发现气田，总数达89个（包括台湾省的达97个）；1950年产天然气仅646万m^3，而1987年产气135.37亿m^3，即在38年内增加2096倍。尽管建国后我国天然气工业有很大的发展，但距国家要求相差还很大，突出的矛盾为：一是年产量不大，油气产量能量比失调，即约为10∶1，而世界上油气产量能量比约为1.5∶1，美国和苏联的均约为0.85∶1；二是探明天然气储量尚少，并且在已探明的气储量中，能适于高速开采的气层气储量的比例不大，仅占约43%；三是小型气田多，至今尚未发现大气田，仅发现10多个中型气田或气藏。

就1987年而言，全世界天然气的总产量为19292亿m^3，其中苏联产7266亿m^3，美国产4841亿m^3，加拿大产983亿m^3。该年我国年产气量仅为世界的0.7%，为世界上产油气大国苏联的1.8%、美国的2.8%、加拿大的13.7%。由此可见，目前我国天然气工业与世界天然气工业差距甚大。这种被动局面，不是由于地质条件束缚造成的，因为在客观上，我国具有发展天然气工业良好的地质基础。

二、我国具备发展天然气工业的地质基础

一个国家天然气工业的规模，是否能快速发展，首先取决于天然气地质条件。以下一些资料和事实说明，我国有良好的天然气地质基础，具有较快发展天然气工业的条件。

1. 天然气资源丰富

据原石油工业部、地质矿产部和有关专家测算，我国天然气资源量为15万亿m^3至33.3万亿m^3，其中煤成气5.4万亿m^3至19万亿m^3。上述资源量是经过不同单位、众多研究人员和生产人员，根据大量实验数据和综合油气地质研究得出的，是可信的。还有一些专家指出，目前所掌握的天然气资源量数值，要比实际资源量低。

目前，我国探明天然气储量仅占资源量的3.3%～7.3%，与石油探明储量约占其资源

---

* 原载于《中国天然气发展战略专家咨询论证会专家建议》，1989。

量的15%相比，要低得多。这说明我国今后存在天然气储量增长速度比石油储量增长速度快的优越客观条件，并将导致天然气工业发展速度快于石油工业发展的速度。

苏联、美国和加拿大几个天然气大国，天然气探明储量占资源量的18%～52%（表1），而我国目前天然气探明储量占资源量比例比值低得多。从这3个天然气大国天然气探明储量占资源量的比例推算，我国将可探明天然气储量达2.7万亿m^3至17.4万亿m^3，由此证明我国天然气工业发展的远景良好。

表1 几个天然气大国天然气探明者储量占资源量的比例

项目／国家	资源量/万亿m^3	探明储量/万亿m^3	累积产量/万亿m^3	探明储量占资源量/%
苏联	133.8	40.6	5.9	30.34
美国	43.9	22.9	17.2	52.16
加拿大	21.7	3.9	1.2	17.97

2. 沉积岩面积和体积大，探明天然气储量率低

我国沉积岩面积为66万km^2，沉积岩体积为2257万km^3，与国外一些沉积岩面积和体积大的国家（如苏联沉积岩面积为1664万km^2；美国沉积岩面积为732.5万km^2，沉积岩体积2649.1万km^3；加拿大沉积岩面积为707.7万km^2，沉积岩体积2329.7万km^3）相比，探明天然气储量率低。譬如，以1985年来比较，我国沉积岩面积的和体积的探明天然气储量率分别为13.7万km^3/km^2和4.1万km^3/km^3；苏联为255.1万km^3/km^2；美国分别为516万m^3/km^2和142.7万m^3/km^3；加拿大分别为90.4万m^3/km^2和27.5万m^3/km^3。由上比较可见，我国沉积岩的面积和体积的探明天然气率比苏联、美国和加拿大低得多，说明我国天然气勘探还有很大潜力，将可探明更大量的天然气储量。根据上述三个国家目前沉积岩探明天然气储量率推算，我国至少可探明天然气储量在6万亿m^3以上，由此将可能建成年产天然气500亿m^3或更多。

3. 各地层层系中天然气显示普遍，其中大部分层系发现气藏（田）

我国从第四系至前震旦系都发现有天然气显示。从第四系至震旦系各系中，目前除寒武系、志留系和泥盆系外，其他各系均发现有气藏（田）。

我国目前发现最深的气藏为老关庙阳新统气藏（7153.5～7175m），比世界上最深的气藏——美国的贾伊费尔德气藏（8088m）浅近千米。以上说明我国地层纵向上有勘探天然气的广阔前景和很大的潜力。

4. 气源岩类型齐备而广布

腐泥型和混合型（偏腐泥）源岩在我国广布，分布面积约500万km^2，从震旦系至第四系皆有发育，由其形成的油型气是我国目前探明天然气储量的主要组成部分。煤系和亚煤系是煤成气的源岩，从泥盆系至第四系皆有发育。我国煤系分布面积，据各家统计为115万～300万km^2，虽其分布面积和层系没有腐泥型和混合型源岩大和多，但由于其成气有机物的丰度比腐泥型和混合型源岩高3～4倍，故其分布区一般成气浓度大，是寻找

大气田的有利区带。如我国目前发现最大的气田崖13-1气田是煤成气；世界上发现储量超过1万亿m^3的14个超大气田，其中煤成气田占8个就是佐证。我国未成熟烃源岩未引起人们充分的注意，据初步统计，我国具有形成工业性生物气藏的未成熟烃源岩分布面积约50万km^2，特别值得注意的是柴达木盆地、松辽盆地、渤海及渤海湾盆地沿海边带、东海盆地和南海北部诸盆地，有连片分布厚度较大的未成熟烃源岩。由其生成的生物气，在我国广泛存在，其层位从侏罗系至第四系，并在柴达木盆地发现了成群成带的生物气田。在我国大陆架上，尤其在琼东南-莺歌海盆地和东海盆地，有可能形成生物气大气田。

三、寻找大中型气田的有利区带和盆地

根据地质矿产部与原石油工业部资源评价成果，我国天然气资源量87%～90%在东南部大陆架盆地带、东部裂谷盆地带、中部克拉通盆地带和西北部盆地带中。在此四个盆地带有7（石油工业部）或8（地质矿产部）个资源量在1万亿m^3或以上的盆地。这些盆地是寻找大中型气田的主要场所。

1. 东南部大陆架盆地带

处于太平洋西部大陆架及沿岸第三系聚煤带的中部。该聚煤带北端从西堪察加盆地、经萨哈林-鄂霍次克盆地、石狩盆地、东海盆地、台湾西部盆地、珠江口盆地、琼东南-莺歌海盆地至西南端的暹罗湾-马来盆地。在西堪察加盆地含煤地层成气浓度为70亿m^3/km^2，并已发现了煤成气田；萨哈林-鄂霍次克盆地达金组含煤沉积成气浓度为36亿m^3/km^2，在萨哈林发现25个气田；在暹罗湾-马来盆地的泰国部分至少发现6个煤成气田，并都为中型气田，其中1个可能为大气田；在该盆地的马来西亚部分也发现了一些煤成气田。

该聚煤带中部的我国东海盆地、台湾西部盆地、珠江口盆地、琼东南-莺歌海盆地的第三系烃源岩，主要是腐殖型、腐泥-腐殖型泥岩和煤层的煤系。东海盆地上新统、中新统、渐新统、始新统和古新统都含煤，是多旋回含煤沉积盆地，煤层累厚达140m或更厚，各含煤组含煤程度为2%～3%。珠江口盆地恩平组为含煤地层，煤层厚10～15m。琼东南-莺歌海盆地崖城组含煤地层，在崖13-1-2井含煤程度为6.4%。上述这些含煤地层大部分还处于长焰煤至肥煤阶段（在生油窗内），但发现的气田或凝析气田具有明显的煤成气特征。目前在琼东南-莺歌海盆地发现了全国最大的气田崖13-1气田，东海盆地发现平湖凝析气田、珠江口盆地发现文昌9-2凝析气藏，均为中型气田（藏），皆为煤系地层产物。此外，台湾西部盆地陆上和大陆架发现所有的气田和凝析气田的源岩是南庄组、石底组和木栅组含煤地层。由此可见，我国东南部大陆架盆地带，与太平洋西部第三系聚煤带北部及西南部一样，具有聚煤带与煤成气田带重叠统一发育的特征，是寻找大中型煤成气田的有利地区。特别是东海盆地和琼东南-莺歌海盆地，天然气资源量大于1万亿m^3，除煤成气外，这里一般有1000m或更厚未成熟烃源岩，勘探生物气前景不可忽视。此外，在我国大陆架有油气远景的沉积岩面积约60万km^2，沉积岩厚8～15km，其中有15万km^2地区沉积岩埋深大于4500m，也有利于裂解气的生成与聚集。

2. 中部克拉通盆地带

包括我国构造上最稳定，资源量均在1万亿m^3以上的四川盆地和鄂尔多斯盆地。在

A. A. 迈耶霍夫指出的大油、气田形成的 11～12 点基本要求中，其中对于天然气保存来说，再没有比构造稳定性更重要了。由此可见，该两盆地有利于寻找大中型气田。

四川盆地面积大（18 万 km^2），沉积岩厚 6～12km，生油气层系多达 12 个，总厚度约 3km，占总沉积岩的 20%～30%；三叠系一般已达高成熟，其下层位过成熟而共形成 11 个生气层系；资源量在 3 万亿 m^3 以上；既有较多区域古隆起（乐山-龙女寺加里东古隆起、泸州印支古隆起和开江印支古隆起等），又有古构造型背斜圈闭（中坝、卧龙河），局部构造多（地面构造 257 个，潜伏构造 233 个），圈闭类型多（背斜型、向斜型、礁型、地层岩性型、裂缝型）等寻找大中型气田有利条件。目前已发现威远、卧龙河、中坝、磨溪四个中型气田。

鄂尔多斯盆地发育两套区域性天然气生储盖组合：其一，石炭-二叠系为煤成气源岩，下石盒子组砂岩为储层，上石盒子组泥质岩为盖层；其二，下古生界以奥陶系为主油型气源岩，下古生界碳酸盐岩为储层，石炭-二叠系煤系为盖层。资源量为 1.27 万亿～3.66 万亿m^3。沉积岩厚 5～10km 等，是寻找大中型气田的优良条件。尽管在此天然气勘探近几年才起步，但在胜利井任 11 井获日产 27 万 m^3 煤成气，天池构造天 1 井奥陶系日产 16 万 m^3 油型气，最近在盆地中部林家湾构造陕参 1 井缝洞发育奥陶系风化面上获日产气约 6 万 m^3，说明勘探天然气潜力大。

在中部盆地带寻找大中型气田，重要的是研究储层，发现好的孔隙层，同时要搞清和确定与生气期匹配的圈闭。

3. 西北部盆地带

该带中的塔里木盆地和准噶尔盆地是寻找大中型气田的最有利地区。

该两盆地处于欧亚下、中侏罗统聚煤带的东部。该带西起北高加索盆地，经卡拉库姆盆地，过塔吉克-阿富汗盆地越费尔干纳盆地而进入我国塔里木盆地、准噶尔盆地和吐鲁番-哈密盆地。此带西部苏联境内的诸盆地均发现了煤成气田（藏），其中卡拉库姆盆地发现了 121 个煤成气田，其中许多是大中型气田。塔里木盆地和准噶尔盆地中、下侏罗统煤系分布大于 8 万 km^2，煤的资源量在 5000 万 t 以上，在准噶尔盆地天山山前拗陷该统成气浓度达 300 亿 m^3/km^2，是全国最大的。上述条件说明对寻找大中型煤成气田有利。在这两个盆地还有丰富的油型气源岩，如塔里木盆地塔北-奥陶-寒武系已处于高成熟和过成熟，沙参 2 井奥陶系日初产气 200 万 m^3，油 1000m^3，天然气的 $\delta^{13}C_1$ 为-39.8‰，$\delta^{13}C_2$ 为-31.0‰，$\delta^{13}C_3$ 为-29.2‰，具有典型的油型气特征，故也有利于寻找大中型油型气田。此外，该两盆地还具有面积大，沉积岩厚可达万米，圈闭类型多，局部构造多等发现大中型气田的有利因素。目前在塔里木盆地柯克亚中型凝析气田的发现，说明勘探大中型气田前景良好。

4. 东部裂谷盆地带

主要包括松辽盆地、渤海湾盆地、南襄盆地、江汉盆地和苏北盆地。由于这些盆地孔隙好的储层所占的是“生油窗”深度，并主要分布着腐泥型和腐殖-腐泥型源岩，基本上被自生自储的石油所占领，而成为我国主要的产油层系；同时构造活动性较大，断裂发育，完整的较大构造缺乏，故形成大气田条件欠佳，但具备寻找中型气田的条件。特别是松辽盆地和渤海湾盆地，在腐泥–腐殖型源岩和石炭–二叠系或侏罗系煤系发育区带，勘探中型气田条件较佳。目前发现的文留气藏、板桥凝析气田、苏桥凝析气田和汪家屯气田等中型气田，就在上述烃源岩分布区内。今后在这些有利区带还可以发现中型气田（藏）。

四、加速我国天然气工业发展的几点建议

（1）增加天然气勘探的投资和工作量，是快速发展我国天然气工业必须采取的措施。天然气勘探开发工作量少，是造成我国天然气工业发展缓慢最主要的因素之一。从1949～1985年，我国天然气勘探开发建设总工作量仅为石油的10.36%，占整个能源工业比重的2.5%。苏联天然气工业所以能飞速发展，与天然气工业的投资占整个油气工业投资的30%左右的比例有关。天然气年产量一直名列世界前茅的美国，天然气工业的投资占整个油气工业的33%的高比例，无疑起了重要作用。

（2）大力培训和增加天然气勘探开发人员，是加快我国天然气工业发展的一个重要措施。据粗略统计，目前我国从事天然气勘探开发人员仅为从事石油勘探开发人员的约十分之一，这显然不适应天然气工业加速发展的需要。应该通过在职人员（包括技术干部和工人）培训和在太中专院校开设天然气地质专业两个途径来增加天然气勘探开发人员。

（3）集中一批既包括石油部门，又包括地矿部门、中国科学院和有关高等院校在内的，热心从事天然气工业的人才，尽快建立一个全国性的，若干个区域性的强有力的天然气研究中心，统筹组织全国的和一些天然气资源量丰富的区域的或盆地的天然气地质研究，负责向国家及有关区域提供天然气勘探决策、部署方案和有利地区的选择等。

（4）为了提高天然气勘探效益和研究水平，建议由中国石油学会发起，于1990年第四季度召开一次世界天然气地质勘探和研究学术会议。

加强中国西北地区天然气的研究和勘探开发*

高速发展的我国经济在增长国力和提高人民生活水平的同时，也带来日益严重的环境污染，特别是大气污染成为我国可持续发展的重要制约因素。据国家环保局统计，我国目前排放二氧化硫超过2500万t/a，为世界第一。全国酸雨产生的损失每年高达1100亿元。有关专家指出，大气污染指数每增高50μg/m^3，导致死亡的危险性就上升3%～4%。据1998年国际卫生组织有关资料，全球大气污染严重的城市依次是太原、米兰、北京、乌鲁木齐、墨西哥城、兰州、重庆、济南、石家庄和德黑兰。世界十大污染严重的城市中我国占了7个，说明我国大气污染的严重性。大气污染给人的健康带来极严重的威胁，并阻碍着经济继续发展。我国大气污染主要是煤型污染，因为我国能源结构中煤约占75%。大气中90%的二氧化硫、85%的二氧化碳和67%的二氧化氮来自燃煤。汽车尾气是城市大气污染的第二位因素，如北京市现有140多万辆汽车，每天排出的二氧化硫为200多吨。故要改善我国大气污染必须寻求一种清洁的绿色能源，这就是天然气，因为当今三大能源煤、石油和天然气在相同能耗下排放污染物质比例分别为：灰分148∶14∶1；二氧化硫700∶400∶1；二氧化氮10∶5∶1；碳氧化合物29∶16∶1；二氧化碳5∶4∶3。

我国西北地区有发展天然气工业的良好地质条件，勘探开发天然气的潜力大，将可成为我国重要的气区之一。

一、西北地区良好的天然气地质基础

在我国陆上各区天然气勘探中，西北地区开始有的放矢进行天然气勘探起步是很晚的。至1998年底止，共发现了28个气田，其中探明储量大于100亿m^{3}的大中型气田10个。西北地区探明气层气储量为4752亿m^3，占全国的24.4%。目前气层气的剩余可采储量为2507亿m^3，溶解气的总储量为2466亿m^3，全区气层气和溶解气共7218亿m^3。各大盆地发现的气田数、溶解气储量、气层气储量、气层气剩余可采储量见表1。

表1　西北地区主要盆地天然气资源量和探明储量一览表

盆地	资源量/万亿m^3	资源量探明率	1998年年底					
			气田数/个	大中型气田数/个	溶解气储量/亿m^3	气层气储量/亿m^3	气层气剩余可采储量/亿m^3	探明气总储量/亿m^3
塔里木	8.39	3.36%	16	5（1）	388.53	2432.81	1259.11	2821.34
柴达木	0.29	50.34%	7	4	103.76	1472.20	796.07	1575.96

---

* 原载于“在西部大开发中国土资源开发和整治座谈会”论文，1999，北京。

续表

盆地	资源量/万亿 m^3	资源量探明率	1998 年底					
			气田数/个	大中型气田数/个	溶解气储量/亿 m^3	气层气储量/亿 m^3	气层气剩余可采储量/亿 m^3	探明气总储量/亿 m^3
吐哈	0.37	19.50%	3	1	444.68	276.94	183.75	721.62
准噶尔	1.23	17.07%	2	(1)	1529.29	570.04	268.13	2099.33
西北地区	10.28	6.72%	28	10(2)	2466.26	4751.99	2507.06	7218.25

注：括号内为 1999 年数据。

以上说明西北地区天然气勘探已取得一定的成绩。特别是近两年来在塔里木盆地库车拗陷天然气勘探取得重大进展，证明是个富气的拗陷。在克拉苏 2 号构造上勘探取得重大突破，已控制储量 1856 亿 m^3。预计明年 3 月能探明 2000 亿 m^3，成为我国丰度最大的大气田，塔里木盆地的探明天然气储量可达 4433 亿 m^3，同时在依南气田、吐孜 1 气藏和大北 1 气藏勘探也取得重大进展。因此，至 2000 年塔里木盆地天然气探明、控制加预测储量可达 9000 亿 m^3，将成为我国一个重要气区。此外，在柴北前陆盆地也发现大片中、下侏罗统气源岩，并于 1998 年发现南八仙中型气田，说明这里天然气前景也十分看好。在柴达木盆地第四系中还发现了世界罕见的 3 个大气田。

西北地区具有发展天然气工业的有利地质条件如下。

1. 沉积岩面积大

从有机成气说观点和世界油气勘探实践证明：天然气储量和沉积岩的面积成正比。西北地区沉积岩面积为 118.817 万 km^2，为全国各大区的第一位，占全国沉积岩总面积的 27.6%（表 2）。但单位沉积岩面积探明可采气储量很低，即 21.1 亿 m^3/万 km^2。世界上年产天然气 1000 亿 m^3 以上的 3 个天然气大国苏联、美国和加拿大，单位沉积岩面积探明可采气储量分别为 531 亿 m^3/万 km^2、383 亿 m^3/万 km^2 和 95 亿 m^3/万 km^2。也就是说苏联、美国和加拿大 3 个天然气大国单位沉积岩面积探明可采气储量分别是我国的 25 倍、18 倍和 4.5 倍。如果按加拿大最低的单位沉积岩面积探明可采气储量标准计算，将来西北地区探明可采气储量不会低于 11281 亿 m^3，将有建成 500 万 m^3/a 生产的可采储量基础。

表 2　全国第二次资源评价天然气分区资源（1994）

分区	所含盆地个数	沉积岩面积/万 km^2	天然气资源量/万亿 m^3
东北区	37	61.828	1.33
华北区	7	19.367	2.67
江淮区	11	24.918	0.36
中部区	5	50.100	11.52
西北区	21	118.817	10.74（13，16）
南方区	54	56.714	3.28
青藏区	5	20.130	
海域区	10	78.572	8.14
全国	150	430.446	38.04

注：括号内为 1999 年数据。

2. 天然气的资源量大

西北地区天然气的资源量，根据1994年全国第二次油气资源评价是10.74万亿m^3，仅次于中部地区（四川盆地和鄂尔多斯盆地）（表2）。但根据1999年对柴达木盆地等的天然气资源量重新评价结果，西北地区天然气资源总量上升为13.16万亿m^3而居全国各大区之首（表2）。我国天然气资源量与国际的可采资源量不统一，为了便于国际对比，西北地区13.16万亿m^3天然气资源量换算为可采资源量为3.62万亿m^3。也就是说西北地区可采资源量目，前探明率很低，仅为6.93%，而苏联、美国和加拿大的分别为69.37%、76.11%和37.38%，即各是我国探明率的10倍、11倍和5.4倍。如果按加拿大的最低标准测算，将来西北地区探明可采气储量不会低于13538亿m^3，同样将有建成500万m^3/a生产的基础。

二、加强天然气地质综合研究

我国天然气地质研究至少晚于石油地质研究35年，在西北地区更甚之。西北地区天然气地质研究问题很多，我认为主要应首先加强研究以下内容。

1. 强化煤系成烃以气为主以油为辅研究

煤系成烃以气为主以油为辅这个特点，在20年前已有人明确指出了，这是因为木本植物是煤系中煤及泥岩有机质来源的主体。由于木本植物中H/C低的纤维素和木质素占60%~80%，而H/C高的蛋白质和类脂类含量一般不超过5%，这一特征决定了其成烃以气为主。但某些油气地质工作者并未充分认识和掌握这个规律，并有在西北中-下侏罗统煤系以找油为主的误导，特别在吐哈盆地发现了煤成油后（吐哈盆地过去认为都是煤成油，现有研究表明实际上除煤成油外，还有二叠系上部的湖相烃源岩生油，即使部分是煤成油为主也与后期运移、扩散、储盖层砂泥比等因素有关，在此不赘述），这种倾向更明显，在理论上模糊了煤系找气为主这一方向。出现对煤系资源评价和勘探方向选择的偏差，延缓了天然气勘探和有利区的选择。例如，第二次资源评价中由于认为煤系以生油为主，对塔里木盆地和柴达木盆地很好的气源岩——中-下侏罗统煤系、天然气资源量算得很低。库车拗陷当时算的资源量只有0.44万亿m^3，现在探明、控制和预测储量已大大超过它。1999年进行了重新评价为2.23万亿m^3。同时柴达木盆地第二次资源评价只有0.29万亿m^3，1999年评价则高达3.17万亿m^3。

中亚地区分布着一个巨大的中-下侏罗统含煤带，为中亚煤成气聚集域创造了基础。在该带西部已找到大量的煤成气田，例如在卡拉库姆盆地已发现了100多个气田，探明可采气储量达2万亿m^3以上。因此，在该带的东部我国的西部也应能找到大量煤成气田，而不是煤成油田。

2. 强化碳酸盐岩相带与烃源岩关系研究

塔里木盆地台盆区分布有广泛的寒武系和奥陶系碳酸盐岩。这套碳酸盐岩大部分有机碳含量较低，台地相的有机碳普遍在0.20%以下，以往资源评价时认为都是油气源岩，也就是“满盆”有烃源岩，计算天然气资源量时指导思想以此为根据，以此为指导，勘探普遍“有利”，选不出重点，勘探效率低。“九五”天然气科技攻关一个重要成果认为碳酸盐岩不都是油气源岩，只有部分碳酸盐岩相带有机碳含量高，才是烃源岩，如台缘斜坡沉积相、半闭塞-闭塞欠补偿海湾沉积相才是好的烃源岩。这使天然气勘探有利区选择从“满盆”进而到有的放矢，缩小目标。当然碳酸盐岩相带与烃源岩关系研究才开展不久，今后要强化，以便提高天然气勘探效率。

3. 强化前陆盆地构造和圈闭研究

在西北地区前陆盆地发育，例如塔里木的库车前陆盆地和塔西南前陆盆地；准噶尔的准南前陆盆地和柴达木盆地的柴北前陆盆地。目前西北地区探明的天然气储量和大中型气田主要在这些前陆盆地中。这些前陆盆地具有 4 个特点：① 呈窄长条分布，陆源物质丰富，发育中-下侏罗统一套良好气源岩煤系；② 生气强度大，高的可达 100 亿 m^3/km^2，一般都大于 20 亿 m^3/km^2，有利于寻找大中型气田；③ 后期改造强烈，冲断带发育，形成成排的圈闭并十分复杂；④ 具多套生储盖组合，砂岩发育，多为两层楼式成藏模式。目前关键是研究和搞清复杂变形演化后的圈闭特征与规律，这是提高天然气勘探效率的关键。

三、加强天然气勘探开发

天然气工业是个系统工程，主要由上游产业勘探开发和下游产业消费市场组成。勘探开发是发展天然气工业的基础和关键。

1. 加强天然气勘探力度

西北地区天然气勘探强度与全国一样较低，天然气勘探经费仅占整个油气勘探的约 20%。如不加强勘探力度要探明为目前可采储量 5 倍的储量就要拖很长时间，影响建向沿海城市的长输气管线最低的储量基础，使沿海城市天然气市场被国外气源占领，由此不仅会造成经费上损失，同时还涉及经济和国防安全问题。

加强天然气勘探力度有两层意思，一方面提高天然气勘探费用在油气费用中比例，在某些富气地区全力以赴去探气，如库车拗陷；另一方面纠正重油轻气的勘探思想，纠正在煤成烃区以找油为主思想，根据油气地质条件正确选择勘探指导思想。

2. 加强长输气管线的建设

天然气与石油不同，有了气管线才能开发向用户输气。由于西北地区地广人稀，因目前工业气用户少而用量少。因此，开发出的气必须向人口密度、大工业发达的东部寻求大市场大用户，这就必须建长输管线，如从塔里木盆地经吐哈-西安-郑州-南京-上海建设长管线，使我国东部经济发达区获得优质洁净燃料，净化我国东部城市日益污染严重的大气，改善生活环境，促进国民经济持续发展。

值得指出的是要建设几千公里长输管线要花 100 亿～200 亿元，仅靠勘探企业、用气城市投资势必使销售成本大大提高，与沿海城市进口液化气价格也无竞争力。所以国家要像建设铁路一样来进行长输管线建设，从经济上扶植，促进我国天然气工业迅速发展起来。

美国天然气工业概况*

一、美国天然气工业概况和特点

1870 年美国在纽约州开采第一口天然气井，开始发展天然气工业。

美国天然气资源比较丰富，开采量和消耗量均占世界首位，但目前资源日趋紧张，储采比近 30 年来逐步下降（表 1），如 1971 年天然气蕴藏量只能满足 12 年开采。正由于美国天然气资源日益枯竭，故近年来大量进口阿尔及利亚、加拿大和墨西哥的天然气。预计 1980 年美国将进口 453 亿 m^3 的液化天然气，占该年美国能源耗量的 5%。

表 1　美国近年来储采比下降一览表

年份	年底剩余储量/亿 m^3	年产/亿 m^3	储采比	年份	年底剩余储量/亿 m^3	年产/亿 m^3	储采比
1940	24100	943.2	25.5	1964	79641	4345.8	18.3
1945	41800	1370.5	30.5	1965	81119	4602.0	17.6
1950	52500	1951.8	26.9	1966	81250	4872.0	16.6
1955	63300	2865.1	22.1	1967	82942	5146.0	16.1
1960	74600	3596.0	20.7	1968	81368	5472.0	14.9
1961	75400	3788.5	19.9	1969	77855	5846.0	13.3
1962	77101	3861.5	20.0	1970	82281	6230.0	13.2
1963	78197	4180.1	18.7	1971	78949.3	6251.4	12.6

美国天然气均系富含 C_2 以上烷烃的湿气。1971 年美国 50 个州中有 28 个州产天然气。但产量的地理布局是不均衡的，86.3% 天然气集中产自得克萨斯、路易斯安那、俄克拉荷马和新墨西哥 4 个州，因为大气田大部分集中在这几个州。

至 1968 年 1 月 1 日，美国有 22898 个油气田。目前美国开采气田达几千个，其中大的只有九个，其产量占美国总产量的 57% 以上。

根据 1970 年的资料，美国天然气总储量大于 280 亿 m^3 的气田（包括少数气油田）共 53 个，其中大于 500 亿 m^3 储量的气田 31 个（表 2），大于 1000 亿 m^3 储量的气田 10 个。潘汉德-胡果顿气田是美国最大的气田，天然气的总储量为 15667 亿 m^3，1966 年产 414.7 亿 m^3，而 1965 年产 414.6 亿 m^3。截至 1965 年年底，在 31 个大于 500 亿 m^3 的气田中，已有 2/5 气田总开采量超过 500 亿 m^3，即这些气田已进入晚期开采。

---

* 原为石油勘探开发规划研究院编，内部材料，1973。

表 2 美国储量大于 500 亿 m^3 气(油)田一览表

名田名称	发现年代	发现方法	储气层位	圈闭类型	面积/km^2	天然气/亿 m^3			
						累计产量(至 1966 年 1 月 1 日)	剩余储量(至 1966 年 1 月 1 日)	1965 年产量	估计原始储量
潘汉得	1918	地面地质	二叠系、宾夕法尼亚统	构造	9308.1	2744.8	9061.4	171.0	15667.0
胡果顿	1926	野猫井	二叠系	地层	13860.9	3860.8		243.6	
贾尔马特	1929	地下地质	二叠系	地层	273.9	1245.9	1047.7	14.0	2293.6
帕凯特	1952	地面地质 地球物理	奥陶系、泥盆系、二叠系	构造	152.5	311.4	1529.1	46.7	1840.5
门罗	1916	地面地质	古新统、白垩系	尖灭	956.3	1766.5	—	26.9	1766.5
卡撒奇	1936	地下地质 地球物理	白垩系	构造渗透率变化	1011.7	1444.1	254.8	50.6	1699.0
卡提区	1934	地球物理	始新统	构造	95.9	396.4	1302.5	51.9	1669.0
基奈	1959	地球物理	第三系	构造	24.2	4.3	1411.5	1.6	1415.8
老海洋	1934	地下地质 地球物理	渐新统	构造	67.1	424.7	991.0	31.4	1415.7
古米兹	1963	地球物理	寒武系、奥陶系	构造	80.9	0.1	1132.7	0.1	1132.8
里欧·维斯塔	1936	地面地质 地球物理	始新系	构造	104.4	655.8	339.8	14.8	995.6
科诺萨	1962	地球物理	古生界	构造	23.0	11.3	877.8	9.7	889.1
崩斯维尔	1950	野猫井	古生界	地层	1618.8	254.8	594.6	21.0	849.4
汤姆欧康纳	1934	地球物理	渐新统、中新统	构造	52.6	368.1	481.3	11.9	849.4
拉格罗里亚	1939	地球物理	渐新统	构造	42.4	566.3	254.8	26.0	821.1
奎维尔	1944	地球物理	白垩系	构造	91.0	310.9	397.0	9.9	807.9
莫卡纳·拉佛纳	1952	地下地质 地球物理	石炭系、二叠系	地层	708.2	84.9	707.9	—	792.8

续表

名田名称	发现年代	发现方法	储气层位	圈闭类型	面积/km^2	天然气/亿 m^3			
						累计产量（至1966年1月1日）	剩余储量（至1966年1月1日）	1965年产量	估计原始储量
大皮奈	1938	地面地质	新生界	地层	121.4[①]	106.5	686.3	11.6	792.8
卡妈里克	1954	地下地质	古生界	地层	71.2	99.4	665.1	37.6	764.5
北凯特曼隆起	1928	地面地质	新生界	构造	55.4	745.5	—	11.1	745.5
巧克力湾	1939	地下地质 地球物理	渐新统	构造	38.4	368.1	339.8	21.3	707.9
彼撤内-瓦斯科姆	1916	地面地质	白垩系	构造	250.9	509.7	198.2	9.1	707.9
斯特拉顿	1937	地下地质 地球物理 渐新统	构造	82.9	509.7	198.2	25.9	707.9	—
黑芒	1965	地下地质 地球物理	古生界	构造	10.5	—	566.3	—	566.3
巴斯丁湾	1941	地下地质 地球物理	中新统	构造	48.5	110.8	455.4	29.8	566.2
尤今岛区	1950	地球物理	中新统	构造	13.5	143.4	422.8	10.8	566.2
里德沃克-诺里斯	1929	地面地质	古生界	地层		20.8	545.4	3.3	566.2
布兰科·梅萨维德	1927	地下物质	中生界	地层	2551.2	559.14	—	51.2	559.1
阿瓜·杜尔塞	1928	地下物质 地球物理	渐新统	构造	80.9	538.0	—	13.3	538.0
布朗-巴塞特	1958	地面地质 地球物理	奥陶系、志留系、宾夕法尼亚系	构造	67.1	64.2	463.5	17.5	527.5
文土腊	1916	地面地质	中新统	构造	13.7	523.1	—	8.3	523.1

注：①包括支姆奈气田等。

31个储量大于500亿m^3的气田，就圈闭类型分：构造型22个；地层型9个。10个储量大于1000亿m^3的气田，就储气层岩性分：碳酸盐岩5个；砂岩3个；砂岩和碳酸盐岩2个。1971年美国原油和天然气生产职工人数为1171567人。有天然气和凝析油生产井117300口。截至1971年年底，美国历史上生产过天然气井共计190584口，占美国已钻井总数的8.6%。

盆地类型不同，含气丰富程度差别很大，如表3所示。

表3 不同类型盆地的含气丰度

盆地类型		每平方公里面积的天然气储量/万m^3
古生代边缘盆地与山前盆地	俄克拉荷巴州	500
	阿伯拉契盆地	50
中新生代边缘盆地（路易斯安那州）		2300
中生代山间盆地		180
新生代山间盆地		2360

美国不仅在海相地层找到大量天然气，并且在陆相盆地中也开始找到了相当丰富的天然气，例如风河盆地是一个陆相盆地，面积为9800km^2，陆相地层平均厚3500m，最大可达6000m。到1970年止共发现24个油气田，以气田为主。油气田面积最大的约30km^2。小的不到1km^2，盆地已探明天然气储量为270亿m^3。由于对陆相盆地的错误认识，对此盆地勘探一直不力。据估计此盆地尚有很大潜在储量，最大油气田尚未被发现。

美国的天然气地下储库有相当规模，它几乎仅限于储存液化气。第一个地下储库的储气量为2800m^3。1968年起所建的储库容量一般为58000m^3，目前所建储库容量达95900m^3。除上述大型的地下储气库外，还建一些容量为113～226m^3的储库。都分布在分配输气管线系统的终点。至1971年地下储气总能力为828.6亿m^3。现美国已建成了第一座储存高压天然气盐气穴，总容量为5600万m^3。单个盐穴的储量为1050万m^3，储气压力为26.7MPa。近年来，美国地下储气库数目和州数逐年有所增加（表4），同时储气容量也逐年增大。

表4 储气库一览表

项目＼年份	1940	1945	1950	1955	1960	1965
地下储气库州数		11	15	18	20	28
地下储气库数	19	50	125	178	217	286

目前美国天然气工业具有以下一些特点。

1. 多井低产

美国气田与油田一样，多井低产特点十分突出，且具有历史性（表5）。

表5　美国近40年来天然气单井产量表

年份	年底生产井数	平均单井日产/m^3	年份	年底生产井数	平均单井日产/m^3
1930	55020	2700	1955	71475	8600
1935	53790	3400	1960	94617	8500
1940	53880	3000	1965	111680	10900
1945	60600	5000	1970	118864	14400
1950	64900	6700	1971	117300	14800

这个特点一方面揭露了美国气田贫多富少，另一方面也说明由于燃料需要量日益增长，逼使美国非走多井低产道路不行，只有如此，才能逐步满足工业发展要求。例如在阿伯拉契盆地，由于是接近工业中心，有几万口气井，而平均单井日产只有800m^3天然气。

与美国比较，我国天然气工业正处于方兴未艾时期。大量气田开始开发，或者开采不久，单井平均产量高于美国成千上百倍，这是我国天然气工业发展极为有利的条件，但应利中防弊，既要狠找高产井，也应有聚沙成塔精神，不可忽视“小气”井。

2. 资源枯竭，采气率大

虽然美国曾是天然气蕴藏较丰富的国家，但由于多年来大量开采，资源日益贫乏，为了克服窘境，美国注意加强新气田的勘探，但勘探效果不佳（表6），发现新气田多是小的，资源危机加深。

表6　美国1945～1960年新发现气田数及其储量分级

年份	发现总气田	发现气田按储量分级		新气田探井数
		储量1.7亿～85亿m^3	储量少于1.7亿m^3	
1945	93	49	44	2905
1946	73	32	41	2995
1947	90	44	54	3324
1948	100	46	54	4087
1949	112	57	55	4238
1950	107	44	63	5149
1951	138	65	73	6044
1952	148	68	80	6440
1953	159	52	107	6634
1954	211	68	143	7033
1955	199	49	150	7743
1956	181	63	118	8436
1957	234	99	136	7556
1958	241	73	168	6618
1959	224	62	163	7031
1960	237	80	157	7320

美国天然气的采气率居世界首位。不论大者从全国，小者以州或气田为单位，年采气

率是极大的（表1、表7）。就1971年而言，美国有4个州天然气年采气率大于10%，而1958年只有2个州，1958年西弗吉尼亚州年采气率高达13.2%，焦库·洛昆斯波特气田1965年采气率高达23.5%。年采气率大。一方面反映了资源寡贫，另一方面也指出了天然气可高速开采。

3. 天然气勘探的重点移到深层

由于美国寻找浅层新气田可能性极小，近年来美国对深层油气勘探逐步加强（表8），在寻找高产新气田上，取得较显著的效果。由于深层地层压力很大，时常超过70～100MPa，因此深层气藏往往具有高产的特点。

表7 1958、1971年美国各州天然气产储量和采气率、储采比一览表

州名＼项目	1958年				1971年			
	探明储量/亿m³	年产/亿m³	年采气率/%	储采比	探明储量/亿m³	年产/亿m³	年采气率/%	储采比
得克萨斯	32545[①]	1456.9	4.5	22.3	28733.9	2312.5	8.0	12.4
鲁耶斯安那	15706[①]	656.1	4.2	23.9	22264.4	2297.7	10.3	9.6
俄克拉荷马	4188	215.9	5.1	19.4	4449.4	471.4	10.6	9.4
新墨西哥	5800	209.7	3.6	27.6	3700.4	318.1	8.6	11.6
堪萨斯	5688	171.6	3.0	33.1	3549.5	252.1	7.1	14.1
加利福尼亚	2490	136.1	5.5	18.2	1622.4	166.9	10.3	9.7
西弗吉尼亚	441	58.5	13.3	7.5	682.9	61.7	9.0	11.1
密西西比	509	46.2	9.1	11.0	316.4	37.3	11.8	8.5
怀俄明	1033	31.9	3.1	32.3	1169.9	102.3	8.7	11.4
宾夕法尼亚	253	31.2	12.3	8.1	295.3	21.6	7.3	13.1
科罗拉多	616	27.5	4.5	22.4	514.8	28.8	5.6	17.9
肯塔基	340	19.5	5.7	17.4	270.8	18.5	6.8	14.6
阿肯色	376				688.1	49.2	7.1	13.0
伊利诺斯	38				141.2	0.6	0.4	235.3
印第安纳	7				24.5	0.3	1.2	81.6
密西根	128				287.8	8.5	2.9	33.8
蒙大拿	182				290.1	9.6	3.3	30.2
内布拉斯加	51				16.8	1.5	8.9	11.2
纽约	28				39.4	0.6	1.5	65.6
北达科他	238				142.6	11.5	8.1	12.4
俄亥俄	263				302.5	23.4	7.7	12.9
犹他	288				278.1	12.1	4.3	22.9
弗吉尼亚	11				87.9	0.8	0.9	109.8
阿拉巴马					51.1	0.2	0.4	255.5
阿拉斯加					8881.6	43.5	0.5	204.1
其他	28	51.5			125.9	0.8	0.6	157.3
总计	71247	3112.7	4.4	22.2	78949.3	6251.4	7.9	12.6

注：①包括海上储量。

表8　美国1950～1970年4500m以上的钻井一览表

年份	完井井数/口	探井/口	生产井/口	总进尺/口	最深钻井/口	最深生产井/口
1950	5	2	3	21508	6254	4733
1955	98	63	43	483720	6875	5454
1960	242	134	136	1176107	7723	6323
1961	243	84	153	1194305	7723	6323
1962	254	74	130	1345478	7723	6323
1963	271	96	128	1341535	7723	6525
1964	308	141	150	1559337	7723	6642
1965	330	117	156	1683270	7723	6735
1966	338	130	149	2040265	7723	6852
1967	402	142	192	2063304	7723	6852
1968	406	150	194	2112693	7723	6946
1969	389	116	206	2108977	7723	6946
1970	382	168	187	2005544	7802.9	6946

理论上指出，在温度大于150～175℃时，油藏不能存在，因为由于石油破坏作用形成冷凝气和甲烷。众所周知，由于地热增温率，越向深层温度越高，故深层气藏往往多于油藏。例如，美国在1961～1963年间，在3000～4500m钻成的出油井共2545口，出气井1269口，即油井多于气井。在超过4500m的深井中，出气井217口，出油井117口，即气井多于油井。在美国超过4500m的古生界的生产井，全产天然气和凝析油。

有人预测，在10km深处，在地层静压力下，泥岩还不会变质。砂岩密度增加的程度比泥岩小得多。这还与砂岩的胶结物成分和类型有关。泥质胶结砂岩的孔隙度随深度增加而变坏。美国辛辛那提大学1949～1959年研究了13口深井的岩样发现，在6100m深处砂岩颗粒的破碎痕迹并不多。实验研究证明：在埋深7～10km处岩石还具有储油性，所以还可以形成油气田。这个实验已被在美国阿纳达科盆地所钻的格林1号井证实，该井在井深6583.6～6595.8m的斯普材杰层中取出的空穴石灰岩岩心，孔隙度为5%～18%，平均为9.5%，是由于白云岩化及沿空洞结晶造成的次生穴孔隙度。

据统计，1953～1963年美国有超过4500m深井1562口，共发现70个油气藏，钻了300口生产井，其中60%生产井产天然气和凝析油。1971年美国发现了31个深部油气田，最深的是在西得克萨斯，从7023m的埃伦布尔格尔层中发现了天然气。1972年4月，在俄克拉荷马城钻成了目前世界上最深天然气生产井，从志留–泥盆系的享顿层产气，气层深7335～7493m，日产量7.84亿m^3。目前美国最深的井在阿纳达科盆地，井深91 59.2m，1972年3月完钻。

美国的德拉韦盆地从井深4475m至6892m发现14个气田和凝析气田，储量为5960亿m^3。近来，美国在阿纳达科盆地和墨西哥湾地区发现了不少高压天然气，常埋在5000～7000m的深度。1970年美国完钻382口深井中，其中气井116口，成功率达30.3%，比油井高得多。同年，在阿纳达科盆地打了26口深4500～8500m的超深井，探明152亿m^3的天然气储量。

4. 逐渐重视输气管线的建设

从美国天然气工业发展中得到个启发是要充分利用天然气资源与提高天然气产量，必须重视输气管线的建设。美国先期由于输气管线的限制，造成天然气很大浪费。如1922年至1934年期间，美国油田上散发到空中的天然气为180亿m^3，1944年得克萨斯州开采270亿m^3天然气，有180亿m^3以上的天然气放到空中。造成这种浪费的主要原因是当时没有较系统的气管网。

1950年，加强了对管线的建设，把天然气工业投资额相当大部分用于管线建设上（表9），1965年比1955年管线投资额增加了约两倍，同一时期内管线总长则增加了约1.5倍（表10）。

表9　美国近年来天然气工业投资额和气管线投资额

年份	1950	1955	1960	1962	1963	1964	1965	1969	1970
总计/亿美元	11.98	13.45	18.90	16.73	16.80	17.40	18.47		
气管建设额/亿美元	4.87	4.63	6.54	6.13	6.61	6.39	9.50	15.75	10.5

表10　美国输气管长度变化表

年份	1935	1945	1950	1955	1960	1962	1964	1965	1970
气管线总长/km	269400	351500	506100	722200	978400	1067900	1176200	1240000	1502700（估计）

由于加强了气管线建设，天然气资源得到适当的利用，目前美国36%的天然气是油田气，气田气只占64%。美国50个州中有46个州有气管线连结起来。采出的天然气有62%～65%是用输气管运送的。天然气运送平均距离是1250km（在1945年为853km），最长距离是3000～3200km。

1959年美国在整个墨西哥湾沿岸建成了最长气管线，西起得克萨斯州，东至佛罗里达州，长4154km，直径24″，年输气能力为40亿m^3。1965年以前，美国气管线直径大部分是22″至30″，长距离气管线通常直径为20″。1966年开始建设直径42″的管线，在1970～1975年间要建设直径54″的。1970年美国910mm管径以上的大管线已有21800km，其中1016mm管径为1008km，1067mm管径为1400km。当年天然气压缩机总功率为792万kW。

20世纪60年代，新技术和新材料在美国油气管线建设上得到相当的应用，计算机和微波系统已用于远程管线的自动控制和事故警报。1970年建塑料管线12550km，主要采用聚氯乙烯和纤维加固塑料，口径在4in以内，这种塑料管线预期将进一步发展。

5. 天然气在燃料消耗构成中比重日益增大

由于天然气开采相对比煤和石油速度要快，成本要低，故使天然气工业在燃料构成中比重不断上升。根据七个工业发达国家的统计。1970年已有3个国家油气在燃料消耗构成中的比重超过70%，其中美国就是一个，占75.6%，仅次于加拿大，而前于日本。1970年美国天然气占整个燃料消耗的1/3左右。美国天然气在燃料消耗构成中变化情况如表11。

表 11 美国天然气在燃料消耗构成中的变化情况

年份	天然气在燃料消耗中所占比重/%	年份	天然气在燃料消耗中所占比重/%
1900	3.2	1950	19.8
1930	9.7	1960	30.9
1940	11.9	1970	32.3

6. 开始用核爆炸改造低产气田

美国用酸化压力方法改造低产油气田较为普遍，到 1968 年年底，地层水力压裂已经进行了五十万井次以上。这种改造结果取得了一定效果。这个结果在表 5 表示出天然气单井日产量逐年提高，这是其中的一个原因。

采用常规改造方法（压裂酸化、热力驱动、混相驱动），往往影响深度与广度是有限的，同时受各种因素的影响也较多。近年来，为了提高天然气井的生产率，在某些采气少的或经济效率不高的气田，即在低渗透的岩石、油页岩和沥青砂岩中进行核爆炸。例如罗列桑气田在 1980～2740m 的上部和下部进行了两次各为 5 万 t 的核爆炸，结果形成岩石洞穴长 487～518m，直径 183～244m，地层孔隙度为 9.7%，渗透率为 $0.5\times10^{-3}\mu m^2$，含水度为 45%，厚 150m。1967 年 12 月在新墨西哥湾的一处致密含气层中进行一次氢弹爆炸。据称爆炸后试验井中的天然气产量增加了若干倍。皮涅达气田核爆炸后，气井日产量从 $200m^3$ 提高到 $13000m^3$。最近几年来，核爆炸强化开采天然气获得了工业应用。

二、美国年产 500 亿 m^3 天然气时的水平

美国是发展天然气较早的国家，由于早期产储量统计粗略而笼统，准确查明年产 30 亿 m^3 的时间比较困难。推断在 18 世纪末已达到年产 30 亿 m^3 的能力。较为准确逐年统计天然气产量是 1906 年开始的，当年产气 110 亿 m^3。到 1929 年至 1930 年虽其年产量已超过 500 亿 m^3，但随后 3 年年产又低于 500 亿 m^3，从 1934 年开始年产 500 亿 m^3 以后产量才逐年上升（表 12）。美国从 30 亿到 500 亿 m^3 实际经历了 35 年左右的时间。这段时间内储采比变化在 12～35。相对世界上年产达 500 亿 m^3 的苏联、委内瑞拉、加拿大都慢，苏联仅用了 11 年时间。

表 12 美国年产 500 亿 m^3 天然气前储量、产量和采比情况表

年份	年底剩余储量/亿 m^3	年产/亿 m^3	储采比	年份	年底剩余储量/亿 m^3	年产/亿 m^3	储采比
1906		110.0		1929	6500	543.1	12.0
1910		141.1		1930	13000	550.1	23.7
1915		177.9		1931	13000	477.4	27.3
1918	4240	204.1	20.8	1932	13000	440.6	29.6

续表

年份	年底剩余储量/亿 m^3	年产/亿 m^3	储采比	年份	年底剩余储量/亿 m^3	年产/亿 m^3	储采比
1919	4240	211.2	20.1	1933	13000	440.3	29.6
1920	4240	255.9	18.8	1934	17500	501.4	35.0
1921	4240	187.4	22.7	1935	17500	727.9	24.1
1922	4240	216.0	19.7	1936	17500	727.9	24.1
1923	4240	285.1	14.9				
1924	4240	323.3	13.1				
1925	6500	336.6	19.3				
1926	6500	371.8	17.5				
1927	6500	409.1	15.0				
1928	6500	444.0	14.7				

美国1934年年产501亿 m^3 天然气时，一些主要指标是：

（1）剩余储量是17500亿 m^3，储采比为35，而当时的石油储采比为13。

（2）天然气占燃料动力10%左右。

（3）油气工业职工人数为285294人。

（4）天然气生产井54130口，平均单井日产2537m^3。

（5）输气管线总长269400km（1935年）。

（6）最深探井为3467.7m。

（7）每人平均天然气384m^3。

参考文献

[1] 燃化科技资料（石油），第6期（国外部分），1972年5月
[2] 美国天然气化工利用概况
[3] 国外石油地质勘探资料汇编，湖北省石油地质研究队，1972年3月
[4] 世界各国石油工业主要技术经济指标，石油部生产技术司，1963年
[5] Лисинкин С М. Нефтяная промыщльнносмь США. Недра，1970
[6] Michel T. Halbouty. Geology of Giant Petroleum Fields，1970
[7] 石油勘探与开发，2，1965年8月，石油科学研究院情报室
[8] World Oil. 160（3），1965
[9] Совемская Геололпя，1971，（2）
[10] World Oil. 174（3），1972
[11] 石油综合科技情报，第一期，1972年4月
[12] World Oil. 171（2），1970
[13] Oil and Gas Journal. 70（14），1972
[14] 国外燃料化学工业动向（石油部分）. 燃化部情报所，1971
[15] 世界主要工业国家燃料消费构成. 燃化部石油勘探开发组，1972.12
[16] Henry A. Leg. Geology of Natural Gas，1935
[17] 石油地质参考资料. 第三期，湖北省石油地质研究队，1972.10
[18] Бакпркв А А. Нефге-Газонсонвле области Амерпяп，1959
[19] World Oil. 169（3），1969

天然气地学研究促进了中国天然气储量的大幅度增长*

近年来，中国天然气工业出现大好形势，其主要标志是储量大幅度增长、大气田发现增多、天然气产量增高和西气东输的实施等。究其原因，与天然气地学研究紧密相关。

一、中国天然气储量大幅度增长有望成为产气大国

1. 天然气勘探现状

截至2001年年底，中国已累计发现气田191个（未包括台湾省，下同）（图1）。全国探明天然气（气层气，下同）30023.88亿m^3（含$CO_2$145.58亿m^3），可采储量19904亿m^3（含$CO_2$100.25亿m^3），剩余可采储量16767.72亿m^3，可采储量采出率为15.7%，开发程度低。按2001年我国产气量303亿m^3计算[1]，储采比为55.3。根据国外天然气开发规律，这样的储采比配置，易于提高天然气的产量，预示着将来我国产气量能较快提高。

2. 天然气储量、资源量和开发的若干特征

1）天然气储量、产量大幅度提高

我国天然气储量在解放时仅有3.85亿m^3，而至2001年达30023.88亿m^3，增加了7798倍。特别是从“六五”至“九五”国家四次天然气科技攻关以来，每个五年期间探明天然气储量连续翻番：“六五”期间储量年均增长为269亿m^3，而“七五”、“八五”和“九五”期间储量增幅分别为：616亿m^3、1394亿m^3和2308亿m^3。特别是近10年来储量增长年均在1400亿m^3以上，正处在大幅度增长期。2000年和2001年储量增长分别高达4921.5亿m^3和4466.6亿m^3，中国天然气勘探进入高发现期。国外产气及储量大国的天然气高发现期可持续20～30年。由此推测，我国天然气高发现期还可持续10～20年，还能探明更多的天然气储量，更快地发展天然气工业。

我国解放时天然气年产量仅为0.11亿m^3，2001年年产量则达303亿m^3，增长了2755倍，成为世界第15位的产气国。近年来我国天然气产量增幅加大。我国天然气年产量达到100亿m^3用了29年，从100亿m^3增至200亿m^3用了20年，从200亿m^3增至300亿m^3仅用了4年。

---

* 原载于《新疆石油地质》，2002，第23卷，第5期，357～365，作者还有夏新宇，洪峰。

2）大气田数量稳步增长

各国学者划分大气田的储量标准互不相同[2]，我国把探明天然气储量大于 300 亿 m^3 的气田称为大气田。至 2001 年年底我国共发现大气田 21 个（图 2，表 1），累计探明天然气储量为 17953 亿 m^3，占全国天然气总储量的 59.8%。由表 1 可见，在国家天然气科技攻关“六五”之前，我国仅发现卧龙河和威远两个大气田。自天然气科技攻关之后，大气田发现的储量变大数目变多，“七五”期间发现大气田 4 个，探明储量 2108.87 亿 m^3；“八五”和“九五”期间分别发现 6 个和 8 个大气田，探明储量分别为 5731.66 亿 m^3 和 7119.8 亿 m^3。

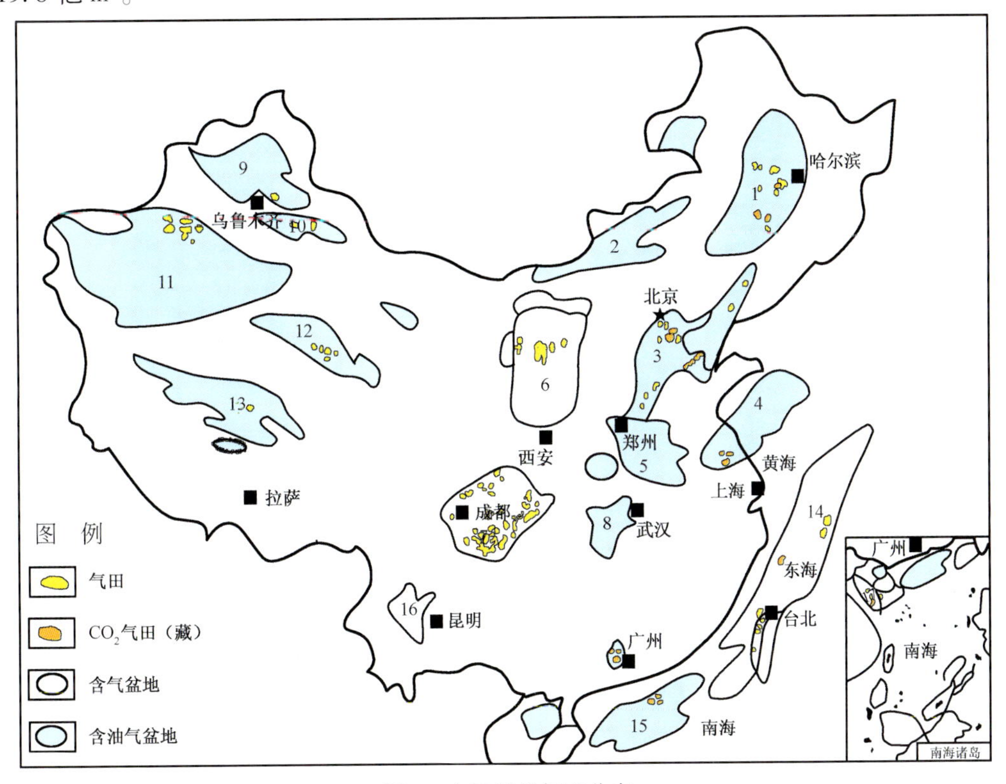

图 1　中国天然气田分布

1. 松辽盆地；2. 二连盆地；3. 渤海湾盆地；4. 南黄海盆地；5. 河淮盆地；6. 鄂尔多斯盆地；7. 四川盆地；8. 江汉盆地；9. 准噶尔盆地；10. 吐哈盆地；11. 塔里木盆地；12. 柴达木盆地；13. 羌塘盆地；14. 东海盆地；15. 珠江口盆地；16. 楚雄盆地；17. 莺琼盆地

3）勘探开发有机成因气田和无机成因气（CO_2）田

长期以来，世界各国主要是大量勘探开发有机成因气田，尤其是烷烃气田为主。但近年来大量研究表明，无机成因的天然气不仅存在，而且还可以聚集成藏[3~16]。勘探开发无机成因气田已引起人们的关注，在我国已取得了进展。例如，从 2000 年起，我国已把无机成因二氧化碳储量列入天然气储量平衡表中，并已有 4 个二氧化碳气田（万金塔、黄桥、沙头圩和高青）投入开发（图 3）。目前至少已发现 29 个无机成因的气田（藏），我国发现的无机成因的二氧化碳气田，都分布于东部地区的松辽盆地、渤海湾盆地、苏北盆地、三水盆地、东海盆地、珠江口盆地、琼东南盆地和莺歌海盆地等构造活动强烈的新生代火成岩和断裂发育地带，尤其在玄武岩发育区。这些气田中的二氧化碳属幔源成因无机气[7,9,15]。我国不仅发现、开发了二氧化碳气田，而且还发现了无机成因的烷烃气藏（昌德气田的芳深1、芳深2气藏）[14]。这标志着我国在无机成因天然气勘探开发上，已迈出了可喜的一步，将来还会有更多的发现。

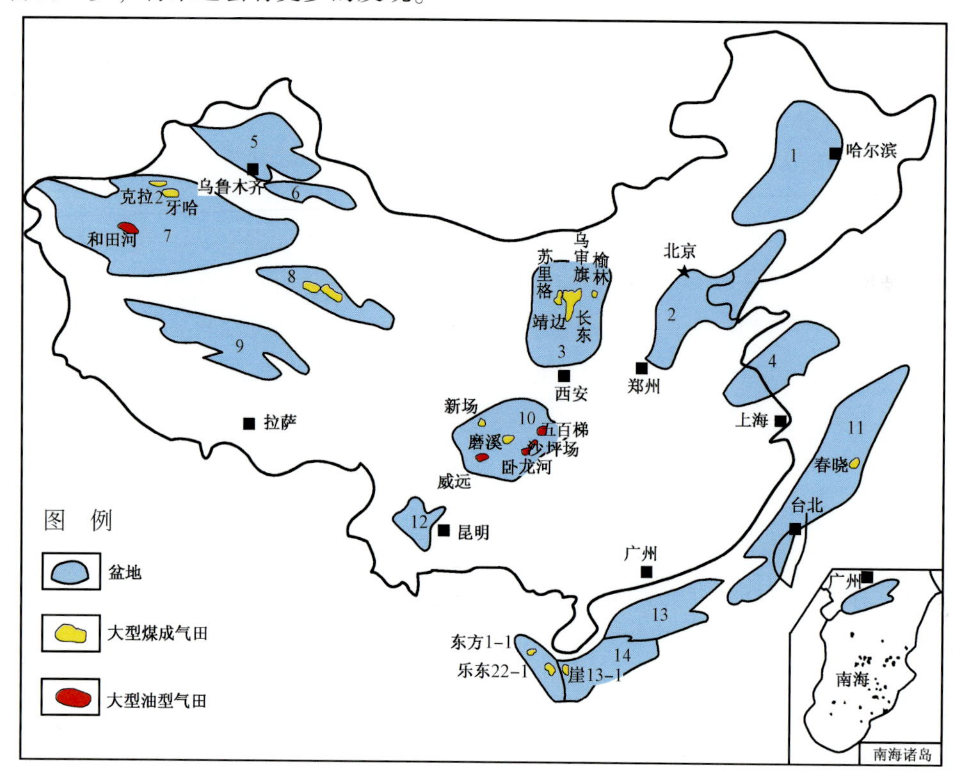

图2 中国大气田分布

1. 松辽盆地；2. 渤海湾盆地；3. 鄂尔多斯盆地；4. 苏北，南黄海盆地；5. 准噶尔盆地；6. 吐哈盆地；7. 塔里木盆地；8. 柴达木盆地；9. 羌塘盆地；10. 四川盆地；11. 东海盆地；12. 楚雄盆地；13. 珠江口盆地；14. 莺琼盆地

4）天然气资源探明率低

全国第二次油气资源评价认为，我国常规天然气地质资源量为38.04万亿m^3，目前认为是52.65万亿m^3[17]。国外在评述天然气资源量时采用可采资源量，我国以往常用地质资源量。为了和世界的天然气资源研究接轨，应把地质资源量换算为可采资源量，前者为后者的

表1 中国大气田一览表

盆地	气田	储量/亿m^3	探明年份	主力气层	储层主要岩性	主要气源岩	气的类型
四川	新场	512.28	1994	J_2、J_3	砂岩	T_3煤系	煤成气
	磨溪	375.72	1987	T_2、T_3	碳酸盐岩	P_2煤系	
	卧龙河	380.52	1959	T、C_2、P_1、P_2	碳酸盐岩	S、P_1海相泥页岩、灰岩	油型气
	五百梯	587.11	1993	C_2、P_2	碳酸盐岩		
	沙坪场	397.71	1996	C_2	碳酸盐岩		
	威远	408.61	1965	Zn、P_1	碳酸盐岩	Є海相泥页岩	

续表

盆地	气田	储量/亿 m^3	探明年份	主力气层	储层主要岩性	主要气源岩	气的类型
鄂尔多斯	靖边	2766.28	1992	O_1、P	砂岩、碳酸盐岩	C—P煤系、C海相泥岩、灰岩为主	煤成气
	榆林	1132.81	1997	P、O	砂岩	C—P煤系	
	乌审旗	1012.10	1999	P	砂岩		
	苏里格	2204.75	2001	P	砂岩		
	长东	358.48	1999	P	砂岩		
塔里木	牙哈	376.45	1994	E、Nj	砂岩	J煤系	煤成气
	克拉2	2840.29	2000	K、E	砂岩		
	和田河	616.94	1998	O、C_2	碳酸盐岩	Є海相泥岩、泥质碳酸盐岩	油型气
柴达木	台南	425.30	1989	Q_1、Q_2	砂岩	Q泥岩含泥炭的泥岩	煤成气
	涩北二号	422.89	1990	Q_1、Q_2	砂岩		
	涩北一号	492.22	1991	Q_1、Q_2	砂岩		
莺琼	崖13-1	884.96	1990	E	砂岩	E煤系	
	东方1-1	996.80	1995	N	砂岩		
	乐东22-1	431.04	1997	N	砂岩		
东海	春晓	330.43	1998	E_2、E_3	砂岩	E煤系	

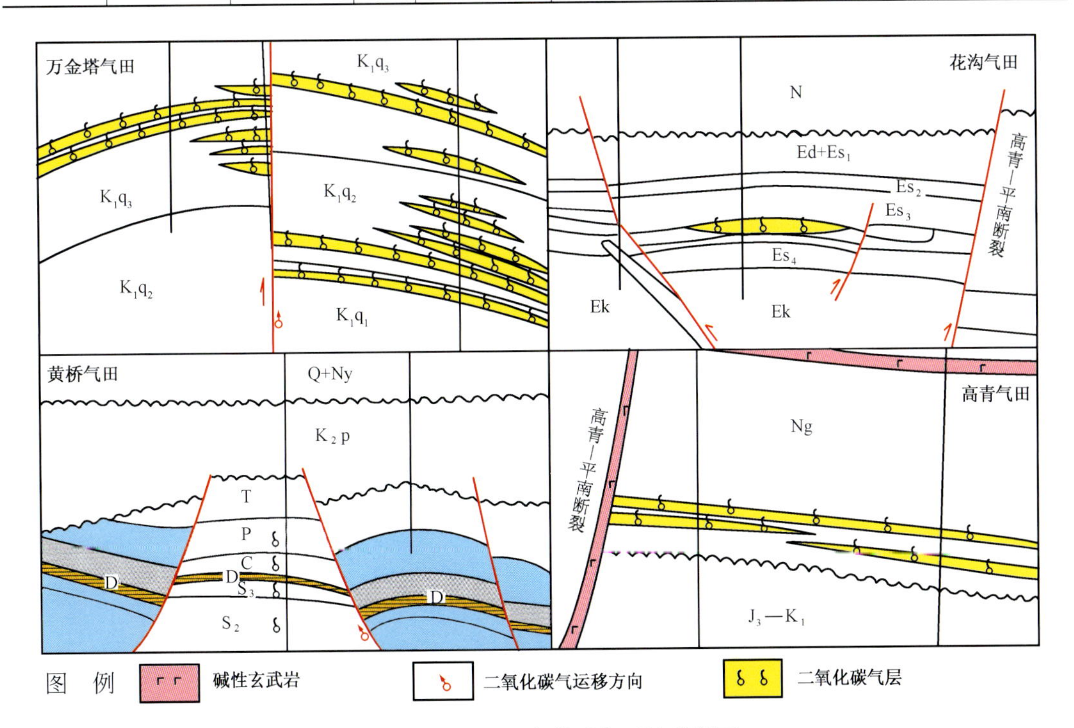

图3 我国一些二氧化碳气田地质剖面

26.3%[18]。采用此比例，将我国目前最新的天然气地质资源量换算为可采资源量为13.85万亿 m^3。2001年我国天然气可采储量为19904亿 m^3，仅占可采资源量的14.4%，资源探明率低。沉积岩面积比我国稍大的美国及稍小的加拿大，其天然气可采资源量探明率分别为80.2%和40.6%[18]，若以此比率换算，我国将可探明天然气的可采储量约为5.62万亿～11.11万亿m^3，分别是我国目前天然气可采储量的3.4～6.8倍，这表明我国天然气勘探前景好，潜力大。

5）我国具备成为产气大国的储量基础

所谓产气大国是指年产气达500亿m^3（热当量相当于5000万t石油）或更多的国家。2001年世界上产气大国只有9个（俄罗斯、美国、加拿大、英国、阿尔及利亚、荷兰、印尼、挪威、伊朗）[1]，天然气的剩余可采储量超过1.5万亿m^3是保证这些国家初次达到年产量500亿m^3（除了大量打井的美国和集中强化开发海上大气田的英国）的基础[18]。2001年我国天然气剩余可采储量已达16767.72亿m^3，具备了年产500亿m^3的储量条件，只要下游工程配置得当，我国就可成为产气大国。估计2005年和2015年我国分别可达到年产气500亿m^3和1000亿m^3[19]，成为名副其实的产气大国。

二、天然气地学研究是促进天然气工业大发展的重要动力

我国近期天然气工业大好形势的形成，天然气地学研究是其核心因素之一。没有相当大的天然气储量做保障，发展天然气工业就是无米之炊。在天然气地学诸领域研究中，以下几项研究对我国天然气储量大幅度增长起了关键的作用。

1. 煤成气研究推动了天然气勘探大好形势的出现

1）开辟了煤成气勘探的新领域

传统的油气地质学认为，天然气是由以海相和陆相沉积中的低等生物为基础的腐泥型烃源岩形成，把由高等植物形成的腐殖型煤系和亚煤系视为气油勘探的禁区，指导天然气勘探理论只是一元论——油型气理论，即仅局限在与腐泥型烃源岩有关的地层中找气。20世纪70年代末在我国出现并形成煤成气理论[20,21]，它明确地指出煤系是好的气源岩，应重视煤系中或与其有关的地层中勘探煤成气，为我国天然气勘探开辟了一个新领域，使指导天然气勘探的理论从一元论发展为两元论（油型气和煤成气）。煤成气理论出现极大地推动了中国天然气工业的发展。在我国煤成气开始研究之前的1978年，我国累计探明天然气总储量仅为2264.33亿m^3，其中煤成气储量仅占9%，至2001年1月，全国天然气累计探明储量达28237亿m^3，煤成气陡升为占全国天然气总储量的64%（图4）[22]。

2）煤系成烃以气为主以油为辅

我国对煤系成烃目前存在三种观点：一是煤系能成气，但不能形成煤成油；二是强调在煤系找煤成油有余，注意煤成气不足；三是煤系成烃以气为主以油为辅。第一种观点显然和实际不吻合，在我国吐哈盆地、焉耆盆地发现了许多煤成油田，在澳大利亚吉普斯兰盆地、印度尼西亚阿提就纳盆地等也发现许多煤成油田。第二种观点在局部地区（盆地）可行（如以上4个盆地），但不是煤系成烃的总规律，以此指导煤系油气勘探弊多利少，勘探目标不清。例如，全国二次油气资评时，持此观点对库车拗陷进行评价得出气的资源量很低，仅为4438亿m^3，而煤成油资源量高达5.692亿t，这与近几年勘探发现克拉2大气田等一批气田的事实矛盾，也就是说气多油少，与二次资源评价结论相反。第三种观点煤系成烃以气为主以油为辅是煤系成烃的总规律[20～25]。这里所谓煤系成烃以气为主以油

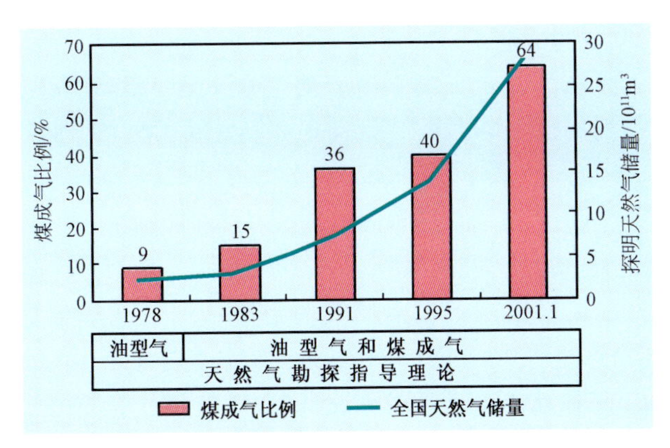

图4　全国天然气储量的增长与煤成气所占比例
（据夏新宇等，2002）

为辅是指长焰煤至焦煤前阶段（相当生油窗），处于此成煤作用阶段的我国东海盆地、琼东南盆地、莺歌海盆地、珠Ⅲ拗陷A凹陷、中亚的卡拉库姆盆地、俄罗斯维柳伊盆地、澳大利亚库珀盆地和新西兰塔纳拉基盆地等的煤系都是以成气为主，成油为辅。至2000年年底，中国探明天然气总储量中煤成气占64%，而全国煤成油探明储量不到全国石油储量的3%。

煤系成烃为何以气为主以油为辅？这是因为成煤的基础物质是木本植物。木本植物中有利成气的低H/C原子比的木质素和纤维素占60%～80%，而有利于成油的高H/C原子比的蛋白质和类脂类的含量不超过5%[26]。煤的如此成烃物质的配置关系，决定着总体上只能以成气为主。像吐哈盆地和吉普斯兰盆地含煤地层成烃以油为主，是煤系成烃的特例，因为这些盆地煤的显微组分中壳质组比一般的含量高（>7%）是形成以油为主的内因，另外也有扩散作用、断裂和储盖层的砂泥比的外因配合[27]。

3）煤成气是中国天然气储量大提高的支柱

图4显示了全国天然气储量大提高与煤成气在天然气储量中比例增大息息相关，说明煤成气在我国近期天然气大幅度增长中起关键作用。由表1可见，我国21个大气田中储量最大的7个气田（克拉2、靖边、苏里格、榆林、乌审旗、东方1-1和崖13-1）均是煤成大气田。全国21个大气田其中煤成气共计探明储量15595亿m^3。煤成大气田的储量占全国大气田储量的86.86%，占全国天然气总储量的51.94%。由上数据可见，煤成气是我国近期天然气储量大提高的支柱。

2. 各类天然气鉴别研究为煤成气和无机成因气的勘探提供了理论依据

20年前，我国天然气鉴别研究是极薄弱和简单的（以气组分为主），并且可信度和准确度低，例如，认为成熟阶段油型气是湿气，煤成气是干气[28]，这不符合实际。近20年来，特别是国家天然气科技攻关项目开展以来，我国天然气成因鉴别研究取得了很大进展，取得了一批具有世界先进水平的成果，为推动我国天然气工业发展、气源对比、目的层确定、资源评价提供了理论依据。例如，1983年实施“煤成气的开发研究”国家天然气科技攻关项目时，部分人怀疑煤成气的存在，因此，如何鉴别油型气和煤成气成为当务之急。经过“六五”天然气攻关，提出系列鉴别油型气和煤成气的指标[29,30]，推动了攻关的进展。

傅家谟、戴金星、徐永昌、张义纲、张士亚、黄汝昌、戚厚发、廖永胜、王先彬、刘德汉、沈平、朱家蔚、刘文汇、陈践发、张文正和郜建军等对我国各类天然气的鉴别研究做出了重要贡献[29~61]，使天然气鉴别从简单气相发展为气、液、固相结合，不仅对有机成因气鉴别研究取得突破性进展，而且对无机成因气鉴别也取得重要成果，为无机成因气勘探提供了理论支持。

我国学者综合研究出大量鉴别各类天然气的指标和图版。戴金星从同位素、气组分、轻烃、凝析油与储层沥青中生物标志物4个方面，综合各学者的有关成果选出最典型的鉴别图版（图5～图8），并归纳出鉴别各类天然气的31种鉴别指标（表2）。

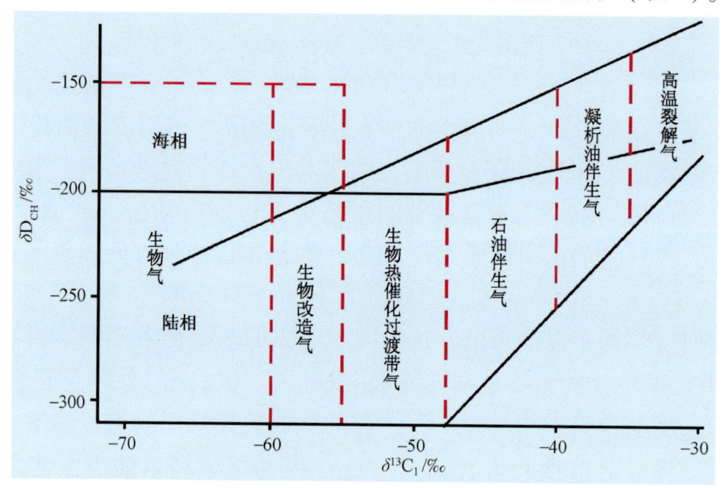

图5　中国油型气分类图版（据徐永昌等，1994）

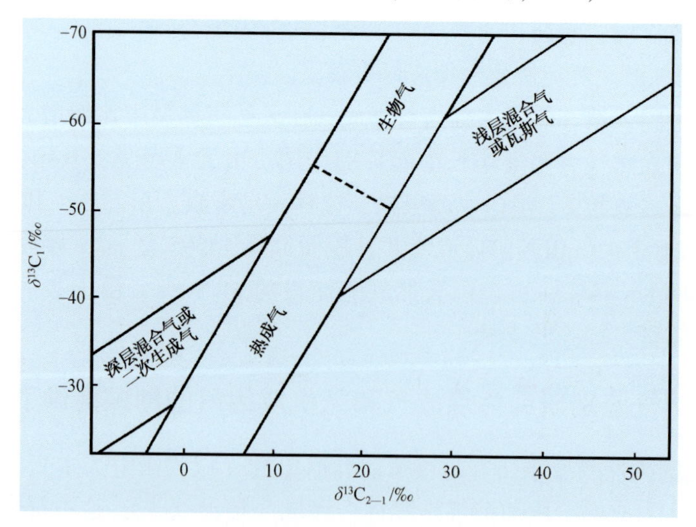

图6　X型鉴别图版（据张义纲等，1987）

3. 大气田形成主控因素的研究有力地指导了大气田的发现

研究、勘探和开发大气田是快速发展一个国家天然气工业的重要措施之一，在国外有

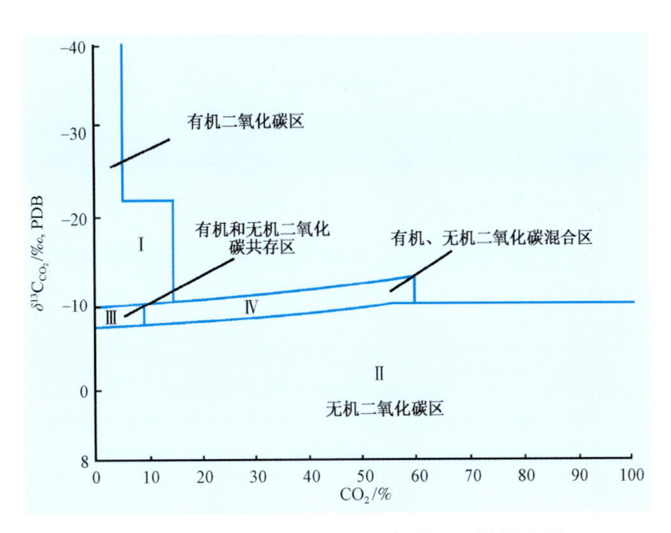

图 7　有机成因和无机成因 CO_2 鉴别图版（据戴金星，1989）

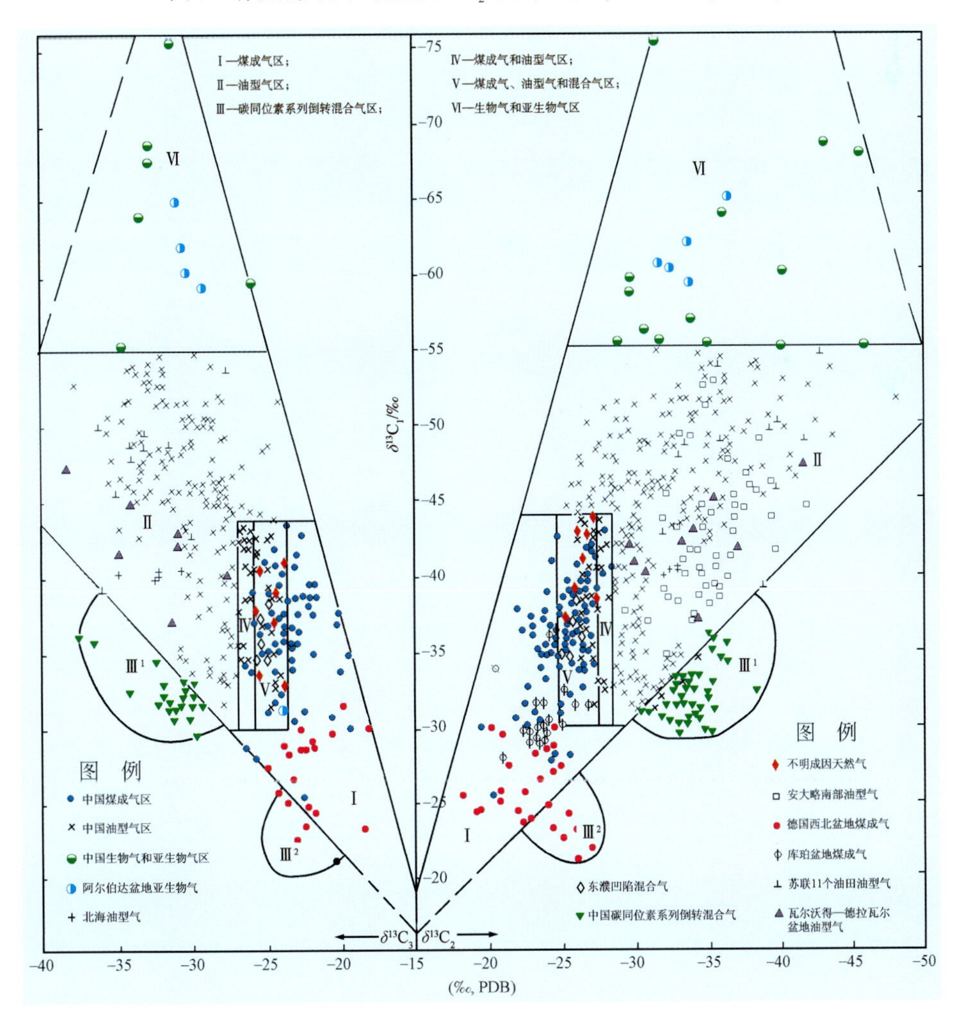

图 8　有机不同成因烷烃气鉴别图版（据戴金星，1992）

极好的实例。例如，苏联 1940 年探明天然气储量只有 150 亿 m^3，年产 32.19 亿 m^3（其中

87%是巴库油田产的伴生气)。1950 年苏联还被认为是贫气的国家，当年只产气 57.6 亿 m^3。20 世纪 60 年代以来，苏联发现了 126 个大气田（大气田标准和我国的一样是探明储量大于 300 亿 m^3 的气田)，其中有 22 个储量达 5000 亿 m^3 以上的超大型气田。苏联 126 个大气田探明储量占全国的 97.1%，可见大气田在苏联天然气工业上起举足轻重的作用。由于大气田的勘探成功和投产，1983 年苏联产气 5360 亿 m^3，成为世界第一产气大国。1999 年世界上最大气田乌连戈依气田和巨型气田亚姆堡气田这两个大气田年共产气 3470 亿 m^3[62]，占当年世界总产气量的 14.7%。大气田的发现和开发，使苏联从贫气国一跃成为世界第一天然气大国。

表 2　天然气成因类型综合鉴别表

项目		有机成因气		无机成因气
		油型气	煤成气	
同位素	$\delta^{13}C_1$	$-30‰>\delta^{13}C_1>-55‰$	$-10‰>\delta^{13}C_1>-50‰$	一般>-30‰，>-10‰时绝对为无机成因气
		$-10‰>\delta^{13}C_1>-105‰$		
	$\delta^{13}C_2$	<-29‰	>-27.5‰	
	$\delta^{13}C_3$	<-27‰	>-25.5‰	
	碳同位素系列	$\delta^{13}C_1<\delta^{13}C_2<\delta^{13}C_3<\delta^{13}C_4$		$\delta^{13}C_1>\delta^{13}C_2>\delta^{13}C_3$
	$\delta^{13}C_1$—R_o 关系	$\delta^{13}C_1\approx15.80\lg R^o-42.21$	$\delta^{13}C_1\approx14.13\lg R_o-34.39$	
	$\delta^{13}C_{CO_2}$	<-10‰		>-8‰
	$\delta^{13}C_{1-4}$连线	较轻	较重	
同位素	苯	较轻	较重	
	C_{5-8}轻烃单体系列	<-26‰	>-26‰	
	与气同源凝析油 $\delta^{13}C$	轻（一般<-29‰)	重（一般>-28‰)	
	凝析油的饱和烃 $\delta^{13}C$	$\delta^{13}C<-27‰$	$\delta^{13}C>-29.5‰$	
	凝析油的芳香烃 $\delta^{13}C$	$\delta^{13}C<-27.5‰$	$\delta^{13}C>-27.5‰$	
	与气同源原油 $\delta^{13}C$	轻（$-26‰>\delta^{13}C>-35‰$)	重（$-23‰>\delta^{13}C>-30‰$)	
	烃源岩氯仿沥青“A”对应组分 $\delta^{13}C$	较轻	较重	
气组分	CO_2		多数<4%	一般>20%
	汞蒸汽	<600ng/m³	>700ng/m³	
	C_1/C_{2+3}	大部分<15，绝大部分<10（油型热解气)		大于 180，绝大部分>400
	$CH_4/^3He$	$n\cdot10^5\sim n\cdot10^7$	$n\cdot10^5\sim n\cdot10^7$	$n\cdot10^9\sim n\cdot10^{12}$
	C_{2-4}	R^o 相同或相近一般油型气比煤成气多 2% 以上		痕量 C_2，绝大多数无 C_{3-4}
轻烃	甲基环己烷指数	<50% ±2%	>50% ±2%	无
	C_{6-7}支链烷烃含量	>17%	<17%	无
	甲苯/苯	一般<1	一般>1	
	苯	148μg/L±	475μg/L±	
	甲苯	113μg/L±	536μg/L±	

续表

项目		有机成因气		无机成因气
		油型气	煤成气	
凝析油和储集层沥青中生物标志物	凝析油 C_{4-7} 烃族组成	富含链烷烃，贫环烷烃和芳香烃，一般芳香烃<5%	贫链烷烃，富环烷烃和芳香烃，一般芳香烃>10%	无
	C_7 的五环烷、六环烷和 nC_7 族组成	富 nC_7 和五环烷	贫 nC_7，富六环烷	无
	Pr/Ph 值	一般<1.8	一般>2.7	无
	杜松烷、桉叶油烷	没有杜松烷，难以检测到桉叶油烷	可检测到杜松烷和桉叶油烷	无
	松香烷系列和海松烷系列	贫海松烷和松香烷	成熟度不高时，可检测到海松烷系列和松香烷系列化合物	无
	二环倍半萜 C_{15}/C_{16} 值	<1 和>3	1.1～2.8	无
	双杜松烷	无	有	无
	C_{27-29} 甾烷	一般 C_{27}、C_{28} 丰富，C_{29} 含量少	一般 C_{29} 丰富，C_{27}、C_{28} 较少	无

正因为大气田对一个国家加速发展天然气工业有重大的意义。所以，我国从 20 世纪 80 年代开始天然气科技攻关以来，十分重视对其形成条件和主控因素的研究，并取得大量成果[23,63～69]。这些成果与过去相同研究相比更深入、更仔细了，从大区域概略性研究而提高到小范围、半定量和定量的主控因素研究，能更具体、更准确指导发现大气田。这种研究从大中型气田（储量大于 100 亿 m^3）开始发展为现在大气田的形成条件和主控因素研究。

控制大气田形成的因素很多，例如大地构造单元、盆地类型与大小、天然气成因类型等诸多宏观因素[70]。在中国境内的大地构造运动活跃且具多旋回性；特别是断裂发育，含油气盆地（地区）比国外一般为小并复杂得多，在这种情况下，仅从宏观性、方向性和原则性方面研究大气田的控制因素是不够的。应在宏观控制因素研究的基础上，注重可操作性，开展半定量和定量、具体的主控因素的研究，为勘探大气田有利区提供更切实的科学依据，以便有的放矢地加速大气田勘探成功。形成大气田，除形成一般气田必备所要求的生、储、盖、运、圈、保等基本条件外，还应有一些更高的具体化要求。以下综合了我国从“六五”至“九五”4 次国家天然气科技攻关有关大（中）气田研究的主要成果[23,63～69]，归总出以下大气田形成主控因素：① 发育在生气中心及其周缘（生气强度大于 20 亿 m^3/km^2）；② 成藏期晚；③ 位于低气势区；④ 形成于成气区内古隆起圈闭中；⑤ 形成于异常压力封存箱上及箱间；⑥ 形成于新生代后期强烈沉陷中心的圈闭中；⑦天然气资源丰度大于 0.3 亿 m^3/km^2。①和⑦具有定量性；③、⑤和⑥为半定量性；②和④为具体化，目标性强。以上 7 个大气田形成的主控因素，若某地区（圈闭）具有两个甚至更多的因素，则发现大气田的概率就高；若相互矛盾者发现大气田的概率则低[23,63～69]。这里必须指出第一个主控因素，即大气田发育于生气中心及其周缘的生气强度大于 20 亿 m^3/km^2 地区是个极有效的因素，目前我国大气田均分布在此值地区。在大气田发育的鄂尔多斯盆地和四川盆地这个特征十分明显（图 9、图 10）。

大气田的主控因素研究有力地指导我国大气田的发现。例如，我国目前探明储量 1000

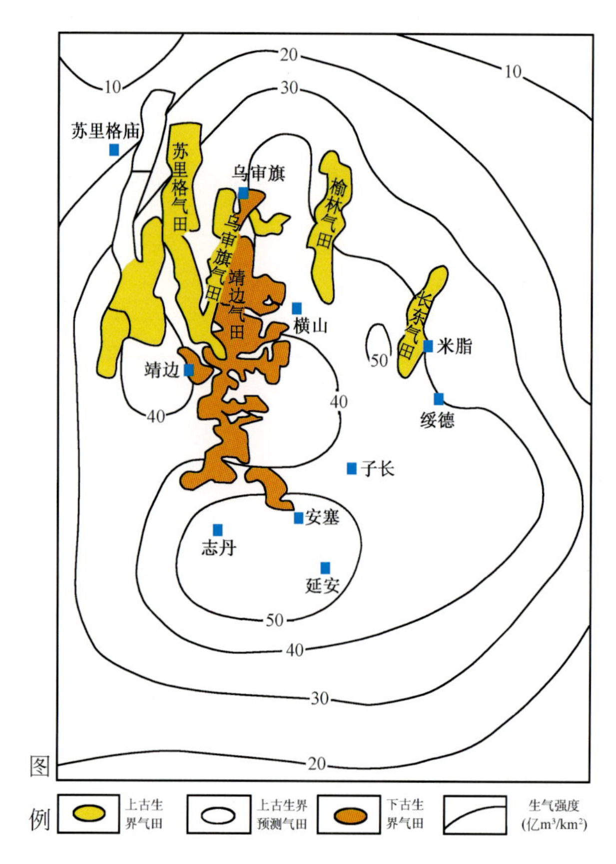

图9 鄂尔多斯盆地上古生界生气强度和大气田分布

亿 m^3 以上的克拉2、靖边、苏里格、榆林和乌审旗5个大气田，在5年至14年前均已作过科学的预测[22,71,72]。因此，研究大气田形成的主控因素，对高速发展我国天然气工业有重大意义。

4. 我国具备成为产气大国的资源

我国石油的资源量预测始于1922年，天然气评价预测则晚了60年。我国对天然气资源量预测研究是1981年首先从煤成气开始的[73~75]，这显然与煤成气理论于1979年在我国出现密切相关。近20多年来，不同的单位和学者对我国天然气资源量进行了评价研究（图11）。从图11可见，1981年各位学者预测全国的资源量为5.4万亿~6.9万亿 m^3[73~75]，并均为煤成气资源，至目前包括油型气和煤成气的全国总资源量达52.65万亿 m^3[17]。天然气总资源量变化趋势随时间增大，这当然与天然气的地学研究逐渐深入有关，但在评价预测中煤成气资源变化趋势没有随时间明显变大，说明在我国天然气评价预测中对煤成气资源未予足够重视，这与实际勘探中获得天然气总储量中煤成气所占比例不断增多矛盾，这是个缺陷。因此，今后我国天然气资源评价对煤成气资源应予重视。

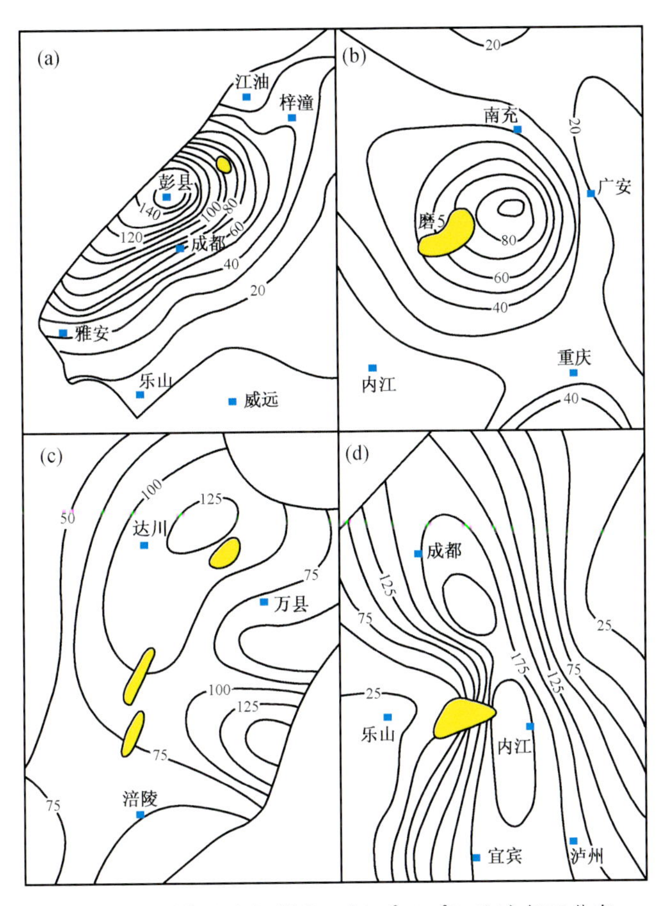

图10 四川盆地生气强度（亿 m^3/km^2）和大气田分布

（a）须家河组生气中心；（b）龙潭组生气中心；（c）志留系生气中心；（d）筇竹寺组生气中心

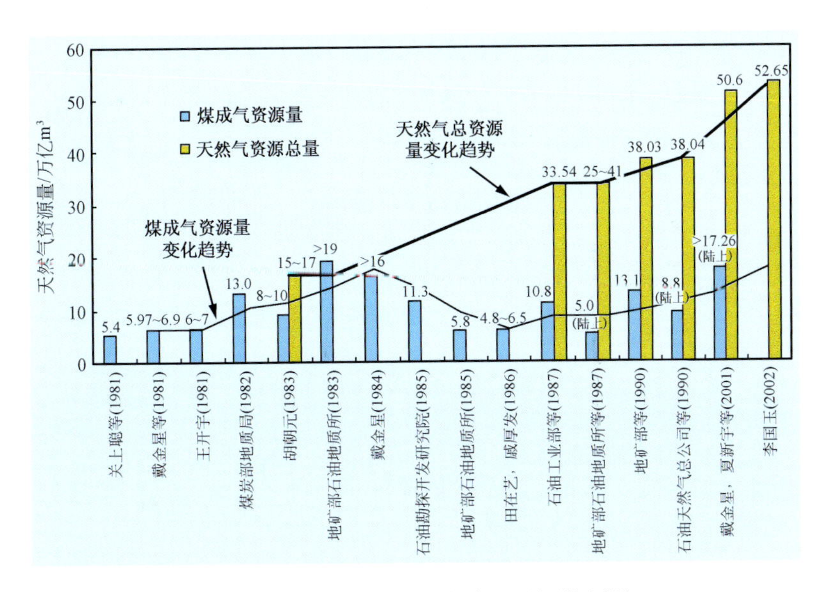

图11 中国历年来天然气资源量评价预测

三、结论

（1）中国2001年底发现天然气田191个，探明天然气地质储量30023亿m^3，剩余可采储量16767.72亿m^3，具备成为产气大国的储量条件。

（2）煤系成烃以气为主以油为辅，2001年初煤成气储量占全国天然气总储量的64%。

（3）大气田形成有7个主控因素（发育在生气中心及其周缘、成藏期晚、位于低气势区、成气区内古隆起圈闭、封存箱上及箱间，新生代后期强烈沉陷中心里的圈闭和资源丰度大于0.3亿m^3/km^2）。

（4）我国天然气地质资源量为52.65万亿m^3，可采资源量为13.85万亿m^3。

（5）综合鉴别各类天然气的指标有31个。

参考文献

[1] Oil & Gas Journal. Worldwide crude oil and gas production. Oil & Gas Journal，2002，100（10）：86

[2] 戴金星，戚厚发，郝石生．天然气地质学概论．北京：石油工业出版社，1989. 144～154

[3] Gold T. Contributions to the theory of an abiogenic origin of methane and other terrestrial hydrocarbons. Proceedings of the 27th International Geological Congress，ANV Science Press，1984，B（13）：413～442

[4] Abrajano T A，Stulchio L C，Bohlke J K，*et al.* Methane－hydrogen gas seeps，Zambales Ophiolile，Philippines：Deep or shallow origin? Chemical Geology，1988，71：211～222

[5] Jeffery A W A，Kaplan R. Hydrocarbons and inorganic gases in the Gravberg－1 well，Siljan Ring，Sweden. Chemical Geology，1988，71：237～255

[6] 戴金星．云南省腾冲县硫磺塘天然气的碳同位素组成特征和成因．科学通报，1988，33（15）：1168～1170

[7] 戴金星，宋岩，戴春森，等．中国东部无机成因气及其气藏形成条件．北京：科学出版社，1995. 1～212

[8] 王先彬．非生物成因天然气理论的宇宙化学依据．天然气地球科学，1990，1（1）：4～8

[9] 郭占谦，王先彬．松辽盆地非生物成因气的探讨．中国科学（B辑），1994，24（3）：303～309

[10] Dai Jinxing，Song Yan，Dai Chunsen，*et al.* Geochemistry and accumulation of carbon dioxide gases in China. AAPG Bulletin，1996，80（10）：1615～1626

[11] 戴金星，李先奇，宋岩等．论中国东部和大陆架二氧化碳气田（藏）及其气的成因类型．见：天然气地质研究新进展．北京：石油工业出版社，1997. 183～203

[12] 向凤典．珠江口盆地（东部）的CO_2气藏及其对油气聚集的影响．中国海上油气（地质），8（3）：155～162

[13] 赖万忠．中国南海北部二氧化碳气成因．中国海上油气（地质），1994，8（5）：319～327

[14] 戴金星，石昕，卫延召．无机成因油气论和无机成因的气田（藏）概论．石油学报，2001，22（6）：5～10

[15] 侯启军，杨玉峰．松辽盆地无机成因天然气及勘探方向探讨．天然气工业，2002，22（3）：5～10

[16] 付广，吕延防，王剑秦．徐家围子断陷CO_2气成藏与分布的主控因素及有利区预测．断块油气田，2002，9（3）：1～4

[17] 李国玉．石油：大地之歌．中国石油石化，2002，（4）：12～15

[18] 戴金星，夏新宇，卫延召．中国天然气资源及前景分析．石油与天然气地质，2001，22（1）：1～8

[19] 戴金星．我国天然气资源及其前景．天然气工业，1999，19（1）：3～6

[20] 戴金星．成煤作用中形成的天然气和石油．石油勘探与开发，1979，（3）：10～17

[21] 戴金星．我国煤系地层含气性的初步研究．石油学报，1980，（4）：27～37

[22] 夏新宇，秦胜飞，卫延召等．煤成气研究促进中国天然气储量迅速增加．石油勘探与开发，2002，29（2）：17～19

[23] 戴金星，钟宁宁，刘德权等．中国煤成大中型气田地质基础和主控因素．北京：石油工业出版社，2000. 103～105，210～223
[24] 戴金星．油气地质学的若干问题．地球科学进展，2001，16（5）：710～718
[25] 徐永昌．陆相生油及其衍生热点．第四纪研究，2000，20（1）：56～67
[26] 王启军，陈建渝．油气地球化学．武汉：中国地质大学出版社，1988. 75～79
[27] 戴金星，裴锡古，戚厚发．1996. 中国天然气地质学（卷二）．北京：石油工业出版社，1996. 163～167
[28] 张子枢．1983. 识别天然气源的地球化学指标．石油学报，1983，4（2）：36
[29] 戴金星，戚厚发，宋岩．1985. 鉴别煤成气和油型气若干指标的初步探讨．石油学报，1985，（2）：31～38
[30] 徐永昌，沈平．中原、华北油气区煤型气地球化学初探．沉积学报，1985，3（2）：37～46
[31] 傅家谟，刘德汉，盛国英．煤成烃地球化学．北京：科学出版社，1990. 86～88，103～113
[32] 戴金星．四川盆地阳新统气藏的气源主要是煤成气．石油勘探与开发，1983，（4）：69～75
[33] 戴金星．各类烷烃气的鉴别．中国科学（B辑），1992，（2）：187～193
[34] 戴金星．利用轻烃鉴别煤成气和油型气．石油勘探与开发，1993，20（5）：26～32
[35] 戴金星．天然气碳氢同位素特征和各类天然气鉴别．天然气地球科学，1993，4（2～3）：1～40
[36] 戴金星．中国煤成气研究二十年的重大进展．石油勘探与开发，1999，26（3）：1～10
[37] 戴金星，戚厚发．我国煤成烃气的$\delta^{13}C$-R_o关系．科学通报，1989，34（9）：690～692
[38] 戴金星，裴锡古，戚厚发．中国天然气地质学（卷一）．北京：石油工业出版社，1992. 65～87
[39] 戴金星，李鹏举．中国主要含油气盆地天然气的C_{5-8}轻烃单体系列碳同位素研究．科学通报，1994，39（23）：2071～2073
[40] 徐永昌．我国80年代气体地球化学研究．沉积学报，1992，10（3）：57～69
[41] 徐永昌，沈平，刘文汇等．一种新的天然气成因类型——生物-热催化过渡带气．中国科学（B辑），1990，（9）：975～980
[42] 徐永昌，沈平，刘文汇等．天然气成因理论及应用．北京：科学出版社，1994. 92～101，206～211
[43] 沈平，申歧祥，王先彬等．气态烃同位素组成特征及煤型气判别．中国科学（B辑），1987，（6）：647～656
[44] 沈平，徐永昌，王先彬等．气源岩和天然气地球化学特征及成气机理研究．兰州：甘肃科学技术出版社，1987. 47～49，117～122
[45] 张义纲，章复康，郑朝阳．识别天然气的碳同位素方法．见：中国地质学会石油地质专业委员会编．有机地球化学论文集．北京：地质出版社，1987. 1～14
[46] 张义纲，章复康，胡惕麟等．天然气的生成聚集和保存．南京：河海大学出版社，1991，56～61
[47] 黄汝昌，李景明，谢增业等．塔里木盆地天然气地球化学特征．成都：成都科技大学出版社，1995. 57～58
[48] 张士亚，郜建军，蒋泰然．利用甲、乙烷碳同位素判别天然气类型的一种新方法．见：地矿部石油地质研究所编．石油与天然气地质文集（第一集）．北京：地质出版社，1988. 48～58
[49] 张士亚．鄂尔多斯盆地天然气气源及勘探方向．天然气工业，1994，14（3）：1～4
[50] 廖永胜．罐装岩屑轻烃和碳同位素在油气勘探中的应用．见：《天然气地质研究论文集》编委会编．天然气地质研究论文集．北京：石油工业出版社，1989. 138～144
[51] 朱家蔚，徐永昌，申建中等．东濮凹陷天然气氩同位素特征及煤成气判别．科学通报，1984，（1）：41～44
[52] 戚厚发，朱家蔚，戴金星．稳定碳同位素在东濮凹陷天然气源对比上的作用．科学通报，1984，（2）：110～113
[53] 刘文汇，徐永昌．天然气成因类型及判别标志．沉积学报，1996，14（1）：110～116
[54] 陈践发，徐永昌，黄第藩．塔里木盆地东部地区天然气地球化学特征及成因探讨（之一）．沉积学

报，2001，18（4）：606～610
[55] 陈践发，徐永昌，黄第藩．塔里木盆地东部地区天然气地球化学特征及成因探讨（之二）．沉积学报，2001，19（1）：141～144
[56] 张文正，关德师．液态烃分子系列碳同位素地球化学．北京：石油工业出版社，1997.115～162
[57] 郜建军．我国腐泥型与腐殖型天然气的碳同位素特征．见：中国科学院地球化学研究所编．中国科学院地球化学研究所有机地球化学开放研究实验室年报．北京：科学出版社，1986
[58] 郜建军，王励，李明宅等．鄂尔多斯盆地奥陶系古风化壳天然气的来源．见：地矿部石油地质研究所编．石油天然气文集（第六集）．北京：地质出版社，1997.30～39
[59] 涂修元，吴学明．鉴别煤成气的辅助指标．见：中国石油学会石油地质委员会编．天然气勘探．北京：石油工业出版社，1986.180～186
[60] 陶庆才，陈文正．四川盆地天然气成因类型判别与气源对比．天然气工业，1989，9（2）：1～6
[61] 王世谦．四川盆地侏罗系—震旦系天然气的地球化学特征．天然气工业，1994，14（6）：1～5
[62] Промышленность Г. Преспективы развитиясырье-вой базы. Газовая Промышленность, 2000,（1）：1
[63] 戴金星，王庭斌，宋岩等．中国大中型天然气田形成条件与分布规律．北京：地质出版社，1997.184～198
[64] 王涛．中国天然气地质理论基础与实践．北京：石油工业出版社，1997.263～275
[65] 康竹林，傅诚德，崔淑芬等．中国大中型气田概论．北京：石油工业出版社，2000.320～328
[66] 李剑．中国重点含气盆地气源特征与资源丰度．徐州：中国矿业大学出版社，2000.113～122，127～137
[67] 戚厚发，孔志平，戴金星等．我国较大气田形成及富集条件分析．见：石宝珩．天然气地质研究．北京：石油工业出版社，1992.8～14
[68] 王庭斌．中国大中型气田的勘探方向．见：王庭斌．石油与天然气地质文集（第7集）．北京：地质出版社，1997.1～33
[69] 赵林，洪峰，戴金星等．西北侏罗系煤成大中型气田形成主要控制因素及有利勘探方向．见：宋岩等．天然气地质研究及应用．北京：石油工业出版社，2000.211～218
[70] 张子枢．1990．世界大气田概论．北京：石油工业出版社，1990.246～265
[71] 傅诚德．天然气科学研究促进了中国天然气工业的起飞．见：戴金星等．天然气地质研究新进展．北京：石油工业出版社，1997.1～11
[72] 戴金星，戚厚发，王少昌等．我国煤系的气油地球化学特征，煤成气藏形成条件及资源评价．北京：石油工业出版社，2001.100～101，125～130
[73] 关士聪，阎秀刚，芮振雄等．对我国石油天然气远景资源的分析．石油与天然气地质，1981，2（1）：47～56
[74] 戴金星，戚厚发．关于煤系地层生成天然气量的计算．天然气工业，1981，（3）：49～54
[75] 王开宇．烟花季节下扬州，专家聚议“煤成气”．地质论评，1981，27（6）：549

加强天然气地学研究　勘探更多大气田*

近年来，中国天然气工业发展迅速。迅速发展的标志：一是探明天然气储量增长快，二是年产量不断增加，三是发现的大气田数量增多、规模增大。如此大好局面的形成与近20年来国家4轮天然气重点科技攻关密切相关，也就是说天然气的地学研究，促进了中国天然气储量的大幅度增加和产量的节节上升[1]。目前，我国天然气工业正在加速步伐、向年产500亿m^3的世界产气大国目标迈进。我们相信这一目标可在近几年内实现。

“六五”期间的“煤成气的开发研究”是我国第一轮天然气重点科技攻关项目。“七五”、“八五”和“九五”又相继完成了三轮国家天然气科技攻关项目。由于当时我国天然气年产量不高，攻关的目标是找“大中型气田”，也就是探明地质储量100亿m^3以上的气田（我国把探明地质储量为50亿~300亿m^3的气田定为中型气田）。鉴于目前我国天然气年产量已经提高，而且今后还将不断提高，故天然气地学研究、科技攻关和勘探的目标若还停留在“大中型气田”这一尺度已不适应天然气产量日益增长的实际，原来的标尺对今天来说是偏低了。2001年我国天然气产量是303亿m^3[1]，若以我国天然气地质储量折算为可采储量的比例平均为66%计算，我国2001年一年就动用了相当于459亿m^3的地质储量，如用中型气田的最高地质储量300亿m^3标准来看，2001年一年就开发完了一个半中型气田。因此，为保持目前天然气工业发展的好势头，寻找大气田是当务之急，这也是今后天然气地学研究和勘探工作的目标。

研究、勘探和开发大气田，是一个国家迅速发展天然气工业的重要途径。大气田是天然气工业发展的基础。目前，俄罗斯、美国、加拿大、英国和荷兰等世界产气大国，均以发现与开发大气田为支柱跻身世界产气大国[1~6]行列。俄罗斯（苏联）由于发现与开发了超大型气田（储量大于5000亿m^3）和大气田（储量大于300亿m^3至5000亿m^3），才使其由贫气国一跃而成为世界第一天然气大国。1950年，苏联还被认为是贫气的国家，探明天然气储量不足2230亿m^3，年产气仅57.6亿m^3。1960~1990年，前苏联天然气储量从18548亿m^3增长到453069亿m^3，天然气年产量从453亿m^3增长到8150亿m^3，增加了近17倍。这是因为在此期间前苏联发现了40多个超大型气田和大气田。由于这些超大型气田和大气田的发现和部分开发投产，1983年前苏联年产气量超过美国一跃成为世界第一产气大国。苏联解体后，俄罗斯的领土虽然变小了，著名的中亚含气区被分离出去了。但仍然是世界天然气储量和年产量第一大国。目前，俄罗斯天然气储量占世界的32%，年产量占世界的35%。支撑俄罗斯天然气皇冠地位的仍然是超大型气田和大气田。目前俄罗斯共有各型气田774个。2000年初俄罗斯探明天然气储量48.11万亿m^3，其中73.1%的储量

* 原载于《天然气地球科学》，2003，14（1）：3~14。

在22个超大型气田中，24.1%的储量在104个大气田中，而648个中、小型气田的总储量只占俄罗斯全国天然气储量的2.8%[6]。由此说明，大气田和超大型气田主宰着俄罗斯的天然气工业。西西伯利亚盆地乌连戈伊超大型气田和亚姆堡超大型气田是世界年产气量最多的两个气田，1999年共产气3470亿m^3[7]，分别占该年俄罗斯和世界总产气量的58.8%和14.7%。俄罗斯（苏联）天然气工业的发展历程足以说明勘探与开发大气田是迅速发展天然气工业的唯一途径。

为了高效地勘探更多的大气田，加强天然气地学研究是关键，特别是加强以下几个方面的研究至关重要。

一、大气田形成主控因素的定量和半定量研究

由于大气田（包括超大型气田，下同）在发展天然气工业上的重大作用，所以国内外对大气田主控因素的研究均十分重视。根据已有的大量研究成果[2,3,8~28]，大气田形成主控因素研究可分为两大类。

一类以研究大气田形成的宏观控制因素为主，如大地构造单元、盆地类型及大小、地理位置（纬度）、地质时代、储层岩类、圈闭类型和天然气成因类型等[2,3,8~12]。该类研究主要依据大尺度宏观性因素预测大气田。但是，由于该类研究涉及的范围太大，针对性不强，不能集中目标和有效选定勘探大气田的有利地区，故而不能快速发现大气田，特别是在我国的复杂油气地质条件下，这种仅有宏观性和方向性的研究对于查明大气田形成的主控因素更是远远不够的。

另一类研究则注重可操作性的半定量和定量研究，注重研究大气田形成的主控因素。半定量和定量查明大气田的主控因素可为勘探大气田的有利区提供更切实的科学依据。该类研究目标明确、主攻范围相对集中、有的放矢，可提高勘探大气田的成功率。自“六五”国家开展天然气科技攻关以来，我国此类研究产生了许多成果[6,14~28]。概括起来，这些成果对大气田形成的主控因素有以下描述：① 生气强度大于20亿m^3/km^2（生气中心及其周缘）；② 成藏期晚（主要在新生代）；③ 成气区内的低气势区或低气势地层；④ 成气区内的古隆起圈闭和气聚集带；⑤ 煤系中或煤系上、下与煤系有关的圈闭；⑥ 异常高压封存箱之上或箱间的圈闭；⑦ 新生代后期强烈沉陷中心的圈闭；⑧ 天然气资源丰度大于0.3亿m^3/km^2。以上①和⑧具有定量性，③、⑥和⑦为半定量性，②、④和⑤为具体化、目标性强的主控因素。在选择大气田有利区时，应综合应用这8个主控因素。若某区块或聚集带（圈闭）同时具备两个甚至更多主控条件，则发现大气田的概率就高，反之，发现大气田的概率就低。

例如，四川盆地的川东地区发育有志留系气源岩生气中心（最大生气强度达125亿m^3/km^2），开江古隆起几乎与生气中心重叠，同时主力储层石炭系具有箱间成藏特点，压力系数在1.09~1.2之间（其上的三叠系、二叠系压力系数为1.39~1.92，其下志留系—寒武系压力系数约1.9），具备了两个以上的大气田形成的主控条件，因此，川东地区就成为目前四川盆地发现气田多与气田大的地区，已发现3个大气田和16个中型气田。“六五”国家天然气重点科技攻关以来，通过大气田形成主控因素的定量和半定量研究，有力地指导了我国大气田的发现，如在5年至15年前，我国对目前探明储量1000亿m^3以上的克拉2、靖边、苏里格、榆林和乌审旗5个大气田，均已做过科学的预测[1,29,30]。

在大气田形成的8个主控因素中，国内对每个因素研究的深度和广度是不同的。即使是研究较深入、普遍且效果显著的“生气中心及其周缘”（图1）这一主控因素，在许多含气区（盆地），如在东海盆地和莺琼盆地尚未进行系统研究。在各含气区（盆地），对其他主控因素的研究或没有全面系统的开展或仅做了部分工作。在含气区及其远景区，为了寻找更多大气田，除了开展认识新的大气田形成主控因素的定量和半定量研究工作外，还要对那些已经认识到了的主控因素进行系统的综合研究。

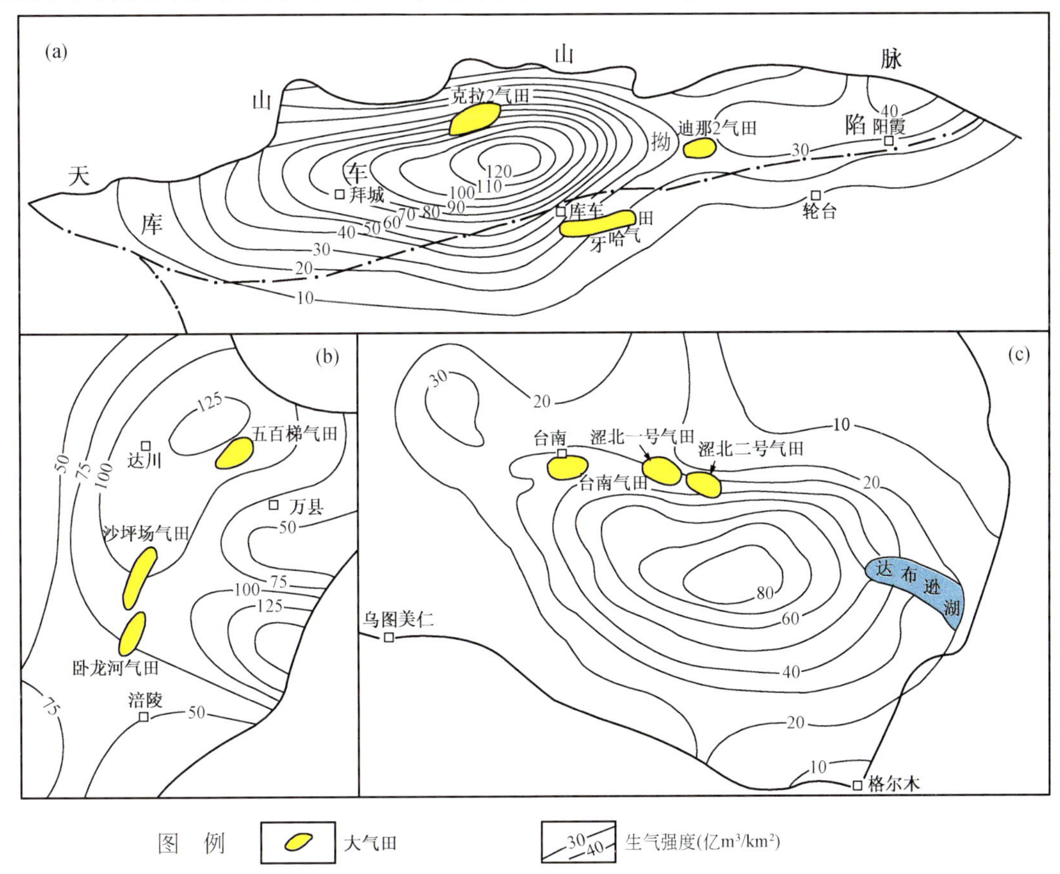

图1　我国几个地区的生气中心与大气田关系图

（a）塔里木盆地库车拗陷侏罗系生气强度图；（b）四川盆地川东地区志留系生气强度图；（c）柴达木盆地三湖拗陷第四系生气强度图

二、成气为主成油为辅的煤系成烃研究

笔者所说的成气为主和成油为辅的煤系成烃，系指长焰煤至焦煤前阶段（相当于腐泥型有机质的生油窗阶段）的煤系成烃。由于腐泥型有机质在生油窗阶段是成油为主、成气为辅的，故也有观点认为煤系成烃也是以成油为主、成气为辅的。另外还有一种观点认为煤系不能形成煤成油。

1. 煤系不能形成煤成油的观点

何志高[31]认为“煤肯定不成油”，“瓦斯气就是煤直接生成的气”。张景廉[32]指出吐哈盆地、准噶尔盆地、三塘湖盆地、吉普斯兰盆地等没有煤成油，更确切地说无煤岩形成的煤成油，但能成气。与此观点相反，在煤中却发现了许多油显示及油流，故煤不成油的观点值得商榷。

2. 成油为主成气为辅的煤系成烃观点

20 世纪 90 年代以来，在我国出现了一批强调煤系以成油为主成气为辅方面的论著[33~46]。由于 80 年代后期和 90 年代前期在吐哈盆地发现的侏罗纪煤系成烃是以油为主和以气为辅的，故也出现了期望在我国西北地区侏罗系含煤盆地发现大量煤成油的研究热情。但是，以用成油为主成气为辅的煤系成烃观点指导勘探实践收效甚微[32]，说明此观点值得仔细推敲和深入探讨。尽管库车拗陷的勘探实践说明侏罗系煤系成烃具有典型的以气为主以油为辅的特征，但有些学者[46]还是认为“库车拗陷之所以富气，主要是因为拗陷中部侏罗系的 R^{o} 大于 2% ~2.5%，已经处于生气阶段”。这种观点仅仅能勉强说明克拉 2 大气田的成因。但是，就该拗陷之所以“富气”的主要指标 R^{o} 来说，拗陷内绝大部分气田烃源岩的该项值均小于 2%，如迪那 2 气田的 R^{o} 在 1.2% ~1.5% 之间和牙哈气田、羊塔克气田、玉东 2 气田、英买 7 气田、提尔根气田、吐孜洛克气田的 R^{o} 还不到 1%，明显不能满足该观点所说的“R^{o} 大于 2% ~2.5%”的条件，由此可见，富气的库车拗陷的煤成气，其气源岩为高—过成熟的观点值得进一步探讨。

3. 成气为主成油为辅的煤系成烃观点

20 世纪 70 年代末至今，我国有大批学者根据油气地质的、有机地球化学的、煤岩学的和煤及其有机显微组分的热模拟实验研究[47~84]指出，煤系成烃的特征总体上是以成气为主、成油为辅。这一煤系成烃总体特征是由其生源有机质的性质所决定的，因为腐殖煤的基础物质是木本植物，后者有利成气的低 H/C 原子比的木质素含量占 60% ~80%，而有利于成油的高 H/C 原子比的蛋白质和类脂类含量不超过 5%。煤的这种物质构成特点，是生气为主、生油为辅的煤系生烃特征最根本的因素，是内因。在国内外，生油窗阶段以成气为主和成油为辅的煤系成烃的盆地或地区普遍存在，如琼东南盆地、珠江口盆地珠Ⅲ拗陷 A 凹陷、台西盆地、东海盆地、库车拗陷、卡拉库姆盆地、库珀盆地、鲍文盆地、维柳伊盆地等。国内外也有一些成油为主和成气为辅的煤系成烃的盆地，如吐哈盆地、焉耆盆地和吉普斯兰盆地，但这是煤系成烃的特殊情况和少数现象。这种情况出现有其内因，但更多的与外因有关。关于内因，一般来说煤系煤的有机显微组分中利于成油的壳质组含量低，约为 1% ~3%，但吉普斯兰盆地的该值却高达 8% ~12%，吐哈盆地的为 7% ~10% 左右。吐哈盆地除了有利的内因外，一些外因也导致煤成油多而煤成气少。根据对该盆地温吉桑构造带西段从北向南 3 排圈闭的分析可以发现，北部丘东圈闭埋藏深而断层少、地层中砂岩比例少，利于天然气保存，故是个凝析气田，南部温吉桑Ⅱ–Ⅲ号圈闭受埋藏较浅、断层多、砂岩在地层中比例大等 3 个外因的影响，气分子（比油）难以保存，故温吉桑Ⅱ号圈闭内以油藏为主[80]。

在与煤系相关的目的层，是以找气为主还是以找油为主？对这一问题的深入研究不仅在天然气理论研究上而且在勘探实践上具有重要意义。众所周知，世界上最大的含气区西西伯利亚盆地煤系是成气为主的，在这里至少已发现了 10 个超过 1 万亿 m^3 的超特大型气田。我国目前发现的5个储量大于1000亿m^3的大气田均为煤成气田。这些事实要求我们必须进一步加深煤系成气性的研究，为发现更多大气田提供更好的理论依据和勘探目标。

三、天然气资源量和天然气可采资源量研究

油气资源量的多少是决定一个国家自主的油气工业前景大小的基础。油气资源量的多少除了决定于油气地质条件这个基本因素外，同时还决定于油气地质和地球化学研究程度和勘探新理论、新技术。随着研究的深入，资源量往往变大，如1987年第一次和1994年第二次全国油气资源评价所确定的我国天然气地质资源量分别为33.54万亿m^3和38.04万亿m^3，近年来正在进行的第三次全国油气资源评价确定的我国天然气地质资源量则约为52.65万亿m^3[85]。三次评价结果，一次比一次有所增大。新理论和新观点的出现也对油气资源量的评价结果有重要的影响，如1979年之前，我国尚未建立煤成气理论，认为煤系不是商业烃源岩，对其油气资源量置之不理，之后，由于有了煤成气理论，我国才新增了大量煤成气、煤成油的资源量。在第二次油气资源评价中，评价者把库车拗陷早、中侏罗世煤系以成油为主成气为辅的观点进行评价，仅获得石油资源量5.692亿t，天然气资源量4438亿m^3。近几年，由于坚持用煤成气理论研究与库车拗陷侏罗系气油系统相关的天然气，至2001年底该拗陷天然气探明储量已达4081.5亿m^3，但油的探明储量较少。不久前，运用成气为主成油为辅的煤系成烃新观点对库车拗陷油气资源总量进行了重新评价，得出的天然气资源量则为2.359万亿m^3，石油的为4.1亿t。中国含油气盆地的数量没有增加，但随着油气资源评价研究的深入、新理论和新观点的出现，天然气的资源量却增加了。这说明了进一步深入开展天然气资源评价研究、科学地和逐渐地真正搞清或接近搞清我国天然气的资源量具有十分重大的意义，特别是对在哪些地区、哪些层位去勘探大气田的决策方面意义更大。

以往我国油气资源评价获得的结果往往为地质资源量，而目前国际上普遍使用的评价结果是可采资源量。为了使我国油气资源评价和国际上的资源评价工作接轨，在今后的油气资源评价中应注意加强可采资源量的研究，包括研究地质资源量和可采资源量的关系，特别重要的是研究两者的换算方法和系数。近年来，我国已经开始探讨天然气的可采资源量。戴金星等[86]提出，可以用26.3%这样一个系数把我国天然气地质资源量换算为可采资源量。张抗[87]最近提出，对不同区域可采用不同的校正系数和采收率值，把天然气地质资源量换算为可采资源量。

与石油的资源评价相比，我国天然气的资源评价工作起步较晚，也较薄弱。我国天然气资源评价工作始于1981年，且评价的是地质资源量，而对石油资源量的评价则从1922年就开始了，前者较后者晚了60年[1]。从1981年起我国有关单位和学者对天然气地质资源量曾做过多次评价（图2）。近7~8年来，我国一些学者对天然气可采资源量也做了预测[87]（图3）。为了对我国发展自主的天然气工业在上规模和上速度方面提供科学根据，深化天然气可采资源量的研究工作必不可少。但必须指出，天然气的可采资源量不等于天然气的可采储量，前者大于后者。

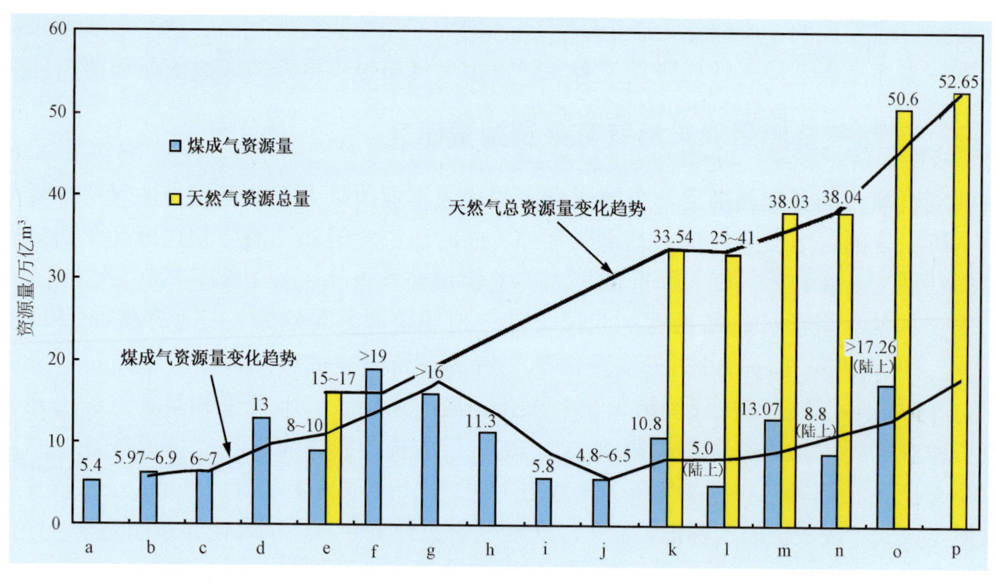

图2　中国历年来天然气地质资源量评价预测（据戴金星等，2002）

a. 关士聪等（1981）；b. 戴金星等（1981）；c. 王开宇（1981）；d. 煤炭部地质局（1982）；e. 胡朝元（1983）；f. 地矿部石油地质所（1983）；g. 戴金星（1984）；h. 石油勘探开发研究院（1985）；i. 地矿部石油地质所（1985）；j. 田在艺，戚厚发（1986）；k. 石油工业部等（1987）；l. 地矿部石油地质所等（1987）；m. 地矿部等（1990）；n. 石油天然气总公司等（1990）；o. 戴金星，夏新宇等（2001）；p. 李国玉（2002）

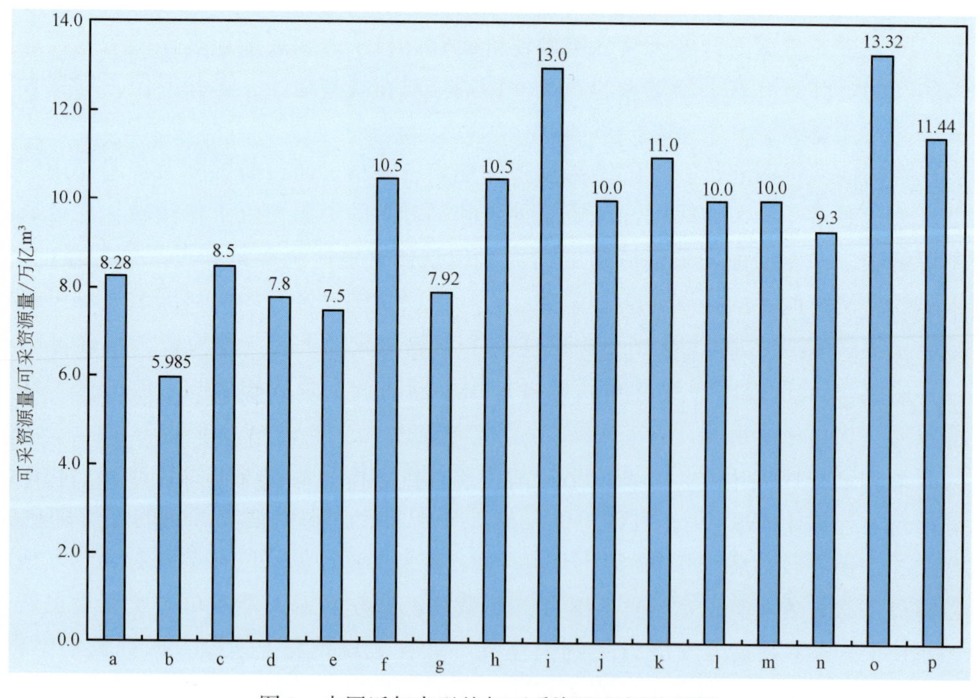

图3　中国近年来天然气可采资源量评价预测

a. 万吉业等（1995）；b. 张抗（1997）；c. 万吉业等（1997）；d. 贾文瑞等（1997）；e. 甄鹏，钱凯（1997）；f. 王涛（1997）；g. 马富才（1997）；h. 戴金星（1999）；i. 翟光明（2000）；j. 康一孑（2000）；k. 胡朝元（2000）；l. 胡见义（2000）；m. 邱中建，徐旺（2000）；n. 张抗（2000）；o. 戴金星，夏新宇（2001）；p. 张抗（2001）

四、天然气高效富集区的研究

气田和大气田在含油气盆地中的分布极不均衡。气田和大气田主要富集在气聚集带和气聚集区中。在世界上，分布于含气盆地和含气地区气聚集带上的气田占总气田数的89%至91%，且所有大气田都分布在气聚集区、带中，而在占盆地大部的其他地区，气田往往寥寥无几。因此气聚集带和气聚集区是含气盆地天然气的最富集区，是大气田发育最佳区，是发现气田概率最高区[88]。

所谓天然气高效富集区，既应是气田富集区，又应是经济效益好的高产气田区。由上述可见，气聚集带和气聚集区虽是气田富集区，但不一定都是高产气田富集区，因为不是所有的气聚集带和气聚集区中的气田都是经济效益好的高产气田，只有其中一部分是天然气高效富集区。由此可见，从气聚集带和气聚集区中精选出天然气高效富集区，对加速天然气工业具有重要的意义。

天然气高效富集区的内涵要求其内气田的储量大、轻烃丰度高、气层厚、储层孔渗好、圈闭面积大、所在区域生气强度大、产量高而稳，也就是说，具备了以上全部或主要有利因素的气聚集带和气聚集区就是天然气高效富集区。天然气高效富集区往往包含了所在盆地的最大的若干个大气田。四川盆地川东隔挡式褶皱背斜气聚集区（简称川东气聚集区）具备了上述有利因素中的主要因素，故川东气聚集区可称为天然气高效富集区。在这里，发现了占四川盆地大气田总数一半以上的大气田（五百梯气田、罗家寨气田、卧龙河气田和沙坪场气田），其中五百梯、罗家寨两个大气田是四川盆地第一和第二大气田。川东天然气高效富集区也是四川盆地最主要的产气区，并将是川渝天然气东输两湖地区的主力供气区。

西西伯利亚盆地带北区是世界上最大最富也是产气最多的天然气高效富集区。这里有3个气聚集区和1个独立的气聚集带，共计有11个气聚集带［图4（b）］。根据20世纪80年代中期统计，该天然气高效富集区共有原始探明储量大于300亿m^3的大气田37个，其中储量大于3000亿m^3的18个，大于1万亿m^3的超特大气田7个[89]。根据最新资料，目前在该区发现的超特大气田至少有10个［表1，图4（c）］。在11个气聚集带中，以乌连戈伊气聚集带规模最大、聚气最丰富、聚气强度最大，并处在生气强度最大的地带，是世界上出类拔萃的天然气高效富集区。在该聚集区发现了西西伯利亚盆地第一大气田（乌连戈伊气田）和第二大气田（亚姆堡气田）［表1，图4（b）］。如前所述，1999年，乌连戈伊气田和亚姆堡气田共产气3470亿m^3[7]，分别占该年俄罗斯和世界总产气量的58.8%和14.7%。实际上，在西西伯利亚盆地内带北区3个气聚集区和1个独立的气聚集带的共计11个气聚集带中[89]，除叶尼塞河口气聚集区（其中有3个气聚集带）外，其余两个气聚集区内有7个气聚集带，再加上1个独立的气聚集带共计有8个气聚集带，均是天然气高效气聚集区（以下简称西西伯利亚盆地天然气高效富集区）［图4（b）］。

表1 西西伯利亚盆地原始可采储量1万亿m^3以上超特大气田

气田	气的主要类型	发现年份	原始可采储量/亿m^3
乌连戈伊	煤成气	1966	102000
亚姆堡	煤成气	1969	52420

续表

气田	气的主要类型	发现年份	原始可采储量/亿 m^3
波瓦年科夫	煤成气	1971	43850
扎波利亚尔	煤成气	1965	35320
北极	煤成气	1968	27630
麦德维热	煤成气	1967	22700
卡米诺穆	煤成气	2000	24000①
北卡米诺穆	煤成气		
哈拉萨威	煤成气	1972	12600
列宁格勒	煤成气	1994	10910
南坦别伊	煤成气	1982	10060

注：① 两气田合计。

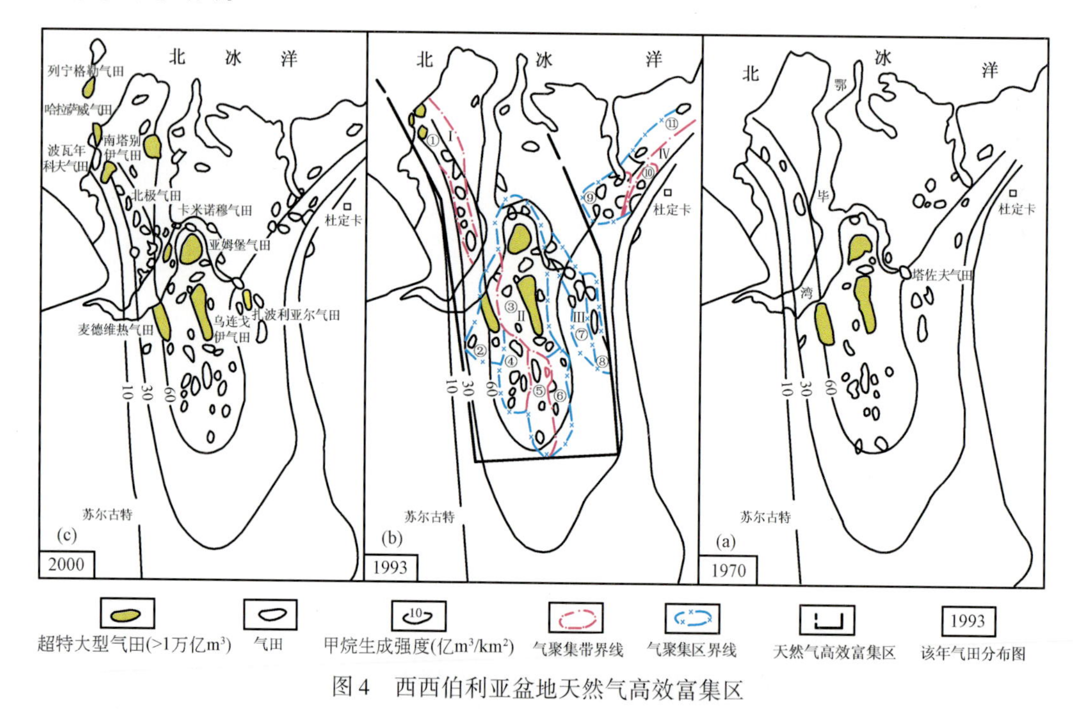

图4 西西伯利亚盆地天然气高效富集区

Ⅰ. ①努尔明格气聚集带；Ⅱ. 纳得姆-普尔气聚集区：②麦德维热气聚集带，③乌连戈伊气聚集带，④上坦洛夫-杨格京气聚集带，⑤普尔别-文加彭气聚集带，⑥耶蒂普尔气聚集带；Ⅲ. 普尔-塔佐夫气聚集区：⑦塔佐夫气聚集带，⑧俄罗斯-恰谢尔气聚集带；Ⅳ. 叶尼塞河口气聚集区：⑨塔纳姆气聚集带，⑩马洛赫特气聚集带，⑪拉索欣气聚集带

按照从未知到已知再从已知到未知的认知过程，依据西西伯利亚盆地带北区 11 个气聚集带的具体情况，研究认识其所以能够成为天然气高效富集区的共同特点和不能够成为天然气高效富集区的各方面原因，对于解决从气聚集区和气聚集带中精选天然气高效富集区问题有着重要的意义。能够成为天然气高效富集区的气聚集带具有以下共同的特点［图 4（b）］：① 甲烷生气强度基本上均大于 30 亿 m^3/km^2；② 气源岩为波库尔组煤系[88]；③ 圈闭以背斜-穹窿型为主；④ 气聚集带走向为北北西向或近南北向；⑤ 气层厚（主力气层赛诺曼阶储层有效厚度 5m 至 80m，其中 15m 以上的占 92.8%）、储层孔渗好（储层

孔隙度从25%至34%，其中25%以上的占100%，储层渗透率为5～7564×10^{-3}μm^2)[88]。西西伯利亚盆地内带北区一些气聚集带不能成为天然气高效富集区的原因是：①气聚集带走向为北东向，与成为天然气高效富集区的气聚集带的走向（北北东或近南北向）不同，两种走向不同的气聚集带的天然气富集程度不同可能是其形成的时期不同和所受的影响不同所致；②叶尼塞河口气聚集区中的3个气聚集带［图4（b）］，主力气源岩不是上白垩统波库尔组煤系而是下白垩统的戈特里夫阶和巴列姆阶。

西西伯利亚盆地天然气高效富集区是世界上最大的天然气高效富集区。研究该区的高效勘探期（从发现第一个大气田开始至最近发现1万亿m^3以上超特大气田为止），对选择和勘探我国天然气高效富集区具有十分重要的借鉴意义。在西西伯利亚盆地，从1962年发现原始探明储量为900亿m^3（苏联把储量大于300亿m^3气田称为大气田）塔佐夫大气田［图4（a）］[4]开始，至2000年在鄂毕湾发现储量为2.4万亿m^3的卡米诺穆和北卡米诺穆两个超特大气田[90]［图4（c）］为止，该天然气高效富集区的高效勘探期至少有40年之久。图4反映了1970年、1993年和2000年3个时间段西西伯利亚盆地天然气高效富集区内气田数量的增长情况。

我国也存在天然气高效富集区，如前述的川东天然气高效富集区，还有初露端倪的库车天然气高效富集区（图5）等。尽管后者与西西伯利亚盆地天然气高效富集区的勘探面积和储量相差悬殊，但库车天然气高效富集区具有与西西伯利亚盆地天然气高效富集区相似的条件。具体是：①生气强度大，最大生气强度达280亿m^3/km^2，比西西伯利亚盆地天然气高效富集区的该项指标高3倍多（图4、图5）；②气源岩以中-下侏罗统煤系（包括部分三叠系）为主；③圈闭以背斜型为主，但断裂较发育；④气聚集带走向以近东西向和北东东向为主；⑤气层厚、储层孔渗好，如克拉2气田主力气层巴什基奇克组厚100～300m，孔隙度平均10%以上，最大为22.4%，渗透率平均为49.42×10^{-3}μm^2，最大为2340×10^{-3}μm^2。若以1994年在库车天然气高效富集区发现第一个大气田（牙哈气田）算起，到2000年发现克拉2大气田、再到2002年探明迪那2大气田为止，共发现大气田3个，探明储量近5000亿m^3，勘探期仅为8年，勘探的高效性可见一斑。预计库车天然气高效富集区的高效勘探期至少可达20年，预测探明地质储量可达1.5万亿m^3（相当可采储量1万亿m^3）。与西西伯利亚盆地天然气高效富集区相比，库车天然气高效富集区的背斜型圈闭内断裂多而复杂，故要大力加强地震勘探与研究，以利探明更多大气田。

五、天然气地球化学和天然气地质研究

这里强调的是相互紧密结合的天然气地球化学和天然气地质研究。天然气地球化学数据和参数同天然气地质研究结果相互融通、相互印证、相互补充，能出创新成果，能指导勘探取得新进展。二者若“各自为政”，获得的结论和成果往往经不起实践的检验。在此，仅通过对库车拗陷天然气类型的研究来证明天然气地球化学与天然气地质学相结合的重要性。

近年来库车拗陷天然气勘探取得重大进展。由于克拉2大气田的发现，不仅推动了“西气东输”工程的实施，而且引发了许多学者对该气田天然气类型研究的重视。对于以克拉2大气田为代表的天然气的类型，学术界有以下3种观点。

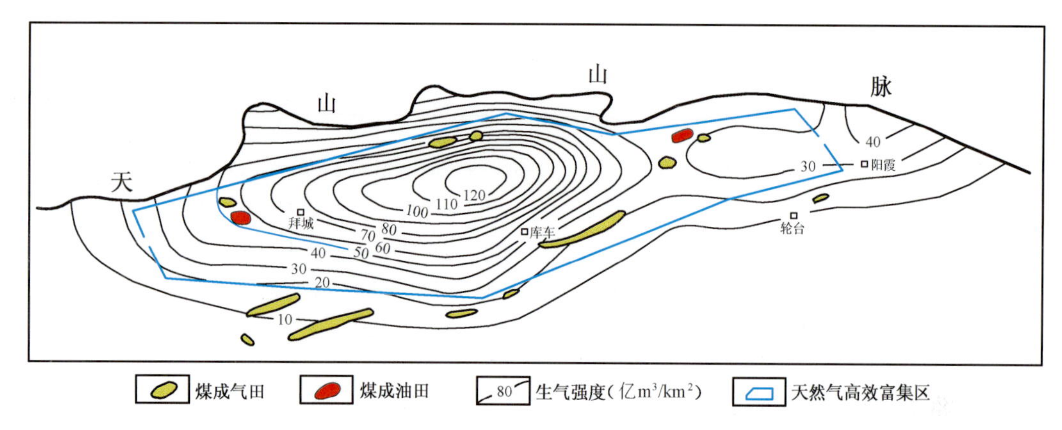

图5 库车天然气高效富集区

1. 无机成因气

根据以下理由张景廉[91]和周兴熙[92]认为克拉2大气田和大宛齐油气田的天然气是无机成因的：① 克拉2大气田位于构造-地球化学巨边界上；② 克拉2大气田深部地壳有低速高导层，其是无机油气费托合成的场所；③ 克拉2大气田厚的膏盐层与深部高氯离子的地幔流体活动有关；④ 库车拗陷有3条深大断裂成为深部油气向上运移的通道；⑤大宛1井2391～2394m段和克参1井5116.5～5122.5m段的天然气具负碳同位素系列特征（表2）。

在无机成因观点的以上5条理由中，前4条都是大尺度的地质推断，是旁证性依据，可靠性和可信度低。最后一条理由从天然气本身着眼，是重要的依据，但是，仅仅根据2个负碳同位素系列的天然气地球化学资料恐难使人信服。

表2 库车含气油系统气田和威远气田碳同位素系列

构造单元	气（油气）田	井号	层位	井深/m	$\delta^{13}C$/‰，PDB			
					$\delta^{13}C_1$	$\delta^{13}C_2$	$\delta^{13}C_3$	$\delta^{13}C_4$
库车拗陷（含气油系统）	克拉苏断裂	克参1井	K	5116.50～5122.50	-17.30	-23.80	-25.60	
	大宛齐	大宛1	N	2391～2394	-17.90	-21.40	-26.20	-27.50
		大宛1	N_2k	472～475	-30.90	-20.50	-23.10	-24.90
		大宛1	N_2k	537～539	-32.00	-19.50	-22.60	-21.90
		大宛1	$N_{1-2}k$	1211.50～1214.00	-33.30	-21.60	-26.50	-23.70
		大宛1	$N_{1-2}k$	2140.00～2145.50	-33.40	-22.90	-27.50	-24.60
		大宛101	$N_{1-2}k$	2585～2590	-32.70	-22.80	-20.50	-22.20
	克拉2	克拉2	E	3499.87～3534.66	-27.30	-19.40		
		克拉201	K_2b	3770～3795	-27.19	-17.87	-19.14	-19.90
	克拉3	克拉3	E	3544～3550	-30.80	-17.70	-17.10	
		克拉3	E	3104.58～3198.79	-25.10	-18.80		
	依奇克里克	依6	J		-33.40	-24.60	-22.30	
		依506	J		-30.40	-23.60	-23.00	
	羊塔克	YT101	E	5329～5333	-36.20	-23.20	-25.40	-25.30
	牙哈	YH4	N_1j	4997～5001	-34.09	-23.50	-21.18	-21.72
		YH6	E	5160～5163	-36.75	-23.88	-22.58	-21.80
	吐孜	吐孜1	N_1j	1860.71～1884	-29.38	-18.63	-18.34	-18.11

续表

构造单元	气（油气）田	井号	层位	井深/m	$\delta^{13}C$/‰，PDB			
					$\delta^{13}C_1$	$\delta^{13}C_2$	$\delta^{13}C_3$	$\delta^{13}C_4$
四川盆地	威远	威 2	Z_1b	2836.50～3005.00	-32.54	-30.95		
		威 28	Z	2988～3316	-32.53	-31.61		
		威 39	Z_1b	2833.50～2986.00	-32.42	-33.98		
		威 100	Z_1b	2959～3041	-32.52	-31.71		
		威 106	Z_1b	2788.50～2875.00	-32.54	-31.40		

如果将目光放在整个库车含气油系统范围内，并将许多气田的和大宛 1 井的纵向上下层位天然气碳同位素特征进行综合地质分析研究，就可用以下 3 条理由说明无机成因气观点的立论不妥。理由之一：除克参 1 井与大宛 1 井 2 个负碳同位素系列外，库车含气油系统各气（油）田天然气的烷烃气基本上具有随分子中碳数变大而变重的特征，这恰恰是有机成因气中烷烃气正碳同位素系列的特征（表 2）；尽管表 2 所列的烷烃气正碳同位素系列中碳同位素有倒转现象，然而倒转并未改变碳同位素由轻变重的总趋势，形成倒转极有可能与天然气多期成藏[93]混合有关。理由之二：大宛 1 井（2391～2394m）天然气的负碳同位素系列难以说明大宛齐油气田天然气是无机成因，因为从表 2 可以看出，在大宛齐油气田 6 口井 972～2590m 深度的所有碳同位素系列中，只有 2391～2394m 段 1 个样品具负碳同位素系列，比其深的和浅的天然气都基本上具有有机成因气的正碳同位素系列，至于出现的负碳同位素系列，秦胜飞认为与天然气散失分馏效应有关[94]。理由之三：无机成因气的一个明显特征是 $R/R_a>1$，说明有大量深部幔源^{3}He 的加入，但对代表整个库车含气油系统的 14 口井（克拉 2 井、大北 2 井、迪那 2 井、依 6 井、提 1 井、大宛 102 井、牙哈 3 井、牙哈 301-4 井、红旗 1 井、YM6 井、YM7 井、YM9 井、YM19 井、YM201 井等）的天然气进行氦同位素分析，结果 R/R_a 值为 0.016～0.108，具有典型壳源（有机成因）天然气特征，例如，克拉 2 井（3885～3895m 段）R/R_a 值为 0.030，说明克拉 2 大气田的天然气中根本没有从深部幔源来的^{3}He，也说明认为克拉 2 大气田天然气是无机成因的立论缺乏依据；库车含气油系统内 14 口井的^{3}He/^{4}He 值符合壳源成因特征，证明了关于库车坳陷存在无机成因气的 5 条理由（依据）[91]中的前 4 条的地质推断也是无根据的。

2. 古生界烃源岩裂解气

罗志立①（2002 年）提出，克拉 2 大气田天然气可能是塔里木盆地古生界烃源岩俯冲深埋在库车坳陷和天山下、受高地温裂解成气，与四川盆地威远气田裂解气相似。

众所公认，塔里木盆地台盆区古生界烃源岩主要为下古生界，是腐泥型烃源岩。若如罗志立所言，烃源岩真的俯冲至库车坳陷深处并在天山之下，当然就可形成腐泥型裂解气，并应具有与威远气田烷烃气相似的轻碳同位素特征（表 2），即 $\delta^{13}C_2<-28‰$。但从威远气田与库车含气油系统所有气田（包括克拉 2 气田）烷烃气的碳同位素对比（表 2）来

---

① 罗志立，“兴凯”和“娥眉”地裂运动对塔里木盆地古生界油气勘探的重要意义，中国石化西部新区勘探指挥部 2002 年度勘探工作暨勘探技术研讨会，2002 年 12 月。

看，后者的$\delta^{13}C_2$值均大于-28‰，不具有所推断的古生界烃源岩裂解气的特征。实际上，库车含气油系统明显具有煤系天然气的特征。由此可见，克拉2气田的天然气是古生界腐泥型烃源岩裂解气的立论依据不足。

3. 煤成气

库车拗陷侏罗系（包括部分三叠系）含煤地层烃源岩分布范围为12000～14000km^2，总厚度最大为1000m左右，有机质类型以Ⅲ型为主，均以产气为主。这套煤系烃源岩主体深埋在地腹，总生气强度最大可达280亿m^3/km^2，大于100亿m^3/km^2的面积达10000km^2以上[95]。

以上条件为库车含气油系统提供了充足的煤成气气源。目前在该含气油系统中发现的气田和油气田的烷烃气碳同位素（表2）证明，库车含气油系统的天然气均为煤成气。根据充足的天然气地球化学资料与大量的天然气地质事实相互结合的综合研究，许多学者[20,46,52,66,93～99]均认为库车拗陷的天然气基本是煤成气。

六、结论

（1）当前，在我国天然气工业高速发展的情况下，天然气勘探的目标不应再是大中型气田，而应是大气田。加强大气田形成主控因素的定量和半定量的地学研究，特别划定生气强度大于20亿m^3/km^2区块的研究是提高发现大气田概率的重要方法。

（2）煤系成烃是以成气为主、成油为辅，这是煤系成烃的基本规律。

（3）天然气资源量的多少决定着一个国家自主发展天然气工业的前景。我国天然气资源研究应与世界接轨，应把以往的地质资源量的评价转变为可采资源量的预测。根据最近研究，我国天然气可采资源量在11.44万亿m^3至13.32万亿m^3之间，我国天然气的勘探潜力大。

（4）天然气高效富集区的研究实际上是探索高产气田群尤其是高产大气田富集区块的赋存条件，也是精选盆地的高产富集区块。对此，以往的研究薄弱，今后应予加强。此项研究对促进天然气工业发展意义重大。

（5）天然气地球化学研究只有和天然气地质研究相互紧密结合，才能出高水平的能够指导实践的创新成果，两者分离往往弊大于利。

参考文献

[1] 戴金星，夏新宇，洪峰．天然气地学研究促进了中国天然气储量的大幅度增长．新疆石油地质，2002，23（5）：357～365

[2] 张子枢．世界大气田概论．北京：石油工业出版社，1990.1～21

[3] Tiratsoo N E. Natural Gas. London：Scientific Press ltd，1967.20～28

[4] 扎勃列夫 ИП．气田与凝析气田手册．肖守清译．乌鲁木齐：新疆人民出版社，1989.4～9，106～117

[5] 戴金星．近四十年来世界天然气工业发展的若干特征．天然气地球科学，1991，2（6）：245～252

[6] 戴金星，卫延召，赵靖舟．晚期成藏对大气田形成的重大作用．中国地质，2003，30（1）：10～19

[7] Редакция Г П. ОАО“Газопром”за 1999. Газовая Промышленностъ，2000，（1）：1

[8] Halbouty T M. Geology of Giant Petroleum Fields. Talsa：Oklohome，1970

[9] 涅斯捷罗夫 И И. 大油气田的地壳中的分布. 李泰明译. 北京: 石油工业出版社, 1980. 144 ~ 152
[10] Mann P, Gahagan L, Gordon M B. Tectonic setting of the world's giant oil fields. World Oil, 2001, 222 (9): 42 ~ 50
[11] 陈荣书. 天然气地质学. 武汉: 中国地质大学出版社, 1989. 229 ~ 232
[12] 徐永昌, 傅家谟, 郑建京. 天然气成因及大中型气田形成的地学基础. 北京: 科学出版社, 2000. 36 ~ 38, 95 ~ 108
[13] 李德生. 大油气田地质学与中国石化油气勘探方向. 见: 李德生著. 中国含油气盆地构造学. 北京: 石油工业出版社, 2002. 186 ~ 191
[14] 戚厚发, 孔志平, 戴金星等. 我国较大气田形成及富集条件分析. 见: 石宝珩主编. 天然气地质研究. 北京: 石油工业出版社, 1992. 8 ~ 14
[15] 邓鸣放, 陈伟煌. 崖 13-1 大气田形成的地质条件. 见: 石宝珩主编, 天然气地质研究. 北京: 石油工业出版社, 1992. 73 ~ 81
[16] 戴金星. 中国大中型气田有利勘探区带. 勘探家, 1996, (1): 6 ~ 9
[17] 戴金星, 宋岩, 张厚福. 中国大中型气田形成的主要控制因素. 中国科学 (D 辑), 1996, 26 (6): 481 ~ 487
[18] 戴金星, 王庭斌, 宋岩等. 中国大中型天然气田形成条件与分布规律. 北京: 地质出版社, 1997. 184 ~ 198
[19] 戴金星, 夏新宇, 洪峰等. 中国煤成大中型气田形成的主要控制因素. 科学通报, 1999, 44 (22): 2455 ~ 2464
[20] 戴金星, 钟宁宁, 刘德汉等. 中国煤成大中型气田地质基础和主控因素. 北京: 石油工业出版社, 2000. 210 ~ 223
[21] 王涛. 中国天然气地质理论与实践. 北京: 石油工业出版社, 1997. 263 ~ 275
[22] 王庭斌. 中国大中型气田的勘察方向. 见: 王庭斌主编. 石油与天然气地质文集 (第 7 集). 北京: 地质出版社, 1997. 1 ~ 33
[23] 王庭斌. 中国天然气的基本特征及勘探方向. 见: 杨朴主编. 中国新星石油文集. 北京: 地质出版社, 1999. 194 ~ 205
[24] 康竹林, 傅诚德, 崔淑芬等. 中国大中型气田概论. 北京: 石油工业出版社, 2000. 320 ~ 328
[25] 赵林, 洪峰, 戴金星等. 西北侏罗系煤成大中型气田形成主要控制因素及有利勘探方向. 见: 宋岩主编. 天然气地质研究及应用. 北京: 石油工业出版社, 2000. 211 ~ 218
[26] 李剑. 中国重点含气盆地气源特征与资源丰度. 徐州: 中国矿业大学出版社, 2000. 113 ~ 122, 127 ~ 137
[27] 李剑, 胡国艺, 谢增业等. 中国大中型气田天然气成藏物理化学模拟研究. 北京: 石油工业出版社, 2001. 20 ~ 36
[28] 李景明, 魏国齐, 曾宪斌等. 中国大中型气田富集区带. 北京: 地质出版社, 2002. 1 ~ 20
[29] 夏新宇, 秦胜飞, 卫延召等. 煤成气研究促进中国天然气储量迅速增加. 石油勘探与开发, 2002, 29 (2): 17 ~ 19
[30] 傅诚德. 天然气科学研究促进了中国天然气工业的起飞. 见: 戴金星主编. 天然气地质研究新进展. 北京: 石油工业出版社, 1997. 1 ~ 11
[31] 何志高. 煤不成油. 石油知识, 2001, (3): 26
[32] 张景廉. 中国侏罗系煤成油质疑. 新疆石油地质, 2001, 22 (1): 1 ~ 8
[33] 程克明. 吐哈盆地油气生成. 北京: 石油工业出版社, 1994. 1 ~ 199
[34] 黄第藩, 秦匡宗, 王铁冠等. 煤成油的形成和成烃理论. 北京: 石油工业出版社, 1995. 1 ~ 425
[35] 吴涛, 赵文智. 吐哈盆地煤系油气形成和分布. 北京: 石油工业出版社, 1997. 1 ~ 271
[36] 王昌桂, 程克明, 徐永昌等. 吐哈盆地煤成烃机理及油气富集规律. 北京: 石油工业出版社,

1997. 1 ~ 342
[37] 金奎励，王宜林．新疆准噶尔盆地侏罗系煤成油．北京：石油工业出版社，1997. 1 ~ 150
[38] 张鹏飞，金奎励，吴涛等．吐哈盆地含煤沉积与煤成油．北京：煤炭工业出版社，1997. 1 ~ 253
[39] 胡社荣．煤成油理论与实践．北京：地震出版社，1998. 1 ~ 184
[40] 袁明生，梁世君，燕列灿等．吐哈盆地油气地质与勘探实践．北京：石油工业出版社，2002. 108 ~ 199，413 ~ 520
[41] 黄第藩，华阿新，王铁冠等．煤成油地球化学进展．北京：石油工业出版社，1992. 1 ~ 469
[42] 王昌桂，路锡良．吐哈盆地石油地质研究论文集．北京：石油工业出版社，1995. 1 ~ 185
[43] 袁明生，张世焕，李成明．吐哈盆地台北凹陷煤系油气分布与富集规律．见：戴金星主编．煤成烃国际学术研讨会论文集．北京：石油工业出版社，2000. 149 ~ 157
[44] 程克明．吐哈盆地油源研究新认识．中国海上油气（地质），1999，13（2）：109 ~ 111
[45] 程克明，熊英，曾晓明等．吐哈盆地煤成烃研究．石油学报，2002，23（4）：13 ~ 17
[46] 梁狄刚，张水昌，陈建平等．库车拗陷油气成藏地球化学．见：梁狄刚主编．有机地球化学研究新进展．北京：石油工业出版社，2002. 22 ~ 41
[47] 戴金星．成煤作用中形成的天然气和石油．石油勘探与开发，1979，（3）：10 ~ 17
[48] 戴金星．我国煤系地层的含油气性初步研究．石油学报，1980，1（4）：27 ~ 37
[49] 戴金星．我国煤成气藏的类型和有利的煤成气远景区．见：中国石油学会石油地质委员会编．天然气勘探．北京：石油工业出版社，1986. 15 ~ 31
[50] 戴金星，何斌，孙永祥等．中亚煤成气聚集域形成及其源岩．石油勘探与开发，1995，22（3）：1 ~ 6
[51] 戴金星．李先奇，宋岩等．中亚煤成气聚集域东部煤成气的地球化学特征．石油勘探与开发，1995，22（4）：1 ~ 5
[52] 戴金星，李先奇．中亚煤成气聚集域东部气聚集带特征．石油勘探与开发，1995，22（5）：1 ~ 7
[53] 戴金星．中国煤成气研究二十年的重大进展。石油勘探与开发，1999，26（3）：1 ~ 10
[54] 戴金星．油气地质学的若干问题．地球科学进展，2001，16（5）：710 ~ 718
[55] 戴金星，秦胜飞，夏新宇．中国西部煤成气资源及其大气田．矿物岩石地球化学通报，2002，21（1）：12 ~ 21
[56] 史训知．煤成气的研究与发展．见：煤成气地质研究编委会主编．煤成气地质研究．北京：石油工业出版社，1987. 1 ~ 8
[57] 裴锡古，费安琦，王少昌等．鄂尔多斯盆地上古生界煤成气藏形成条件及勘探方向．见：煤成气地质研究编委会主编．煤成气地质研究．北京：石油工业出版社，1987. 9 ~ 20
[58] 罗启后．四川盆地上三叠统煤成气富集规律与勘探方向．见：煤成气地质研究编委会主编．煤成气地质研究．北京：石油工业出版社，1987. 86 ~ 96
[59] 陈伟煌．崖 13-1 气田煤成气特征及气藏形成条件．见：煤成气地质研究编委会主编．煤成气地质研究．北京：石油工业出版社，1987. 97 ~ 102
[60] 宋岩，戴金星，张志伟．煤系气源岩的主要地球化学特征．见：煤成气地质研究编委会主编．煤成气地质研究．北京：石油工业出版社，1987. 106 ~ 117
[61] 朱家蔚，许化政．利用稳定碳同位素研究混合气中的煤成气比例．见：煤成气地质研究编委会主编．煤成气地质研究．北京：石油工业出版社，1987. 175 ~ 181
[62] 张文正，刘桂霞，陈安定等．低阶煤及煤岩显微组分的成烃模拟实验．见：煤成气地质研究编委会主编．煤成气地质研究．北京：石油工业出版社，1987. 222 ~ 228
[63] 朱家蔚，戚厚发，廖永胜．文留煤成气藏的发现及其对华北盆地找气的意义．石油勘探与开发，1983，（1）：4 ~ 11
[64] 徐永昌，沈平．中原-华北油气区"煤型气"的地球化学特征初探．沉积学报，1985，3（2）：

37 ~ 46
[65] 王少昌．陕甘宁盆地上古生界煤成气资源远景．见：中国石油学会石油地质委员会编．天然气勘探．北京：石油工业出版社，1986. 125 ~ 136
[66] 伍致中，王生荣，卡末力．新疆中下侏罗统煤成气初探．见：中国石油学会石油地质委员会编．天然气勘探．北京：石油工业出版社，1986. 137 ~ 149
[67] 张士亚，郜建军，蒋泰然．利用甲、乙烷碳同位素判别天然气类型的一种新方法．见：地质矿产部石油地质所编．石油与天然气地质文集（第 1 集）．北京：地质出版社，1988. 48 ~ 59
[68] 戚厚发，戴金星．我国煤成气藏分布特征及富集因素．石油学报，1989，10（2）：1 ~ 8
[69] 吴国蕙．西湖拗陷下中新统天然气成因探讨．天然气工业，1989，9（6）：7 ~ 11
[70] 毛希森，蔺殿忠．中国近海大陆架的煤成气．中国海上油气（地质），1990，4（2）：27 ~ 28
[71] 邓鸣放，张宏友，梁可明等．琼东南、莺歌海盆地油气特征及其烃源岩研究．中国海上油气（地质），1990，4（11）：15 ~ 22
[72] 何家雄．莺歌海盆地东方 1-1 构造的天然气地质地化特征及成因探讨．天然气地球科学，1994，5（3）：1 ~ 8
[73] 张义纲，胡惕麟，曹慧缇等．天然气的生成和气源岩评价方法．见：地质矿产部石油地质研究所编．石油与天然气地质文集（第 4 集）．北京：地质出版社，1994. 51 ~ 64
[74] 张士亚．鄂尔多斯盆地天然气气源及其勘探方向．天然气工业，1994，14（3）：1 ~ 4
[75] 罗启后，王世谦，邱宗湉等．川中川西地区上三叠统天然气富集条件与分布规律研究．见：戴金星主编，天然气地质研究新进展．北京：石油工业出版社，1997. 66 ~ 77
[76] 王世谦，罗启后．四川盆地中西部上三叠统煤成烃地球化学特征．见：戴金星主编．煤成烃国际学术研讨会论文集．北京：石油工业出版社，2000. 103 ~ 111
[77] 张国华，潘贤庄，黄保家．莺-琼盆地天然气的成因类型及气源研究．见：宋岩主编．天然气地质研究及应用．北京：石油工业出版社，2000. 168 ~ 176
[78] 傅家谟，刘德汉，盛国英．煤成烃地球化学．北京：科学出版社，1990. 6 ~ 355
[79] 戴金星，裴锡古，戚厚发．中国天然气地质学（卷一）．北京：石油工业出版社，1992. 65 ~ 82
[80] 戴金星，裴锡古，戚厚发．中国天然气地质学（卷二）．北京：石油工业出版社，1996. 115 ~ 134，145 ~ 184
[81] 戴金星，宋岩，张厚福．中国天然气聚集区带．北京：科学出版社，1997. 57 ~ 90，110 ~ 118
[82] 戴金星，戚厚发，王少昌等．我国煤系的气油地球化学特征，煤成气藏形成条件及资源评价．北京：石油工业出版社，2001. 1 ~ 154
[83] 冯福闿，王庭斌，张士亚等．中国天然气地质．北京：地质出版社，1995. 4 ~ 5，138 ~ 147
[84] 杨俊杰，裴锡古．中国天然气地质学（卷四）．北京：石油工业出版社，1996. 1 ~ 285
[85] 李国玉．石油：大地之歌．中国石油石化，2002，(4)：12 ~ 15
[86] 戴金星，夏新宇，卫延召．中国天然气资源及前景分析．石油与天然气地质，2001，22（1）：1 ~ 8
[87] 张抗．对中国天然气可采资源量的讨论．天然气工业，2002，22（6）：6 ~ 9
[88] 戴金星．西西伯利亚盆地的煤成气及其控制富集的规律．天然气工业，1985，5（1）：4 ~ 11
[89] 戴金星．气聚集带和气聚集区的分类及其在天然气勘探上的意义．石油勘探与开发，1991，18（6）：1 ~ 10
[90] Никитин В А，Вовк В С，Мандель А Я и др. Перспективы поисков новых месторождений на шельфе российских морей. Газовая Промышленность，2002，(9)：24 ~ 26
[91] 张景廉．克拉 2 大气田成因讨论．新疆石油地质，2002，23（1）：70 ~ 73
[92] 周兴熙．塔里木盆地发现深成无机气的踪迹．天然气地球科学，1998，9（6）：40 ~ 41
[93] 贾承造，魏国齐．塔里木盆地构造特征与含油气性．科学通报，2002，47（增刊）：1 ~ 8
[94] 梁狄刚，张水昌，赵孟军等．库车拗陷的油气成藏期．科学通报，2002，47（增刊）：56 ~ 63

[95] 贾承造，顾家裕，张光亚．库车拗陷大中型气田形成的地质条件．科学通报，2002，47（增刊）：49～55

[96] 秦胜飞．塔里木盆地库车拗陷异常天然气的成因．勘探家，1999，4（3）：21～23

[97] 宋岩，贾承造，赵孟军等．库车煤成烃前陆盆地冲断带大气田形成的控制因素．科学通报，2002，47（增刊）：64～69

[98] 赵孟军，卢双舫，王廷栋等．克拉2气田天然气地球化学特征与成藏过程．科学通报，2002，47（增刊）：109～115

[99] 周兴熙，李梅，姚建军．初论塔里木盆地天然气成因系列．见：童晓光主编．塔里木盆地石油地质研究新进展．北京：科学出版社，1996. 473～482

晚期成藏对大气田形成的重大作用*

研究、勘探和开发大气田是快速发展一个国家天然气工业的重要途径。20世纪后半叶，世界天然气工业高速发展，是各国寻找大气田的结果[1]。大气田是天然气工业发展的基石，目前，俄罗斯、美国、加拿大、英国和荷兰等世界产气大国，均以发现和开发大气田为支柱跻身产气大国行列[1~5]。大气田对加速发展天然气工业的重大意义是显而易见的，但发现大气田并非易事。据20世纪90年代初统计：在世界进行油气勘探的400个沉积盆地中，已发现油气田的盆地为215个，其中只有33个发现了大气田，后者仅占勘探油气盆地总数的8%，也就是说发现油气的12个盆地中只有1个有大气田[4]。因此，为了加速天然气工业的发展及提高勘探大气田的效益，研究大气田形成的主要控制因素已成为世界油气地质的主要课题之一，我国也不例外。

一、大气田及其主控因素

1. 大气田的划分

目前，世界各国及各学者对大气田的划定在储量多少和储量级别上没有统一标准。在储量级别上我国和原苏联是探明储量；欧美各国为可采储量。在划定大气田起限储量上更是不同，即使是同一学者，不同时期提出的划定标准也不一致。例如，哈尔布特（T. M. Helbouty）1968年认为可采储量为283亿m^3的气田就属于大气田了，而1970年哈尔布特等则把可采储量为991亿m^3的气田才列入大气田。在众多的划分大气田标准中最小的是可采储量大于135亿m^3；最大的为探明储量1000亿m^3和可采储量991亿m^3。多数油气地质学者认为把原始探明储量大于1000亿m^3（或相当于此的可采储量）气田列为大气田较适宜[1,6]。

俄罗斯和我国的油气储量分类把原始探明储量300亿m^3以上的气田称为大气田。本文将以此标准来划分我国的大气田。

2. 中国的大气田

2001年底，中国在6个盆地（四川、鄂尔多斯、塔里木、柴达木、莺琼和东海）共发现了21个大气田（未包括台湾省）（图1、表1），累计探明天然气储量17953亿m^3，占全国天然气总储量的59.80%。由表1和图1可见我国大气田中以煤成气田占多数，煤成大气田达16个，其探明煤成气总储量为15595亿m^3，占全国大气田总储量的86.86%。

---

* 原载于《中国地质》，2003，30（1）：10~19，作者还有卫延召，赵靖舟。

煤成大气田占全国天然气总探明储量的51.94%。由此可见，煤成气特别是煤成大气田对我国天然气工业的发展具有重大的意义。

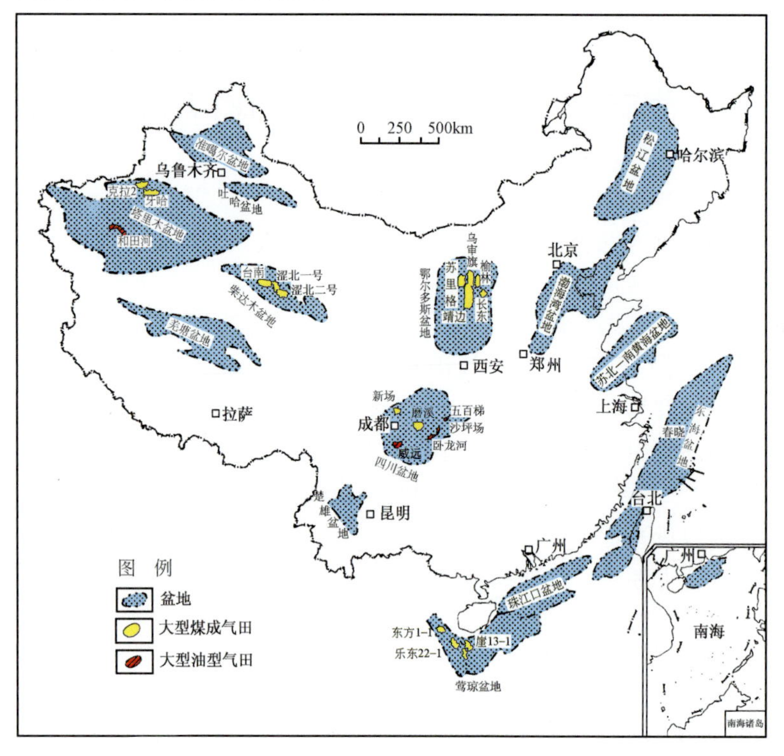

图1 中国大气田分布

表1 中国大气田一览表

<table>
<tr><th>盆地</th><th>气田</th><th>储量/亿m^3</th><th>探明年代</th><th>主力气层</th><th>储层主要岩性</th><th>主要气源岩</th><th>气的类型</th></tr>
<tr><td rowspan="6">四川</td><td>新场</td><td>512.28</td><td>1994</td><td>J_2，J_3</td><td>砂岩</td><td>T_3煤系</td><td rowspan="2">煤成气</td></tr>
<tr><td>磨溪</td><td>375.72</td><td>1987</td><td>T_2，T_3</td><td>碳酸盐岩</td><td>P_2煤系</td></tr>
<tr><td>卧龙河</td><td>380.52</td><td>1959</td><td>T，C_2，P_1</td><td rowspan="3">碳酸盐岩</td><td rowspan="3">S，P_1海相泥页岩、灰岩；P_2煤系</td><td rowspan="4">油型气</td></tr>
<tr><td>五百梯</td><td>587.11</td><td>1993</td><td>C_2，P_2</td></tr>
<tr><td>沙坪场</td><td>397.71</td><td>1996</td><td>C_2</td></tr>
<tr><td>威远</td><td>408.61</td><td>1965</td><td>Zn，P_1</td><td>碳酸盐岩</td><td>Є海相泥页岩</td></tr>
<tr><td rowspan="5">鄂尔多斯</td><td>靖边</td><td>2766.28</td><td>1992</td><td>O_1，P</td><td>碳酸盐岩，砂岩</td><td rowspan="2">C—P煤系、C海相泥岩、灰岩为主</td><td rowspan="7">煤成气</td></tr>
<tr><td>榆林</td><td>1132.81</td><td>1997</td><td>P，O_1</td><td>砂岩为主</td></tr>
<tr><td>乌审旗</td><td>1012.10</td><td>1999</td><td>P</td><td>砂岩</td><td rowspan="3">C—P煤系</td></tr>
<tr><td>苏里格</td><td>2204.75</td><td>2001</td><td>P</td><td>砂岩</td></tr>
<tr><td>长东</td><td>358.48</td><td>1999</td><td>P</td><td>砂岩</td></tr>
<tr><td rowspan="3">塔里木</td><td>牙哈</td><td>376.45</td><td>1994</td><td>E，N_1j</td><td>砂岩</td><td rowspan="2">J煤系</td></tr>
<tr><td>克拉2</td><td>2840.29</td><td>2000</td><td>K，E</td><td>砂岩</td></tr>
<tr><td>和田河</td><td>616.94</td><td>1998</td><td>O，C_2</td><td>碳酸盐岩</td><td>Є海相泥岩、泥质碳酸盐岩</td><td>油型气</td></tr>
</table>

续表

盆地	气田	储量/亿 m^3	探明年代	主力气层	储层主要岩性	主要气源岩	气的类型
柴达木	台南	425.30	1989	Q_1，Q_2	砂岩	Q 含泥炭的泥岩	煤成气
	涩北二号	422.89	1990				
	涩北一号	492.22	1991				
莺琼	崖 13-1	884.96	1990	E	砂岩	E 煤系	
	东方 1-1	996.80	1995	N			
	乐东 22-1	431.04	1997	N			
东海	春晓	330.43	1998	E_2，E_3	砂岩		

由表 1 可见，中国近 15 年以来，大气田发现的储量变大数目变多，“七五”期间之前仅发现 2 个大气田（威远、卧龙河）。“七五”期间发现大气田 4 个，探明储量 2108.87 亿 m^3；“八五”期间和“九五”期间分别发现 6 个和 8 个大气田，探明储量分别为 5731.66 亿 m^3 和 7119.8 亿 m^3。与大气田发现储量变大数目变多的同时，一方面推动了全国天然气储量增长连续翻番：“七五”、“八五”和“九五”期间天然气储量年均分别探明为 616 亿 m^3、1394 亿 m^3 和 2308 亿 m^3；另一方面促进了我国天然气年产量增高：解放后我国天然气年产量达到 100 亿 m^3（1976 年）用了 29 年，平均年增产气 3.48 亿 m^3；从 100 亿 m^3 增加至 200 亿 m^3 用了 20 年，平均年增产气量 5.00 亿 m^3，从 200 亿 m^3 增至 300 亿 m^3 仅用 4 年，平均年增产气 25.00 亿 m^3[5]。中国近 15 年来探明天然气储量连续翻番，近期天然气年产量增幅变大，显然与发现大气田数目变多储量变大密切相关。西气东输工程的启动是受克拉 2 大气田发现的推动；2003 年下半年西气东输工程从靖边向上海开始输气，气源来自苏里格大气田；陕京输气管线向北京供气是由于开发了靖边大气田。总之，中国近期天然气工业进入快速发展，归功于一批大气田的发现与开发。

世界上产气大国（年产气量在 500 亿 m^3 以上，）均是依靠发现和开发大气田的，世界天然气第一大国俄罗斯（苏联）是最好的例子。苏联由于发现与开发超大型气田和大气田，使之从贫气国跃为“天然气沙特”。1940 年，全苏探明天然气储量只有 150 亿 m^3，年产气 32.19 亿 m^3（其中 87% 是巴库油田的伴生气）。1950 年，苏联还被认为是贫气的国家，探明天然气储量不足 2230 亿 m^3，年产气 57.6 亿 m^3。1960～1990 年，苏联天然气探明储量从 18548 亿 m^3 增长到 453069 亿 m^3，天然气年产量从 453 亿 m^3 增长到 8150 亿 m^3，增加了近 17 倍。这是因为在此期间发现了 40 多个超大型气田（每个气田储量超过 5000 亿 m^3）和大气田（气田储量 300 亿 m^3 至 5000 亿 m^3）。由于这些超大型气田和大气田的发现并部分开发投产，促进苏联天然气工业持续高速发展，1983 年起天然气年产量超过美国，成为世界第一产气大国[4]。苏联瓦解后，俄罗斯领域虽变小了，著名的中亚含气区分离出去了，但俄罗斯仍然是世界天然气储量和年产量第一大国，目前，俄罗斯天然气储量占世界的 32%，年产量占世界的 35%。支撑俄罗斯天然气皇冠地位的还是超大型气田和大气田。俄罗斯共发现气田 770 个。2000 年初俄罗斯探明天然气储量 48.11 万亿 m^3，其中 73.1% 的储量在 22 个超大型气田中，24.1% 储量在 104 个大气田中，而 648 个中、小气田的总储量只占俄罗斯天然气总储量的 2.8%。西西伯利亚盆地乌连戈伊超大型气田和亚姆堡超大型气田，1999 年共产气 3470 亿 m^3[7]，是世界年产量最多的两个气田，此两气田产气量占该年俄罗斯和世界总产气量的 58.8% 和 14.7%。

大气田的发现和开发使荷兰从能源进口国一跃成为能源出口国。荷兰 1958 年天然气可采储量不足 740 亿 m^3，年产气仅 2 亿 m^3，进口能源。但 1959 年发现可采储量 2 万亿 m^3 的格罗宁根大气田，该气田 1970 年全面投入开发并于 1976 年年产量达 963 亿 m^3。由此，荷兰向德国、法国和比利时出口天然气[4]。

大气田的发现和开发对一个国家天然气工业的发展既然有如此重大的作用，所以如何研究发现大气田就成为热门课题，探索大气田形成的分布规律或主要控制因素是快速发展天然气工业的一把金钥匙。

3. 大气田的主控因素

大气田形成的主要控制因素已有较多的研究成果，从研究内容上可分为两大类。

一类研究以宏观控制因素为主，如大地构造单元、盆地类型及大小、地理位置（纬度）、地质时代、储层岩类、圈闭类型和天然气成因类型等等[1,2,8~13]。从大地构造单元与盆地类型因素综合可以肯定，大气田主要分布在构造稳定的克拉通（年轻和古老）盆地，前陆盆地也有些大气田。但以整个盆地尺度作为因素来预测大气田，范围太大，难以有效选定勘探大气田的有利地区而加速发现大气田。特别在中国油气地质条件比国外复杂，多旋回运动显著，故仅研究大气田形成的宏观性、方向性的控制因素是不够的。

另一类在控制大气田宏观因素的基础上，着重研究大气田形成的半定量和定量的注重可操作性的主控因素，为勘探大气田有利区提供更切实的科学依据，缩小主攻范围，以便有的放矢提高大气田勘探成功率。“七五”期间以来关于大气田（“七五”至“九五”国家天然气重点科技攻关常称大中型气田，指探明储量大于 100 亿 m^3 的气田）形成定量的和半定量的因素研究成果丰富[14~30]，概括起来主要有如下主控因素：① 发育在生气中心及其周缘（生气强度大于 20 亿 m^3/km^2）；② 成藏期晚（主要在新生代）；③ 位于低气势区或地层；④ 成气区内古隆起圈闭和气聚集带中；⑤ 煤系中或上、下与之有关圈闭中；⑥ 异常高压封存箱上和箱间；⑦ 新生代后期强烈沉陷中心的圈闭；⑧ 天然气资源丰度大于 0.3 亿 m^3/km^2。①和⑧具有定量性；③、⑥和⑦为半定量性；②、④和⑤为具体化、目标性强的主控因素。以上 8 个大气田形成的主控因素，若某区块或聚集带（圈闭）具有两个甚至更多的因素，则发现大气田的概率高；若相互矛盾者发现大气田的概率则低。“六五”国家天然气重点科技攻关以来，大气田形成的定量的和半定量的主控因素研究，有力地指导了我国大气田的发现。例如，我国目前探明储量1000 亿m^3 以上的克拉 2、靖边、苏里格、榆林和乌审旗 5 个大气田，且已作过科学的预测[5]。因此，深入研究大气田形成的主控因素，对加速发展中国天然气工业有重大意义。由于定量、半定量研究大气田形成的主控制因素有众多的成果[14~32]，并且有的主控因素已作了相当深入同时被认为是极有效的因素，例如生气强度对大气田形成的控制作用，故不重复赘述。以下仅对控制大气田形成另一极重要因素，而且目前尚有待深化和阐明原因的晚期成藏对大气田形成的重大作用作进一步探索。

二、晚期成藏在大气田形成中的重大作用

中国学者从“七五”国家天然气科技攻关开始就注意研究晚期成藏对大（中）型气田形成的重大作用，戚厚发等[14]首先研究和指出晚期成藏对大中型气田形成的意义。从此至今10多年来许多学者对其做了研究[14~16,18,19,22~24]，但美中不足的是对晚期成藏在大气田形成的重大作用的原因分析探讨甚为肤浅以至未及。

大气田的要求成藏期比大油田的晚且更苛刻。从图2可知，除了鄂尔多斯盆地大气田成藏期在白垩纪外，我国所有的大气田均成藏于新生代的古近纪、新近纪和第四纪，即成藏期晚。但大油田成藏期有晚的也有相当早的，以塔里木盆地为例，蒋炳南等[26]指出：塔里木盆地所有的（大、中、小型）气藏均是晚期成藏的，即喜马拉雅晚期和末期成藏的，也就是说大、中、小型气藏是100%晚期成藏；但油藏则不同，大、中、小型油藏成藏期有海西晚期、海西晚期—印支期、燕山晚期、燕山晚期—喜马拉雅早期、喜马拉雅中、晚和末期，其中成藏期早的即海西晚期成藏的油藏占20.69%，塔中4大型油藏就是海西晚期成藏的。塔里木盆地油藏中只有69.96%，即只有约2/3的油藏是晚成藏的（燕山晚期—喜马拉雅期）。由上可见，无论从全国或塔里木盆地，大气田形成晚期成藏是重要的控制因素，但对于大油田不一定是晚期成藏，有相当部分还是早期成藏。近来我国有的学者强调大油田也是晚期成藏就不够全面了，因为大油田有早期成藏，否则会延误大油田的勘探和发现。为什么大气田形成苛刻要求成藏期晚，大油田则可宽松些，主要的原因是气的各组分的分子直径小，极易扩散，损失速率大，而油的各组分的直径相对大、扩散慢、损失速率低。

1. 气分子小重量小易扩散而扩散速率大

天然气的分子小（表2）、重量小，难被吸附而易扩散。例如，氦是气中分子直径最小的，仅为2.0×10^{-10}m（表2），其重量仅为空气的5/36，故有很强的扩散能力，储存于一般玻璃瓶中的氦可以经瓶壁扩散到大气中。由于氦很轻，故可以脱离地球引力场并进入宇宙空间。因此，氦原子在大气圈中停留的平均时间只有几百万年。

表2　天然气主要组分的分子直径

气体名称	甲烷	乙烷	丙烷	异丁烷	正戊烷	二氧化碳	氮	硫化氢	氩	氦	氢
分子直径/10^{-10}m	3.8	4.4	5.1	5.3	5.8	3.9	3.8	3.6	2.9	2.0	2.8

扩散主要有两种，即浓度扩散和温度扩散。油的分子比气的大，石油中正烷烃分子直径为4.8×10^{-10}m或更大，环己烷直径为5.4×10^{-10}m，杂环结构分子直径为（10~30）×10^{-10}m，沥青分子直径为（50~100）×10^{-10}m。物质的扩散能力随分子量变大呈指数关系减小。对烃类来说，实际上只有碳原子在C_1—C_{10}的烃才真正具有扩散运移的作用[33]，也就是说气分子扩散能力强而石油的扩散能力是很弱的。这就决定了大气田必须晚期成藏，而大油田未必都要晚期成藏，早期成藏也可形成大油田。

聚集在气藏中的天然气相对上覆地层既是高浓度又是高温度的，因此，气藏中的天然

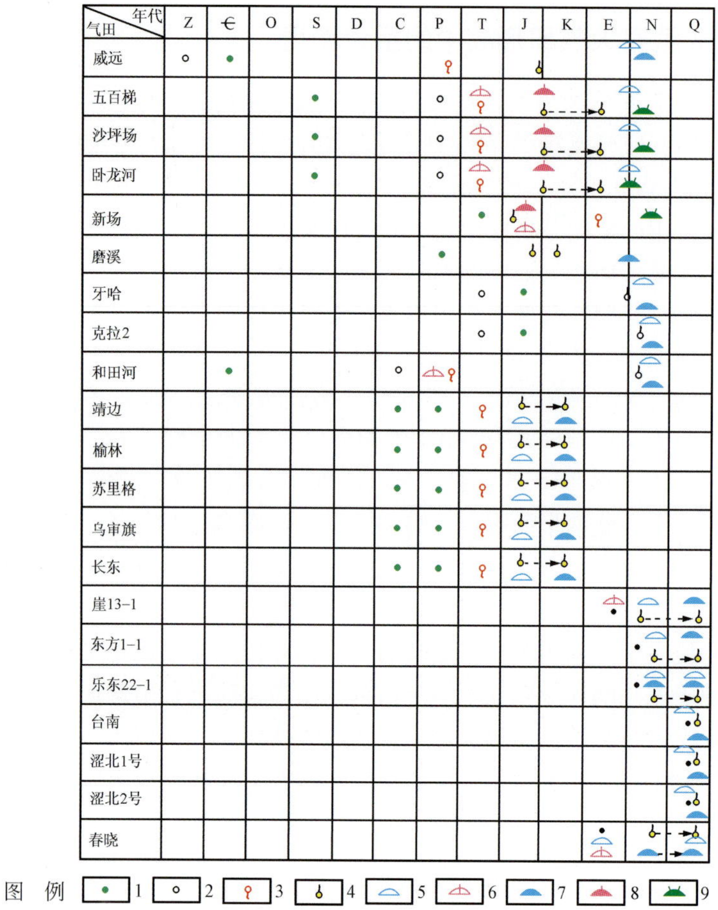

图 例 1 2 3 4 5 6 7 8 9

图 2　中国大气田成藏期

1. 主要烃源岩；2. 次要烃源岩；3. 成油高峰期；4. 成气高峰期；5. 圈闭形成期；6. 古构造形成期；7. 成藏期；8. 一次成藏期；9. 二次成藏期

气不断向上覆地层扩散而减少。赋存于地层中的天然气随其分子变小和埋藏变浅其扩散的数量变大。在1737m深处的气藏中，甲烷、乙烷、丙烷和丁烷由于扩散运移，从离开气藏到地面所需时间分别为14Ma、170Ma、230Ma和270Ma[34]。甲烷和丁烷在不同深度向上垂直扩散运移速率见图3。因此，如果成藏早的大气田，成藏后再没有气源不断供给，即使其他保存条件好，没有变化，但由于扩散，储量也会不断减少，可使大气田变为中、小型气田，甚至散失殆尽，此类情况我国不乏其例。

松辽盆地昌德气田目前地质储量为117.08亿m^3，是个中型气田。气藏从泉头组沉积末期形成至今已有125.1Ma，各时期扩散损失储量共205.47亿m^3（见表3）[35]，也就是说昌德气田在泉头末期成藏时是个储量为322.55亿m^3的大气田。但由于成藏早了，因扩散使之目前变为中型气田。

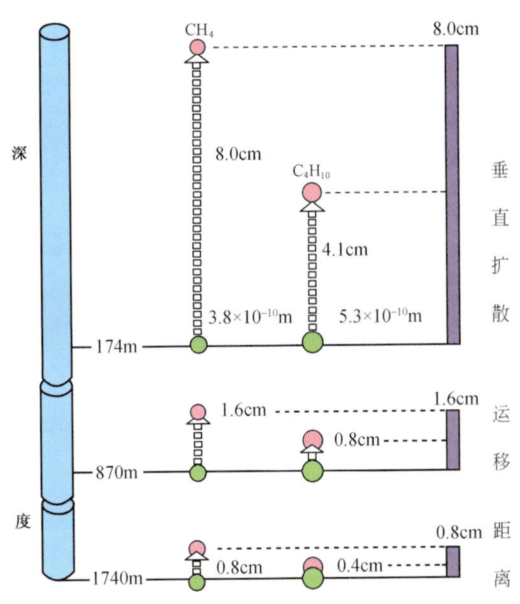

图 3 甲烷和丁烷在不同深度地层中向上垂直扩散运移（cm/ka）

表 3 松辽盆地昌德气田天然气扩散散失时间及扩散量

地质时期	扩散时间/Ma	扩散量/亿 m^3
嫩四期至今	101.33	167.50
嫩一期至嫩三期	7.77	12.70
姚家期	4.50	7.59
青山口期	11.50	17.68
总计	125.10	205.47

鄂尔多斯盆地西缘的刘家庄气田，在 50Ma 前还是个储量为 454.9 亿 m^3 的大气田，但由于成藏期早了，在成藏后的 50Ma 时间内由于扩散散失天然气量达 453 亿 m^3，故目前仅是个储量只有 1.9 亿 m^3 的小气田[25]。如果其在 5Ma 即在古近纪、新近纪晚成藏，如今应还是个大气田。

甲烷在浅层比之在深层扩散量大，这在塔里木盆地大宛齐油气田的溶解气中表现得十分清楚，陈义才等指出[36]：大宛齐油气田溶解气在 4.5Ma 内，浅层埋深 300 ~ 400m 的上部油层甲烷扩散散失比率为 54%，而深层埋深 450 ~ 650m 的下部油层扩散散失比例为 13%。同时该油气田上部油层和下部油层甲烷和乙烷由于上下油层扩散不同，还形成溶解气组分的变化：上部油层气组分相对变湿，下部油层则相对变干（表 4）。

表 4 塔里木盆地大宛齐油气田溶解气扩散量及其组分变化

油层	埋深/m	初始浓度/(m^3/m^3)	不同时段的扩散量/(m^3/m^3)			4.5Ma 甲烷的散失比例/%
			1.0Ma	2.5Ma	4.5Ma	
上部油层	300 ~ 400	12.82	0.63	2.74	6.97	54
下部油层	450 ~ 650	17.94	0.24	1.87	3.42	13

续表

油层	埋深/m	甲烷	乙烷	丙烷
		4.5Ma 扩散后上、下油层溶解气组分的变化		
上部油层	450m 以浅	72.45% ~83.96%	6.34% ~13.37%	3.11% ~9.41%
下部油层	450m 以深	88.25% ~96.17%	1.34% ~13.37%	3.11% ~9.41%

注：据参考文献［36］修编。

鄂尔多斯盆地上古生界中4个大气田（乌审旗、榆林、苏里格和长东）的砂岩储层基本上具有在高处和上层为干层，而低处和下层是气藏的特点[37]。对此有多种解释：有的认为是深盆气[38]，有的认为是砂岩致密导致，笔者认为气藏的长期扩散作用是其中一个重要因素，因为浅部的高层位的天然气扩散比深部的下层的强得多，损失的也多得多。

2. 盆地的多旋回性要求大气田晚期成藏

多旋回性（多次褶皱、多次圈闭形成、多次抬升间断和沉降、多期构造断裂、多期岩浆活动、多套生储盖组合和多次成藏等）是中国盆地的重要特征。为了行文方便，把多次褶皱、多期岩浆活动等称为旋回性的项素。多旋回性要求我国大油、气田，特别是大气田晚期成藏。多次褶皱、多次抬升和沉降、多次成藏、多期构造断裂活动和多期岩浆活动等多旋回性对大气田形成和存在常起负面作用，即往往使早期成藏的大气田受到破坏或从巨大气田变为一般大气田和中、小型气田。只有晚期成藏才避免了多旋性的破坏功能，有利于天然气完好保存而利于发现大气田。由于多旋回性在不同盆地出现项素数和强度有异，故不同盆地其对大气田的影响也不一样。

四川盆地是我国最稳定的盆地之一，即使如此也具有多旋回性。四川盆地川东地区发现气田多、储量大。该区在圈闭形成和成藏方面明显具有多旋回性，但与活动性大的渤海湾盆地相比，其多旋回项素数少而强度低。川东地区开江古隆起圈闭是印支期基本定型，燕山期继续发育，开江古隆起古近纪初石炭系顶面闭合面积2812km^2，闭合度450m，也就是说第一次形成圈闭具有面积大、幅度大、呈穹窿状的特征（图4）。该大圈闭的烃源岩为志留系，在白垩纪初开始进入成气高峰期，天然气第一次成藏期主要在白垩纪（图2、图5），至古近纪，上石炭统气藏进一步富集扩大，在开江古隆起核部形成大面积含气的地层古构造复合型大的古气藏，完成了第一次成藏作用，该古气藏总储量大于15000亿m^3（图4）[38]。古近纪末的喜马拉雅运动使四川盆地全面褶皱，川东地区形成褶皱强度大的、伴有纵逆断层的线状高陡背斜群和其间的平缓背斜，由此原开江古隆起被瓦解形成许多圈闭，这些在古隆起上第二次形成的圈闭与第一次形成的开江古隆起具有面积大、呈穹窿状不同，第二次生成的圈闭面积相对小并呈线状。第二次圈闭形成致使大面积的开江古隆起圈闭和大古气藏被解体。解体后古气藏中的天然气或聚集在古气藏原地的喜马拉雅期（第二次）生成的圈闭中，或运移聚集在古气藏外围附近的喜马拉雅期（第二次）生成的圈闭中，形成第二次成藏（晚期成藏）（图4），还有部分古气藏中的天然气沿开启断裂运移散失了。值得注意的是在古气藏古圈闭轴部第二次形成的圈闭在二次成藏后往往是大气田（五百梯、沙坪场、卧龙河）；在古气藏范围内第二次形成的圈闭在二次成藏后形成中型气田（大池干井、双家坝、龙门）概率高，而在古气藏外的开江古隆起内第二次形成的圈闭中虽也发现中型气田（铁山、福成寨、高峰场），但其发现概率低，小型气田发现较多（图4）。

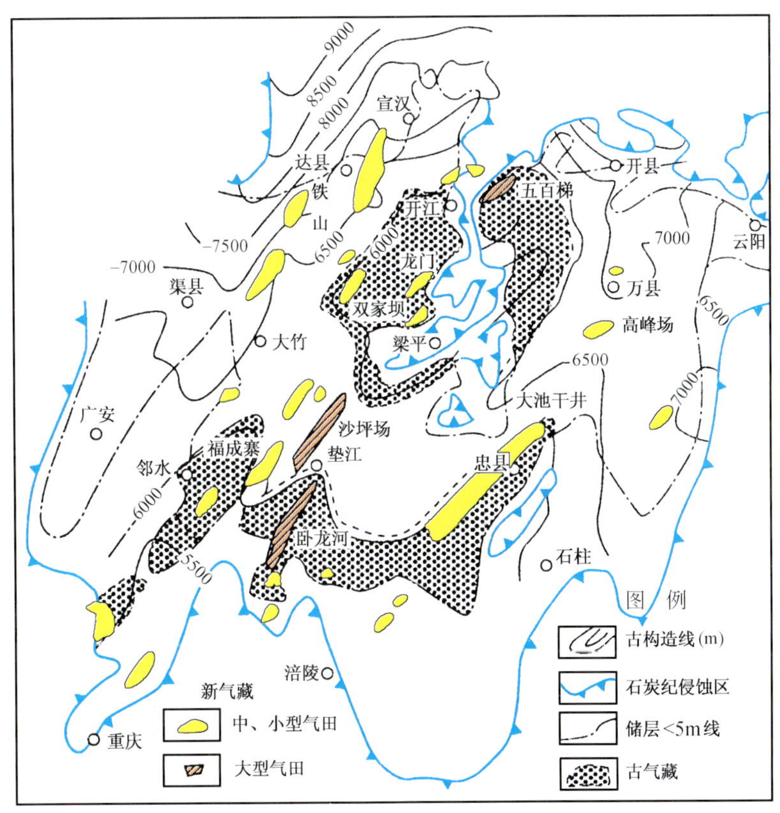

图4 川东地区褶皱前石炭系顶面开江古隆起的古构造、古气藏和新气藏图

渤海湾盆地是我国活动性大的盆地之一，和中国中部稳定的四川盆地和鄂尔多斯盆地相比，多旋回性的项素数多而强度大。例如，比上述两盆地增加了多期岩浆活动项素，多期断裂强度大，这些是对大气田形成破坏性大的项素，故目前实际上在该盆地未发现大气田，而鄂尔多斯盆地和四川盆地迄今已共发现了11个大气田（表1）。

3. 晚期成藏的大气田与生气高峰、储层和气源岩的层位关系

在此必须指出晚期成藏的大气田不等于储层、气源岩都是年代晚的层位，生气高峰期也未必一定与晚期成藏同步或基本同步。晚期（喜马拉雅期）成藏的威远大气田，其储层为震旦系，主要气源岩是下寒武统九老洞组，次要气源岩是储层本身灯影组，生气高峰基本在中生代中晚期。五百梯大气田和沙坪场大气田也成藏于喜马拉雅期，它们的气源岩为志留系，储层为石炭系，成气高峰以白垩纪为主。柴达木盆地台南、涩北一号和涩北二号3个大气田的储层、气源岩、成气高峰期和成藏期均在第四系（纪）（图2）。由此可见，晚期成藏的大气田的生气高峰期、储层和气源岩既可以是相对晚的或层位相对较新，也可以比其成藏期早、层位老。

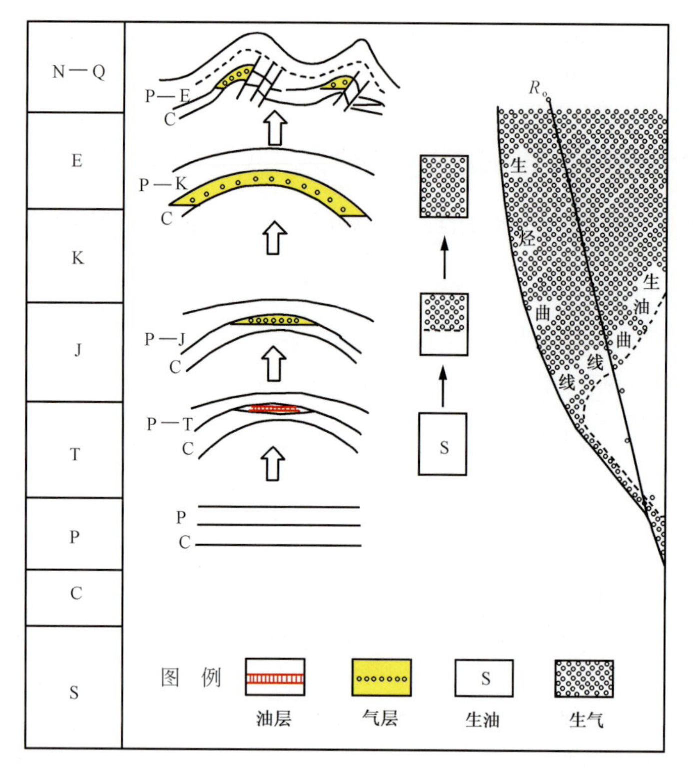

图5 四川盆地开江古隆起区圈闭和成藏多旋回性对成藏规模影响

三、结论

大气田要求晚期成藏，是因为天然气的分子小、重量小、难被吸附而易扩散。成藏早的大气田，若无不断获得新气源，由扩散时间增长损失气量不断增加，使大气田演变为中、小型气田，甚至散失殆尽。因此，晚期成藏是大气田形成的必要条件之一。物质的扩散能力随分子量的变大呈指数关系减小。由于石油分子比天然气的大，所以在其他成藏条件与气藏相同的条件下，大油田形成既可是晚期成藏也可是早期成藏。

中国盆地具有多旋回性。多旋回性往往是后续的旋回损害和降低前旋回聚集气藏的保存条件和储量，故晚期成藏就避免此弊，有利于大气田的形成。

参 考 文 献

[1] 张子枢．世界大气田概论．北京：石油工业出版社，1990. 1 ~ 266
[2] Tiratsoo N E. Natural Gas. London：Scientific Press ltd，1967. 20 ~ 28
[3] 扎勃列夫 И П. 气田与凝析气田手册．肖守清译．乌鲁木齐：新疆人民出版社，1989. 4 ~ 9
[4] 戴金星．近四十年来世界天然气工业发展的若干特征．天然气地球科学，1991，2（6）：245 ~ 252
[5] 戴金星，夏新宇，洪峰．天然气地学研究促进了中国天然气储量的大幅度增长．新疆石油地质，2002，23（5）：357 ~ 365
[6] 戴金星，戚厚发，郝石生．天然气地质学概论．北京：石油工业出版社，1989. 143 ~ 154
[7] Промышленность Г. Преспективы Развитиясырьевой базы. Газовая Промышленность，2000，（1）：1
[8] Halbouty T M. Geology of Giant Petroleum Fields. Talsa，Oklohome，1970

[9] Нестеров И И, Потеряева В В, Салманов Ф К. Закономерности Распределения Крупных Месторож юений Нефти и Газа в Земной Коре. Москв: Недра, 1975
[10] 陈荣书. 天然气地质学. 武汉: 中国地质大学出版社, 1989. 229 ~ 232
[11] Mann P, Gahagan L and Gordon M B. Tectonic Setting of the World's giant Oil Fields. World Oil, 2001, 222 (9): 42 ~ 50
[12] 李德生. 大油气田地质学与中国石化油气勘探方向. 见: 李德生. 中国含油气盆地构造学. 北京: 石油工业出版社, 2002. 186 ~ 191
[13] 徐永昌, 傅家谟, 郑建京. 2000. 天然气成因及大中型气田形成的地学基础. 北京: 科学出版社, 2000. 36 ~ 108
[14] 戚厚发, 孔志平, 戴金星等. 我国较大气田形成及富集条件分析. 见: 石宝珩主编. 天然气地质研究. 北京: 石油工业出版社, 1992. 8 ~ 14
[15] 邓鸣放, 陈伟煌. 崖 13-1 大气田形成的地质条件. 见: 石宝珩主编. 天然气地质研究. 北京: 石油工业出版社, 1992. 73 ~ 81
[16] 戴金星. 中国大中型气田有利勘探区带. 勘探家, 1996, (1): 6 ~ 9
[17] 戴金星, 宋岩, 张厚福. 中国大中型气田形成的主要控制因素. 中国科学 (D 辑), 1996, 26 (6): 481 ~ 487
[18] 戴金星, 王庭斌, 宋岩等. 中国大中型天然气田形成条件与分布规律. 北京: 地质出版社, 1997. 184 ~ 198
[19] 王涛. 中国天然气地质理论与实践. 北京: 石油工业出版社, 1997. 263 ~ 275
[20] 王庭斌. 中国大中型气田的勘察方向. 见: 王庭斌主编. 石油与天然气地质文集 (第 7 集). 北京: 地质出版社, 1997. 1 ~ 33
[21] 戴金星, 夏新宇, 洪峰等. 中国煤成大中型气田形成的主要控制因素. 科学通报, 1999, 44 (22): 2455 ~ 2464
[22] 王庭斌. 中国天然气的基本特征及勘探方向. 见: 杨朴主编. 中国新星石油文集. 北京: 地质出版社, 1999. 194 ~ 205
[23] 康竹林, 傅诚德, 崔淑芬等. 中国大中型气田概论. 北京: 石油工业出版社, 2000. 320 ~ 328
[24] 赵林, 洪峰, 戴金星等. 西北侏罗系煤成大中型气田形成主要控制因素及有利勘探方向. 见: 宋岩等主编. 天然气地质研究及应用. 北京: 石油工业出版社, 2000. 211 ~ 218
[25] 戴金星, 钟宁宁, 刘德汉等. 中国煤成大中型气田地质基础和主控因素. 北京: 石油工业出版社, 2000. 210 ~ 223
[26] 蒋炳南, 康玉柱. 新疆塔里木盆地油气分布规律及勘探靶区评价研究. 乌鲁木齐: 新疆科技卫生出版社, 2001. 147 ~ 156
[27] 李剑. 中国重点含气盆地气源特征与资源丰度. 徐州: 中国矿业大学出版社, 2000. 113 ~ 137
[28] 李剑, 胡国艺, 谢增业等. 中国大中型气田天然气成藏物理化学模拟研究. 北京: 石油工业出版社, 2001. 20 ~ 36
[29] 韩克猷. 川东开江古隆起石炭系大中型气田的形成及勘探目标. 天然气工业, 1995, 15 (4): 1 ~ 5
[30] 李景明, 魏国齐, 曾宪斌等. 中国大中型气田富集区带. 北京: 地质出版社, 2002. 1 ~ 20
[31] 夏新宇, 秦胜飞, 卫延召等. 煤成气研究促进中国天然气储量迅速增加. 石油勘探与开发, 2002, 29 (2): 17 ~ 19
[32] 傅诚德. 天然气科学研究促进了中国天然气工业的起飞. 见: 戴金星主编. 天然气地质研究新进展. 北京: 石油工业出版社, 1997. 1 ~ 11
[33] 李明诚. 石油与天然气运移 (第二版). 北京: 石油工业出版社, 1994. 27 ~ 31
[34] 陈锦石, 陈文正. 碳同位素地质学概论. 北京: 地质出版社, 1983. 128 ~ 129

［35］李海燕，付广，彭仕宓．气藏天然气扩散散失量的定量研究．大庆石油地质与勘探，2001，20（6）：25～27
［36］陈义才，沈忠民，李延均等．大宛齐油田溶解气扩散特征及其扩散量的计算．石油勘探与开发，2002，29（2）：58～60
［37］戴金星，秦胜飞，夏新宇．中国西部煤成气资源及大气田．矿物岩石地球化学通报，2002，21（1）：12～21
［38］李振铎，胡义军，谭芳．鄂尔多斯盆地上古生界深盆气研究．天然气工业，1998，18（3）：10～16

华北陆块南部下寒武统海相泥质烃源岩的发现对天然气勘探的意义*

具有三叶虫标准化石 *Hsuaspis* 的下寒武统马店组形成于华北陆块南缘的克拉通边缘盆地，中、新生代处于李四光教授所称的淮阳山字形构造脊柱走向南北的背斜隆起复合带，现今出露于安徽霍邱与河南固始交界地带。

一、华北陆块南部下寒武统海相泥质烃源岩

1. 寒武纪早期沉积构造环境对烃源岩发育有利

华北陆块南缘寒武系底部沉积地层为一套自然岩石组合，包括原围杆组、凤台组、雨台山组和皖西组。研究者有许多的划分方案和不同的分组命名，以及各异的时代推断。特别是对其中的凤台组砾岩，有较多的研究者认为是震旦纪冰碛岩[1~3]或震旦纪滑塌堆积[4,5]。本工作选择岩石地层出露较好的豫皖两省边区四十里长山一带，进行1∶1万区域地质填图和1∶1千剖面实测。特别在近两年开山采矿暴露出的新采面和新矿洞，展开了岩石地层构造系统的联合观测和岩石地球化学系统的测试分析。对于“凤台砾岩”及其上下岩层形成时代的“寒武纪说”、“震旦纪说”、“震旦纪—寒武纪说”及其众多的分组分段名称，逐个考查对比评价，探索其原始沉积的动态过程与其构造变动的时代方位。认定夹有多层贫沥青页岩的含磷砾岩层（为第二岩性段，即通常所谓的“凤台砾岩”）和其下层含磷贫沥青页岩层（为第一岩性段）及其上层富磷沥青质页岩层（为第三岩性段），以及之上富含化石的含砂内碎屑灰岩层（为第四岩性段），统为一套有着成生联系的连续沉积的同一构造事件不同阶段的沉积建造。综合分析认为，由于后来构造改造而被分置异地的这4个岩性段不宜分别建组命名，亦不宜借助构造滑动面作为沉积间断界面或连续沉积界面。姑且将这一套岩石归为一个岩石组合，暂称“马店组”；其形成时代还无确切的依据，前人[6,7]将其作为寒武纪早期的论断，今天较为可信的证据增多了，因此，本文暂称为“下寒武统”（另有文章专论下寒武统马店组）。

马店组层序地层研究表明，第一、二岩性段为裂陷高峰期之后，海水停滞或缓慢上升时期的斜坡扇沉积；第三岩性段为海水越过陆架坡折带在初次海泛面形成时物源供应不足的饥饿型沉积；第四岩性段岩石形成于相对海平面快速上升沉积物供应充分的大陆边缘沉积。

马店组的地层层序和沉积构造环境与扬子陆块、塔里木陆块的相当层位极其相似。这

---

* 原载于《地质论评》，2003，第49卷，第3期，322~329，作者还有刘德良、曹高社。

一沉积环境和构造环境对于烃源岩的形成和保存是极其有利的。世界海相油气田多产于此种沉积构造环境之中[8]。

生物标志物参数反映的沉积环境表明，孕甾烷/C_{29}20R甾烷值在0.44～3.37，与下扬子宁国地区下古生界的同一比值（0.40～2.05）相近①，水质的咸化程度较高。伽马蜡烷/C_{30}藿烷值（0.7～1.0）与我国陆相含盐度较高的济阳、南阳等盆地的相当[9]，说明下寒武统烃源岩是在高盐度下沉积的。从以上生物标志物参数，结合沉积环境分析，下寒武统烃源岩是在地壳沉降背景上，高含盐度和高还原环境下沉积的，有助于有机质的保存和向石油（气）方向的转化。

2. 下寒武统烃源岩具有较高的有机质丰度

在豫皖边界四十里长山马店地区区域填图和剖面详查的基础上，对马店乡煤山、雨台山、陈山等地的下寒武统马店组烃源岩进行了系统采样和岩石热解、有机碳分析（图1）。结果表明，寒武系底部泥质岩层可以达到较好–最好生油岩标准，有机质高丰度带居于第三岩性段的上部。

有机碳的含量与烃源岩的沉积环境有关。第一岩性段主要为斜坡扇底部的浊积岩沉积，虽然为较深水的还原环境，但生物发育较为有限，所以，尽管达到好生油岩标准，但与上部泥岩相比有机质丰度要差一个数量级；第二岩性段为斜坡扇碎屑流沉积，沉积速率较快，有机质没有充分的时间富集，所以有机质含量较低；第三岩性段主要为低位斜坡进积体，其下部相似于第一岩性段的沉积环境，所以有机碳含量也较有限，其上部沉积时期海水越过陆架坡折处，由于沉积物供应不足而形成饥饿型沉积，并且生物极其发育，藻类（尤其是蓝藻）的繁盛是形成高有机质丰度的物质基础，该烃源岩当时处于裂离构造环境下的大陆边缘，较闭塞的环境中产生强还原条件，对有机质的保存十分有利；第四岩性段已属于广海沉积，不属于第一、二、三岩性段的封闭沉积环境，对于有机质的沉积和保存较下部岩性段差。

下寒武统烃源岩氯仿沥青“A”含量很低（小于0.01%），生烃潜量也很低（远小于1mg/g）。其低值的原因与该套烃源岩高演化程度有关，并不能说明下寒武统原始状态为非生油岩。对于高演化程度烃源岩来说，上述两指标均已失效。

3. 下寒武统烃源岩具有较好的有机质类型

在高成熟阶段，H/C原子比、红外光谱、氢指数等均已失去了判别烃源岩有机质类型的可行性和准确性。研究表明，随演化成熟度的增高，干酪根的碳同位素值基本上没有较大的变化，因此主要采用干酪根显微组分分析和干酪根碳同位素来判别有机质类型。

本次所测定的3个干酪根碳同位素样品为第三岩性段上部黑色泥岩，其$\delta^{13}C$值介于–32‰～–34‰，为I_1型干酪根。它代表的是原始干酪根的类型，反映该时期是优质烃源岩发育的最好时期。沉积环境表现为处于海侵开始，海生低等生物异常发育，并有较好的

① 童箴言等，古生界烃源岩地化特征和碳沥青、石煤间的成生关系，“八五”科技攻关成果，1994。

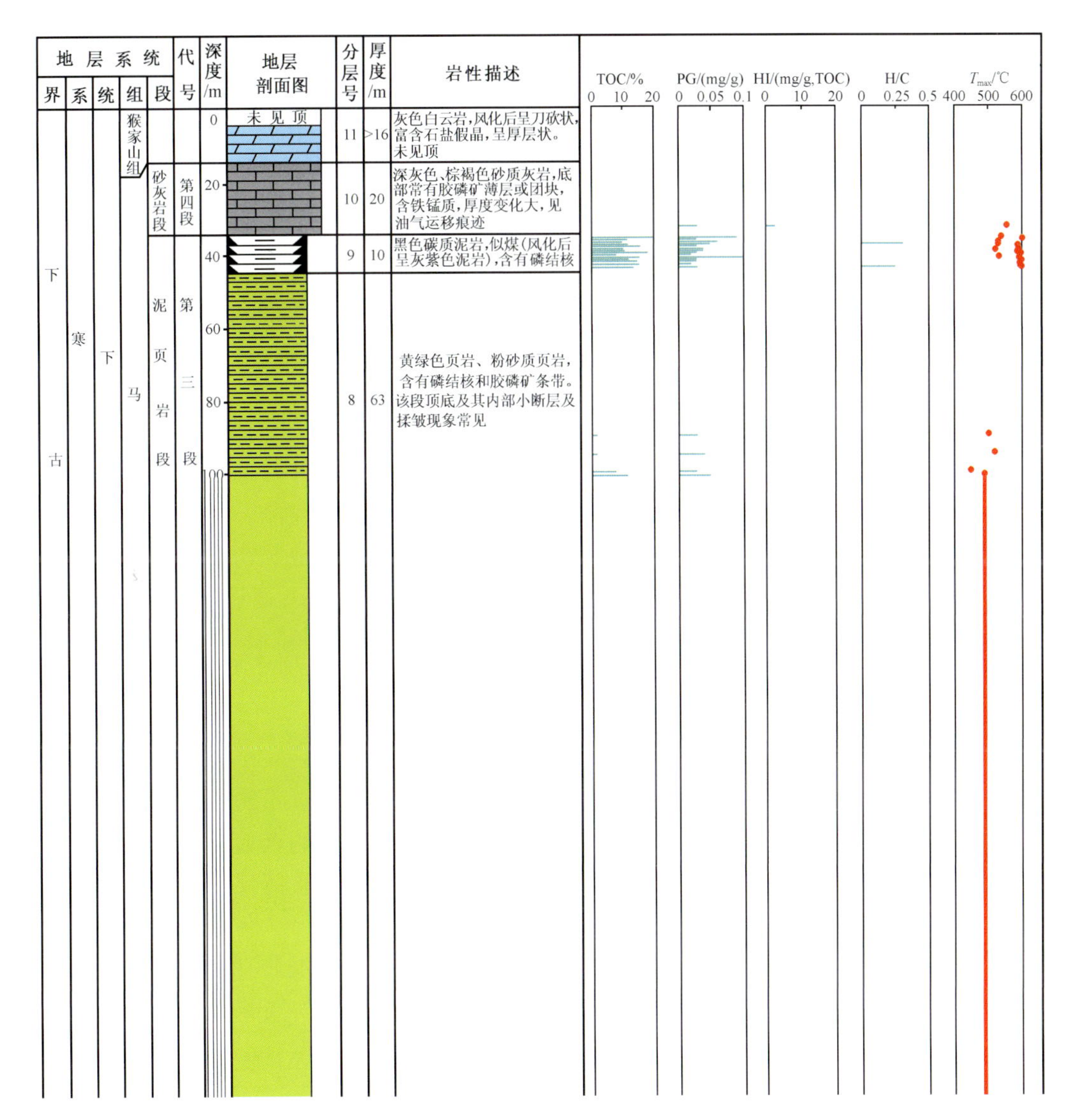

图1 华北陆块南部豫皖边界四十里长山马店地区下寒武统马店组综合剖面图

有机质保存条件，富集了碳的轻同位素。

生物进化史表明，震旦纪—早泥盆世，沉积岩内有机质的第一生源为浮游植物，第二生源为细菌。因此，早寒武世的生态系统与沉积环境共同决定了下寒武统烃源岩的有机质类型。

下寒武统烃源岩的透射光-荧光干酪根显微组分成果见表1。江苏和胜利两测试中心镜检的结果有较大的差异，江苏测试中心测得的显微组分以腐泥组为主，相对含量最高达97%，干酪根类型为Ⅰ型；而胜利测试中心测得的显微组分中含大量镜质组，干酪根类型为$Ⅱ_2$型。造成这一差异的原因可能与下古生界干酪根的演化或不同检测仪器有关。所谓“镜质组”应归属于高演化条件下产生的有机显微组分（碳沥青体）一类，因此，其原始干酪根当属腐泥组无疑，干酪根类型亦为Ⅰ类。

表1　华北南部下寒武统马店组三岩段烃源岩有机显微组分（%）

样品	位置	岩性	腐泥组	壳质组	镜质组	惰质组	类型	检测设备	检测单位
HQ-2	煤山	钙质泥砂岩	97.67	—	—	2.33	Ⅰ	①	③
HQ-10	雨台山	泥页岩	97.00	—	—	3.00	Ⅰ	①	③
TYS-1	雨台山	泥页岩	52.70	—	47.30	—	$Ⅱ_2$	②	④
TYS-2	雨台山	泥页岩	58.70	—	41.30	—	$Ⅱ_2$	②	④
CSS-1	陈山	泥页岩	44.30	—	55.70	—	$Ⅱ_2$	②	④
HQ-5	煤山	泥页岩	63.70	—	36.30	—	$Ⅱ_2$	②	④

注：① MPM 显微光度计；② Leica DMRXP 荧光显微镜；③ 江苏石油勘探局地质所试验中心；④ 中石化胜利油田地质所测试中心。

生物标志物三环萜烷与五环萜烷的比值较高（0.36～0.78），可与塔里木地区的（0.35～0.5）和扬子地区的（0.52～1.47）相当层位对比[10]。富含三环萜烷是海相沉积的基本特征。$C_{27}4\alpha$，14α，$17\alpha(20R)/C_{29}4\alpha$，$14\alpha$，$17\alpha(20R)$ 甾烷比值常可用以指示母质来源，本区马店组该比值为1.2～1.4，说明其母源为海相藻类。本区4-甲基甾烷/规则甾烷的比值为0.07～0.9，可与塔里木地区相当层位（比值为0.06～0.25）类比，表明古海洋中含比较丰富的沟鞭藻等浮游生物和细菌。

4. 下寒武统烃源岩成烃热演化

寒武纪尚未出现陆生高等植物，因此在有机质中不可能存在真正的镜质体，但泥岩中含沥青质体或似镜质体十分丰富，其反射率同样是有机质成熟度的函数。本次工作所测定的镜质组反射率从实质上看并非真正的镜质组反射率，而是沥青质体反射率，因此不能直接用来判别岩石的成熟度。依照 $R^{\circ}=0.668R_b+0.346$（刘德汉等①）换算的镜质组反射率列入表2中，R°值一般在2.0%～3.5%。最高热解峰温（T_{max}）见图1。R°值和 T_{max} 值皆表明马店组烃源岩处于过成熟阶段。作为油源岩是无效的，但作为气源岩则另当别论。

表2　华北南部下寒武统马店组三岩段烃源岩沥青质体反射率（R_b）及镜质组反射率（R°）

样品	位置	岩性	R_b/%	R°/%	点数	离差	检测设备	检测单位
HQ-2	煤山	砂质泥岩	4.644	3.448	24	0.818	①	③
HQ-10	雨台山	黑色泥岩	4.425	3.302	21	0.522	①	③
TYS-1	雨台山	黑色泥岩	4.05	3.051	14	0.19	②	④
TYS-2	雨台山	黑色泥岩	3.78	2.871	38	0.19	②	④
CSS-1	陈山	黑色泥岩	4.42	3.299	10	0.20	②	④
HQ-5	煤山	黑色泥岩	2.83	2.236	10	0.18	②	④

注：① MPM400 显微光度计；② UMSP-50 显微光度计；③ 江苏石油勘探局地质所试验中心；④ 中石化胜利油田地质所测试中心。

张义纲[11]对全球84个大型气田烃源岩的研究发现，腐殖型烃源岩生气高峰期的R°值在1.0%～1.2%，腐泥型烃源岩生气高峰期出现较晚，一般出现在中、低演化阶段的液态

① 刘德汉、史继扬，高演化烃源岩的地球化学特征和生气规律，“八五”科技攻关成果，1993。

烃生成之后。干酪根 R^o 为 1.3% ~3.2% 时，进入高演化阶段才裂解为气体。尽管本区 R^o 值高达 2.0% ~3.5%，但仍基本处在生气高峰范围内。

二、华北陆块南部下寒武统烃源岩与我国其他地区相当层位烃源岩对比

1. 烃源岩地球化学参数对比

华北南缘马店组与我国其他地区相当层位烃源岩相比（表 3），具有相似的高含量有机碳和低的氯仿沥青“A”和生烃潜量。说明该套烃源岩形成时的时空环境对烃源岩的发育有利，而较高的演化程度是造成可溶有机质和生烃潜量降低的原因。烃源岩干酪根碳同位素比值非常接近，具有 I 型有机质的典型特征。R^o 与 T_{max} 差异较小，总体上已达过成熟阶段。但部分数值存在有差异，可能与各自的地质背景有关。

表 3　中国下寒武统烃源岩地球化学参数对比

地区		层位	岩性	C/%	氯仿沥青“A”/%	S_1+S_2 /(mg/g)	$\delta^{13}C$ /‰	R^o/%	T_{max}/℃	资料来源
南华北地区		$\epsilon_1$md	泥岩	0.28 ~ 13.46 (6.46)	0.0016 ~ 0.0059 (0.0040)	0.02 ~ 0.05 (0.035)	-33.2	2.24 ~ 3.4 (3.03)	508 ~ 595 (573)	本文
塔里木地区	库尔勒	ϵ_1m	泥岩	5.25 ~ 0.87 (1.98)	0.00162 ~ 0.0021 (0.0095)	1.20 ~ 0.01 (0.09)	-35.13	1.91 ~ 2.04① (1.97)	353 ~ 420① (391)	赵靖舟，2001；刘德光等，1997；刚文哲，1996
	柯坪	ϵ_1m	泥岩	11.36 ~ 0.42 (5.89)	0.0377 ~ 0.0377 (0.0377)	1.21 ~ 1.21 (1.21)				
	塔东	ϵ_1m	泥岩	5.25 ~ 0.25 (1.57)	0.1300 ~ 0.0015 (0.0552)	0.06 ~ 0.07 (0.03)				
扬子地区	皖南	ϵ_1h	泥岩	9.93 ~ 1.07 (4.47)	0.0051 ~ 0.00021 (0.0029)	0.30 ~ 0.09 (0.15)	-31.77	3.29 ~ 3.81 (3.64)	600	童箴言等②
	苏南	ϵ_1m	泥岩	4.31 ~ 0.73 (2.52)		3.14 ~ 0.09 (0.58)	-36.2	1.94 ~ 2.22 (2.13)	575 ~ 600 (588)	
	苏北	ϵ_1h	泥岩	7.23	199	1.52	-30.40	2.55	445	本文
	大巴山、南部		泥岩	10.87 ~ 0.05 (0.94)			-33.06	2.11 ~ 3.83 (3.32)	423 ~ 559 (483.2)	王顺玉等，2000a
	四川盆地	ϵ_1q	泥岩	9.98 ~ 0.20 (0.97)	0.0437		-29.32	3.0 ~ 5.5		陶士振③

注：括号内为平均值；① 表示该参数仅代表塔北地区；② 童箴言等，古生界烃源岩地化特征和碳沥青、石煤间的成生关系，“八五”科技攻关成果，1994；③ 陶士振，四川盆地碳酸盐岩大型气田气源及有利区带，中国石油勘探开发研究院博士后研究报告，2001。

2. 生物标志物的对比

我国下寒武统海相泥质烃源岩部分样品正构烷烃具有较为一致的峰形（图 2），以 C_{15}—C_{20} 的前峰为主，并具有弱的偶数碳优势，可能指示了其生源组成的相同。但样品中

也具有较高的 nC_{21^+} 的含量，根据前述分析，它们可能与较高的演化程度有关。

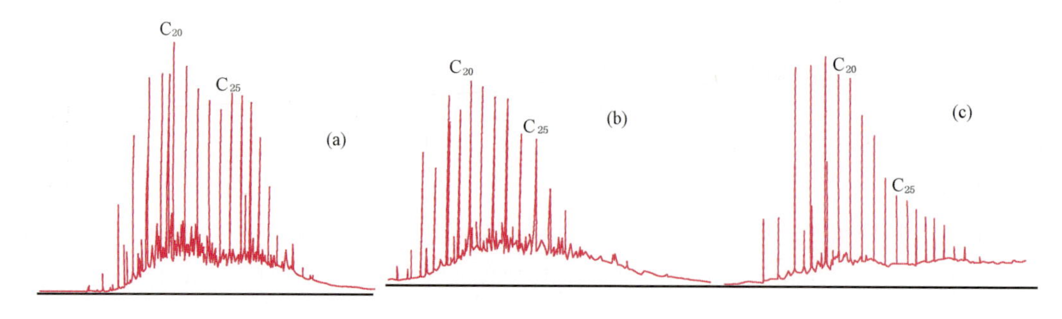

图 2 中国下寒武统海相泥质烃源岩饱和烃色谱对比图

（a）华北南部；（b）四川盆地北部；（c）威远气田资阳地区

*m/z*191 和 *m/z*217 质量色谱图上甾、萜类的组成特征也非常相似（图3）。萜烷中多含有较高的三环萜烷含量（阴影部分），伽马蜡烷（V 峰）的色谱峰较明显，此外，C_{31}—C_{35} 升藿烷也具有一定的含量。甾烷具有较高的孕甾烷含量（U 峰），C_{27}、C_{28}、C_{29} 呈不对称的“V”型形态。

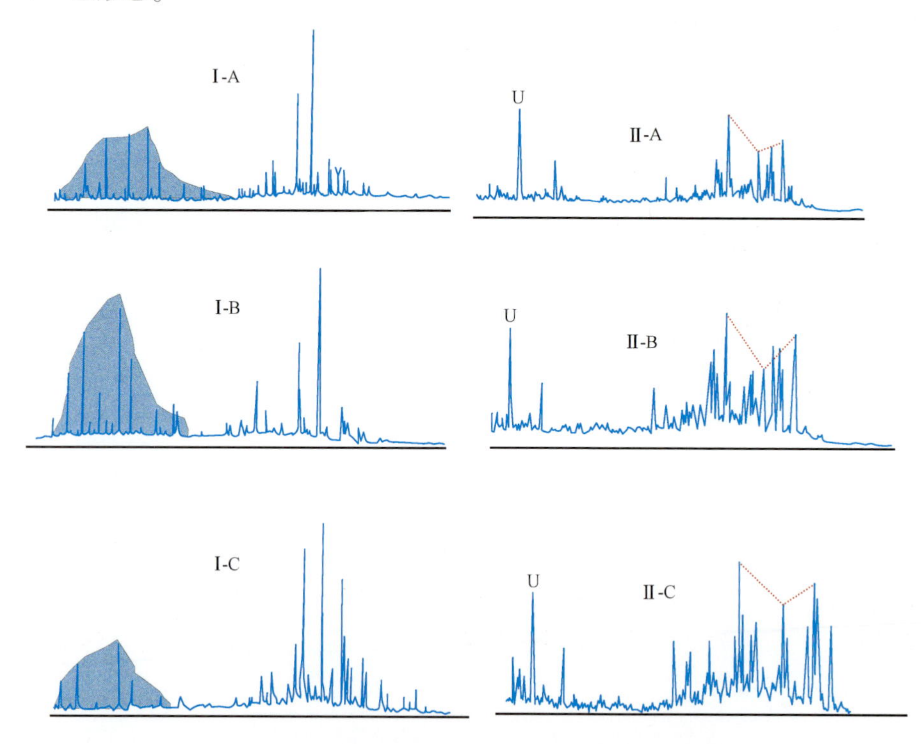

图 3 中国下寒武统烃源岩 *m/z*191 和 *m/z*217 质量色谱图的对比

萜烷：Ⅰ-A. 华北南部；Ⅰ-B. 四川盆地北部；Ⅰ-C. 四川盆地；甾烷：Ⅱ-A. 华北南部；Ⅱ-B. 四川盆地北部；Ⅱ-C. 皖南地区

3. 演化历史的对比

据对塔里木和扬子陆块下寒武统烃源岩研究（吕修祥①；陶士振②）[12]，在加里东期即已开始生油，在凹陷则大规模生油；印支期，在克拉通盆地的斜坡和隆起等多数地段进入生油高峰期，而凹陷区进入高-过成熟期，为天然气生成时期；燕山期以来，多数地区已进入高-过成熟阶段，形成大量的油型裂解气。华北陆块南部的下寒武统烃源岩与塔里木、扬子地区的相比，其烃源岩的演化史相近，但烃源岩进入生油生气时期较晚③，至今的演化程度也较低，无疑，这对油气勘探是有利的。

4. 保存条件的对比

对四川盆地[13]和塔里木盆地④研究表明，其共同的特点是具有较为坚实稳定的基底，抗后期破坏性能较强。此外，四川盆地和塔里木盆地还有一个共同的特点，即发育规模较大的陆内俯冲和（类）前陆盆地。一方面，所形成斜坡和隆起对油气运移有利；另一方面，顺层或水平的逆掩断层面，对次生油气藏的封盖有利。

华北盆地南部合肥地区油气资源的多元构造动力学研究③表明，华北克拉通盆地具有稳定的华北型基底，不亚于或强于塔里木盆地和四川盆地基底的稳定性，并且，中-新生代华北南部大部分地区伸展量不是很大，构造活动强烈卷入的层次较浅，有利于寒武系底部油气藏的保存。

三、下寒武统烃源岩发现的现实意义

1. 下寒武统烃源岩相关的油气藏

寒武系底部烃源岩具有重要的现实意义，已发现众多以寒武系底部为烃源岩层的油气藏。四川威远气田的气源，以前虽有争论，但目前已趋于共识：气源来源于寒武系底部筇竹寺组海相泥质烃源岩[14]（陶士振⑤）。苏北黄桥苏太 174 井在志留系中见到的轻质原油和凝析油，经研究证明，其油源主要来自下寒武统⑥。塔里木盆地塔北英买力、东河塘、轮南断陷带的海相油气田主要来自寒武系（至下奥陶统）烃源岩[15,16]，新近发现的哈得 4 号中型油田也有认为源自寒武系（至下奥陶统）烃源岩，塔中 4 油田可能也有寒武系烃源岩的贡献，塔中 1 井的天然气是一种海相腐泥型天然气[17]。据黄第藩等[19]对塔里木盆地下古生界烃源岩研究，发现该时期成烃演化早期形成的原油大多已为构造运动破坏，目前找到的原油主要是成烃演化阶段晚期即液态窗后期的产物，这就说明成烃演化阶段晚期同样具有形成油气藏的可能。

---

① 吕修祥，塔里木盆地油气藏形成与分布初步研究，石油大学（北京）博士后研究报告，1996。

② 陶士振，四川盆地碳酸盐岩大型气田气源及有利区带，中国石油勘探开发研究院博士后研究报告，2001。

③ 刘德良、曹高社、周松兴等，合肥盆地油气评价的多元构造动力学背景研究，中国科学技术大学，2001。

④ 何登发，塔里木盆地构造演化与油气聚集，石油勘探开发研究院博士论文，1985。

⑤ 陶士振，四川盆地碳酸盐岩大型气田气源及有利区带，中国石油勘探开发研究院博士后研究报告，2001。

⑥ 童箴言等，古生界烃源岩地化特征和碳沥青、石煤间的成生关系，“八五”科技攻关成果，1994。

2. 下寒武统烃源岩于新构造期的油气运移

荧光鉴定有如下特点：① 薄片均有不同程度的荧光显示，荧光颜色有黄色、橙黄色、褐黄色、黄褐色、蓝色及白色；② 灰云质颗粒普遍见荧光（图版 I–1、图版 I–2），而铁泥质、泥质除有极微弱的黄褐色荧光外，几乎不见荧光，黑色页岩一般不显示荧光或荧光极弱（图版 I–4）；③ 泥页岩和含砂内碎屑灰岩裂隙有荧光显示（图版 I–3、图版 I–4）。

对上述特征有如下的初步解释：① 灰云质有荧光显示，而黑色泥页岩无荧光显示可能与泥页岩中黏土矿物的催化裂解有关。② 泥页岩张性裂隙中有荧光显示表明，这套烃源岩具有多次生烃的能力，以及明显的油气运移。

在马店组的两套储层中可以清晰地见到两种不同类型的烃类运移踪迹，一类为固体沥青，多分布于层理面、缝合线和节理面，以三、四岩性段交界处之上的 20cm 含砂内碎屑灰岩沥青含量最为丰富（图版 I–5），储集空间全为碳沥青充填，表面呈褐色；另一类为烃类运移后留下来的“浸染状”踪迹，使岩石发黑灰色，一般中部较黑，向四周逐渐变淡，这是轻质原油运移的痕迹。这类痕迹大多出现在砾屑灰岩、含砂内碎屑灰岩及黑色页岩层（图版 I–6），呈脉状、团块状和斑块状分布。这些特点表明，马店组早期生成的油气在储层中曾发生过运移，轻质组分挥发、重质组分碳沥青则保存在岩石中。这些油浸油斑普遍分布于储层岩石的劈理面和节理面上，根据应力—应变分析估算和实验构造地质学成果，这些破裂面一般属于地质历史新近时期发育在浅表层次的构造形迹（张节理形成的最大深度为 2700m，缝合线节理形成最大深度为 50m），从而判断地质历史近期生排烃过程仍在进行。

3. 下寒武统烃源岩具有生气的现实性

1）深源气

全世界 21 个盆地中发现了 75 个埋深大于 6000m 的工业油藏，在一些地区的深部，地温高于 200℃，甚至在 300 ~ 315℃的地温条件下找到油藏。在深部盆地中，高压能延缓有机质的演化，抑制油向气转化。范善发等[19]研究塔里木盆地具有地温梯度低和油气藏埋藏深度大的特点，深埋引起的高压利于油藏保存。埋深 7000m 的地层温度小于 165℃，低于通常认为石油形成的温度上限，油藏保存的深度可以达到 7000m。高压抑制油向气转化。塔里木盆地古生界海相碳酸盐岩晚期二次生烃使生油窗延伸至 R^{o} 为 1.5%。南华北盆地处于华北陆块南部大陆边缘，下寒武统海相烃源岩发育，与塔里木盆地古生界烃源岩具有相似的沉积埋藏特征，存在有深源气的可能。

2）原油裂解气

烃类天然气有两种成因类型，即干酪根裂解气和干酪根生成原油后的二次裂解气。我国许多学者都注意到高温条件下原油二次裂解气的存在。戴金星等[20]认为裂解气是由原油、油型热解气及残余干酪根裂解而成。原油二次裂解气生成门限的埋深大于干酪根的成气门限。对一个气藏（田）来讲，若成藏过程中捕获的主要是烃源岩过成熟阶段生成的天然气，那么该气藏中的天然气就以干酪根裂解气为主；而对于多期成藏的盆地，早期形成的古油藏随埋深增大、温度增高，古油藏中的原油必然要发生二次裂解形成天然气，那么该气藏中的天然气则以原油二次裂解气为主。塔里木盆地塔北隆起东部天然气与和田河气田的天然气都是寒武系烃源岩的产物，但二者在天然气组分和碳同位素特征上存在着明显的差异。天然气组分和碳同位素特征反映了前者主要是干酪根裂解气，后者主要为原油二次裂解气。南华北盆地下寒武统烃源岩可以形成古油藏，无疑，也具有形成原油二次裂解气的可能，并且，该套烃源岩母质类型好，有机碳含量高，也具有形成干酪根裂解气的可能。

3）圈闭中保留的早期生成气

陶士振①对四川盆地威远气田气源对比研究表明，其烃源岩为寒武系底部筇竹寺组泥质烃源岩，油气形成时间较早，经历了多次运移过程，形成了现今的气藏。所以，对于该套烃源岩重要的不是现今能否生烃，而是是否具有合适的保存空间。前已述及，本区具有某些相似于四川盆地的保存条件，也可能存在有圈闭中保留的早期生成气的可能。

华北陆块南部海相油气勘探尚处于起步阶段，华北南部下寒武统烃源岩的发现为该区油气地质工作提出了新观念——注重海相地层、新层位——寒武系、新领域——在华北周边寻找以石炭系为主储层的和田河式气藏、以震旦系为主储层的威远式气藏，并及时做出相应的工作准备。

参考文献

[1] 任润生．试论“凤台砾岩”成因及时代——兼论淮南、霍邱地区寒武系底界．中国地质科学院天津地质矿产研究所所刊，1982，5：27～42

[2] 斗守初，汪贵翔，任润生，高燮亮．凤台组冰碛岩的特征．见：汪贵翔主编．苏皖北部上前寒武系研究．合肥：安徽科学技术出版社，1984. 149～170

[3] 斗守初，汪贵翔，任润生，高燮亮．安徽凤台、霍邱地区震旦纪冰成岩的再研究．见：胡维兴，沈其韩，陈晋镳主编．前寒武纪地质，第1号，中国晚前寒武纪冰成岩论文集．北京：地质出版社，1985. 119～144

[4] 王翔，王战．皖西凤台组重力流及滑塌沉积．中国区域地质，1993，(2)：131～139

[5] 章雨旭，高林志，彭阳，高劢．凤台砾岩与四顶山组过渡关系的发现及其地质意义．地球科学，1998，23（1）：9～12

[6] 徐嘉炜．华北南部寒武系下限问题．地质论评，1958，18（1）：41～56

[7]《中国地层典》编委会．中国地层典——寒武系．北京：地质出版社，1999. 25

[8] Klemme H D. Petroleum basins—classifications and characteristics. Journal of Petroleum Geology，1980，3：187～207

[9] 张立平，黄第藩，廖志勤．伽马蜡烷——水体分层的地球化学标志．沉积学报，1999，17（1）：136～140

[10] 王顺玉，戴鸿鸣，王海清等．大巴山、米苍山南缘海相烃源岩的生物标志化合物特征．海相油气地质，2000，5（1～2）：55～61

[11] 张义纲．天然气的生成聚集和保存．南京：河海大学出版社，1991. 32～34

[12] 王顺玉，戴鸿鸣，王海清等．大巴山、米苍山南缘烃源岩特征研究．天然气地球科学，2000，11（4-5）：4～16

[13] 刘德良，宋岩，薛爱民等．四川盆地构造与天然气聚集区带综合研究．北京：石油工业出版社，2000

[14] 戴鸿鸣，王顺玉，王海清等．四川盆地寒武系—震旦系含气系统成藏特征及有利勘探区块．石油勘

① 陶士振，四川盆地碳酸盐岩大型气田气源及有利区带，中国石油勘探开发研究院博士后研究报告，2001。

探与开发，1999，26（5）：16 ~ 20
[15] 赵孟军．黄第藩．塔里木盆地古生界油源对比．见：塔里木盆地石油地质研究新进展．北京：科学出版社，1996
[16] 张水昌．塔里木盆地海相原油的源岩．见：塔里木盆地石油地质研究新进展．北京：科学出版社，1996. 311 ~ 320
[17] 赵靖舟．塔里木盆地北部寒武-奥陶系海相烃源岩重新认识．沉积学报，2001，19（1）：117 ~ 124
[18] 黄第藩，赵孟军，张水昌．塔里木盆地满加尔油气系统下古生界油源油中蜡质烃来源的成因分析．沉积学报，1997，15（2）：6 ~ 13
[19] 范善发，周中毅，解启东．深部碳酸盐岩油气生成和保存的特征及其模拟实验研究．沉积学报，1997，15（2）：114 ~ 117
[20] 戴金星，裴锡古，戚厚发．中国天然气地质学（卷一）．北京：石油工业出版社，1992. 12 ~ 14

图版 I

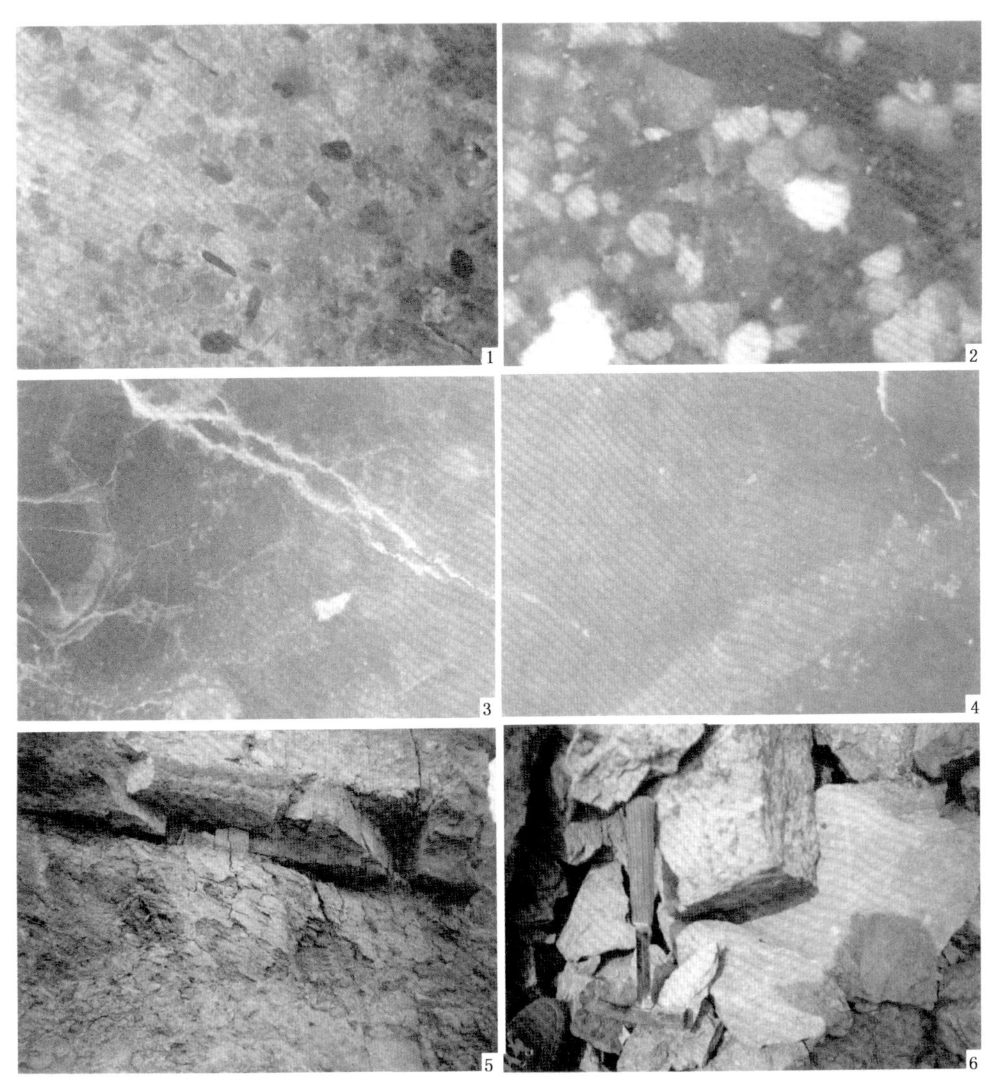

1. 泥页岩中灰云质颗粒发蓝色荧光，霍邱马店乡雨台山，10×oil；
2. 马店组第一岩性段砂质页岩中灰云质颗粒发光，呈蓝、黄褐、橙褐色，霍邱马店乡王八盖山，20×oil；
3. 马店组第四岩性段砂质灰岩裂缝中发黄白色荧光，霍邱马店乡雨台山，20×oil；
4. 马店组第三岩性段泥页岩中几乎未见荧光，但一微小张裂缝中发黄褐色荧光，为沥青质沥青，霍邱马店乡煤山，10×oil；
5. 马店组第三岩性段泥页岩与第四岩性段砂灰岩交界处，砂灰岩呈饱和沥青质砂灰岩，霍邱马店乡雨台山；
6. 马店组四岩性段砂灰岩中显示的油气运聚痕迹，霍邱马店乡雨台山

威远气田成藏期及气源*

威远大气田是我国储层最老（震旦系灯影组）[1]和气源岩最老（九老洞组）的气田，震旦系气藏也是世界上地质时代最古老的气藏之一[2]。该气田1964年发现，尔后投产开发，从而促进了我国“三五”期间天然气产量平均年增长达11%[3]，对我国初期的现代化天然气工业的发展作出了重要的贡献。

一、概况

气田位于四川省威远县、资中县和荣县之间，东南距自贡市约30km。气田发现井为威基井，该井1956年5月在地面构造高点曹家坝始钻，于1958年4月22日钻至九老洞组2438.65m因钻机条件所限而停钻。1964年3月28日重新加深钻探，于2852.00～2859.39m发生井漏而经中途测试获得工业气流，由此发现了主力气藏震旦纪灯影组气藏。

气田含气面积216km^2，2001年年底探明天然气原始地质储量408.61亿m^3，可采储量为147.82亿m^3，至2001年年底历年累计采出145.94亿m^3，剩余可采储量1.88亿m^3，是个快枯竭的大气田。

二、气田地质主要特点

1. 地层

气田钻遇地层见图1，即从晚三叠世香溪群至前震旦纪花岗岩。在威15井、威28井和威117井都钻遇前震旦纪细粒和粗粒花岗岩，在威28井花岗岩中还产少量天然气。震旦纪灯影组是气田主力气层，产层的年龄为600±20～700Ma；灯影组白云岩下界年龄值为700～800Ma[4]，地质时代为晚震旦世。灯影组以白云岩为主，其中隐藻白云岩是主要储层，溶蚀孔隙、成岩变形构造缝洞和构造裂缝发育，有效储渗层段累计厚度为90m，有效储渗层段具有单层厚度小（一般为1～2m）、层段多和层段间的致密岩厚度大等特点。有效储层段的孔隙度，岩心分析的平均值为3.15%，测井解释的平均值为4.4%。岩心统计（505m岩心）的面缝率平均为0.15%，裂缝孔隙度平均为0.21%。据对1518块岩心的分析统计，全层段平均的基质孔隙度为1.76%，全层总的平均孔隙度为1.97%。岩心分析的基质渗透率绝大多数小于$0.1\times10^{-3}\mu m^2$，动态资料计算的气井渗透率为1×10^{-3}～$38\times10^{-3}\mu m^2$。灯影组气藏有4个产气层，自上而下分别为：① 顶部裂缝段，位于震四段顶部，厚度为0～4m，横向连续性差；② 上部缝、洞、孔层段，位于震四^{2}段中部，厚度为5～7m，孔隙度为3.73%，横向分布稳定；③ 中部缝、洞、孔层段，位于震四^{1}段中部，厚度为8～10m，孔隙度为4.5%，横向分布广，孔洞缝搭配良好，为最主要的储气层；

---

* 原载于《石油实验地质》，2003，第25卷，第5期，473～480。

④ 下部缝、洞层段，位于震三段上部，厚度为6～10m，横向变化大，也是重要的储气层。由于穿层缝和断层的切割，各层段在纵向上相互连通，故全气藏有统一的水动力系统[5]。

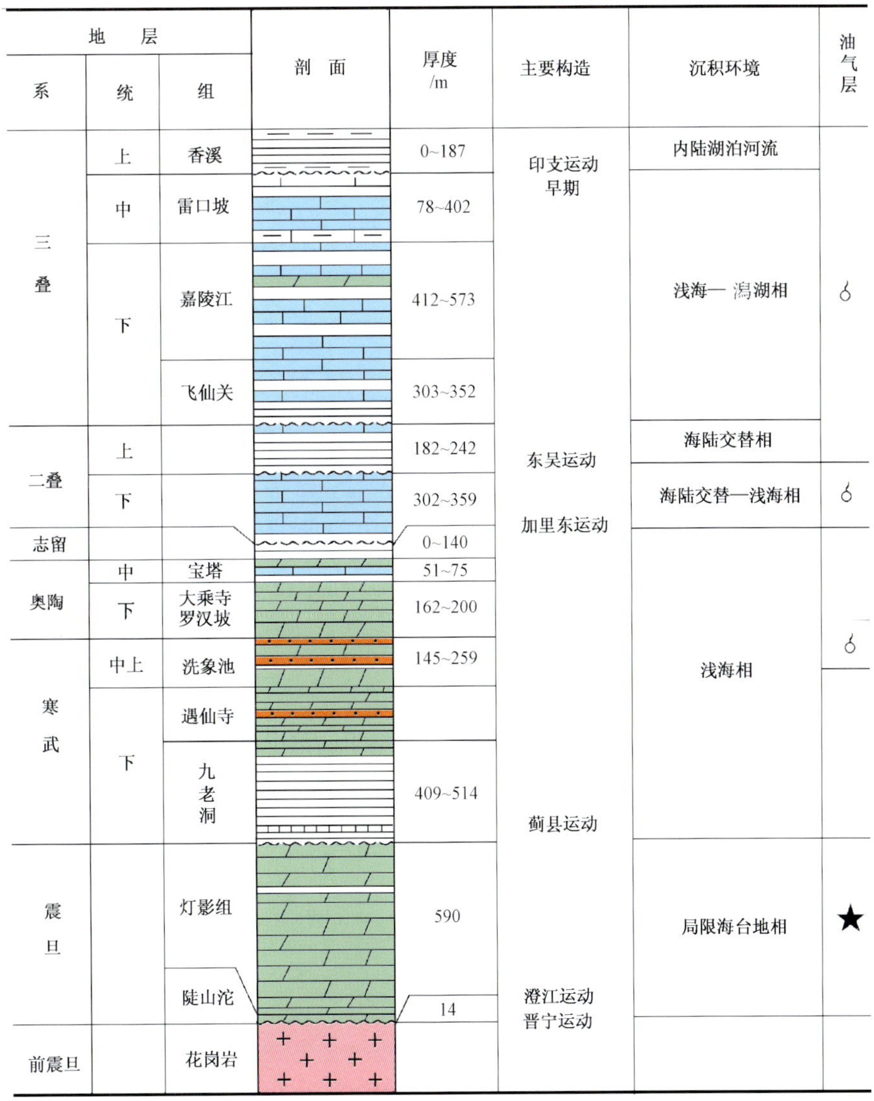

地层			剖面	厚度/m	主要构造	沉积环境	油气层
系	统	组					
三叠	上	香溪		0~187	印支运动早期	内陆湖泊河流	
	中	雷口坡		78~402		浅海—潟湖相	
	下	嘉陵江		412~573			
		飞仙关		303~352			
二叠	上			182~242	东吴运动	海陆交替相	
	下			302~359	加里东运动	海陆交替—浅海相	
志留				0~140			
奥陶	中	宝塔		51~75		浅海相	
	下	大乘寺 罗汉坡		162~200			
寒武	中上	洗象池		145~259			
	下	遇仙寺					
		九老洞		409~514	蓟县运动		
震旦		灯影组		590		局限海台地相	★
		陡山沱		14	澄江运动 晋宁运动		
前震旦		花岗岩					

图1 威远气田地层柱状图[2]

灯影组气藏直接盖层也是烃源岩，为下寒武统九老洞组深灰色–黑灰色页岩，区域分布稳定，威远气田上厚度大于230m。据岩石力学分析，该页岩饱和挤压强度为42.4～46.6MPa，抗剪强度为5.2～7.6MPa，属可塑性较强的良好盖层。中–上寒武统以白云岩为主，夹薄层砂岩和页岩，钻井中有气显示，曾获2.2万m^3/d气产量，但未形成工业性气藏。奥陶系以白云岩为主，夹有生物灰岩、页岩和砂岩。气田一带纵向地层发育，与四川盆地其他大部分区域一样缺失志留系（气田为0～140m）、泥盆系和石炭系。二叠系往往直接覆盖在奥陶系之上。下二叠统为深灰至黑色灰岩，含生物丰富，厚300m左右，它虽是四川盆地的区域含气层，但在该气田仅产少量气，为小气藏。三叠系已部分出露，下部以紫色页岩为主夹灰岩，中上部以白云岩、灰岩为主夹石膏层，起区域性盖层作用。

2. 构造

威远气田由同名背斜得名。威远背斜位于四川盆地乐山–龙女寺古隆起带的东南斜坡上，为轴向北东东的大型穹窿背斜，具压扭性特征。威远构造是四川盆地内最大的背斜构造。香溪群顶面的构造长轴为92km，短轴为30.8km，闭合面积1751km^2，闭合度1080 m。震旦系顶界构造长轴为53km，短轴为26km，闭合面积850km^2，闭合度895m。有两个高点：主高点在威33井附近，海拔–2234.08m；西高点在威108井附近，海拔为–2277.9m。背斜两翼不对称，南陡（9°33′～11°）、北缓（3°30′～5°30′）。震旦系构造在高点附近有4条断层，但断距均小于60m，对圈闭不起破坏作用（图2）。

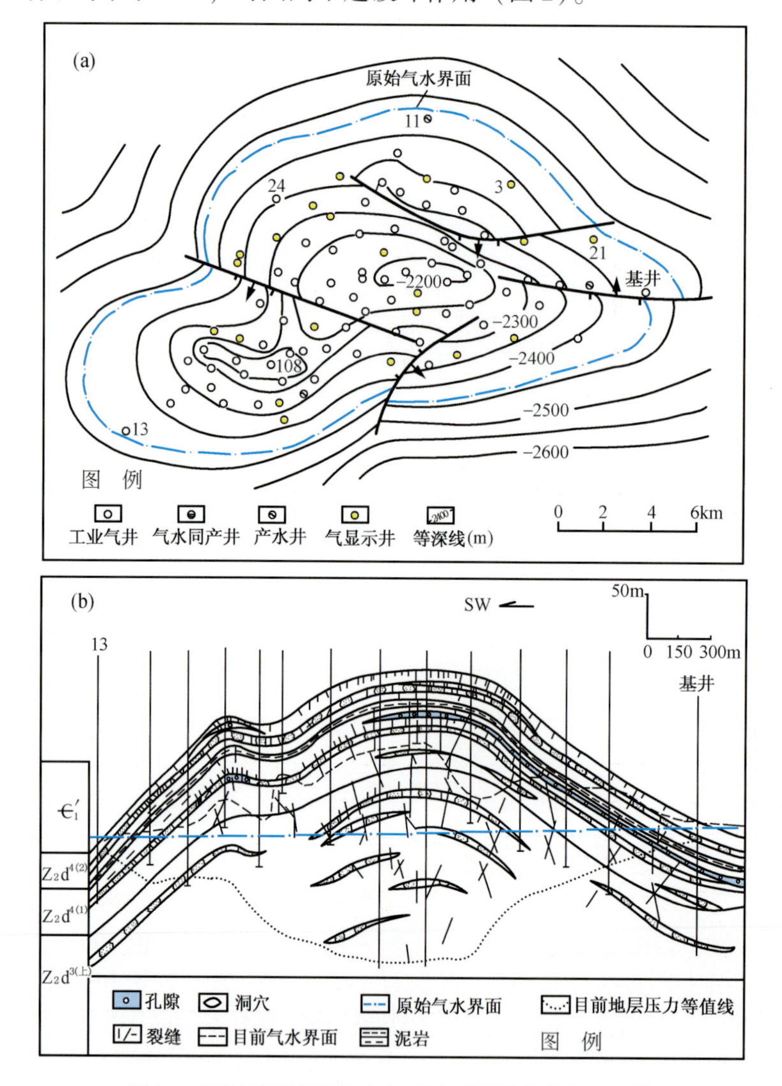

图2 威远气田平面图（a）及气藏横剖面图（b）[5]

3. 气藏类型和成藏期

灯影组气藏为背斜型底水块状气藏，含气面积216km^2，气藏最大高度为244m，平均高度为84.35m，原始气水界面海拔为-2434m，原始地层压力为29.5MPa。产层最大埋深为2800m，驱动类型为弱水驱-弹性气驱（主）的混合型。气田单储系数为1.89亿m^3/km^2，属于低丰度的大型气田[6]。气藏的充满系数也低，面满度只有25.4%，高满度只有27.3%，综合充满度26.3%，这可能是背斜形成时间晚，故气聚集不充分所致[5]。此外，二叠系有小型工业气藏。尽管在三叠系和寒武系中也获得了低产气流，但未形成工业性气藏。

威远气田天然气探明地质储量408.61亿m^3，但可采储量仅为147.82亿m^3，即采收率极低，仅有36%，比全国气层气平均采收率66%低30%。按常规，大型背斜圈闭块状底水气藏其采收率应高于全国平均采收率，造成如此之低的采收率显然与开发欠科学从而使底水活动影响开采有关，主要是底水沿裂缝向上窜进呈不均地上升形成水锥，水窜在构造顶部地区上升高度大（从小于53m至145m）、翼部上升小（4~80m）。

威远构造位于形成于加里东期末，经海西、印支和燕山历次运动而继续发育的乐山-龙女寺古构造的东南斜坡，地史上总的趋势为一向东南倾斜的单斜而无大的变化，直至喜马拉雅运动才挤压褶皱、上升成为大型穹窿背斜。九老洞组烃源岩有机质开始成熟于志留纪末，二叠纪末达到生油高峰，侏罗纪末几乎均裂解为天然气。因此，威远构造圈闭形成时期比烃源岩主要生油期及主要裂解成气期都晚，这可能是气田充满度不高的主要原因。

这样的构造圈闭发育史和有机质成熟史，决定了其复杂的运移、聚集历程和成藏模式（图3）：① 志留纪末石油生成阶段，分散的石油由基质孔隙进入较大的溶孔洞缝内（初

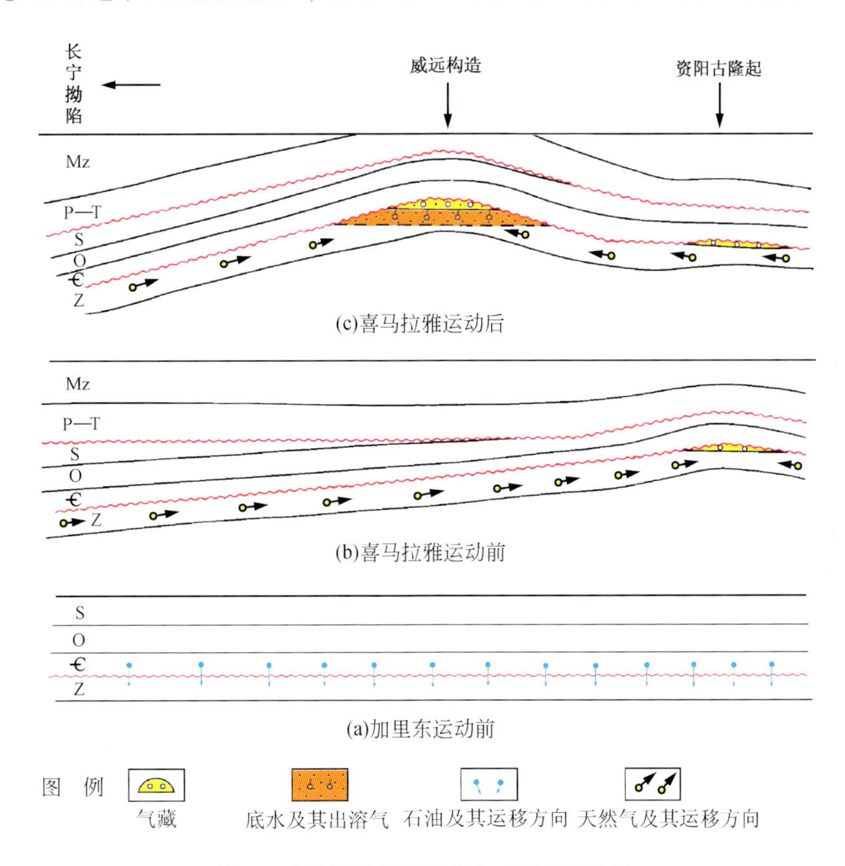

图3 威远气田成藏模式和成藏期示意图

次运移)。② 喜马拉雅运动前，溶孔洞缝内的烃类沿古剥蚀面、古岩溶孔洞、古裂缝等向古隆起高部位运移（早期二次运移)。考虑到古斜坡的坡度仅为25′~45′，烃类的区域性规模运移可能主要发生在裂解成气态烃之后。威117等井震三段和震四段白云岩中炭沥青充填于顺层分布的晶洞中，可作为石油裂解气早期二次运移的佐证。近年发现的资阳震旦系含气构造是处于当时的古隆起高部位，说明在此曾聚集成古气藏。③ 喜马拉雅运动褶皱上隆形成的威远构造圈闭，比原古隆起顶部反而高1800m（白垩纪威远一带斜坡较乐山古隆起顶部低1000m)，由此导致原来运聚在古隆起高部位（如资阳震旦系古气藏）的天然气作反向再运移，部分重新聚集在现今的威远背斜圈闭中呈二次成藏。灯影组气藏除了部分来自乐山-龙女寺高部位古气藏的气源外，还有另一部分气源是与气藏底水的水溶气出溶聚集有关。威远构造含气岩石体积为262.8亿m^3，边底部含水岩石体积为4798.25亿m^3，地下水体积为136.06亿m^3，按目前该气藏水溶气系数为2.42m^3/m^3，目前构造圈闭范围内地下水溶气量约为300亿m^3。据此推测，威远气藏中一部分气的来源和聚集可能经历了这样的过程：即成藏前由于地层埋深较大，水中溶气系数比目前的2.42m^3/m^3大，在喜马拉雅运动中当威远圈闭形成时上升幅度大，致使地层压力变小造成水溶气部分出溶形成游离气，而向威远构造聚集[7]。由此可见，威远气田聚集的气源一部分来自古气藏的裂解气，另一部分来自构造形成时由于上升幅度较大、地下水中水溶气出溶来的游离气，成藏期在喜马拉雅期。

三、天然气地球化学

威远气田主力气藏是灯影组气藏，此外还有二叠系小型工业气藏，寒武系和三叠系中也获少量气。以下阐述天然气地球化学主要以灯影组气藏为主，对二叠系气藏以及寒武系和三叠系天然气由于资料所限只能稍涉及。

1. 气组分和同位素组成

由表1可见，无论灯影组气藏或二叠系气藏，天然气组分都具以下共同特征：① 干气，重烃气含量低，并以普遍含微量乙烷为特征，偶尔有痕量丙烷而未见丁烷。② 氦含量普遍比全国各气田高，基本上属0.n%级，其中灯影组气藏含氦量在0.2%以上，而二叠系的含量则较低，在约0.1%。氦在工业上有多种用途，天然气中氦含量大于0.05%就有工业价值，因此灯影组和二叠系气藏中的氦达到工业价值。灯影组中的氦是我国工业制氦的唯一气藏。③ 各气藏均含硫化氢，其中震旦系气藏中硫化氢相对较高，从0.78%至1.25%。④ 氮气在气组分中仅次于烷烃气，在灯影组气藏中含量在6%至8%之间。

戴金星等[8]曾研究过威远气田中氩和氦的含量有随地层埋深从浅至深、地层层位从老到新增加的特征，此特征在图4中明显可见。

威远气田天然气同位素组成的研究类型较多，先后研究的有烷烃气和二氧化碳的碳同位素（$\delta^{13}C_1$、$\delta^{13}C_2$、$\delta^{13}C_{CO_2}$）[8~11]、硫同位素（$\delta^{34}S$）[12]和氦及氩同位素（$^3He/^4He$和R/R_a、$^{40}Ar/^{36}Ar$）[11,12]。这些研究为该气田天然气各组分的成因从属和气源探讨提供了重要的科学依据。

由于威远气田各层系的天然气重烃气中乙烷都为微量，丙烷痕量或没有，故烷烃气的碳同位素仅有$\delta^{13}C_1$和$\delta^{13}C_2$。$\delta^{13}C_1$值从老地层至新地层即从灯影组-寒武系-二叠系-三叠

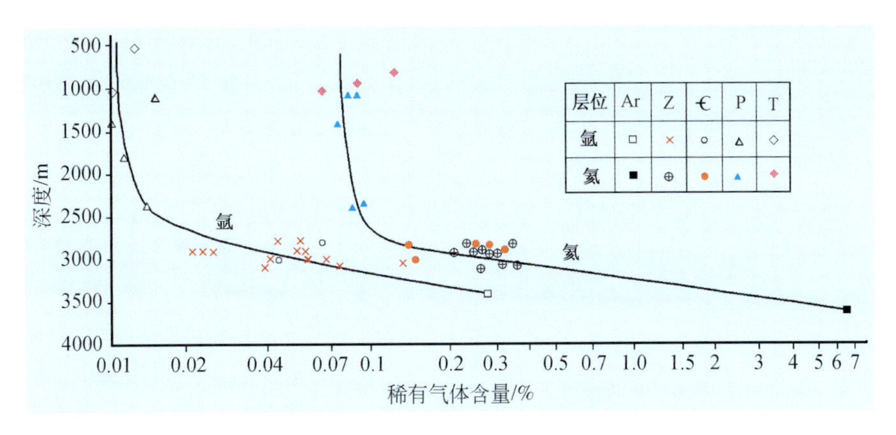

图4 威远气田氩、氦含量与埋深及地层层位关系图[8]

系明显具有从重变轻的特点，总的均轻于-31‰。灯影组气藏烷烃碳同位素值基本（除威39井外）上具有正碳同位素系的特征（$\delta^{13}C_1<\delta^{13}C_2$）。二氧化碳的碳同位素值为-11.16‰～-15.81‰（表1）。

硫同位素值只有3口井的分析结果，其值都较接近，为11.5‰～14.4‰（表1）[12]。

氦同位素两种表示方式：$^3He/^4He$ 值为 2.9×10^{-8}～3.03×10^{-8}，R/R_a 值为0.021～0.022（表1）。

氩同位素 $^{40}Ar/^{36}Ar$ 值随地层由老至新由大变小，灯影组天然气 $^{40}Ar/^{36}Ar$ 值为7232～9255，二叠系为2855～5222，三叠系为561（表1）。

2. 气源和天然气类型

关于威远气田灯影组气藏天然气的成因类型，以往的研究归总起来有以下观点。①无机成因气：根据灯影组气藏中He和Ar含量高，CO_2、N_2、H_2S 含量也较高，$^{40}Ar/^{36}Ar$ 平均高达7000，用He-Ar法及 $^{40}Ar-^{36}Ar$ 法所得气藏年龄超过震旦纪的地质年龄（600～1700Ma）等特点，认为天然气是来自地球深部的非生物甲烷气[4]。②有机成因气，又可分为：灯影组气藏是灯影组含残余藻团块曲线藻和藻结核的白云岩自生自储的裂解气[1,2,11]或以其为主[7]；气源来自或主要来自灯影组气藏盖层九老洞组（筇竹寺组）[13,14]；灯影组气藏是来自灯影组与九老洞组泥页岩烃源岩的混合气[9]。

以下将对灯影组气藏中天然气各组分的成因和气源作深入的分析。

烷烃气是该气藏的主量气，含量在85%～86%（表1），故其来源和成因的确定是至关重要的。由表1可见，灯影组天然气 $\delta^{13}C_1$ 值小于-31‰，$\delta^{13}C_1<\delta^{13}C_2$，具有正碳同位素系列的特征，是典型的有机成因烷烃气。因为无机成因烷烃气 $\delta^{13}C_1$ 值大于-30‰，$\delta^{13}C_1>\delta^{13}C_2$[15]。因此认为，灯影组气藏甲烷气是深部非生物成因的，必然在该气藏下部花岗岩中的烷烃气应具有无机成因气的特征；但实际上正好相反。由表1可见，威28井3226～3736m花岗岩中的烷烃气，$\delta^{13}C_1$ 值为-32.35‰，$\delta^{13}C_2$ 值为-31.91‰，此两值与灯影组其他井烷烃气相对应的值非常接近，同时具有 $\delta^{13}C_1<\delta^{13}C_2$ 的正碳同位素系列特征，这不仅说明花岗岩中的烷烃气是有机成因的，同时也说明了花岗岩中的天然气是由灯影组运移来的。威远气田元古界花岗岩包裹体中气相组分的研究从另一个侧面说明了灯影组天然气是

否为从深部来的无机成因气。因为，倘若灯影组存在无机成因气，特别是烷烃气，唯一的途径只能通过下伏花岗岩来自地壳深部，故灯影组天然气组分应该与花岗岩包裹体的气组分相似。

威远气田花岗岩包裹体样品取自威28井和威117井的5个岩样中。包裹体主要分布于石英中，部分在长石里。包裹体一般呈椭圆状，大小为0.001～0.008mm，成群分布，有局部集中的现象。它有两种类型：一种是气液包裹体，其中气相占10%～20%，这种包裹体占总数的90%左右；另一种为纯气体包裹体，约占包裹体总数的10%。根据包裹体的相互关系，确定有两次比较重要的热液活动，两次热液活动造成两种具有不同性质的包裹体。一些岩体中包裹体沿裂缝发育（威28井2628m、威117井3629.77m），说明形成包裹体的热液活动受断裂和裂缝控制，可能在灯影组形成之后。包裹体中的气体主要记载了无机成因气的特征。因此，研究这些包裹体气的性质和特征并与灯影组天然气进行对比，对分析灯影组天然气的成因和来源至关重要。

表2是威远气田花岗岩中包裹体气的组分，由于未分析稀有气体和氮组分，故不能了解有无这些气体及含量多少。删除了表2中的H_2O组分外，包裹体气组分的主要特征是：① 碳氢化合物气体中，烷烃气和稀烃气均存在，并在多数包裹体气体中烯烃气含量大于烷烃气含量，说明包裹体气是在缺H_2环境中存在与形成的；② 扣除了分子量增加的因素外，总体上（除CH_4和C_2H_6外）碳数多的比碳数少的碳氢化合物气体的含量高得多；③ CO_2是包裹体气中含量最高的组分。表2与表1灯影组天然气中碳氢化合物气体对比后得出：① 灯影组天然气中仅有烷烃类气，而花岗岩包裹体气中不止有烷烃类气，还有烯烃类气，说明两者气源不同，成气环境有异；② 灯影组天然气烷烃类气中碳数少的气（CH_4）含量远大于碳数多的气（C_2H_6），属于干气型，而花岗岩包裹体气则反之，往往碳数大的（C_4H_{10}）比小的（CH_4）含量大。由上对比可知，灯影组天然气中烷烃气与花岗岩包裹体气中烃类气组分迥然不同，前者为有机成因气，后者为无机成因气。

灯影组烷烃气是否来自九老洞组或灯影组本身？以下资料说明灯影组气藏是上生（九老洞组）下储的。① 灯影组储层的沥青生物标志化合物特征与九老洞组的具相似性，特别是10-脱甲基藿烷、甲基藿烷和甾烷的分布表现出相似性[14]。在甾烷分布上，$C_{29}>C_{27}>C_{28}$，且重排甾烷含量明显高于四川盆地内下二叠统碳酸盐岩烃源岩。因为重排甾烷含量与黏土矿物的催化作用有关，故地层中黏土矿物含量越高，对重排甾烷的形成越有利[13]。② 灯影组天然气中N_2含量高（表1），N_2含量的增加与泥质岩在高成熟阶段生成天然气作用有关。高成熟泥质岩生成的天然气中N_2含量增加，是由于NH_4^+与伊利石结合形成的NH_4—伊利石化合物在高温下分解形成了N_2[13,16,17]。N_2含量高从一个侧面说明气源是来自九老洞组泥页岩，不是来自灯影组碳酸盐岩。③ 烃源岩衍生物的$\delta^{13}C$有如下特征：$\delta^{13}C_{干酪根}>\delta^{13}C_{沥青质}>\delta^{13}C_{非烃}>\delta^{13}C_{芳烃}>\delta^{13}C_{油}>\delta^{13}C_{饱和烃}>\delta^{13}C_{烷烃气}$。如果不依次序发生倒位，说明不是同一烃源岩的衍生物[18]。由上可见，同一烃源岩的衍生物势必$\delta^{13}C_{干酪根}>\delta^{13}C_{烷烃气}$或$\delta^{13}C_1$。根据灯影组20个气样的平均$\delta^{13}C_1$值为-32.55‰，重于威64井灯影组白云岩晶洞中干酪根的$\delta^{13}C_{干酪根}$为-38.03‰，说明灯影组烷烃气的源岩不是灯影组本身的白云岩。而威基井九老洞组暗色页岩中干酪根的$\delta^{13}C_{干酪根}$为-30.45‰，比灯影组$\delta^{13}C_1$值重，可见灯影组天

表 1　威远气田天然气组分和同位素组成

井号	井深/m	产层	天然气组分/%									$\delta^{13}C$/‰			$\delta^{34}S$/‰	$^{40}Ar/^{36}Ar$	氦同位素	
			N_2	CO_2	CH_4	C_2H_6	C_3H_8	H_2	H_2S	Ar	He	CH_4	C_2H_6	CO_2			$^3He/^4He$	R/R_a
威浅 1	204.5	$T_1j_1{}^4$	0.54		96.77	0.39	0	0.11	0.38	—	—	-35.7①				561		
威 2	2836.5 ~ 3005	$Z_1d_2^4—Z_1d^3$	8.33	4.66	85.07	0.11		0.023	1.31	0.053	0.250	-32.54	-30.95	-11.16	13.7 ~ 14.4	9255	2.9×10^{-8}	0.021
威 5	1318.5 ~ 1345.5	$P_{1-3}^3—P_{1-2}^3$	3.36		94.28	0.21	0.01	0.015	未分析	0.048	0.108	-34.27	-37.20	-15.81		2855	3.03×10^{-8}	0.022
威 7	1078 ~ 1079.5	$P_1{}^3{}_2$	3.09	1.82	94.17	0.31	0.02		0.48	0.015	0.003				13.2 ~ 13.3	5222		
威 23	3016.5 ~ 3142.08	$\epsilon_1—Z_1d^3$	8.14	4.75	85.44	0.15	0		1.25	0.015	0.262				11.5 ~ 12.6	7232		
威 27	2851.0 ~ 2995.0	$Z_1d^4—Z_1d^3$	7.81	4.70	85.85	0.17	0	0	1.20	0.048	0.218	-31.96	-31.19					
威 28	2820.63 ~ 2905.0	Z_1										-32.53	-31.61	-12.51				
	3226 ~ 3736	Pt	26.7	1.23	67.03	0.21	0.03	4.337	0.01	0.205	0.248	-32.35②	-31.91②	-12.51				
威 30	2844.5 ~ 2950	$Z_1d_{1+2}^4$	7.55	4.40	86.57	0.14	0	0	0.95	0.046	0.342	-32.73	-32.00					
威 39	2833.5 ~ 2986	$Z_1d_4^2—Z_1d^3$	7.08	4.53	86.74	0.12		0	1.22	0.071	0.273	-32.42	-33.91	-14.60				
威 46	2880.0 ~ 2963.0	$Z_1d_{2+1}^4$	8.11	4.66	85.66	0.11	0		1.17	0.049	0.252							
威 63		$Z_1d^4—Zd^3$										-32.84						
威 100	2959 ~ 3041	$Z_1d_{2-1}^4$	6.47	5.07	86.80	0.13		0.011	1.18	0.046	0.298	-32.52	-31.71	-11.56				
威 106	2788.5 ~ 2875	$Z_1d_2^4—Zd_1^4$	6.26	4.82	86.54	0.07			1.32	0.043	0.315	-32.54	-31.40	-12.45				
威寒 26		ϵ										-32.47②	-29.15②					

注:① 据沈平等,1991[11];② 据陈文正,1992[9]。

表 2 威远气田花岗岩包裹体中气相组分[8]

样品号	井深/m	岩石	包裹体所在的矿物	气相组分/(μg/g)											
				CO_2	H_2O	CH_4	C_2H_4	C_2H_6	$C_3H_6+C_3H_8$	$iC_4H_8+nC_4H_8$	ir C_4H_8	cls C_4H_8	iC_4H_{10}	nC_4H_{10}	H_2
威 117-1	3629.77	粗粒花岗岩	石岩+长石	11.67	80.96	0.085	0.025	0.004	0.150	0.310	0.110	0.100	0.280	0.035	—
威 117-2	3630.64	细粒花岗岩	石英+长石	13.87	72.22	0.020	0.035	0.010	0.305	0.435	0.125	0.125	0.695	0.100	—
威 117-4	3679	细粒花岗岩	石英+长石	19.35	78.20	0.260	0.015	0.002	0.120	0.555	0.165	0.165	0.390	0.065	—
威 28	2628	粗粒花岗岩	花岗岩	22.63	96.14	0.070	0.025	0.010	0.190	0.395	0.355	0.380	0.415	0.085	0.026

注：样品由北京铀矿地质研究所分析，未分析稀有气体和氮组分。

然气与上覆九老洞组烃源岩有亲缘关系[9]。④ 灯影组 1143 块样品有机碳平均含量为 0.12%，难成为商业烃源岩；而九老洞组 156 块样品有机碳平均含量为 0.97%，是较好的商业烃源岩。以上 4 点均说明灯影组天然气来自下寒武统九老洞组。

CO_2 是灯影组天然气中除烷烃气和 N_2 外的第三主要组分，含量在 4% ~5% （表 1）。尽管威远气田花岗岩包裹体气组分中 CO_2 含量高，但根据二氧化碳碳同位素($\delta^{13}C_{CO_2}$)资料，灯影组天然气中的 CO_2 不是来自花岗岩深部无机成因的。国内外大量的 $\delta^{13}C_{CO_2}$ 研究得出：无机成因的二氧化碳 $\delta^{13}C_{CO_2}>-8‰$，有机成因的二氧化碳 $\delta^{13}C_{CO_2}<-10‰$[19]。从表 1 可见，灯影组 $\delta^{13}C_{CO_2}$ 值为 -11.16‰ ~ -14.60‰，均小于 -10‰，因此灯影组二氧化碳是有机成因的。烃源岩在成气过程中除形成大量烷烃气外，同时还有少量 CO_2，故灯影组中的 CO_2 应是和烷烃气一起由九老洞组生成的。

He 和 Ar 均是无机成因的，没有有机成因的。^{3}He 是主要存在于地幔的原始氦，可作为来自地幔的一个稳定的示踪剂。^{4}He 是放射性成因的，是地壳中 ^{238}U、^{235}U、和 ^{232}Th 母体放射性衰变作用生成的。壳源成因 He 的 $^{3}He/^{4}He$ 值为 10^{-7} ~ 10^{-9}，$R/R_a<1$。从表 1 可知，灯影组和二叠系天然气 $^{3}He/^{4}He$ 值分别为 2.9×10^{-8} 及 3.03×10^{-8}，相应的 R/R_a 值分别为 0.021 及 0.022，说明氦是壳源无机成因的。威远气田震旦系白云岩含铀（U）、钍（Th）等放射性矿物很低。不能形成大量的 He。但震四段底部蓝灰色泥岩含钍约 10×10^{-6}，由其可生成的 ^{4}He 达 64×10^{-6}。九老洞组底部约 30m 的暗色泥页岩铀、钍含量较高，铀含量为 10×10^{-6} ~ 62×10^{-6}，钍含量为 5×10^{-6}，在气田内仅九老洞组底部 3m 范围内由铀、钍放射性就可生成 ^{4}He 112×10^{-6}。同时，灯影组气藏底水中的铀、钍也可生成 ^{4}He 13×10^{-6}。因此，灯影组气藏中 He 含量高和 $^{3}He/^{4}He$ 值低，主要来自九老洞组烃源岩，其次与来自震四段蓝灰色泥岩和灯影组气藏底水中放射性成因的 ^{4}He 有关[9]，而不是来自地壳的深层。

^{36}Ar 作为空气氩存在的指标，为固定值；^{40}Ar 是由放射性 ^{40}K 衰变形成的。沉积圈中 ^{40}Ar 主要是沉积岩中含钾矿物衰变的产物，次要的也有来自基岩和地幔。因此，地质时代越老的烃源岩地层，天然气中放射性衰变形成 ^{40}Ar 多，$^{40}Ar/^{36}Ar$ 值就越大，这是 ^{40}Ar 的年代积累效应。由表 1 可见，灯影组 $^{40}Ar/^{36}Ar$ 值为 7232（威 23 井）~9255（威 2 井），二叠系 $^{40}Ar/^{36}Ar$ 值为 2855（威 5 井）~5222（威 7 井），至三叠系嘉陵江组 $^{40}Ar/^{36}Ar$ 为 561，反映了 ^{40}Ar 的年代积累效应。但王先彬[4]认为灯影组气藏中 Ar 含量高、$^{40}Ar/^{36}Ar$ 平均值高达 7000 主要与地壳深部来的 Ar 有关。陈文正研究则指出震四段蓝灰色泥岩、九老洞组底部暗色泥岩、花岗岩和灯影组气藏底水中均高含钾，由它们能生成的 ^{40}Ar 大于 17.9×10^{-6}，多于灯影组气藏 ^{40}Ar 的总含量。由此认为灯影组气藏的氩也是壳源物质，主要与灯影组和九老洞组中 ^{40}K 的衰变形成有关。

总上可知，灯影组气藏所有气组分均是壳源物质的产物，不是来自幔源。灯影组中烷烃气、氮、二氧化碳均为九老洞组源岩形成的有机成因气，而氦和氩则是来自九老洞组、灯影组和花岗岩的无机成因气。

参考文献

[1] 徐永昌，沈平，李玉成. 中国最古老的气藏——四川威远震旦纪气藏. 沉积学报，1989，7（4）：1~11

[2] 包茨．天然气地质学．北京：科学出版社，1988. 361 ~ 365
[3] 戴金星．天然气在我国未来的能源中占有重要地位．科技导报，1989，(3)：42 ~ 44
[4] 王先彬．地球深部来源的天然气．科学通报，1982，27 (17)：1069 ~ 1071
[5] 瞿光明．中国石油地质志（卷10）．北京：石油工业出版社，1989. 419 ~ 424
[6] 康竹林，傅诚德，崔淑芬等．中国大中型气田概论．北京：石油工业出版社，2000
[7] 戴金星，裴锡古，戚厚发．中国天然气地质学（卷二）．北京：石油工业出版社，1996. 10 ~ 15
[8] 戴金星，宋岩，戚厚发等．四川威远气田多源气藏的成因分析．见：天然气地质研究论文集编委会. 天然气地质研究论文集．北京：石油工业出版社，1989. 74 ~ 80
[9] 陈文正．再论四川盆地威远震旦系气藏的气源．天然气工业，1992，12 (6)：28 ~ 32
[10] 戴金星．加强天然气地学研究，勘探更多大气田．天然气地球科学，2003，14 (1)：3 ~ 14
[11] 沈平，徐永昌，王先彬等．气源岩和天然气地球化学特征及成气机理研究．兰州：甘肃科学技术出版社，1991. 186 ~ 192
[12] 沈平，王先彬，徐永昌．天然气同位素组成及气源对比．石油勘探与开发，1982，(6)：34 ~ 38
[13] 戴鸿鸣，王顺玉，王海清等．四川盆地寒武系—震旦系含气系统成藏特征及有利勘探区块．石油勘探与开发，26 (5)：16 ~ 20
[14] 戴金星，王廷栋，戴鸿鸣等．中国碳酸盐岩大型气田的气源．海相油气地质，2000，5 (1-2)：143 ~ 144
[15] 戴金星．天然气碳氢同位素特征和各类天然气鉴别．天然气地球科学，1993，4 (2-3)
[16] Krooss B M, Leythaeuser D, Lillack H. Nitrogen-rich natural gases, qualitative and quantitative aspects of natural gas accumulation in rservoirs. Erdol and Kohle-Erdgas-Petrochemie, 1993, 46 (7-8): 271 ~ 276
[17] Littke R, Krooss B, Idic E, *et al.* Molecular nitrogen in natural gas accumulations: generation from sedimentary organic matter at high temperatures. AAPG Bulletion, 1995, 79 (3): 410 ~ 430
[18] 戴金星，裴锡古，戚厚发．中国天然气地质学（卷一）．北京：石油工业出版社，1992. 114 ~ 116
[19] 戴金星，李先奇，宋岩．论中国东部和大陆架二氧化碳气田（藏）及其气的成因类型．见：戴金星等．天然气地质研究新进展．北京：石油工业出版社，1997. 183 ~ 203

科学安全勘探开发高硫化氢天然气田的建议*

一般气田的天然气以烷烃气（甲烷、乙烷、丙烷和丁烷）占绝对优势，通常把天然气组分中硫化氢含量在2%~70%（即硫化氢浓度为30.780~1077.300g/m^3）的气田[1]称为高硫化氢气田。

一、我国高硫化氢天然气田勘探开发问题

我国高硫化氢气田（藏）主要分布在四川盆地（见图1），该盆地的2/3气田含硫化氢，“十五”期间探明的天然气中有990亿m^3为高含硫化氢。目前正在开发的威远气田、卧龙河气田嘉陵江组气藏和中坝气田雷口坡组气藏的H_2S最高含量分别为52.988g/m^3、491.490g/m^3和204.607g/m^3。近年发现的渡口河气田和铁山气田均为高含硫化氢气田（渡5井）。2003年12月23日因强烈井喷造成人员重大伤亡的罗家寨大气田硫化氢浓度平均为149.320g/m^3。

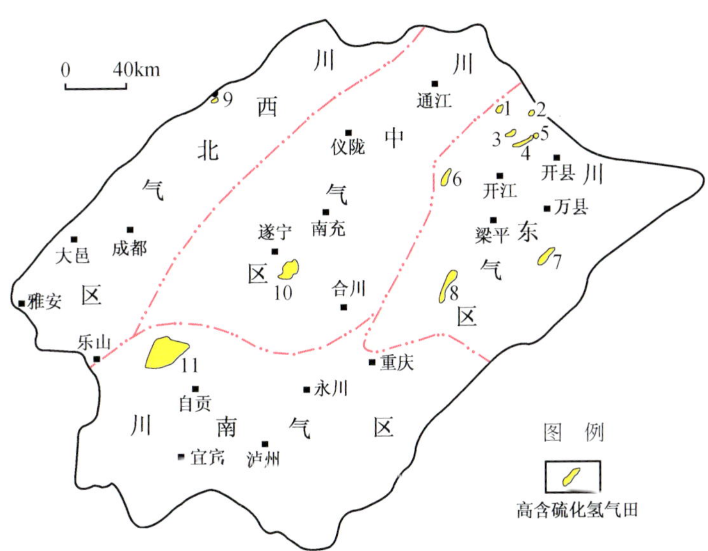

图1 四川盆地高硫化氢气田（藏）分布图

1. 铁山坡；2. 金珠坪；3. 渡口河；4. 罗家寨；5. 滚子坪；6. 铁山；7. 建南；8. 卧龙河；9. 中坝；10. 磨溪；11. 威远

---

* 原载于《石油勘探与开发》，2005，第31卷，第2期，1~4，作者还有胡见义、贾承造、方义生、孙志道、魏伶华、袁进平、杨威。

20世纪80年代初期，我国探明的含硫化氢天然气占全国气层气储量的1/4[2]。随着我国对能源，特别是对绿色能源天然气的需求日益增长，对高硫化氢气田的勘探开发逐渐提到日程上，研究如何安全高效勘探开发硫化氢气藏是当务之急。硫化氢极毒，人吸入浓度为$1g/m^3$的H_2S（相当于天然气中含0.064%的硫化氢）在数秒钟内即可死亡；同时硫化氢化学活动性极大，电化学失重腐蚀、“氢脆”和硫化物应力腐蚀破裂[3]等对钻杆、套管、集输管线的腐蚀作用强烈。高硫化氢气对人畜和钻采设备、输气管网安全及环境构成极大威胁。安全勘探开发高硫化氢天然气是个系统工程，涵盖了天然气地质和地球化学、钻井、集输、安全防务系统诸方面。

二、应加强硫化氢天然气地质研究

中国大规模的石油地质研究比天然气地质研究早约30年。在天然气地质研究中，硫化氢天然气地质（包括地球化学，下同）研究又比烷烃气地质研究薄弱得多，至今国内关于前者的论文仅有12篇[2,4~14]，而关于后者的论文超过800篇。尽管如此，我国以往对硫化氢天然气地质研究还是获得了一个重要结论：我国高含硫化氢天然气均在碳酸盐岩储层中[2]，碎屑岩天然气硫化氢含量绝大部分在民用标准（$20mg/m^3$）之下。我国前述高含硫化氢气田（除威远气田外）均分布于碳酸盐岩-硫酸盐岩地层组合中，此规律与世界含硫化氢气藏的分布规律（大约有400个，其中360个以上分布在硫酸盐岩-碳酸盐岩地层组合中）一致。以往我国硫化氢天然气地质研究显然存在两个不足：第一是地区仅涉及四川盆地和渤海湾盆地，与目前发现气田的13个盆地（四川、鄂尔多斯、塔里木、柴达木、吐哈、准噶尔、渤海湾、松辽、苏北、东海、莺琼、珠江口和台西）范围不相适应。第二是缺乏烃源岩、碳酸盐岩储层和储层上下硫酸盐岩地层组合三者之间相互联系的综合研究，更缺乏大区域的盆地性基础研究，不能评估预测硫化氢天然气在平面区域的和纵向层位的分布强度，从而指导安全有效地勘探开发高硫化氢天然气。前苏联曾对滨里海盆地的爱伦堡地区、阿斯特拉罕地区、滨里海洼地东部硫化氢天然气分布规律作过评估预测研究，对该类气田的勘探开发起了指导作用[15]。

三、应加强硫化氢成因及地球化学研究

研究硫化氢天然气地球化学特征及其成因是预测硫化氢天然气及其气田分布的重要手段，也是进行气源对比和确定含硫化氢天然气对人及设备伤害级别的重要环节，但我国目前这些研究极不规范而薄弱。除四川地区外，我国许多分析测试单位在分析天然气组分时不分析硫化氢项目或只笼统测酸性气体（H_2S和CO_2），缺乏定量判别含H_2S天然气的安全伤害级别和硫资源的信息。H_2S气含量多少和硫同位素（$\delta^{34}S$）是气源对比和成因研究的主要指标，但至今我国硫同位素研究成果极少且缺乏系统性，难于将其作为气源对比和成因鉴定的指标。

硫化氢分为有机成因和无机成因两大类。无机成因硫化氢来自地球深处，与火山活动有关，至今没有发现由其形成的气田（藏），故与天然气勘探开发关系不大。目前发现的高硫化氢气田的硫化氢均为有机成因，有3种成因。

（1）高温还原成因：硫酸盐在烃类（以$\sum CH$代表，即油气）或有机物（以C代表）的参与下发生高温还原，形成硫化氢，其形成可由以下反应式概括：

$$2C+CaSO_4+H_2O \longrightarrow CaCO_3+H_2S+CO_2$$

$$\sum CH+CaSO_4 \longrightarrow CaCO_3+H_2S+H_2O$$

（2）生物还原成因：硫酸盐还原菌利用各种有机质（C 和 $\sum$CH）作为给氢体来还原硫酸盐，可用以下反应式概括：

$$\sum CH\ [或\ C]\ +CaSO_4 \xrightarrow{硫酸盐还原菌作用} CaO_3+H_2S+H_2O$$

（3）裂解成因：石油与干酪根在高温裂解作用下形成的硫化氢。石油与凝析油过热裂解形成的气体组合是 $4CO_2 \cdot 46CH_4 \cdot N_2 \cdot H_2S$+痕量氢，因此裂解成因的天然气中硫化氢含量一般在2%以下，即硫化氢浓度为30g/m^{3}以下，在油气勘探开发中危险性相对小些。裂解成因硫化氢往往在碳酸盐岩地层中，不在碳酸盐岩和硫酸盐岩组合地层中，我国威远气田硫化氢属此成因。

高温还原成因和生物还原成因的硫化氢在天然气中的含量一般在4%以上，即61.560g/m^{3}以上，发生井喷往往造成人员伤亡和环境污染。例如，我国天然气中硫化氢含量最高的渤海湾盆地赵兰庄气藏的硫化氢是生物还原成因的，硫化氢含量高达92%，即1415.880g/m^3，1976年10月探井赵2井井喷导致3人死亡，1992年9月28日赵48井试油井喷造成周围居民死亡6人。2003年12月23日发生井喷的罗家寨气田高硫化氢天然气是高温还原成因的[13]。世界上含硫化氢最高的天然气在美国得克萨斯州南部Smackover石灰岩，硫化氢含量高达98%，即1508.220g/m^3；法国著名高硫化氢气田拉克气田的硫化氢含量为15.2%，即233.928g/m^3；加拿大贝尔贝雷气田硫化氢含量高达90.6%，即1394.334g/m^3。这些硫化氢气田的 H_2S 均为高温还原成因。

人类虽然认识到具有高风险的硫化氢是两种还原成因的，但至今还不清楚为什么有的硫酸盐岩地层和有机质（包括油气）作用会形成高硫化氢天然气，如上述气田；而有的硫酸盐岩地层与有机质共存却没有产生高硫化氢天然气，如鄂尔多斯盆地奥陶系马家沟组膏盐层分布地区的碳酸盐岩储层中天然气的硫化氢含量不高。因此，还原成因硫化氢的成因机理还不清楚，特别是至今没有很好研究硫化氢形成的速率与强度，而这些研究对评估预测高硫化氢天然气分布是必不可少的。

四、要加强硫化氢气井地质、工程和开发系列技术研究

烃类天然气钻井、工程和开发已形成了成熟的技术系列，但对安全勘探和开发具有极大毒性、强烈腐蚀性的硫化氢的经验不多，如下几个问题有待深化研究。

1. 井控结构的研究

烃类气井的井控装置已形成配套系列，能处理和解决一般的复杂情况。但由于高含硫化氢的气井危险性很大，必须使其井控装置更为完善，应增加多重保险，特别是远程控制（甚至包括井下控制）的研究，保证在各种状况下都能有效控制井口，严防井口失控。

2. 钻井、完井过程中的气侵及井喷监控技术研究

目前有关气井在钻井、完井过程中的监控已有成熟的技术，但全都在地面监控，而且很多不能自动报警。应进一步研究含硫气藏的钻井、完井过程中气侵及井喷监控技术，特

别要研究井下情况监控技术，给地面处理提供时间和依据，同时应加强地面监控系统自动报警的研究，出现情况自动报警，避免人工监控的疏忽和失误。

3. 高含硫气井的固井、完井技术研究

固井、完井的质量直接关系到气井的安全和寿命。硫化氢气体对管材和水泥均具有极强的腐蚀性，为了保证气井开采的安全，在现有高含硫气井固井、完井技术研究的基础上，应针对具体的气藏，对套管和油管材质、固井水泥浆、完井工艺、完井管柱及防腐工艺措施进行深入的研究，提出最佳方案，确保高含硫气藏在开采过程中的安全。

4. 高产高含硫气藏试井技术研究

对高产高含硫气藏试井应进行专门的研究，不能只用普通气藏的试井技术。应合理制定试井技术方案和试井措施，确保试井和气体排放的安全，减少试井排放气体的污染。

5. 水平井钻探高硫化氢气藏的地质和工程综合研究

水平井钻探常规天然气藏的各种配套研究基本完备。对于高含硫化氢且发育裂缝、孔洞的碳酸盐岩气藏，可能会有一些不同：第一，水平段穿过不同的裂缝系统，其气藏的压力可能会有变化；第二，储层非均质性强，不同的储层体系可能也有压力的变化。另外，对于水平井，长的水平段与气体接触的面积大，气侵的程度可能要大一些，变化也快一些。针对这个问题，首先要进行详细的气藏地质研究与评价；二要了解其裂缝系统、储层体系与压力的关系，预测可能的压力变化情况；三要形成一套完善的、针对这类地质、气藏条件下的水平井钻井的管理体系，应该更为仔细、谨慎和严格。

五、加强普及防毒知识，研究迅速消除大范围空气毒性污染办法

在高含硫化氢地区钻井，除了建立防喷技术安全规范、配备自动高效防硫防喷设备外，还要普及群众性防毒避免伤亡的知识，准备消除大范围空气污染方案、方法和设施，以防万一。

1. 普及群众性防毒知识刻不容缓

1976 年赵 2 井井喷死亡的全为井队人员，1992 年赵 48 井井喷致死的全为居民；2003 年 12 月 23 日四川井喷事故中死亡的 243 人中只有 2 位为井队人员。这表明随着时间推移，井队的防中毒设备和技术越来越完善，人员防毒知识掌握较好。相反，居民防毒知识亟待普及加强，以尽可能减少事故发生后居民的死亡率。

要向居民宣传有关防硫化氢中毒的基本知识：硫化氢毒性极大；极易溶于水而成氢硫酸；硫化氢比空气重（相对密度为 1.17），故地势低处危险性比高处大；下风向硫化氢浓度大，上风向则浓度低等；在突发事故中用湿毛巾等捂嘴鼻、向高处避毒、向上风向撤离等，均可避免或减轻伤亡。12 · 23 事故发生的中心地带晓阳村死亡者占该村人员 90% 以上，18 位幸存者大多是用湿被子捂嘴免于死亡；晓阳村 2 组、3 组、4 组距井喷处仅三五百米，死亡率极高，特别是处于小山坳低地的 2 组居民死亡率最高。这些实例说明，居民若掌握硫化氢防毒基本知识好，可以减轻人员伤亡率；基本知识不掌握则伤亡率高。

2. 迅速消除大范围硫化氢毒气污染

迅速消除大范围硫化氢毒气污染是防止大量人员伤亡的根本。当然，用重钻井液压井是最有效的，能彻底消除毒气源，但由于地质和工程难度及相关材料的筹措问题，往往不能及时压井。如四川 12・23 事故从 12 月 23 日 21 时 55 分井喷至 12 月 27 日 10 时 20 分压井成功，3 天多的井喷造成大范围的严重空气污染，威胁居民的生命安全。故研究如何迅速消除大面积毒气污染的办法是人命关天的事。笔者研究目前可用两种办法：一是把毒气源从井口引出用火燃烧，使极毒 H_2S 迅速转化为有慢性污染的 SO_2，这是目前普遍应用的一种有效方法，四川 12・23 事故中也启用了此种方法；二是在污染区及时进行人工降雨，使 H_2S 溶解于水中转变为氢硫酸，此方法国内外尚未应用。

六、建议

高硫化氢气田是双资源型气田，既有烷烃气资源，硫化氢经脱硫又可成为硫资源。我国已发现气田的 13 个盆地中只有 2 个盆地对硫化氢进行过研究；我国有 300 万 km^2 面积分布有碳酸盐岩，具备了形成硫化氢气藏的地质和地球化学条件，而且目前大部分未进行勘探。今后应把科学安全勘探开发硫化氢气田提到重要日程上来。为了做好硫化氢气田勘探开发工作，建议如下：

（1）开展全国性含油气盆地硫化氢地质评估，预测盆地中某些地区（区带）和地层的硫化氢分布和风险；开展硫化氢成因及其地球化学研究，研究确定不同成因硫化氢在勘探开发中的风险安全度；建立全国天然气中硫化氢含量的数据库，为天然气中硫化氢安全分级和硫资源利用提供系统数据。

（2）深化硫化氢气井地质、工程和开发系列技术研究，从技术上确保硫化氢气田勘探开发的安全。

（3）组织研究迅速消除硫化氢大范围污染的方法和措施。

（4）编发有关资料，在硫化氢勘探开发区强化普及居民防毒知识。石油系统各公司应组织设立以上有关项目，国家自然科学基金委员会对第一点建议涉及的项目或课题应予以支持立项。

参考文献

[1] 戴金星，戚厚发，郝石生．天然气地质学概论．北京：石油工业出版社，1989. 6 ~ 7
[2] 戴金星．中国含硫化氢的天然气分布特征、分类及其成因探讨．沉积学报，1985，(4)：109 ~ 120
[3] 张子枢．天然气中的硫资源及其开发．资源开发与保护杂志，1990，6 (3)：168 ~ 171
[4] 阎俊峰，阳建华，阎进培．我国下第三系高硫化氢气体的发现及其地质意义．地质论评，1982，28 (4)：372 ~ 373
[5] 张子枢．四川碳酸盐岩气田的硫化氢．石油实验地质，1983，15 (4)：304 ~ 307
[6] 戴金星．我国高含硫化氢天然气的成因．石油学报，1984，5 (1)：28
[7] 王新洲，李丽，刘守义．天然气中硫化氢的成因和预测．石油与天然气地质，1987，8 (1)：67 ~ 75
[8] 樊广锋，戴金星，戚厚发．中国硫化氢天然气研究．天然气地球科学，1992，3 (3)：1 ~ 10
[9] 樊广锋，戴金星，戚厚发．硫化氢天然气生物成因的控制作用．石油勘探与开发，1992，19 (增刊)：71 ~ 76
[10] 沈平，徐永昌，王晋江等．天然气中硫化氢硫同位素组成及沉积地球化学相．沉积学报，1997，15

(2)：216 ~ 219
[11] 江兴福，徐人芬，黄建章．川东地区飞仙关组气藏硫化氢分布特征．天然气工业，2002，22（4）：24 ~ 27
[12] 杨家静，王一刚，王兰生等．四川盆地东部长兴组—飞仙关组气藏地球化学特征及气源探讨．沉积学报，2002，(2)：249 ~ 352
[13] 王一刚，窦立荣，文应初等．四川盆地东北部三叠系飞仙关组高含硫气藏 H_2S 成因研究．地球化学，2002，31（6）：517 ~ 524
[14] Cai C F，Richard H，Simon H，*et al.* Thermochemical sulphate reduction and the generation of hydrogen sulphide and thials（mercaptans）in Triassic carbonate reservoirs from the Sichuan Basin，China. Chemical Geotogy，2003，202：39 ~ 57
[15] АксеновА А，Анисимот Л А. Прогноз распространиния сероводорода в подсолевых отложениях. Прикаспийской Впаины Советская Геология，1982，(10)：46 ~ 52

油气与中国*

油气是工农业的重要能源和原料，是极重要的战略物资，因此，油气的研究、勘探与开发是促进国家现代化、实现国民经济可持续发展和增强国家经济实力的重要一环。目前，以油气为主要燃料和原材料的工业部分的产值约占我国工业总产值的1/6，故油气工业是国民经济中的重要基础产业。

一、中国的石油与天然气

新中国成立50多年来，油气工业取得了巨大的进步，可以说几乎从无到年产量不断增加，为国民经济发展做出了重大贡献。尽管我国石油产量在逐年上升，但近10年来国内原油增长速度仅为1.67%，赶不上国民经济年均增长率9.7%和原油消费量年均5.77%的增长率，即石油的年增长率比后两者分别低约8%和4%[1]。这种石油供求矛盾使我国从1993年开始成为石油净进口国，仅2000年净进口石油6960万t[2]，耗资约150亿美元，这种状况使人焦虑和注目。但近10年来我国天然气勘探处于最好时期，“六五”至“九五”每个五年间探明储量连续翻番（图1），同时近5年来产量也快速增长［图2（a）］。天然气进入大发展阶段，可弥补石油供给的部分不足。

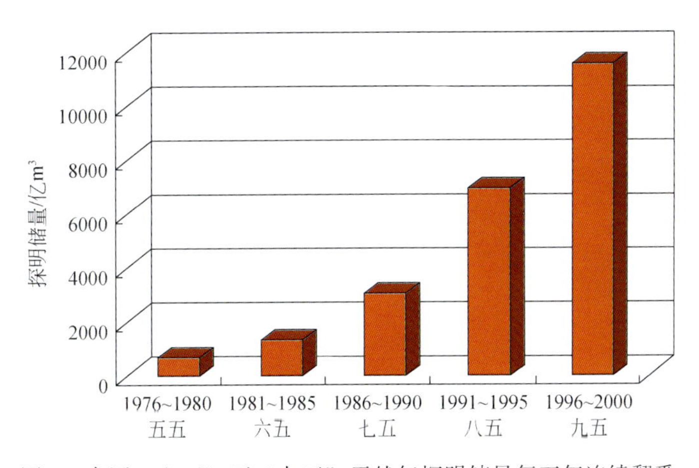

图1 中国“六五”至“九五”天然气探明储量每五年连续翻番

1. 工业的血液——石油

1）现状

截至2000年年底，我国在25个省、市和自治区及近海海域（未包括台湾省，下同）

---

* 原载于路甬祥主编《科学与中国》，山东教育出版社，2004，258～285。

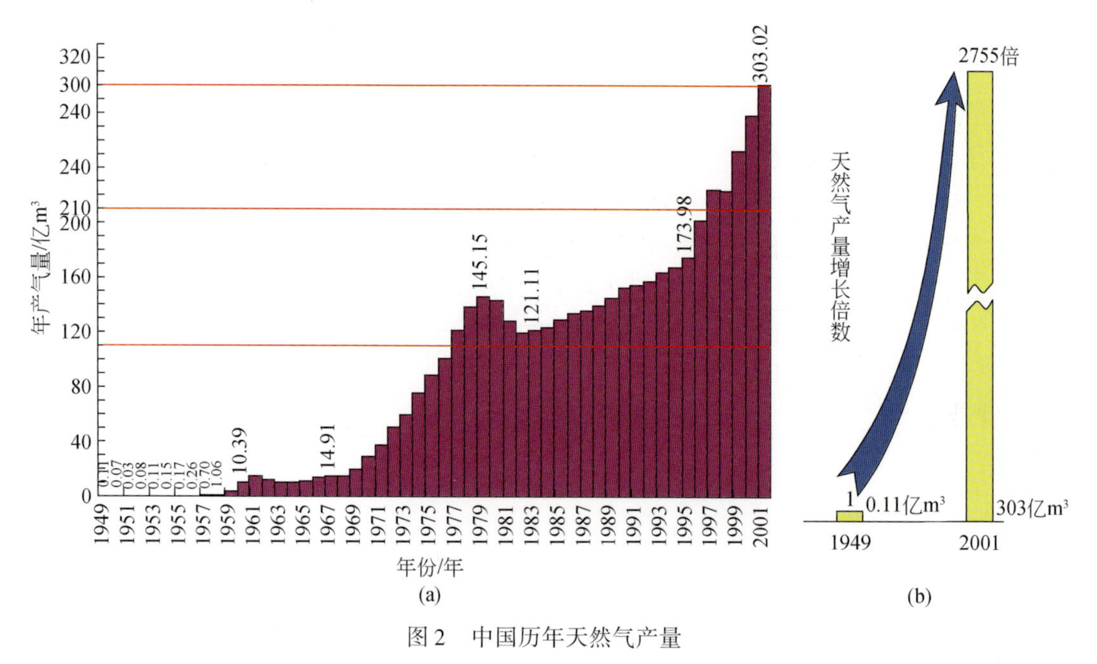

图2 中国历年天然气产量

累计发现了531个油田，石油探明总地质储量为212.8956亿t。其中地质储量超过1亿t的大油田有40个（图3），其中没有一个煤成大油田。40个大油田探明储量124.07亿t，

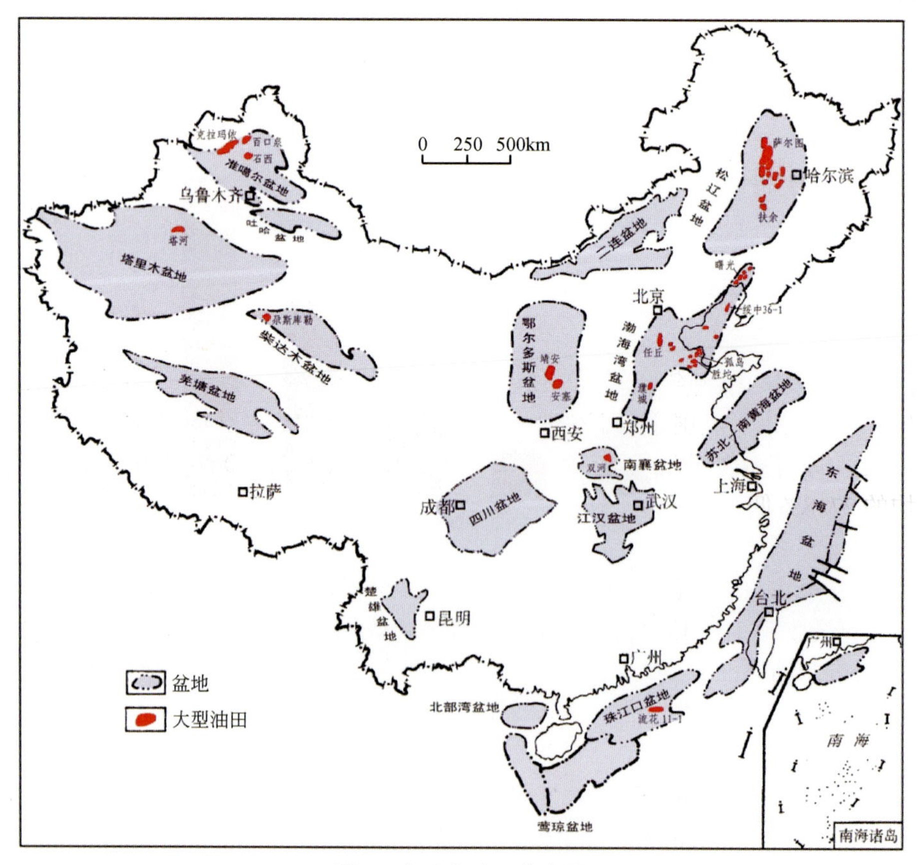

图3 中国大油田分布图

占全国石油总储量的 58.3%，也就是说占全国总油田数 7.5% 的大油田，却占全国石油总储量的近 3/5，说明大油田在石油工业上的重大作用。以平均采收率为 29% 计算，石油的可采储量为60.9517 亿 t。历年累计已采出原油 36.4363 亿 t，采出率为 59.78%，剩余可采储量24.5 亿t，按 2000 年产油量计算，储采比为 15.4。根据国内外油田开发规律，在这样低的储采比配置下，稳产处于临界状态，增产难度较大。

解放时我国探明石油储量是微乎其微的，只有 0.29 亿 t，至 2000 年猛增为约 212.9 亿 t，增长了 734 倍［图 4（b）］。但近年来探明储量增长率放缓。在我国历年石油探明储量上，在 1961 年、1975 年和 1984 年存在 3 个明显的高峰［图 4（a）］。这些高峰分别与大庆油田、胜利油田和任丘油田这几个大油田探明有关。这充分说明了勘探开发大油田对石油工业是至关重要的。

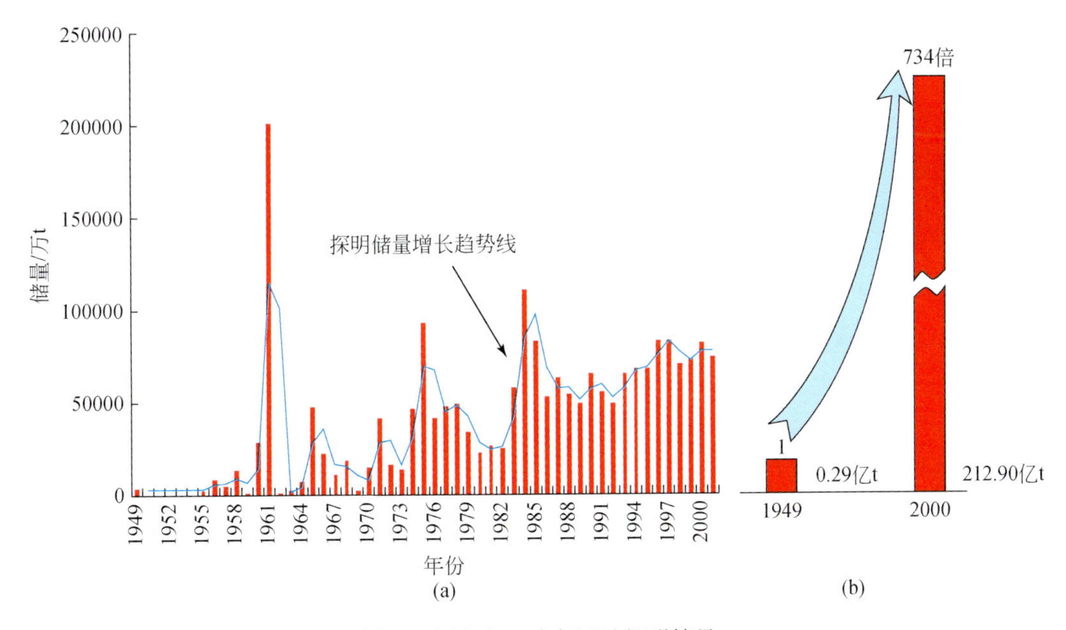

图 4　中国近 50 多年石油探明储量

我国原油产量从 1949 年的 12.1 万 t 至 2000 年达到 1.6 亿 t，增长了 1323 倍（图 5），成为世界第五位的产油大国。由于原油产量大幅度增加，促进了我国能源结构的改善，石油消费量从 1949 年占全国能源消费总量的 3.8%[1]，上升到 2000 年占 21.4%[3]，但仍比世界平均的 27.8% 低。

2）资源量和潜力

从 1922 年至 2000 年近 80 年间，国内外许多不同的有关部门和学者，对我国石油资源量进行过研究预测，从 1922 年美孚石油公司的 1.75 亿 t 到 2000 年中国石油勘探开发研究院综合预测的 1121 亿 t（图 6），相差悬殊。从时间尺度分析，中国石油资源量随时间总趋势越来越大，这是石油地质研究不断深入、石油勘探开发技术不断提高所致。这不仅是中国石油资源量增长的规律，世界也是如此。

尽管目前中国石油发现储量增长率放缓，石油供求矛盾扩大，但中国石油的潜力还很大，还可探明更多的石油储量，这是因为具有以下有利因素。

（1）石油资源量和可采储量的探明率低。我国石油资源量为 1121 亿 t，至 2000 年探

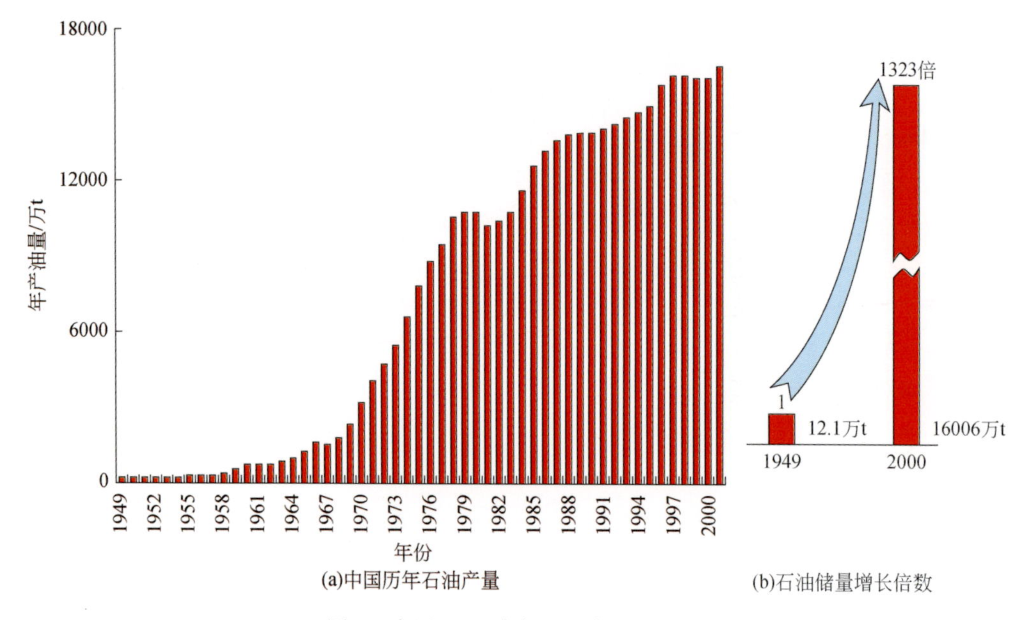

(a)中国历年石油产量　　(b)石油储量增长倍数

图5　中国近50多年石油产量变化图

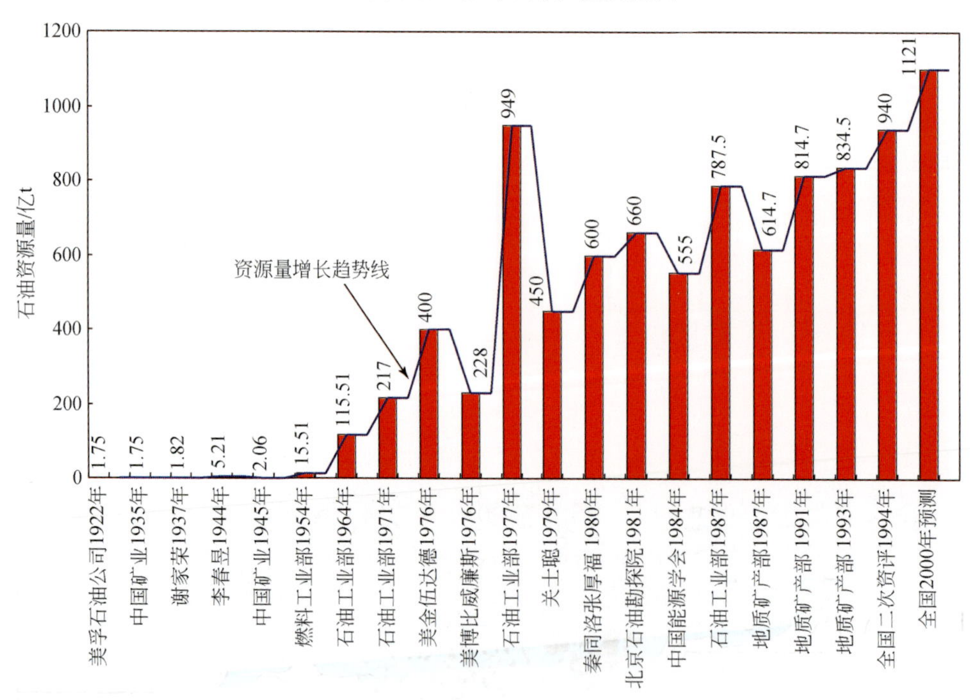

图6　中国历年石油资源量评价预测（据中国石油勘探开发研究院，2001）

明石油地质储量212.9亿t，资源量探明率仅为18.99%，是低的，也就是说我国石油资源量探明率不足1/5，而美国石油资源量探明率高达约75%，同美国石油资源量探明率相比，我国石油勘探显然还有很好前景。

中国石油勘探开发研究院2001年底预测：我国最终石油可采储量为157亿t①，而

① 中国石油勘探开发研究院，中国石油资源可供性论证，2001。

2000 年探明可采储量为 60.9517 亿 t，可采储量的探明率为 38.82%，也就是说约还有目前探明可采储量的 1.6 倍的石油可采储量有待去探明。

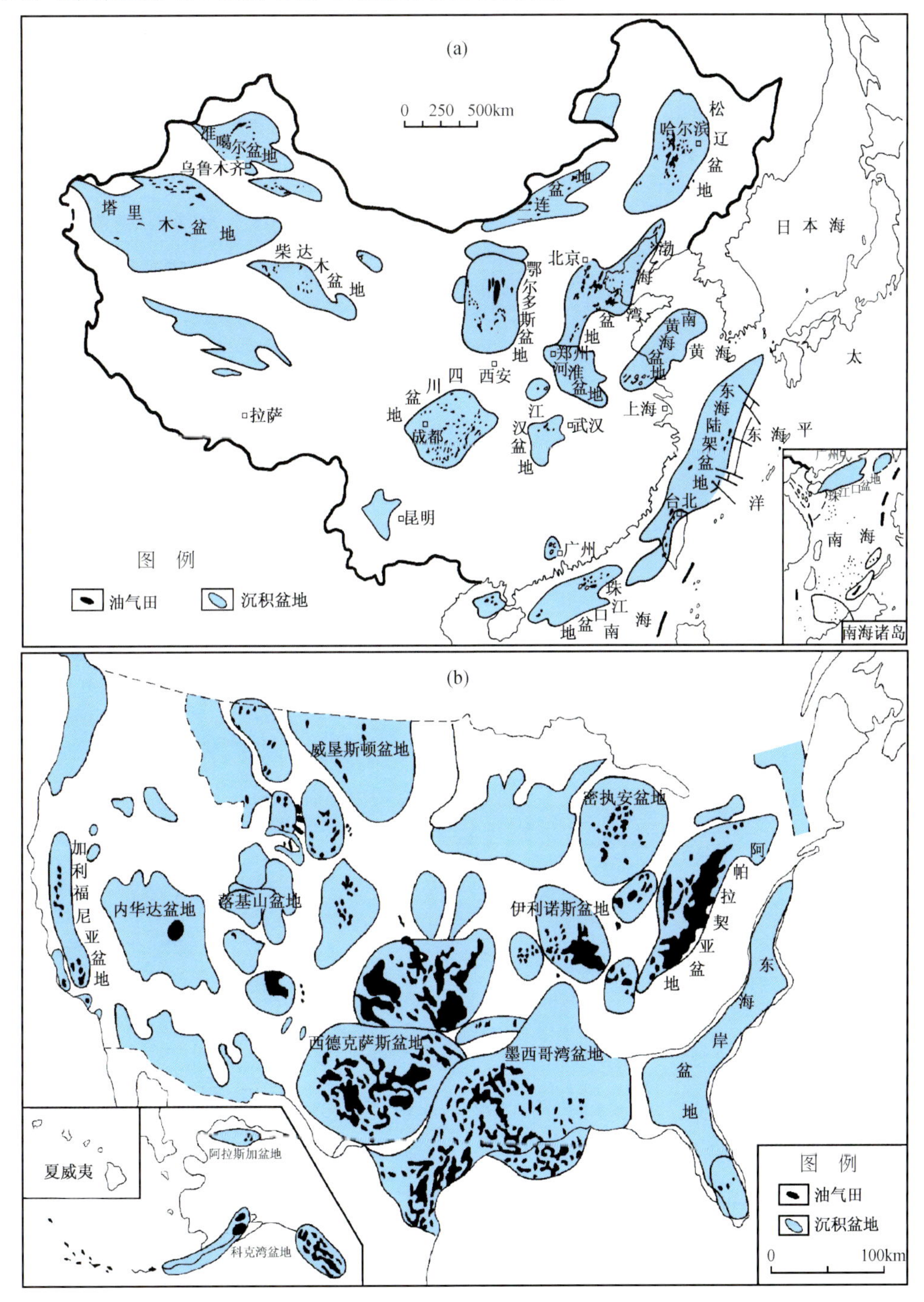

图 7 中国（a）和美国（b）含油气盆地及油气田分布图

（2）沉积岩单位面积探明石油率低、勘探量少。沉积岩是成油成气的温床。沉积岩面积的大小是决定一个国家油气是否丰富的一个重要前提。我国和美国沉积岩分布广且面积大致相当。中国沉积岩面积为 660 万 km^2[4]，目前探明石油可采储量为 60.9517 亿 t，单位面积探明石油可采储量低，仅为923.5万t/km^2。美国沉积岩面积为803万km^2[4]，单位面积探明的石油可采储量高，为3267.9万t/km^2，是我国的3.54倍。由此对比，不难看出我国石油潜力还很大。

在一个油气丰富的国家，石油的大量发现和探明，一方面既要依靠石油地质综合研究和科技进步，事半功倍地发现储量；另一方面，还要必须投入相当大的勘探工作量。两者缺一就难以实现高效和高探明率，拿到大量石油。美国至2001年已采出原油232.7亿t[5]，是我国至2001年底采出原油38.0383亿t的6.12倍，这是因为美国除了应用高科技的石油地质综合研究、勘探技术和方法外，还投入巨大的钻井工作量，美国打井190万口，我国才打井23万口，相差8倍[5]。因此，为了在我国探明更多的石油，增加适量的钻井是十分必要而不可缺少的，当然，依靠科技进步也是重要一环。

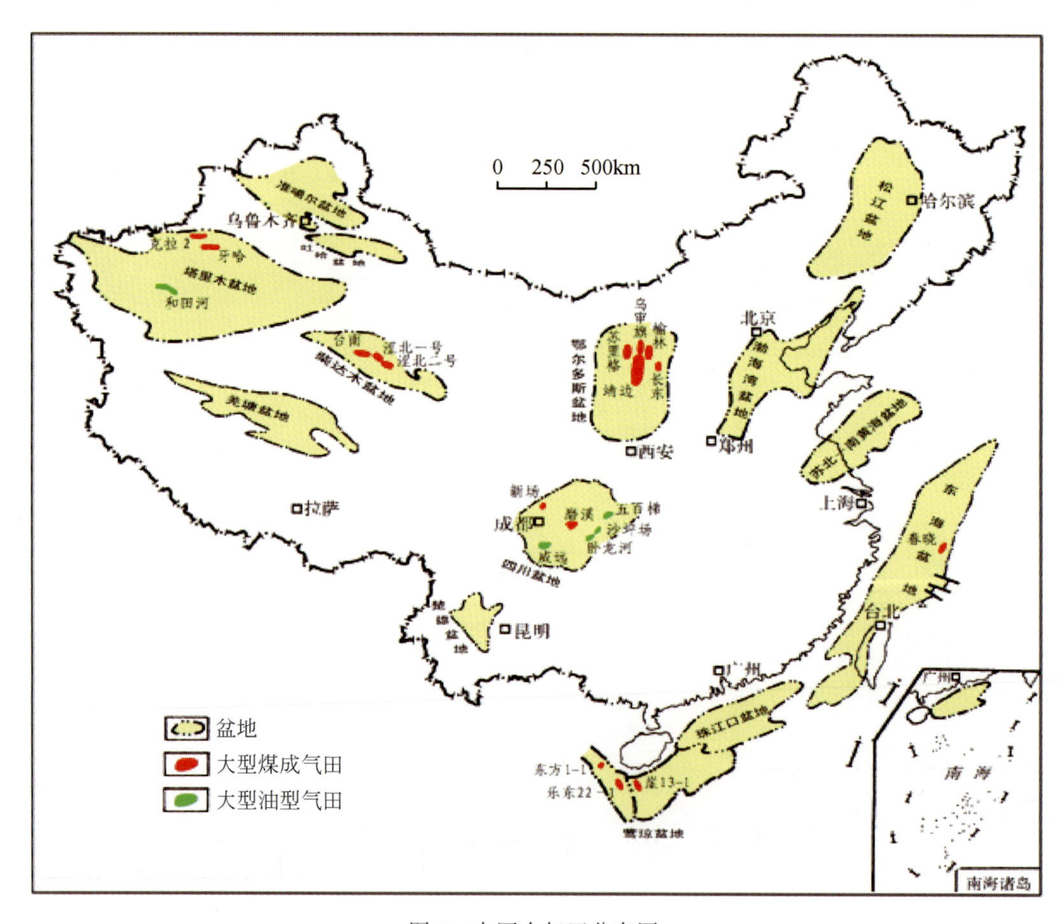

图8 中国大气田分布图

图7为中国含油气盆地［图7（a）］和美国含油气盆地［图7（b）］及油气田分布的对比。美国已发现了3万多个油气田[5]，而我国至2000年底仅发现716个油气田，油气田数相差悬殊。美国含油气盆地油气田星罗棋布，特别在构造稳定的东部和东南部含油气盆地中，密布油气田。而我国含油气盆地油气田分布密度比美国低得多，特别在我国中部和西北部构造较稳定的含油气盆地中（鄂尔多斯、四川和塔里木）油气田分布密度更低。此对比给了启示，在我国中部和西北部的含油气盆地将比东部的含油气盆地具有更有利于

勘探油气田的条件，将会有更大的发现。

2. 绿色能源——天然气

1）现状

截至2000年年底，我国累计发现气田185个，其中储量大于300亿m^3的大气田21个（煤成气大气田16个，油型气大气田5个）（图8）。全国天然气（气层气）探明总储量2.5557万亿m^3（含CO_2气约145.58亿m^3），以平均采收率64%计算，可采储量1.6402万亿m^3（含CO_2气100.25亿m^3）。历年累计已采出2898.6亿m^3，尚剩余可采储量1.3503万亿m^3，采出率为17.67%。按2000年我国产气量计算，储采比为49.6。根据国外气田开发规律，这样的储采比配置，易于提高天然气的产量。21个大气田探明天然气总储量17714亿m^3（表1），占全国气层气总储量的63.3%，说明大气田在天然气工业上有举足轻重的作用。

表1　中国大气田一览表

盆地	气田	储量/亿m^3	探明时间	主力气层	储层主要岩性	主要气源岩	气的类型
四川	新场	462.12	1994	J_2，J_3	砂岩	T_3煤系	煤成气
	磨溪	375.12	1987	T_2，T_3	碳酸盐岩	P_2煤系	
	卧龙河	380.52	1959	T，C_2，P_1	碳酸盐岩	S，P_1海相泥页岩、灰岩	油型气
	五百梯	587.11	1993	C_2，P_2	碳酸盐岩		
	沙坪场	397.71	1996	C_2	碳酸盐岩		
	威远	408.61	1965	Zn，P_1	碳酸盐岩	Є海相泥页岩	
鄂尔多斯	靖边	2800	1992	O_1，P	砂岩，碳酸盐岩	C—P煤系、C海相泥岩、灰岩为主	煤成气
	榆林	1132.81	1997	P，O	砂岩		
	乌审旗	1012.10	1999	P	砂岩	C—P煤系	
	苏里格	2204.75	2001	P	砂岩		
	长东	358.48	1999	P	砂岩		
塔里木	牙哈	357.78	1994	E，Nj	砂岩	J煤系	
	克拉2	2840	2000	K，E	砂岩		
	和田河	616.94	1998	O，C_2	碳酸盐岩	Є海相泥岩、泥质碳酸盐岩	油型气
柴达木	台南	425.30	1989	Q	砂岩	Q含泥炭的泥岩	煤成气
	涩北二号	422.89	1990	Q	砂岩		
	涩北一号	492.22	1991	Q	砂岩		
莺琼	崖13-1	854.96	1990	E	砂岩	E煤系	
	东方1-1	996.80	1995	N	砂岩		
	乐东22-1	431.04	1997	N	砂岩		
东海	春晓	330.43	1998	E_2，E_3	砂岩	E煤系	

近期，我国天然气的探明储量大幅度提高，“六五”比“五五”翻一番，“七五”比“六五”翻一番，“八五”比“七五”又翻一番，“九五”比“八五”再翻近一番（图1）。2000年和2001年我国年新增天然气储量分别为4921.5亿m^3和4466.6亿m^3，达到我国天然气储量发现史上最好时期。近10年来我国天然气储量进入高发现期（图9），根据国外产气及其储量大国的天然气高发现期可持续20~30年推测，我国天然气高发现期还可持续10~20年。

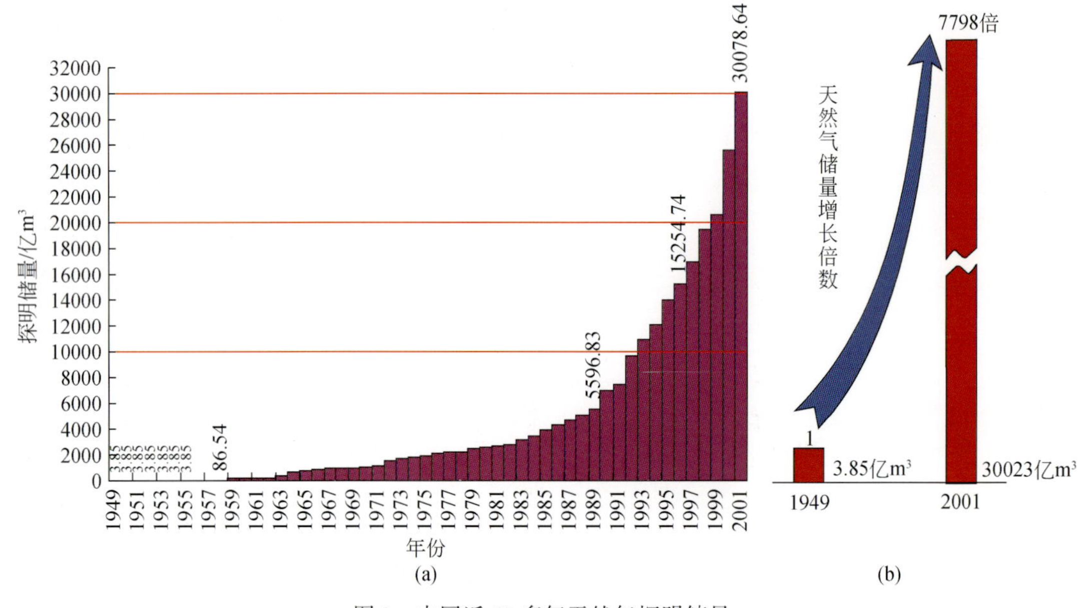

图9 中国近50多年天然气探明储量

解放时我国探明天然气储量只有3.85亿m^3，至2001年底猛增为30023.88亿m^3，[图9（a）]，增长了7798倍［图9（b）］，并随时间增长储量有变大的特征。尽管近年来我国天然气储量增长幅度是喜人的，但我国是个近13亿人的世界第一人口大国，2000年底平均每人只获得剩余可采储量1075m^3，而产气大国美国、俄罗斯和加拿大则比我国的高得多，平均每人获得剩余可采储量分别为17290m^3、326974m^3和57939m^3。俄罗斯、加拿大和美国每人平均拥有天然气剩余可采储量分别是我国的304倍、54倍和16倍。因此，提高我国人均拥有天然气储量任重道远。

我国天然气产量从1949年的0.11亿m^3增至2001年的303亿m^3，目前为世界第15位[6]，增长了2755倍，而且近年来增幅加大（图2）。尽管50余年来我国天然气产量有了很大的提高，但天然气在全国一次能源消费结构中仅占3.4%[3]，远低于世界平均水平的24%和亚洲平均水平的8.8%，因此，大力发展天然气生产，改善其在能源消费结构中的地位和改善环境刻不容缓。预测到2005年和2015年中国天然气在一次能源消费结构中所占比例将分别达到5%和10%左右。

2）资源量和潜力

我国对常规天然气资源量预测研究是1981年首先从煤成气开始的[7~9]，比石油资源量预测研究晚了近60年。近20多年来，不同的有关单位和学者从最初预测的资源量5.4万亿~6.9万亿m^3，至目前的52.65万亿m^3[5]（图10），与石油的资源量一样，随着时间的推移，天然气资源量的总趋势也越来越大。这种天然气资源量预测的态势将延续一段时间。

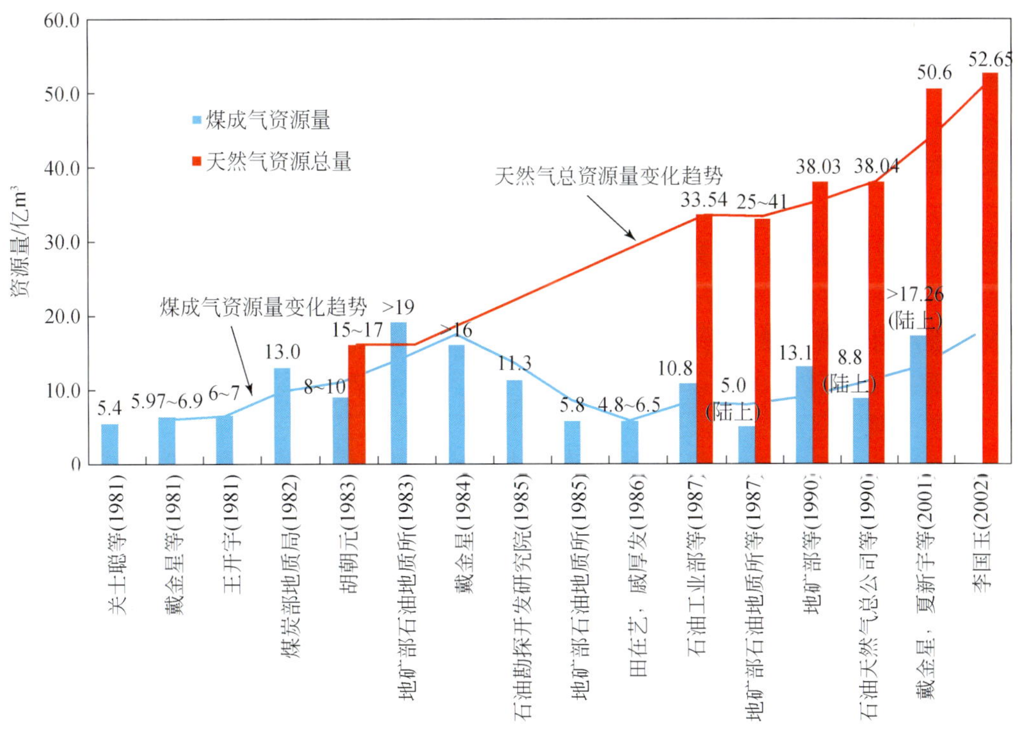

图 10　中国20多年来天然气资源量评价预测

中国天然气潜力还很大，资源量探明率低是佐证。国外在评述天然气资源量时一般采用可采资源量，我国以往常用地质资源量，图10中用的是天然气地质资源量。为了和世界的天然气资源研究接轨，应把地质资源量换算为可采资源量，二者比例为26.3%[4]。采用此比例，我国最新的也是最大的天然气地质资源量为52.65万亿m^3，换算为可采资源量为13.85万亿m^3。2000年我国天然气可采储量为1.6402万亿m^3，仅占可采资源量的11.8%，资源探明率低，说明天然气勘探潜力很大。根据与沉积岩面积比我国稍大的美国和稍小的加拿大对比，它们天然气可采资源量和探明可采储量率分别为80.2%和40.6%[4]。若以此比率换算，我国将可探明天然气可采储量约为5.62万亿m^3至11.11万亿m^3，分别是我国目前天然气可采储量的3.4倍和6.8倍。根据国外年产500亿m^3和1000亿m^3产气大国的可采储量的基础分析，天然气剩余可采储量一般要分别超过1.5万亿m^3和2.7万亿m^3。以此推测，我国2005年和2015年将可年产气500亿m^3和1000亿m^3[10]，成为产气大国。

3）两代总理的期望和西气东输

为了改善北京的环境污染，周恩来总理非常重视绿色能源天然气的利用，他生前曾向当时的石油部长唐克提出向中南海和钓鱼台一带输送天然气的方案。几年前唐克部长惋惜地说，由于当时在北京附近没有找到天然气，未能实现周总理的愿望。

空气污染已严重威胁世界人民的身体健康，阻碍经济可持续发展。我国空气污染主要是煤型污染，空气中90%的SO_2、85%的CO_2和67%的NO_2来自燃煤。空气污染指数每增高 50μg/m^3，导致死亡的危险性将上升 3% 至 4%[11]。1952 年 12 月英国伦敦污染事件，主要是燃煤的 SO_2和飘尘（烟尘）造成，在事件发生 4 天内死亡 4000 人，事件过后 2 个月又陆续死亡 8000 人。天然气是空气污染的克星，因为获得同样能量，天然气产生的污染物比煤和石油大大降低（表 2）。从表 2 可知，天然气燃烧产生污染物比煤和石油的低二个数量级。

表 2 天然气、原油和煤燃烧产物比较

项目	天然气	原 油	煤
灰分	1	14	148
SO_2	1	400	700
NO_2	1	5	10
CO	1	16	29
CO_2	3	4	5

20 世纪 90 年代前期华北油田的天然气首先进京，1997 年陕京管道通气北京，终于实现了周总理的愿望，为减少污染美化首都做出了贡献。2001 年陕京管道向北京供气 13.55 亿 m^3，使该市燃煤比 2000 年减少 102 万 t，从而 2001 年比 2000 年减少 SO_2、烟尘和 CO_2 的排放量分别为 8000t、4000t 和 1056t[12]。因此，北京市 2001 年空气污染指数二级和好于二级天气累计达 183 天，大气环境质量明显改善。

塔里木盆地库车地区发现克拉 2 大气田后，朱镕基总理多次过问并亲自到现场调研，为了加速西部大开发的进程，国家决策启动西气东输工程。该工程首站从新疆塔里木盆地轮南开始，经 10 省、市、自治区至上海，全长 4000km（图 11），年输气能力 120 亿 m^3，是我国进入新世纪后启动的最大工程。总投资 1396 亿元（管道建设 435 亿元、上游气田勘探开发 273 亿元、下游用气项目及城市管网建设 688 亿元），投资规模不亚于三峡工程，对西部大开发带动作用巨大。西气东输管道投入使用后除每年沿线下载 20 亿 m^3天然气外，还供能源贫乏（85% 靠外地调入）但富甲天下的长江三角洲地区天然气 100 亿 m^3。120 亿 m^3可替代 900 万 t 标准煤，减少排放烟尘 27 万 t[13]，按照四川过去测算每立方米天然气可创造 3 元国民经济效益，那么 120 亿 m^3至少可创 360 亿元国民经济效益。因此，西气东输工程具有巨大的环保和经济效益。西气东输工程是全国规模最大、跨越最长的输气管道，目前正在紧锣密鼓的建设中，2004 年年初建成靖边（长庆气田）至上海段并投产输气，2005 年初全线建成投产。预计 2005 年向东部输气 83 亿 m^3，2008 年达 120 亿 m^3。

二、油气地质研究和我国的油气工业

50 多年前中国的年产油气微乎其微，目前已成为第 5 产油大国，天然气年产量名列世界第 15 位，预计不久也将成为产气大国。我国油气之所以有大发展，究其原因油气地质研究功不可没。

1. 陆相生油理论在我国的诞生使中国成为产油大国

所谓陆相生油理论顾名思义是说油气是由陆相烃源岩中低等动植物或浮游生物形成。陆相烃源岩虽然大部分是淡水沉积物，但部分也可是陆地上半咸水和咸水的湖相沉积物。

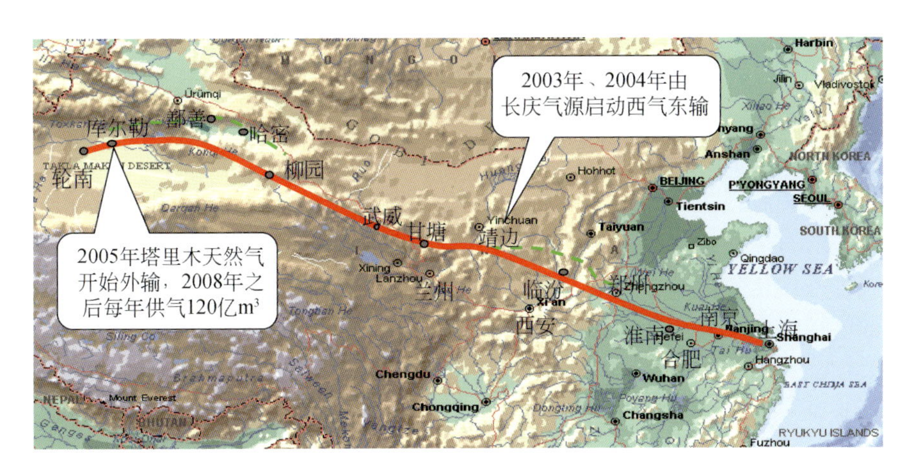

图 11　西气东输管道示意图

在近代石油工业建立的100多年以来，世界上已发现3万多个油气田，其烃源岩多数形成于海相环境并主要储存于海相地层中，故国外石油地质学家绝大多数主张海相生油。由于我国陆相沉积盆地发育而海相沉积相对缺乏，故20世纪初期中国近代石油工业开始萌芽时期，来我国进行地学研究的一些国外学者得出“中国贫油”的错误结论[14]，阻碍了中国早期石油工业的发展。

中国一批地学者认为不仅海相烃源岩中低等动植物能生成油气，陆相低等动植物丰富的湖相烃源岩也能生成工业油气，从而创造了陆相生油理论。陆相生油理论经历了从现象阐述和推测的初始陆相生油论，发展为有定性、定量规律的成熟陆相生油论[15]。

1）初始陆相生油论

有两个显著特点：一是研究手段以石油地质调查为主，二是结论以推断为主，研究者主要是中国学者。

中国石油地质调查始于20世纪20年代初，至中华人民共和国成立前是初始陆相生油论诞生形成时期。

这一时期的主要石油地质调查有：1921年谢家荣对玉门的石油地质调查；1923年王竹泉，1932年王竹泉和潘钟祥，1934年潘钟祥对陕北的石油调查；1941年、1942年孙建初，1945年蒋静一，1946年司徒愈旺、黄劭显，1947年王慕陆，1948年严爽、张鉴怡对甘、陕的石油地质勘察；1941年陈秉范，1945年、1946年谢家荣，1945年王椒，1947年侯德封等在四川的石油调查；1946年谢家荣和1948年陈秉范对台湾的石油地质调查[16]。系列的石油地质调查发现了大量陆相生油的迹象和事实，因而潘钟祥、谢家荣、尹赞勋和翁文波等提出了石油与陆相沉积的密切关系，诸如“石油不仅来自海相地层，也能够来自淡水沉积”[17]；“至少新疆一部分原油系完全在纯粹陆相侏罗纪地层中产出”[18]。对玉门石油调查后，谢家荣指出石油有开采价值[19]，尹赞勋则明确指出“大部分湖相沉积，淡水生物繁殖……生物之大量暴亡为玉门石油之源”[20]，从而形成了初始陆相生油论或观点。这个时期，个别国外学者也发现某些石油生成与陆相沉积有关，如Nightingale阐述了美国泡德瓦胥油田的石油产自陆相砂岩中[21]；1902～1936年在美国绿河盆地和尤因塔盆地早第三纪湖相地层中发现高含蜡石油；1909年在加拿大发现石溪油田产自下石炭统淡水沥青页岩和砂岩中；1940年在哥伦比亚马格达勒盆地第三纪河湖相地层中发现了瓦利斯昆兹油田；1914 年和 1947 年在巴基斯坦波特瓦尔盆地早第三纪陆相地层中分别发现了霍尔油田和杜兰油田[22]。但由于当时海相生油论风行世界，国外一般沉积盆地又以海相为主，因此国外不可能形成初始陆相生油论。

2）成熟陆相生油论

有两个显著特点：一是研究从单一的纯石油地质调查发展为多学科的石油地质综合研究，即从单一的石油地质发展为石油地球化学、石油地球物理学等综合研究；二是从地质的推断发展为地球化学指标的科学定量，认为陆相生油的主要基础是腐泥型有机质，明确了陆相成油主控因素、成藏条件和油气田分布富集规律。

中华人民共和国成立后，国家大大加强了石油勘探、开发和研究，并应用了相关的高科技仪器和装备，为成熟陆相生油论的创立提供了良好条件。20 世纪 50 年代以来，成熟陆相生油论取得了以下主要原创性的成果。

（1）对陆相生油层的形成和陆相生油的基本条件作了出色研究[21,23~28]，总结出“潮湿与干燥气候的时代转变，有利于生油层的形成”[24]；“长期的深拗有利于生油层的形成”。“内陆、潮湿、拗陷”[26]，强烈拗陷的盆地，淡水-半咸水迅速堆积的巨厚的湖泊相沉积，有机质丰富，还原环境[27,28]是陆相生油的基本条件。

（2）陆相油气田富集分布出现两个重要理论：一是“源控论”（拗陷型盆地为主），即生油区控制油气田的分布和富集[25]；二是复式油气聚集区带理论，总结了多断陷、多断块、多含油气层系的陆相盆地，形成多种油气藏类型复合连片聚集的特征[26,29~33]。

（3）陆相烃源岩和石油地球化学系列指标和参数的建立，使陆相生油理论从定性的地质推断发展为定性的科学。诸如有机质丰度、组分和类型、成熟度数值和参数的确定[34~37]为烃源岩评价标准、生油量的定量评价及资源评价和石油演化提供了科学依据，为勘探目的层确定提供了准确的方向；陆相烃源岩和油气中生物标志化合物及相关参数的确定[38~40]，为油气源对比和生源、石油运移途径的确定提供了科学信息；烃源岩、干酪根和油气及其组分单体的和系列的碳同位素组成研究和数值的确定[41~43]，为岩-油-气源直接对比提供了高可信度的途径；石油组分特别是饱和烃组分的确定及其含量的变化以及各种参数的标定[34,35]，为石油和烃源岩的属性研究提供了科学标尺。

综上所述，陆相生油理论从初始阶段发展到成熟阶段才成为完整的陆相生油理论，该理论创立主要凝结了中国科学家的聪明才智，但也包括个别国外科学家的贡献。陆相石油生成理论的创立推动了中国石油工业的兴起与发展，为我国能源利用做出了重大贡献。科学进步本身的科学含量决定着技术进展和发展程度，这点在陆相生油理论对中国石油工业发展进程的贡献上表现尤为明显。

中国近代石油工业从 1878 年开始[44]，至 20 世纪 40 年代末经历了 70 年，在这期间主要以海相生油理论指导油气勘探，后期 30 年虽然出现初始陆相生油理论，但由于该理论还处于雏形期，所以到 1949 年全国（未统计台湾省，下同）只发现老君庙、延长和独山子 3 个陆相小油田，石油地质储量仅为 2900 万 t，累计年产油、气仅 7 万 t[15]。解放后由于建立了成熟陆相生油理论并应用于指导勘探，再加上大力加强了油气勘探，故发现了大量的陆相油田，其中包括世界上最大的陆相油田——大庆油田。由此，我国 2000 年产油量比 1949 年增长了 1323 倍［图 5（b）］，成为世界第五产油大国。

2. 煤成气理论的发展使中国天然气储量大幅度增长

传统的油气地质学者认为商业性的油气只能由海洋和湖泊中低等动植物即浮游生物生成，而由高等植物形成的煤系不是油气勘探的领域，把煤系作为油气勘探禁区，也就是说只用海相生油论和陆相生油论指导油气勘探。20 世纪 40 年代德国学者首先指出煤不仅能生气，而且其生成气能从煤中运移出来，在煤系中或之外聚集成商业性气田[45]，从而创立了纯朴的煤成气理论。该理论的缺陷在于没有注意到煤能否成油的问题。20 世纪 60 年代后期，澳大利亚学者注意到煤中壳质组对成油有重要的贡献，从而形成了煤成油理论[46,47]。由于当时在澳大利亚吉普斯兰盆地发现许多与煤系有关的煤成油田，以致使一些人产生错觉，认为与煤系源岩有关可以找大量煤成油田，如在 20 世纪 90 年代我国出现煤成油研究和勘探热潮[48~51]，但把煤系作为找油为主的效果未能如意。煤成油理论的出现以及煤系中壳质组成油观点的产生，是对煤成烃理论的一大贡献，但该理论由于没有全面认识和掌握煤系成烃中气油比例的正确关系而美中不足。

20 世纪 70 年代末和 80 年代始，我国学者发表的“成煤作用中形成的天然气和石油”等论文，指出煤系成烃分为三期：前干气期、气油兼生期和后干气期。煤成油形成于长焰煤至焦煤阶段的气油兼生期，煤成油通常为轻质油和凝析油，即使在该期煤系成烃也以气为主以油为辅，并强调煤系是好的气源岩，主张在我国勘探与煤系有关的天然气[52,53]，把煤系从油气勘探的禁区中解脱出来，为中国天然气勘探开辟了一个新领域。20 世纪 80 年代至今我国有大批学者从油气地质学、有机地球化学、煤岩学和煤及其有机显微组分的热模实验研究[36,52~88]中指出：煤系成烃总体上以成气为主，成油为辅，使纯朴的煤成气理论发展为成熟的煤成气理论[15]，这对煤成气理论发展做出了重大贡献。但在此期间我国也有部分学者对煤系成烃作用的整体性、区域性和综合性不够注意，强调煤系成油有余，正视煤系成气不足，由此对我国煤成烃勘探方向和资源评价产生一些负面影响。如一段时间把西北侏罗纪煤系作为重点研究和勘探煤成油的目标；在全国第二次油气资源评价中，把塔里木盆地库车拗陷长焰煤至无烟煤成煤阶段的中、早侏罗世煤系烃源岩，以成油为主、成气为辅的观点来评价，从而得出该拗陷气的资源量很低，仅为 4438 亿 m^3，而煤成油的资源量则高达 5. 692 亿 t，这与近几年在该处勘探发现克拉 2 大气田和迪那大气田等大量的煤成气储量，而煤成油量则极少的勘探结果不符合。煤系成烃以气为主、以油为辅的总规律，这是因为煤的基础物质是木本植物，有利于成气的低 H/C 原子比的木质素和纤维素占 60% ~80%，而高 H/C 原子比的有利成油的蛋白质和类脂类含量不超过 5%。煤系成烃以气为主、以油为辅这不仅是中国的，而且也是全世界含煤盆地成烃的总规律[58]。截至 2000 年底，中国探明天然气（气层气）储量 64% 是煤成气[88]，探明全国 21 个大气田中 16 个是煤成大气田，煤成大气田总储量占全国大气田的 86. 8% 和全国天然气总储量的 54. 8%；而全国探明煤成油总储量不到全国石油储量的 3%。这些煤成烃勘探数据，充分说明了煤系成烃以气为主、以油为辅的规律。世界上也有个别含煤盆地的煤系成烃以油为主、以气为辅的，例如，澳大利亚吉普斯兰盆地和我国的吐哈盆地，这些盆地是在特殊的油气地质条件下出现，其中包括壳质组比通常煤系含量高的内因，成藏中与之后运移、扩散以及断层和地层抬升诸多外因而导致以成油为主，这只是特例，不是普遍规律。

1979 年以前指导中国天然气勘探的只有油型气理论的一元论，而认为高等植物形成的煤系不是商业气田的烃源岩。1979年我国开始了用煤成气理论指导找气，使我国天然气勘探的指导理论从一元论发展为二元论（煤成气和油型气），促使了我国天然气储量大幅度增长，这个增长是依赖于煤成气储量在全国天然气总储量的比例不断上升而完成的（图12）。我国从1949年至1978年仅用油型气理论一元论指导勘探的30年间，平均每年探明天然气76亿m^3，天然气储量增长缓慢[88]，中国煤成气的研究始于1979年，从此用二元论指导中国天然气勘探，至2000年的22年间，平均每年探明天然气储量1059亿m^3，年均探明储量是“一元论”指导期间的14倍。由此可见，煤成气在我国的发展和应用，促进了中国天然气储量的大幅度提高，推动了我国近期天然气工业的高速发展。

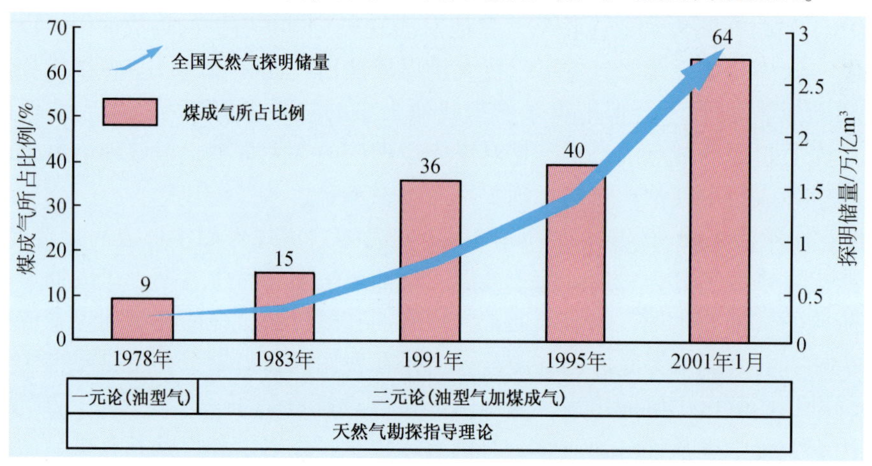

图12 全国天然气储量的增长与煤成气所占比例的提高（据夏新宇等，2002）

参考文献

[1] 国家经济贸易委员会．石油工业“十五”规划．中国石油报，2001-07-06.（1，2）
[2] 大卫．油价波动与我国石油安全．石油商报，2002-05-10
[3] 朱兴珊．经济发展的引擎——我国近期能源现状及展望．中国石油石化，2002，5：8~10
[4] 戴金星，夏新宇，卫延召．中国天然气资源及前景分析．石油与天然气地质，2001，22（1）：1~8
[5] 李国玉．石油：大地之歌．中国石油石化，2002，4：12~15
[6] Worldwide crude oil and gas production. Oil & Gas Journal, 2002, 100（10）：86
[7] 关士聪，阎秀刚，芮振雄等．对我国石油天然气远景资源的分析．石油与天然气地质，1981，2（1）：47~56
[8] 戴金星，戚厚发．关于煤系地层生成天然气量的计算．天然气工业，1981，（3）：49~54
[9] 王开宇．烟花季节下扬州，专家聚议“煤成气”．地质论评，1981，27（6）：549
[10] 戴金星．我国天然气资源及其前景．天然气工业，1999，19（1）：3~6
[11] 戴金星．还我青山碧水．中国科技月报，1999，12：14~15
[12] 张开宁．陕京管线催生京城丽日蓝天．石油商报，2002-02-25
[13] 费伟伟，王彦田．“气”贯神州八千里．人民日报，2002-07-04（1，8）
[14] Fuller M L. Exploration in China. Bull AAPG，1919，3：99~116
[15] 戴金星．油气地质学的若干问题．地球科学进展，2001，16（5）：710~717
[16] 石宝珩，刘炳义．中外地质理论的发展与中国石油地质学之崛起．见：王鸿祯主编．中外地质科学交流史．北京：石油工业出版社，1992. 243~260
[17] Pan C H. Non-marine origin of petroleum in North Shansi and the Cretaceous of Sichuan, China. Bull. AAPG,

1941，25
[18] 黄汲青，翁文波等．新疆油田地质调查报告．中央地质调查所地质专辑，1947
[19] 谢家荣．甘肃玉门石油报告．湖南实业杂志，1992
[20] 尹赞勋．火山爆发白垩纪鱼层及昆虫之大量死亡与玉门石油之生成．地质论评，1948，13（1-2）：139
[21] 黄汝昌．柴达木盆地西部第三纪地层对比岩相变化及含油有利地区．地质学报，1959，39（1）：1～22
[22] 石宝珩．陆相生油理论的确定（连载一）．石油知识，2002，3：32～33
[23] 杨少华．柴达木盆地的生油层及主要油源区．地质科学，1959，5：145～147
[24] 侯德封．关于陆相沉积盆地石油地质的一些问题．地质学科，1959，8：225～227
[25] 胡朝元．生油区控制油气田分布——中国东部陆相盆地进行区域勘探的有效理论．石油学报，1982，3（2）：9～13
[26] 中国科学院兰州地质研究所．中国西北区陆相油气田形成及其分布规律．北京：地质出版社，1960
[27] 田在艺．中国陆相地层的生油和陆相地层中找油．见：中国陆相沉积和找油论文集．北京：石油工业出版社，1960
[28] 韩景行，朱景善，谢秋元等．中国石油地质工作60年的回顾和展望．地质论评，1982，28（3）：272～276
[29] 闫敦实，王尚文，唐智．渤海湾含油气盆地块断活动与古潜山油气田形成．石油学报，1980，1（2）：1～10
[30] 胡见义，童晓光，徐树宝．渤海湾盆地古潜山油藏的区域分布规律．石油勘探与开发，1981，（5）：1～9
[31] 胡见义，童晓光，徐树宝．渤海湾盆地复式油气聚集区（带）的形成和分布．石油勘探与开发，1986，（1）：1～8
[32] 张文昭．中国陆相大油田．北京：石油工业出版社，1997. 1～1016
[33] 李德生．渤海湾含油气盆地的地质构造特征．石油学报，1980，1（1）：6～20
[34] 黄第藩，李晋超，程克明等．中国陆相油气生成．北京：石油工业出版社，1982. 1～355
[35] 黄第藩，李晋超，周翥虹等．陆相有机质演化和成烃机理．北京：石油工业出版社，1984. 1～227
[36] 傅家谟，史继杨．石油演化理论与实际（Ⅰ）——石油演化的机理与石油演化的阶段．地球化学，1979，2：87～110
[37] 程克明，王铁冠，钟宁宁等．烃源岩地球化学．北京：科学出版社，1995. 6～200
[38] 王铁冠等．生物标志物地球化学．武汉：中国地质大学出版社，1990
[39] 王廷栋，蔡开平．生物标志物在凝析气藏天然气运移和气源对比中的应用．石油学报，1990，11（1）：25～31
[40] 傅家谟，刘德汉，盛国英．煤成烃地球化学．北京：科学出版社，1990. 6～355
[41] 戴金星，李鹏举．中国主要含油气盆地天然气的 C_{5-8} 轻烃单体系列碳同位素研究．科学通报，1994，39（23）：2071～2073
[42] 张文正，关德师．液态烃分子系列碳同位素地球化学．北京：石油工业出版社，1997. 20～162
[43] 王大锐．油气稳定同位素地球化学．北京：石油工业出版社，2000. 146～240
[44] 石宝珩，张抗，姜衍文．中国石油地质学五十年．见：王鸿祯主编．中国地质科学五十年．武汉：中国地质大学出版社，1999. 220～230
[45] 史训知，戴金星，朱家蔚等．联邦德国煤成气的甲烷碳同位素研究和对我们的启示．天然气工业，1985，2：1～9
[46] Brooks J D，Smith J W. The diagenesis of plant lipids during the formation of coal，petroleum and natural gas-Ⅰ. Changes in N-paraffin Hydrocarbons. Geochemica et Cosmochimica Acta，1967，31：2307～2389
[47] Brooks J D，Smith J W. The diagenesis of plant lipids during the formation of coal，petroleum and natural

gas-Ⅱ. Colification and the Formation of Oil and Gas in the Gippsland Basin. Geochemica et Cosmochimica Acta，1969，33：1183～1194

[48] 程克明．吐哈盆地油气生成．北京：石油工业出版社，1994. 1～199

[49] 黄第藩，秦匡宗，王铁冠等．煤成油的形成和成烃机理．北京：石油工业出版社，1995. 1～425

[50] 金奎励，王宜林．新疆准噶尔侏罗系煤成油．北京：石油工业出版社，1997. 1～136

[51] 胡社荣．煤成油理论与实践．北京：地震出版社，1998. 1～184

[52] 戴金星．成煤作用中形成的天然气和石油．石油勘探与开发，1979，（3）：10～17

[53] 戴金星．我国煤系地层的含气性初步研究．石油学报，1980，1（4）：27～37

[54] 戴金星．我国煤成气藏的类型和有利的煤成气远景区．见：中国石油学会石油地质委员会编．天然气勘探．北京：石油工业出版社，1986. 15～31

[55] 戴金星，何斌，孙永祥等．中亚煤成气聚集域形成及其源岩．石油勘探与开发，1995，22（3）：1～6

[56] 戴金星，李先奇，宋岩．等．中亚煤成气聚集域东部煤成气的地球化学特征．石油勘探与开发，1995，22（4）：1～5

[57] 戴金星，李先奇．中亚煤成气聚集域东部气聚集带特征．石油勘探与开发，1995，22（5）：1～7

[58] 戴金星，钟宁宁，刘德汉等．中国煤成大中型气田地质基础和主控因素．北京：石油工业出版社，2000. 1～235

[59] 戴金星，戚厚发，王少昌等．我国煤系的气油地球化学特征、煤成气藏形成条件及资源评价．北京：石油工业出版社，2001. 1～159

[60] 史训知．煤成气的研究与发展．见：煤成气地质研究编委会主编．煤成气地质研究．北京：石油工业出版社，1987. 1～8

[61] 裴锡古，费安琦，王少昌等．鄂尔多斯盆地上古生界煤成气藏形成条件及勘探方向．见：煤成气地质研究编委会主编．煤成气地质研究．北京：石油工业出版社，1987. 9～20

[62] 罗启后，陈盛吉，杨家琦．等．四川盆地上三叠统煤成气富集规律与勘探方向．见：煤成气地质研究编委会主编．煤成气地质研究．北京：石油工业出版社，1987. 86～96

[63] 陈伟煌．崖13-1气田煤成气特征及气藏形成条件．见：煤成气地质研究编委会主编．煤成气地质研究．北京：石油工业出版社，1987. 97～102

[64] 宋岩，戴金星，张志伟．煤系气源的主要地球化学特征．见：煤成气地质研究编委会主编．煤成气地质研究．北京：石油工业出版社，1987. 106～117

[65] 朱家蔚，许化政．利用稳定碳同位素研究混合气中的煤成气比例．见：煤成气地质研究编委会主编．煤成气地质研究．北京：石油工业出版社，1987. 175～181

[66] 张文正，刘桂霞，陈安定等．低阶煤及煤岩显微组分的成烃模拟实验．见：煤成气地质研究编委会主编．煤成气地质研究．北京：石油工业出版社，1987. 222～228

[67] 朱家蔚，戚厚发，廖永胜．文留煤成气藏的发现及其对华北盆地找气的意义．石油勘探与开发，1983，1：4～11

[68] 徐永昌，沈平．中原-华北油气区“煤型气”的地球化学特征初探．沉积学报，1985，3（2）：37～46

[69] 王少昌．陕甘宁盆地上古生界煤成气资源远景．见：中国石油学会石油地质委员会编．天然气勘探．北京：石油工业出版社，1986. 125～136

[70] 伍致中，王生荣，卡末力．新疆中下侏罗统煤成气初探．见：中国石油学会石油地质委员会编．天然气勘探．北京：石油工业出版社，1986. 137～149

[71] 戚厚发，戴金星．我国煤成气藏分布特征及富集因素．石油学报，1989，10（2）：1～8

[72] 张士亚，郜建军，蒋泰然．利用甲、乙烷碳同位素判别天然气类型的一种新方法．见：地质矿产部石油地质所编．石油与天然气地质文集（第1集）．北京：地质出版社，1988. 48～59

[73] 王庭斌，张书麟，李晶．中国煤成气的储层特征及成岩后生作用影响．见：地质矿产部石油地质所

编．石油与天然气地质文集（第1集）．北京：地质出版社，1988. 85～100

[74] 张义纲，胡惕麟，曹慧缇等．天然气的生成和气源岩评价方法．见：地质矿产部石油地质研究所编．石油与天然气地质文集（第4集）．北京：地质出版社，1994. 51～64

[75] 张士亚．鄂尔多斯盆地天然气气源及其勘探方向．天然气工业，1994，14（3）：1～4

[76] 冯福闿，王庭斌，张士亚等．中国天然气地质．北京：地质出版社，1995. 4～5，138～147

[77] 戴金星，裴锡古，戚厚发．中国天然气地质学（卷一）．北京：石油工业出版社，1992. 65～82

[78] 戴金星，裴锡古，戚厚发．中国天然气地质学（卷二）．北京：石油工业出版社，1996. 115～134，145～184

[79] 杨俊杰，裴锡古．中国天然气地质学（卷四）．北京：石油工业出版社，1996. 1～285

[80] 戴金星，宋岩，张厚福．中国天然气聚集区带．北京：科学出版社，1997. 57～90，110～118

[81] 毛希森，蔺殿忠．中国近海大陆架的煤成气．中国海上油气（地质），1990，4（2）：27～28

[82] 何家雄．莺歌海盆地东方1-1构造的天然气地质地化特征及成因探讨．天然气地球科学，1994，5（3）：1～8

[83] 邓鸣放，张宏友，梁可明等．琼东南、莺歌海盆地油气特征及其烃源岩研究．中国海上油气（地质），1990，4（11）：15～22

[84] 张启明，郝芳．莺-琼盆地的烃源岩与油气生成．见：龚再升等著．南海北部大陆架边缘盆地分析与油气聚集．北京：科学出版社，1997. 257～326

[85] 吴国蕙. 1989. 西湖拗陷下中新统天然气成因探讨．天然气工业，1989，9（6）：7～11

[86] 朱家蔚，徐永昌，申建中等．东濮凹陷天然气氩同位素特征及煤成气判别．科学通报，1984，（1）：41～44

[87] 沈平，徐永昌，王先彬等．气源岩和天然气地球化学特征及成因机理研究．兰州：甘肃科学技术出版社，1991. 1～243

[88] 夏新宇，秦胜飞，卫延召等．煤成气研究促进中国天然气储量迅速增加．石油勘探与开发，2002，29（2）：17～20

松辽盆地深层气勘探和研究*

随着人类对油气需求的日益增长，中浅层油气勘探开发程度已相当高了，在老油区更高了，因此，需要把油气勘探向深层推进。目前开展4000m以下油气勘探的国家有70多个，发现了2300多个油气藏，其中大油气田30多个。美国阿纳达科盆地5000m深度以下发现53个气藏，在该盆地发现了世界上最深的气田，即米尔斯·兰奇（Mills Ranch）气田，在7663～8083m下奥陶统碳酸盐岩储层中探明储量365亿m^3，单井产量6万m^3/d[1]。我国最深的气藏（7153.5～7175m）是老关庙气藏，在四川盆地川西拗陷阳新统碳酸盐岩中[2]。由此可见，深层气的勘探和研究意义重大。

一、关于深层气的涵义

迄今各学者主要从两个角度去理解“深层”或深层气。

1. 埋深

欧美学者大部分把埋深大于4000m的层系称为深层，因为在平均地温梯度为2.5～3.0℃/100m，当深度为4000～5000m时，大量液态烃的生成趋于结束而转变为气态烃的生成[3]，我国部分学者持此观点（表1）。由于我国东部含油气盆地的地温度梯度常大于3℃/100m，故渤海湾盆地和松辽盆地深层的深度标准比4000m浅，从2800m至3500m（表1）[4,5]。

表1　各学者提出深层的深度标准

作者	提出年份	深度标准
M. C. 佐恩	1994	大于4500m
P. T. 萨姆维洛夫	1995	大于4000～5000m
V. N. 麦列涅夫斯基	1997	大于5000m
李小地	1994	大于4000m
周世新等	1999	大于5000m
王群等	1994	大于2800m
李琳等	1998	大于3500m（大庆外围）
妥进才等	1999	大于3500m（渤海湾）
谯汉生等	2002	大于3500m（渤海湾）

* 原载于贾承造主编《松辽盆地深层天然气勘探研讨会报告集》，石油工业出版社，2004，27～44，作者还有丁巍伟、侯路、米敬奎。

2. 以主含油层（生油窗）为界

许多学者以盆地内中浅层主含油层底为界，称其下者为深层。萧德铭等指出松辽盆地北部深层指泉头组二段以下至基底的各层位[6]。谯汉生等也认为松辽盆地深层为白垩系泉一段、泉二段及其以下地层[4]。V. N. 麦列涅夫斯基认为生油窗其下的天然气统称为深层气[7]。

史斗指出：沉积层内的“深”和沉积层基底以下深度的“深”，在天然气形成理论上是有原则区别的。就沉积层而言，宜将生油主带（生油窗）作为“深”的界限，从此界限开始到基底以上地层范围的天然气统统称为“深层气”；就整个地球而言，宜将沉积层结晶基底和该基底以下的天然气统统称为“深部气”[3]。“深层气”的气源既可以是沉积层本身形成的有机成因气，也可是由结晶基底和其下形成的无机成因气，或者是有机成因气和无机成因气的混合，往往以有机成因气为主。“深层气”成藏概率高。“深部气”的气源既可以是结晶基底本身及其下形成的无机成因气，也可以是上覆沉积层形成的有机成因气，或者是此两种成因气的混合，并常以无机成因气为主。“深部气”成藏概率相对低。

二、有机成因气和无机成因气的鉴别

众多学者研究松辽盆地深层既有有机成因气也有无机成因气[2,4,8~18]。有机成因气以烷烃气为主，无机成因气既有烷烃气[8,19]，但更多的是二氧化碳气[10~17]，这两种气都可形成工业性的气藏。因此，在勘探与研究松辽盆地深层气时，首先了解有机成因气和无机成因气如何鉴别及鉴别指标十分必要。

从天然气中出现频率高的组分，及其形成工业性气藏多寡分析为基础，如何鉴别有机成因的和无机成因的烷烃气及二氧化碳有重大的理论和实践意义。故本文以下主要讨论烷烃气和二氧化碳是有机成因的或无机成因的鉴别。我国许多学者[20~26]对烷烃气和二氧化碳气的成因鉴别做了很好研究，现简要综合如下。

1. 有机成因和无机成因烷烃气的鉴别

1）有机成因甲烷和无机成因甲烷的识别

（1）$\delta^{13}C_1$>-10‰均是无机成因的甲烷。

我国迄今未发现$\delta^{13}C_1$>-10‰的甲烷；美国加利福尼亚州索尔顿湖区$\delta^{13}C_1$为-0.6‰[27]；俄罗斯希比尼地块$\delta^{13}C_1$为-3.2‰[28]；菲律宾三描礼士$\delta^{13}C_1$为-6.11‰~-7.5‰[29]。目前世界上已知有机成因甲烷$\delta^{13}C$最重的均不大于-10‰；俄罗斯无烟煤的煤层气$\delta^{13}C_1$为-10‰[30]；德国普罗伊萨克煤矿的煤层气$\delta^{13}C_1$最重为-12.9‰；中国重庆南桐煤田鱼田堡4煤上分层煤层气$\delta^{13}C_1$可靠最大值为-13.3‰[31]。由此可见，有机成因$\delta^{13}C_1$最重者均在煤层气中。

（2）除高成熟和过成熟的煤成气外，$\delta^{13}C_1$>-30‰的甲烷皆是无机成因的甲烷。

除了高成熟和过成熟的煤成气（表2）和煤层气外，无机成因甲烷和有机成因甲烷$\delta^{13}C$界限值，不同学者提出不同的标准（表3），即有-20‰和-30‰两种标准。笔者认为划分无机成因和有机成因甲烷的$\delta^{13}C_1$界限值-30‰较合理与实用。理由：① 世界上无机成因甲烷，虽有$\delta^{13}C_1$>-20‰，但更多的，特别在地热区则多数在-20‰~-30‰（表4），如果把界限值定为>-20‰，必然把大量无机成因甲烷误划在有机成因气范畴；② -20‰也不是划分有机成因和无机成因甲烷的绝对值，因为在-10‰~-20‰之间有上述指出的俄罗斯无烟煤煤层气、德国普罗伊萨克煤矿煤层气和中国重庆煤层气。区别$\delta^{13}C_1$为-10‰～-30‰是有机成因或无机成因的，可根据地质景观。有机成因的总是出现在有煤系的地区，而在地热火山区的往往是无机成因的。

表2 国内外$\delta^{13}C_1$在-10‰～-30‰的过（高）成熟的煤成甲烷

国家	盆地或气藏（田）	井号	产层	$\delta^{13}C_1$/‰	国家	盆地或气藏（田）	井号	产层	$\delta^{13}C_1$/‰
中国	文留气藏	文23	Es_4	-27.99	德国	雷登气田	19	C_3	-26.6
	文留气藏	文105	Es_4	-27.73		芬多夫气田	6Z	C_3	-12.3
	鄂尔多斯盆地	麟参1	P_1x	-29.23		阿道夫气田	Z4	P_1	-25.3
	准噶尔盆地	彩参1	C_2b	-29.90	澳大利亚	木姆巴气田	30	P	-28.8
	松辽盆地	升61	K_1	-28.33		古特吉尔帕气田	15	P	-20.0

表3 国内外学者关于划分有机成因和无机成因甲烷的$\delta^{13}C_1$界限值

有机成因和无机成因甲烷的$\delta^{13}C_1$界限值/‰，PDB	文献	有机成因和无机成因甲烷的$\delta^{13}C_1$界限值/‰，PDB	文献
一般>-20	陈荣书，1989	>-20	徐永昌等，1993
>-20	沈平等，1991	一般>-30	戴金星，1988，1992
>-20	张义纲等，1991	>-30	Fuex，1977

表4 世界上一些无机成因甲烷的碳同位素组成

地　　点	$\delta^{13}C_1$/‰，PDB	地　　点	$\delta^{13}C_1$/‰，PDB
中国云南省腾冲县澡塘河	-16.61～-29.29	加拿大安大略省萨德伯里N3640A等5个气样	-25.0～-28.4
中国云南省腾冲县黄瓜箐温泉	-20.51	美国黄石公园	-10.4～-28.4
中国云南省腾冲县硫磺塘	-20.21	菲律宾三描礼士	-6.11～-7.50
中国云南省腾冲县大滚锅温泉	-19.48	俄罗斯希比尼地块岩浆岩	-3.2
中国云南省腾冲县小滚锅温泉	-20.58	俄罗斯勘察加热水天然气	-21.4～-32.6
中国云南省腾冲县叠水河冷泉	-29.99	新西兰提科物雷地热区	-27.3～-29.5
中国云南省弥渡县石嘴温泉	-28.40	新西兰布罗兰兹地热区	-25.6～-26.9
中国四川省甘孜县拖坝镇温泉	-23.48～-26.60	新西兰白岛喷气孔	-16.1～-23.3
中国内蒙古克什克腾旗热水镇温泉	-21.76～-22.74	新西兰北岛喷气孔	-27.9～-28.5
中国吉林省长白山天池温泉	-24.04～-36.24	东太平洋北纬21°处中脊热液喷出口	-15.0～-17.6

2）$CH_4/^3He$、$\delta^{13}C_1$和R/R_a综合识别甲烷成因

云南省腾冲热海地区和吉林省长白山天池火山口，地幔脱气形成的二氧化碳、幔源型温泉气中的$CH_4/^3He$为10^6～10^7量级，与东太平洋北纬21°中脊喷出的热液中、冰岛热点区热气和日本列岛温泉气中幔源成因甲烷$CH_4/^3He$为10^5至10^7量级基本一致。许多学者

研究指出：当 $CH_4/^3He$ 为 10^5 至 10^7 量级，$\delta^{13}C_1>-30‰$，$R/R_a>1$ 时，甲烷为幔源型无机成因(表5)[32~36]。戴金星等指出[33]：中国主要含油气盆地中，当 $CH_4/^3He$ 为 10^9 ~ 10^{12} 量级，R/R_a 值小于0.32，且 $\delta^{13}C_1<-30‰$（-31.03‰ ~ -67.32‰）时，这些甲烷为有机成因的甲烷（表5）。

表5 $CH_4/^3He$、$\delta^{13}C_1$ 和 R/R_a 判别甲烷成因

样品所在地点或井号	$\delta^{13}C_1$/‰,PDB	R/R_a	$CH_4/^3He$	文献	甲烷成因
渤海湾盆地黄骅拗陷港151井	-28.60	3.62	4.1152×10^7	戴金星，1997	幔源成因
吉林省长白山天池温泉（3）	-24.04	1.19	1.7365×10^7	戴金星等，1994	
云南省腾冲县澡塘河温泉（Ⅱ）	-19.95	2.86	1.6912×10^7		
云南省腾冲县大滚锅温泉	-19.48	3.26	7.0489×10^6		
云南省腾冲县小滚锅温泉	-20.58	3.37	7.5666×10^6		
东太平洋北纬21°中脊热液流体	-17.6 ~ -15	约8	5×10^6	Welham *et al.*，1979	
日本列岛温泉气			3.2×10^7 ~ 2.9×10^6	卜部明子 *et al.*，1983	
冰岛热点区地热气			1×10^7 ~ 2.1×10^5	Sano *et al.*，1985	
鄂尔多斯盆地陕10井（O_1m）	-34.61	0.01	4.8465×10^{11}	戴金星，1997	有机成因
鄂尔多斯盆地陕30井（O_1m）	-33.94	0.02	3.1650×10^{11}		
四川盆地河1井（P_2ch）	-35.91	0.01	5.618万亿		
苏北盆地真12井（$E_{2-3}s$）	-50.53	0.30	1.4900×10^9		
渤海湾盆地冀中拗陷马21井	-58.07	0.30	3.9284×10^9		
渤海湾盆地黄骅拗陷乌13井	-40.14	0.14	5.2369×10^{10}		
渤海湾盆地黄骅拗陷官5-14井	-47.69	0.21	2.0983×10^{10}		
渤海湾盆地济阳拗陷宁3井（Es_1）	-46.80	0.32	2.1959×10^{10}		
渤海湾盆地济阳拗陷陈气53井	-53.36	0.27	7.0744×10^{11}		
吐哈盆地温1井（J_2x）	-39.43	0.03	1.0405×10^{11}		
吐哈盆地勒1井（J_2b）	-43.14	0.02	3.7378×10^{11}		
吐哈盆地温西3井（J_2s）	-41.47	0.03	2.3448×10^{11}		
塔里木盆地英买19井	-33.55	0.06	4.6828×10^{11}		
塔里木盆地轮23井（T）	-36.12	0.04	9.0339×10^{11}		
准噶尔盆地克75（P_2w）	-31.03	0.32	4.0031×10^{10}		
浙江省平阳县钱仓生物气	-67.32	0.05	6.8504×10^{11}		

3）有机成因烷烃气具有正碳同位素系列，无机成因烷烃气一般具有负碳同位素系列

鉴别无机成因和有机成因烷烃气，烷烃气碳同位素系列有重要的意义。所谓烷烃气碳同位素系列是指依烷烃气分子碳数顺序递增，$\delta^{13}C$ 值依次递增或递减。递增者（$\delta^{13}C_1<\delta^{13}C_2<\delta^{13}C_3<\delta^{13}C_4$）称为正碳同位素系列，递减者（$\delta^{13}C_1>\delta^{13}C_2>\delta^{13}C_3>\delta^{13}C_4$）谓为负碳同位素系列。

有机成因烷烃气具有正碳同位素系列，无机成因烷烃气一般具有负碳同位素系列[2,8,20,23,26,28]。中国主要含油气盆地有大量具有正碳同位素系列的有机成因烷烃气（表

6）。具有负碳同位素系列的无机成因烷烃气（表7），在世界上研究相对较弱而可遇概率低，这是因为：一是在沉积盆地中无机成因气比例极低；二是无机成因烷烃气中以甲烷最常见，而常无乙烷、丙烷等，故不形成烷烃气系列；三是由于沉积盆地往往有大量有机成因烷烃气，致使负碳同位素倒转。即使客观条件有限，但众多学者还发现无机成因烷烃气一般具有负碳同位素系列特征[2,8,15,16,20,23,26,28]。特别值得指出的是在松辽盆地徐家围子断陷发现了相当多的负碳同位素系列。

表6　中国主要含油气盆地具有正碳同位素系列的有机成因烷烃气

盆地	井号	层位	$\delta^{13}C_1$/‰	$\delta^{13}C_2$/‰	$\delta^{13}C_3$/‰	$\delta^{13}C_4$/‰
松辽	金6	K_1q	-52.50	-41.53	-34.01	-32.52
	中检4-25	K_1	-52.17	-37.17	-32.63	-31.52
	乾6-7	K_1	-49.13	-37.16	-33.08	-31.91
	农5	K_1q^3	-48.48	-32.62	-31.26	-26.23
	升69	K_1q	-31.38	-28.89	-28.27	-25.43
	升58-1	K_1q^4	-29.80	-25.78	-21.55	-19.91
	升深1	—	-27.82	-24.92	-24.70	-23.59
	升深6	—	-28.66	-23.27	-23.06	-21.60
渤海湾	双32-22	Es_1	-38.63	-27.26	-25.95	-25.48
	岐81	Es_1	-53.12	-31.09	-28.59	-26.96
	文23	Es_4	-27.80	-24.31	-24.11	-23.90
	晋古2	O	-40.36	-27.68	-25.17	-21.93
	永80	Es_3	-52.00	-36.22	-32.89	-31.33
	平4	Es_4	-50.75	-32.57	-29.37	-28.41
	苏402	O	-37.73	-25.87	-24.09	-23.92
	板深5-1	Es_3	-44.00	-29.30	-27.10	-25.70
鄂尔多斯	任6	P_1x	-35.34	-26.38	-24.33	-23.23
	色1	P_1s	-32.04	-25.58	-24.22	-23.14
	阳8	T_3y	-47.37	-37.20	-33.09	-31.68
	陕参1	O_1m	-34.26	-27.22	-26.73	
	陕33	O_1m	-34.99	-26.71	-25.53	-22.10
	陕67	P_1s	-32.47	-22.24	-21.88	-20.85
	陕217	P_1s	-31.60	-26.00	-24.10	-24.00（nC_4） -21.20（iC_4）
	陕167	P_1x	-33.80	-23.50	-23.40	-22.80（nC_4） -21.30（iC_4）
	苏1	P_1x	-34.24	-22.21	-22.05	-21.64
四川	角37	J_1t^4	-43.13	-32.94	-30.22	-29.34
	中31	T_3x^2	-36.44	-25.61	-24.01	-23.64
	卧13	T_1j^5	-33.13	-28.66	-25.90	-24.21
	成4	T_1j	-34.24	-29.02	-27.09	-25.95
	川孝254	J_3p	-35.50	-22.60	-21.80	-20.90
	川96	T_3x^5	-38.92	-25.98	-22.31	-22.26

续表

盆地	井号	层位	$\delta^{13}C_1$/‰	$\delta^{13}C_2$/‰	$\delta^{13}C_3$/‰	$\delta^{13}C_4$/‰
塔里木	依 590	J	-31. 08	-23. 50	-22. 14	-22. 10
	东河 4	C	-42. 85	-36. 66	-33. 03	-30. 72
	塔中 1	O	-42. 72	-40. 62	-34. 26	-29. 15
	牙哈 4	N_1j	-32. 89	-24. 68	-21. 17	-21. 16
	英买 202	O	-47. 45	-40. 40	-34. 72	-32. 25
	玛 3	C	-35. 60	-35. 10	-31. 10	-27. 60
	克孜 1	K_1y	-35. 17	-26. 75	-22. 83	-22. 63（iC_4） -21. 74（nC_4）
柴达木	跃 11-6	E_3^1	-42. 04	-28. 69	-26. 31	-26. 21
	南 5	N_1—E_3^2	-38. 57	-25. 60	-24. 06	-23. 86
	马中 1	E_3^4	-28. 40	-28. 30	-28. 20	-26. 90
	台南 4	Q	-68. 54	-46. 52	-32. 58	—
	涩 24	Q	-66. 65	-43. 76	-31. 76	—
	涩 21	Q	-64. 90	-37. 66	-23. 57	—
吐哈	温 1	J_2x	-39. 43	-26. 90	-24. 97	-24. 85
	米 1	J_2s	-41. 29	-25. 89	-24. 92	-24. 06
	勒 1	J_2b	-43. 14	-27. 52	-26. 80	-25. 16
	陵 4	J_2s	-40. 23	-26. 95	-25. 50	-25. 25
	丘东	J_2x	-39. 55	-27. 64	-26. 12	-25. 13
	红台 2	J_2s	-40. 45	-24. 72	-24. 59	-24. 30
准噶尔	独 85	N_2	-40. 38	-27. 45	-22. 60	-21. 00
	盆参 2	J_1s	-34. 65	-26. 81	-26. 35	-25. 52
	火南 1	P_2p	-47. 6	-41. 1	-35. 0	-32. 7
	呼 2	E_2z	-37. 84	-22. 96	-21. 20	-21. 17
	台 27	J_2t	-42. 91	-28. 45	-25. 02	-25. 35
苏北	东 60	E_1f^2	-50. 00	-42. 97	-29. 06	-28. 91
	东 64	E_1f^2	-49. 54	-38. 04	-36. 12	-28. 19
	新朱 1	E_1f^1	-38. 1	-26. 5	-25. 5	-24. 6
	盐参 1	E_1f^1	-37. 8	-27. 0	-25. 6	-25. 4
	盐参 1	K_2t^1	-40. 99	-27. 06	-24. 88	-24. 44
	富 18	E_2d	-44. 70	-30. 88	-28. 08	-27. 82
	真 98	E_2d	-44. 46	-28. 37	-27. 34	27. 30
莺-琼	崖 13-1-2	E	-35. 60	-25. 14	-24. 23	-24. 13
	乐东 20-1-1	N	-32. 04	-24. 20	-21. 34	-21. 04
	东方 1-1-2	N	-36. 04	-25. 74	-23. 44	-22. 33
	乐东 15-1-1	N	-34. 64	-23. 49	-20. 25	-19. 02
	乐东 22-1-1	Q	-36. 0	-22. 8	-21. 1	-20. 5
	乐东 22-1-7	Ny_1	-33. 9	-23. 1	-21. 1	-21. 0

续表

盆地	井号	层位	$\delta^{13}C_1$/‰	$\delta^{13}C_2$/‰	$\delta^{13}C_3$/‰	$\delta^{13}C_4$/‰
东海	平湖2	E_2p	-35.37	-27.01	-26.95	-26.93
	平湖3	E_2p	-36.08	-27.44	-27.27	-26.26
	玉1	E_3h	-31.08	-25.42	-22.62	—
	天1	E_3h	-35.58	-28.26	-26.72	-26.23
	丽水36-1-1	$E_{1-2}m$	-46.30	-29.55	-26.96	-26.86
	春晓5	—	-34.4	-27.1	-25.6	-25.0
珠江口	LF13-1-1	N_1^1	-61.18	-34.41	-31.32	-30.70
	HZ26-1-1	N_3^2	-44.08	-39.42	-28.07	-27.57
	LM19-3-1	—	-41.98	-26.78	-25.13	-24.51

表7 世界烷烃气负碳同位素系列

气样地点	$\delta^{13}C_1$/‰	$\delta^{13}C_2$/‰	$\delta^{13}C_3$/‰	$\delta^{13}C_4$/‰	文献
中国松辽盆地芳深1井	-18.63	-23.22	—	—	戴金星等，1992
	-18.70	-22.40	-24.10	-28.20	郭占谦等，1997
中国松辽盆地芳深2井	-16.70	-19.20	-24.30	—	郭占谦等，1997
中国松辽盆地芳深9井	-27.45	-32.11	—	—	霍秋立等，1998
	-27.11	-30.05	-30.50	-32.98	杨玉峰等，2000
中国松辽盆地昌103井	-21.77	-26.17	-28.20	-28.78	郭占谦等，1997
中国东海盆地天外天构造1井	-17.00	-22.00	-29.00	—	张义纲等，1991
俄罗斯希比尼地块岩浆岩	-3.2	-9.1	-16.2	—	Зорькин *et al.*，1984
美国黄石公园泥火山	-21.50	-26.50	—	—	Des Marais *et al.*，1981

在此必须指出：只有原生型负碳同位素系列的烷烃气才是无机成因，在负碳同位素系列中原生型占绝大多数。少部分次生型负碳同位素系列烷烃气并非无机成因。综合地质和地球化学分析是判别次生型负碳同位素系列的重要途径。在负碳同位素系列中，当$\delta^{13}C_1<-30‰$为次生型。因上述指出有机成因和无机成因$\delta^{13}C_1$划分界限值为-30‰，小于此值为有机成因的甲烷。塔里木盆地库车拗陷大宛齐油气田大宛1井，在2391～2394m康村组含气水层$\delta^{13}C_1$为-17.9‰、$\delta^{13}C_2$为-21.4‰、$\delta^{13}C_3$为-26.2‰，具有负碳同位素系列，故曾被认为是典型的无机成因烷烃气[37]，但是该含气水层之上5个气层的$\delta^{13}C_1$从-30.90‰至-38.18‰，均是有机成因气的特征，秦胜飞认为该气层的负碳同位素系列与天然气扩散分馏有关[38]。因为烷烃气扩散速率为：$CH_4>C_2H_6>C_3H_8>C_4H_{10}$；碳的两个同位素$^{12}C$和$^{13}C$扩散速率亦不同，前者大于后者。储层中甲烷在扩散时，轻的^{12}C大量扩散了，残余的甲烷中^{13}C储存量相对增加，导致甲烷碳同位素偏重，扩散进行到一定程度，可使甲烷碳同位素重于乙烷的碳同位素。同理，由于扩散分馏乙烷碳同位素可重于丙烷，丙烷的亦可重于丁烷，从而致使有机成因的烷烃气正碳同位素系列被改造为次生型负碳同位素系列。美国中阿帕拉契盆地有烷烃气负碳同位素系列，即$\delta^{13}C_1$为-27.20‰、$\delta^{13}C_2$为-35.83‰、

$\delta^{13}C_3$ 为-37.41‰，也是由于天然气扩散分馏作用所致[39]。

2. 有机成因和无机成因二氧化碳的鉴别

由于在中国东部发现了许多无机成因二氧化碳气田（藏），因此，研究鉴别有机成因和无机成因的二氧化碳有重大的理论和实践意义。

1）有机成因 $\delta^{13}C_{CO_2}$<-10‰，无机成因 $\delta^{13}C_{CO_2}$>-8‰

二氧化碳碳同位素（$\delta^{13}C_{CO_2}$）是一种鉴别有机成因和无机成因二氧化碳的有效方法，国内外许多学者对此做过较多研究。戴金星指出我国 $\delta^{13}C_{CO_2}$ 值区间为+7‰～-39‰，其中有机成因 $\delta^{13}C_{CO_2}$ 主要在-10‰～-39.14‰，主频率段在-12‰～-17‰；无机成因的 $\delta^{13}C_{CO_2}$ 主要在+7‰～-8‰，主频率段在-3‰～-8‰（图 1）[40~42]。沈平等认为无机成因的 $\delta^{13}C_{CO_2}$>-7‰，而有机质分解和细菌活动形成的有机成因的 $\delta^{13}C_{CO_2}$ 值为-10‰～-20‰[24]。上官志冠等指出，变质成因的 $\delta^{13}C_{CO_2}$ 值应与沉积碳酸盐岩的 $\delta^{13}C$ 值相近，即在+1‰～-3‰，而幔源的 $\delta^{13}C_{CO_2}$ 值平均为-5‰～-8.5‰[43]。Gould 等认为岩浆来源的 $\delta^{13}C_{CO_2}$ 值虽多变，但一般在-7±2‰[44]。Moore 等指出太平洋中脊玄武岩包裹体中二氧化碳的 $\delta^{13}C_{CO_2}$ 为-4.5‰～-6.0‰[44]。现以国内外各种成因二氧化碳为基础，综合各学者有关 $\delta^{13}C_{CO_2}$ 数据，可归为有机成因 $\delta^{13}C_{CO_2}$<-10‰，主要在-10‰～-30‰区间；无机成因 $\delta^{13}C_{CO_2}$>-8‰，主要在-8‰～+3‰区间。无机成因二氧化碳中，由碳酸盐岩变质成因二氧化碳的 $\delta^{13}C_{CO_2}$ 值接近于碳酸盐岩的 $\delta^{13}C$ 值，在 0±3‰左右；火山-岩浆成因和幔源二氧化碳的 $\delta^{13}C_{CO_2}$ 大多在-6±2‰。

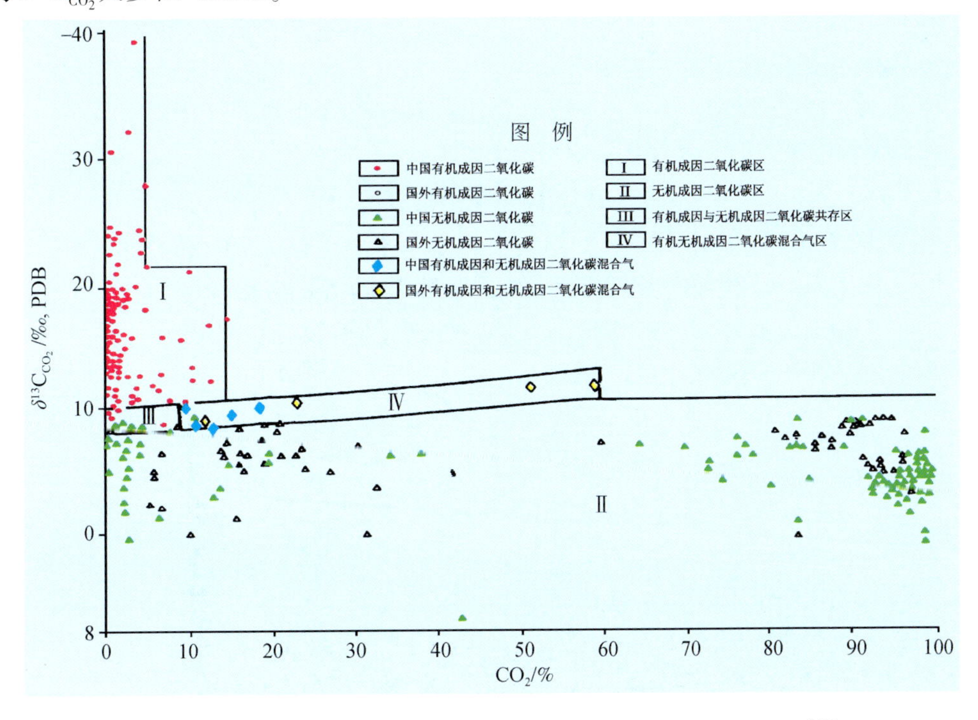

图 1 有机成因和无机成因二氧化碳的鉴别（据戴金星等，1995）[12]

2）二氧化碳鉴别图版

根据中国不同成因的212个气样的二氧化碳含量及对应$\delta^{13}C_{CO_2}$值，同时还利用了澳大利亚、泰国、新西兰、菲律宾、加拿大、日本和俄罗斯各种成因100多个样品的二氧化碳含量及对应$\delta^{13}C_{CO_2}$资料，编绘了不同成因二氧化碳鉴别图（图1）（Ⅰ区有大量重叠点，进行了删减）。由图1可知：Ⅰ区为有机成因二氧化碳，Ⅱ区为无机成因二氧化碳，Ⅲ区为有机成因和无机成因二氧化碳共存区，Ⅳ区为有机成因和无机成因二氧化碳混合气区。从整体上看，当二氧化碳含量小于15%，$\delta^{13}C_{CO_2}<-10‰$是有机成因二氧化碳；当$\delta^{13}C_{CO_2}\geq -8‰$，都是无机成因二氧化碳；当二氧化碳含量大于60%都是无机成因二氧化碳。该鉴别图编制后近10年来，中国发现了大量有机成因和无机成因二氧化碳，取得的数据应用与该鉴别图吻合度很好。

三、松辽盆地深层气的两种成因四类气源

许多研究者指出松辽盆地深层为泉一、泉二段及其以下地层[4,6]。据此，松辽盆地深层气有两种成因四类气源。有机成因以煤成气为主；无机成因包括三类气：幔源二氧化碳气、烷烃气以及碳酸盐岩接触变质带的二氧化碳气。萧德铭等指出：在松辽盆地北部深层以有机成因煤成气为主，兼有无机成因气，天然气资源丰富[6]。

1. 有机成因气

松辽盆地深层断陷中火石岭组、沙河子组上段和下段和营城组，为河流沼泽与湖沼相四套煤系沉积[4]，成气母质以Ⅱ$_2$-Ⅲ型干酪根为主；登娄库组和泉头组一、二段，也有腐殖型气源岩（图2），以上均为有机成因深层气藏的主要气源岩。石炭-二叠系浅变质岩中有机质大部分也属Ⅲ型干酪根，成为潜在的煤成气源。目前，在松辽盆地深层已发现了煤成气田，例如，汪家屯气田泉一、登三、登四段煤成气[4]、升平气田的煤成气（表6）等，同时也发现许多井的烷烃气具有煤成气和无机成因烷烃气混合的特征（表8）。随着深层气勘探深入能发现更多煤成气田和混合气型气田，以煤成气源为主的深层气潜力可观，谯汉生等指出汪家屯气田深层气控制地质储量达276.65亿m^{3}就是一例。

表8　松辽盆地煤成气和无机成因气形成的混合气

井号	层位	$\delta^{13}C_1$/‰	$\delta^{13}C_2$/‰	$\delta^{13}C_3$/‰	$\delta^{13}C_4$/‰
肇深1	基岩	-25.59	-31.39	-28.74	-31.31
升61	K_1q^{3-4}	-28.69	-24.80	-27.08	-24.02
升66	K_1q^4	-27.88	-24.33	-24.01	-27.34
五深1	K_1d	-28.10	-28.11	-27.11	-28.83
四深1	K_1d	-28.01	-34.37	-34.08	-33.45
芳深7	3482.0～3380.2m	-28.72	-31.32	-31.92	-29.46

2. 无机成因气

1）幔源二氧化碳气及其气田（藏）

松辽盆地目前发现4个幔源型二氧化碳气田（藏）（表9）。因为在层位上泉一、泉二段

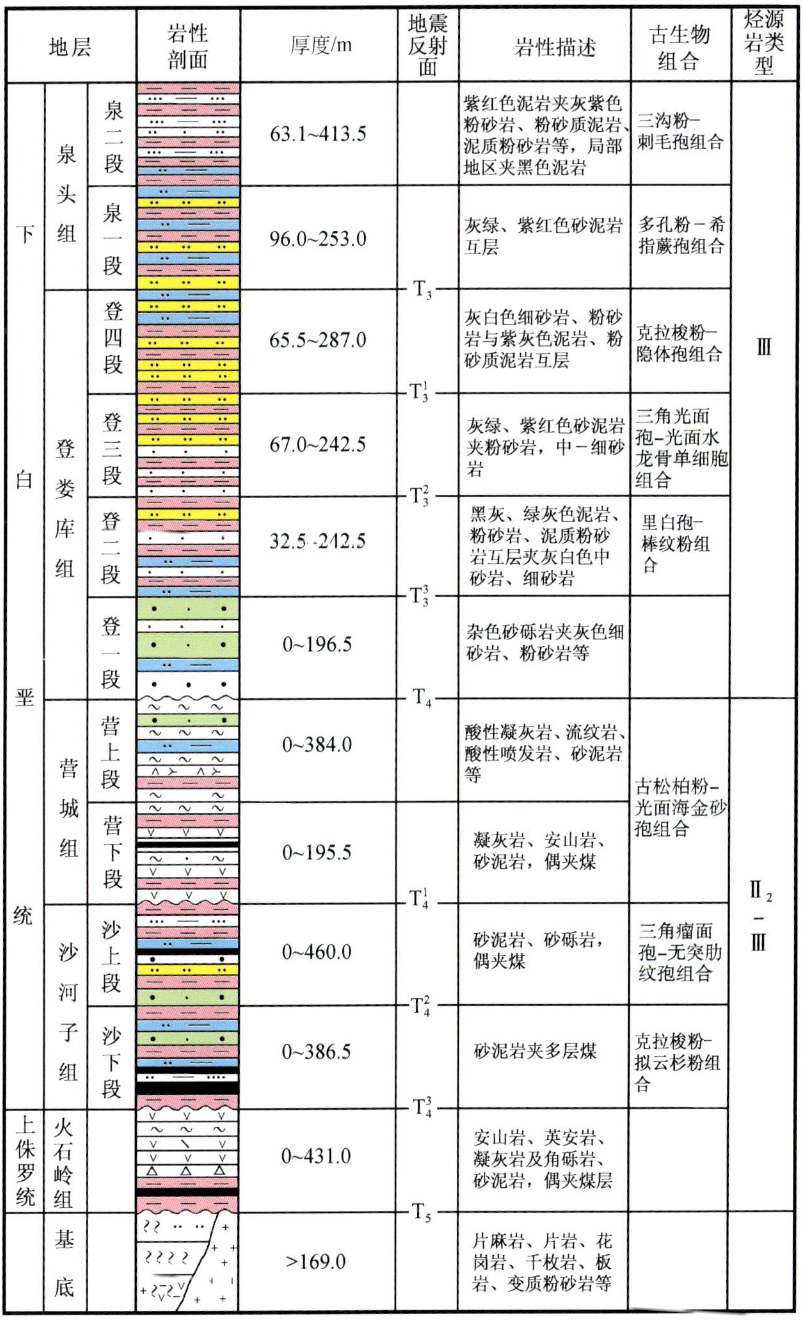

地层			岩性剖面	厚度/m	地震反射面	岩性描述	古生物组合	烃源岩类型
下白垩统	泉头组	泉二段		63.1~413.5		紫红色泥岩夹灰紫色粉砂岩、粉砂质泥岩、泥质粉砂岩等，局部地区夹黑色泥岩	三沟粉–刺毛孢组合	Ⅲ
		泉一段		96.0~253.0	T_3	灰绿、紫红色砂泥岩互层	多孔粉－希指蕨孢组合	
	登娄库组	登四段		65.5~287.0	T_3^1	灰白色细砂岩、粉砂岩与紫灰色泥岩、粉砂质泥岩互层	克拉梭粉–隐体孢组合	
		登三段		67.0~242.5	T_3^2	灰绿、紫红色砂泥岩夹粉砂岩，中－细砂岩	三角光面孢–光面水龙骨单细胞组合	
		登二段		32.5~212.5	T_3^3	黑灰、绿灰色泥岩、粉砂岩、泥质粉砂岩互层夹灰白色中砂岩、细砂岩	里白孢–棒纹粉组合	
		登一段		0~196.5	T_4	杂色砂砾岩夹灰色细砂岩、粉砂岩等		
	营城组	营上段		0~384.0		酸性凝灰岩、流纹岩、酸性喷发岩、砂泥岩等	古松柏粉–光面海金砂孢组合	$Ⅱ_2$–Ⅲ
		营下段		0~195.5	T_4^1	凝灰岩、安山岩、砂泥岩，偶夹煤		
	沙河子组	沙上段		0~460.0	T_4^2	砂泥岩、砂砾岩，偶夹煤	三角瘤面孢–无突肋纹孢组合	
		沙下段		0~386.5	T_4^3	砂泥岩夹多层煤	克拉梭粉–拟云杉粉组合	
上侏罗统	火石岭组			0~431.0	T_5	安山岩、英安岩、凝灰岩及角砾岩、砂泥岩，偶夹煤层		
	基底			>169.0		片麻岩、片岩、花岗岩、千枚岩、板岩、变质粉砂岩等		

图 2　徐家围子断陷综合柱状图（据谯汉生等，2002；戴金星，2004 补充修改）

及其以下才属深层气，故属于深层幔源型二氧化碳气藏（田）为万金塔气田和农安村气藏。

（1）万金塔气田：万金塔气田位于吉林省农安县万金塔乡伊通畔，在松辽盆地德惠凹陷西缘。气田是古生界变质岩基础上的断块短轴背斜控制的多气藏的二氧化碳气田（图 3）。气田发现井为万 2^2 井，1980 年在泉头组三段试气获 131.257 万 m^3/d[46]。主要气藏位于下白垩统泉头组一、二、三段粉砂岩和细砂岩中，埋深分别为 1069～1072m、948.6～1009.8m 和

表 9　松辽盆地无机成因二氧化碳气藏（田）天然气的地球化学参数

气藏(田)	井号	深度/m	层位	气体主要组分/%				δ^{13}C%，PDB					氦同位素		文献
				CO_2	CH_4	C_2^+	N_2	$\delta^{13}C_{CO_2}$	$\delta^{13}C_1$	$\delta^{13}C_2$	$\delta^{13}C_3$	$\delta^{13}C_4$	$^3He/^4He$	R/R_a	
万金塔	万 2	785	K_1q^3	57.79	34.56	0.45	6.67								戴金星等，1995
		778～809		69.51	27.53	0.45	2.50								
		838.8～863.4		99.02	0.61		0.37	-4.04					$(6.87\pm0.22)\times10^{-6}$	4.91	
		838.8～863.4		99.76	0.14										
	万 4	774.5～788.5	K_1q^3	89.92	9.69	0.39		-8.83	-45.37						
	万 5	740	K_1q^3	93.43	3.74		2.67	-4.95	-38.66				$(4.67\pm0.08)\times10^{-6}$	3.34	
		939～952		97.95	0.13	2.12									
		1011～1072	K_1q^{2+1}	99.48	0.52			-4.60	-42.07						
	万 6	603	K_1q^3	99.77	1.39		0.77	-4.31	-40.14				$(6.94\pm0.20)\times10^{-6}$	4.96	
孤店	孤 12		K_1q^4	81.05	5.05	0.68	13.19	-5.74	-43.70				$(4.53\pm0.13)\times10^{-6}$	3.24	
	孤 9	1572.4～1580.2	K_1q^4	97.05	2.65	0.20		-8.44	-43.97				$(4.51\pm0.14)\times10^{-6}$	3.22	
乾安	乾深 10	2176.2～2185.2	K_1q^4	80.73	0.99	0.20	16.16	-3.73					$(4.43\pm0.08)\times10^{-6}$	3.16	
农安村	芳深 9	3602～3620	K_1ych	89.33	9.61	0.14 (C_2H_6)	0.49	-4.06	-27.45	-32.11					庞庆山等，2002
				84.20	15.11	0.23	0.45	-5.46	-23.77	-30.05	-30.50	-32.98			冯子辉等，2003
				84.20	15.11	0.23	2.435	-4.06	-27.11	-30.05	-30.52	-32.98		3.00	杨玉峰等，2000，侯启军等，2002
		3602～3623		88.67	10.93	0.16	0.22	-5.46	-27.25				4.50×10^{-6}	3.21	侯启军等，2002
				90.38	9.37	0.15 (C_2H_2)	0.09	-5.46	-27.25						庞庆山等，2002

774.5～843.8m，泉三段为主要产层。气田盖层为泉三段上部和泉四段厚150～200m的泥岩。初步估计气田储量在30亿m^3以上[47]，已有20多年开采史，目前还在开发中。

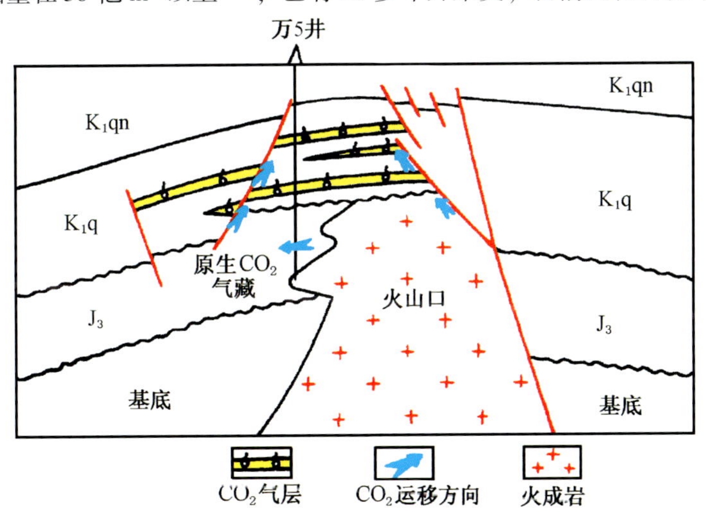

图3 万金塔气田横剖面

万金塔气田各气藏的天然气中CO_2含量从57.79%至99.77%，一般CO_2含量大于90%（表9），是个典型的二氧化碳气田。由于$\delta^{13}C_{CO_2}$为-4.04‰至-8.83‰，平均值为-5.35‰，处于岩浆-幔源成因的$\delta^{13}C_{CO_2}$在-6‰±2‰范围值内，同时从与二氧化碳伴生的氦气R/R_a为3.34至4.96，说明有高含量幔源氦（^3He），进一步说明二氧化碳为岩浆-幔源成因。万2井和万5井从深层向浅层天然气中二氧化碳含量由高变低（表9），也说明气源是从深部来的。但各气层中烷烃气，主要是甲烷的含量从0.13%至34.56%，一般小于10%，因为$\delta^{13}C_1$为-38.66‰～-45.37‰，轻于无机成因$\delta^{13}C_1$的-30‰界限值，所以甲烷均为有机成因，并具有油型气的特征。岩浆-幔源成因的二氧化碳气中存在少量有机成因烷烃气，这是因为二氧化碳从深部向上运移进入沉积岩过程中，掺混了生油岩生成的有机成因的烷烃气所致。

万金塔地区在晚侏罗世处于火山口附近，这在地震剖面上特征明显，而且由万1井取心见1.6m辉绿岩和玄武岩，万5井至少有三次火山活动的产物——玄武岩、凝灰岩和角砾凝灰岩。现在下白垩统泉头组气藏，是由火山口附近来源的岩浆-幔源的二氧化碳聚集在上侏罗统的原生二氧化碳气藏（图3），因晚侏罗世的构造运动影响，使原生二氧化碳气藏遭受破坏，沿断裂向上运移聚集二次成藏的产物[11,13]。

（2）农安村气藏：位于黑龙江省肇州县榆树乡农安村孙家围子屯一带，在松辽盆地徐家围子断陷。1997年发现，在芳深9井的营城组火山岩体获气50938m^3/d[15,48]，火山岩储层孔隙度为2.9%至9.2%，平均为4.4%。此外，登娄库组下部（K_1d^1）砂砾岩为次要储层，芳深9井位于控盆断裂旁侧且处在构造高部位，裂缝十分发育。气藏的区域盖层为登二段（K_1d^2）暗色泥岩，砂岩总体上不发育，泥地比大于70%（图4）。营城组湖相泥岩厚度大，泥地比高，为局部性盖层。

该气藏以往称昌德东CO_2气藏，包括芳深9井、芳深7井、芳深701井和芳深6井[4,14～17]。笔者认为原昌德东CO_2气藏包括以上四口井不妥，理由：其一，由表9、表10可知，芳深7井、芳深701井和芳深6井营城组（K_1ych）天然气中CO_2含量从6.61%至

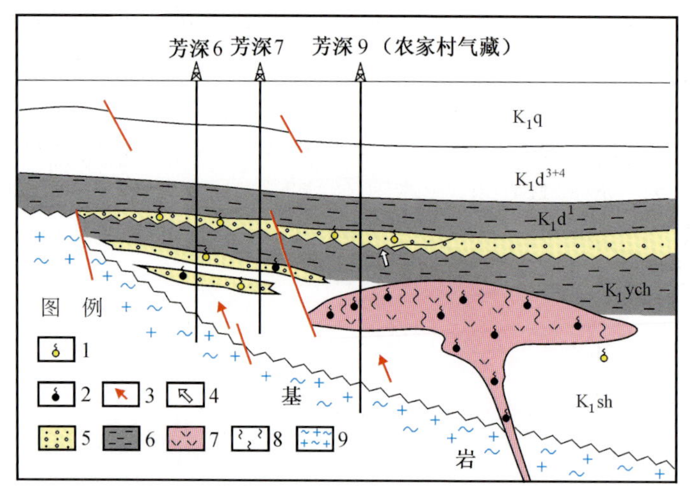

图4 农安村气藏横剖面示意图

（据霍秋立等，1998；戴金星修改，2004）

1. 有机成因气；2. 无机成因气；3. 无机成因气运移方向；4. 有机成因气运移方向；5. 砂砾岩；6. 泥岩；7. 酸性火山岩；8. 裂隙；9. 基岩

45.20%，由于 CO_2 含量低于称为 CO_2 气藏60%标准，故这些井不属 CO_2 气藏（层），只有芳深9井 CO_2 含量大于60%，在84.20%至90.38%才是 CO_2 气层或气藏。其二，芳深7井烷烃气不具有负碳同位素系列的特征，发生碳同位素倒转，为煤成气和无机成因气混合气，而芳深9井营城组烷烃气则具有负碳同位素系列特征，属无机成因的。

表10 芳深6、芳深7井等天然气地球化学参数

井号	井深/m	层位	气体主要组分/%					$\delta^{13}C$/‰，PDB					文献
			CO_2	CH_4	C_2^+	N_2	He	$\delta^{13}C_{CO_2}$	$\delta^{13}C_1$	$\delta^{13}C_2$	$\delta^{13}C_3$	$\delta^{13}C_4$	
芳深7	3380.2~3482.0	K_1ych	39.955	7.68	1.24	1.07	0.006		-28.72	-31.32	-31.92	-29.46	庞庆山等，2002
	3380~3482		39.95	57.68	1.24	1.07	0.006		-28.72	-31.32	-31.92	-29.46	霍秋立等，1998
深701	3575.8~3602.0	K_1ych	45.20	53.35	0.66	0.56	0.120						冯子辉等，2001
	2755.4~3409.1		15.32	81.79	1.49	1.36	0.007	-6.61	-23.60	-29.32			庞庆山等，2002
芳深6	2755~3409	K_1ych	15.32	81.79	1.52		0.007	-6.61	-23.60	-29.32			杨玉峰等，2000
	2755.4~3409.1		15.32	81.79	1.49	1.36	0.007	-6.61	-23.60	-29.32			霍秋立等，1998
	2755~3409		6.61	89.73	2.32	1.21	0.03	-6.61	-23.60	-29.32			冯子辉等，2003

在原称昌德东 CO_2 气藏中，只有芳深9井具有 CO_2 气藏的特征。由于该井位于肇州县榆树乡农安村一带，故称为农安村气藏（田）。农安村 CO_2 气藏是个纯无机成因气藏，因

为该气藏中的各组分天然气均几乎是无机成因的。由表 9 可知：其中，该气藏 CO_2 含量为 84.20% ~90.38%，故是 CO_2 气藏，$\delta^{13}C_{CO_2}$为-4.06‰ ~ -5.46‰，在岩浆-幔源 $\delta^{13}C_{CO_2}$值 -6±2‰范围内；烷烃气具负碳同位素系列特征，说明烷烃气是无机成因的；该天然气中氦含量达2.743%，是松辽盆地天然气氦含量最高的[49]，同时幔源氦 ^3He 达 38.2%[50]，R/R_a 为 3.00 至 3.21，说明具有明显幔源来的特征。该气藏中仅有 N_2 未做同位素分析，同时含量低仅 0.22% ~2.435%（表 10），故难于判别是无机成因或有机成因，但芳深 9 井 3572.06m 和 3582.06m 火山岩储层中原生包裹体气相组分中也含有 N_2（表 11），故可以认为该气藏的 N_2 也是无机成因的。据天然气中各组分的成因分析，可知农安村气藏是纯无机成因气藏，这种纯无机成因气藏在世界上十分罕见。

表 11 气藏火山岩储层原生型包裹体气相相分（据冯子辉等，2003）

井号	井深/m	层位	样品号	气相组合/mol,%							
				H_2O	H_2	CH_4	C_2^+	H_2S	N_2	CO	CO_2
芳深 9	3572.06	K_1ych	1	76.34	0.36	5.99	0.11	0.32	1.00	0.68	15.18
			2	95.15	0.14	0.70	0.10	0.10	0.28	0.19	3.45
			3	87.86	0.72	3.69	0.10	—	2.42	2.93	2.26
			4	99.28	—	0.15	0.10	0.10	0.26	—	0.16
	3582.06		2	98.89	0.18	0.10	—	—	—	0.49	0.36

2）无机成因烷烃气藏——昌德气藏

昌德气田位于黑龙江省大庆市大同区大青山乡青山村和安达市昌德乡薛海田屯一带，在松辽盆地徐家围子断陷西缘安达-肇州背斜带中部的昌德-大青山构造。昌德-大青山构造是在变质岩基底隆起上发育起来的背斜（图 5）。由图 5 可知该构造发育有岩性构造气藏。构造上有 17 条近南北及北东向断层，断层断距上小下大，向上消失于泉头组（K_1q）泥岩段中，对圈闭不构成破坏作用，断距 50 ~ 100m，但向下断距增大，在基岩面断距可达 500m 以上。深切变质岩基底的断裂为无机成因气向上运移创造了有利条件。主要储层为登娄库组三、四段（K_1d^{3-4}）河流相中砂岩和砂砾岩，横向延展较差，胶结致密，孔隙度最小 1.5%，最大 9.5%，渗透率最小为 $0.01\times10^{-3}\mu m^2$，最大为 $5.42\times10^{-3}\mu m^2$，芳深 1 井 2926.0 ~2940.2m（K_1d^4）产气 $40814m^3/d$。储层总厚 130m 左右，单层厚 3 ~5m。气层厚 19 ~26m，埋深 2700 ~3100m，气层温度 121 ~ 132.8℃，地温梯度为 4℃/100m 以上[33]。芳深 1、芳深 2 和芳深 4 井区域盖层为泉头组（K_1q）下部稳定泥岩及登娄库组（K_1d）上部泥岩和致密砂岩层。泉头组盖层厚度 271 ~349m[6]。

昌德气藏由于芳深 1 井、芳深 2 井具有负碳同位素系列特征（表 12），故许多学者认为烷烃气为无机成因的[8,9,33,51]。关于昌德气田包括范围，不同学者观点不同，郭占谦等认为该气田不仅包括芳深 1 井、芳深 2 井、芳深 3 井、芳深 4 井和芳深 5 井，还包括了芳深 7 井[9]。由于芳深 7 井不在昌德-大青山构造上，同时天然气组分 CH_4 仅为 57.68%，烷烃气不具负碳同位素系列特征并有倒转（表 10）等，与芳深 1 井 CH_4 占 91.56%，烷烃气具负碳同位系列特征很不同（表 12）。因此，昌德气田实际范围没有这样大。笔者从构造与天然气地球化学观点分析，把同在一个构造内（昌德-大青山背斜）的芳深 1、芳深 2、芳深 3、芳深 4、芳深 5 井三个气藏统称为昌德气田较合理（图5）。从图 5 可知：同受

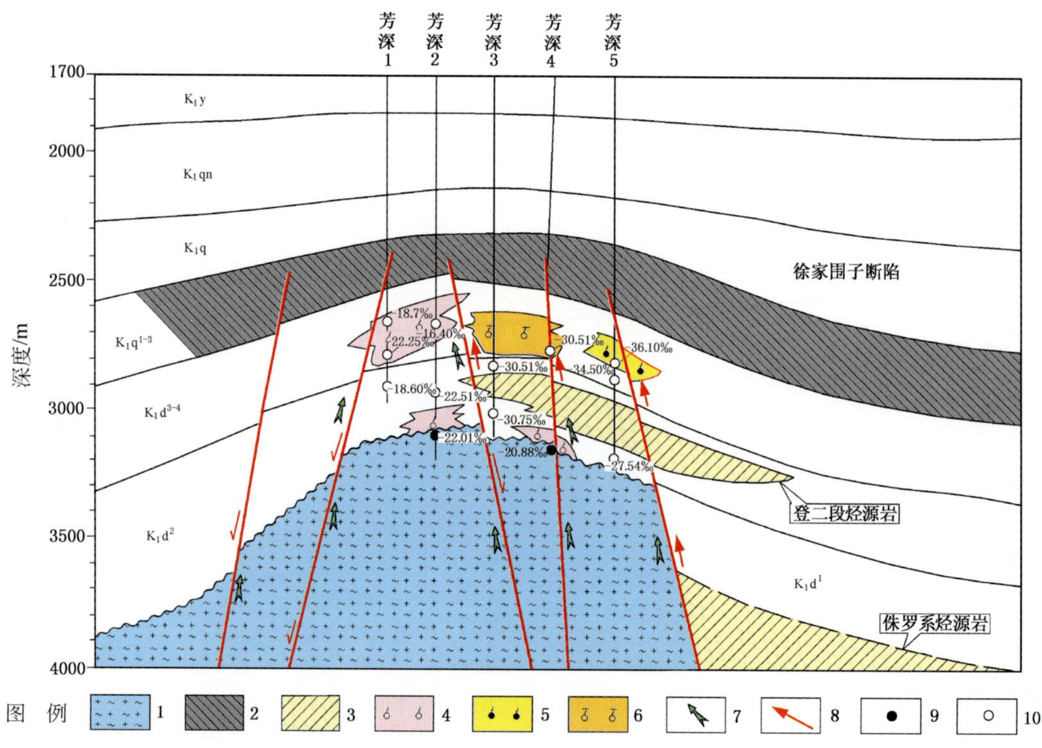

图5　昌德地区天然气运移聚集模式示意图（据高瑞祺等，1993[52]；戴金星，2004 修改补充）

1. 变质岩基底；2. 泥岩盖层；3. 烃源岩；4. 无机成因为主气藏；5. 有机成因为主气藏；
6. 有机成因和无机成因混合气藏；7. 无机成因气运移方向；8. 有机成因气运移方向；
9. 基岩中 $\delta^{13}C_1$ 值；10. 登娄库组（K_1d）$\delta^{13}C_1$ 值

构造顶部控制的登娄库组三、四段有三个岩性构造型气藏。笔者建议把具无机成因烷烃气为主的芳深 1、芳深 2 井称为昌德气藏，这些烷烃气不仅具有负碳同位素系列，而且所有 $\delta^{13}C_1$ 均很重，从-16.4‰至-22.51‰。芳深 2 井基岩天然气 $\delta^{13}C_1$ 为-22.01‰，与其上沉积岩中即登娄库组（K_1d_2）$\delta^{13}C_1$ 接近-22.51‰，说明甲烷来自深部（图 5），是无机成因气，但 $\delta^{13}CO_2$ 为-19.15%（表 12）具有机成因特征，故昌德气藏不是纯无机成因的天然气。昌德气藏是目前世界上发现唯一有充分地球化学依据的以产烷烃气为主的无机成因气藏。芳深 3、芳深 4 井为岩性构造气藏，虽芳深 4 井基岩 $\delta^{13}C_1$ 为-20.88‰是无机成因的，但产于登娄库组二、三、四段气藏中 $\delta^{13}C_1$ 值为-30.51‰和-30.75‰稍小于无机成因甲烷界限值-30‰，该气藏具有基岩无机成因甲烷和登娄库组二段烃源岩生成有机成因甲烷的混合气的特征，这两种气是通过断裂向上运移混合的（图 5）。芳深 5 井底部登娄库组二段（K_1d^2）天然气 $\delta^{13}C_1$ 为-27.54‰，具有基岩无机成因甲烷迹象，但登娄库组三、四段天然气 $\delta^{13}C_1$ 为-34.40‰和-36.10‰，表现有机成因气为主的特征，因为其与芳深 3、芳深 4 井气藏相比，不仅有登二段源岩供给气，还有侏罗系源岩供应的气，即有有机成因双气源供气（图 5），因此，该气藏是以有机成因烷烃气为主。

表 12　农安村气藏天然气地球化学参数

井号	层位	井深/m	气体主要组分/%						$\delta^{13}C$/‰，PDB					文献
			CH_4	C_2H_6	C_3H_8	C_4H_{10}	CO_2	N_2	$\delta^{13}C_1$	$\delta^{13}C_2$	$\delta^{13}C_3$	$\delta^{13}C_4$	$\delta^{13}C_{CO_2}$	
芳深1	K_1d^3	2926.2 ~2946.0	91.56	1.45	0.15	0.03	0.39	6.36	-18.63	-23.22			-19.15	戴金星，1992
		2317.0 ~2869.0							-18.7	-22.4	-24.1			郭占谦等，1999
									-18.7	-22.4	-24.1	-28.2		郭占谦等，1997
芳深2	K_1d								-18.90	-19.90	-34.10			郭占谦等，1994
		2991.0 ~3038.4							-16.7	-19.2	-24.3			郭占谦等，1999
		2309~3105	93.87	C_{2+}0.62			0.50	He 0.04	-16.70	-19.2	-24.3			杨玉峰等，2000

昌德气田上述3个气藏，聚集了不同成因的烷烃气，只有昌德气藏聚集以无机成因烷烃气为主的天然气，这是因为从基岩向上运移无机成因的烷烃气，其运移中未遇有机成因气的烃源岩。芳深3、芳深4气藏虽也有基岩无机成因气向上运移，但其向上运移中遇到烃源岩并形成有机成因气，故聚集了两种气源混合的气藏。由上可见，在沉积盆地即使基底有无机成因气向上运移，要聚集无机成因成藏的条件非常苛刻，这是如今世界上缺乏无机成因烷烃气藏的原因。

3）碳酸盐岩接触变质带来源无机成因的二氧化碳

松辽盆地北部碳酸盐岩地层主要的深部（寒武系、泥盆系），由于盆地内中、新生代岩浆活动十分频繁，火山岩和侵入岩分布广泛，为接触变质形成的 CO_2 提供了良好条件。李振生、刘德良等对哈尔滨市宾西乡孙家窑地区二叠系土门岭组碳酸盐岩与燕山早期黑云母花岗岩侵入接触变质带的大理岩和夕卡岩进行了研究，指出接触变质释放出大量 CO_2，CO_2 释放量与岩石体积比为2.7至256.7[53]，故碳酸盐岩接触变质成因的二氧化碳，推测也可作为深层气的一种气源，目前未发现此类气藏。

四、勘探和研究辽松盆地深层气的几点认识

（1）松辽盆地深层气不深。

松辽盆地深层气一般埋深在2800~3500m，与世界和我国中、西部盆地深层气的深度相比浅多了，故勘探费用相对是低的。松辽盆地深层气通常较浅与其是高地温盆地密切相关，盆地平均地温梯度为3.7℃/100m，最高达6.1℃/100m[16]。高地温梯度有利于有机成因的和无机成因的天然气形成。

（2）深层气气源丰富（有机成因气和无机成因气均发育，并皆成藏），潜力大。

近来对松辽盆地深层气资源进行了评估。贾承造、赵文智等计算深层气远景资源量为2万亿m^3；李剑计算的可探明地质资源量为1.1万亿m^3。以上评估深层气资源量均为有机成因气，并以煤成气为主。

上述的资源量还是偏低的，因为：① 盆地西部断陷带（古龙、长岭等断陷）资源量可能偏低；② 未包括无机成因天然气的资源量（幔源型的 CO_2 气、基岩来的烷烃气和岩石化学型的 CO_2 气）。

由此可见，松辽盆地深层气勘探潜力大。盆地的东部地区是形成深层煤成气的有利区带，目前已发现汪家屯、宋站、羊草和五站等一批煤成气田，预计将会发现更多深层煤成气田。徐家围子断陷是寻找无机成因烷烃气和 CO_2 气的有利地区，在此已发现了昌德气藏是世界上唯一无机成因烷烃气藏，同时发现了以 CO_2 为主的纯无机成因的农安村气藏，这也是世上罕见的纯无机成因气藏。所以，徐家围子断陷不仅是我国而且是世界上研究无机成因气及其成藏最理想的地区，故加强对其研究具有重大的理论和现实意义。

（3）加强断裂对深层天然气成藏作用、火山岩分布、火山岩好储层形成及其控制作用的综合研究，在勘探开发深层气上有重要的意义。

（4）在勘探程度和资源评价研究较低，而深层气潜力较大的西部断陷带（古龙、长岭和常家围子等断陷），建议部署科学探索井，为西部断陷带深层气的勘探突破提供科学依据。

参考文献

[1] Jemison R M. Geology and development of Mills Ranch complex world's deepest field. AAPG Bulletin, 1979, 63（5）: 804～809

[2] 戴金星，戚厚发，郝石生. 天然气地质学概论. 北京：石油工业出版社，1989

[3] 史斗，刘文汇，郑军卫. 深层气理论分析和深层气潜势研究. 地球科学进展，2003，18（2）：236～244

[4] 谯汉生，方朝亮，牛嘉玉等. 中国东部深层石油地质（第一卷）. 北京：石油工业出版社，2002

[5] 妥进才，王先彬，周世新等. 深层油气勘探现状与研究进展. 天然气地球科学，1999，10（1）：1～8

[6] 萧德铭，迟元林，蒙启安等. 松辽盆地北部深层天然气地质特征研究. 见：谯汉生，罗汉斌，李先奇主编. 中国东部深层石油勘探论文集. 北京：石油工业出版社，2001

[7] Mielienievsk. About deep zonation of oil/gas formation. Exploration and Protection Minerals, 1999,（11）：42～43

[8] 郭占谦，王先彬. 松辽盆地非生物成因气的探讨. 中国科学（B 辑），1994，24（3）：303～309

[9] 郭占谦，刘文龙，王先彬. 松辽盆地非生物成因气的成藏特征. 中国科学（D 辑），1997，27（2）：143～148

[10] 裘松余，钟世友. 松辽盆地南部万金塔二氧化碳气田的地质特征及其成因. 石油与天然气地质，1985，6（4）：434～439

[11] 宋岩. 松辽盆地万金塔气藏天然气成因. 天然气工业，1991，11（1）：17～21

[12] 戴金星，宋岩，戴春森. 中国东部无机成因气及其气藏形成条件. 北京：科学出版社，1995

[13] 戴金星，李先奇，宋岩等. 论中国东部和大陆架二氧化碳气田（藏）及其成因类型. 见：戴金星，傅诚德，关德范主编. 天然气地质研究新进展. 北京：石油工业出版社，1997

[14] 霍秋立，杨步增，付丽. 松辽盆地北部昌德东气藏天然气成因. 石油勘探与开发，1998，25（4）：17～19

[15] 杨玉峰，张秋，黄海平等. 松辽盆地徐家围子断陷无机成因天然气及其成藏模式. 地学前缘，2000，7（4）：523～533

[16] 侯启军，杨玉峰. 松辽盆地无机成因天然气及其勘探方向探讨. 天然气工业，2002，22（3）：5～10

[17] 庞庆山，王蕾，赵荣等，松辽盆地北部昌德 CO_2 气藏成因与形成机制．大庆石油学院学报，2002，26（3）：89～91
[18] 冯子辉，任延广，王成等．松辽盆地深层火山岩储层包裹体及天然气成藏期研究．天然气地球科学，2003，14（6）：436～442
[19] 戴金星，石昕，卫延召．无机成因油气论和无机成因的气田（藏）概略．石油学报，2001，22（6）：5～10
[20] 戴金星，斐锡古，戚厚发．中国天然气地质学（卷一）．北京：石油工业出版社，1992
[21] 戴金星．天然气碳氢同位素特征和各类天然气鉴别．天然气地球科学，1993，4（2～3）：1～4
[22] 徐永昌．我国80年代气体地球化学研究．沉积学报，1992，10（3）：57～69
[23] 徐永昌等．天然气成因理论及应用．北京：科学出版社，1994
[24] 沈平，徐永昌，王先彬等．气源岩和天然气地球化学特征及成气机理研究．兰州：甘肃科学技术出版社，1991
[25] 张义纲，章复康，郑朝阳．识别天然气的碳同位素方法．见：中国地质学会石油地质专业委员会编．有机地球化学论文集．北京：地质出版社，1987
[26] 张义纲，章复康，胡惕麟等．天然气的生成聚集和保存．南京：河海大学出版社，1991
[27] Welhan J A. Origins of methane in hydrothermal system. Chemical Ceology，1988，71：183～198
[28] Зорькин П М ，Старобинец И С ，Стаднкн Е В . Геология Природных Газов Нефтегазоносных Бассейнов. Москва：Недра，1984. 162～164
[29] Abrajano T A，Sturchio N C ，Bohlke J K，*et al.* Methane-hydrogen gas. Zambales ophiolite，Philippines：Deep or shallow origin? Chemical Geology，1988，71：211～222
[30] 应育浦，吴俊，李任伟等．我国煤层甲烷异常重碳同位素组成的发现及成因研究．科学通报，1990，35（19）：1491～1493
[31] 戴金星，戴春森，宋岩等．中国东部无机成因二氧化碳气藏及其特征．中国海上油气（地质），1994，8（4）：215～222
[32] 戴金星，宋岩，张厚福等．中国天然气的聚集区带．北京：科学出版社，1997
[33] Welham J，Craig H . Methane and hydrogen in East Pacific rise hydrothermal fluids. Geophs Res Lett，1979，6（11）：829～831
[34] Sano Y，Urabe A，Wakita H *et al.* Chemical and isotopic compositions of gases in geothermal fluids，Iceland. Geochem J，1985，19：135～148
[35] 卜部明子，富永键，中村裕二等．温泉ガス天然ガスのはあわよぴ同位素对比．见：日本地球化学会年会讲演要旨集，1983，265
[36] Des Marais D J，Donchin J H，Nehring N J，Truesdell A H. Molecular carbon isotope evidence for the origin of geothermal hydrocarbon. Nature，1981，292：826～828
[37] 周兴熙．塔里木盆地发现深成无机气．天然气工业，1998，（11）：102
[38] 秦胜飞．塔里木盆地库车拗陷异常天然气的成因．勘探家，1999，4（3）：21～23
[39] Christopher Laughrey. Fred Baidassare geochemistry and origin of some natural gases in the Plateau Province，Central Appalachia Basin，Pennsylvania and Ohio. AAPG Bulletin，1998，82（2）：317～335
[40] 戴金星．试论不同成因混合气藏及其控制因素．石油实验地质，1986，8（4）：325～334
[41] 戴金星．云南省腾冲县硫磺塘天然气的碳同位素组成特征和成因．科学通报，1988，33（15）：1168～1170
[42] 戴金星．各类天然气的成因鉴别，中国海上油气（地质），1992，（1）：11～19
[43] 上官志冠，张培仁．滇西北地区活动断层．北京：地震出版社，1990
[44] Gould K W，Hart G N Smith J W. Technical note：Carbon dioxide in the southern coalfields N. S. W. -A factor in the evaluation of natural gas potential. Proceeding of the Australasian Institute of Mining and Metallurgy，1981，（279）：41～42

[45] Moore J G, Bachelder N C G Cunningham. CO_2-filled vesicles in mid-ocean basalt. J Volcano, Geotrherm Res, 1977, (2): 309
[46] 张明坤主编. 中国石油地质志卷二（下册）. 北京：石油工业出版社，1993
[47] 陈荣书. 天然气地质学. 武汉：中国地质大学出版社，1988
[48] 唐建仁，刘金平，谢春来等. 松辽盆地北部徐家围子断陷的火山岩分布及成藏规律. 石油地球物理勘探，2001，36（3）：345～351
[49] 冯子辉，钟延秋，王红娟. 松辽盆地北部氦气资源勘探前景展望. 资源·产业，2001，（8）：31～32
[50] 冯子辉，霍秋立，王雪. 松辽盆地北部氦气成藏特征研究. 天然气工业，2000，21（5）：27～30
[51] 郭占谦，彭威. 中国东部是多种天然气资源发育区. 天然气工业，1999，19（6）：1～6
[52] 高瑞祺，冯子辉. 昌德致密砂岩气藏油气源的判别及天然气运移特征. 见：张厚福主编. 油气运移研究论文集. 东营：石油大学出版社，1993
[53] 李振生，刘德良，杨晓勇等. 松辽盆地东北缘孙家窑地区碳酸盐岩接触变质带元素分配关系和 CO_2 定量释放. 天然气地球科学，2004，15（1）：20～27

中国从贫气国正迈向产气大国*

一、引言

1949 年至 1989 年的 40 年间，不论从天然气探明储量及增长速率、年产气量及增长速率、天然气资源量和大气田发现数量及其规模的哪方面分析，中国都是个贫气国。1979 年中国出现了煤成气理论[1]，20 世纪后叶中国对无机成因气开始较多研究，从而使中国从以往仅用油型气理论指导天然气勘探的“一元论”转变为用“多元论”（油型气、煤成气和无机气）指导天然气勘探，科学为中国天然气工业发展提供了有力的支持。特别是煤成气理论的出现开辟了新的天然气勘探领域，促进了中国天然气储量迅速增大和大气田发现数增多，且单个气田储量增大[2,3]，为中国从贫气国走向产气大国创造了条件及可能。无机成因气理论开始参与指导天然气勘探，使中国从 2000 年开始把无机成因 CO_2 储量纳入天然气储量，从而中国开始勘探开发和利用多种天然气资源，增添了成为产气大国的因素。

二、何为产气大国

年产气多少才可获得产气大国的桂冠？这要分析世界各产气国的年产气量占当年世界产气量多少等诸多因素及其相互关系。产气大国的年产气量应居世界产气国前列。综合分析往年和 2003 年世界和各国的上述因素及其相互关系，把年产气近 500 亿 m^3 或更多的国家列为产气大国较妥。以 2003 年为例，世界产气国家有 65 个以上，从表 1 可见，至 2003 年历史上和至今只有 11 个国家年产气达近 500 亿 m^3 或更多，这些国家无疑处于产气国前列。2003 年全世界总产气量为 26392 亿 m^3，500 亿 m^3 约占世界产气量的 1.9%。由于天然气聚集和保存比石油难，所以产气大国比产油大国少。以 2003 年为例，如果按 500 亿 m^3 天然气能量相当 5000 万 t 的石油折算对比，全世界有 18 个国家可列为产油大国，其中 13 个年产油超过 1 亿 t，而同年世界上只有 10 个产气大国，其中只有 5 个年产气超过 1000 亿 m^3（见表 1）。所以，把年产气近 500 亿 m^3 或更多的国家列为产气大国是合适的。

表 1　世界产气大国年产气量数据表

国家	可采资源量 /万亿 m^3	年份	历史年产量 /亿 m^3	剩余可采储量 /万亿 m^3	2003 年产量 /亿 m^3
美国	40.43	1929 1942	541 1040	0.65 3.12	5770.09

* 原载于《石油勘探与开发》，2005，第 32 卷，第 1 期，1 ~ 5。

续表

国家	可采资源量 /万亿 m^3	年份	历史年产量 /亿 m^3	剩余可采储量 /万亿 m^3	2003 年产量 /亿 m^3
俄罗斯	107.24	1960 1964	452.8 1086	1.8548 2.786	6375.99
加拿大	13.75	1970 1987	567 983	1.5114 2.7734	2003.56
荷兰		1972 2003	580 1035.78	2.2087 1.76	1035.78
英国		1990 1999	481 1045	0.5596 0.7546	1083.4
印度尼西亚		1992	483	1.8222	582.98
阿尔及利亚		1989	656	3.2262	803.44
挪威		2000	504.46	1.2462	733.28
伊朗	35.37	2001	502.75	2.3	461.29
土库曼斯坦		2002	536	2.01	600
沙特阿拉伯	13.73	2003	516.48	6.5299	516.48
中国	13.32～17	2005	500±（预计）	2.0894 （2003 年）	342

三、中国从贫气国正迈向产气大国的证例

1. 天然气储量快速增长

由图 1 可知，1949 年中国天然气的储量是微乎其微的，仅为 3.85 亿 m^3，直至 1989 年储量增长至约 5596.83 亿 m^3。根据近年来我国把地质储量的 64% 折算为可采储量的标准，那么 1989 年中国天然气可采储量为 3582 亿 m^3。从表 1 可见，要达到年产气 500 亿 m^3，剩余可采储量至少要达 5596 亿 m^3（英国）。因此，1989 年我国还处于贫气国阶段。要达到产气大国最低的剩余可采储量要求（5596 亿 m^3），需要地质储量 9369 亿 m^3，这大体相当于我国 1992 年探明地质储量的水平（9734 亿 m^3）。实际上 1992 年我国年产气仅 157 亿 m^3[4]，离产气大国的距离还相当大。这是因为：① 1992 年我国累计采出气已达 2760 亿 m^3[4]，故当年剩余可采储量还低于英国 1990 年成为产气大国的标准。② 在 11 个产气大国中，英国成为产气大国时的剩余可采储量是最低的（见表 1），这是因为英国开采的是海上气田，要强化短时间开采才有好的经济效益，故其剩余可采储量的标准不宜作为一般产气大国的指标。从表 1 分析，以挪威 2000 年达到产气大国时的剩余可采储量（1.24 万亿 m^3）为标准较适宜。

从图 1 可知，2000 年底我国累计探明天然气地质储量达 25557 亿 m^3，剩余可采储量达 13503 亿 m^3，达到了成为产气大国的剩余可采储量指标。从 2000 年以来，我国探明储量大幅度增长，已为我国迈向产气大国奠定了基础，目前未成为产气大国是受天然气工业下游的影响。

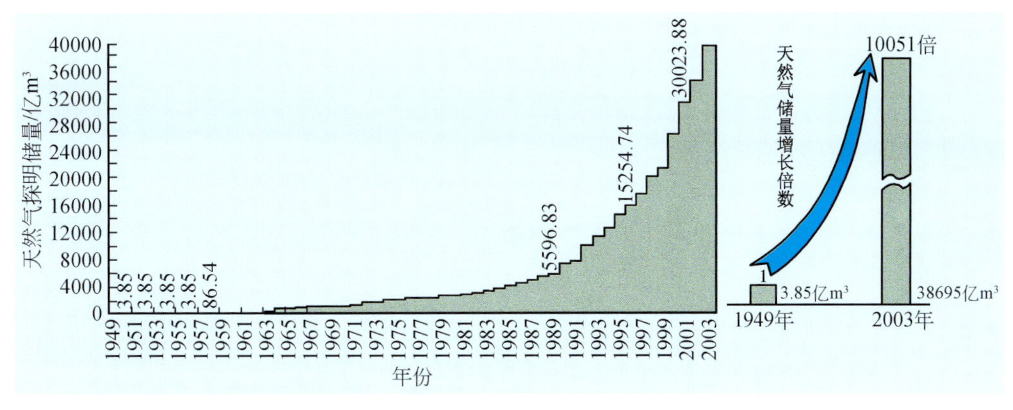

图1　中国近50余年天然气探明储量变化图

2. 天然气年产量不断增加

从图2可见，1949年中国天然气年产量仅为0.11亿m³，2003年我国天然气的日产量为0.938亿m³，即2003年的日产量相当1949年年产量的8倍多。但至1995年我国天然气年产量只有约174亿m³。从1949年至1995年，我国天然气年产量虽有很大的提高，但年增产的速率不高，还笼罩在贫气国的阴影里。从1996年至今，我国天然气的年产量以较大速率增长，这基本是相同年间天然气探明储量增长速率不断加大（见图1）所推动的。2004年1月至11月底，我国已累计产气366.79亿m³，按11月产气37.31亿m³计算，至年底还有一个月，故保守地预计2004年我国产气可达404.10亿m³；由于12月是一年用气高峰期，所以乐观地估算，2004年中国产气可能突破405亿m³，比2003年增长产气量62亿m³以上，成为中国年产气提高速率最高的一年。这充分说明中国跻身于世界产气大国的时间很快就要到来，天然气在我国环保和能源中的重要性日益提高。

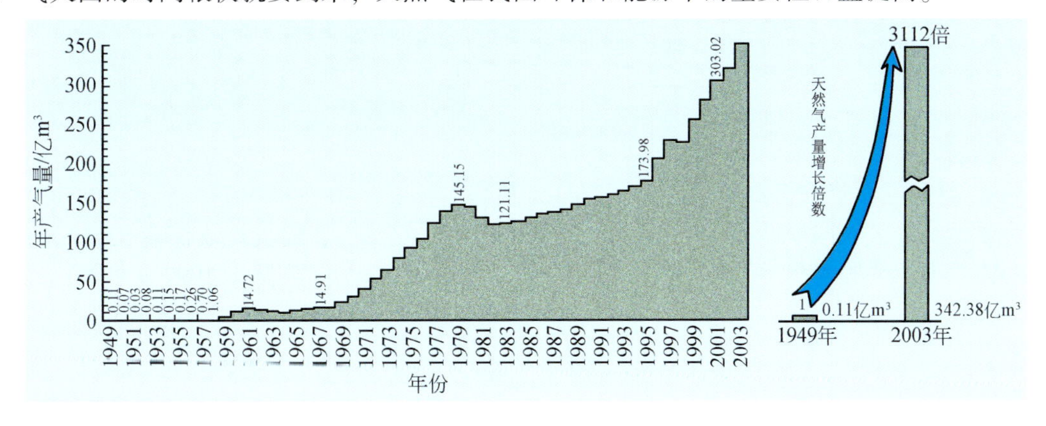

图2　中国近50余年天然气产量变化图

3. 天然气资源量不断增加

天然气资源量的多少是决定一个国家自主的天然气工业前景大小的基础，决定一个国家是否能成为产气大国。天然气资源量的多少，除了取决于天然气地质条件优劣这个基本因素外，还取决于天然气地质和地球化学研究程度和勘探新理论、新技术。一般随着研究深入，资源量往往变大，逐渐趋近于自然的资源量。

中国天然气资源量研究和评价从 1981 年开始，并且是从煤成气的资源量评价开始的[5~7]，而我国对石油资源量的评价从 1922 年就开始了，前者较后者晚了近 60 年[8]。因此，天然气资源量的评价有待进一步深入。

图 3 是历年来各学者和有关研究部门对我国天然气资源量的评价。由该图可见，随着时代的进展，我国天然气资源量总体上不断增加，从 5.4 万亿 m^3 增至 53 万亿 m^3。以上所述的为天然气地质资源量，目前国际上普遍采用可采资源量。从 1995 年万吉业等认为中国天然气 可采资源量为 8.28 万亿 m^3 开始，许多人对我国天然气可采资源量进行了评价预测，多数人认为在 10 万亿 m^3 以上[9]，其中戴金星认为中国天然气可采资源量为 13.32 万亿 m^3[10]；张抗认为是 11.44 万亿 m^3[11]；2004 年 11 月初的香山科学会议上认为，中国天然气可采资源量为 14 万亿 ~ 18 万亿 m^3[12]。综上所述，目前认为中国天然气可采资源量在 13 万亿 m^3 以上较合适（见表 1）。由表 1 可见，天然气可采资源量在 13 万亿 m^3 以上是成为产气大国（俄罗斯、美国、伊朗、加拿大和沙特阿拉伯）重要的基础。目前中国天然气可采资源量在 13 万亿 m^3 以上，所以具备了成为产气大国的基本条件。

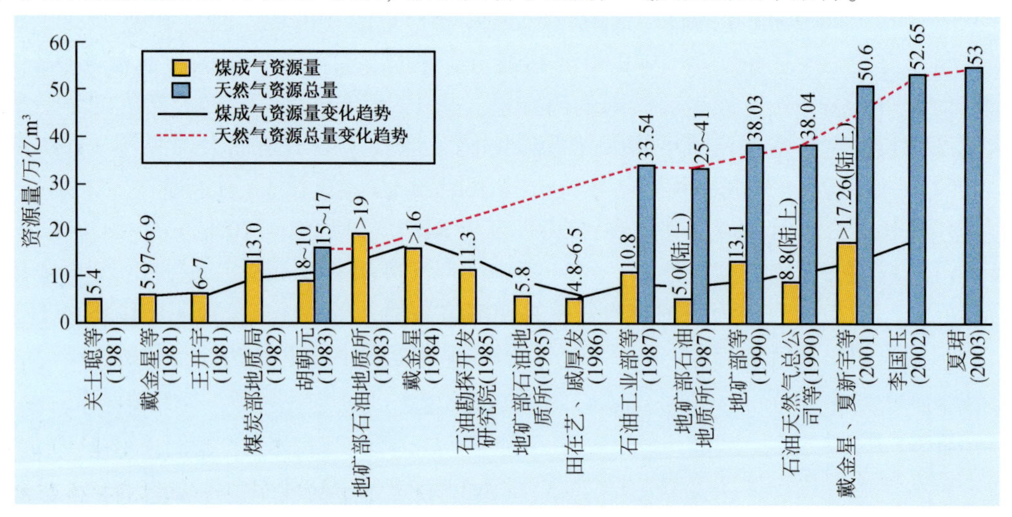

图 3　中国历年来天然气资源量评价预测

4. 大气田发现数目日益增多，个体储量规模增大

1959 年中国发现了第 1 个大气田，即卧龙河气田，探明储量为 380 亿 m^3，至 1965 年又发现了威远气田，储量为 408 亿 m^3。直至 1989 年，我国共计发现了 5 个大气田，储量都在 425 亿 m^3 之下，也就是说，从 1949 年至 1989 年的 40 年间，我国发现大气田数目少，储量规模小，年发现大气田速率极低。但从 1990 年开始至 2003 年的 14 年间，每年都有大气田发现，年发现速率大为提高，同时大气田的储量规模增大。1992 年我国探明第 1 个储量规模在1000 亿m^3 以上的大气田，之后继续探明了榆林、乌审旗、克拉 2、苏里格和大牛地 5 个储量规模在 1000 亿 m^3 以上的大气田，促使我国天然气探明储量大幅度提高（见图 4），中国天然气工业进入高速发展时期。至 2003 年我国（除台湾省外）探明大气田 26 个，共计探明天然气储量 25023 亿 m^3，占全国气层气总储量的 65%。近年发现数多

量大的大气田，势必成为我国成为产气大国的支柱性因素。

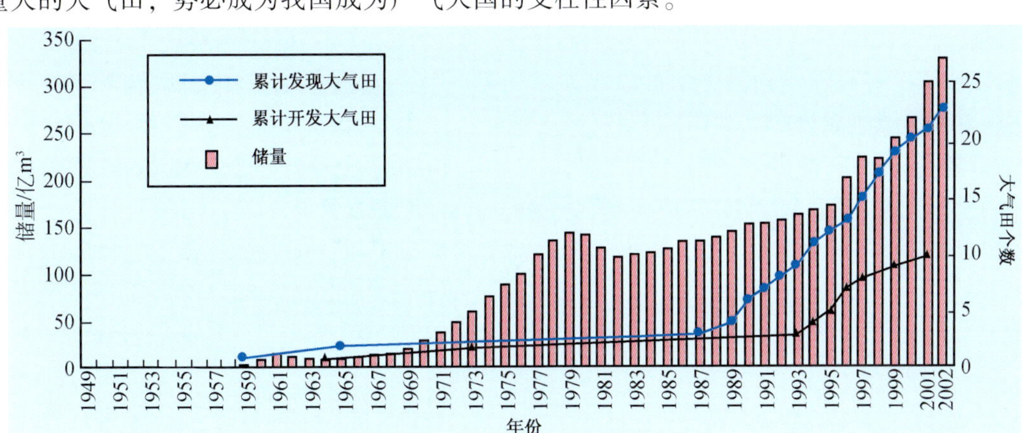

图4 中国大气田发现数与储量关系图

国外探明和开发大气田使该国从贫气国成为产气大国和能源输出国不乏其例。荷兰1958年探明天然气储量不足740亿m^3，年产气仅2亿m^3，是能源进口的贫气国，1959年探明了储量达2万亿m^3的格罗宁根大气田，由于1970年该气田全面投入开发，使荷兰1976年天然气产量达963亿m^3，成为天然气输出国，仅1970年就向西德、法国及比利时出口天然气112亿m^3[13,14]，2003年荷兰天然气年产量达1035.78亿m^3，成为世界年产气1000亿m^3以上的五大产气国之一（见表1）。加拿大1960年产气143亿m^3，与我国1988年产气量差不多，还属贫气国之列，但1961年至1980年加拿大发现了5个大气田与一批中型气田并相继投入开发，使该国在1970年产气567亿m^3而成为产气大国，1990年产气达1208亿m^3，成为世界上第三产气大国。俄罗斯（苏联）由于探明与开发超大型气田和大气田，使之从贫气国跃为世界第一产气大国。1950年苏联还是贫气国，探明天然气储量不足2230亿m^3，年产气为57.6亿m^3。1960年至1990年，苏联天然气储量从18548亿m^3增长到453069亿m^3，天然气年产量从453亿m^3增长到8150亿m^3，增加了近17倍。这是因为在1951年至1990年间，苏联探明了40多个超大型气田（储量大于5000亿m^3）和大气田（储量300亿~5000亿m^3）。由于这些超大型气田和大气田的部分开发投产，1980年苏联年产气量超过美国而成为世界第一产气大国[13]。苏联解体后，著名的中亚含气区分离出去了，但俄罗斯仍保持世界第一产气大国的地位，2003年产气6378亿m^3，占该年世界总产气量的近1/4。分析俄罗斯、加拿大和荷兰成为产气大国的过程可知，勘探与开发大气田是跻身产气大国的重要途径。

四、迈向产气大国

从表1可知，从1929年至2003年，世界年产气达500亿m^3级的产气大国只有11个。分析产气大国基础条件主要为两项：一是天然气可采资源量要大于13万亿m^3，我国为13.32万亿~17万亿m^3，已符合要求；二是剩余可采资源量，除两个产气大国（多井强采的美国剩余可采储量为0.65万亿m^3，气田主要在海上短时强化高速开采的英国剩余可采储量为0.5596万亿m^3）外，一般要求最低剩余可采储量为1.2462万亿m^3（挪威）或更多。我国2003年剩余可采储量为2.0894万亿m^3，故符合产气大国的条件（见表1）。我国虽然目前已具备产气大国的两项基础条件，但未进入产气大国，是受天然气工业下游条件影响。

一些学者曾科学地预测中国可以成为产气大国及其时间（见表2）。从表2可知，预测2005年中国能成为产气大国的有戴金星[15]、贾文瑞等[16]、张抗等[17]、周总瑛等[17]和赵贤正等[18]。并有许多学者预测我国在2015年至2020年能成为年产1000亿 m^3 或更多的产气大国[15,17,18~22]（见表2）。但也有部分学者对我国能否成为产气大国预测误差大，认为2010年才产气420亿 m^3[23]，这显然与目前实际情况不符，偏低得多了。

表2 有关学者对中国成为产气大国年份及年产量的预测

预测学者	预测时间	预测年产气量/亿 m^3			
		2005年	2010年	2015年	2020年
万吉业等[17]	1997年		800		1000
甄鹏、钱凯等[17]	1997年		717.5~832.5		946~1270.4
甄鹏、李景明、李东旭等[22]	1999年		660~770		1000
戴金星[15]	1999年	500		1000	
贾文瑞、徐青、王燕灵等[16]	1999年	500	710		
马新华、钱凯、魏国齐，等[19]	1999年		700~800		1000~1200
周总瑛、张抗[17]	2000年	384~555	621.6~742	821.8~1015	1032.7
戴金星[20]	2000年		700~800		1200~1300
张抗、周总瑛、周庆凡[17]	2002年	450~510	700~740	920	1050
李文阳、李景明、陈建军等[21]	2004年		>700①	800①	900①
赵贤正、李景明、李东旭[18]	2004年	500~550	800~900	1000~1200	1300~1500

注：① 仅指 PetroChina 的年产量。

从2004年10月开始，我国西气东输和忠武等区域大管线等已贯通供气，促使我国成为产气大国的天然气工业下游条件已基本具备。从上述分析，我国2004年产气可突破405亿 m^3，2004年比2003年产气增长62亿 m^3。随着年供气能力120亿 m^3 西气东输管线和年供气能力30亿 m^3 的忠武管线的投产供气，2005年我国将比2004年增产气80亿 m^3 至100亿 m^3 十分可能。因此，2005年将成为中国迈向产气大国的争气年。

参考文献

[1] 戴金星．成煤作用中形成的天然气和石油．石油勘探与开发，1979，6（3）：10~17

[2] 夏新宇，秦胜飞，卫延召等．煤成气研究促进了中国天然气储量迅速增加．石油勘探与开发，2002，29（2）：17~19

[3] 傅诚德．天然气科学研究促使了中国天然气工业的起飞．见戴金星，傅诚德，关德范主编．天然气地质研究新进展．北京：石油工业出版社，1997，1~11

[4] 温厚文，王竹君，张江一等．百年石油．北京：当代中国出版社，2002

[5] 关士聪，阎秀刚，芮振雄等．对我国石油天然气远景资源的分析．石油与天然气地质，1981，2（1）：47~56

[6] 戴金星，戚厚发．关于煤系地层生成天然气量的计算．天然气工业，1981，（3）：49~54

[7] 王开宇．烟花季节下扬州，专家聚议“煤成气”．地质论评，1981，27（6）：549

[8] 戴金星，夏新宇，洪峰．天然气地学研究促进了中国天然气储量的大幅度增长．新疆石油地质，2002，23（5）：357～365
[9] 戴金星．加强天然气地学研究勘探更多大气田．天然气地球科学，2003，14（1）：3～14
[10] 戴金星，夏新宇，卫延召．中国天然气资源及前景分析．石油与天然气地质，2001，22（1）：1～8
[11] 张抗．对中国天然气可采资源量的讨论．天然气工业，2002，22（6）：6～9
[12] 刘东峰．中国天然气急起"追梦"．科学时报，2004-11-08（3）
[13] 戴金星．近四十年来世界天然气工业发展的若干特征．天然气地球科学，1990，1（1）：1～3
[14] Tiratsoo N E. Natural Gas. Huston：Gulf Publising，1979
[15] 戴金星．我国天然气资源及其前景．天然气工业，1999，19（1）：3～6
[16] 贾文瑞，徐青，王燕灵等．1996—2010年中国石油工业发展战略．北京：石油工业出版社，1999. 77～314
[17] 张抗，周总瑛，周庆凡．中国石油天然气发展战略．北京：地质出版社，石油工业出版社，中国石化出版社，2002. 327～332
[18] 赵贤正，李景明，李东旭等．中国天然气资源潜力及供需趋势．天然气工业，2004，24（3）：1～4
[19] 马新华，钱凯，魏国齐等．关于21世纪初叶中国天然气勘探方向的初步认识．石油勘探与开发，2000，27（3）：1～4
[20] 戴金星．中国天然气工业的开发前景．跨世纪的中国石油天然气产业．北京：中国社会科学出版社，2000. 19～20
[21] 李文阳，李景明，陈建军等．中国天然气工业将实现跨越式发展．天然气工业，2004，24（增刊A）：1～5
[22] 甄鹏，李景明，李东旭等．中国天然气工业的现状与发展展望．天然气工业，1999，19（4）：88～89
[23] 孔志平，吴震权．中国天然气勘探开发现状及发展趋势．天然气工业，1998，18（2）：1～4

中国天然气工业发展趋势和天然气地学理论重要进展*

从 1983 年第一批科技攻关重点项目“煤成气的开发研究”开展以来，我国在天然气地质理论研究上取得多方面的重大进展，从而推动和促进了我国天然气工业的迅速发展，使中国天然气工业进入了黄金岁月。

一、中国天然气工业发展的主要趋势

1. 从贫气国正迈向产气大国

所谓产气大国指年产气达到 500 亿 m^3 或接近和超过之。从表 1 可见，从 1929 年至 2003 年年底，在世界上 65 个产气国中，只有 11 个国家年产气量达到 500 亿 m^3 或更多，这些国家无疑处于产气大国行列[1]。1949 年我国探明天然气储量仅有 3.85 亿 m^3，年产气量只有 0.11 亿 m^3，谈不上有什么天然气工业。1995 年中国已有了天然气工业，探明天然气储量达 14014 亿 m^3，年产量为 174.00 亿 m^3，但还是个贫气国。从 1996 年至 2004 年 9 年间，我国年产气量从 201 亿 m^3 增至 407.7 亿 m^3[2]，天然气年产量翻了一番，出现了从贫气国迈向产气大国的曙光，距世界产气大国行列近在咫尺。笔者推断，2005 年中国将成为产气大国。从表 1 可知，成为产气大国的基础条件主要有两个：一是天然气可采资源量大于 13 万亿 m^3；二是剩余可采储量一般在 1.246 万亿 m^3；（例如挪威）或更多（除多井强采的美国为 0.65 万亿 m^3 和气田主要在海上短时强化高速开采的英国为 0.5596 万亿 m^3 的两个产气大国外）。由于我国天然气可采资源量已达 13.32 万亿 ~ 17 万亿 m^3，同时 2003 年年底剩余可采储量为 2.0894 万亿 m^3，已具备成为产气大国的两个基础条件[1]。我国一些学者曾科学地预测 2005 年中国能成为年产 500 亿 m^3 的产气大国。例如，戴金星[3]、贾文瑞等[4]、赵贤正等[5]预测 2005 年中国可年产气 500 亿 ~ 550 亿 m^3，周总瑛等[6]和张抗等[7]推测 2005 年我国可产气 384 亿 ~ 555 亿 m^3。

2. 天然气勘探理论从一元论发展为多元论

油气成因理论与油气勘探和产量有着密切的关系。通过分析指导勘探的我国油气成因

---

* 原载于《天然气地球科学》，2005，第 16 卷，第 2 期，127 ~ 142，作者还有秦胜飞、陶士振、朱光有、米敬奎。

理论与我国的油气勘探实践和油气产量之间的关系就可以说明这个问题。

我国原油产量从1949年的12.1万t增至2004年的17450.3万t[2]，增长了1442倍，成为世界产油大国，这主要是由于应用了我国原创性的陆相生油理论指导勘探石油的结果。

表1　世界产气大国年产气量数据

国家	可采资源量/万亿 m^3	年份	历史年产量/亿 m^3	剩余可采储量/万亿 m^3	2003年产量/亿 m^3
美国	40.43	1929 1942	541 1040	0.65 3.12	5770.09
俄罗斯	107.24	1960 1964	452.8 1086	1.8548 2.786	6375.99
加拿大	13.75	1970 1987	567 983	1.5114 2.7734	2003.56
荷兰		1972 2003	580 1035.78	2.2087 1.76	1035.78
英国		1990 1999	481 1045	0.5596 0.7546	1083.4
印度尼西亚		1992	483	1.8222	582.98
阿尔及利亚		1989	656	3.2262	803.44
挪威		2000	504.46	1.2462	733.28
伊朗	35.37	2001	502.75	2.3	461.29
土库曼斯坦		2002	536	2.01	600
沙特阿拉伯	13.73	2003	516.48	6.5299	516.48
中国	13.32～17	2005	500±（预计）	2.0894（2003年）	342

我国天然气产量从1949年的0.11亿 m^3 增至2004年的407.7亿 m^3[2]，增长了3706倍，成为世界重要的产气国，这主要与指导天然气勘探的理论从“一元论”（油型气理论）发展为“多元论”有关。以往认为，只有腐泥型海相和陆相烃源岩才能形成工业性的天然气藏。20世纪70年代末和80年代初，中国出现了煤成气理论，认为煤系中的煤和暗色泥岩是形成天然气的主要气源岩[8,9]，并开展勘探与煤系烃源岩相关的盆地、地区和层位，开辟了天然气勘探的新领域。我国第一批国家重点科技攻关项目“煤成气的开发研究”于1983年启动，对用中国煤成气理论指导天然气勘探起到了很好的推动作用。从此，探明煤成气储量占全国天然气总储量的比例不断上升，这已被未用煤成气理论指导天然气勘探的1978年与有的放矢地以煤成气理论指导天然气勘探的此后有关年份煤成气的比例不断提高的事实所证实（图1）。由于中国天然气勘探的指导理论从一元论（油型气）发展为两元论（油型气和煤成气），才使中国天然气工业有了快速的发展。2003年年底全国

探明气层气总储量为38695.25亿m^3，其中煤成气为26561.2亿m^3，煤成气占全国气层气总储量的68.64%。

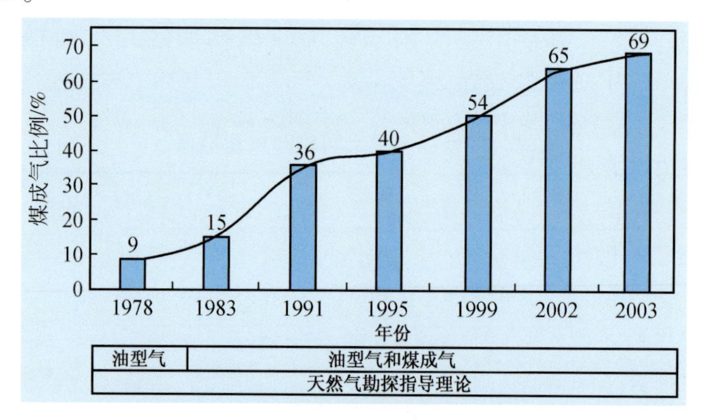

图1 煤成气占全国气层气总储量比例变化

3. 天然气产量的提高要求强化天然气的勘探和开发

将成为产气大国的中国，必须强化天然气勘探，要以探明更多的天然气可采储量，确保能在天然气大国的道路上长期走好走稳。强化天然气勘探的首要目标是大气田，只有探明并拿下更多的大气田，才有长期确保产气大国地位的基础牢固。

排在世界产气大国前列的美国和加拿大，为保持产气大国地位，在勘探和开发上进行了极大地努力，投入了极大的工作量。加拿大是世界第三产气大国，80%天然气产自阿尔伯达省（每年产1400亿m^3左右），为了保证有足够可采储量，长期强化勘探，1965年至今每年探井均在1500口以上，1994年探井高达4000口；为了确保其年产量，该省2003年就新增气井12000口[10]。世界第二产气大国美国，当前气井平均产量递减速率为每年28%，为了确保产气大国的地位，对阿伯拉契盆地平均日产只有800m^3的几万口低产气井也进行开发[11]。

二、中国天然气地学理论的重要进展

近20多年来，中国天然气地学理论研究取得重大进展，现对其中的重要理论概述如下。

1. 煤成烃理论——煤系成烃以气为主以油为辅

人类对煤系成烃的认识首先从煤成气开始。20世纪40年代德国学者首先提出煤不仅能生气，而且其生成的气能从煤中运移出来并在煤系中或煤系之外聚集成商业性气田，从而创立了煤成气理论[12]。利用此理论在20世纪50~70年代于中欧盆地、西西伯利亚盆地和卡拉库姆盆地先后发现了格罗宁根、乌连戈伊等一批储量在1万亿m^3以上的超大气田[13~17]。此阶段主要侧重研究煤系的成气并对其强调有余，而对煤系成油则注意不足。20世纪70年代我国学者罗志立在研究川南天然气时也注意到了这种倾向[18]。在此阶段的后期，澳大利亚学者研究了吉普斯兰盆地煤中壳质组对成油的重要贡献，揭示出煤系不仅能成气还可成油，并在该盆地发现了许多煤成油田，从而产生了煤成油理论[19,20]。煤成油理论的出现以及煤系中壳质组能成油观点的产生，是对煤成烃理论的一大贡献，但由于没有全面研究煤系成烃中油气的主次关系，未探索出煤系成烃总的规律。

20 世纪 70 年代末，我国学者总结出煤系在成煤中伴随的成烃是以气为主、以油为辅的规律。煤系成煤作用中的成烃分为三期：前干气期、气油兼生期和后干气期。气油兼生期是处于长焰煤、气煤、肥煤和焦煤前阶段，此期煤系成烃是以气为主、以油为辅。所谓油就是煤成油。煤成油常以轻质油和凝析油为主[8,9]。处在长焰煤、气煤、肥煤和焦煤前阶段的煤系烃源岩生成的气态烃，可大量形成煤成气田，而有少量可形成煤型液态烃（轻质油和凝析油）且在国内外不乏其例（图 2），例如在我国的琼东南盆地、东海盆地、台西盆地、珠江口盆地珠$Ⅲ_A$凹陷和库车拗陷阳霞凹陷等，又如在国外的卡拉库姆盆地、维柳伊盆地、圣胡安盆地、库珀盆地、鲍温盆地、塔纳拉基盆地等。相当长焰煤至焦煤前阶段的腐泥型烃源岩正处于生油窗阶段，其成烃则以油为主、以气（伴生气）为辅，与相当成熟度煤系烃源岩的成烃迥然不同。

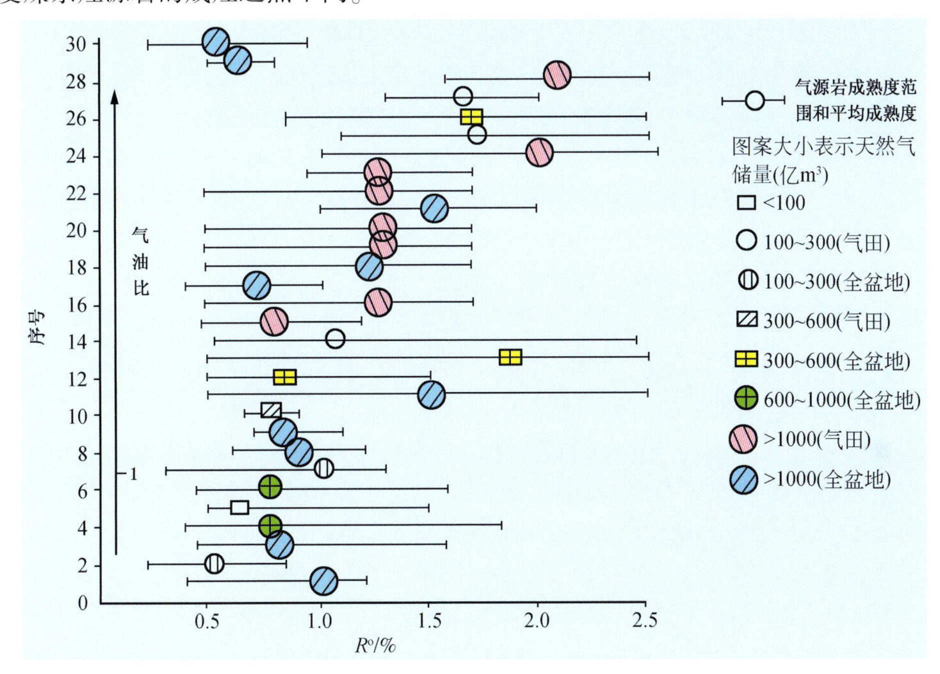

图 2　世界煤成气盆地或大中型气田与煤化程度关系（图中序号见表 2；戴金星，2000）

煤系成烃以气为主是取决于煤系有机质的化学特征、化学结构和显微组分。

1）煤系有机质化学特征及其结构利于成气

世界煤系有机质主要是腐殖型的。腐殖型有机质原始物质来源以木本植物为主。在其组成中，以生气为主的低 H/C 原子比的纤维素和木质素占 60%～80%，而生油为主的高 H/C 原子比的蛋白质和类脂类含量一般不超过 5%[21]。在化学结构上，腐殖型干酪根含有大量甲基和缩合芳环，还有少许侧链，利于形成甲烷，也能生成一定量轻烃；腐泥型干酪根则含有很多长链，有利于液态烃生成[22]。

2）煤系有机显微组分以镜质组–惰质组为主利于成气

根据对国内外 3000 余个煤样的显微组分组成的统计，显微组分的组成可以划分 3 种组合：① 镜质组–惰质组组合型，显微组分以镜质组和惰质组占优势，富氢组分含量很少；② 过渡型，以镜质组占优势，但含有一定比例的壳质组+腐泥组和惰质组；③ 镜质组-壳质组+腐泥组组合型，显微组分富含镜质组，而壳质组+腐泥组含量也较高。在以上 3 种组合中，以镜质组—惰质组组合和过渡型组合最为常见，其原因在于形成煤系有机质的原始物质主要是高等植物，聚煤作用主要发生在弱氧化-弱还原条件，故镜质组和惰质组往往占优势[23]。

根据对煤的单组分和特种煤模拟实验发现：藻类体、壳质组的氢指数远远高于镜质组和惰质组，故单组分液态烃的产率相差很大。藻类体最高液态烃产率为 377.4mg/g TOC，角质体的为 278.9mg/g TOC，烛煤的为 87.7mg/g TOC，均质镜质体的为 1.57mg/g TOC，而惰质组液态烃产率甚微。另外，煤岩显微组分单组分的快速热解分析也表明，富氢的壳质组以及藻类体的气油比几乎都小于 1，而镜质组和惰质组的气油比一般大于 1，最高可达 6.33[23]。由于煤系中以镜质组—惰质组组合和过渡型组合最常见，故煤系成烃以气为主、以油为辅。

以上所述的煤系成烃以气为主、以油为辅有两层意思：其一，从世界角度剖析，处于长焰煤、气煤、肥煤和焦煤前阶段的煤系，其生成气油能量比一般大于 1，在处于该成煤阶段的含煤盆地发现以煤成气田为主；其二，但该成煤阶段的个别盆地或成藏也有气油能量比小于 1 的油气田，如表 2 中所示吉普斯兰盆地、Barito 盆地、Bass 盆地、Balingian 地区、吐哈盆地等，或者在含煤盆地（区）的煤成气田群中发现个别煤成油田。此阶段出现个别煤成油田为主的盆地或煤成气田群中出现个别煤成油田，是由以下两种原因形成。一是由内因决定，即在一些特殊环境条件中，煤岩有机显微组分中出现相当高比例的利于成油的富氢壳质组，例如，吉普斯兰盆地，壳质组平均为 8% ~12%[19,20,24]。在 2004 年 9 月国际有机岩石学第 21 次年会上，Wan Hasiah Abdullah 报告在 NW Boren 的 Balingian 省地形平坦海岸带，发育大面积由红树林形成的海陆交互相第三系煤系。该煤系利于成油的壳质组高达 30% 以上，因此发现许多煤成油田。也就是说此特殊的成煤植物群落及利于该植物大面积成长的成煤环境，为许多煤成油田形成创造了条件。该类植物和平坦广阔海岸带是这里形成煤成油的两个基本条件。可见形成煤成油的盆地内因是基础。二是外因决定的，如在含煤盆地煤成气田群中或在该类盆地边缘发现的个别浅埋煤成油田，往往是由外因作用下形成的。由于气分子直径小，易扩散和易运移，使煤型凝析气田或含轻质油的气田，因气大量扩散剩下石油而演变为油田，如库车拗陷依奇里克油田、大宛齐油气田等[24]。

表 2　世界主要煤成烃盆地（大中型气田）成熟度和气/油比关系（据戴金星等，2002，2005 修改）

序号	盆地/地区	油气田	煤系时代	烃源岩 VR° 范围/%	VR° 均值/%	石油储量/亿 t	天然气储量/亿 m^3	气/油比（w/w）
1	Gippsland	全盆地	上白垩统	0.40 ~ 1.20	1.00	24.54	3509.2	0.14
2	加里曼丹 Barito	全盆地	上白垩-始新统	0.21 ~ 0.85	0.52	0.79	113.2	0.14
3	西北爪哇	Ardjuna 亚盆地	渐新统	0.45 ~ 1.58	0.76	6.65	1901.8	0.29
4	吐哈	全盆地	侏罗系	0.39 ~ 1.83	0.75	2.31	698	0.30
5	焉耆	全盆地	侏罗系	—	0.65	0.23	81.4	0.35

续表

序号	盆地/地区	油气田	煤系时代	烃源岩 VR^o 范围/%	VR^o 均值/%	石油储量/亿 t	天然气储量/亿 m^3	气/油比(w/w)
6	西北爪哇	Jatibarang 亚盆地	渐新统	0.45 ~ 1.58	0.76	1.43	747.1	0.52
7	Bass	全盆地	白垩系	0.30 ~ 1.30	1	0.18	147.20	0.82
8	加里曼丹 Kutei	全盆地	中新统	0.60 ~ 1.20	0.9	17.42	17432.80	1.00
9	Taranaki	全盆地	上白垩-始新统	0.70 ~ 1.10	0.85	1.9	1901.80	1.00
10	塔里木	柯克亚	侏罗系	0.66 ~ 0.91	0.77	0.31	365.00	1.17
11	Cooper	全盆地	二叠系	0.50 ~ 5.00	1.5	1.58	2037.60	1.29
12	东海	全盆地	第三系	0.50 ~ 1.50	0.85	0.093	487.11	2.24
13	Surat/Bowen	全盆地	二叠系	0.50 ~ 3.00	1.89	0.24	577.30	2.41
14	渤海湾	苏桥	石炭-二叠系	0.53 ~ 2.45	1.07	0.027	131.10	4.86
15	塔里木	库车拗陷	三叠-侏罗系	0.47 ~ 2.17	0.77 ~ 1.60	0.76	5775.10	7.60
16	卡拉库姆	泽瓦尔迪	中下侏罗统	0.49 ~ 1.70	1.25	0.14	1884.00	13.16
17	维柳依	全盆地	侏罗系、白垩系	0.40 ~ 1.00	0.75	0.18	3809.64	21.76
18	卡拉库姆	全盆地	中下侏罗统	0.49 ~ 1.70	1.25	2.649	66955.13	25.28
19	卡拉库姆	坎迪姆	中下侏罗统	0.49 ~ 1.70	1.25	0.044	1528.40	34.48
20	卡拉库姆	萨曼切佩	中下侏罗统	0.49 ~ 1.70	1.25	0.018	1013.70	55.56
21	莺琼盆地	全盆地	第三系	0.80 ~ 2.00	1.5	0.038	2491.60	66.11
22	卡拉库姆	加兹里	中下侏罗统	0.49 ~ 1.70	1.25	0.074	4912.00	66.67
23	卡拉库姆	沙特雷克	中下侏罗统	0.49 ~ 1.70	1.25	0.056	4659.54	83.33
24	中欧	格罗宁根	石炭系	1.00 ~ >3.00	2	0.0933	19000.00	203.64
25	渤海湾	文中	石炭-二叠系	1.10 ~ 3.40	1.72	0.00045	152.30	338.44
26	四川	全盆地	三叠系	0.80 ~ >2.00	1.7	0.0005	474.66	949.32
27	松辽	汪家屯	侏罗-白垩系	1.30 ~ 2.00	1.65	无	123.17	∞
28	鄂尔多斯	长庆	石炭-二叠系	1.57 ~ 2.83	2.05	无	3118.10	∞
29	西西伯利亚（北部）	全盆地	白垩系	0.50 ~ 0.80	0.65	无	181511.56	∞
30	库克湾	全盆地	第三系	0.22 ~ 0.95	0.53	无	1936.00	∞

2. 煤成气与油型气的鉴别

从“六五”开始中国学者就致力于天然气类型与鉴别特征方面的研究。如何从气体本身的和与其相关的地球化学特征来鉴别煤成气和油型气，是煤成气理论建立初期迫切需要研究的课题。在这方面，已取得世界前沿性的研究成果。我国有许多此类的研究成果，例如，戴金星等[25~32]、徐永昌等[33~35]、沈平等[36,37]、傅家谟等[38]、张义纲等[39,40]均作过系统而开创性的研究，其他学者[41~59]也作了许多研究。

根据各种天然气类型鉴别特征，结合近年来的新的资料，在同位素、气组分、轻烃和生物标志物等4方面形成了一套可信度高的系列鉴别指标（表3）。

表 3　天然气组分和碳同位素鉴别

	鉴别指标	油型气	煤成气
碳同位素	$\delta^{13}C_1$	$-30‰>\delta^{13}C_1>-55‰$	$-10‰>\delta^{13}C_1>-43‰$
	$\delta^{13}C_2$	<-29‰	>-27.5‰
	$\delta^{13}C_3$	<-27‰	>-25.5‰
	$\delta^{13}C_{1-4}$连线	较轻	较重
	$\delta^{13}C_1$ 与 R^o 关系	$\delta^{13}C_1\approx 15.80\lg R^o-42.21$	$\delta^{13}C_1\approx 14.13\lg R^o-34.39$
	C_{5-8}轻烃单体系列	<-26‰	>-26‰
	同源的凝析油 $\delta^{13}C$	轻（一般<-29‰）	重（一般>-28‰）
	凝析油饱和烃和芳香烃 $\delta^{13}C$	饱和烃 $\delta^{13}C<-27‰$ 芳香烃 $\delta^{13}C<-27.5‰$	饱和烃 $\delta^{13}C<-29.5‰$ 芳香烃 $\delta^{13}C<-27.5‰$
	与气同源的原油 $\delta^{13}C$	轻（$-26‰>\delta^{13}C>-35‰$）	重（$-23‰>\delta^{13}C>-30‰$）
	烃源岩氯仿沥青“A”对应的组分 $\delta^{13}C$	较轻	较重
	甲苯 $\delta^{13}C$	较轻	较重
组分	汞蒸气	<600ng/m³	>700ng/m³
	C_{2-4}含量（成熟阶段）	R^o 相同或相近时，一般油型气比煤成气多 2% 以上	
轻烃	甲基环己烷指数	<50% ±2%	>50% ±2%
	C_{6-7}支链烷烃含量	>17%	<17%
	甲苯/苯	一般<1	一般>1
	苯	148μg/L±	475μg/L±
	甲苯	113μg/L±	536μg/L±
	凝析油 C_{4-7}烃族组成	富含链烷烃，贫环烷烃和芳香烃，一般芳香烃<5%	贫链烷烃，富环烷烃和芳香烃，一般芳香烃>10%
	C_7 的五环烷、六环烷和 nC_7 族组成	富 nC_7 和五环烷	贫 nC_7，富六环烷
凝析油和储层沥青中生物标志物	Pr/Ph 值	一般<1.8	一般>2.7
	杜松烷、桉叶油烷	没有杜松烷，难以检测到桉叶油烷	可检测到杜松烷和桉叶油烷
	松香烷系列和海松烷系列	贫海松烷和松香烷	成熟度不高时，可检测到海松烷系列和松香烷系列化合物
	二环倍半萜 C_{15}/C_{16}值	<1 或>3	1.1~2.8
	双杜松烷	无	有
	C_{27-29}甾烷	一般 C_{27}、C_{28}丰富，C_{29}含量少	一般 C_{29}丰富，C_{27}、C_{28}较少

将上述的关于天然气鉴别特征概括起来，天然气鉴别已经从单一的气组分对比发展为

综合气组分识别；从单一同位素（碳、氢、氩）发展为组合同位素和单体系列同位素；从单一气态发展为液态（油、凝析油和轻烃）和固态（烃源岩干酪根）配套判别。

在所有的鉴别指标中，天然气碳同位素最常用也最简单。在复杂地区，可以用轻烃、凝析油等参数结合地质背景来进行综合鉴别。

一般来说，随着成熟度的增加碳同位素值逐渐变重。在相似演化程度情况下，煤成气的碳同位素明显重于油型气碳同位素（表4）。由于甲烷碳同位素受热演化程度影响较大，成熟度较高的油型气往往与成熟度较低的煤成气甲烷碳同位素重叠在相同的区间值内，如玛2井和吉拉102井甲烷碳同位素值就由于烃源岩成熟度较高而比较重，与中等成熟度的煤成气甲烷碳同位素相当（表4）。因此甲烷碳同位素是区分相同母质不同成熟度天然气的有效指标，而并非是区分油型气和煤成气的有效指标。而乙烷碳同位素具有较强的原始母质继承性，尽管也受烃源岩热演化程度的影响，但受影响程度远小于甲烷碳同位素，因此，乙烷碳同位素是区别煤成气和油型气最常用的有效指标，例如上述的玛2井和吉拉102井天然气尽管甲烷碳同位素很重，但乙烷等重烃气碳同位素很轻，属于典型油型气特征（表4）。

另外，在煤成气与油型气鉴别方面，或者在确定天然气源岩成熟度方面 $\delta^{13}C_1$ 与 R^o 关系式也比较常用。不同学者根据不同地区或因素提出了不同的关系式。

表4　中国典型煤成气与油型气地球化学特征

井号	天然气组分/%						天然气碳同位素/‰，PDB				成因类型
	N_2	CO_2	CH_4	C_2H_6	C_3H_8	C_4H_{10}	$\delta^{13}C_1$	$\delta^{13}C_2$	$\delta^{13}C_3$	$\delta^{13}C_4$	
苏6	0.08	2.02	95.15	2.20	0.42	0.13	-33.85	-23.73	-24.17	-22.51	煤成气
桃5	1.92	0.62	91.00	4.81	0.92	0.16	-33.05	-23.57	-23.72	-22.01	
桃6	2.27	0.57	93.40	2.76	0.36	0.042	-32.54	-23.17	-23.77		
克拉2	0.94	0.60	98.05	0.40	0	0	-27.30	-19.40			
克拉201	0.50	1.21	97.70	0.59	0.50	0	-27.19	-17.87	-19.14	-19.90	
威27	7.81	4.70	85.85	0.17	0	0	-31.96	-31.19			油型气
塔中6	9.55	2.16	85.61	1.55	0.59	0.40	-42.25	-41.40	-35.23	-30.97	
玛2	18.70	0.43	79.37	1.29	0.17	0.00	-39.60	-36.50	-30.80	-27.60	
吉拉102	6.34	0.08	91.42	1.08	0.60	0.34	-36.08	-35.18	-32.52	-31.45	

在“六五”国家重点科技攻关项目“煤成气的开发研究”结束时，戴金星[26]综合研究了我国煤成甲烷（$\delta^{13}C_1$）与其源岩成熟度（R^o）之间的关系，发现煤成甲烷 $\delta^{13}C_1$ 值随源岩成熟度增加而变重，并得出如下回归方程：

$$\delta^{13}C_1 = 14.12\lg R^o - 34.39 \tag{1}$$

与此同时，徐永昌等[35]在研究东濮凹陷、鄂尔多斯盆地和四川盆地煤成甲烷与其源岩成熟度关系后，和沈平一起提出了连续沉积和没有大抬升作用聚煤盆地的 $\delta^{13}C_1$ 与 R^o 回

归方程[36]为

$$\delta^{13}C_1 = 8.64\lg R^o - 32.8 \tag{2}$$

1990 年徐永昌等[60]提出适用于 R^o 值不大于 1.3% 的煤成气的新 $\delta^{13}C_1$ 与 R^o 回归方程为

$$\delta^{13}C_1 = 40.49\lg R^o - 34.0 \tag{3}$$

式（3）比式（2）具有较轻的碳同位素组成，同时比式（2）斜率更大，这意味着在较低成熟度某一阶段，煤成甲烷碳同位素值反而要比油型气甲烷的轻。但式（3）是否比式（2）更符合地质实际，有待进一步研究。我国煤成乙烷和丙烷的 $\delta^{13}C$ 也存在随源岩成熟度增大而变重的趋势。戴金星等[27]1989 年提出的我国煤成乙烷、丙烷和源岩成熟度关系的回归方程，当时在世界上是首创的。煤成乙烷回归方程为

$$\delta^{13}C_2 = 8.16\lg R^o - 25.71 \tag{4}$$

煤成丙烷回归方程为

$$\delta^{13}C_3 = 7.12\lg R^o - 24.03 \tag{5}$$

除了上述全国性 $\delta^{13}C_1$ 与 R^o 关系的研究成果外，由于我国地域广且地质环境复杂、构造的多旋回性，故一些盆地和地区的 $\delta^{13}C_1$ 与 R^o 关系具有地域性，研究涉及的参数更多。

廖永胜[61]提出的渤海湾盆地济阳拗陷煤成甲烷回归方程有 3 个：

$$\delta^{13}C_1 = 15.1\lg R^o - 38.5 \tag{6}$$

$$\delta^{13}C_1 = 14.5\lg R^o - 34.5 \tag{7}$$

$$\delta^{13}C_1 = 8.6\lg R^o - 28.0 \tag{8}$$

其中，式（6）分类系数（分类系数=壳质组含量×10+镜质组含量×3+惰性组含量×1）大于 4.00，式（7）的分类系数为 2.50～4.00，式（8）的分类系数小于 2.5。

韩广玲等[62]在松辽盆地南部研究了煤成甲烷、乙烷、丙烷和丁烷与源岩成熟度的关系，得到以下回归方程：

$$\delta^{13}C_1 = 16.201\ln R^o - 33.485 \tag{9}$$

$$\delta^{13}C_2 = 5.145\ln R^o - 24.083 \tag{10}$$

$$\delta^{13}C_3 = 3.944\ln R^o - 22.797 \tag{11}$$

$$\delta^{13}C_4 = 3.286\ln R^o - 22.023 \tag{12}$$

刘耀光[63]研究松辽盆地煤成甲烷和源岩成熟度的关系，得到以下回归方程：

$$\delta^{13}C_1 = 28\lg R^o - 31 \tag{13}$$

徐永昌等[60]在辽河拗陷研究得到的Ⅲ型干酪根形成煤成甲烷的 $\delta^{13}C_1$ 与 R^o 回归方程为：

$$\delta^{13}C_1 = 49.56\lg R^o - 34.48 \tag{14}$$

陈安定等[64]通过模拟实验计算，得到的鄂尔多斯盆地石炭-二叠系滨海沼泽相煤成甲烷与成熟度关系：

$$\delta^{13}C_1 = 15.84\lg R^o - 36.06 \tag{15}$$

由上述可见，我国煤成气与成熟度关系的研究自甲烷开始，以后发展到重烃气（C_{2-3}），研究成果中既有全国性的又有盆地性和地区性的。

3. 我国大型气田的控制因素

关于大气田，世界各国没有统一的划分标准。气田大小的内涵也不尽相同，有的指含气面积，有的指储量大小，有的指经济效益的高低。目前在我国将探明储量大于300亿m^3的天然气田称为大气田，储量在50亿~300亿m^3的称为中型气田，而探明储量小于50亿m^3的称为小气田[65]。截至2003年年底，我国在四川、鄂尔多斯、塔里木、柴达木、莺琼、东海、珠江口和台西8个盆地发现了28个大气田。这些大气田的成藏类型多样，时代有老有新，控制成藏的因素千差万别。

自“六五”开展国家天然气重点科技攻关以来，特别是“七五”以来，关于大型天然气田主控因素研究成果丰富[66~77]。对大气田形成主探因素的研究，有力地指导了我国大气田的发现。综合我国近20年大气田的研究成果，把我国大气田形成的主控因素可以归纳为以下几点。

1）大气田发育在生气中心及其周缘

生气中心及其周缘不仅可以源源不断地获得高丰度的气源，而且气体运移距离相对短，避免了气体在长途运移过程中的大量散失，所以在生气中心及其周缘就容易形成大气田。根据生气中心烃源岩及与之相关的大气田所在储集层位的关系，生气中心可分为3类。

（1）同层生气中心。生气中心的烃源岩与之相关的大气田在同一层位。例如，鄂尔多斯盆地太原组和山西组煤系形成的同层生气中心发现了多个大气田，生气强度在20亿~45亿m^3/km^2处（图3）；在柴达木盆地三湖拗陷第四系同层生气中心的北缘和西部发现了涩北一号、涩北二号和台南3个大气田。这些大气田分别位于生气强度35亿m^3/km^2和30亿m^3/km^2的区域；在东海盆地西湖凹陷平湖组同层生气中心发现了春晓大气田。在同层生气中心之所以发现大气田概率高，主要是因为天然气聚集运移距离相对较短和构造环境稳定的缘故。

（2）低层生气中心。生气中心的烃源岩位于与之相关的大气田下面。低层生气中心往往出现在构造较活动、断层发育、盖层为膏盐层或好的泥质岩的盆地或区域。例如塔里木盆地库车拗陷中、下侏罗统生气中心的煤成气，通过断裂在上覆古近系和白垩系的圈闭中成藏，形成了克拉2、迪那2和牙哈等大气田。库车拗陷生气中心之所以发现我国丰度最高的大气田[78]，那是因为其最大的生气强度高达280亿m^3/km^2。又如四川盆地川东的五百梯大气田、沙坪场大气田、卧龙河大气田和罗家寨大气田均在志留系低层生气中心之上。低层生气中心发现大气田的概率也比较高。

（3）高层生气中心。生气中心的烃源岩位于与之相关的大气田上面。鄂尔多斯盆地奥陶系碳酸盐岩，在上升过程中经历了约140Ma的岩溶作用形成了古岩溶储层，之后在其上沉积了C—P煤系并形成了生气中心。该生气中心大量煤成气向下伏的古岩溶圈闭聚集形成了靖边大气田（图3）。高层生气中心发现大气田的概率较低。

2）大气田晚期成藏

在我国除了鄂尔多斯盆地大气田成藏期在白垩纪外，所有的大气田均成藏于新生代的古近纪、新近纪和第四纪，即晚期成藏。其主要原因是：气体分子小，极易散失，早期形

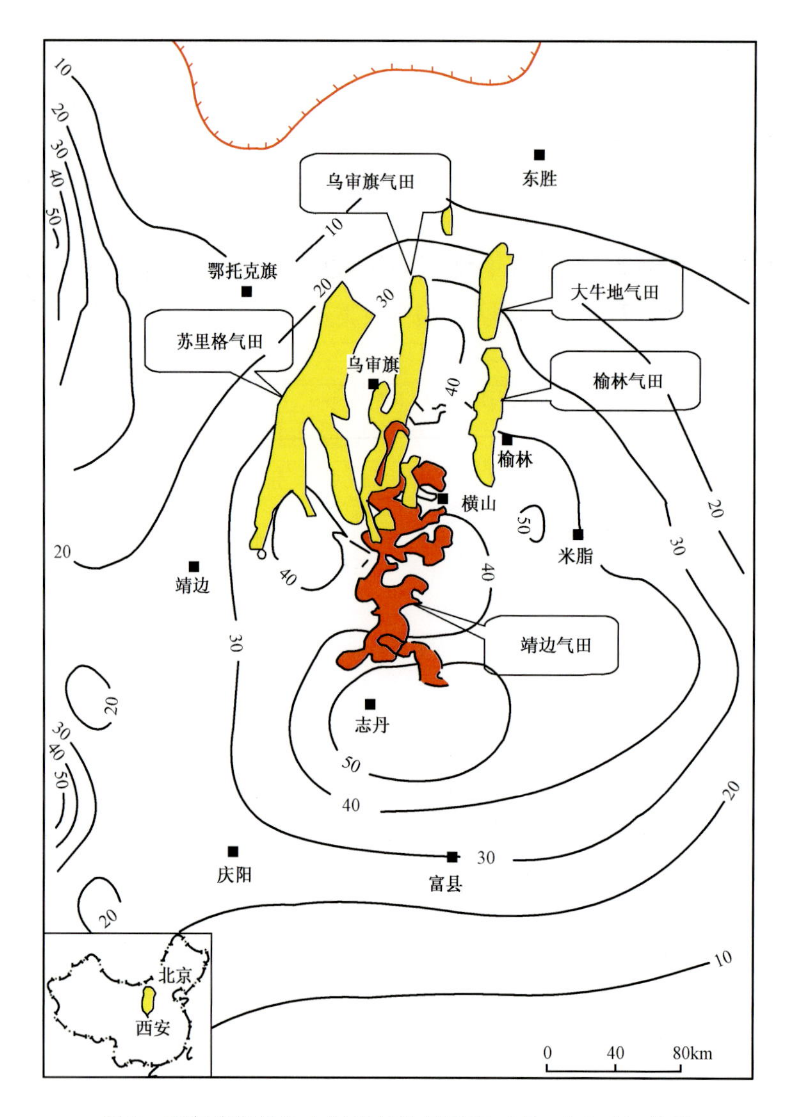

图3 鄂尔多斯盆地大气田与生气强度（亿 m^3/km^2）关系

成的气藏不易保存的缘故。例如鄂尔多斯盆地西缘的刘家庄气田，在 50Ma 前还是个储量为 454.9 亿 m^3 的大气田，目前仅是一个储量为 1.9 亿 m^3 的小气田[23]。

3）大气田在成气区的古构造圈闭中

成气区内早期或与成烃同期形成的大型圈闭在与主要生烃时间匹配和与主要生气区的位置关系以及对气体的保存方面，均有利于天然气聚集形成大气田。戴金星等[23,70]曾总结出成气区古构造内大气田的 3 种模式和类型。

（1）古构造聚气同步型。是指古构造的形成和聚气作用基本同时或连续稍后一段时间进行。柴达木盆地中南部三湖拗陷的气藏就是这种类型的极好实例。三湖拗陷在第四纪强烈沉降，快速沉积了巨厚的咸水湖相夹沼泽相的第四系，最大厚度超过 3200m，下部发育有 1500m 生气岩，其中夹有可作为较好储层的泥质细砂岩和粉砂岩，形成了自生自储的成藏组合。由于受喜马拉雅末期构造运动的影响，这套地层在沉降的同时，形成了一系列缓倾角、小幅度的同生背斜。三湖拗陷涩北一号、涩北二号和台南大气田都是发育在这类同沉积圈闭中。

（2）古构造聚气滞后型。是指聚气作用发生在古构造形成之后。我国琼东南盆地崖13-1气田就是这种类型。古构造形成于渐新世，而来源于崖城组气体是在第四纪聚集成藏的。

（3）古构造聚气叠置型。是指古构造控制形成的古气藏，经后期构造改造调整，在原地或附近或其上二次成藏的气藏。四川盆地五百梯大气田、沙坪场大气田、卧龙河大气田和罗家寨 大气田均属于此类气田。川东气区的开江古隆起圈闭在印支期基本定型，喜马拉雅期前，在开江古隆起上曾聚集了地层古构造复合大气藏。在喜马拉雅期，开江古隆起被瓦解成众多高陡背斜，与气藏调整再聚集，形成了上述一系列大气田，主成藏期为喜马拉雅期。

4）大气田在煤系或其上、下圈闭中

在成煤作用的整个过程中，由于一般是以生气为主、生油为辅，故煤系能长期不断地提供充足的气源。这样，在煤系或其上、下圈闭中易形成大气田。目前发现的28个大气田，其中探明储量最大的7个大气田均是煤成大气田。煤系形成的天然气通过以下3种模式运移富集为大气田。

（1）自生自储式。鄂尔多斯盆地上古生界的山1、山2和太1气层均位于C-P煤系中，气藏类型以岩性型为主，是典型的自生自储式的大气田。

（2）下生上储式。这种类型的大气田极为普遍，塔里木盆地克拉2、迪那2、牙哈气田和琼东南盆地崖城13-1气田、东方1-1大气田以及四川磨溪大气田等等均为下生上储式的大气田。

（3）上生下储式。这种类型比较少见。我国鄂尔多斯盆地下古生界的靖边气田属于这种类型。

5）大气田发育在生气区内以孔隙型为主的储层

生气区内广泛存在孔隙型储层，既可以成为天然气富集的大体积空间，又可以成为天然气运移的良好输导层，有利于大气田形成。表5列出了我国一些典型大气田储层物性特征。

表5　我国一些典型大气田储层主要物性

盆地	气田	层位	主力气层	岩性	孔隙度/%	渗透率/$10^{-3}\mu m^2$
四川	新场	蓬莱镇组	下孔层	砂岩	12.3	2.56
	五百梯	黄龙组		砂屑、角砾白云岩	6.04	2.5
鄂尔多斯	苏里格	石盒子组	盒8	砂岩	7~15	10
	靖边	马家沟组	马5	粉晶白云岩	5.3~6.7	1
塔里木	克拉2	下白垩统	巴什基奇克组	砂岩	12.8	51.46
	和田河	石炭系	砂泥岩段	砂岩	13.68	97.4
柴达木	台南	下更新统	涩北组	粉、细砂岩	26.8	595.22
	涩北~号	下更新统	涩北组	粉、细砂岩	30.6	104.9
莺琼	崖13-1	莺—黄组	陵三段	细砂岩、含砾砂岩	14.8	100
	东方1-1	莺—黄组	上浅层	细砂岩、粉砂岩	12~21.33	0.02~8.32

6）大气田在异常压力封存箱外或箱间

在我国，至今发现的超压层系盆地有 29 个。关于超压盆地油气的分布规律，在认识上存在一定的分歧[79~81]，一种观点认为油气大多分布在超压面附近，另一种观点认为油气主要分布在过渡带和常压带，而且强超压在特殊的地质环境下也可以聚集成藏。Hunt 提出了流体异常压力封存箱的概念。郝石生、戴金星提出了与封存箱有关的 4 种油气成藏模式[71,82]：① 箱缘运聚成藏；② 箱外运聚成藏；③ 箱内运聚成藏；④ 箱间运聚成藏。目前在我国发现的与封存箱有关的大气田有两种类型。

箱封存上型。在莺歌海盆地的东方 1-1 气田，天然气主要聚集在泥底辟圈闭中，即主力气藏分布在常压带内，而其下埋藏较深的地层具有超压特征，压力系数在 2.0 以上，处于高压封存箱中。

箱封存间型。四川盆地川东气区有两个压力异常带。上部封存箱为三叠系嘉陵江组—二叠系压力异常带，压力系数为 1.39 ~ 1.92。上部封存箱成为下伏石炭系储层的良好盖层。下部封存箱为志留系—寒武系压力异常带，例如座洞崖座 3 井寒武系压力系数大(1.89)，而位于其上石炭系的孔隙型白云岩气层压力系数为 1.09 ~ 1.2，属于正常地层压力。

7）大气田位于低气势区

天然气在平面上和纵向上都是从高势区向低势区运移聚集成藏，这一规律在大气田的形成过程中表现得十分明显。例如四川盆地五百梯大气田、沙坪场大气田和卧龙河大气田，从三叠纪末至今各时期都处在低气势区。又如崖 13-1 大气田的崖 13-1 构造从 11.5Ma 至今一直是在低势区域。我国海上最大的气田东方 1-1 也是如此。

纵向地层气势研究证明，靖边大气田奥陶系天然气主要来源于 C-P 的煤系。据杨俊杰等[83]研究，在整个地质时期，石炭系底部的气势始终大于奥陶系顶部的气势。孙冬敏、夏新宇曾计算了从上部煤系来源气体对该气藏的贡献，结果表明气体主要来源于上部高气势区的 C-P 煤系[51,84]。

在选择大气田有利区域时，应综合各个因素进行研究。若某聚气带同时具备两个或更多主控因素，则发现大气田的概率高。如果某地区的主控因素相互矛盾，就要具体分析。

4. 碳酸盐岩生烃问题

我国海相地层的分布面积逾 300 万 km^2[85]，因此海相油气是我国油气工业的重要勘探领域。其中覆盖区海相地层（以古生界为主）面积约 146 万 km^2[86]，主要分布在塔里木盆地、华北克拉通和扬子克拉通盆地，其油气资源潜力可观。众所周知，碳酸盐岩分布面积占全球沉积岩总面积的 20%，蕴藏了巨大的油气储量，世界上现已发现的以碳酸盐岩为主要烃源岩的含油气盆地有 20 多个[87]。我国虽然已在塔里木盆地、四川盆地等发现了碳酸盐岩气田，如四川盆地威远、普光、罗家寨、五百梯、沙坪场、卧龙河、大池干井、铁山、高峰场等一批气田，塔里木盆地和田河、吉拉克、雅克拉等气田[88]，但是在中国南方和华北盆地广泛分布的碳酸盐岩区，油气勘探并未取得令人满意的成效。

与国外相比，我国海相盆地碳酸盐岩的最大特点是时代老、有机质丰度低、有机质热演化程度高[86]，且多数烃源岩有机碳含量小于 0.5%。全球统计结果表明：碳酸盐岩大中型油气田海相烃源岩（包括泥页岩）的 TOC 平均值绝大多数大于 0.5%（在 122 个油气田的烃源岩统计中占98.4%)，其中已证实的20多个油气田的碳酸盐岩烃源岩TOC平均为2.3%[85]。由此看来，中国碳酸盐岩的生烃潜力到底如何便成为人们关注的焦点，特别是碳酸盐岩的有机质丰度下限值成为长期以来人们争议的话题。国内外不少学者根据实验研究或勘探实践或理论统计等研究[88~108]①，分别提出了碳酸盐烃源岩有机质丰度下限值(表6)，这些下限值绝大多数小于0.5%。国外学者认为其下限值不低于0.3%，而我国不少学者认为碳酸盐烃源岩TOC下限可以在0.2%或更低[93,96,97,100,103,104]。

表6　不同学者提出的海相碳酸盐岩烃源岩有机质丰度下限值

TOC下限值/%	作者及发表时间	注　释
0.5	Ronov，1958[89]	根据对油区和非油区不同时代和环境的26000个页岩型样品统计确定
0.3	Gehman，1962[90]	根据世界各地1400个古代灰岩分析（平均有机碳为0.2%），认为0.3%可以作为碳酸盐岩型生油岩的下限，其中碳酸盐岩型生油岩的有机碳平均值在0.6%以上
0.3	Hunt，1967[91]	0.5%原来是泥页岩有效烃源岩的下限值，后来一些学者将碳酸盐岩烃源岩的评价标准降低到0.3%
0.10	傅家谟等，1983[93]	对高演化阶段的碳酸盐岩，有机碳下限可低于0.15%，取0.10%作有效烃源岩，甚至取到0.05%
0.3	Tissot and Welte，1984[92]	0.3%为背景值，不能认为是生油岩的确切指标，是烃类满足生油岩吸附后能从中排出所必须达到的临界标准；而且它不能应用到很高成熟阶段的烃源岩中，因为它只反映的是残余量，原始量可能是它两倍以上
0.4	Palacas，1984[94]	研究美国南佛罗里达盆地下白垩统未熟碳酸盐岩时采用0.4%为下限
0.3~0.5	郝石生等，1996[95]	认为成熟阶段的碳酸盐岩生油岩的有机碳下限值应取0.3%~0.5%，随着成熟度的增大，下限值相应降低
0.05	刘宝泉等，1985[96]	华北地区中上元古界、下古生界碳酸盐岩
0.1	程克明等，1996[97]	取0.043%为塔里木盆地下古生界碳酸盐岩现今演化阶段的有机质丰度下限值，通过下限值恢复，认为成熟门限附近有机质丰度下限为0.1%
>0.40	夏新宇等，2000[98]	高-过成熟阶段也不应低于0.4%
0.5	梁狄刚等，2000[99]	认为海相工业性烃源岩不必很厚，但TOC≥0.5%，碳酸盐岩要含泥质
0.5	张水昌等，2002[85]	岩性不同不会导致碳酸盐岩和碎屑岩之间在生烃潜力和烃转化率方面的特别差异，差异只是存在于排烃效率和残余烃量方面，因此认为在海相地层或碳酸盐岩地层中评价烃源岩，沿用0.5% TOC作为有机质丰度下限是合适的，尽管现阶段的理论方法尚不能解决商业性源岩丰度下限的精细标准
0.20	蔡开平等，2003[100]	认为川西北广旺地区二叠、三叠系有机质热演化高，有机碳下限可以取到0.10%或0.15%，但为了可信度更大，保守地取0.20%为生烃下限值
0.3	王兰生等，2003[101]	川西南地区二叠系碳酸盐岩烃源岩生烃的有机碳下限值为0.3%
0.3	饶丹等，2003[102]	根据国外大量油气勘探实例，结合我国的勘探实践，认为有效烃源岩的评价标准是：灰岩有机碳含量≥0.3%；泥灰岩有机碳含量≥0.5%

① 钟宁宁、耿安松，中国典型叠合盆地碳酸盐岩烃源岩生排烃机理与效率，973课题总结报告，2004。

续表

TOC 下限值/%	作者及发表时间	注　释
0.4	钟宁宁等，2004①	分级评价并进行归纳后确定的
0.3	王兆云等 2004[88]	据对中国塔里木、四川、鄂尔多斯盆地和华北地区海相碳酸盐岩有机碳数值分析，以及这些气源岩对已发现气藏的贡献研究而提出的
0.13～0.14	刘德汉等，2004[103]	用激光—荧光显微镜等方法，挑选鄂尔多斯盆地奥陶系样品中有明显生、排烃现象的碳酸盐岩，测定其有机碳含量为依据
0.2	赵文智等，2004[104]	全国第三次资源评价采用的标准为：碳酸盐岩生油>0.5%，生气>0.2%

注：① 钟宁宁、耿安松，中国典型叠合盆地碳酸盐岩烃源岩生排烃机理与效率，973 课题总结报告，2004。

如果将碳酸盐烃源岩有机碳下限值定在 0.2% 或更低，很可能就会导致中国碳酸盐岩有效烃源岩“满盆都是，且厚度巨大”的现象，几十年的勘探实践已经使许多学者对较低的 TOC 下限值标准提出了质疑[85]。众所周知，只有那些能够生成和排出烃类，其数量足以形成商业性油气藏的“商业性烃源岩”（Hunt 把它叫做“有效烃源岩”[109]），对勘探才有实际意义。必须强调的是，烃类的数量应足以保证经过运移、散失后仍能聚集成商业性油气藏[110,111]。那些只能生成一点点晶洞油、裂缝油的烃源岩只可能有理论意义，这就决定了商业性烃源岩的有机质丰度标准不能太低[99]。据张水昌等[85]最近的研究：有机质丰度低到 0.1%～0.2% 的纯碳酸盐岩不能作为有效烃源岩；海相地层或海相碳酸盐岩地层中能有效生油的烃源岩是其中高有机质丰度的泥岩、泥灰岩和泥晶灰岩；对于相同有机质类型的来源于泥质岩或碳酸盐岩的干酪根，其有机质转化率相似，不存在碳酸盐岩烃源岩烃转化率高于泥岩的现象，生排烃过程一般并不会导致 TOC 含量的显著降低。因此在海相碳酸盐岩地层中评价烃源岩，沿用泥岩 TOC 的 0.5% 作为有机质丰度下限值是合适的。

研究也发现烃源岩具有强烈的非均质性[112]，一套厚层的烃源岩并非都是有效烃源岩，只有其中富含有机质的部分才对油气藏形成起到决定性贡献。另据调查，大型油气田明显受高丰度烃源岩的控制[70]。对于海相有效烃源层，厚度不必很大，但必须含有高有机质丰度的层段；烃源岩也不是满盆分布，烃源岩的发育明显受沉积相带的控制[113,114]①。

总之，碳酸盐岩有效烃源岩的厚度不必很大，但必须有高有机质丰度（TOC 大于 0.5%）的层段和一定的分布范围。各盆地评价标准的确定必须结合勘探实践、沉积条件和地球化学特征等因素综合考虑，才能得出可靠的结论，否则有效烃源岩的定义将难以在生产实践中应用。

另外，量的因素（体积）不能弥补质的因素（有机质的丰度），那些有机碳含量低至 0.1%～0.2% 的纯碳酸盐岩和泥岩，是不能成为工业性烃源岩的。

5. 无机成因气

无机成因的天然气是否存在和无机成因气是否能形成工业性气藏（田）？这个问题一直是有争论的科学前沿问题之一。近几十年来，由先进的勘探技术和大量天然气地球化学研究证实，无机成因气存在无疑[115～120]，并在中国东部探明了和确定了一些无机成因气藏（田）（图4）。

① 陈践发、张水昌、王大锐等，“中国典型叠合盆地优质烃源岩发育环境及控制因素”中期评估报告，2001。

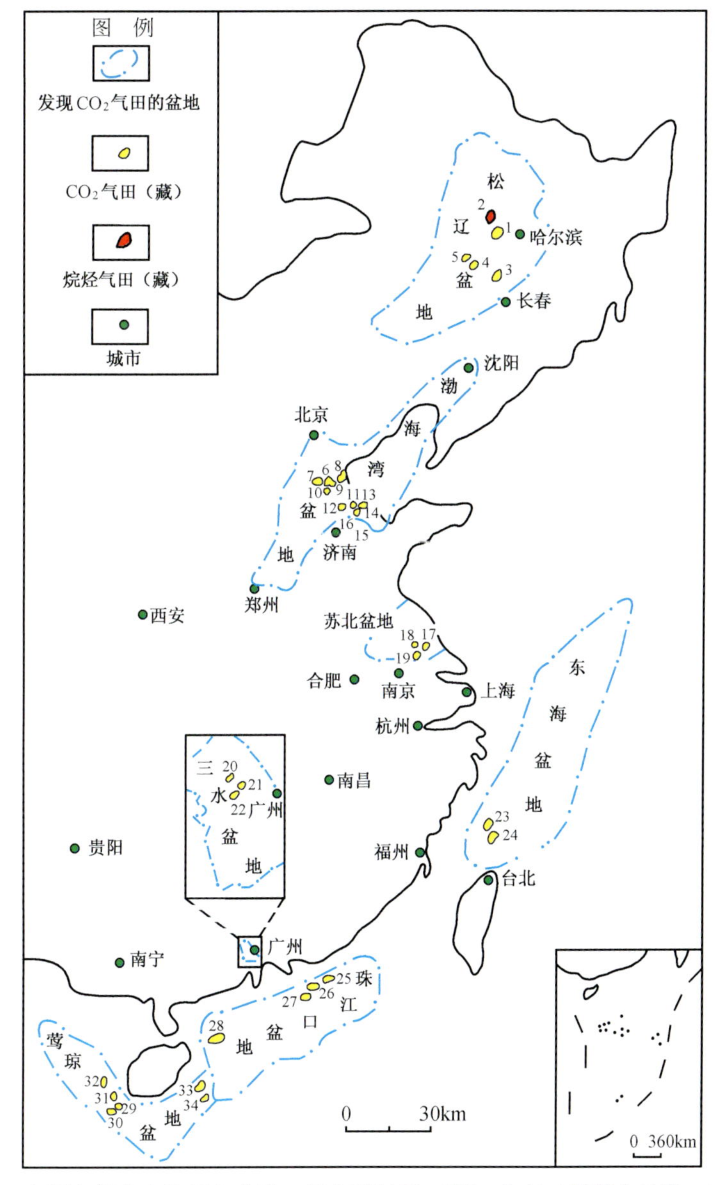

图4 中国东部和大陆架上盆地二氧化碳气田（藏）分布（据戴金星等，2005）

1 农安村；2. 昌德；3. 乾安；4. 万金塔；5. 孤店；6. 旺21井；7. 旺古1井；8. 友爱村；9. 翟庄子；10. 齐家务；11. 阳25井；12. 八里坡；13. 平方王；14. 平南；15. 花沟；16. 高53井；17. 丁庄垛；18. 纪1井；19. 黄桥；20. 南岗；21. 沙头坪；22. 坑田；23. 石门潭；24. $WZ_1$13-1，25. 惠州18-1；26. 惠州22-1；27. 番禺28-2；28. WC 15-1；29. 乐东15-1；30. 乐东21-1；31. 乐东8-1；32. 东方1-1；33. BD 19-2；34. BD 15-3

1）无机成因气的地球化学依据及其鉴别

（1）烷烃气鉴别：① 无机成因甲烷的$\delta^{13}C_1$一般大于-30‰。划分无机成因和有机成因甲烷的$\delta^{13}C_1$的界限值主要有3种，一是大于-20‰[33,36,40]，二是大于-25‰[121]；三是为-30‰[115,31]。综合分析认为划分无机成因和有机成因甲烷的$\delta^{13}C_1$界限值大于-30‰较为合理与实用[119]。② 无机成因烷烃气具负碳同位素系列（$\delta^{13}C_1>\delta^{13}C_2>\delta^{13}C_3$）。所谓烷烃气碳同位素系列是指依烷烃气分子中碳数顺序递增、$\delta^{13}C_1$依次递增或递减，递减者谓之负碳同位素系列（$\delta^{13}C_1>\delta^{13}C_2>\delta^{13}C_3$）（表7），递增者称为正碳同位素系列（$\delta^{13}C_1<\delta^{13}C_2<\delta^{13}C_3<\delta^{13}C_4$）[31,122]。无机成因烷烃气具有负碳同位素系列，而有机成因烷烃气则有正碳同位素系列。③ 无机成因甲烷的 $CH_4/^3He$ 为 $n(10^5\sim10^7)$。我国渤海湾盆地翟庄子二氧化碳气田港151气藏中无机成因甲烷的 $CH_4/^3He=4.1152\times10^7$，云南腾冲地区和长白山天池幔源型温泉气中无机成因甲烷的 $CH_4/^3He$ 为 $10^6\sim10^7$ 量级[123]，东太平洋北纬21°中脊喷出的热液中的和冰岛热点区地热气的以及日本列岛温泉气中幔源成因的甲烷 $CH_4/^3He$ 值为 $10^5\sim10^7$ 量级[124,125]，而我国有机成因甲烷的 $CH_4/^3He$ 值为 $10^{10}\sim10^{12}$ 量级与无机成因气甲烷的 $CH_4/^3He$ 值为 $10^5\sim10^7$ 量级明显有别（表8）。

表7　国内外具有负碳同位素系列的无机成因烷烃气

气样地点	$\delta^{13}C_1$/‰	$\delta^{13}C_2$/‰	$\delta^{13}C_3$/‰	$\delta^{13}C_4$/‰	文献
中国松辽盆地芳深1井	-18.63	-23.22			戴金星等，1992
	-18.70	-22.40	-24.10	-28.20	郭占谦等，1997
中国松辽盆地芳深2井	-16.70	-19.20	-24.30		郭占谦等，1997
中国松辽盆地芳深9井	-27.45	-32.11			霍秋立等，1998
	-27.11	-30.05	-30.50	-32.98	杨玉峰等，2000
中国松辽盆地昌103井	-21.77	-26.17	-28.20	-28.78	郭占谦等，1997
中国东海盆地天外天构造1井	-17.00	-22.00	-29.00		张义纲等，1991
俄罗斯希比尼地块岩浆岩	-3.2	-9.1	-16.2		Zorikin *et al.*，1984
美国黄石公园泥火山	-21.50	-26.50			Des Marais *et al.*，1981

表8　用 $CH_4/^3He$、$\delta^{13}C_1$ 和 R/R_a 值判别甲烷成因

样品所在地点或井号	$\delta^{13}C_1$/‰，PDB	R/Ra	$CH_4/^3He$	文献	甲烷成因
渤海湾盆地黄骅拗陷港151井	-28.60	3.62	4.1152×10^7	戴金星，1997	幔源成因
吉林省长白山天池温泉（3）	-24.04	1.19	1.7365×10^7	戴金星等，1994	
云南省腾冲县澡塘河温泉（Ⅱ）	-19.95	2.86	1.6912×10^7		
云南省腾冲县大滚锅温泉	-19.48	3.26	7.0489×10^6		
云南省腾冲县小滚锅温泉	-20.58	3.37	7.5666×10^6		
东太平洋北纬21°中脊热液流体	-17.6～-15	约8	5×10^6	Welham *et al.*，1979	
日本列岛温泉气			$3.2\times10^7\sim2.9\times10^6$	卜部明子等，1983	
冰岛热点区地热气			$1\times10^7\sim2.1\times10^5$	Sano *et al.*，1985	

续表

样品所在地点或井号	$\delta^{13}C_1$/‰，PDB	R/R_a	$CH_4/^3He$	文献	甲烷成因
鄂尔多斯盆地陕 10 井（O_1m）	-34.61	0.01	4.8465×10^{11}	戴金星，1997	有机成因
鄂尔多斯盆地陕 30 井（O_1m）	-33.94	0.02	3.1650×10^{11}		
四川盆地河 1 井（P_2ch）	-35.91	0.01	5.618 万亿		
苏北盆地真 12 井（$E_{2-3}s$）	-50.53	0.30	1.4900×10^{9}		
渤海湾盆地冀中拗陷马 21 井	-58.07	0.30	3.9284×10^{9}		
渤海湾盆地黄骅拗陷乌 3 井	-40.14	0.14	5.2369×10^{10}		
渤海湾盆地黄骅拗陷有 5-14 井	-47.69	0.21	2.0983×10^{10}		
渤海湾盆地济阳拗陷宁 3 井（Es_1）	-46.80	0.32	2.1959×10^{10}		
渤海湾盆地济阳拗陷陈气 53 井	-53.36	0.27	7.0744×10^{11}		
吐哈盆地温 1 井（J_2x）	-39.43	0.03	1.0405×10^{11}		
吐哈盆地勒 1 井（J_2b）	-43.14	0.02	3.7378×10^{11}		
吐哈盆地温西 3 井（J_2s）	-41.47	0.03	2.3448×10^{11}		
塔里木盆地英买 19 井	-33.55	0.06	4.6828×10^{11}		
塔里木盆地轮 23 井（T）	-36.12	0.04	9.0339×10^{11}		
准噶尔盆地克 75（P_2w）	-31.03	0.32	4.0031×10^{10}		
浙江省平阳县钱仓生物气	-67.32	0.05	6.8504×10^{11}		

（2）二氧化碳的鉴别。戴金星等在综合国内外大量二氧化碳有关鉴别数据后，归结出无机成因 $\delta^{13}C_{CO_2}$ 大于-8‰，主要在-8‰～+3‰区间。在无机成因二氧化碳中，碳酸盐岩变质成因的二氧化碳 $\delta^{13}C_{CO_2}$ 值接近于碳酸盐岩 $\delta^{13}C$ 值，在0±3‰左右；岩浆-幔源成因的二氧化碳的 $\delta^{13}C_{CO_2}$ 大多在-6‰±2‰左右[123]。

2）无机成因的气田（藏）

近十多年来，我国对无机成因气田（藏）的研究取得了重要进展，不仅发现了一批无机成因 CO_2 气田（藏），且理论成果卓著，同时还在世界上首次科学地肯定了无机成因烷烃气气田（藏）（图4）。

（1）无机成因二氧化碳气藏——农安村气藏。该气藏地处黑龙江省肇州县榆树乡农安村孙家围子屯一带，位于松辽盆地徐家围子断陷。该气藏以往称昌德东 CO_2 气藏，包括芳深9井、芳深7井、芳深701井和芳深6井[126]（图5）。在原称昌德东 CO_2 气藏中，只有芳深9井具有 CO_2 气藏的特征。由于该井位于农安村一带，故称为农安村 CO_2 气藏[116,118]。该 CO_2 气藏是个纯无机成因气藏，因为该气藏中的各组分天然气几乎均是无机成因的。该气藏 CO_2 含量为84.20%～90.38%，$\delta^{13}C_{CO_2}$ 为-4.06‰～-5.46‰，岩浆-幔源 $\delta^{13}C_{CO_2}$ 在-6‰±2‰范围内。其烷烃气具负碳同位素系列特征，说明烷烃气是无机成因的。该天然气中氦含量达2.743%，是松辽盆地天然气氦含量最高的[116]，同时幔源氦 ^3He 达38.2%，R/R_a 为3.00～3.21。这种纯无机成因气藏在世界上十分罕见。

（2）无机成因的烷烃气田（藏）——昌德气藏。昌德气田位于松辽盆地徐家围子断陷西缘安达-肇州背斜带中部变质岩基底隆起上发育起来的昌德-大青山背斜构造内（图6）。

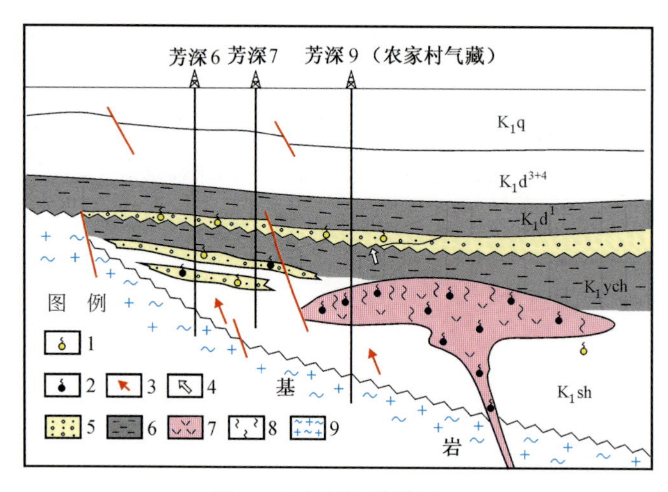

图5 农安村气藏横剖面

1. 有机成因气；2. 无机成因气；3. 无机成因气运移方向；4. 有机成因气运移方向；
5. 砂砾岩；6. 泥岩；7. 酸性火山岩；8. 裂隙；9. 基岩

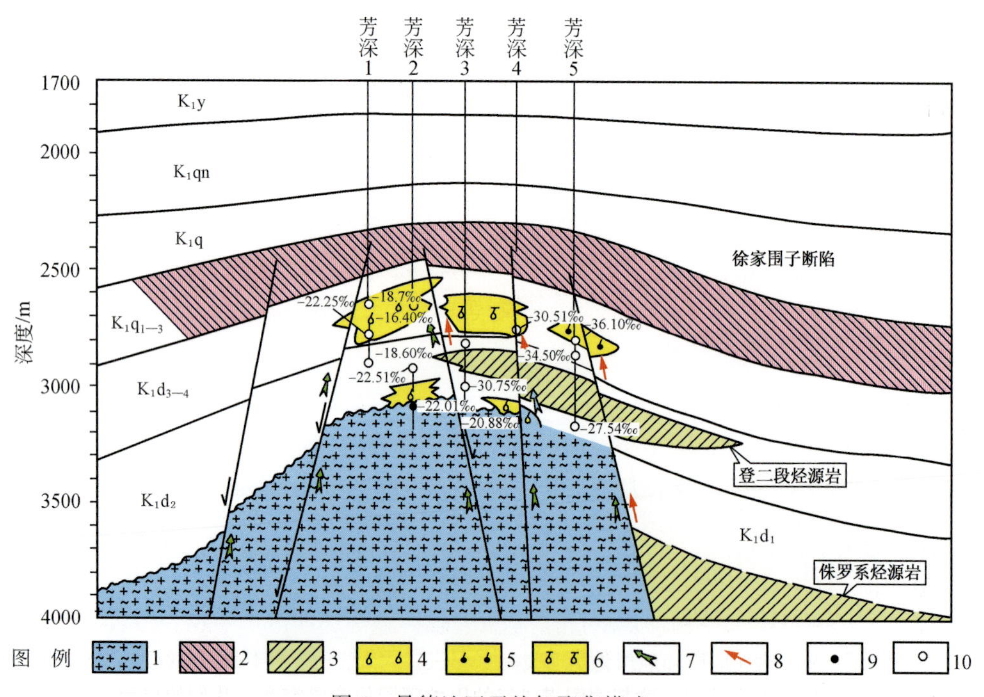

图6 昌德地区天然气聚集模式

1. 变质岩基底；2. 泥岩盖层；3. 烃源岩；4. 无机成因为主气藏；5. 有机成因为主气藏；
6. 有机成因和无机成因混合气藏；7. 无机成因气的运移方向；8. 有机成因气的运移方向；
9. 基岩中 $\delta^{13}C_1$ 值；10. 登娄库组（K_1d）$\delta^{13}C$ 值

昌德气藏由于芳深1井、芳深2井具有负碳同位素系列特征（表7），故好些学者认为其烷烃气为无机成因[127]。笔者从构造与天然气地球化学观点分析，认为把同在一个构造内（昌德-大青山背斜）的芳深3、芳深4、芳深5井3个气藏统称为昌德气田较合理（图6），而应把具无机成因烷烃气为主的芳深1、芳深2井称为昌德气藏。该两井烷烃气不仅具有负碳同位素系列，而且所有 $\delta^{13}C_1$ 均很重，从-16.4‰～-22.51‰。芳深2井基岩

天然气 $\delta^{13}C_1$ 为-22.01‰，与其上沉积岩中即登娄库组（K_1d_2）的 $\delta^{13}C_1$ 为-22.51‰接近，说明甲烷来自深部，是无机成因，但 $\delta^{13}C_{CO_2}$ 为-19.15‰，具有机成因特征，故昌德气藏不是纯无机成因的天然气。昌德气藏是目前世界上发现唯一有充分地球化学依据的以产烷烃气为主的无机成因气藏。昌德气田上述3个气藏，聚集了不同成因的烷烃气。只有昌德气藏聚集了以无机成因烷烃气为主的天然气，这是因为从基岩向上运移的无机成因烷烃气，运移中未遇到生成有机成因气的烃源岩才得以无机气为主。芳深3、芳深4井气藏虽也有基岩无机成因气向上运移，但其在向上运移中却遇到了生成有机成因气的烃源岩，于是便聚集为两种气的混合气藏。可见，在沉积盆地即使基底有无机成因气向上运移，但要聚集为无机成因气藏的条件非常苛刻，这是如今世界上缺乏无机成因烷烃气藏的原因。

（3）无机成因气有利发育带和主要控制因素。其是：①莫霍面隆起或地幔柱上隆地区，如万金塔气田和昌德气藏等位于莫霍面隆起处，莫霍面高点埋深均在29～31km；②热流值大于1.3HFU和地温梯度大于3.5℃/100m的高热-热构造区带，如莺歌海盆地东方1-1气田二氧化碳气藏热流值很高，地温梯度达4.49～4.79℃/100m；③ R/R_a>1的正异常带，特别在 R/R_a>2的地带会发现气藏，例如，济阳拗陷高青-平南二氧化碳气聚集带发现的4个气田（顶）均在 R/R_a>1的正异常带；④近期或较新时代玄武岩或岩浆活动带（沿气源断裂），当气源断裂附近储盖圈保配套，往往会形成无机成因气藏，如中国东部伸展盆地带及晚第三纪至第四纪北西西向构造、岩浆活动带是无机成因气释放的有利地区。

参考文献

[1] 戴金星．中国从贫气国正迈向天然气大国．石油勘探与开发，2005，32（1）：1～5

[2] 冯世良．石油和化工行业回顾与展望．中国石油石化，2005，（3）：20～21

[3] 戴金星．加强天然气地学研究　勘探更多大气田．天然气地球科学，2003，14（1）：3～14

[4] 贾文瑞，徐青，王燕灵等．1996—2010年中国石油工业发展战略．北京：石油工业出版社，1999. 77～314

[5] 赵贤正，李景明，李东旭等．中国天然气资源潜力及供需趋势．天然气工业，2004，24（3）：1～4

[6] 周总瑛，张抗，徐向华．中国天然气发展对策分析．天然气地球科学，2000，11（1）：5～9

[7] 张抗，周总瑛，周庆凡．中国石油天然气发展战略．北京：地质出版社，石油工业出版社，中国石化出版社，2002. 327～332

[8] 戴金星．成煤作用中形成的天然气和石油．石油勘探与开发，1979，（3）：10～17

[9] 戴金星．我国煤系地层含气性的初步研究．石油学报，1980，（4）：27～37

[10] Terence H Yhorn. 南北美洲国家天然气市场面临着挑战．世界石油工业，2004，11（6）：50～53

[11] 戴金星．戴金星天然气地质和地球化学论文集（卷三）．北京：石油工业出版社，2002. 155～165

[12] 史训知，戴金星，朱家蔚等．联邦德国煤成气的甲烷碳同位素研究和对我们的启示．天然气工业，1985，（2）：1～9

[13] Ziegler P A. Petroleum geology and geology of the North Sea and northeast Atlantic contirental- margin. Universitetsforlaget，1975，1～27

[14] Watson J M，Swanson C A，North Sea Major petroleum porvince. Bull AAPG，1975，59（7）：1098～1112

[15] Еагринцева К Н. Ролъ угленосных толц в процессах генерации природного гаэа. Геология Нефти и Гаэа，1968，（6）：7～11

[16] Жабрев И П. Генеэис гаэа и прогноэ гаэоиосности. Геология Нефти и Гаэа，1974，（9）：1～8

[17] Эабрев И П（扎勃列夫）．气田与凝析气田手册．肖守清译．乌鲁木齐：新疆人民出版社，1989. 100～126，207～253

[18] 罗志立，赵幼航，曾志琼．国外天然气成因的研究及对四川勘探实践的意义．石油勘探与开发，1978，(5)：15 ~ 28
[19] Brooks J D , Smith J W . The diagenesis of plant lipids during the formation of coal, petroleum and natural gas-1 Changes in paraffin hydrocarbons. Geochimicalet Cosm ochimica Acta, 1967, 31: 2389 ~ 2397
[20] Brooks J D, Smith J W . The diagenesis of plant lipids during the formation of coal, petroleum and natural gas-Ⅱ. Colification and the formation of oil and gas in the Gippsland Basin. Geochimica et Cosmochimica Acta, 1969, 33: 1183 ~ 1194
[21] 王启军，陈建渝．油气地球化学．武汉：中国地质大学出版社，1988. 75 ~ 79
[22] Hunt J M. 石油地球化学和地质学．胡伯良译．北京：石油工业出版社，1986. 109 ~ 111
[23] 戴金星，钟宁宁，刘德汉等．中国煤成大中型气田地质基础和主控因素．北京：石油工业出版社，2000. 35 ~ 65，210 ~ 223
[24] 戴金星，夏新宇，秦胜飞等．中国天然气勘探开发的若干问题．见：戴金星天然气地质和地球化学论文集（卷三）．北京：石油工业出版社，2003. 76 ~ 89
[25] 戴金星，裴锡古，戚厚发．中国天然气地质学（卷一）．北京：石油工业出版社，1992. 65 ~ 87
[26] 戴金星，宋岩，关德师，甘立灯．鉴别煤成气的指标．见：煤成气地质研究．北京：石油工业出版社，1987. 156 ~ 170
[27] 戴金星，戚厚发．我国煤成烃气的 $\delta^{13}C$ 与 R^o 关系．科学通报，1989，34（9）：690 ~ 692
[28] 戴金星，李鹏举．中国主要含油气盆地天然气的 C_{5-8} 轻烃单体系列碳同位素研究．科学通报，1994，39（23）：2071 ~ 2073
[29] 戴金星，戚厚发，宋岩．鉴别煤成气和油型气若干指标的初步探讨．石油学报，1995，16（2）：31 ~ 38
[30] 戴金星．四川盆地阳新统气藏的气源主要是煤成气．石油勘探与开发，1983，10（4）：69 ~ 75
[31] 戴金星．各类烷烃气的鉴别．中国科学（B 辑），1992，(2)：187 ~ 193
[32] 戴金星．天然气碳氢同位素特征和各类天然气鉴别．天然气地球科学，1993，4（2 ~ 3）：1 ~ 40
[33] 徐永昌等．天然气成因理论及应用．北京：科学出版社，1994. 92 ~ 101，206 ~ 211
[34] 徐永昌等．中原、华北油气区煤型气地球化学初探．沉积学报，1985，3（2）：37 ~ 48
[35] 徐永昌．天然气地球化学研究及有关问题探讨．天然气地球科学，1999，10（3 ~ 4）：20 ~ 28
[36] 沈平等．气源岩和天然气地球化学特征及成烃机理研究．兰州：甘肃科学技术出版社，1991. 47 ~ 49，117
[37] 沈平等．气态烃同位素组成特征及煤型气判别．中国科学（B 辑），1987，17（6）：647 ~ 656
[38] 傅家谟等．煤成烃地球化学．北京：科学出版社，1990. 86 ~ 88，103 ~ 113
[39] 张义纲等．识别天然气的碳同位素方法．见：有机地球化学论文集．北京：地质出版社，1987. 1 ~ 14
[40] 张义纲等．天然气的生成聚集和保存．南京：河海大学出版社，1991. 51 ~ 61
[41] 张士亚．利用甲、乙烷碳同位素判别天然气类型的一种新方法．见：石油与天然气地质文集（第一集）．北京：地质出版社，1988. 48 ~ 58
[42] 张士亚．鄂尔多斯盆地天然气气源及勘探方向．天然气工业，1994，14（3）：1 ~ 4
[43] 郜建军．我国腐泥型与腐殖型天然气的碳同位素特征．见：中国科学院地球化学研究所有机地球化学开放研究实验室年报．北京：科学出版社，1986
[44] 郜建军等．鄂尔多斯盆地奥陶系古风化壳天然气的来源．见：石油与天然气文集（第六集）．北京：地质出版社，1997. 30 ~ 39
[45] 朱家蔚等．东濮凹陷天然气氩同位素特征及煤成气判识．科学通报，1984，29（1）：41 ~ 44
[46] 涂修元，吴学明．鉴别煤成气的辅助指标．见：天然气勘探．北京：石油工业出版社，1986. 180 ~ 186
[47] 陶庆才，陈文正．四川盆地天然气成因类型判别与气源对比．天然气工业，1989，9（2）：1 ~ 6

[48] 王世谦．四川盆地侏罗系—震旦系天然气的地球化学特征．天然气工业，1994，14（6）：1～5
[49] 关德师，张文正．鄂尔多斯盆地中部气田奥陶系产层的油气源．石油与天然气地质，1993，14（3）：191～199
[50] 黄第藩，杨俊杰．鄂尔多斯盆地中部气田气源判识和天然气成因类型．天然气工业，1996，16（6）：1～5
[51] 孙冬敏，秦胜飞，李先奇．鄂尔多斯盆地奥陶系风化壳产层天然气来源分析．见：天然气地质研究新进展．北京：石油工业出版社，1997. 46～54
[52] 陈安定．陕甘宁盆地中部气田奥陶系天然气的成因与运移．石油学报，1994，15（2）：1～10
[53] 秦建中，郭树之．苏桥煤型气田地球化学特征及其对比．天然气工业，1991，11（5）：21～25
[54] 黄汝昌等．塔里木盆地天然气地球化学特征．成都：成都科技大学出版社，1995. 57～58
[55] 钱志浩，陈正铺．塔里木盆地北部天然气成因类型研究．石油实验地质，1992，14（3）：217～226
[56] 李先奇，戴金星．塔里木北部天然气地球化学特征及气源探讨．石油实验地质，1995，7（2）：138～146
[57] 张子枢．识别天然气源的地球化学指标．石油学报，1983，4（2）：36
[58] 李剑，罗霞，李志生等．对甲苯碳同位素值作为气源对比指标的新认识．天然气地球科学，2003，14（3）：177～180
[59] 张厚福，吕福亮．天然气成因类型及其识别标志（以渤海湾盆地为例）．见：天然气地质研究论文集．北京：石油工业出版社，1989. 90～100
[60] 徐永昌，沈平．一种新的天然气成因类型——生物-热催化过渡带气．中国科学（B 辑），1990，20（9）：975～980
[61] 廖永胜．罐装岩屑轻烃和碳同位素在油气勘探中的应用．见：天然气地质研究论文集．北京：石油工业出版社，1989. 138～144
[62] 韩广玲．松辽盆地南部天然气地球化学特征及勘探方向．见：天然气地质研究．北京：石油工业出版社，1992. 94～111
[63] 刘耀光．松辽盆地三个天然气藏的气源对比．天然气工业，1989，9（2）：6～9
[64] 陈安定，徐永昌．沉积岩成烃热模拟实验研究产物的同位素特征及应用．中国科学（B 辑），1993，23（2）：209～217
[65] 戴金星，陈践发，钟宁宁等．中国大气田及其气源．北京：科学出版社，2003. 170～194
[66] 戚厚发，孔志平，戴金星等．我国较大气田形成及富集条件分析．见：石宝珩主编．天然气地质研究．北京：石油工业出版社，1992. 8～14
[67] 邓鸣放，陈伟煌．崖 13-1 大气田形成的地质条件．见：石宝珩主编．天然气地质研究．北京：石油工业出版社，1992. 73～81
[68] 韩克猷．川东开江古隆起大中型气田的形成与勘探目标．天然气工业，1995，15（4）：1～5
[69] 戴金星，宋岩，张厚福等．中国大中型天然气田形成的主控因素．中国科学（D 辑），1996，26（6）：1～8
[70] 戴金星，王庭斌，宋岩等．中国大中型天然气田形成条件与分布规律．北京：地质出版社，1997. 37～38，184～198
[71] 戴金星，夏新宇，洪峰等．中国煤成大中型气田形成的主控因素．科学通报，1999，44（22）：2455～2464
[72] 王涛．中国天然气地质理论与实践．北京：石油工业出版社，1997. 263～275
[73] 王庭斌．中国大中型气田的勘探方向．见：王庭斌．石油与天然气地质文集（第 7 集）．北京：地质出版社，1998. 1～33
[74] 赵林，洪峰，戴金星等．西北侏罗系煤成大中型气田形成主控因素及有利勘探方向．见：宋岩主编．天然气地质研究及应用．北京：石油工业出版社，2000. 211～218
[75] 李剑．中国重点含气盆地气源特征与资源丰度．徐州：中国矿业大学出版社，2000. 113～

122，127～137
[76] 李景明，魏国齐，曾宪斌等．中国大中型气田富集区带．北京：地质出版社，2002.1～20
[77] 赵文智，汪泽成，李晓清等．油气藏形成的三大要素．自然科学进展，2005，15（3）：304～312
[78] 贾承造，顾家裕，张光亚．库车拗陷大中型气田形成的地质条件．科学通报，2002，47（增刊）：49～55
[79] 张启明．董伟良．中国含油气盆地中的超压体系．石油学报，2000，21（6）：1～21
[80] 张启明．强超压储层天然气成藏条件．科学通报，2002，47（增刊）：77～83
[81] 宋岩，夏新宇，洪峰等．前陆盆地异常压力特征与天然气成藏模式．科学通报，2002，47（增刊）：70～76
[82] 郝石生，陈章明，高耀斌等．天然气藏的形成与保存．北京：石油工业出版社，1995.22～27
[83] 杨俊杰，裴锡古．中国天然气地质学（第四卷）——鄂尔多斯盆地．北京：石油工业出版社，1996
[84] 夏新宇，赵林，戴金星等．鄂尔多斯盆地中部气田奥陶系风化壳气藏天然气来源及混源比计算．沉积学报，1998，1（3）：75～79
[85] 张水昌，梁狄刚，张大江．关于古生界烃源岩有机质丰度评价标准．石油勘探与开发，2002，29（2）：8～12
[86] 李晋超，马永生，张大江等．中国海相油气勘探若干重大科学问题．石油勘探与开发，1998，25（5）：1～2
[87] 王杰，陈践发．海相碳酸盐烃源岩的研究进展．天然气工业，2004，24（8）：21～23
[88] 王兆云，赵文智，王云鹏．中国海相碳酸盐岩气源岩评价指标研究．自然科学进展，2004，14（11）：1236～1243
[89] Ronov A B. Organic carbon in sedimentary rocks（in relat on to presence of petroleum）. Translation in Geochemistry，1958，5：510～536
[90] Gehman H M. Organic matter in limestones. Geochim Cosmochim Acta，1962，26：885～897
[91] Hunt J M. The origin of Petroleum in carbonate rocks. Chilingar G V. Carbonate Rocks. New York：Elsevier 1967.225～251
[92] Tissot B P，Welte D. Petroleum Formation and Occurrence A New Approach to Oil and Gas Exploration. Berlin Heidelberg，New York，Tokyo：Springer Verlag，1984.486
[93] 傅家谟，汪本善，史继扬等．有机质演化与沉积学矿床成因（1），油气成因与评价．沉积学报，1983，1（3）：40～58
[94] Palacas J G. Petroleum geochemistry and source rock potential of carbonate rocks. AAPG Bulletin Geology 18 Tulsa，1984
[95] 郝石生，高岗，王飞宇等．高-过成熟海相烃源岩．北京：石油工业出版社，1996.1～147
[96] 刘宝泉，梁狄刚，方杰等．华北地区中上元古界、下古生界碳酸盐岩有机质成熟度与找油前景．地球化学，1985，（2）：150～162
[97] 程克明，王兆云，钟宁宁等．碳酸盐岩油气生成理论与实践．北京：石油工业出版社，1996，294～303
[98] 夏新宇，戴金星．碳酸盐岩生烃指标及生烃量评价的新认识．石油学报，2000，21（4）：36～41
[99] 梁狄刚，张水昌，张宝民等．从塔里木盆地看中国海相生油问题．地学前缘，2000，7（4）：534～547
[100] 蔡开平，王应蓉，杨跃明等．川西北广旺地区二叠、三叠系烃源岩评价及气源初探．天然气工业，2003，23（2）：10～14
[101] 王兰生，李子荣，谢姚祥等．川西南地区二叠系碳酸盐岩生烃下限研究．天然气地球科学，2003，14（1）：39～46
[102] 饶丹，章平澜，邱蕴玉．有效烃源岩下限指标初探．石油实验地质，2003，25（增刊）：578～582
[103] 刘德汉，付金华，郑聪斌等．鄂尔多斯盆地奥陶系海相碳酸盐岩生烃性能与中部长庆气田气源成因研究．地质学报，2004，78（4）：542～550

[104] 赵文智，胡素云，沈成喜等．油气资源评价方法研究新进展．石油学报，2005，（增刊）

[105] 耿新华，耿安松，熊永强．我国下古生界碳酸盐岩烃源岩评价研究现状．矿物岩石地球化学通报，2004，23（4）：344～350

[106] 李祥臣．有效烃源岩及其与天然气藏关系探讨．天然气地球科学，2003，14（1）：53～56

[107] 李延钧，陈义才，徐志明．低丰度高演化海相碳酸盐烃源岩有机质原生性研究．沉积学报，2000，18（1）：146～150

[108] 程克明．高过成熟海相碳酸盐岩评价方法研究．中国科学（D辑），1996，23（12）：537～543

[109] Hunt J M. Petroleum Geochemistry and Geology（1st edition）. New York：Freman，1979. 261～273

[110] 金强．有效烃源岩的重要性及其研究．油气地质与采收率，2001，8（1）：1～4

[111] 朱光有，金强，王锐．有效烃源岩的识别方法．石油大学学报，2003，27（3）：6～10

[112] 朱光有，金强．烃源岩的非均质性及其研究．石油学报，2002，23（5）：34～39

[113] 张水昌，张保民，王飞宇等．塔里木盆地两套海相有效烃源层：Ⅰ有机质性质、发育环境及控制因素．自然科学进展，2001，11（3）：261～268

[114] 朱光有，金强，张水昌等．东营凹陷沙河街组湖相烃源岩组合特征．地质学报，2004，78（3）：416～427

[115] 戴金星．云南省腾冲县硫磺塘天然气的碳同位素组成特征和成因．科学通报，1988，33（15）：1168～1170

[116] 戴金星，宋岩，戴春森．中国东部无机成因及其气藏形成条件．北京：科学出版社，1995. 1～212

[117] Dai J X, Song Y, Dai C S, *et al*. Geochemistry and accumulation of carbon dioxide gases in China. AAPG Bulletin，1996，80（10）：1615～1626

[118] 戴金星，傅诚德，关德范等．论中国东部和大陆架二氧化碳气田（藏）及其气的成因类型．见：戴金星主编．天然气地质研究新进展．北京：石油工业出版社，1997. 183～203

[119] 戴金星，石昕，卫延召．无机成因油气论和无机成因的气田（藏）概略．石油学报，2001，22（6）：5～10

[120] Abrajano T A *et al*. Methane-hydrogen gas seeps，Zambales ophiolite，Philippines：Deep or shallow origin. Chemica Geology，1988，71：211～222

[121] Jenden P D，Hilton D R. The future of energy gases. USGS Workshop（OCT 1992），1993，31～56

[122] Price L C *et al*. Organic geochemistry of the 9. 6km Bertha Rogers 1# Well. Oklahoma Org. Geochem，1981，3：59～77

[123] 戴金星，宋岩，张厚福等．中国天然气的聚集区带．北京：科学出版社，1997. 182～218

[124] Welham J，Craig H. Methane and hydrogen in East Pacific rise hydrothermal fluids. Geophys Res Lett，1979，（11）：829～831

[125] 戴金星，戴春森．中国东部无机成因的二氧化碳气藏及其特征．中国海上油气（地质），1994，8（4）：215～222

[126] 霍秋立，杨步增，付丽．松辽盆地北部昌德东气藏天然气成因．石油勘探与开发，1998，25（4）：17～19

[127] 郭占谦，王先彬．松辽盆地非生物成因气的探讨．中国科学（B辑），1994，24（3）：303～309

勘探的盛世　研究的丰年*

——中国国家天然气科技攻关20年学术研讨会论文专辑序言

在党和国家领导关怀下，在有关部委、攻关部门的直接领导下，我国参加天然气攻关的科技人员经过4次将近20年的攻关，在天然气研究、勘探开发和人才培养方面均结出硕果。

一、“争气”和“中国煤成气的开发研究”的立项

20世纪60—70年代，与我国国土面积和沉积盆地面积相差不大的美国和加拿大，油气产量能量比分别为(0.8～1.0)∶1和(0.94～1.73)∶1，而我国则为(3.4 ～11.0)∶1。

中国真的少气吗？这引起了一些人的注意，并去进行寻根追源的调查和研究，要为中华多“争气”。20世纪70年代末，“成煤作用中形成的天然气和石油”、“我国含煤地层含气性的初步研究”论文发表，提出勘探煤成气的新领域，认为鄂尔多斯盆地等是寻找煤成气的有利地区，引起各方面关注。1981年4月，国家计委和国家科委分别召开有著名地质学家和石油地质学家黄汲清、张文佑、叶连俊、关士聪和岳希新学部委员（院士）等一批学者参加的煤成气座谈会。1981年5月下旬，由中国地质学会石油地质专业委员会等召开了“全国煤成气学术讨论会”；同年8月1日召开煤成气译文集协商会；1981年7月和1982年4月，石油工业部分别召开第一次、第二次煤成气座谈会。1982年1月2日，时任党中央总书记的胡耀邦批示了1981年11月由戴金星、戚厚发执笔的“煤成气概况”报告。由此，国家计划委员会和能源委员会在1982年2月3日至11日召开了“加快天然气勘探开发座谈会”，参加会议的有黄汲清、张文佑、叶连俊、翁文波、关士聪、岳希新学部委员，以及石油工业部、地质矿产部、煤炭工业部和中国科学院的相关人员，会议提出要加强以突破煤成气为主要目标的地质、地球化学研究和围绕天然气开发技术及手段的科学研究。经过多次会议和征求专家意见，国家科委1982年决定把煤成气列入国家重点科研项目。1983年国家批准“煤成气的开发研究”立项，作为我国第一批重点科技攻关项目。1987年报国家科技进步奖时，经相关领导部门同意，该项目易名为“中国煤成气的开发研究”，并获一等奖。

二、天然气科技攻关成果辉煌

天然气科技攻关是中国科学研究与生产密切结合并推动生产快速发展的一个范例。

---

* 原载于《石油勘探与开发》，2005，第32卷，第4期。

1. 天然气储量陡升

1982 年我国探明气层气储量为 2889 亿 m^3，在“中国煤成气的开发研究”成果的推动下，至 2004 年年底我国探明气层气储量达 43816.8 亿 m^3，是天然气科技攻关前探明总储量的 15 倍。

2. 大气田发现大增

探明和开发大气田是快速发展天然气工业的重要途径之一。天然气科技攻关之前，我国发现的大气田只有 2 个（卧龙河和威远），没有发现 1000 亿 m^3 以上储量规模的大气田，至 2004 年底共探明大气田 32 个，其中 1000 亿 m^3 以上储量规模的大气田 7 个（苏里格、榆林、大牛地、乌审旗、靖边、克拉 2、普光）。

3. 产气量日趋速增

天然气科技攻关之前的 1982 年，我国年产气量为 119.3 亿 m^3，2004 年产气 407.7 亿 m^3。天然气科技攻关使中国由贫气国逐步迈向年产气约 500 亿 m^3 的产气大国。1949 年的年产气仅为 0.11 亿 m^3，用了 27 年才使年产气达到 100 亿 m^3（1976 年产气 100.9 亿 m^3）；年产气从 100 亿 m^3 增至 200 亿 m^3（1996 年产气 201.2 亿 m^3）用了 20 年；从年产气 200 亿 m^3 增至 300 亿 m^3（2001 年产气 303.02 亿 m^3）用了 5 年；从年产气 300 亿 m^3 增至 400 亿 m^3（2004 年产气为 407.7 亿 m^3）只用了 3 年；推测从年产气 400 亿 m^3 增至 500 亿 m^3 仅需用 1 年或 1 年稍多时间。

4. 气区不断增多

天然气科技攻关之前，我国（除台湾省）仅有一个气区——四川气区，其年产气量不高。现在我国建成和初步建成的气区达 6 个：四川气区、鄂尔多斯气区、塔里木气区、柴达木气区、莺琼气区和东海气区。四川气区年产气已超过 100 亿 m^3，塔里木气区和鄂尔多斯气区近几年的年产气量也将超百亿立方米。

三、天然气科技攻关科研创新突出

1. 煤系成烃以气为主以油为辅

成煤作用中的成烃过程先后有前生气窗、气（油）窗和后生气窗。腐殖型烃源岩基本无腐泥型烃源岩的以生油为主生气为辅的生油窗，与之相当的热演化阶段是以生气为主生油为辅的气（油）窗。所以煤系是全天候的气源岩，是勘探天然气极有利的因素或条件，我国目前探明气层气储量中煤成气约占 70%，世界上最大气区西西伯利亚盆地北部的煤成气等就是佐证。煤系为全天候气源岩，主要由于煤系的有机质构成中以生气为主的低 H/C 原子比的纤维素和木质素占 60% ~80%，而以生油为主的富 H/C 原子比的蛋白质和类脂类含量一般不超过 5%。世界上煤系的气（油）窗盆地众多，如莺琼盆地、台西盆地、东海盆地、阳霞凹陷、卡拉库姆盆地、维柳伊盆地、库珀盆地、塔纳拉基盆地和圣胡安盆地等。偶见含煤盆地以含油为主含气为辅，这与其煤中角质组组分含量罕见升高及后期天然气扩散有关。

2. 大型气田形成主控因素的定量和半定量化研究

我国天然气攻关不仅在宏观研究大气田形成条件方面有创新，先后提出煤成气聚集域、特提斯北缘盆地群富气和前陆盆地控气作用的理论，而且在大气田形成主控因素的定量和半定量化研究方面的创新有力地指导并加速了我国大气田的发现。

大气田形成的主控因素主要有：

（1）气田发育在生气中心及其周缘。大气田分布于生气强度大于 20 亿 m^3/km^2 的有利圈闭中。我国 1000 亿 m^3 以上储量规模大气田的发现，在发现前攻关者都曾用此定量化的因素作过科学预测。

（2）气田晚期成藏。在我国，除了鄂尔多斯盆地大气田成藏期在白垩纪外，所有的大气田均成藏于古近纪、新近纪和第四纪，晚期成藏。其主要原因是：气体分子小，极易扩散而散失，故早期形成的大气田不易保存。

（3）大气田形成于成气区的古构造圈闭中。成气区内早期或与成烃同期形成的古构造圈闭，在与主要生烃时间匹配和与主要生气区的位置关系以及对天然气的保存方面，均有利于天然气聚集成大气田。例如在四川盆地开江古隆起圈闭中发现了 6 个大气田，在柴达木盆地三湖拗陷第四系同沉积背斜中发现了 3 个大气田等。

（4）大气田形成于煤系内或其上下的圈闭中。由于煤系是全天候的气源岩，能长期不断地提供充足的气源，故煤系内或其上下的圈闭易形成大气田。

（5）大气田位于低气势区。川东气区五百梯、罗家寨、普光、沙坪场和卧龙大气田、莺琼盆地东方 1-1 和崖 13-1 大气田等均位于现今低气势区。

3. 鉴别天然气成因类型的综合指标（参数）

天然气科技攻关前，我国仅用天然气的单一气组分或同位素（碳）来鉴别天然气成因类型，判别的准确度低。攻关以来，在天然气成因类型鉴别方面，从单一的气组分对比发展为综合气组分对比；将单一同位素（碳、氢、氩）对比发展为组合同位素和单体分子系列同位素对比；从单一气态烃判别发展为液态（油、凝析油和轻烃）和固体（烃源岩干酪根）配套判别。在同位素（碳、氢、氦、氩）、气组分、轻烃和生物标志物等方面，形成了一套（至少 27 种）准确性和可信度高的系列鉴别指标（参数），建立了具有世界前沿性的鉴别天然气成因类型的理论。

4. 发现生物-热催化过渡带气新类型

传统的天然气成因分类是生物成因气、热解气和裂解气。生物-热催化过渡带气是由有机质热力化学作用成烃、黏土矿物催化作用成烃、有机质脱基团作用成烃和有机质缩聚作用成烃的产物，其 R^o 值为 0.3%～0.6%。中国天然气科技攻关在勘探和研究方面能取得喜人成果，与 4 次参加攻关的 7500 多名研究者勤于实践、勇于攻坚、善于综合的精神是分不开的，所有勘探硕果和科研创新，均为集体共同“争气”、攻克难关的群体智慧的结晶。参加“六五”、“七五”天然气科技攻关的年轻一代，现在已成为天然气勘探和研究的中坚分子了，正在为中华“争气”献出朝阳般的活力，在争取我国成为产气大国的征途上大显身手、阔步向前；参加“六五”、“七五”天然气科技攻关的年长者大部分已退休，他们怀念为神州“争气”的以往攻关岁月，喜见如今天然气工业蒸蒸日上的大好形势，其中许多同志多次对我讲，希望能有机会与目前仍在“争气”的年轻一代开一次研讨会，共叙攻关友谊，交流学术成果，继续为“争气”出力。经过几年努力和准备，十分感谢中国石油勘探开发研究院为此而主办的“中国国家天然气科技攻关 20 年学术研讨会”。为了该研讨会特地分别在《石油勘探与开发》和《天然气地球科学》出版“中国国家天然气科技攻关 20 年学术研讨会论文专辑”，刊出天然气科技攻关以来部分研究创新成果精华与回顾性论文。我国天然气研究才迈出一步，与天然气评价相关的一些基础理论以及技术方法还有许多问题有待深入研究，希望本专辑的出版有助于进一步加深对我国天然气地质特征的研究，促进更多大气田的发现和我国天然气工业的加速发展，使我国迈向产气大国的步伐更快。

非生物天然气资源的特征与前景*

在论及非生物天然气资源时，首先要确定是否存在非生物天然气及其气藏。近年来陆续发现了一些有充分地球化学依据的非生物气及其气藏[1~14]，不仅发现了较多的CO_2及其气田[1~7,11,12,14]，而且还发现了非生物成因烷烃气田[5]。

一、世界非生物气自然产出实例

从资源的角度出发，目前有资源价值的非生物气的组分以烷烃气、CO_2和 He 为主。He 均是非生物成因的；烷烃气和CO_2则有非生物成因和生物成因两种。鉴别烷烃气和CO_2属于非生物成因已有充分的地球化学指标：非生物成因烷烃气具有负碳同位素系列（$\delta^{13}C_1>\delta^{13}C_2>\delta^{13}C_3>\delta^{13}C_4$）；$\delta^{13}C_1$一般重于$-30‰$；$CH_4/^3He$ 在 $n\times10^5\sim n\times10^7$ 是非生物成因 CH_4；非生物成因 CO_2的$\delta^{13}C$ 重于$-8‰$；CO_2在天然气组分中大于 60%[6,15]。以这些指标来衡量，世界上有许多地方自然产出非生物成因烷烃气和CO_2。

在云南省腾冲县澡塘河 150m 河段，据 85 个不间断出气点统计，年排出天然气 26.68 万 m^3。这些气的组分是：CO_2 为 96.81%，N_2 为 2.54%，CH_4 为 0.35%。其 $\delta^{13}C_{CO_2}$ 为$-1.9‰\sim-6.3‰$，$\delta^{13}C_1$ 为$-19.95‰\sim-29.30‰$[2]，$CH_4/^3He$ 为 $1.57\times10^7\sim2.4\times10^7$[16]，故 CO_2和 CH_4组分均为非生物成因。

黑龙江省五大连池火山群是我国最年轻的火山群之一，其中老黑山和火烧山在 1719~1721 年还有火山喷发。火烧山东南麓的科研泉，处于下白垩统嫩江组和石龙熔岩交界的沼泽地上，该泉含水面积约 $3m^2$，有约 $0.21m^2$ 水面在冒气，每年冒气约 10.19 万 m^3。冒出气的组分是：CO_2为 97.50%，N_2为 2.34%，He 为 0.067% 和 Ar 为 0.184%。其$\delta^{13}C_{CO_2}$值为$-3.96‰$，R/R_a 值为 2.98[3]。CO_2为非生物成因。

东太平洋 21°N 处中脊喷出的热液（400℃）中，含 H_2、CH_4和 He。H_2的体积浓度为 10%，每年喷出 H_2 和 CH_4分别为 12 亿 m^3和 1.6 亿 m^3。其 $\delta^{13}C_1$ 值为$-17.6‰\sim-15‰$，R/R_a值约 8，说明这些气体是幔源成因[9]。在加勒比海分隔牙买加水下山脉和凯曼海槽的深断裂附近，有较强烈的甲烷和大量（0.5%）乙烷、丙烷排出。在 6300m 深度，根据 5000 多次测量的甲烷浓度平均值，估算每天排出气体为 10 万 m^3，即 1000 年可排出气 360 亿 m^3[8]。在千岛至勘察加火山地带，裂口喷气带长约 600km，含甲烷 22%~56%，其余为 CO_2、CO 和水。估计 8.3Ma 以来，排出非生物甲烷共 5000 亿 m^3[17]。

以上简述的自然产出的非生物成因烷烃气和 CO_2，在没有盖层和圈闭条件下完全散失了。若在有圈闭条件下，其就可能聚集成为气藏（田），成为非生物气资源。在沉积盆地

* 原载于《天然气地球科学》，2006，第 17 卷，第 1 期，1~6。

下若有以上自然产出的非生物气，便有可能形成非生物气田。在中国东部和美国西部裂谷盆地中已经找到这类气田并进行了开发[4~7,11~14]。

二、非生物天然气资源的类型

非生物天然气资源类型研究还是个空白。

根据非生物气可作为资源的有用组分的类别及其占天然气总组分份额的多少，可将非生物天然气资源分为主非生物天然气资源和次非生物天然气资源两种类型（表1）。

表1 非生物天然气资源分类

非生物天然气资源类型	定义		主要成分	实例
主非生物天然气资源	非生物气中作为可开发利用的非生物气组分，占天然气总组分的大部分或绝大部分	以 CO_2 为主的非生物气聚集成气藏（田），成为主非生物 CO_2 气田	CO_2 一般占 90% 以上	中国万金塔气田、黄桥气田和美国帝国气田
		以烃类气为主的非生物气聚集成气藏（田），成为主非生物烃气田	烃类气	松辽盆地昌德气藏（芳深1、芳深2井）
次非生物天然气资源	天然气中作为可开发利用的非生物气组分，仅占天然气总组分的少部分或极少部分		He	苏北盆地溪桥氦气藏，He 含量最高为 1.06% ~ 1.17%；四川盆地威远气田；俄罗斯奥伦堡气田；美国胡果顿–潘汉得气田

主非生物天然气资源，指非生物气中作为可利用开发的非生物气组分，占天然气总组分的大部分或绝大部分。这类资源若聚集为气藏（田）便成为主非生物天然气储量。目前世界上开发利用的非生物天然气主要是此类型，并以主非生物 CO_2 资源为主，一般 CO_2 占 90% 以上，例如中国万金塔气田、黄桥气田和美国帝国气田。中国发现了主非生物烃气田，如松辽盆地昌德气藏（芳深1、芳深2井）。

次非生物天然气资源，指天然气中作为可开发利用的非生物气组分，仅占天然气总组分的少部分或极少部分，如氦（中国氦的工业品位为0.1%以上[18]）。我国苏北盆地溪桥氦气藏，氦含量最高达1.06%~1.17%。俄罗斯奥伦堡气田和美国胡果顿–潘汉得气田中氦均属次非生物天然气资源。

在非生物天然气资源类型中，又可根据非生物气组分以某组分为主再进行亚类划分：若以非生物 CO_2 组分为主，则称为主非生物 CO_2 资源；若以非生物烷烃气组分为主，则称为主非生物烷烃气资源。

三、非生物天然气资源的特征

1. 主非生物 CO_2 资源以幔源成因为主

幔源成因 CO_2 的 $\delta^{13}C$ 大多在 6‰±2‰，其伴生的 He 的 R/R_a 值一般在 2.0 以上。这类 CO_2 资源往往形成 CO_2 气藏（田），已在中国东部裂谷型盆地中发现了这类气田[4~6,12~14]，共计 34 个（表2，图1）。

表 2　中国东部非生物 CO_2 气田地球化学参数

盆地	气田(藏)	代表井	层位	气的主要组分/%					$\delta^{13}C$/‰, PDB				R/R_a
				N_2	CO_2	CH_4	C_2H_6	C_3H_8	$\delta^{13}C_1$	$\delta^{13}C_2$	$\delta^{13}C_3$	$\delta^{13}C_{CO_2}$	
松辽	万金塔	万 6	K_1q^3	0.77	97.77	1.39			−40.14			−4.31	4.96
	农安村	芳深 9	K_1ych	2.44	84.20	15.11	0.23(C_{2+})		−27.11	−30.05	−30.52	−4.06	3.00
	孤店	孤 12	K_1q^4	13.19	81.05	5.05	0.26(C_{2+})		−43.70			−5.74	3.24
渤海湾	翟庄子	港 151	Es_1	0.19	98.61	1.17			−28.60			−3.77	3.62
	八里泊	阳 2	O	0.06	98.59	1.35							
	花沟	花 17	Es_3	1.60	93.78	3.89		0.27	−54.39	−33.16	−31.25	−3.41	3.18
	阳 25	阳 25	Es_4	3.06	96.50	0.44			−42.51			−4.38	2.94
苏北	黄桥	苏 174	D_3w	0.36	96.85	0.68	0.05	0.02	−39.96	−30.42		−3.25	2.96
	纪 1	纪 1	E_1t	5.31	92.32	0.81		0.81				−4.10	4.58
	丁庄垛	苏东 203	E_2d	5.09	92.06	2.62		0.11				−3.82	2.74
三水	沙头圩	水深 9	$E_{1-2}b$	0.25	99.55	0.19	0.02	0.02				−4.60	4.29
	坑田	水深 24	E_{1-2}	0.23	99.54	0.19		0.09				−5.80	4.50
东海	温州 13−1	WZ13−1−1	E_1lf		98.59	1.19	0.22(C_{2+})		−46.60			−4.20	8.80
	石门潭	石门潭 1	E_1lf	0.67	95.63	1.62	0.85(C_{2+})		−34.12			−4.51	
琼东南	宝岛 15−3	BD15−3−1	E_1s	0.48	97.64	1.80			−42.70			−4.56	4.58
	宝岛 19−2	BD19−2−2	Es	1.50	87.92	9.84	0.74(C_{2+})		−38.80			−7.50	4.25

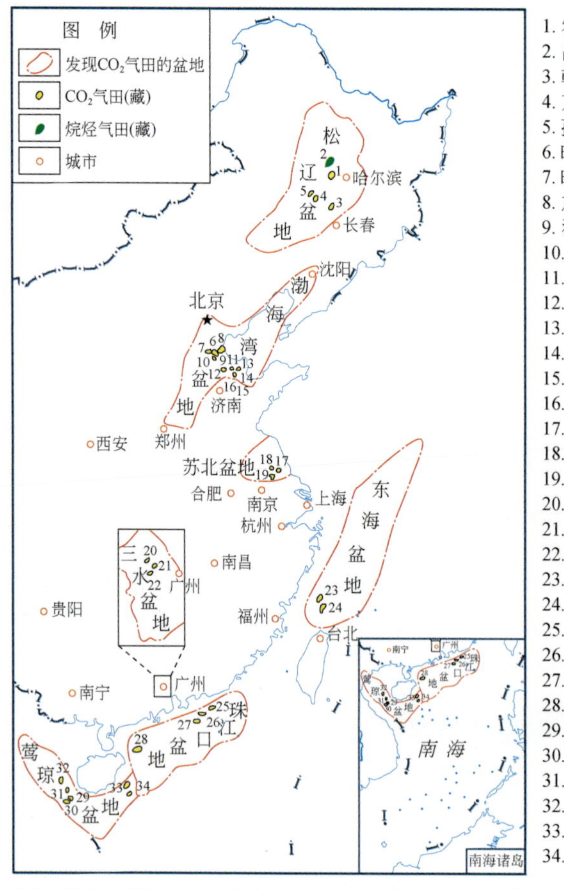

图 1　中国东部和大陆架盆地非生物成因二氧化碳气田（藏）和烷烃气田（藏）（据戴金星等，2005）

主非生物 CO_2 资源除幔源成因为主之外，也有部分是变质成因。例如莺歌海盆地 DF1-1 气田、LD21-1 气田和 LD29-1 气田中 CO_2 的 $\delta^{13}C$ 为-0.65‰~3.8‰，较重，R/R_a 为 0.03~0.31，是变质成因或岩石化学成因[19]。美国加利福尼亚州帝国 CO_2 气田，面积数平方千米，位于几个流纹岩喷口附近，夹持于两个热泉带之间，自 1934 年至 1943 年共产 CO_2 1840 万 m^3 以上。该气田 CO_2 是由碳酸盐分解形成，即在温度 150 ~200℃和深度超过 300m 处，白云石和高岭石发生作用，生成绿泥石和 CO_2；在温度 300 ~ 320℃和深度超过 900m 的带中，方解石被分解，形成绿帘石并产生 CO_2。$\delta^{13}C_{CO_2}$ 值为 3.5‰，是典型的变质成因（图 2）[7]。

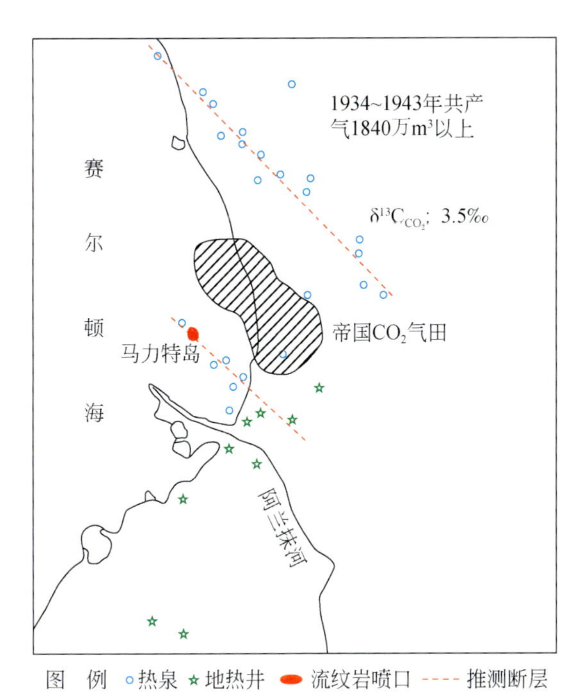

图 2 赛马顿海地热田及变质成因的帝国 CO_2 气田（据 Muffler *et al.*，1968，简化）

2. 次非生物天然气资源（氦）所在天然气的各组分往往是有机成因

表 3 是我国苏北盆地溪桥气藏和四川盆地威远气田的天然气地球化学参数。由于这些气田（藏）中 He 含量均达到工业品位 0.1% 以上，即 0.108% ~1.42%，所以氦资源就成为氦储量了。威远气田是我国第一个开发氦的气田。从表 3 可知，这两个气田（藏）除 He 之外的主要组分 CH_4 的 $\delta^{13}C$ 均轻于有机成因和无机成因界限值-30‰，同时威 2、威 100 井 $\delta^{13}C_1<\delta^{13}C_2$，故该两个气田的烷烃气应是有机成因的。此两个气田（藏）$\delta^{13}C_{CO_2}$ 为-10.6‰~-12.81‰，均轻于有机成因和无机成因 $\delta^{13}C_{CO_2}$ 界限值-10‰，因此，CO_2 也是有机成因的。

3. 主非生物天然气资源（储量）仅发育于构造活动大的含油气盆地

在中国含油气盆地中，除在东部裂谷型含油气盆地发现了主非生物天然气资源（储量）外（图1）[4,6,11~14]，在中国西部和中部至今未发现主非生物天然气的气藏和气田。世界上大量主非生物CO_2气田形成与火山活动密切相关，例如中国东部CO_2气田与新近纪—第四纪玄武岩带密切相关[6]，美国加利福尼亚帝国CO_2气田与流纹岩有关[7]，罗马尼亚特兰西瓦尼亚盆地东部班第德CO_2气田等与新近纪安山岩火山喷气口相关[20]。值得指出的是几乎所有主非生物CO_2气田的天然气的聚集，与气田本身或其附近的气源断层关系密切。

表3　溪桥气藏和威远气田天然气地球化学参数

盆地	气田（藏）	代表井	层位	气的主要组分/%				$\delta^{13}C$/‰, PDB			氦同位素	
				N_2	CO_2	CH_4	He	$\delta^{13}C_1$	$\delta^{13}C_2$	$\delta^{13}C_{CO_2}$	$^3He/^4He$ /10^{-6}	R/R_a
苏北	溪桥	HQ1	N_1y	52.05~54.89	14.77~12.74	26.83~26.41	1.420	-39.20				
		HQ2	N1y	57.41~57.12	10.79~10.29	27.49~27.73	1.168	-39.17		-10.6	4.89	3.49
		HQ4	N1y	60.77~63.67	12.11~13.23	19.91~19.54	1.051	-40.30			3.71	2.65
四川	威远	威2	$Z_1d_2^4$—Z_1d^3	8.33	4.66	85.07	0.250	-32.54	-30.95	-11.16	2.90	0.021
		威5	P_{1-3}^3—P_{1-2}^3	3.36		94.28	0.108	-34.27	-37.20	-12.81	3.03	0.22
		威100	$Z_1d_{2-1}^4$	6.47	5.07	86.80	0.298	-32.52	-31.71	-11.56		

4. 次非生物天然气（He）资源（储量）主要富集在构造稳定的古老地台区

Якучени В. П.[21]曾对沉积盖层中氦浓度和资源分布作了统计研究。根据对世界上气田含氦量的2万多次分析统计，其发现氦浓度和资源主要有以下分布规律：① 按大地构造特征古地台区占有氦总储量的95%以上，天然气中含氦量为0.03%~0.15%，在后海西地台区天然气中含氦量为0.008%~0.03%，而在年轻褶皱形成的含油气盆地中，天然气氦含量小于0.006%；② 在古老地台上是富集氦，而在年轻基底的含油气盆地中几乎没有氦的富集；③ 天然气中氦的浓度和基底岩石的时代之间存在明显的正相关关系，而与沉积盖层厚度呈反相关。

在世界整个中—新生界有巨量的天然气，虽然其中有氦的资源，但由于天然气中氦的浓度通常不大，如世界后海西地台上平均氦含量为0.010%~0.015%，所以氦资源难于转化为有效资源（储量）。目前氦的有效资源（储量）主要集中在沉积盖层厚度小于3~4km的古老地台的含油气盆地中。世界上发现大的氦储量皆集中于此，例如，美国的胡果顿-潘汉得气田、阿尔及利亚的哈西鲁梅勒气田、俄罗斯的奥伦堡气田和我国四川盆地的威远气田（表4）。

表4　世界古地台上富集的氦藏

气田名称	地台名称	产层时代	岩性	气储量/亿 m^3	氦含量/%	氦储量/亿 m^3
胡果顿-潘汉得	北美（古）地台	P，C	白云岩	20390（可采）	平均0.5	101.95
哈西鲁梅勒	北非（古）地台	T_1	砂岩	14850（可采）	0.19	28.215
奥伦堡	俄罗斯（古）地台	P_1，C_2	生物礁灰岩为主	17000（地质）	2004年产He 347万 m^3（当年产气186.313亿 m^3）	
威远	上扬子（古）地台	Zn	白云岩	408.6（地质）	0.233	0.9543

四、中国非生物天然气的资源前景

中国不仅把非生物天然气作为一种资源，而且2000年把非生物天然气中的CO_2作为储量归入全国天然气的总储量中。说明中国相当注意非生物天然气资源的研究，并且已把这种资源转化为储量而加以开发利用。

在20世纪末叶，一些学者对我国一些CO_2气田的储量作了预测（表5）。2004年，国土资源部石油天然气储量评审办公室审定了我国一些CO_2气田探明地质储量和累计采出量（表6），其中黄桥CO_2气田累计采出量已达4.15亿m^3，恐怕它是世界上有效益开发非生物CO_2最多的一个气田。我国不仅研究、勘探和开发非生物CO_2气田，而且研究和探明了世界上第一个非生物烃气藏——昌德气藏。该气藏包括芳深1井和芳深2井，探明非生物成因烃气地质储量32.66亿m^3。以上说明了我国在研究、勘探和开发利用主非生物天然气资源类型上已走在世界的前列，同时从一个侧面反映了中国非生物天然气资源前景是好的。

有关研究指出[23]：我国东部新近纪和第四纪九条北西西向玄武岩带，主要控制着CO_2气田的分布，而目前对该带没有开展有的放矢的CO_2气田的勘探。预测该带主非生物CO_2资源前景潜力大。何家雄等指出[24]，初步预测南海莺琼盆地CO_2资源量逾1万亿m^3，经勘探及钻探评价证实的CO_2地质储量亦颇大，据不完全统计，迄今为止所获CO_2的探明+控制+预测三级地质储量已达3000亿m^3左右。可见我国东部和大陆架盆地CO_2资源潜力巨大。

表5　我国主非生物CO_2气田（藏）预测储量

气田	储量/亿m^3	参考文献
万金塔	30以上	陈荣书，1989[22]
翟庄子	9.94	戴金星，1995[23]
旺21	井12.78	戴金星，1995[23]
黄桥	624（预测总储量1000亿m^3以上）	陈荣书，1989[22]
沙头圩	1［可采（5.33～6.7）千万m^3］	李可明，1984①

表6　我国主非生物CO_2气田（藏）探明储量

气田	层位	含气面积/km^2	探明地质储量/亿m^3	累计采出量/亿m^3
孤店Kf	23.6	13.76		
万金塔	K_1q	36.00	36.08	0.75
黄桥	D_2w、P_1g、C_3c、C_3h	52.2	64.58	4.15
红庄Es1	0.4	10.02	0.01	
花沟	N_1g、E_3s_3	40.5	24.24	0
八里泊	O	3.2	15.16	0

关于主非生物烃气资源研究和勘探至今还很薄弱，有根据的仅知松辽盆地昌德气藏

① 李可明，试谈广东三水盆地的天然气二氧化碳资源及二氧化碳气的应用和找矿问题，内部资料，1984。

（芳深1、芳深2井）储量达32.66亿m^3。至今为止，在世界其他地方未有报导发现和探明主非生物烃气藏和储量，因此，昌德非生物烃气藏虽探明储量不大，但其发现和探明具有重大的实践和科学意义。在沉积盆地，由于烃源岩存在，能形成大量有机成因烷烃气，即使盆地深部有非生物烷烃气运移至盆地沉积层中，往往难于认识而被认为是有机成因的烷烃气。根据天然气地质和地球化学条件，我国东部裂谷型盆地中有来自深部的非生物成因烷烃气。例如：辽河拗陷界3井的甲烷中有5%左右为来自深部的非生物成因[25]；在松辽盆地昌德非生物烃气藏旁的芳深3、芳深4井中也混有高比例的非生物成因的烷烃气[5,6]；在松辽盆地徐家围子断陷有非常活跃的非生物成因烷烃气运移进入沉积层，并有部分参加成藏[10~12]；渤海湾盆地大港油田港151井甲烷也是非生物成因的[23]。以上说明在我国东部裂谷盆地有非生物烷烃气运移进入沉积层中，并部分参与不同程度的成藏，但这种非生物资源至今未被人们充分认识和研究。由此可见，中国东部裂谷型盆地中非生物烷烃气资源有一定潜力，今后研究和勘探时应予以重视。

对次非生物资源He，我国目前探明和开发的仅有四川盆地威远气田，探明地质储量近1亿m^3（表4）。根据Якучени[21]的He储量95%以上分布在古老地台的观点，四川盆地、鄂尔多斯盆地和塔里木盆地应是我国探明氦资源的有利地区。但在我国东部裂谷盆地中有多处高于工业品位0.1%以上的含氦气井甚至是气藏，例如，苏北盆地黄桥气田的溪桥氦气藏（表3），松辽盆地芳深9井氦含量高达2.743%，汪9-12井氦含量为2.104%[26]。松辽盆地北部已发现氦含量大于0.1%工业氦气藏标准的井有30多口[26]，这说明松辽盆地北部氦资源有良好的前景，值得今后在天然气勘探中予以充分重视。徐永昌等指出郯庐大断裂带一些井（例如界3井）中有幔源氦的工业储集[18]。总之，中国东部裂谷型盆地中氦资源值得我们重视和研究，尽管其储量规模不如古老地台巨大。

参考文献

[1] 戴金星，桂明义，黄自林等．楚雄盆地中东部禄丰-楚雄一带的二氧化碳气及其成因．地球化学，1986，(1)：42~49

[2] 戴金星．云南省腾冲县硫磺塘天然气的碳同位素组成特征和成因．科学通报，1988，(15)：1168~1170.

[3] 戴金星，文亨范，宋岩．五大连池地幔成因的天然气．石油实验地质，1992，(2)：200~203.

[4] Dai JX, Ssong Y, Dai C S, *et al.* Geochemistry and accumulation of carbon dioxide gases in China. AAPG Bulletin, 1996, 80 (10): 1615~1626.

[5] 戴金星，秦胜飞，陶士振等．中国天然气工业发展趋势和天然气地学理论重要进展．天然气地球科学，2005，16（2）：127~142

[6] Dai J X, Yang S F, Chen H L, *et al.* Geochemistry and occurrence of abiogenic gas accumulations in the Chinese sedimentary basins. Organic Geochemistry, 2005, 36: 1664~1688.

[7] Muffler F J P, White D E. Origin of CO_2 in the Salton Sea geothermal system, southeastern California U S A. XX III, International Geological Congress, 1968, 185~194

[8] Brooks J M. Deepmethane maxima in the Northwest Caribbean Sea : possible seepage along the Jamica ridge. Science, 1979, 206: 1069~1071

[9] Welham J, Craig H. Methane and hydrogen in East Pacific rise hydrothermal fluids. Geophys Res Lett, 1979, 6 (11) : 829~831

[10] 郭占谦，王先彬．松辽盆地非生物成因气的探讨．中国科学（B辑），1994，24（3）：303~309

[11] 郭占谦，刘文龙，王先彬．松辽盆地非生物成因气的成藏特征．中国科学（D 辑），1977，27 (2)：143～148
[12] 霍秋立，杨步增，付丽．松辽盆地北部昌德东气藏天然气成因．石油勘探与开发，1998，25（4）：17～19
[13] 杜建国．中国天然气中高浓度 CO_2 成因．天然气地球科学，1991，2（5）：199～202
[14] 何家雄，刘全稳．南海北部大陆架边缘盆地 CO_2 成因及运聚规律分析与预测．天然气地球科学，2004，15（1）：1～8
[15] 戴金星，李剑，丁巍伟等．中国储量千亿立方米以上气田天然气地球化学特征．石油勘探开发，2005，32（4）：16～23
[16] 王先彬，徐胜，陈践发等．腾冲火山温泉气体组分和氦同位素组成特征．科学通报，1993，38 (9)：814～817
[17] 李庆忠．打破思想禁锢，重新审视生油理论．新疆石油地质，2003，24（1）：75～83.
[18] 徐永昌，沈平，陶明信等．幔源氦的工业储集和郯庐大断裂带．科学通报，1990，35（12）：932～935.
[19] 何家雄，夏斌，刘宝明等．中国东部及近海陆架盆地 CO_2 成因及运聚规律与控制因素研究．石油勘探与开发，2005，32（4）：42～49.
[20] Parschiv D. Variation of non-hydrocarbon constituent of natural gas in different Romanian areas. 10th World Petro leum Congress，1979
[21] Якучени В П. Интенсивное Газонакопление в Недрах. Наука，1984
[22] 陈荣书．天然气地质学．武汉：中国地质大学出版社，1989. 264～265
[23] 戴金星，宋岩，戴春森等．中国东部无机成因气及其气藏形成条件．北京：科学出版社，1995. 107～131，201～202
[24] 何家雄，胡忠良，麦文等．综合开发利用南海莺—琼盆地 CO_2 资源促进中海油跨越式发展．天然气地球科学，2004，15（4）：401～405
[25] 徐永昌，刘文汇，沈平，等．辽河盆地天然气的形成与演化．北京：科学出版社，1993. 60～69，134～137
[26] 冯子辉，霍秋立，王雪．松辽盆地北部氦气成藏特征研究．天然气工业，2001，21（5）：27～30

关于继续加强我国煤成气勘探与研究的建议*

煤成气是指由煤系中的煤和暗色泥岩形成的天然气。广义的煤成气包括由煤形成而被煤吸附着的煤层气（瓦斯气），而一般说煤成气是指由煤系形成而运移出来的天然气。

煤成气在我国天然气工业发展中的重大作用

我国探明天然气储量中2/3是煤成气，在我国天然气储量中起主宰作用。我国大气田探明天然气总储量中煤成大气田占4/5，大气区以产煤成气为主。

我国目前基本形成川渝、鄂尔多斯、塔里木、柴达木和南海（莺琼）五个气区，除川渝大气区外（以产油型气为主，现仅产少量煤成气），其余4个大气区均以产煤成气或煤成气为主，将可能成为大气区的松辽盆地和东海，推测也以煤成气为主。

以上表明煤成气在我国天然气中起着举足轻重的作用。为了加速发展我国的天然气工业，必须继续加强煤成气的勘探与研究。

我国煤成气分布富集的基本特征

（1）我国西部的塔里木、准噶尔、吐哈等盆地处于中亚煤成气聚集域东部（我国境内）；近海区域的一系列盆地（东海、莺琼盆地）处于亚洲东缘煤成气聚集域中部，两者均位于世界上著名的煤成气主要分布区。

（2）煤成气大气田形成的主要控制因素：在生气中心及其周缘晚期成藏，在低气势区、煤成气区中古隆起，在煤系中或其上下有关圈闭中。

（3）根据煤系沉积时和之上覆盖层的构造环境（活动）特征，我国煤成气田发育区有以下几种类型：

①双稳定型煤成气区：煤系沉积时和上覆盖层都处在构造稳定环境，煤成气田以岩性和地层型为主。例如鄂尔多斯盆地。

②稳定-活动型煤成气区：煤系沉积时构造环境稳定，其上覆盖层处在构造相对活动环境。煤成气田以发育有断裂背斜圈闭和岩性圈闭中。例如渤海湾盆地。

③断陷-稳定型煤成气区：煤系沉积存断陷中，其上覆盖层处于构造稳定环境，有较好沉积盖层利于煤成气生成和成藏保存。例如松辽盆地徐家围子断陷。

④拗陷型煤成气区：煤系沉积和上覆盖层在沉陷的构造环境形成，煤系沉积速率相对较大，生气效率高，往往成气强度较大，并包容强的生气中心。发育以背斜型为主煤成气田，还有岩性气藏，如库车拗陷。

---

* 原载于《科学新闻》，2006，第17期，14～15。

加强我国煤成气勘探与研究的建议

由于国家在1983年及时把“煤成气的开发研究”列入第一批国家科技攻关项目，对我国煤成气勘探与研究起了很大的推动作用，然而，“七五”以来国家天然气科技攻关对煤成气勘探与研究相对“六五”减弱。为了进一步加强我国煤成气勘探，一些很有远景的煤成气地区需要重点勘探或重新认识，一些有效指导勘探规律与因素需要系统深化研究。

一、对我国一些大面积煤成气有利地区需要加强勘探或重新认识

（1）四川盆地中部地区（川中），是四川盆地乃至我国最稳定的地区之一，晚三叠世须家河组（华蓥山之东称香溪群）的整套煤系呈西厚东薄、西深东浅。在川中地区以往油气勘探未把须家河组煤系作重点。近3年来，在广安构造、充西构造、南充构造的广安2井、西74井、充深1井等多口井与该煤系有关层位获得工业气流。这将使川中油区改变为气油区，使四川盆地开辟出一个新气区。

川中地区与鄂尔多斯盆地有利煤成气发育区相似，并具有更有利条件：① 川中地区目的层须家河组埋深比鄂尔多斯盆地上古生界石盒子组和山西组一般浅700m。② 须家河组储集层比鄂尔多斯盆地物性好，孔隙度一般高2%～3%，渗透率也较高。③ 虽然气藏也以岩性地层型为主，但川中地区有相对多的低幅度构造圈闭，可以形成岩性-构造型圈闭，比鄂尔多斯盆地主要为岩性地层型气藏更利于煤成气的富集成藏。

（2）塔里木盆地东部英吉苏凹陷属于中亚煤成气聚集域一部分，与该盆地北部煤成气勘探取得很大突破的库车拗陷一样，有以中-下侏罗统煤系为主的气源岩。多数人认为，该区中-下侏罗统煤系属于低成熟演化阶段，不利成气，对英吉苏凹陷的煤成气的评价必须重新认识：① 关于煤系处于低熟不利形成油气观点是错误的，目前世界最大产气区西西伯利亚盆地煤成气的源岩彼库尔组含煤地层，成熟度为在0.4%～0.7%，与英吉苏地区一样处于低熟区，但在西西伯利亚盆地探明煤成气可采储量达25亿m^3以上。② 英南2井产于侏罗系煤系的天然气和凝析油目前普遍认为是来自下奥陶统和寒武统腐泥型源岩，这些源岩现今R^o为3%～4%，属过成熟阶段。但英南2井产出天然气成熟度在R^o为1.72%-2.39%，这比下奥陶统和寒武系源措成熟度低1.3%～1.6%；该井产出凝析油$\delta^{13}C$值较重，具有煤型凝析油特征。据此可以认为，英南2井产出天然气是侏罗系煤成气和下奥陶统及寒武系具油型气的混合气，凝析油则主要是煤型的。③ 英吉苏凹陷可能像鄂尔多斯盆地一样岩性隐蔽型气藏起主导作州，本区煤成气勘探应以岩性为主兼及背斜型。④ 英吉苏凹陷有中-下侏罗统含煤地层，具有煤成气、煤型凝油的生成条件，应作为“十一五”以至更晚时期煤成气研究和勘探的主要目标。

（3）准噶尔盆地中东部陆东-五彩湾地区。设区有两套煤系气源岩，一套是中-下侏罗统含煤地层，这套层系中已有4口井发现天然气。另一套是石炭系含煤地层或亚含煤地层，至今对其研究和勘探均很薄弱。在巴塔玛内山组中发现了五彩湾小气田。石炭系是今后煤成气勘探极需关注的一个潜力大的层系，已发现的石炭系、侏罗系和白垩系天然气碳同位素$\delta^{13}C$均证明是煤成气或以煤成气为主。由于陆东-五采湾地区具有两套含煤系气源岩，成气条件优越，是煤成气潜力大的勘探区。

（4）渤海湾盆地黄骅拗陷南部。渤海湾盆地和鄂尔多斯盆地沉积了相似的石炭-二叠

纪含煤地层，同具有利的煤成气源岩条件。所不同的是鄂尔多斯盆地自石炭二叠系沉积至今构造环境稳定，利于大面积气源岩保存、生气、成藏，属一次生气。渤海湾盆地则受印支特别是燕山运动强烈影响，断陷，褶皱和隆起使得石炭二叠纪含煤地层大面积分布遭受破坏，相当多含煤地层被剥蚀，第一次生成煤成气或其气藏难于保存。凡在地腹保存较大面积石炭二叠纪煤系具二次成气条件的地区均为勘探有利区，可发现煤成气藏，例如，苏桥中型煤成气田、文留沙四中型煤成气田。近来又在孤北地区发现孤1气藏，中原油田文古2气藏。在渤海湾盆地近10年来有的放矢勘探煤成气探井不多，所以该盆地煤成气有利区尚不明朗。但从具有二次成气的石炭二叠纪煤系条件出发，大港油田的黄骅拗陷南部南坡凹陷和岐凹陷是目前渤海湾盆地中最有潜力的一个地区。

（5）亚洲东缘煤成气聚集域中带。我国的莺歌海盆地、琼东南盆地、珠江口盆地、台西盆地和东海盆地是煤成气勘探有利区。亚洲东缘煤成聚集域在我国境内上述诸盆地称为中带，中带以南的泰国湾-马来盆地称为南带，中带之北日本海盆地、萨哈林盆地、鄂霍次克-西勘察加盆地称为北带。该聚集域发育第三系煤系和亚煤系，是良好气源岩。在南带和北带均发现大气田，煤成气勘探取得很大进展。

该气聚集域中带的我国5个盆地中，探明气田（藏）仅15个，发现了6个大气田。我国大陆架上4个盆地煤成气聚集域中带的煤成气勘探前景好，应该大力加强研究和勘探。

（6）松辽盆地深层是断陷-稳定型煤成气勘探有利区。松辽盆地的深层存在不连续的较大断陷19个，断陷中气源岩主要为下白垩统沙河子组含煤地层，其次为下白垩统营城组和上侏罗统火石岭组火岩山系夹煤层。气源岩厚度一般200～500m，R^o 在1.5%以上，故有勘探煤成气的优势条件。在众多深断陷中，徐家围子断陷、长岭断陷、常家围子断陷、莺山断陷和德惠断陷勘探煤成气条件为优。目前已在徐家围子断陷探明储量过千亿立方米的庆深大气田，在长岭断陷长深1井已取得大突破，是勘探煤成气很有利的地区。

除当前我国正在深入勘探的鄂尔多斯盆地、库车拗陷和准南拗陷外，以上6个煤成气勘探有利区，若加强勘探和研究，将为我国实现年产更多天然气奠定储量基础。

二、应进一步深化煤成气研究

1. 关于新一轮国家煤成气科技攻关项目立项

“六五”的“煤成气的开发研究”国家科技攻关项目，为中国天然气勘探增添了一个指导理论和开辟了一个新领域，推动和促进目前天然气工业进入盛世，解决了中国是否有煤成气田，发现了一批煤成气田；初步搞清了中国煤成气的资源潜力，提出了鉴别煤成气和油型气的理论等。“六五”攻关至今已过25年，尽管之后进行过几次国家天然气科技攻关，但未把煤成气作为重要攻关目标和研究重点。由于我国含煤地层分布广，煤资源丰富，储量为世界前列，同时地质条件复杂，单靠一次国家煤成气科技攻关无法全面认识煤成气田分布的主要规律，难以全面评估煤成气资源潜力和搞清全部大面积深埋的含煤区勘探前景，因此，进行新一轮国家煤成气科技攻关立项是必要性的。

2. 关于建立中国科学院天然气地质和资源研究所

天然气工业保持高速发展，关键是要有充足的天然气资源，即探明充足的储量。这就需要加强天然气地质与其相关资源研究，不仅要研究国内，也要研究国外天然气地质和资源。我国至今没有一个全国性天然气地质和资源研究所。我国三大石油公司只对本公司辖区进行研究，不适合目前天然气工业高速发展和今后持续发展的形势和要求。因此，在中国科学院建立一个不受单位局限而能代表全国全面性的天然气地质与资源研究所十分必要。

天然气地质与资源研究所以天然气地质与资源应用基础研究为主，同时顾及油气成因上的无机成因气基础研究。天然气地质与资源研究所以中国科学院广州地球化学研究所与中国科学院地质与地球物理研究所兰州油气研究中心有关天然气地质地球化学人员为基础，同时从三大石油公司和有关高校遴选部分骨干组成。

3. 在三大石油公司固定少数精英从事天然气地质与资源应用基础研究

我同三大石油公司均有实力雄厚的石油勘探开发研究机构，也有从事天然气地质勘探开发研究人员。但这些从事天然气的研究人员由于生产任务重，承担项目或课题周期短，研究方向变化大，通常不能自主选定某一研究方向坚持若干年深入研究，因而无法在某研究方向积累相关资料与文献，故难于掌握当前世界天然气勘探研究最新动向，不易提出我国天然气勘探关键问题和地区或对某些被冷落的天然气地区进行深入审度。为了克服此种被动局面，更快地发展我国天然气工业，在石油公司级石油勘探开发研究院遴选少数人员，固定专题方向和时间。对天然气勘探和评价中选区和难题进行攻荚性应用 础研究十分必要．将对天然气工业发展有重要作用。

中国天然气勘探及其地学理论的主要新进展*

一、中国天然气勘探开发主要新进展

1. 天然气勘探开发现状

截至2005年年底，中国已累计发现气田223个（未包括台湾省，下同）。全国探明气层气储量49536.6亿m^3（含CO_2气331.5亿m^3），总可采储量为31142.5亿m^3（含CO_2气219.5亿m^3），历年累计采出量4323.4亿m^3[1,2]。2005年采气量499.55亿m^3。至2005年年底，中国年天然气开发程度仍不高，可采储量采出率为13.88%；储采比高，为53.89，根据国外天然气开发规律，这样的储采比配置，有利于提高气产量。2006年1～9月全国采气量430.79亿m^3，与去年同比增加75.63亿m^3，由于今年后3个月正值用气高峰，估计2006年产气量会达到600亿m^3左右[1,2]。

2. 天然气储量、产量大幅度提高

我国天然气储量在新中国成立时仅有3.85亿m^3，而2005年年底则达49536.6亿m^3，是新中国成立时的12867倍（图1）。“六五”期间我国第一次天然气科技攻关项目“煤成气的开发研究”是推进天然气储量大幅度提高的重要动力和基础，从此以后国家天然气攻关屡建奇功，特别是1996～2005年的10年间，探明天然气储量34281亿m^3，使中国天然气勘探进入高峰时期，这为近期天然气产量大幅度提高奠定了基础。

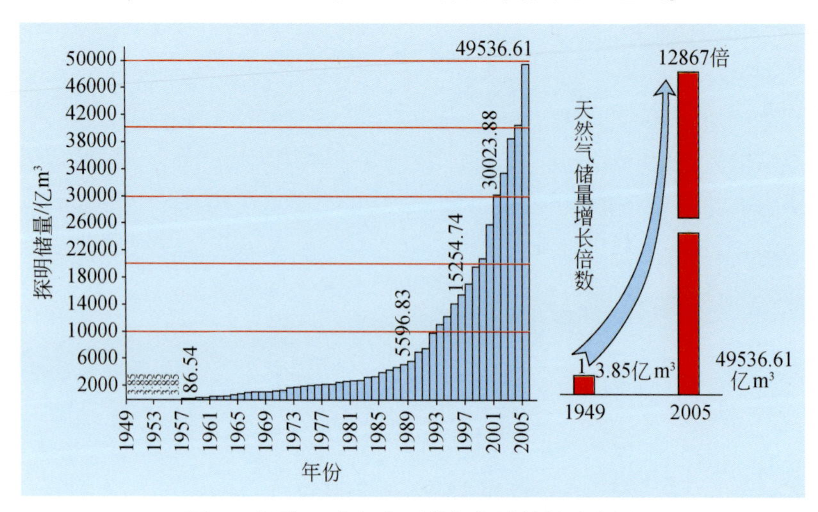

图1　中国50多年来天然气探明储量示意图

* 原载于《天然气工业》，2006，第26卷，第12期，作者还有胡安平、杨春、周庆华。

我国在新中国成立时天然气年产量仅为0.11亿m^3，2005年年产量达499.5亿m^3，是新中国成立时的4541倍（图2）。50多年来我国天然气年产量日益增长。新中国成立后我国天然气年产量达到100亿m^3用了29年，从100亿m^3增至200亿m^3用了20年，从200亿m^3增至300亿m^3用了5年，从300亿m^3增至400亿m^3用了3年多，从400亿m^3增至500亿m^3仅用了1年稍多时间，而从500亿m^3至600亿m^3将不到一年。

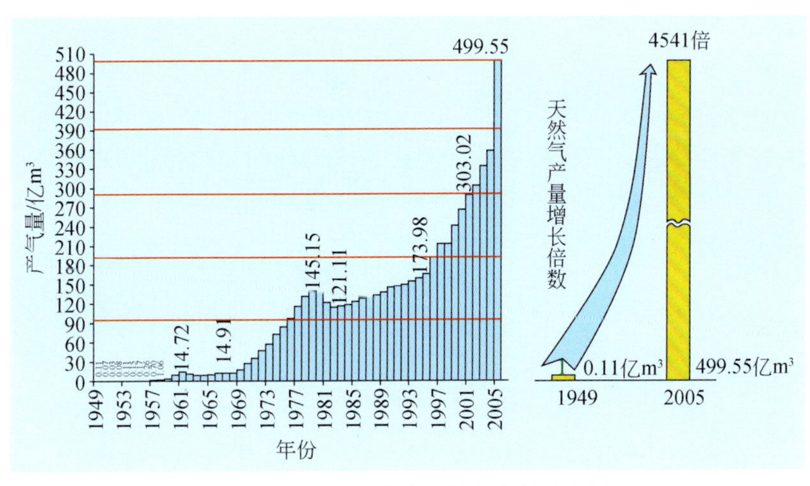

图2　中国50多年来天然气产量示意图

3. 大气田发现数量和储量日益增多

各国学者划分大气田的储量标准互不相同[3]，我国把探明天然气储量大于300亿m^3的气田称为大气田。至2005年年底我国共发现35个大气田（图3），大气田探明储量35282亿m^3，占全国探明天然气储量的71.22%。因此，发现与开发大气田是快速发展天然气工业的一条重要途径。在35个大气田当中，有9个是储量逾千亿立方米的大气田，包括：苏里格气田、靖边气田、克拉2气田、榆林气田、普光气田、大牛地气田、乌审旗气田、子洲气田和徐深气田。我国大气田发现的数量和储量有日益增多增大的特征（图4）。由图4可见：在1996年之前，即“九五”之前，除1992年之外，我国发现的大气田的储量均在1000亿m^3以下，年最多只发现两个大气田，1989年之前几年才发现一个大气田，同时每个大气田储量均在500亿m^3以下。但从“九五”至今10年每年均连续发现大气田，2004年发现大气田最多达6个。

二、中国天然气地学理论主要新进展

我国天然气地学理论的进展推动着天然气工业快速发展并为之提供科学依据[2]。

1. 勘探天然气的指导理论从“一元论”真正走向“多元论”

20世纪80年代末之前，指导中国天然气勘探的指导理论是“一元论”的油型气理论，其认为天然气均由腐泥型的有机质形成，故只把腐泥型地层作为气源岩，只勘探与其有关的天然气，不把腐殖型有机质为主的煤系作为气源岩，不去勘探与煤系有关的天然

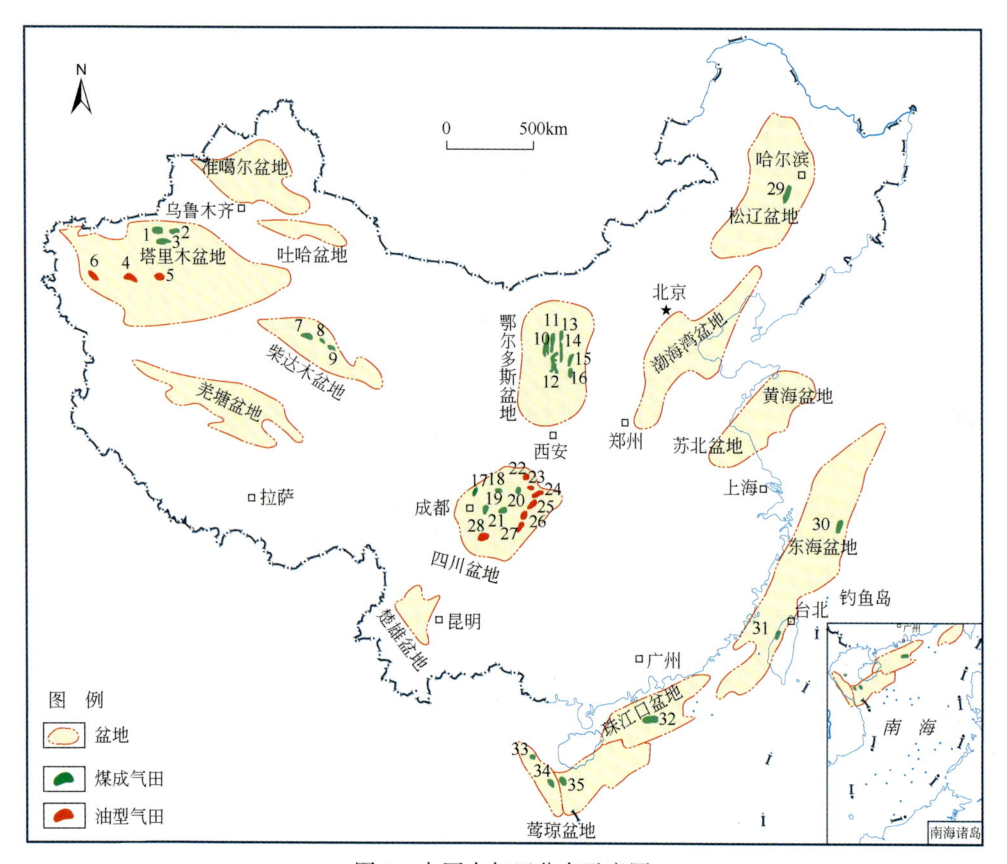

图3 中国大气田分布示意图

1. 克拉2；2. 迪那2；3. 牙哈；4. 塔中；5. 和田河；6. 柯克亚；7. 台南；8. 涩北一号；9. 涩北二号；10. 苏里格；11. 乌审旗；12. 靖边；13. 大牛地；14. 榆林；15. 长东；16. 子洲；17. 新场；18. 八角场；19 磨溪；20. 普光；21. 铁山坡；22. 渡口河；23. 罗家寨；24. 五百梯；25. 沙坪场；26. 卧龙河；27. 威远；28. 洛带；29. 徐深；30. 春晓；31. 铁砧山；32. 番禺 30-1；33. 东方 1-1；34. 乐东 22-1；35. 崖 13-1

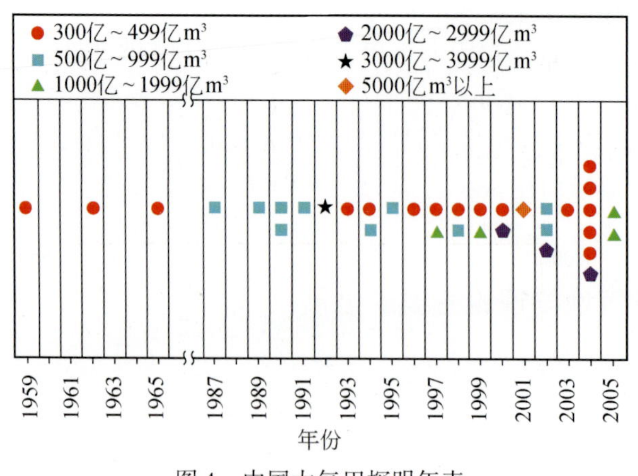

图4 中国大气田探明年表

气。故勘探天然气的指导理论局限，勘探天然气的领域欠广，因此天然气的探明储量不多。1978 年年底全国探明气层气储量只有 2264.33 亿 m^3，仅为 2005 年年底全国探明气层气储量的1/22左右。

20世纪80年代末，我国确定腐殖型煤系是良好的气源岩，煤系和之相关层系应是勘探天然气的主要目标的煤成气理论在我国出现[4,5]，使我国天然气勘探的指导理论从油型气的“一元论”发展为油型气和煤成气理论的“两元论”。煤成气理论的出现使天然气勘探增添了一个新领域，在勘探中煤成气所占比例逐年提高：1978年年底占9%，1983年年底约占15%，1991年年底占36%，1995年年底占40%，1999年年底占54%，2001年初占64%[6~9]，至2005年年底我国累计探明煤成气储量34709.8亿m^3，占全国气层气总储量的70%。由此可见，近20多年中国天然气储量迅速增长，显然与煤成气在储量中的比例不断增高密切相关。目前世界第一产气大国俄罗斯，其储量至少有75%来自煤成气，故我国煤成气在天然气中的比例还有提高的余地。

所谓勘探天然气的指导理论从“一元论”发展为“多元论”，除了上述的油型气和煤成气两种理论外，还要再加上无机成因气理论。中国从20世纪80年代起，特别1985年之后对无机成因天然气进行了大量研究，这从代表性文献[10~26]就可见一斑。我国无机成因气研究的前阶段研究主要是CO_2和稀有气体，并阐明无机成因CO_2气藏（田）分布规律，同时发现了30多个CO_2气田（藏），其中部分气田（藏）（万金塔、黄桥、高青、沙头圩）已投产开发。中国2000年开始把无机成因CO_2储量纳入天然气储量中，2005年年底我国探明CO_2可采储量219.5亿m^3。在世界上不少国家都发现了CO_2气田（藏），例如美国、罗马尼亚、印度尼西亚、越南等，这些CO_2气田（藏）均属无机成因。因此可以说20世纪80年代前后，勘探天然气的指导理论已进入“多元论”了。但是一方面CO_2气田（藏）的主力组分CO_2，由于经济效益逊于烃类气和分布局限性；另一方面作为天然气中经济效益大并分布广泛的烃类气，尽管确定有无机成因的[18~23]，但在国内外还没有发现一个有充分地球化学依据的无机成因的烃类气藏，故在天然气勘探上指导理论起主宰作用的仍为“两元论”。

近年来，我国学者首先确定了世界上第一个有充分地球化学依据的松辽盆地昌德气藏[26]，同时还在松辽盆地徐家围子断陷又发现几个无机成因烃类气藏，例如兴城气藏（图5），使天然气勘探的指导理论真正进入“多元论”时期。兴城气藏探明天然气储量超过400亿m^3，烃类气含量在95%以上。气藏中徐深1井$\delta^{13}C_1$为$-28.0‰$，$\delta^{13}C_2$为$-32.2‰$，$\delta^{13}C_3$为$-33.4‰$，徐深1-1井$\delta^{13}C_1$为$-28.86‰$，$\delta^{13}C_2$为$-32.59‰$，$\delta^{13}C_3$为$-33.31‰$，均具有负碳同位素系列的无机成因烃类气的特征。

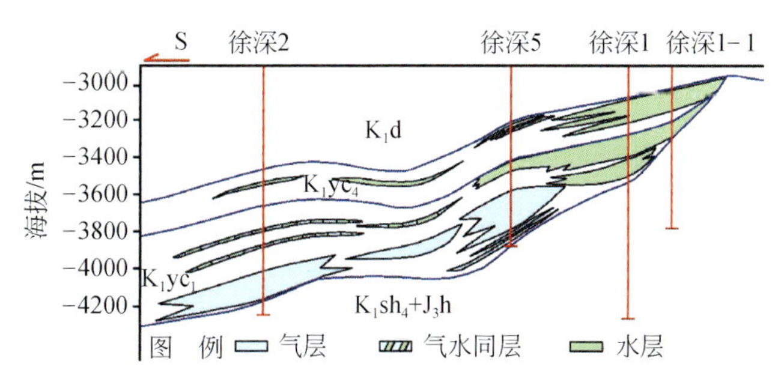

图5 松辽盆地兴城气藏剖面示意图（据大庆油田，有简化）

2. 中国深水天然气勘探重大突破和亚洲东缘煤成气聚集域的关系

近来我国在珠江口盆地白云凹陷深水区荔湾构造上 LW3-1-1 井天然气勘探取得重大突破，可能有 1100 亿 ~1700 亿 m^3 可采储量[27]。这不仅打开了我国深水油气勘探的新领域，而且可能是我国大陆架盆地第一个上千亿立方米的大气田。其所以获得重大突破，与之处于亚洲东缘煤成气聚集域有利含气性密切相关。

1）亚洲东缘煤成气聚集域

在亚洲东缘大陆架诸盆地，古近-新近系厚度巨大，暗色泥岩、煤系和亚煤系发育，是全球重要的古近-新近系聚煤区之一。在此巨型聚煤区内自古新世至上新世煤系和亚煤系发育，许多盆地往往有两套甚至更多套煤系和亚煤系。例如，我国东海盆地在明月峰组、平湖组和花港组均发育煤系；琼东南盆地崖城组和三亚组底部为煤系。泰国湾-马来盆地也发育两套煤系。俄罗斯萨哈林盆地始新统、渐新统、中新统和上新统都发育有煤系[28]。由于煤系发育，有好的生气岩，笔者从煤成气理论出发，将之命名为亚洲东缘煤成气聚集域，认为在此聚集域内煤成气潜力巨大，能发现大批煤成气田[29]。

亚洲东缘煤成气聚集域北起西堪察加盆地、鄂霍茨克盆地、萨哈林盆地，经日本海盆地、东海盆地、台西盆地、珠江口盆地、琼东南盆地、莺歌海盆地至泰国湾-马来盆地（图 6）。该天然气聚集域的最初构思是由戴金星[6]提出的。为行文之便，把我国大陆架诸盆地称为煤成气聚集域中带，中带之南的泰国湾-马来盆地称为聚集域南带，中带之北为聚集域北带。

聚集域南带泰国湾-马来盆地，古近-新近纪沉积岩厚度近万米，主要发育非海相地层（渐新世—中新世早期至中期发育两套近海相煤系）。煤系在纵向上向上，横向上向东南海相逐渐发育[30]。这种煤系发育的特征，明显控制了煤成气田和油田的空间分布：在该盆地的西北部由于煤系气源岩发育，故在此分布主要为煤成气田，目前至少发现 43 个煤成气田，最大的 Bongkot 气田，可采储量约 2000 亿 m^3。

聚集域北带主要包括西堪察加盆地、鄂霍茨克盆地、萨哈林盆地和日本海盆地。在西堪察加盆地发现了克舒克煤成气田等。鄂霍茨克盆地探明天然气 8633 亿 m^3。在萨哈林盆地古近-新近系主要发现的是油气田和气田。评估天然气原始可采储量为 3.85 万亿 m^3，目前探明原始可采储量 1.22 万亿 m^3。在此发现的最大气田恰伊沃凝析气田储量约 2800 亿 m^3。在萨哈林盆地和西堪察加盆地古近-新近系含煤地层生气强度大部分在 20 亿 m^3/km^2 以上，大的达 100 亿 m^3/km^2，故是勘探煤成气的有利地区。在日本海盆地西部的韩国东南大陆架上发现多瑞气田。在该盆地东部的 Niigata 气田上新统和中新统也发现煤成气产层。聚集域中带是在我国的莺歌海盆地、琼东南盆地、珠江口盆地、台西盆地、台西南盆地和东海盆地。这些盆地（除台西盆地和台西南盆地外）至 2005 年底探明煤成气田（藏）不足 20 个，探明 300 亿 m^3 到接近 1000 亿 m^3 的煤成气大气田 6 个，未发现大于 1000 亿 m^3 的大气田。目前探明煤成气储量仅 4169 亿 m^3，其煤成气成果远不及聚集域的南带和北带。但我国大陆架上（除台西盆地）煤成气地质资源量为 8.1 万亿 m^3，可采资源量 5.25 万亿 m^3。因此，聚集域中带的前景应和南带、北带一样良好，但目前逊色于南带和北带，是由于我们过去认识和勘探煤成气不足。例如珠江口盆地，过去一直认为以产油为主，但近来确定珠三拗陷有恩平组为气源岩的煤成气，同时紧邻白云凹陷的番禺低隆起上发现了

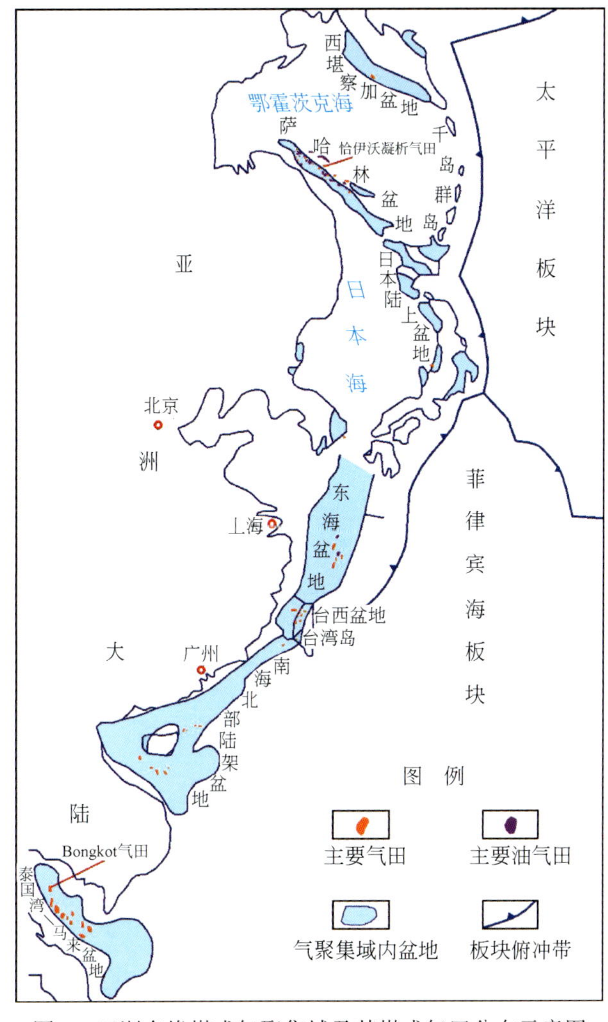

图 6　亚洲东缘煤成气聚集域及其煤成气田分布示意图

以煤成气为主的番禺 30-1 气田，说明该盆地煤成气前景不可忽视。特别是近来白云凹陷深水区 LW3-1-1 井天然气重大突破，可能与亚洲东缘煤成气聚集域优良的含气性有密切的关系。

2）白云凹陷深水区荔湾构造天然气重大突破

目前有人认为水深大于400m 的水域为深水（海）区带[31]。但不同时期、不同国家和地区对浅海（水）和深海（水）的划分不尽相同，当前国际上盛行的划分方法是：水深小于 500m 为浅海，大于 500m 为深海，大于 1500m 为超深海[32]。

由图 7 可知：在我国南海北缘琼东南盆地南部和珠江口盆地南部珠二拗陷为深水区[31]。此两盆地深水区的分布面积和凹陷大小均比各自盆地的浅水区的大。因此，深水区气（油）潜力可能比各自浅水区大。目前在琼东南盆地浅水区发现 3 个煤成气田（崖 13-1、崖 13-4、崖 13-6）。在珠江口盆地浅水区珠三拗陷发现文昌 9-2、文昌 9-3 等煤成气田。近年在番禺低隆起上发现番禺 30-1、番禺 34-1 气田。根据对番禺低隆起天然气成因、气源分析结果，轻质原油的姥鲛烷/植烷比值高（6.1 ~ 7.4）、碳同位素较重

(-27.09‰~-26.48‰)，双环倍半萜烷/五环三萜烷值为3.3~18.09，并有一定含量的煤系典型生物标志物双杜松烷，说明番禺低隆起上的气和轻质油，可能来自南邻深水区白云凹陷渐新统恩平组煤成气源岩[33,34]，张功成也指出白云凹陷发育恩平组煤成气源岩[35]。琼东南盆地南侧深水区在乐东凹陷东部、陵水凹陷、宝岛凹陷、松南凹陷和长昌凹陷（图7），分布着渐新统崖城组浅海及滨海平原沼泽相煤系[31]，有利于煤成气的形成。据此分析，可以得出我国南海北缘深水区是煤成气勘探极有利地区的认识。荔湾构造LW3-1-1井重大突破与其处于亚洲东缘煤成气聚集域有利的含气性、优越的气源条件密不可分。在中国石油地质第二届年会上，庞雄指出白云凹陷深水区烃源岩-油气藏-烃组合-深水扇空间组合好，故白云凹陷可能在煤成气勘探上会有更大突破。

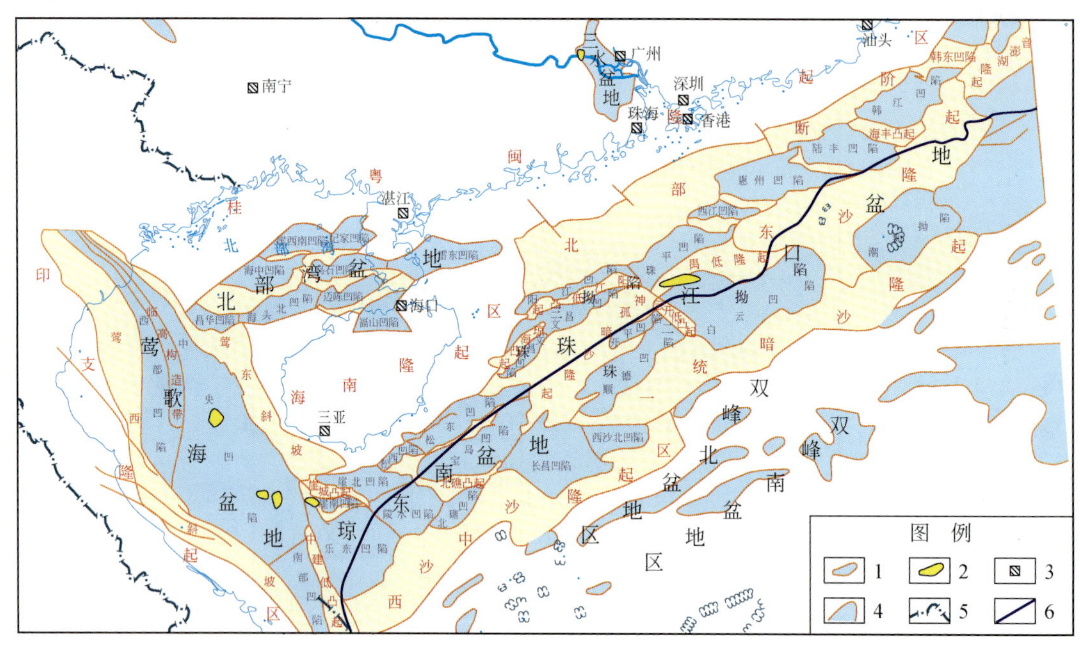

图7 琼东南盆地和珠江口盆地南部的深水区示意图（据张功成，2006）

1. 盆地；2. 气田；3. 地名；4. 盆地边界；5. 国界；6. 深水区和浅水区界线

三、结束语

（1）近期中国天然气工业发展迅速，大气田探明数量和储量日益增多。

（2）中国天然气勘探指导理论从油型气的“一元论”发展为油型气和煤成气的“两元论”。21世纪初我国不仅探明，同时研究确定世界上首批（昌德、兴城等）有充分地球化学根据的无机成因烃类气藏，使天然气勘探指导理论，从“两元论”真正发展进入以油型气、煤成气、无机成因的“多元论”时期。

（3）珠江口盆地白云凹陷深水区荔湾构造天然气勘探的重大突破，进一步揭示了南海北缘深水区天然气勘探巨大潜力；进一步证明在中国大陆架盆地油气勘探中，亚洲东缘煤成气聚集域作用不可低估。

特别值得指出：南海北缘深水区煤系气源，也是形成天然气水合物的重要气源。

参考文献

[1] 戴金星，夏新宇，洪峰．天然气地学研究促进了中国天然气储量的大幅度增长．新疆石油地质，2002，23（5）：357～365

[2] 戴金星，秦胜飞，陶士振等．中国天然气工业发展趋势和天然气地学理论重要进展．天然气地球科学，2005，6（2）：27～142

[3] 戴金星，陈践发，钟宁宁等．中国大气田及其气源．北京：科学出版社，2003. 1～3

[4] 戴金星．成煤作用中形成的天然气和石油．石油勘探与开发，1979，（3）：10～17

[5] 戴金星．我国煤系含气性的初步研究．石油学报，1980，1（4）：27～37

[6] 戴金星．我国煤成气藏类型和有利的煤成气远景区．见：戴金星主编．煤成气勘探．北京：石油工业出版社，1986. 15～31.

[7] 戴金星．我国煤成气资源勘探开发研究的重大意义．天然气工业，1993，13（2）：7～12

[8] 傅诚德．天然气科学研究促进了中国天然气工业的起飞．见：戴金星主编．天然气地质研究新进展．北京：石油工业出版社，1997. 1～11

[9] 夏新宇，秦胜飞，卫延召等．煤成气研究促进中国天然气储量迅速增加．石油勘探与开发，2002，29（2）：17～19

[10] 唐忠驭．三水盆地二氧化碳气藏地质特征及成因探讨．石油实验地质，1980，（3）：10～18

[11] 戚厚发，戴金星．我国高含二氧化碳气藏的分布及其成因．石油勘探与开发，1981，（2）：34～42

[12] 王先彬．地球深部来源的天然气．科学通报，1982，27（17）：1067～1071

[13] 裘松余，钟世友．松辽盆地南部万金塔二氧化碳气的地质特征及其成因．石油与天然气地质，1985，6（4）：434～439

[14] 符晓．探索无机成因油气藏的地质条件兼论四川盆地西部找油气方向．石油实验地质，1987，9（3）：211～217

[15] 戴金星．云南省腾冲县硫磺塘天然气的碳同位素组成特征和成因．科学通报，1988，33（15）：1168～1170

[16] 徐永昌，沈平，陶明信等．幔源氦的工业储集和郯庐大断裂．科学通报，1990，35（12）：932～935

[17] 张恺．新疆含油气区非生物成因天然气远景地质储量估算及寻找大油气田方向的探讨．石油勘探与开发，1990，17（1）：14～21

[18] 赖万忠．中国南海北部二氧化碳气成因．中国海上油气地质，1994，8（5）：319～327

[19] 张义纲等．天然气的生成聚集和保存．南京：河海大学出版社，1991. 78

[20] 郭占谦，王先彬．松辽盆地非生物成因气的探讨．中国科学（B辑），1994，24（3）：303～309

[21] 戴金星，宋岩，戴春森等．中国东部无机成因气及其气藏形成条件．北京：科学出版社，1995. 1～212

[22] 霍秋立，杨步增，付丽．松辽盆地北部昌德东气藏天然气成因．石油勘探与开发，1998，25（4）：17～19

[23] 侯启军，杨玉峰．松辽盆地无机成因天然气及其勘探方向探讨．天然气工业，2002，22（3）：5～10

[24] 戴金星，石昕，王延召．无机成因油气论和无机成因油气田（藏）概论．石油学报，2001，22（6）：5～10

[25] 徐永昌，沈平，刘文汇，等．天然气中稀有气体地球化学．北京：科学出版社，1998

[26] Dai J，Yang S，Chen H，*et al.* Geochemistry and occurrence of inorganic gas accumulations in Chinese sedimentary basins. Organic Geochemistry，2005，36（12）：1664～1668

[27] 谭蓉蓉. 李嘉诚要发现第二个波斯湾. 天然气工业, 2006, 26 (10): 149
[28] 赵隆业. 世界第三纪煤田. 北京: 地质出版社, 1982. 25 ~ 34
[29] 戴金星, 宋岩, 张厚福等. 中国天然气的聚集区带. 北京: 科学出版社, 1997. 144 ~ 181.
[30] 童晓光, 关增淼. 世界石油勘探开发图集（亚洲太平洋地区分册）. 北京: 石油工业出版社, 2001. 116 ~ 124
[31] 刘军, 王华, 姜华等. 琼东南盆地深水区油气勘探前景. 新疆石油地质, 2006, 27 (5): 545 ~ 548
[32] 中国石油集团经济技术研究院. 全球深海油气勘探形势与展望. 石油情报, 2006, (37): 1 ~ 9
[33] 朱俊章, 施和生, 庞雄等. 珠江口盆地番禺低隆起天然气成因和气源分析. 天然气地球科学, 2005, 16 (4): 456 ~ 459
[34] 郭小文, 何生. 珠江口盆地番禺低隆起轻质原油地质地化特征及其对比研究. 地质科技情报, 2006, 25 (5): 63 ~ 68
[35] 张功成. 中国近海天然气地质与勘探新领域. 中国海上油气: 地质, 2005, 17 (5): 289 ~ 296

中国大气田形成条件和主控因素*

近10年来，中国天然气工业发展迅速，这点可由年产气量不断提高所证明。中国天然气年产量从100亿m^3（1976年100.9亿m^3）至200亿m^3（1996年201.2亿m^3）经历了20年；从200亿m^3至300亿m^3（2001年303.02亿m^3）用了5年；从300亿m^3至400亿m^3（2004年407.7亿m^3）用了3年；而从400亿m^3至500亿m^3（2005年499.55亿m^3）仅用了1年多。产量逐年增加，这与大气田的发现与开发密切相关，1996年之前仅发现一个1000亿m^3以上大气田（靖边气田），而在其后10年间则发现了8个1000亿m^3以上大气田（克拉2、苏里格、榆林、乌审旗、大牛地、子洲、普光、徐深等气田）并部分投产。因此，研究大气田形成条件和主控因素，对不断提高天然气产量具有重要的意义。

一、大气田划分标准及中国大气田概况

1. 大气田的含义和标准

目前世界上对大气田的划分没有一个统一的标准，但有3种划分大气田的原则（储量大小、面积大小和经济效益）[1]。如有的国家把在天然气工业发展史上有重要意义的气田也称为大气田。但总的来说，世界上通常都是以储量的大小来划分大气田。在储量级别上中国和苏联、俄罗斯是采用探明储量，欧美各国大多用原始可采储量。在划定大气田下限储量标准上不同国家、不同学者更是不同，即使同一学者在不同时期提出的划定标准也不一致，例如，Halbouty M. T.[2] 1968年认为可采储量为283亿m^3（1万亿ft^3）是大气田，而1970年他则把可采储量为991亿m^3（3.5万亿ft^3）的气田才列为大气田。从表1中可知大气田的最低标准为200亿m^3，最高为1000亿m^3或更多。

苏联一些学者将大气田又划分为大型、特大型和超大型3个级别（表2）。

中国曾经和俄罗斯一样（俄罗斯沿用苏联1960版的《油气储量分类实施规程》），把地质储量大于300亿m^3的气田称之为大气田[1]，本文以此标准划分中国的大气田。

表1　有关学者不同时期的大气田划分标准

学者	年份	大气田的起限储量/亿m^3	发现大气田数/个
H. T. 林德洛夫	1966	>200（可采储量）	
M. T. 哈尔布特	1968	283（可采储量）	

* 原载于《天然气地球科学》，2007，第18卷，第4期，473~484，作者还有邹才能、陶士振、刘全有、周庆华、胡安平、杨春。

续表

学者	年份	大气田的起限储量/亿 m^3	发现大气田数/个
M. T. 哈尔布特等	1970	991（可采储量）	79
И. И. 涅斯捷洛夫	1975	1000	
D. A. 霍姆格伦等	1975	860（可采储量）	160
J. D. 穆迪	1975	860（可采储量）	158
H. D. 克莱米	1977	991（可采储量）	112
В. Ф. 拉宾	1978	>1000	
В. Г. 瓦希利耶夫	1983	300	236
张子枢	1990	1000	114
Michel T. Halbouty	1990	>850（可采储量）	40
Paul Mann, *et al*	2002	>850（可采储量）	354
Paul Mann	2001	>860（可采储量）	?

表 2　苏联学者关于气田分类

气田分类	天然气储量/亿 m^3	资料来源
超大型	大于 50000	Нестеров. и др, 1975
特大型	7500 ~ 50000	
大型	1000 ~ 7500	
中型	50 ~ 1000	
小型	小于 50	
特大	大于 5000	Кадинин, 1983
大型	500 ~ 5000	
中小型	小于 500	
超大型	大于 10000	Васильев, 1983
特大型	1000 ~ 10000	
大型	300 ~ 1000	
中小型	小于 300	
特大型	大于 5000	Еременко, 1984
大型	300 ~ 5000	
中型	100 ~ 300	
小型	小于 100	

2. 中国大气田的概况

到 2005 年年底，中国累计共发现天然气田 223 个，累计探明天然气（不含伴生气）总储量 49536.61 亿 m^3（未含台湾省）。根据中国将地质储量大于 300 亿 m^3 的天然气田划定为大气田的标准，中国在除台湾省以外的四川、鄂尔多斯、塔里木、柴达木、松辽、莺琼、东海、珠江口和渤海湾等 9 个含气盆地内共发现了 35 个大气田（表 3，图 1），总储量为 35282.06 亿 m³，占中国天然气总储量的 71.22%。可见，大气田在中国天然气工业发展中起着举足轻重的作用。

由图 1 和表 3 可知，中国已发现的大气田主要分布在中、西部构造相对稳定的大型含油气盆地中。天然气的产层分布很广，最老的为四川盆地威远气田，产层为震旦系；最年轻的是柴达木盆地涩北一号和涩北二号气田、台南气田，产层为第四系。

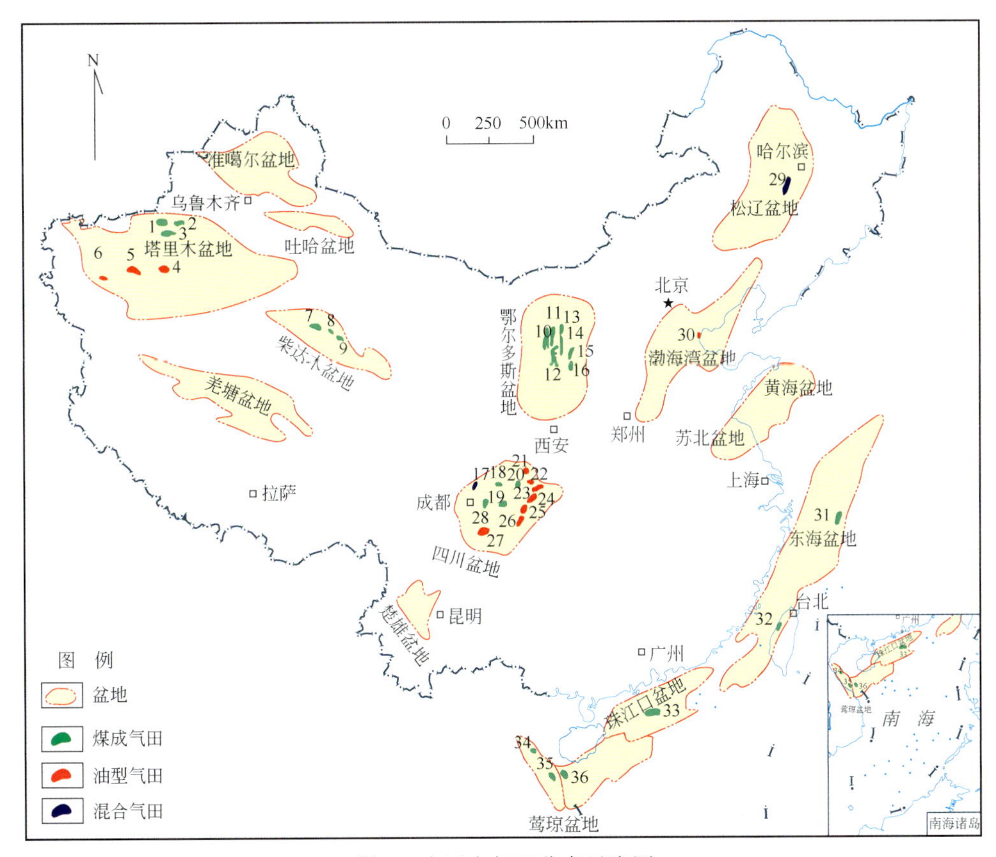

图 1 中国大气田分布示意图

1. 克拉 2；2. 迪那 2；3. 牙哈；4. 塔中；5. 和田河；6. 柯克亚；7. 台南；8. 涩北一号；9. 涩北二号；10. 苏里格；11. 乌审旗；12. 靖边；13. 大牛地；14. 榆林；15. 长东；16. 子洲；17. 新场；18. 八角场；19 磨溪；20. 普光；21. 铁山坡；22. 渡口河；23. 罗家寨；24. 五百梯；25. 沙坪场；26. 卧龙河；27. 威远；28. 洛带；29. 徐深；30. 千米桥；31. 春晓；32 铁砧山；33. 番禺 30-1；34. 东方 1-1；35. 乐东 22-1；36. 崖 13-1

从表 3 和图 1 还可知，至 2005 年年底中国已发现 36 个大气田，除 1 个在台湾省外，其中探明储量在 1000 亿 m³以上的有 9 个大气田（苏里格、靖边、克拉 2、大牛地、榆林、普光、乌审旗、子洲和徐深等气田）。在这 9 个大气田中，苏里格、克拉 2、大牛地、榆林、乌审旗和子洲大气田是纯煤成气田，靖边[1,3,4]和徐深[5]大气田的主要成分是煤成气。徐深大气田中还有无机成因的烷烃气[6]。对普光大气田发现作出重大贡献的马永生最近指出：普光气田的气源可能主要是龙潭组泥质岩类，下二叠统等烃源岩可能贡献较少[7]，由此也可以说普光大气田也是以煤成气为主、油型气为辅的混合气。在 2005 年年底中国探明天然气储量 49536.61 亿 m³，其中煤成气储量为 34709.77 亿 m³，占中国天然气总储量的 70.07% 以上。1978 年煤成气储量仅占中国天然气总储量的 9%，之后逐年增加，1991

年、1999 年和 2002 年分别占 36%、54% 和 65%，至 2005 年占 70.07% 以上，因此中国天然气储量不断增长主要与煤成气比例增长密切相关，说明煤成气对近年来中国天然气工业快速发展具有重大的作用。

表 3　中国大气田概要

盆地	气田	储量 /亿 m^3	探明时间	主力气层	储层主要岩性	主要气源岩	气类型
四川	磨溪	702.31	1987	T_1	碳酸盐岩	P_2 煤系为主	煤成气
	卧龙河	380.52	1959	T，C_2，P_1	碳酸盐岩	S、P_1 海相泥页岩、石灰岩	油型气
	罗家寨	581.08	2002	T_1	碳酸盐岩		
	五百梯	409.00	1993	C_2，P_2	碳酸盐岩		
	沙坪场	397.71	1996	C_2	碳酸盐岩		
	铁山坡	373.97	2004	T_1	碳酸盐岩		
	渡口河	359.00	2004	T_1	碳酸盐岩		
四川	普光	2510.70	2004	T_1	碳酸盐岩	P_2 煤系为主，P_1 生物灰岩	混合气
	新场	652.04	1994	J_2，J_3	砂岩	T_3 煤系	煤成气
	洛带	323.83	2004	J_3	砂岩		
	八角场	351.36	2004	J_1，T_3	砂岩		
	威远	408.61	1965	Zn，P_1	碳酸盐岩	Є海相泥页岩	油型气
鄂尔多斯	靖边	3411.01	1992	O_1，P	碳酸盐岩	C-P 煤系，C 海相泥岩、石灰岩为主	煤成气为主
	子洲	1151.97	2005	P	砂岩	C-P 煤系	煤成气
	榆林	1087.5	1997	P_1	砂岩		
	大牛地	2943.85	2002	P	砂岩		
	乌审旗	1012.10	1999	P	砂岩		
	苏里格	5336.52	2001	P	砂岩		
	长东	358.48	1999	P	砂岩		
塔里木	牙哈	376.45	1994	E，N_1j	砂岩	J 煤系	
	克拉 2	2840.29	2000	K，E	砂岩		
	迪那 2	807.61	2002	E	砂岩		
	和田河	616.94	1998	O，C_2	碳酸盐岩	Є海相泥岩、泥质碳酸盐岩、Є泥质灰岩	油型气
	塔中	366.25	2005	O	碳酸盐岩		
	柯克亚	339.24	2004	E，N_1	砂岩	石炭系、侏罗系	混合气
柴达木	台南	951.62	1989	Q_1，Q_2	砂岩	Q 含泥炭的泥岩	煤型生物气
	涩北二号	826.33	1990	Q_1，Q_2	砂岩		
	涩北一号	990.61	1991	Q_1，Q_2	砂岩		

续表

盆地	气田	储量/亿 m^3	探明时间	主力气层	储层主要岩性	主要气源岩	气类型
渤海湾	千米桥	358.78		Es，O	砂岩，碳酸盐岩	Es 泥岩	油型气
松辽	徐深气田	1018.68	2005	K	火山岩，砂砾岩	K_1 含煤地层	混合气
莺琼	崖 13-1	978.51	1990	E	砂岩	E 煤系	煤成气
	东方 1-1	996.80	1995	N	砂岩		
	乐东 22-1	431.04	1997	N	砂岩		
东海	春晓	330.43	1998	E_3	砂岩		
珠江口	番禺 30-1	300.92	2003	N_1	砂岩	E 煤系	煤成气为主
台西	铁砧山	330，已采出 300	1962	N_1	砂岩	N 煤系	煤成气

二、大气田形成条件和规律

关于大气田形成条件和主控因素的研究，从内容上可分为两类：一类为宏观性大尺度的研究，如大地构造单元、盆地类型及大小、地理位置（经纬度）、地质时代、储层岩类、圈闭类型和天然气成因类型[8~14]（图 2），即从整个盆地尺度、地质年代、各种主要成因

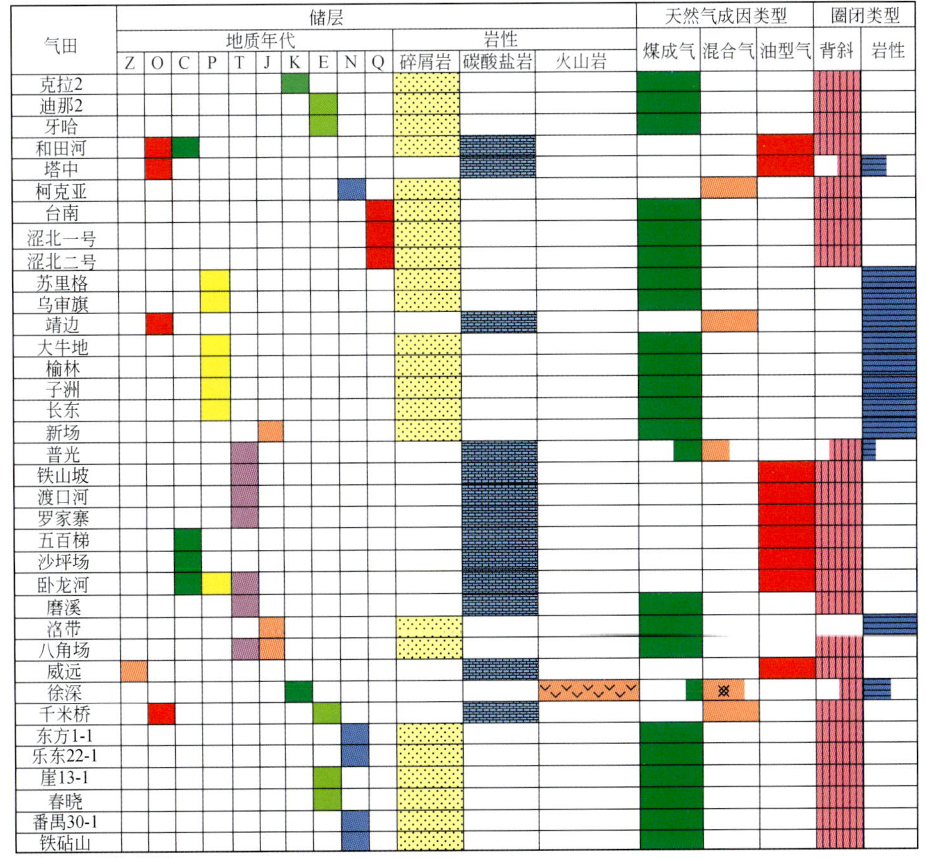

注：※ 无机成因气。

图 2　中国大气田若干特征图示

类型等方向定性地去研究。显然，这类从大气田形成的宏观性和方向性的各项研究是较笼统的、定性的。另一类着重研究大气田形成的半定量和定量的、注重可操作性的形成条件和主控因素，能为勘探大气田有利区提供更切实际的科学依据，缩小勘探目标或范围，有效地提高大气田勘探成功率。本文就从这几方面去研究。

1. 大气田分布在生气中心及其周缘

生气中心系指生气强度最大区，其是烃源岩厚度、有机质丰度、有机质类型及成熟度的综合体现。生气中心及其周缘不仅可以源源不断获得高丰度的气源，而且运移距离短，避免了天然气在长途运移中的大量散失，故若有圈闭就易于富集而形成大气田。中国大气田常分布在生气强度大于 20 亿 m^3/km^2 处，西西伯利亚盆地大气田分布在生气强度大于 30 亿 m^3/km^2 的区域[1]。

戴金星等[1]根据生气中心的烃源岩与大气田储层层位的相互关系，把生气中心分为 3 类：同层生气中心——烃源岩和大气田在同一地层系统；低层生气中心——烃源岩生成的大量天然气，主要聚集在上覆地层中；高层生气中心——烃源岩生成的大量天然气聚集在下伏地层中。

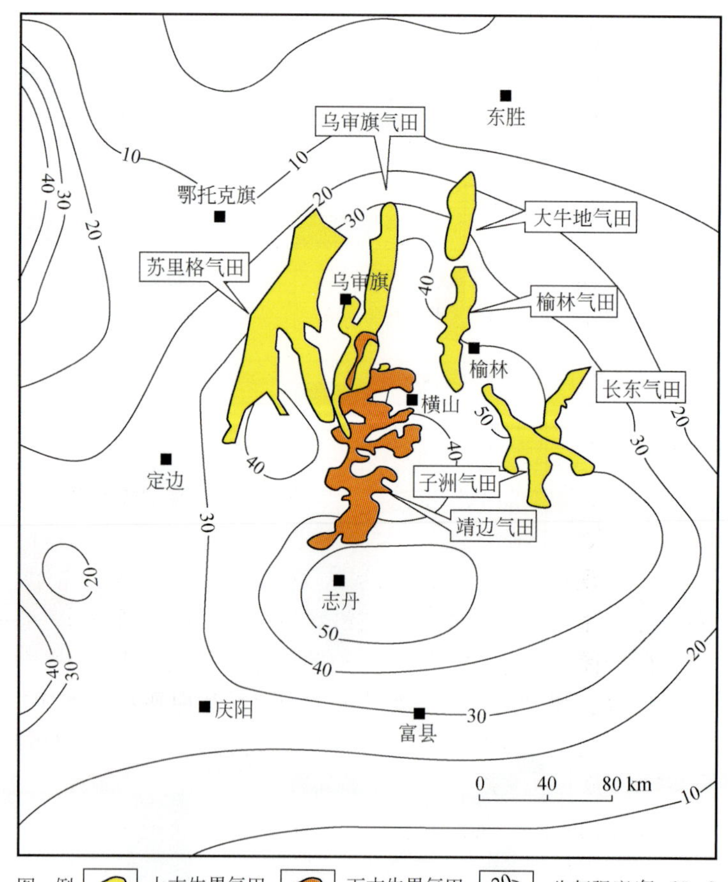

图 3 鄂尔多斯盆地上古生界煤系生气中心与大气田关系

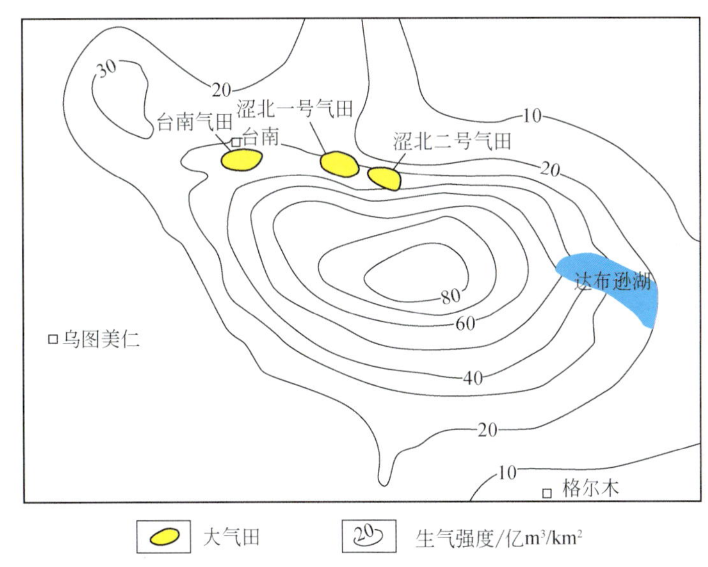

大气田　生气强度/亿m^3/km^2

图4　柴达木盆地三湖拗陷第四系生气强度示意图

1）同层生气中心和大气田

同层生气中心往往发育在构造稳定的盆地或地区，由于构造稳定，断裂欠发育，生气中心形成高强度的气源难以向上覆地层大量运移，而易于在生气中心烃源岩地层系统的适合圈闭中形成大气田。例如鄂尔多斯盆地太原组和山西组煤系形成的同层生气中心里发现了榆林大气田，生气强度为32亿~45亿m^3/km^2，该气田主力气层在山西组煤系中（图3）。又如柴达木盆地三湖拗陷第四系同层生气中心的北缘和西部发现了涩北一号、涩北二号和台南3个大气田，这些大气田分别位于生气强度35亿m^3/km^2和30亿m^3/km^2处（图4）。西西伯利亚盆地北部的赛诺曼阶同层生气中心，是世界上发现超大气田和大气田最多的地区。在此发现储量大于1万亿m^3的超大型气田9个，是目前世界上天然气产量最大的地区。在生气中心核心部位发现了储量分别大于10万亿m^3和5万亿m^3的乌连戈伊（Urengoy）超大气田和亚姆堡（Yamburg）超大气田[1]。乌连戈伊大气田1991年高峰产气量2569亿m^3，2000年产气量降为约2000亿m^3[15]。同层生气中心发现大气田概率高，这是因为在多类生气中心中，同层生气中心天然气聚集运移距离最短和构造稳定。

2）低层生气中心和大气田

低层生气中心往往出现在构造较活动，断裂发育，盖层为膏盐层或好的或厚的泥质岩的盆地或地区。断裂作为生气中心烃源岩生成的大量天然气的运移通道，把生气中心的天然气运移到上覆地层的圈闭中聚集为大气田。例如在塔里木盆地库车生气中心，由中-下侏罗统煤系生成的煤成气，通过断裂在上覆古近-新近系和白垩系的圈闭中成藏，形成克拉2、迪那2和牙哈3个大气田（图5）。该生气中心里的克拉2大气田是中国储量丰度最高（59亿m^3/km^2）[16]，单井产气量最大（平均超过200万m^3/d）的大气田，是因为其有最大的生气强度（高达280亿m^3/km^2[17]），生气速率大［2.0亿$m^3/(km^2\cdot Ma)$］和聚集速率大［1180.99亿$m^3/(km^2\cdot Ma)$］[16]等优良成气条件。四川盆地发现大气田多和储量多的是川东生气中心，该生气中心的气源岩为志留系，在此发现了储层为石炭系的五百梯大气田和沙坪场大气田，以及储层有三叠系、二叠系和石炭系的卧龙河大气田，这些大气田位于生气强度75亿~120亿m^3/km^2处（图6）。此外，东方1-1大气田、乐东22-1大气田、崖13-1大气田、新场大气田均位于低层生气中心及其周缘[1]。低层生气中心发现大气田的概率也较高。

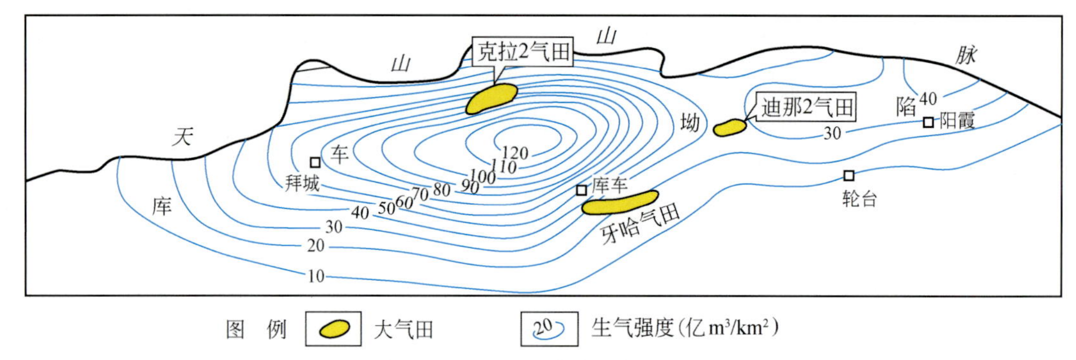

图5 塔里木盆地库车生气强度图

3）高层生气中心和大气田

生气中心的烃源岩生成的大量天然气，在下伏地层圈闭中形成大气田机遇少，但鄂尔多斯盆地靖边大气田则是。鄂尔多斯盆地奥陶系碳酸盐岩沉积之后上升经历约140Ma的沉积间断，经受长期的岩溶作用而形成古岩溶储层，之后在其上沉积了石炭-二叠系（山西组、太原组）煤系并形成煤成气生气中心。靖边大气田奥陶系古岩溶储层中天然气主要来自上覆煤成气生气中心（图3）[3,4,18~20]。靖边大气田在该生气中心生气强度的最大部分，生气强度为38亿~45亿m^3/km^2（图3）。高层生气中心发现大气田概率低。

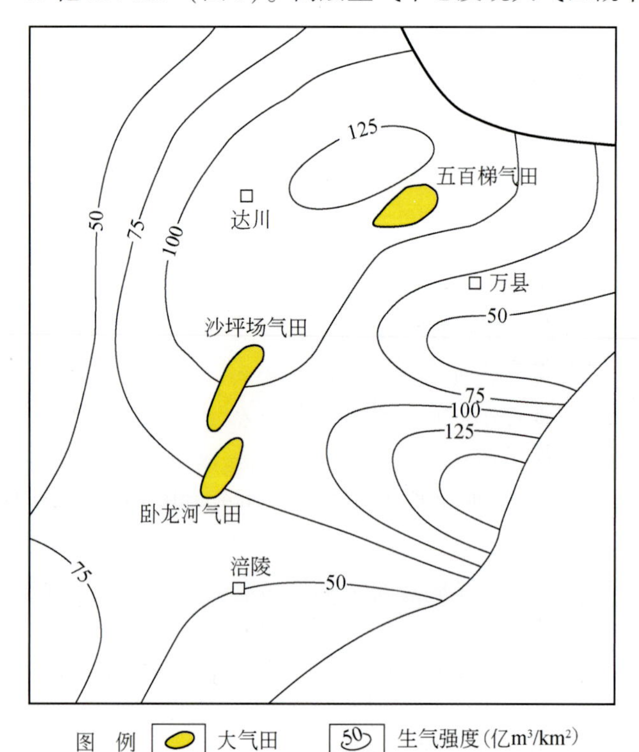

图6 四川盆地川东地区志留系生气强度示意图

2. 晚期成藏是大型气田形成的普遍规律

从20世纪90年代初以来中国许多学者就注意研究晚期成藏对大气田形成的重要作用[1,21~30]，但对晚期成藏在大气田形成中重要作用以及油、气成藏期差异的原因分析不够深入。大气田的成藏期要求比大油田的晚而且更为苛刻。统计表明，中国除了鄂尔多斯盆地的大气田和徐深气田成藏期在白垩纪外（图7），所有的大气田均成藏于新生代的古近-新近纪和第四纪，即成藏期晚，但大油田成藏期有晚的也有相当早的，例如，塔里木盆地20.69%油藏不是晚期成藏的，有的油藏成藏期为海西期[1,31]。大气田成藏期晚的原因有以下两个方面：

1）天然气分子直径小、重量轻、易扩散且扩散速率大

天然气的分子小、重量轻，难被吸附而易扩散[25]。例如氦是气中分子直径最小的，仅为2.0×10^{-10}m，其质量仅为空气的5/36，故有很强的扩散能力。扩散方式主要有两种：浓度扩散和温度扩散，即物质从高浓度向低浓度、高温度向低温度方向扩散。由于油的分子比气的大，石油中正烷烃分子直径为4.8×10^{-10}m或更大，环己烷直径为5.4×10^{-10}m、杂环结构分子直径为$10\times10^{-10}\sim30\times10^{-10}$m、沥青分子直径为$50\times10^{-10}\sim100\times10^{-10}$m。物质的扩散能力随分子量变大呈指数关系减少。对烃类来说实际上只有碳原子在C_1—C_{10}的烃才真正具有扩散运移的作用，也就是说气分子扩散能力强而石油的扩散能力很弱。同时，石油在向上渗透运移中，由于氧化作用有时形成沥青保护层（如克拉玛依油田），阻止下部油的散失。这就决定了大气田必须晚期成藏，而大油田未必都要晚期成藏，早期成藏也可形成大油田。

聚集气藏中的天然气相对上覆地层既是高浓度的又是高温度的，因此，气藏中的天然气是不断向上覆地层扩散而减少。赋存于地层中的天然气随其分子变小和埋藏变浅其扩散量变大。例如，在1737m深处的气藏中，甲烷、乙烷、丙烷和丁烷由于扩散运移，从离开气藏到地面所需时间分别为14Ma、170Ma、230Ma和270Ma[32]。因此，如果成藏早的大气田，成藏后再没有气源不断供给，即使其他保存条件好，没有变化，但由于扩散，储量也会不断减少，可使大气田变为中、小型气田，甚至散失殆尽。

松辽盆地昌德气田目前地质储量为117.08亿m^3，是个中型气田。气藏从泉头组沉积末期形成至今125.1Ma，各时期扩散损失储量共205.47亿m^3[33]，也就是说昌德气田在泉头组沉积末期成藏时是个储量为322.55亿m^3的大气田。但由于成藏早，因扩散使其目前变为中型气田。其他气田如鄂尔多斯盆地西缘的刘家庄气田等也具有类似的现象。

甲烷在浅层比其在深层扩散量大，这在塔里木盆地大宛齐油气田的溶解气中表现得十分明显，陈义才等指出[34]：大宛齐油气田溶解气在4.5Ma内，浅层的埋深300~400m的上部油层甲烷扩散散失比率为54%，而深层的埋深450~650m的下部油层扩散散失比例为13%。同时该油气田上部油层和下部油层甲烷和乙烷由于上下油层扩散程度不同，形成溶解气组分的变化，导致上部油层气组分相对变湿，下部油层则相对变干[1,25]。

2）盆地的多旋回性决定了晚期成藏的大气田才能得以最终保存

中国盆地通常经历了多旋回性演化过程（多次褶皱-多次圈闭形成、多次抬升间断和沉降、多期断裂作用、多期岩浆活动、多套生储盖组合和多次成藏等）。多旋回性要求中国大油、气田，特别是大气田晚期成藏。因为多旋回性对大气田形成和存在常起负面作

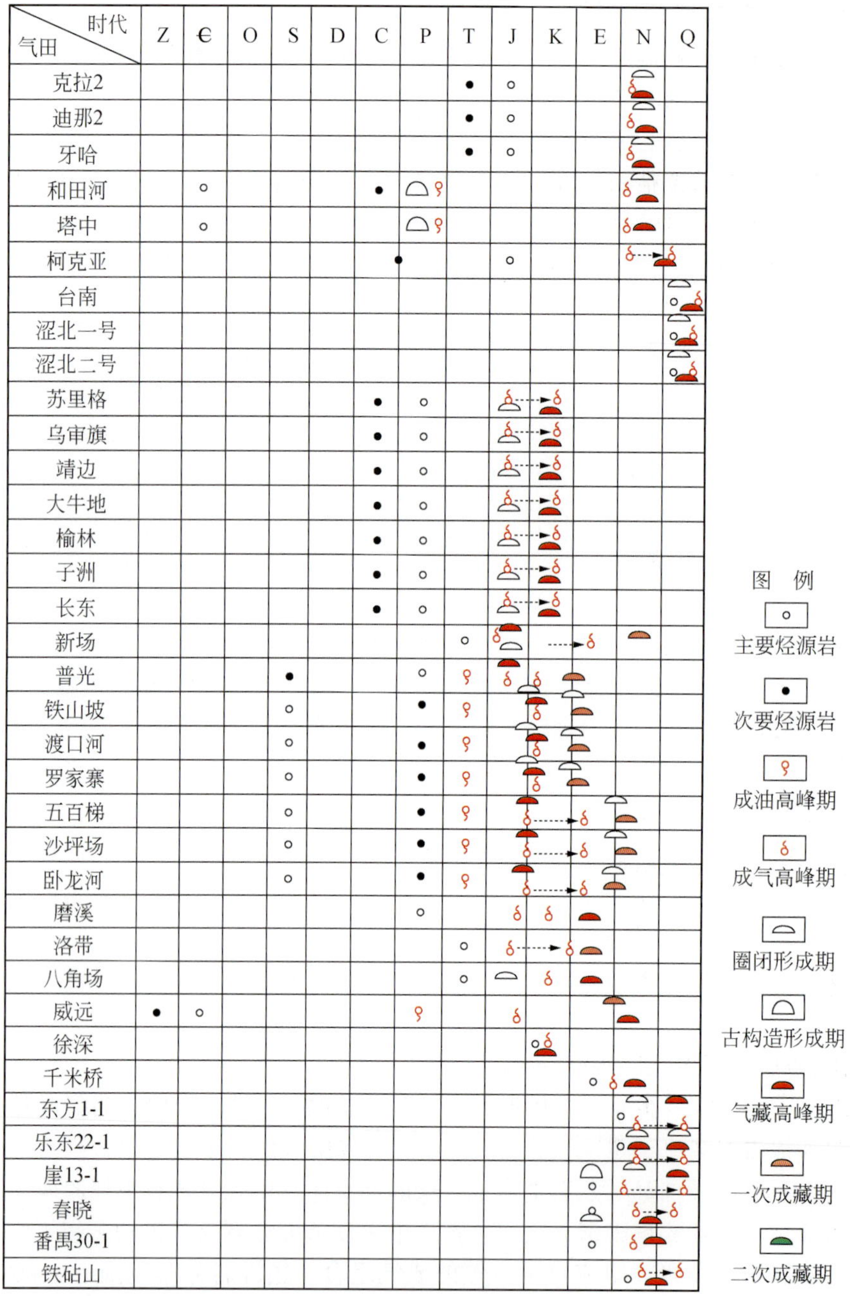

图7　中国主要大气田成藏期

用，即往往使早期成藏的大气田受到破坏或从巨大气田变为一般大气田和中、小型气田。只有晚期成藏才避免了多旋回性的破坏功能，有利于天然气完好保存而利于发现大气田。

四川盆地是中国最稳定的盆地之一，即使如此也具有多旋回性。川东地区发现气田多、储量大。开江古隆起圈闭在印支期基本定型，燕山期继续发育。古近纪初石炭系顶面闭合面积$2812km^2$，闭合度450m，为第一次形成的圈闭，具有面积大、幅度高、穹窿状的特征。志留系烃源岩在白垩纪初开始进入成气高峰期，第一次成藏期主要在白垩纪和侏罗纪之间（图 7），至古近纪，上石炭统气藏进一步富集扩大，总储量大于 15000 亿 m^3（图 7）[35]。古近纪末的喜马拉雅运动使四川盆地全面褶皱，原开江古隆起被瓦解形成许多圈闭（为第二次形成的圈闭），致使大型古气藏解体。解体后的天然气二次成藏，聚集在古气藏原地（如五百梯、沙坪场、卧龙河等大气田）或附近（如铁山、福成寨、高峰场等中型气田）的喜马拉雅期生成的圈闭中（图 8），还有部分古气藏中天然气沿开启断裂运移散失了。可见，四川盆地的多旋回性导致了大气田分散变小，储量减少。

赵文智等[36,37]指出：主生气期距今越近，对于晚期成藏高效大气田越有利，一般小于 35Ma，以小于 20Ma 为最好，这从时间定量尺度说明晚期成藏对大气田形成有利。在此必须指出晚期成藏的大气田不等于储层、气源岩都是年代晚的新层位，生气高峰期也未必一定与晚期成藏同步或基本同步。晚期（喜马拉雅期）成藏的威远大气田，其储层为震旦系，主要气源岩是下寒武统九老洞组，次要气源岩是储层本身灯影组，生气高峰基本在中生代中晚期。柴达木盆地台南、涩北一号和涩北二号 3 个大气田的储层、气源岩、成气高峰期和成藏期均在第四系（纪）（图 7）。由此可见，晚期成藏的大气田的生气高峰期、储层和气源岩既可以是相对晚的或层位相对较新，也可以比其成藏期早、层位老。

总之，大气田要求晚期成藏，是因为天然气的分子小、重量轻、难被吸附而易扩散，其扩散能力随分子量的增大呈指数关系减少。由于石油分子比天然气大，所以在其他成藏条件与气藏相同的条件下，大油田形成既可是晚期成藏也可是早期成藏。同时，中国盆地具有多旋回性，后续旋回往往损害或降低先前旋回聚集气藏的保存条件和储量，故晚期成藏就可避免此弊，有利于大气田的形成。

3. 有效气源区内古隆起圈闭有利于大气田形成

位于成气区内的古隆起圈闭，是能够长期接受天然气聚集而形成大型气田的有利地区，成气区内古构造圈闭所形成的大型气田，按照圈闭和成藏的时间匹配关系可分为 3 种模式类型[24]。

1）古构造形成与聚气同步型（涩北型）

古构造形成与聚气同步型，系指古构造的形成过程和聚集气作用是同时或几乎同时或稍后进行的，柴达木盆地三湖坳陷就是这种类型的典型实例。

三湖坳陷在第四纪（2Ma 左右地史期内）强烈沉降，快速沉积了巨厚的咸水湖相夹沼泽相的第四系，最大厚度超过 3200m，下部发育有 1500m 生气岩，其中夹有可作为较好储层的泥质细砂岩和粉砂岩，组成自生自储的成气组合。气源岩分布范围近 15000km^2，其中最有利的约 4500km^2。由于喜马拉雅末期构造运动的影响，这套地层在强烈沉降的同时，形成了一系列缓倾角（一般小于 2°）、小幅度（闭合度小于 100m）的同生背斜[38]。三湖坳陷发现的台南、涩北一号和涩北二号 3 个大型气田，天然气都聚集在这类古构造圈闭中。

台南气田、涩北一号气田和涩北二号气田的天然气组分和甲烷碳同位素资料表明，天然气均为干气，重烃气含量极微（小于 0.35%）；$\delta^{13}C_1$ 为 -64.90‰ ~ -68.54‰，具有典型生物气特征。以上表明赋存在这些同生背斜中的天然气，不是从下伏成熟度较大的地层中

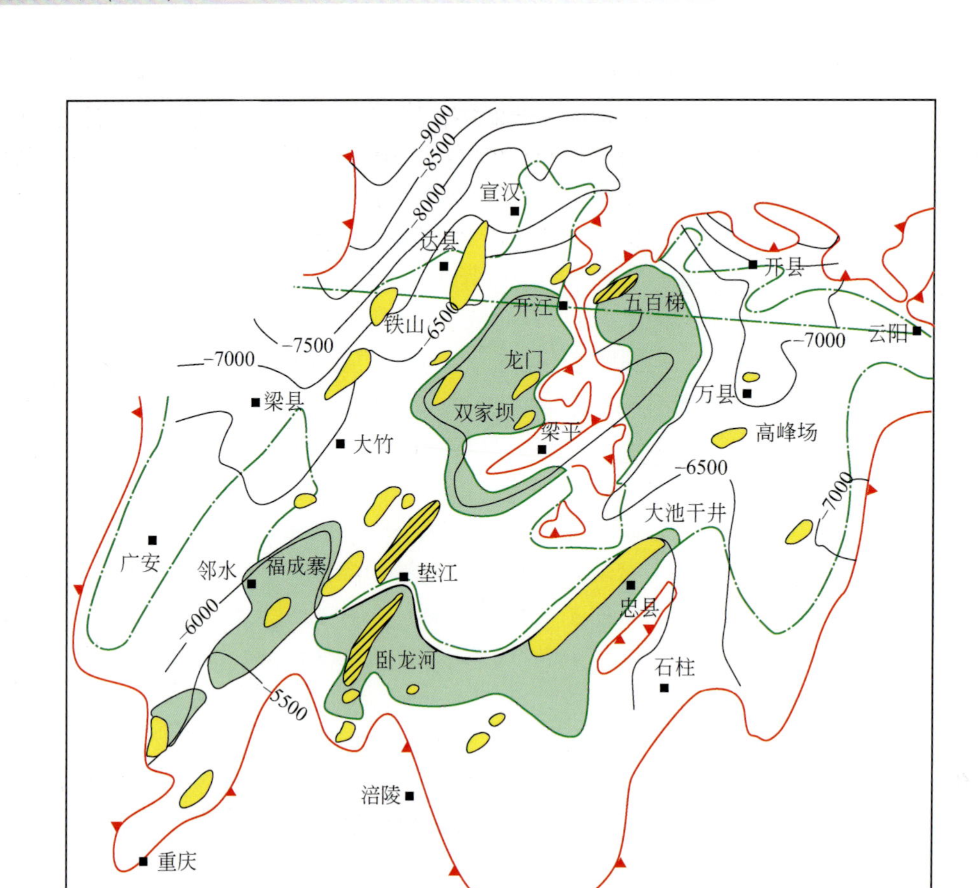

图 8 川东地区褶皱前石炭系顶面开江古隆起的古构造、古气藏和新气藏示意图

运移来的，而是第四系气源岩的产物，这很好地证明了台南、涩北一号和涩北二号 3 个大型气田的天然气的聚集是与古构造（同生背斜）的形成是同步进行的，戴金星[39]把这种类型形成的气田称为涩北型。

2）古构造聚气滞后型（崖 13-1 型）

古构造聚气滞后型，系指聚气作用是在古构造的形成之后[29]，由这种形式形成的大型气田在国内外普遍存在。莺琼盆地中崖 13-1 气田是在基岩隆起断裂带上发育起来的、北西向短轴继承性的古构造中，主要储层为渐新统陵水组砂岩。沿构造顶部上倾方向，中新统的三亚组、梅山组和渐新统陵水组明显不整合，构造的闭合度和面积明显具有下部大、上部小，两翼地层加厚的同生构造特征，古构造主要成形于渐新世。崖 13-1 气田的主要气藏在陵水组中，其气源岩主要是沼泽相崖城组含煤地层，崖城组主要生气期在第四纪[40]，故崖 13-1 气田的天然气是在渐新世古构造形成之后，到第四纪才有大量热成煤成气（$\delta^{13}C_1$ 为-34.4‰～-39.9‰）形成、运移、聚集、成藏的，而不是聚集同沉积构造时形成的煤成气型生物成因气。

3）古构造聚气叠置型（四川型）

古构造聚气叠置型，系指古构造控制形成的古气藏经后期构造运动改造调整，在原地或附近或其上二次成藏的气藏。前述四川盆地印支期基本定型的开江古隆起聚集的15000亿 m^3 古大气藏由于喜马拉雅运动被瓦解，在该古气藏原地范围内又形成的五百梯和卧龙河大气田就属于该类型的典型实例（图8）。

4. 大气田多形成于煤系或其上、下圈闭中

在成煤作用的整个过程中，一般是以成气为主，成油为辅[41,42]，故煤系是“全天候”的气源岩，能长期不断地提供充足的气源。因此，发育在煤系中或位于其上、下层位中适当的圈闭，易获得充足的煤成气而形成大气田。煤系形成的天然气，通过以下 3 种模式运移富集为大气田。

1）自生自储式

当煤系中发育适当的圈闭时，生成的煤成气就近聚集有利于形成大气田。鄂尔多斯盆地榆林大气田有盒 8、山 1、山 2、太 1 段和奥陶系风化壳 5 套气层。山 2 段为主力气层。山 1、山 2、太 1 段气层均位于石炭–二叠系山西组和太原组煤系中，气藏类型以岩性型为主（图 9b），是典型的自生自储模式的大气田。山西组为陆相沉积，太原组为海陆交互相或陆表海[29]沉积。太 1 段气层储层为石灰岩，山 1 和山 2 段气层储层为砂岩。山 2 段气层属三角洲平原前缘相，砂体厚 10 ~ 30m，气层厚 6 ~ 12m，其上覆有黑色泥岩和煤层（10m）等[43]。俄罗斯西西伯利亚盆地北区是世界上最大的自生自储模式大气田发育区，在此所有大气田的主力气层均在上白垩统赛诺曼阶中，该阶是煤系和亚煤系[44,45]。

2）下生上储式

煤成气通过断裂或裂隙在煤系的上覆适当圈闭聚集形成大气田极普遍。如塔里木盆地克拉 2 气田、迪那 2 气田、牙哈气田，莺琼盆地崖 13–1 气田、东方 1–1 气田等。塔里木盆地库车拗陷克拉 2 气田，是中–下侏罗统煤系和上三叠统含煤地层生成的煤成气，通过断裂在古近系膏盐层优质盖层遮挡下的古近系至白垩系巴什基奇克组的砂岩中聚集的大气田［图 9（a）］[17,46]。中欧盆地上石炭统维斯特法阶含煤地层生成的大量煤成气[47,48]，向上运移受上二叠统厚约 600 ~ 1500m 的蔡希斯坦统含盐层遮挡，在下二叠统赤底统砂岩中形成大批大气田，如荷兰格鲁宁根超大气田、英吉利盆地中利曼大气田、维金大气田、英杰法索格依勃尔大气田和希尤伊特大气田。在中亚煤成气聚集域西部的卡拉库姆盆地，发现 15 个和中–下侏罗统煤系有关的下生上储式的、储量在 1000 亿 m^3 以上的大气田，其中最大的是沙特利克气田（6230 亿 m^3）[1]。

3）上生下储式

煤成气在下伏地层圈闭中形成大气田的概率低，国外未发现此类大气田，但在我国鄂尔多斯盆地靖边大气田主要属此类气田，它是石炭–二叠系太原组和山西组煤系中生成的大量煤成气以及部分太原组石灰岩生成的油型气，通过奥陶系碳酸盐岩侵蚀沟谷、古风化壳的垂直裂缝以及奥陶系暴露于古风化壳面的储层多种途径向下运移聚集形成大气田［图 9（c）］。

5. 大面积孔隙型储集体有利于形成大气田

生气区内大面积孔隙型储层的发育，既作为天然气富集的有利储集空间，又可成为天

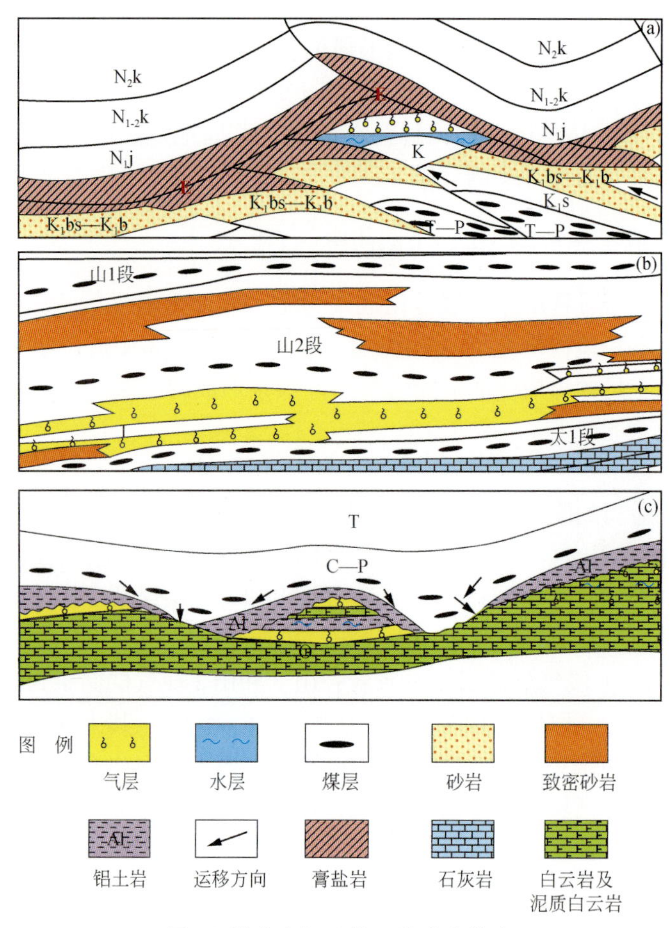

图9 煤成大气田的3种形成模式

(a) 下生上储式；(b) 自生自储式；(c) 上生下储式

然气运移的良好输导层，有利于发育大型气田。孔隙型储层可以是沉积成因的砂岩、砾岩和粒屑状白云岩，也可以是与成岩后生变化有关的碎屑岩次生孔隙发育带、白云岩化带及重结晶碳酸盐岩，还包括各类风化壳，风化、淋滤、溶蚀造成的次生孔隙洞穴带。

四川盆地川东气区在36300km^{2}范围内，发育一套区域性的上石炭统孔隙型藻白云岩和角砾状白云岩，厚度稳定在10～70m，孔隙度大于3%的有效储层厚度为10～34m，一般孔隙度大于5%，并且顶、底还有假整合侵蚀面，故风化孔隙发育成为天然气输导的良好通道。上石炭统孔隙型储层稳定分布，与志留系生气区配置甚佳，使川东气区上石炭统天然气储量丰度大，故发现卧龙河、五百梯和沙坪场等大型气田（表4）。与此相反，经过几十年精细勘探与开发，在川南气区找到52个气田，主要产层为阳新统裂缝性致密石灰岩（据21口井285个样品分析，平均孔隙度仅0.8%，渗透率绝大多数小于0.01mD），次要产层为嘉陵江组低孔渗石灰岩和白云岩，正是由于不具备区域性的孔隙型储层，尽管发现众多气田，但没有发现一个大型气田。

表4 中国主要大型气田储量丰度及储层物性数据

盆地	气田	层位	岩性	储量丰度/亿(m^3/km^2)	孔隙度/%	渗透率/mD
塔里木	克拉2	$E_{1-2}km$	砂岩	44.29	8~20	51.46 ①
	迪那2	E	砂岩	10.77	4~10 ②	0.1~1.5 ②
	牙哈	$E_{1-2}km$, K_1	砂岩	4.36	14~18 ②	10~86 ②
	和田河	$C_{1-2}k$, C_1b	砂岩	3.11	13.68 ①	97.4 ①
柴达木	台南	$Q_{1+2}q$	砂岩	14.95	26.8①	595.2①
	涩北一号	$Q_{1+2}q$	砂岩	11.48	30.6①	104.9①
	涩北二号	$Q_{1+2}q$	砂岩	9.71	31.77①	571.72①
鄂尔多斯	苏里格	P_1	砂岩	0.82	7~15	10①
	乌审旗	P	砂岩		9①	0.2~5
	靖边	O	白云岩	0.70	6.2①	2.63①
	大牛地	C_3, P_1	砂岩	1.16	2~10②	0.025~2
	榆林	P	砂岩		5~13	1~7
四川	新场	J_2, J_3	砂岩	3.99	12.31①	2.56①
	普光	T_1	白云岩	31.53	6.7~7.1②	100.8①
	铁山坡	T_1	白云岩	11.26	3.2~5.1②	1.05~9.9②
	渡口河	T_1	白云岩	7.97	9.2①	9.57~109②
	罗家寨	T_1	白云岩	5.67	5.5①	0.01~1160②
	五百梯	C_2, P_2	白云岩	1.98	5.01~7.78②	2.5①
	沙坪场	C_2	白云岩	3.89	4.6~7.2②	28.13①
	卧龙河	C_2, P_1, P_2, T	白云岩	3.32	6.39~10.12②	0.0004~0.77
	威远	P_1, Z	白云岩		3.73~4.5	0.1~2②
松辽	徐深	J_3y	火山岩	8	0.5~18.7	0.1~1
莺琼	东方1-1	N	砂岩	243	12.0~21.33	0.02~8.32
	崖13-1	E, N	砂岩	13.84	14.8①	100①
	乐东22-1	N	砂岩	1.51	23.1~25.7	33.5~71.3

注：①为平均值；②为主值区间。

戴金星等[49]曾研究了中国10余个大型气田储层皆以孔隙型为主。据储层物性参数统计，砂岩储层的孔隙度，除四川盆地的一些气田稍低外（5%~12%），其余多在12%以上（表4），渗透率多数大于3mD；碳酸盐岩储层的孔隙度一般大于3%，渗透率多数大于1mD。世界大气田的储层主要是孔隙型的：砂岩大气田储集空间主要是孔隙型的，纯产层的厚度一般为25~45m，厚度下限是6m；有效孔隙度主要在15%~35%，有效孔隙度的下限为9%。以碳酸盐岩为主要储层的大气田，储集空间主要是孔隙-裂缝型，纯产层的厚度是50~120m，厚度下限为6m，有效孔隙度一般是8%~18%，下限为5%，渗透率变化很大，为0.1~4500mD[12]。国内外的实例说明，区域性孔隙型储层是大型气田形成的一个重要条件与控制因素。

好的孔隙型储层发育程度受沉积相带及建设性成岩作用控制。砂砾岩的好储层受有利沉积相带控制，如前陆盆地扇三角洲和辫状河三角洲体系，海陆交互相富含煤系的三角洲前缘和平原高能叠置河道砂体是物性较好的孔隙型储层发育的有利区[50]。碳酸盐岩的好储层，建设性成岩作用（白云岩化、次生溶蚀、TSR 等）是关键，古隆起背景下高能台缘礁滩相孔隙型或裂缝-孔隙型储层是大型气田分布的有利区。火山岩的好储层受有利相、裂缝和溶蚀作用控制，爆发相和溢流相是优质孔隙型储层及大型气田分布的有利区。火山岩有利储层的物性优劣不受埋深控制，如徐深大气田。

6. 低气势区是大型气田聚集的有利地区

天然气在平面上从高气势区向低气势区运移聚集成藏，在纵向上从高气势的地层向低气势的地层运移聚集成藏，这些规律在大型气田形成中表现十分清楚，如克拉 2 大型气田天然气从下部中-下侏罗统和三叠系气源岩的高势区运移到上部低势区（图 10）。四川盆地川西拗陷上三叠统须家河组煤系现今气势场在江油和绵阳一带是低气势区，在这里发现了新场大气田[1]。四川盆地川东气区普光、罗家寨、渡口河、铁山坡、卧龙河、五百梯和沙坪场 7 个大气田，从三叠纪末至今各时期均在低气势区（图 11）[51]。崖 13-1 气田之所以能成为大气田，是因崖 13-1 构造从 11.5MPa 前至今一直是一个封闭的低气势区，故至今仍在聚集煤成气。中国海上最大气田——东方 1-1 气田也位于低气势区，东海盆地春晓大气田也是如此[52]。

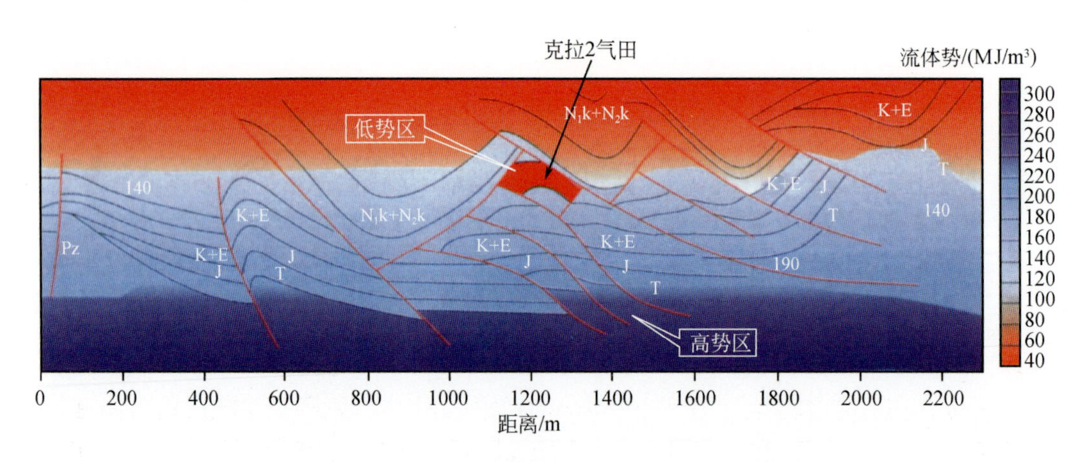

图 10 克拉 2 大气田地区纵向地层第四纪的流体势变化（据汪泽成等，2005）

纵向地层气势研究证明，靖边气田一带奥陶系天然气主要来源于石炭-二叠系的煤成气，这方面已有多人研究。鄂尔多斯盆地靖边气田一带从延长组沉积至今，石炭系中部的气势一直大于石炭系底部的气势，说明煤成气具有从石炭系中部向底部运移的能力，在整个地质时期，石炭系底部气势始终大于奥陶系顶部气势，石炭系底部煤成气具有向奥陶系顶部运移的条件[19]。孙冬敏[53]根据气势的大小，计算了鄂尔多斯盆地靖边气田地区石炭系天然气向上、下运移的比例，即石炭系的煤成气在二叠纪向上运移 20.7%，向下奥陶系顶灌入 79.3%（图 12）；在早-中侏罗世，向上运移 41.5%，向下运移 58.5%；在晚侏罗世至早白垩世，向上运移 27%，向下运移 73%，在晚白垩世至第四纪，向上运移 33%，向奥陶系运移 67%。由此可见，在整个地质时期，鄂尔多斯盆地靖边气田地区石炭系煤成

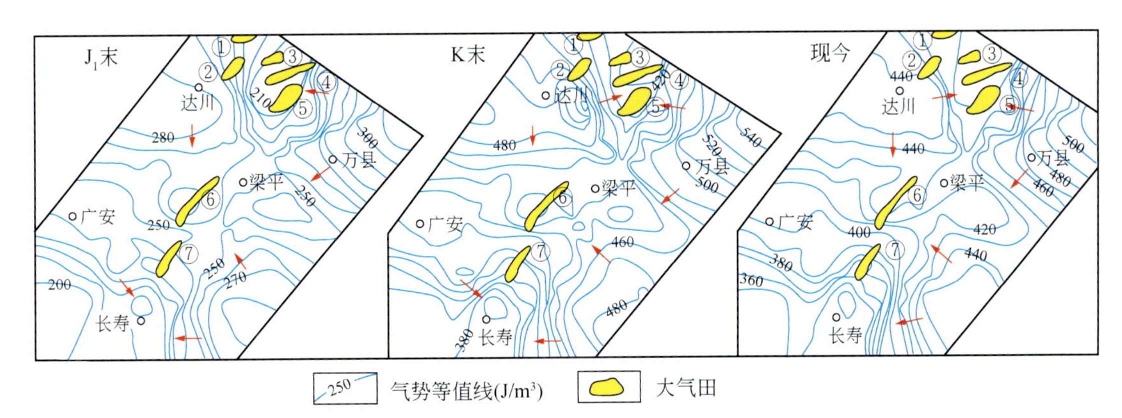

图 11 川东气区上石炭统地下气势区演化与大气田分布（据胡光灿、谢兆祥，1997，修改）

① 铁山坡气田；② 普光气田；③ 渡口河气田；④ 罗家寨气田；⑤ 五百梯气田；⑥ 沙坪场气田；⑦ 卧龙河气田

气以向下运移至奥陶系为主，向上运移比例较小。

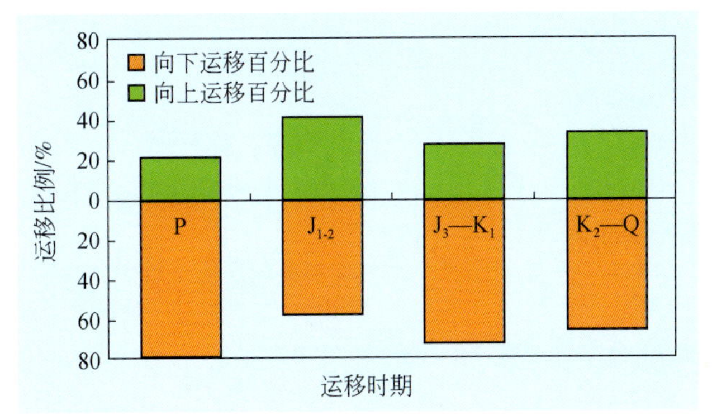

图 12 鄂尔多斯盆地靖边气田地区石炭系天然气向上、下运移的比例

三、结论

中国大气田常分布在生气中心及其周缘。中国大气田常赋存在生气区的古隆起圈闭中、煤系地层中或其上下相关圈闭中、大面积孔隙型储层或低气势区里。中国大气田普遍为晚期成藏。综合利用以上形成条件和主控因素，在某些大气田发现 5 年前或更长时间前作者们曾成功地预测了大气田分布区，有力地加速了大气田的发现，例如克拉 2、迪那 2、靖边、苏里格、子洲和榆林等 1000 亿 m^3 以上大气田的发现。

致 谢 汪泽成博士提供了尚未发表的克拉 2 气田地区气势剖面图，对此深表感谢。

参 考 文 献

[1] 戴金星，陈践发，钟宁宁等．中国大气田及其气源．北京：科学出版社，2003. 170 ~ 194

[2] Halbouty T M. Geology of Giant Petroleum Fields. Tulsa，Oklohome ：AAPG，1970：529 ~ 534

[3] Dai J ，Li J ，Luo X，et al. Stable carbon isotope compositions and source rock geochemistry of the giant gas

accumulations in the Ordos Basin, China. Organic Geochemistry, 2005, 36: 1617 ~ 1635
[4] 关德师，张文正，裴戈．鄂尔多斯盆地中部气田奥陶系产层的油气源．石油与天然气地质，1993，14 (3)：191 ~ 199
[5] 冯子辉，刘伟．徐家围子断陷深层天然气的成因类型研究．天然气工业，2006，26 (6)：18 ~ 20
[6] 戴金星，胡安平，杨春等．中国天然气勘探及其地学理论的主要新进展．天然气工业，2006，26 (12)：1 ~ 5
[7] 马永生．四川盆地普光超大型气田的形成机制．石油学报，2007，28 (2)：9 ~ 14
[8] Tiratsoo N E. Natural Gas. London : Scientific Ltd, 1967. 20 ~ 28
[9] Нестеров И И, Потеряева В В, Салманов Ф К. Закономерности Распределения Крупных Месторожюений Нефтии Газа в Земной Коре. Москв: Недра, 1975
[10] Mann P, Gahagan L , Gordon M B. Tectonic Setting of the World's Giant Oil Fields. World Oil, 2001, 222 (9) : 42 ~ 50
[11] 陈荣书．天然气地质学．武汉：中国地质大学出版社，1989. 264 ~ 265
[12] 张子枢．世界大气田概论．北京：石油工业出版社，1990. 1 ~ 21，268 ~ 269
[13] 徐永昌，傅家谟，郑建京．天然气成因及大中型气田形成的地学基础．北京：科学出版社，2000. 36 ~ 38
[14] 李德生．大油气田地质学与中国石化油气勘探方向．李德生．中国含油气盆地构造学．北京：石油工业出版社，2002. 186 ~ 191
[15] 李国玉，金之钧．世界含油气盆地图集（下册）．北京：科学出版社，2005. 526 ~ 527
[16] 赵文智，汪泽成，王兆云等．中国高效天然气藏形成的基础理论研究进展与意义．地学前缘，2005，12 (4)：409 ~ 506
[17] 贾承造，顾家裕，张光亚．库车拗陷大中型气田形成的地质条件．科学通报，2002，47（增刊）：49 ~ 55
[18] 张士亚．鄂尔多斯盆地天然气气源及勘探方向．天然气工业，1994，14 (3)：1 ~ 4
[19] 杨俊杰，裴锡古．中国天然气地质学（卷四）．北京：石油工业出版社，1996. 228 ~ 235
[20] 夏新宇．油气源对比的原则暨再论长庆气田的气源．石油勘探与开发，2002，29 (5)：101 ~ 105
[21] 戚厚发，孔志平，戴金星等．中国较大气田形成及富集条件分析．见：石宝珩主编．天然气地质研究．北京：石油工业出版社，1992. 8 ~ 14
[22] 邓鸣放，陈伟煌．崖 13-1 大气田形成的地质条件见：石宝珩主编．天然气地质研究．北京：石油工业出版社，1992. 73 ~ 81
[23] 戴金星．中国大型气田有利勘探区带．勘探家，1996，(1)：6 ~ 9
[24] 戴金星，王庭斌，宋岩等．中国大型天然气田形成条件与分布规律．北京：地质出版社，1997. 184 ~ 198
[25] 戴金星，卫延召，赵靖舟．晚期成藏对大气田形成的重大作用．中国地质，2003，30 (1)：10 ~ 19
[26] 王涛．中国天然气地质理论与实践．北京：石油工业出版社，1997. 263 ~ 275
[27] 王庭斌．中国天然气的基本特征及勘探方向．见：杨朴主编．中国新星石油文集．北京：地质出版社，1999. 194 ~ 205
[28] 王庭斌．中国大中型气田分布的地质特征及主控因素．石油勘探与开发，2005，32 (4)：1 ~ 8
[29] 康竹林，傅诚德，崔淑芬等．中国大型气田概论．北京：石油工业出版社，2000. 320 ~ 328
[30] 赵林，洪峰，戴金星等．西北侏罗系煤成大型气田形成主要控制因素及有利勘探方向．见：宋岩主编．天然气地质研究及应用．北京：石油工业出版社，2000. 211 ~ 218
[31] 蒋炳南，康玉柱．新疆塔里木盆地油气分布规律及勘探靶区评价研究．乌鲁木齐：新疆科技卫生出版社，2001. 147 ~ 156

[32] 陈锦石，陈文正．碳同位素地质学概论．北京：地质出版社，1983. 128～129
[33] 李海燕，付广，彭仕宓．气藏天然气扩散散失量的定量研究．大庆石油地质与勘探，2001，20（6）：25～27
[34] 陈义才，沈忠民，李延均等．大宛齐油田溶解气扩散特征及其扩散量的计算．石油勘探与开发，2002，29（2）：58～60
[35] 韩克猷．川东开江古隆起大中型气田的形成及勘探目标．天然气工业，1995，15（4）：1～5
[36] 赵文智，张光亚，王红军．石油地质理论新进展及其在拓展勘探领域中的意义．石油学报，2005，26（1）：1～7
[37] 赵文智，王兆云，汪泽成等．高效气源灶及其对形成高效气藏的作用．沉积学报，2005，23（4）：709～718
[38] 顾树松．柴达木盆地东部第四系气田形成条件及勘探实践．北京：石油工业出版社，1993. 128～137
[39] 戴金星．古构造在气藏形成中的重大作用．见：李清波主编．现代地质学研究文集（上）．南京：南京大学出版社，1992. 259～262
[40] 孙嘉陵．南海崖13-1气田特征及富集成藏条件．天然气工业，1994，14（2）：1～7
[41] 戴金星．成煤作用中形成的天然气和石油．石油勘探与开发，1979，(3)：10～17
[42] 戴金星．加强天然气地学研究勘探更多大气田．天然气地球科学，2003，14（1）：3～14
[43] 杨俊杰．鄂尔多斯盆地构造演化与油气分布规律．北京：石油工业出版社，2002. 148～156
[44] 甘克文，李国玉，张亮成，等．世界含油气盆地图集．北京：石油工业出版社，1982
[45] 戴金星．西西伯利亚盆地的煤成气及其控制富集的规律．天然气工业，1985，5（1）：4～11
[46] 贾承造，魏国齐．塔里木盆地构造特征与含油气性．科学通报，2002，47（增刊）：1～8
[47] 史训知，戴金星，王则民等．联邦德国煤成气的甲烷碳同位素研究和对我们的启示．天然气工业，1985，5（2）：1～9
[48] Stahl W J. Geochemische Datum nordwestdeutscher oberkarbon, Zechstein, und Buntsandsteingase, Erdoel und Kohle-Erdgas-Petrochemie. Heftz, 1979, 32 : 65～70
[49] 戴金星，夏新宇，洪峰．天然气地学研究促进了中国天然气储量的大幅度增长．新疆石油地质，2002，23（5）：357～365
[50] 邹才能，陶士振，薛叔浩．“相控论”的内涵及其勘探意义．石油勘探与开发，2005，32（6）：7～12
[51] 胡光灿，谢兆祥．中国四川盆地东部高陡构造石炭系气田．北京：石油工业出版社，1997. 113～130
[52] 贾健谊，顾惠荣．东海西湖凹陷含油气系统与油气资源评价．北京：地质出版社，2002 . 181～198
[53] 孙冬敏．鄂尔多斯盆地奥陶系风化壳天然气来源分析．见：戴金星主编．天然气地质研究新进展．北京：石油工业出版社，1997. 46～54

中国煤成气潜在区*

煤成气是中国快速发展天然气工业中的主角和顶梁柱，其还有一些潜在区需进一步研究和勘探，这将有助于推进中国天然气工业步向更高峰。

一、煤成气在中国快速发展的天然气工业中的重大作用

1. 中国探明天然气储量中三分之二是煤成气

截至2005年底，中国探明气层气总储量为49536.61亿m^3，其中煤成气为34709.77亿m^3，占全国天然气总储量的70.07%[1]。可见，在中国天然气储量中煤成气起着主宰作用。

2. 中国大气田总储量中煤成气大气田占五分之四

截至2005年年底，中国发现储量大于300亿m^3的大气田35个（未包括台湾省1个），其中21个为煤成气大气田，特别是储量在1000亿m^3以上的九个大气田中，煤成气大气田至少为7个。35个大气田探明天然气总储量为35282亿m^3，其中煤成气大气田总储量为27922亿m^3。煤成气大气田储量占全国大气田储量的79.1%。

勘探与开发大气田，特别是煤成气大气田，是快速发展一个国家天然气工业从而使其成为世界产气大国的重要途径之一，例如目前世界第一产气大国俄罗斯和第五产气大国荷兰。1950年俄罗斯（苏联）还被认为是贫气国，只产气57.6亿m^3。20世纪60年代至2000年年初，俄罗斯（苏联）发现的774个气田中，有126个大气田，但这些大气田储量占俄罗斯天然气总储量（481100亿m^3）的97.2%[2]。在俄罗斯发现的原始可采储量在10000亿m^3以上的13个超大型气田中，有11个是煤成气超大型气田（表1）。由于发现与开发大气田，特别是超大型煤成气气田，俄罗斯从1983年至今均为世界第一产气大国。如俄罗斯最大的煤成气气田乌连戈伊大气田，1991年产气量为2569亿m^3[3]，占当年世界天然气总产量的11.7%，显示了煤成气对世界天然气工业的重大贡献。值得指出的是，俄罗斯与中国一样，煤成气在探明天然气总储量中占73%以上，比中国的稍高。荷兰1958年探明了储量达20000亿m^3的格罗宁根煤成气大气田，由于1970年该气田全面投入开发并向德国、法国、比利时出口天然气112亿m^3，荷兰成为能源出口国，2003年产气达1035.78亿m^3，成为世界第五产气大国。

---

* 原载于《石油勘探与开发》，2007，第34卷，第6期，641～645。

表1 俄罗斯原始可采储量在10000亿 m^3 以上的超大型气田

气田名称	盆地	气体类型	发现年份	原始可采储量/亿 m^3
乌连戈伊	西西伯利亚	煤成气	1966	102000
亚姆堡	西西伯利亚	煤成气	1969	52420
波瓦年科夫	西西伯利亚	煤成气	1971	43850
扎波利亚尔	西西伯利亚	煤成气	1965	35320
什托克马诺夫	巴伦支海	油型气	1988	27620
北极	西西伯利亚	煤成气	1968	27620
阿斯特拉罕	滨里海	油型气	1973	27110
麦德维热	西西伯利亚	煤成气	1967	22700
奥伦堡	伏尔加-乌拉尔	煤成气	1966	18980
卡米诺穆（北）	西西伯利亚	煤成气	2000	24000
哈拉萨维伊	西西伯利亚	煤成气	1972	12600
列宁格勒	西西伯利亚	煤成气		10910
南坦别伊	西西伯利亚	煤成气	1982	10060

中国天然气储量丰度最高的克拉2煤成气大气田于2000年探明，投产后，2005年产气32.47亿 m^3，2006年产气85.08亿 m^3，占当年全国产气量的14.5%。这说明了煤成气大气田的开发对中国天然气工业的重大推动作用。

以上基本情况证明煤成气在中国天然气工业中起着举足轻重的作用。因此，为了加速发展中国的天然气工业，必须继续加强煤成气的研究与勘探。

二、中国煤成气分布富集的基本特征

1. 利于煤成气生成、保存和富集成藏的盆地或地区

大面积分布埋深在1800m至更深的煤系的盆地或地区利于煤成气生成、保存和富集成藏。

2. 中亚煤成气聚集域东部（中国境内）盆地和亚洲东缘煤成气聚集域中部（中国属辖）大陆架盆地是煤成气主要分布区[4,5]

中亚煤成气聚集域西起里海之东的孟什拉克盆地，经卡拉库姆盆地分为两支：南支过塔吉克-阿富汗盆地通过阿莱依地堑进入塔里木盆地；北支可能通过锡尔河盆地南部至费尔干纳盆地，经伊犁盆地到准噶尔盆地再至吐哈盆地和三塘湖盆地。这些盆地之所以成为煤成气聚集域，是因为共同发育一套中-下侏罗统煤系，并且在20世纪80年代之前，除中国塔里木盆地、准噶尔盆地等以外，均发现与中-下侏罗统煤系相关的大量煤成气气田。

在亚洲东缘大陆架盆地上，分布着世界上著名的第三系煤系带，第三系煤系成为亚洲东缘煤成气聚集域的气源岩。该煤成气聚集域从北向南，从鄂霍茨克-西勘察加盆地、萨哈林盆地经日本海盆地进入中国的东海盆地、台西盆地、珠江口盆地、琼东南盆地、莺歌海盆地至泰国湾-马来盆地，都发现了煤成气气田[6]。

3. 煤成气大气田形成的主要控制因素

煤成气大气田分布于生气中心及其周缘（生气强度大于 20 亿 m^3/km^2），晚期成藏，形成在低气势区、煤成气区中古隆起、煤系中或其上下有关圈闭中[7]。中国曾用大气田发育于生气强度大于 20 亿 m^3/km^2 的生气中心及其周缘的规律，提前 4 ~ 15 年预测了目前探明储量大于 1000 亿 m^3 的绝大部分（8 个）大气田。

4. 中国煤成气气田发育区类型

根据煤系和其上覆盖层沉积时的构造环境（活动）特征，中国煤成气气田发育区有以下类型。

1）双稳定型煤成气区

煤系和上覆沉积盖层沉积时都处于构造稳定环境，通常煤系沉积分布稳定，构造圈闭欠发育，形成的煤成气气田以岩性型和地层型为主。例如鄂尔多斯盆地。

2）稳定–活动型煤成气区

煤系沉积时构造环境稳定，其上覆盖层沉积时处于构造相对活动环境。构造圈闭和断裂较发育，煤系大面积分布受到破坏，煤成气气田发育在断裂、背斜圈闭和岩性圈闭中。例如渤海湾盆地。

3）断陷–稳定型煤成气区

煤系沉积在断陷中，其上覆盖层沉积时处于构造稳定环境，有较好沉积盖层，利于煤成气生成和成藏保存。例如松辽盆地徐家围子断陷。

4）拗陷型煤成气区

煤系和上覆盖层沉积于沉陷的构造环境，煤系沉积速率相对较大，生气效率高，往往成气强度较大，并包容强的生气中心，发育以断背斜型为主的煤成气气田，还有岩性气藏。例如库车拗陷。

三、加强中国煤成气潜在区研究与勘探

中国煤成气理论在 20 世纪 70 年代末形成。由于国家在 1983 年及时把“煤成气的开发研究”列入中国第一批国家科技攻关项目，之后“七五”至“九五”期间又连续将天然气列入国家科技攻关项目，故煤成气勘探开发与研究得到迅速发展，取得了上述重要成果和效益。由于目前国家对天然气的需求日益增大，虽“六五”期间“煤成气的开发研究”项目对中国煤成气勘探与研究起了很大的推动作用，然而，“七五”以来国家天然气科技攻关对煤成气勘探与研究相对“六五”期间减弱，一些很有远景的煤成气潜在区需要重点勘探或重新认识，一些有效指导勘探的规律与因素需要系统深化研究，这样才能使有很大潜力的煤成气资源得到更好更快的勘探开发，故急需继续加强中国煤成气的勘探和研究。

1. 四川盆地中部（川中）地区

川中地区是四川盆地乃至中国构造最稳定的地区之一，属双稳定型有利煤成气勘探区。四川盆地上三叠统须家河组（华蓥山之东称香溪群）煤系西厚东薄、西深东浅，川西

地区埋深达4254m，川东南地区埋深则约200m，分布面积约18万km^2，其中川中地区约6万km^2。在川中地区，这套煤系埋深在1800～2500m左右，R^o值在1.1%～1.5%[8]。川中地区构造不多且地势平缓，以往油气勘探未把须家河组煤系作为重点，并以勘探背斜圈闭为主。近三年来在广安构造、充西构造、南充构造的广安2井、西74井、充深1井等多口井与该煤系有关层位获得工业气流，以往在八角场构造、龙女寺构造、遂南构造等也获得工业气井。根据新一轮资源评价，川中地区须家河组煤成气资源潜力为9065亿m^3，故将来在本区探明6000亿m^3甚至更多天然气储量的可能性较大，这将使川中油区改变为气区，在四川盆地开辟出一个新气区。

川中地区与煤成气勘探取得重要成果的鄂尔多斯盆地同属于双稳定型有利煤成气发育区，但前者比后者勘探煤成气具有更有利的条件：① 川中地区目的层须家河组埋深比鄂尔多斯盆地上古生界石盒子组和山西组一般浅700m。② 川中地区须家河组储层比鄂尔多斯盆地的上古生界储层物性好，孔隙度一般高2%～3%，渗透率也较高，同时前者厚度通常比后者厚3～5m。③ 预测川中地区气藏也以岩性地层型为主，但川中地区有相对多的低幅度构造圈闭，可以形成岩性-构造型圈闭，比鄂尔多斯盆地主要为岩性地层型圈闭更利于煤成气的富集成藏。

2. 塔里木盆地东部英吉苏凹陷

英吉苏凹陷面积2.36万km^2，属于双稳定型煤成气勘探有利区。该凹陷属于中亚煤成气聚集域一部分，与塔里木盆地北部煤成气勘探取得很大突破的库车拗陷具有相同的以中-下侏罗统煤系为主的煤成气气源岩。该凹陷侏罗系一般厚500～1000m，在凹陷中最厚达2400m，中-下侏罗统煤系的暗色泥岩夹煤层最厚逾400m，一般厚100～400m，煤层一般厚10～20m。暗色泥岩有机质类型为Ⅲ型，有机碳平均含量3.2%，氯仿沥青“A”平均含量为0.1091%，属较好气源岩，R^o值在0.4%～0.7%[9]。在华英参1井，中-下侏罗统有一套厚达828m的灰黑色含煤碎屑岩系，煤层累计厚度55.5m，碳质泥岩累计厚32m，暗色泥岩累计厚199.5m，其中16.5m厚的煤岩和28m厚的碳质泥岩达到好-很好的烃源岩标准[10]。英吉苏凹陷煤成气曾一度受到重视，但钻8口探井（铁南1井、铁南2井、阿南1井、维马1井、华英参1井、英南1井、英南2井、龙口1井）后，仅在英南2井侏罗系产气6.9万m^3/d、凝析油4.7万m^3/d，且油气被认为来自下古生界。当前多数人认为该区中-下侏罗统煤系因低成熟而不利于成气，所以至今其煤成气研究和勘探被冷落。对英吉苏凹陷的煤成气必须重新认识：① 煤系处于低成熟阶段不利于形成油气的观点是错误的。目前世界最大的产气区西西伯利亚盆地煤成气的气源岩波库尔组含煤地层的R^o值为0.4%～0.7%，与英吉苏地区一样，处于未成熟-低成熟阶段，但西西伯利亚盆地探明的煤成气可采储量达250000亿m^3以上。② 英南2井产自侏罗系煤系的天然气和凝析油目前普遍被认为来自下奥陶统和寒武系腐泥型烃源岩，这些烃源岩现今R^o值为3%～4%，属过成熟阶段。但该井产出天然气计算的R^o值为1.72%～2.39%，比下奥陶统和寒武系烃源岩的实际R^o值低1.3%～1.6%；该井产出凝析油$\delta^{13}C$较重，为-27.6‰～-26.9‰，主要具有煤型凝析油特征。据此分析可以认为，英南2井产出天然气是侏罗系煤成气和下奥陶统及寒武系油型气的混合气，凝析油则主要是煤型的。③ 对华英参1井下储层段（4400～4482m深度）4个气样（试气2个，罐顶气1个，后效气1个）都做了烷烃气碳同位素测定，它们的$\delta^{13}C_2$值重，分别为−25.3‰、−23.2‰、−22.8‰和−24.7‰[11]，具有煤成气的特征。因此，英吉苏凹陷已有煤成气、煤型凝析油生成。④ 英吉苏凹陷是双稳定型煤成气区，可能与鄂尔多斯盆地类似，岩性型气藏起主导作用，故本区煤成气勘探应以岩性型气藏为主兼及背斜型气藏，但以往勘探以背斜型气藏为主。

基于以上分析，英吉苏凹陷有面积达2.36万km^2深埋的中−下侏罗统含煤地层，应作为"十一五"期间以至更晚时期煤成气研究和勘探的主要目标，有探明5000亿m^3煤成气的可能性。

3. 准噶尔盆地中东部陆东−五彩湾地区

陆东−五彩湾地区为准双稳定型煤成气勘探有利区。该区有两套煤系气源岩，一套是中−下侏罗统含煤层系，另一套是石炭系含煤层系或亚含煤层系。

中−下侏罗统含煤层系与在准噶尔南缘前陆盆地发现的呼图壁气田气源岩等以及在塔里木盆地库车拗陷发现的克拉2大气田气源岩等是相同含煤层系，在本区这套层系中已有四口井（滴西8井、滴西9井、泉1井、泉002井）发现日产3.4万m^3至30.4万m^3的天然气。在中国西北地区，中−下侏罗统煤系被公认为良好气源岩，故本区也应是煤成气勘探有利区。

石炭系是今后煤成气勘探亟须注目的一个潜力大的层系，但至今对石炭系含煤层系或亚含煤层系的研究和勘探均薄弱。已在巴塔玛内山组发现了五彩湾小气田，储量为8.33亿m^3。石炭系烃源岩以Ⅲ型干酪根为主，$Ⅱ_2$型次之，故为一套气源岩。上石炭统以凝灰岩、沉凝灰岩、泥岩、碳质泥岩为主，夹少量砂质泥岩、煤和白云质泥岩，其烃源岩平均厚112.5m（占地层厚度的25.9%），有机碳平均含量9.94%，氯仿沥青"A"含量为0.1154%，为好气源岩[12]。下石炭统以凝灰岩、沉凝灰岩和泥岩为主，夹少量砂质泥岩和碳质泥岩、白云质泥岩，其烃源岩平均厚172.2m，平均占地层厚度的57.3%。下石炭统烃源岩在五彩湾、滴水泉一带发育极佳，滴西2井下石炭统烃源岩厚达255.8m，占地层厚度的91.6%，有机碳平均含量3.25%，氯仿沥青"A"含量达0.1476%，为好气源岩[12]。目前在石炭系发现的油气层主要在火山岩和火山角砾岩中，火山岩储层孔隙度为15%～16%，最大达30%（滴西10井），是较好储层，火山岩有利发育区面积10500km^2（据中国石油勘探开发研究院）。

已发现的有限气井产出的天然气碳同位素特征均证明其为煤成气或以煤成气为主。石炭系天然气的$\delta^{13}C_1$为−37.62‰～−29.90‰，$\delta^{13}C_2$为−26.73‰～−22.76‰（彩参1井、彩25井）；侏罗系天然气的$\delta^{13}C_1$为−30.55‰～−30.51‰，$\delta^{13}C_2$为−26.49‰～−26.11‰（彩1292井、彩101井）。

由上可见，陆东−五彩湾地区具有两套含煤的气源岩，并且一些气井产出的天然气被证实为煤成气或以煤成气为主，成气条件优越，是煤成气潜力大的勘探区，将来可探明5000亿m^3天然气，预计能年产气50亿m^3。

4. 渤海湾盆地黄骅坳陷南部

渤海湾盆地黄骅拗陷南部是稳定−活动型煤成气勘探有利区。

在石炭−二叠纪，渤海湾盆地和鄂尔多斯盆地同属于构造稳定型的中朝地台，沉积了相似的石炭-二叠系潮坪、三角洲和陆相沉积的含煤地层[13]，都具有有利的煤成气气源岩条件。目前鄂尔多斯盆地已发现5个储量在1000亿m^3以上的煤成气大气田，探明煤成气储量13500亿m^3，2005年产气77.45亿m^3。

鄂尔多斯盆地与渤海湾盆地不同的是前者属双稳定型煤成气区，自石炭-二叠纪至今构造环境一直稳定，利于气源岩大面积保存、生气、成藏，属一次生气。渤海湾盆地则受印支运动特别是燕山运动强烈影响，因断陷、褶皱、隆起，石炭-二叠系含煤层系大面积分布被破坏，相当多含煤地层被剥蚀，第一次生成的煤成气其气藏难于保存，只有相当大面积保存石炭-二叠系含煤地层的拗陷区具有二次生气条件，才利于二次成气的煤成气成藏和保存，可作为目前煤成气勘探有利区。勘探实践证明，凡具有二次成气条件的地区均可发现煤成气藏。例如在华北油田发现苏桥中型煤成气气田等[14]，在中原油田探明文留沙四段中型煤成气气田[15]，近来又发现胜利油田孤北地区的古1气藏、中原油田的文古2气藏。

渤海湾盆地近10年来有的放矢地勘探煤成气的探井不多，所以该盆地煤成气有利区尚不明朗。但从石炭-二叠系具有二次成气条件出发，黄骅拗陷南部南皮凹陷和歧口凹陷是目前渤海湾盆地潜力最大的有利地区，该区石炭-二叠系厚600～900m，煤层厚10～25m，暗色泥岩厚100～250m，有机质以Ⅲ型为主，利于成气。其煤岩有机碳含量平均60%左右，氯仿沥青“A”含量为1.58%；泥岩有机碳含量一般2%～3%，氯仿沥青“A”含量为0.1%～0.1433%，是一套好的气源岩。其R^o值为0.7%～1.6%，处于湿气-凝析气成烃阶段。该区的孔店—王官屯—扣村—徐杨桥一带二叠系石盒子组砂岩厚度大(80～160m)，孔隙度一般为10%～12%，渗透率为1～85mD，同时有石千峰组厚100～150m的泥岩作区域盖层，形成好的煤成气储盖层。黄骅拗陷南部二次成气区连续面积达5000km^2，其中有利于发现大气田的生气强度大于20亿m^3/km^2的地区面积达1500km^2（杨池银提供黄骅拗陷系列的石炭-二叠系煤系资料），因此，本区有探明3000亿m^3或更多煤成气的潜力。

5. 亚洲东缘煤成气聚集域中带

亚洲东缘煤成气聚集域中在中国境内的莺歌海盆地、琼东南盆地、珠江口盆地、台西盆地和东海盆地称为该聚集域中带，是煤成气勘探有利区。

亚洲东缘煤成气聚集域的气源岩是第三系煤系和亚煤系。该聚集域中带以南的泰国湾-马来盆地称为南带，中带之北的日本海盆地、萨哈林盆地、鄂霍茨克-西勘察加盆地称为北带。在南带和北带均发现储量在1000亿m^3以上的大气田，煤成气勘探取得很大进展[6]。南带的泰国湾-马来盆地目前至少发现43个气田，最大的邦科特气田探明储量约2000亿m^3[3,16]。北带除日本海盆地外，虽未有的放矢地进行煤成气勘探，但萨哈林盆地、鄂霍茨克-西堪察加盆地煤成气勘探取得相当大进展。萨哈林盆地经评估，天然气原始可采储量38500亿m^3，1996年底天然气探明原始可采储量12200亿m^3，其中大陆架约6000亿m^3，最大的恰伊沃凝析气田探明天然气储量约2800亿m^3。萨哈林盆地目前年产气150亿m^3。鄂霍茨克盆地探明天然气储量8633亿m^3。

不论是气田数，还是大气田储量规模和探明天然气储量，处于亚洲东缘煤成气聚集域中带的中国五个盆地均远不及该聚集域南带和北带。该气聚集域中带的中国五个盆地中，探明气田（藏）仅15个，发现了六个储量300亿m^3至近1000亿m^3的煤成气大气田，即东方1-1气田、乐东22-1气田、崖13-1气田、番禺30-1气田、铁砧山气田、春晓气田，但最大气田探明储量小于1000亿m^3，多数是探明储量为300亿~400亿m^3级的气田。中国大陆架上四个盆地（未包括台西盆地）煤成气地质资源量为81000亿m^3，可采资源量52500亿m^3，目前探明天然气总储量仅为4169亿m^3。因此，地处亚洲东缘煤成气聚集域中带的这些盆地煤成气勘探前景好，应该大力加强研究和勘探，争取探明可采储量20000亿m^3是有地质条件的。

6. 松辽盆地深层

松辽盆地深层是断陷-稳定型煤成气勘探有利区。松辽盆地目前广布的稳定沉积的产油层下的深层存在不连续的较大断陷19个，面积共计约6万km^2[17]，占松辽盆地总面积（26万km^2）的23%。断陷的气源岩主要为下白垩统沙河子组含煤层系，其次为下白垩统营城组和上侏罗统火石岭组火山岩系夹煤层，气源岩厚度一般200~500m，R^o值在1.5%以上，故具有勘探煤成气条件。在众多深断陷中，徐家围子断陷、长岭断陷、常家围子断陷、莺山断陷和德惠断陷勘探煤成气条件为优。目前已在徐家围子断陷探明储量过千亿立方米的徐深大气田，在长岭断陷长深1井已取得大突破，日产气46万m^3，控制储量为558亿m^3。松辽盆地深层断陷中煤成气远景资源量约20000亿m^3，预计能探明地质储量11000亿m^3[17]，是勘探煤成气很有利的地区，贾承造、赵政璋、侯启军和赵文智等[17~21]也都持此观点。

除当前中国正在深入勘探的鄂尔多斯盆地、库车拗陷和准南拗陷外，若加强以上六个煤成气勘探有利区的勘探和研究，将可探明煤成气50000亿m^3，相当于2005年底中国探明的天然气总储量（近50000亿m^3），中国将具有年产1500亿m^3或更多天然气的储量基础。

四、结论

根据煤系和其上覆盖层沉积时的构造环境（活动）特征，中国煤成气气田发育区有以下4种类型：①双稳定型；②稳定-活动型；③断陷-稳定型；④拗陷型。

中国煤成气勘探虽已取得重大成果，但仍有远景好的潜在区未重点研究和勘探，如以下煤成气潜在区：四川盆地中部、塔里木盆地英吉苏凹陷、准噶尔盆地陆东-五彩湾地区、黄骅拗陷南皮凹陷和歧口凹陷、亚洲东缘煤成气聚集域中带和松辽盆地深层等。

后记：本文主要内容完成于2006年年初，曾以“关于继续加强中国煤成气勘探与研究的建议”之文名刊于《中国科学院院士建议》（2006年第11期）。后又压缩，以《中国科学院专报信息》（2006年5月30日）上报国务院有关部门。虽然起稿时参考了许多公开文献和内部资料，但由于作为建议无需参考文献，时隔一年半要在《石油勘探与开发》上发表，需要参考文献，根据回忆笔者花了两天时间补了文献，但有的文献一时记忆不起来，故文中引用的一些文献未能收入，在此对这些作者深表谢意和抱歉。

参考文献

[1] 戴金星，邹才能，陶士振等. 中国大气田形成条件和主控因素. 天然气地球科学，2007，18（4）：

473～484
[2] 戴金星. 加强天然气地学研究、勘探更多大气田. 天然气地球科学, 2003, 14 (1): 3～14
[3] 李国玉, 金之钧. 世界含油气盆地图集 (下册). 北京: 石油工业出版社, 2005. 78～79, 547～550, 526～527
[4] 戴金星, 李先奇. 中亚煤成气聚集域东部气聚集带特征——中亚煤成气聚集域研究之三. 石油勘探与开发, 1995, 22 (5): 1～7
[5] 戴金星, 宋岩, 张厚福等. 中国天然气的聚集区带. 北京: 科学出版社, 1997. 110～181
[6] 戴金星, 胡安平, 杨春等. 中国天然气勘探及其地学理论的主要新进展. 天然气工业, 2006, 26 (12): 1～5
[7] 戴金星, 夏新宇, 洪峰等. 中国煤成大中型气田形成的主要控制因素. 科学通报, 1999, 44 (22): 2455～2464
[8] 梁艳, 李廷钧, 付晓文等. 川中-川南过渡带上三叠统须家河组油气全烃地球化学特征与成因. 天然气地球科学, 2006, 17 (4): 593～596
[9] 李先奇, 秦胜飞, 戴金星. 塔里木盆地英吉苏凹陷煤成气勘探前景分析. 石油勘探与开发, 1996, 23 (3): 6～10
[10] 梁正生, 马郡, 汪剑等. 塔东英吉苏拗陷中生界油气勘探前景. 勘探家, 1999, 4 (3): 31～35
[11] 梁生正, 刘晓, 高伟中等. 塔东英吉苏拗陷龙2号构造三叠系凝析气藏预测. 天然气工业, 2001, 21 (1): 23～30
[12] 石昕, 王绪龙, 张霞等. 准噶尔盆地石炭系烃源岩分布及地球化学特征. 中国石油勘探, 2005, 10 (1): 34～39
[13] 张泓, 沈光隆, 何宗莲等. 华北板块晚古生代古气候变化对聚煤作用的控制. 地质学报, 1999, 73 (2): 131～139
[14] 唐秉琦, 李方清. 冀中煤成气 (油) 藏形成及富集条件. 见: 煤成气地质研究. 北京: 石油工业出版社, 1983. 29～41
[15] 朱家蔚, 戚厚发, 廖永胜. 文留煤成气藏的发现及其对华北盆地找气的意义. 石油勘探与开发, 1983, 10 (1): 4～12
[16] 童晓光, 关增淼. 世界石油勘探开发图集 (亚洲太平洋地区分册). 北京: 石油工业出版社, 2001. 57～65
[17] 贾承造. 在松辽盆地深层天然气勘探研讨会上的总结讲话. 见: 贾承造主编. 松辽盆地深层天然气勘探研讨会报告集. 北京: 石油工业出版社, 2004. 4～9
[18] 赵政璋. 解放思想坚持寻找千亿立方米大气田的信心. 见: 贾承造主编. 松辽盆地深层天然气勘探研讨会报告集. 北京: 石油工业出版社, 2004. 10～13
[19] 侯启军. 松辽盆地深层天然气勘探方向与技术对策. 见: 贾承造主编. 松辽盆地深层天然气勘探研讨会报告集. 北京: 石油工业出版社, 2004. 14～18
[20] 侯启军. 松辽盆地古龙地区天然气勘探方向. 石油勘探与开发, 2005, 32 (5): 38～41
[21] 赵文智, 李建中, 邹才能等. 松辽盆地深层基本地质特征与勘探方向. 见: 贾承造主编. 松辽盆地深层天然气勘探研讨会报告集. 北京: 石油工业出版社, 2004. 45～51

中国天然气地质与地球化学研究对天然气工业的重要意义*

一、中国天然气工业的高速发展

中国天然气工业已进入发展高峰时期，近十年来迅速发展，且发展速度越来越快，由三个方面得以证明：储量大幅度增长，1949 年和 2006 年探明总储量分别为 3.85 亿 m^3 和 5.39 万亿 m^3，期间增长了约 14000 倍，特别是从 1996 年至 2006 年的 11 年间，中国天然气总储量从 15254.7 亿 m^3快速增长至 5.39 万亿 m^3，期间增长 38645.3 亿 m^3，平均年增长 3513.2 亿 m^3；天然气年产量迅速提高，1949 年和 2006 年分别产气 0.11 亿 m^3和 585.53 亿 m^3，期间增长了 5322 倍，特别是 1996 年至 2006 年 11 年间，中国天然气年产量从 201.25 亿 m^3上升至 585.53 亿 m^3，期间增长了 1.9 倍；年产量增长速率越来越大，中国天然气年产量从 100 亿 m^3到 500 亿 m^3，每提高 100 亿 m^3所需的时间分别是 20 年、5 年、3 年和 1 年多（图 1）。

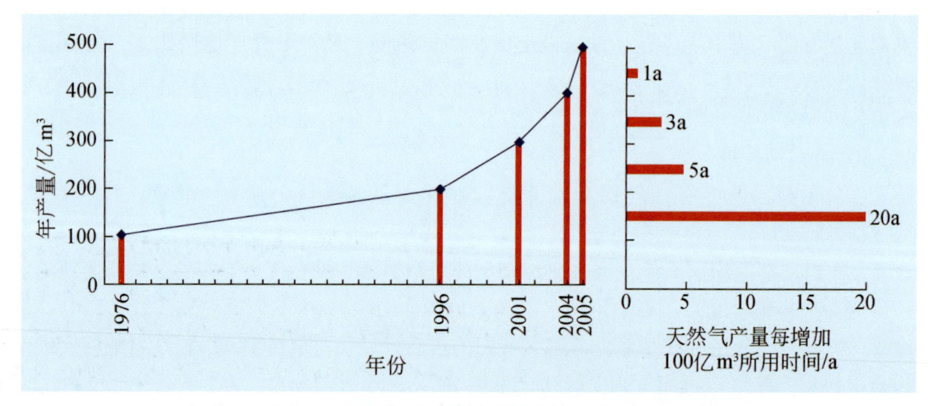

图 1　中国天然气年产量增加情况及所需时间示意图

中国近年来天然气工业迅速发展的原因主要有三点：天然气资源丰富（图 2）；油气勘探从以油为主转为油气并举；加强了天然气地质和地球化学研究。本文主要阐述地质学与地球化学研究对中国天然气工业发展的重要意义。

二、煤成气研究开辟了中国天然气勘探的新领域

尽管 20 世纪 40 年代德国学者指出高等植物形成的煤系能形成商业气田[1]，但未注意

---

* 原载于《石油勘探与开发》，2008，第 35 卷，第 5 期，513 ~ 525，作者还有倪云燕、周庆华、杨春、胡安平。

到煤系能否成油，由此创立了纯朴煤成气理论[2]。20 世纪 60 年代后期 Brooks 等注意到煤中壳质组对成油有重要的贡献，从而形成了煤成油理论[3,4]。煤成气理论的出现以及煤系中壳质组成油观点的产生，是对煤成烃理论的极大贡献，但煤成油理论未研究煤成烃过程中油与气的数量关系及主次地位。

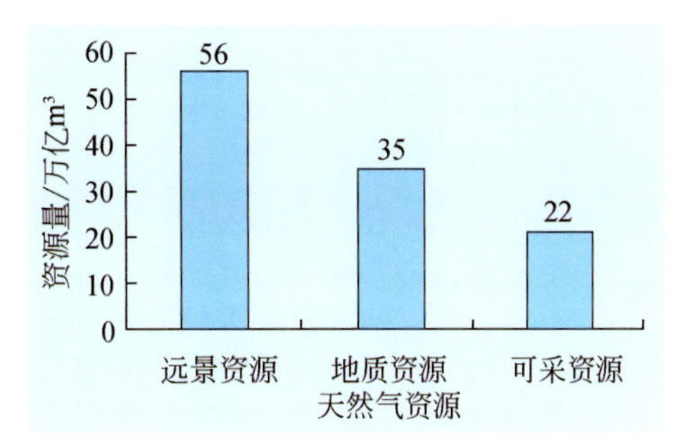

图 2　中国各类天然气资源

据新一轮全国油气资源评价项目办公室，不包括南海南部

中国对煤系成烃系统研究比国外稍晚。20 世纪 80 年代以前，中国仅以油型气地质理论为指导，还没有把煤型气作为主要的能源进行勘探和研究，导致天然气勘探避开了具有良好含气远景的含煤盆地和含煤地层。例如，中国陆上最早（1907 年）开始机械化石油勘探的鄂尔多斯盆地，直至 20 世纪 80 年代之前，一直未把广泛分布的石炭-二叠系煤系作为生气岩来对待，并把煤系当做天然气勘探的禁区，故天然气勘探几乎没有进展和效果。

20 世纪 70 年代末，中国开始系统研究煤成烃，其标志是戴金星于 1979 年发表了《成煤作用中形成的天然气与石油》一文[5]，稍后发表的《我国煤系地层含气性的初步研究》指出煤系是生气的良好烃源岩，可以形成工业性气田[6]，从而推动了中国煤成气勘探并提供理论支撑，特别是 1983 年中国第一批国家重点科技攻关项目“煤成气的开发研究”开始实施，大大推进了中国煤成气勘探、评价和研究，开辟了煤成气勘探的新领域。随之，许多学者相继提出中国煤系是煤成气有利的勘探区（表 1）[6~27]，为中国煤成气勘探指出了方向和地区，为之后中国煤成气储量大发现打下了基础。近 30 年勘探实践证实，这些学者超前的煤成气研究和预测，对现今中国天然气工业高速发展具有重大意义和重要贡献。

表 1　中国学者提出的含煤盆地有利煤成气勘探区

作者（年份）	有利煤成气盆地、地区	参考文献
戴金星（1980）	四川盆地，鄂尔多斯盆地，准噶尔盆地，楚雄盆地，沁水盆地，南盘江盆地	[6]
戴金星（1986）	鄂尔多斯盆地，华北盆地，四川盆地，准噶尔盆地，吐哈盆地，塔里木盆地，三塘湖盆地，伊犁盆地，松辽盆地，东海盆地，莺歌海盆地，琼东南盆地	[7]
田在艺，戚厚发（1986）	华北地区，鄂尔多斯盆地，四川盆地，楚雄盆地，准噶尔盆地，塔里木盆地，吐哈盆地，海拉尔盆地，二连盆地，开鲁盆地，松辽盆地，巴彦和硕盆地，依兰-伊通盆地	[8]
伍致中，王生荣，卡米力（1986）	准噶尔盆地，吐哈盆地，塔里木盆地	[9]
王少昌（1986）	鄂尔多斯盆地	[10]
戚厚发，张志伟，付金华（1987）	华北盆地，鄂尔多斯盆地，四川盆地，准噶尔盆地，塔里木盆地，吐哈盆地，松辽盆地，琼东南盆地，楚雄盆地	[11]
裴锡古，费安琦，王少昌，等（1987）	鄂尔多斯盆地	[12]

续表

作者（年份）	有利煤成气盆地、地区	参考文献
罗启厚，陈盛吉，杨家琦（1987）	四川盆地	[13]
徐世荣，刘庆国（1987）	华北盆地南部	[14]
袁蓉，周兴熙（1987）	南华北盆地	[15]
张洪年，罗蓉，李维林（1988）	东海盆地，松辽盆地，华北盆地，鄂尔多斯盆地，塔里木盆地，准噶尔盆地，吐哈盆地，四川盆地	[16]
谢秋元，余辉，丁春鸣（1988）	松辽盆地，华北盆地，四川盆地，吐鲁番盆地，准噶尔盆地，塔里木盆地，东海盆地	[17]
包茨（1988）	鄂尔多斯盆地，台湾盆地，东海盆地，华北盆地，准噶尔盆地	[18]
陈荣书（1989）	鄂尔多斯盆地，四川盆地，莺琼盆地，东海盆地，台西盆地，楚雄盆地，华北盆地，准噶尔盆地，松辽盆地	[19]
傅家谟，刘德汉，盛国英（1990）	鄂尔多斯盆地，华北盆地，四川盆地，准噶尔盆地，塔里木盆地，楚雄盆地，琼东南盆地	[20]
冯福闿（1994）	四川盆地，鄂尔多斯盆地，东海盆地，台西南盆地，琼东南盆地，莺歌海盆地，塔里木盆地，准噶尔盆地，吐哈盆地，楚雄盆地	[21]
王庭斌（1994）	四川盆地，鄂尔多斯盆地，渤海湾盆地，松辽盆地，琼东南盆地，东海盆地	[22]
杨昌贵，惠宽洋（1994）	鄂尔多斯盆地	[23]
贝丰，焦守诠，高瑞，等（1994）	松辽盆地北部深层	[24]
冯福闿，王庭斌，张士亚，等（1994）	松辽盆地，渤海湾盆地，南华北盆地，鄂尔多斯盆地，楚雄盆地，准噶尔盆地，塔里木盆地，东海盆地，琼东南盆地，莺歌海盆地	[25]
王庭斌（1998）	四川盆地，塔里木盆地，莺歌海盆地，琼东南盆地，鄂尔多斯盆地，东海盆地，准噶尔盆地	[26]
徐永昌，傅家谟，郑建京（2000）	准噶尔盆地，吐哈盆地，三塘湖盆地，鄂尔多斯盆地，柴达木盆地，大同盆地，二连盆地，阜新盆地，华北盆地，依兰-伊通盆地	[27]

1985 年完成了国家项目“煤成气的开发研究”重要专题“我国煤系的气、油地球化学特征、煤成气藏形成条件及资源评价”，经过 16 年天然气勘探实践，在 2001 年研究成果正式出版时，中国科学院院士孙枢在“序”中，对煤成气研究的重要性和实践意义作了如下评论：“仔细阅读本书，可以清晰看出该成果科学的预测性。如今我国探明储量 1000 亿 m^3 以上的最大的 5 个大气田，均在 16 年前该成果确定的预测区内，当时就指出了位置、气的类型（煤成气）和主要目的层埋藏深度。该项成果今日出版已成为 16 年来煤成气勘探史实，证明了煤成气理论的重要性和实践意义。当煤成气理论在我国出现时，煤成气储量不足全国天然气储量的 1/10，而今天占 6/10；那时没有大气田，而现今发现了 21

个大气田，其中7个最大的都是煤成气田。”[28]至2005年年底，中国探明天然气总储量的70%为煤成气；中国大气田中年产量超过100亿m^3的也是煤成气田（克拉2气田）；2007年中国年产气超过100亿m^3的有3个气区，其中有2个气区（塔里木气区和鄂尔多斯气区）煤成气占绝对优势。

尽管目前中国天然气勘探和开发已有重大的进展，但煤成气资源还有更大的潜力。煤成气成气基础是煤炭资源，中国煤炭可采资源量为114500百万t，与俄罗斯煤炭可采资源量（157010百万t）相近，但中国已发现天然气可采储量明显比俄罗斯少。2006年年底，中国已探明天然气地质储量为5.39万亿m^3[29]，据《人民日报》2008年2月1日报道：2007年中国天然气新增探明地质储量6173亿m^3，也就是说截至2007年年底中国已探明天然气地质总储量为6.0073万亿m^3，而俄罗斯为47.57256万亿m^3，是中国的近8倍。从以上对比不难看出，中国煤成气勘探还有很大的潜力。

三、大气田主控因素和天然气聚集区带研究推动了大气田的加速发现

20世纪后半叶，世界天然气工业高速发展，是各国重视研究和勘探大气田的结果[30]。大气田形成的主控因素研究内容上可分两大类。一类研究以宏观控制因素为主，如大地构造单元、盆地类型及大小、地理位置（纬度）、地质时代、储层岩性、圈闭类型和天然气成因类型等。由于这类研究范围太大，难以有效选定勘探大气田的有利区带并进而加速发现大气田。特别是由于中国油气地质条件比国外复杂，多旋回运动显著，故仅研究大气田形成的宏观性和方向性的控制因素是不够的。因此，从“七五”期间以来，开始另一类着重探索大气田形成的半定量和定量的、注重可操作性的主控因素研究，并为大气田有利区带选定提供了更切实的科学依据，缩小勘探靶区，从而有的放矢地提高大气田勘探成功率。

形成大气田的定量和半定量主控因素概括起来主要有[26~29,31~60]：①生气中心及其周缘生气强度大于20亿m^3/km^2的区带，有利于大气田形成。赵文智等以每百万年单位面积生成聚集量定量化指标筛选大气田有利勘探区，认为生气速率和聚集速率分别大于0.6亿m^3/（km^2·Ma）和大于25百万m^3/（km^2·Ma）处有利于形成大气田[31]。②大气田成藏期晚，主要在新生代，若多次成藏则指最后一次成藏期。王庭斌提出了3种晚期成藏模式：超晚期（新近纪—第四纪）生烃成藏型、晚期（古近纪—新近纪）生烃成藏型以及早期（中生代为主）生烃聚集、晚期（古近纪—第四纪）定型成藏型[32]。赵文智等指出，主生气期距今越近，对于晚期高效大气田形成越有利，一般小于35Ma，以小于20Ma为最好[33,34]，这从时间定量尺度说明晚期成藏对大气田形成有利。③有效气源区存在古隆起圈闭。④大气田多形成于煤系或其上、下圈闭中。⑤大气田生气区内以孔隙型储层为主。戴金星等研究了中国25个大气田，储层均以孔隙型为主[35]。根据储层物性参数统计，砂岩储层的孔隙度除鄂尔多斯盆地大气田和迪那2大气田稍低（2%~12%）外，其余多在12%以上，渗透率多数大于5mD；碳酸盐岩储层的孔隙度一般大于4%，渗透率多数大于2mD。中国大气田储层物性比国外大气田差。世界砂岩大气田储层主要是孔隙型的，有效孔隙度主要在15%~35%，有效孔隙度的下限为9%；以碳酸盐岩为主要储层的大气田，储集空间主要是孔隙裂缝型，有效孔隙度一般是8%~18%，下限为5%，渗透率变化很大，为0.1~4500mD[30]。⑥低气势区是大气田聚集的有利地区。⑦异常封存箱

外（间）或箱内有利于大气田形成。⑧ 天然气资源丰度大于 0.3 亿 m^3/km^2 的地区有利于大气田形成。

上述 8 个大气田形成的主控因素中，①、②、⑤和⑧具有定量性，⑥和⑦为半定量性；④和⑤为具体化、目标性强的主控因素。若某区块或聚集带（圈闭）具备上述主控因素中的 2 个甚至更多的因素，则发现大气田的概率高。

在含气盆地或地区，研究和划分天然气聚集区带，是加速勘探、发现大气田的一个有效途径。根据对世界上含油气盆地和含气地区的统计，绝大部分气田分布在聚集区带上，如西伯利亚盆地内带北区和卡拉库姆盆地著名含气区中，位于气聚集带上的气田数分别占发现气田总数的 90.7% 和 88.9%。中国发现的大中型气田（藏）约 94% 位于气聚集带中[46]。

利用上述大气田形成的主控因素和气聚集区带研究成果，成功地提前预测了中国大气田展布情况，为中国大气田发现和勘探提供了理论基础，加速了大气田的发现。图 3 和图 4 是"六五"[28]和"八五"[46]天然气攻关专题所预测的天然气有利区与其后勘探发现的大气田的对比图。

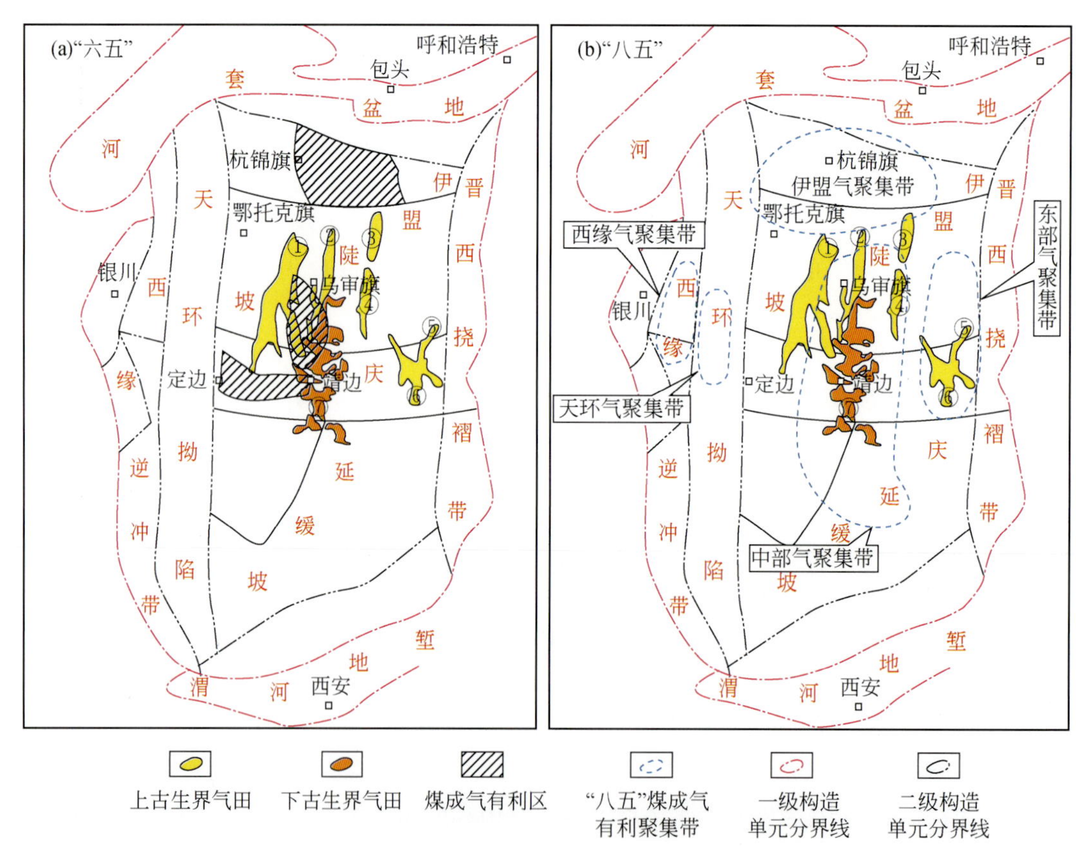

图 3 天然气攻关研究预测有利区与鄂尔多斯盆地勘探发现大气田对比

①苏里格气田（2001）；②乌审旗气田（1999）；③大牛地气田（2002）；④榆林气田（1997）；⑤长东气田（1999）；⑥子洲气田（2005）；⑦靖边气田（1992）；括号内数字为大气田探明年份

总之，利用以上研究成果，指导天然气勘探选区，在大气田提前预测上，取得了很大的成果。至2006年年底，中国发现的11个储量在千亿立方米以上的大气田中，有7个（靖边、苏里格、乌审旗、榆林、子洲、克拉2和迪那2）是提前4~11年作出了预测。

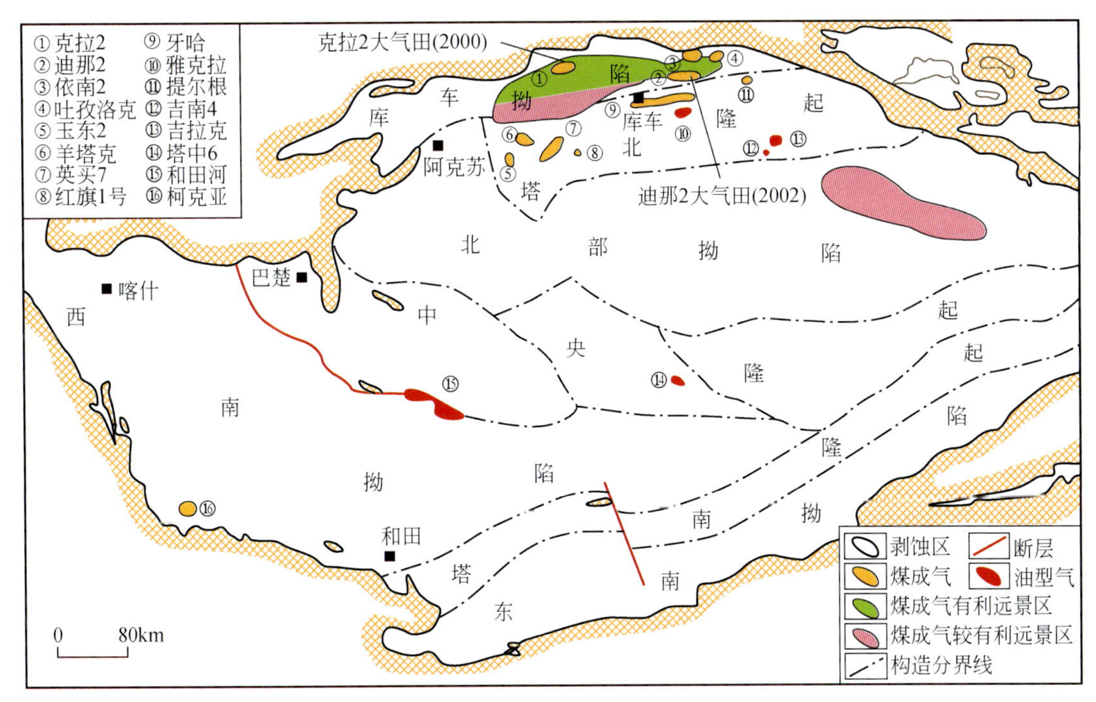

图4 “六五”天然气攻关研究预测有利区与库车坳陷大气田对比

括号内数字为大气田探明年份

四、煤系成烃特征研究对油气勘探方向和油气资源评价的意义

腐殖型煤系成烃特征在未成熟和过成熟阶段与腐泥型烃源岩一致，均以成气为主；但在成煤作用的初期和中期（长焰煤至焦煤初期），即相当于腐泥型烃源岩生油窗阶段，煤系是成气为主还是成油为主存在争议。本文认为该阶段腐殖型煤系成烃特征以气为主以油为辅，与腐泥型烃源岩成烃以油为主以气为辅明显不同。以气为主以油为辅系指盆地或气田的气油产出能量比大于1，如东海盆地为2.24，莺琼盆地为66.11，库车拗陷为7.60，库珀盆地为1.29，鲍文盆地为2.41，维柳伊盆地为21.76，卡拉库姆盆地为25.28[61]。含煤盆地或地区勘探发现以煤成气田为主，其中油一般是轻质油和凝析油。

1. 煤系成烃以气为主以油为辅的原因

煤系有机质主要是腐殖型，利于成气。腐殖型有机质原始物质来源于木本植物，其组成中，以生气为主的低H、C原子比的纤维素和木质素占60%~80%，以生油为主的高H、C原子比的蛋白质和类脂类含量一般不超过5%[62]。

在化学结构和特征上，腐殖型干酪根含有大量甲基和缩合芳环，只含少许侧链，故以产甲烷为主，同时也形成一定量的其他轻烃，成为轻质油或凝析油的来源；而腐泥型干酪根则含有很多长链，有利于液态烃的生成[63]。

煤系有机质显微组分以镜质组-惰质组为主，利于成气。“九五”期间曾统计了国内外3000余个煤样的显微组分组成。煤系显微组分组成可分为3种组合。

镜质组-惰质组组合型，显微组分以镜质组和惰质组占优势，富氢组分含量很少。中国以及国外的煤均以腐殖煤为主，其显微组分主要是镜质组-惰质组组合型，其原因是形成煤的有机质的原始物质主要是高等植物，聚煤作用主要发生在弱氧化-弱还原条件下，故镜质组和惰质组往往占优势。过渡型，以镜质组占优势，但含有一定比例的壳质组+腐泥组和惰质组。镜质组-壳质组+腐泥组组合型，显微组分富含镜质组，而壳质组+腐泥组含量也比较高。煤的显微单组分和特种煤模拟实验表明，由于藻类体、壳质组的氢指数远远高于镜质组和惰质组，因此其显微单组分液态烃的产率相应大得多。例如，藻类体最高液态烃产率为377.4mg/g，角质体最高液态烃产率为278.9mg/g，烛藻最高液态烃产率为87.7mg/g，而均质镜质体的液态烃产率则很低，仅为1.57mg/g，惰质组液态烃产率甚微[61]。由于整个世界范围内的煤显微组分主要是镜质组-惰质组组合，故煤总体上应以产气为主产油为辅。

在煤系热演化作用主生气期模拟实验中，从封闭体系热解数据分析，R^o 在0.8%～2.5%为主生气期[64]［图5（a）］；从开放体系热解数据分析，R^o 为0.7%～1.5%为主生气期［图5（b）］。从图5可以得出，不论封闭体系或开放体系，煤系有机质 R^o 在0.8%～1.5%是主成气期，也就是说在成煤作用初期和中期（长焰煤、气煤、肥煤和焦煤初期），模拟实验证明煤系以成气为主。

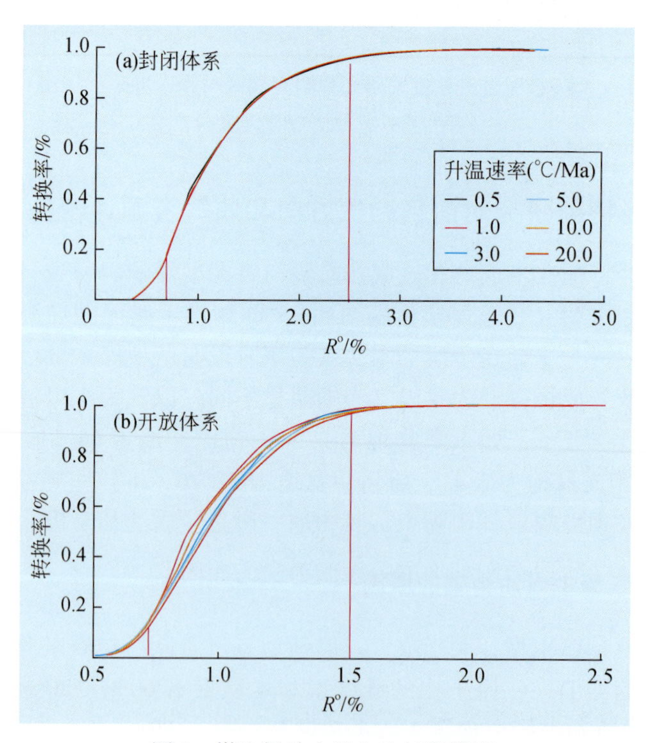

图5　煤生烃动力学主生气期模拟

中国和国外许多处于长焰煤、气煤、肥煤和焦煤初期的含煤盆地（地区）勘探结果都显示以产气为主产油为辅。例如，中国有台西盆地、东海盆地、琼东南盆地、珠三凹陷、阳霞凹陷和川中地区；国外有卡拉库姆盆地、维柳伊盆地、库克湾盆地、塔那拉基盆地和西伯利亚盆地（北部）。

台西盆地是典型的以产气为主产油为辅的新近系含煤盆地，中新统发育木山组、石底组和南庄组3套煤系，总厚度超过1500m，中新统中部的打鹿页岩为海相沉积，但干酪根为腐殖型。故3套煤系和打鹿页岩均是台西盆地煤成气的源岩[65,66]。这些煤系的 R^o 值在0.7%～1.4%[67,68]，处于长焰煤至焦煤初期，故台西盆地的发现主要为气田和凝析气田及个别油田（如靠近盆地东界的山子脚油田）。2003年戴金星为台湾中国石油公司讲学时，台湾同行谈到很想找些油田，但一直不如愿，原因为台西盆地烃源岩主要是煤系，而且是以镜质组为主的含煤地层，这样的烃源岩只能以成气为主，仅可生成少量凝析油和轻质油。在台西盆地寻找油田不具备烃源岩类型基础，故只能以勘探天然气田为目标。参观苗栗市台湾油矿陈列馆发现台西盆地产出石油以凝析油和轻质油为主（图6），这充分说明煤系产出油的特点。

图6 中国台湾台西盆地凝析气田和油气田产出的凝析油和轻质油

川中地区须家河组煤系显微组分以镜质组-惰质组组合为主，R^o 值为1.1%～1.5%，以产气为主，并产一定数量的液态烃[69]，且这些液态烃主要是凝析油和轻质油，如广安气田和八角场气田是煤系成烃以气为主以油为辅的典型实例。

2. 成煤作用初、中阶段个别盆地成烃以油为主的原因

1）烃源岩因素

在特殊的沉积环境下，煤岩有机显微组分中出现相当高比例的有利于成油的富氢组分，而产液态烃能力甚微的惰质组含量则比一般煤岩低。例如，吐哈盆地和吉普斯兰盆地壳质组含量平均为7%～12%，吐哈盆地惰质组含量一般在9%～12%，而吉普斯兰盆地的惰质组含量甚至为4%（表2），因此，这两个盆地处于长焰煤至肥煤阶段的煤系烃源岩以形成煤成油田为主、煤成气田为辅；吐哈盆地发现煤成油田13个，仅发现了3个煤成气田（丘东、红台和胜北3号）[61]；在印尼NWBoren的Balingian省地形平坦开阔的海岸带，发育大面积由红树林形成的海陆交互相第三纪煤系，该煤系中利于成油的壳质组含量高达 30% 以上，故在此发现许多煤成油田。特殊的成煤植物群落及利于该植物群落大面积生长的成煤环境，为许多煤成油田的形成创造了条件[58]。

表 2　吐哈盆地、吉普斯兰盆地、库车拗陷成煤作用初、中阶段煤系显微组分含量

地区	研究者（年份）	镜质组/%		惰质组/%		壳质组/%	
		含量变化	平均值	含量变化	平均值	含量变化	平均值（样品数）
吐哈盆地	秦胜飞（1999）		61.3		8.96		7.59（130）
	王昌桂等（1997）	40～95	一般 60～80	1～67	一般 10～25		一般 10～25
	吴涛等（1997）	50～90	70	2～26	20＜10	7	
	黄第藩（1995）	60～95		5～40			多数 10
库车拗陷	秦胜飞（1999）	0～100	52.07	0～52.8	19.09	0～14.97	1.92（130）
	钟宁宁等（1999）	7.1～99.6	48.4	0～92.2	48.5	0～20.0	3.1（50）
吉普斯兰盆地	Smith 等（1984）	50～98	92	0～40	1	0～45	8
	Shibaoka 等（1978）		84		4		12

2）成烃与运聚因素

某些煤成油田的形成不是由于煤系本身含高比例富氢组分的壳质组、藻类体和角质体等内因导致，而是由后生的外因所致，这种外因往往致使原煤成气田或煤成凝析气田演变为煤成油田，使人产生煤系成烃以油为主的错觉。

由于煤成烃中的气分子直径小（表 3），重量小，难被吸附，易扩散和运移，而煤成烃中的油或轻烃分子直径相对大得多（石油中环己烷直径为 5.4×10^{-10}m，杂环结构分子的直径为 $10\times10^{-10}\sim30\times10^{-10}$m，沥青分子直径为 $50\times10^{-10}\sim100\times10^{-10}$m），相对易被吸附，不易扩散，运移速度慢。物质的扩散能力随分子量变大呈指数关系降低。对烃类来说，实际上只有碳数在 C_1—C_{10}的烃才真正具有扩散运移的作用[70]，且扩散能力随碳原子数递增而渐减，总体上说气分子扩散能力强而石油的扩散能力很弱。所以，由于长时间的扩散作用，煤成气田聚集的煤成气逐渐减少，特别当煤成气田埋藏变浅时，赋存于地层中的天然气扩散量变大。1737m 深处的气藏中，甲烷、乙烷、丙烷和丁烷由于扩散运移，离开气藏到达地面所需时间分别为 14Ma、170Ma、230Ma 和 270Ma[71]，也就是说处于 1737m 深处的甲烷经过 14Ma 之后扩散殆尽，而乙烷、丙烷和丁烷还有不同量存在。因此，当一个煤成气田经过更长时间扩散，小碳数的烷烃气大部分散失，原煤成气田中大分子烃相对比重提高而富集，结果导致煤成气田演变为煤成油田。

表 3　天然气主要组分的分子直径

气体	分子直径/10^{-10}m
甲烷	3.8
乙烷	4.4
丙烷	5.1
异丁烷	5.3

续表

气体	分子直径/10^{-10}m
正戊烷	5.8
二氧化碳	3.9
氮	3.8
硫化氢	3.6
氩	2.9
氦	2.0
氢	2.8

世界上许多处在成煤作用初、中阶段的含煤盆地（地区）煤系的壳质组含量并不高，以镜质组与惰质组为主，虽然发现以煤成气田为主，但也有盆地出现少数煤成油田，这些煤成油田往往位于盆地的边缘浅层部位或盆地（地区）内的断层圈闭中。国内外不乏此种煤成油田，例如塔里木盆地库车拗陷依奇克里克煤成油田、大宛齐油田，准噶尔盆地南缘古牧地煤成油田，台西盆地东北缘山子脚煤成油田；卡拉库姆盆地有120多个煤成气田，但在盆地的东南缘和东北缘也发现了一些煤成油田[61]。

库车拗陷和塔北隆起北部发现了许多与早-中侏罗世煤系有关的煤成气田，但在拗陷东北缘发现了埋藏很浅、储量不大的依奇克里克煤成油田，在拗陷西部的中心地带亦发现浅埋断裂圈闭的大宛齐煤成油田（图7）。由表2可见库车拗陷中-下侏罗统的显微组分以镜质组和惰质组为主，具有形成煤成气的烃源岩基础。从图7可见，位于库车拗陷东部的阳霞凹陷仅在西北缘的浅层发现依奇克里克煤成油田，R^o值为0.8%左右，而该煤成油田南近邻依南2气田R^o值为1.0%，东南部吐孜洛克气田R^o值为1.2%；在阳霞凹陷西南部发现迪那2凝析气田，R^o值为1.2%左右；凹陷南部提尔根煤成气田R^o值为0.6%左右。也就是说阳霞凹陷中-下侏罗统煤系烃源岩R^o值为0.6%~1.4%，勘探发现以煤成气田为主，这进一步证明了成煤作用处于初、中阶段，煤系成烃以气为主。今日依奇克里克煤成油田，地史上也曾是煤成气田，只是由于后期其储层随天山上升而埋藏变浅，侏罗系克孜勒努尔组储层目前深度只有150~550m，而凹陷中其他煤成气田储层埋深均在4500m以上。原来深埋的依奇克里克煤成气田，由于储层埋深显著变浅而演变为煤成油田。储层埋深强烈变浅的过程也是煤成气田演变为煤成油田的进程，这是由于烃类随分子中的碳数减小扩散速度更快的原因[61]。因此，埋藏越浅甲烷及同系物扩散量越大，而碳数相对较大的油分子扩散能力极差，故随着扩散日益进行，石油相对含量越来越大，这就致使储层在变浅过程中煤成气大量散失，而导致本应是含凝析油和轻质油的煤成气田，由于扩散作用这一外因影响变为煤成油田。

位于库车拗陷西部的大宛齐煤成油田，原也应是煤成（凝析）气田，气体沿断裂运移到目前新近系康村组和库车组断裂圈闭中成藏，目前储层深度主要在200~650m，与依奇克里克煤成油田成因相似。原始煤成（凝析）气在向上运移变浅富集过程中，由于分子小的甲烷和重烃气扩散率很大，运移快，导致其大部分耗失，而大分子的烷烃油运移慢，扩散率很小，故如今成为煤成油田。陈义才等研究发现，经4.5Ma的散失，大宛齐埋深

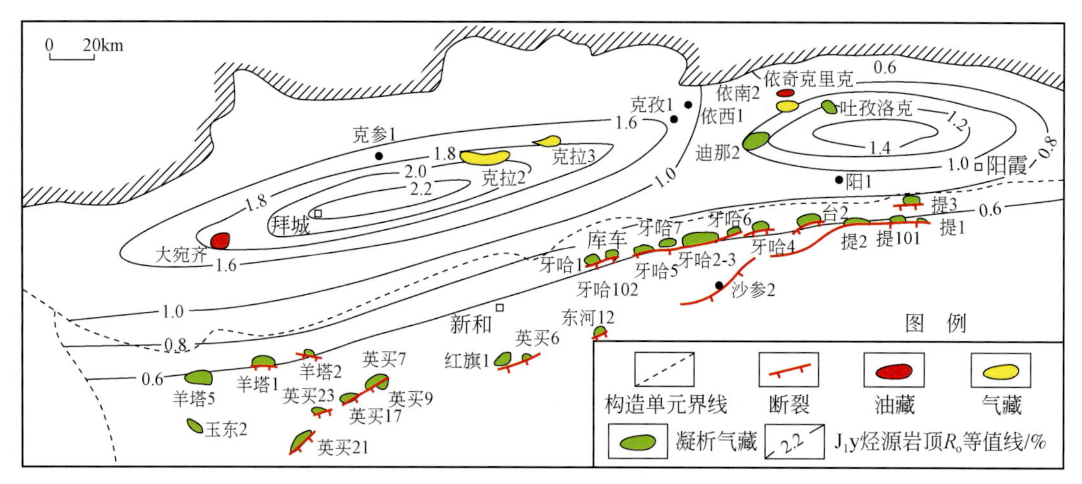

图7 库车拗陷煤成气田、油田分布与烃源岩 R^o 值关系

300～400m 的上部油层溶解气中的甲烷散失率为54%，甲烷浓度为 $12.82m^3/m^3$，而埋深450～650m 的下部油层甲烷散失率为13%，甲烷浓度为 $17.94m^3/m^3$[72]。这个研究实例充分证实上部油层和下部油层所处深度不同导致扩散率不同，上部甲烷大量散失是大宛齐油田形成的主要原因。

卡拉库姆盆地与塔里木盆地库车拗陷同处于中亚煤成气聚集域，具有相同的气源岩（中–下侏罗统煤系），有机质都以腐殖型为主。卡拉库姆盆地该套气源岩产出气态烃比液态烃多5～19倍，以成气为主，故以发育煤成气田为主[73]，发现天然气田约162个（土库曼斯坦约82个，乌兹别克斯坦约80个），全盆地探明原始天然气储量约8万亿 m^3，最大气田为道列塔巴特–顿麦兹气田，探明天然气储量约1.7万亿 m^3[74]。但在盆地东南缘和东北缘发现少量煤成油田（图8）。关于这些煤成油田的成因，中俄土合作研究项目组指出，卡拉库姆盆地东北缘布哈尔和恰尔召乌阶地在白垩系和侏罗系间发育单一的硬石膏盖层，厚度一般小于50m，从盆地较浅边缘向中央部位，在硬石膏底界埋深大于1300m 的圈闭中，仅侏罗系圈闭存在凝析气藏和气藏，而在硬石膏层之上埋深同样大于1300m 的白垩系圈闭中没有发现油气藏。但在埋深小于1300m 的白垩系和侏罗系圈闭中，位于硬石膏盖层上部的白垩系圈闭内仅聚集天然气为主的气藏，而位于硬石膏层之下的侏罗系圈闭中仅存在油藏（图9）。中俄土合作项目组认为，造成盆地边缘埋藏较浅处气藏位于浅部泥岩盖层之下而油藏则位于硬石膏之下的原因在于，油藏之上硬石膏盖层裂缝发育，封闭性能变差，仅能封闭原油，而对天然气不能形成封堵，即硬石膏盖层对油气具有选择性封堵作用[74]。本文认为此解释不完善，众所周知，硬石膏盖层比泥岩盖层具有更好的柔性，在相同地质应力作用下，泥岩比硬石膏层更易形成裂缝，泥岩的单位裂缝率应比硬石膏的大。何况浅部泥岩的围压比深部硬石膏层小，故在相同地质应力作用下泥岩更易产生裂缝。从实际地质环境分析，若深处硬石膏裂缝发育，浅处的泥岩裂缝应更发育，因此泥岩盖层下不可能形成气藏。浅层白垩系气藏的发现说明裂缝不是控制盆地边缘油藏和气藏分异性的主要因素，这是其一。其二，若硬石膏层裂缝发育，油气运移应以渗透运移为主，渗透运移难以对油气产生选择性分流封堵。故认为与依奇克里克煤成油田和大宛齐煤成油田形成同理，以扩散运移来解释卡拉库姆盆地东北缘煤成油田的形成更合理。

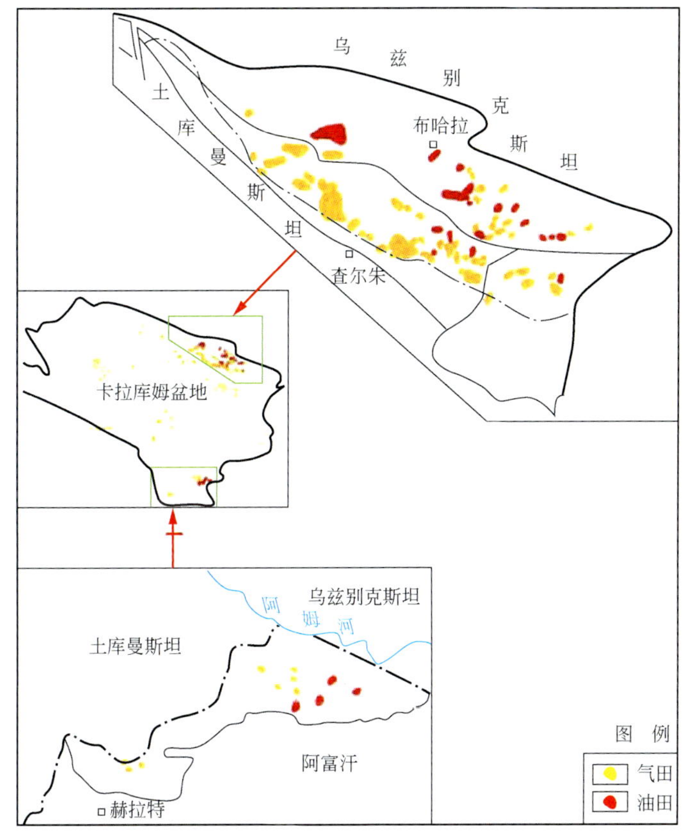

图 8 卡拉库姆盆地及其东北缘和东南缘煤成气田和煤成油田分布示意图

由上述可知，世界范围内，处于成煤作用初、中期的腐殖型烃源岩往往以镜质组和惰质组为主要显微组分，这类煤系烃源岩以成气为主，成油为辅，故勘探结果以发现煤成气田为主，偶尔也在盆地边缘或浅处断裂圈闭中发现煤成油田，这是原生型煤成气田次生扩散运移导致的。

3. 库车拗陷煤系成烃特征指明以气为主的勘探方向

第二次全国资源评价（1994）是在传统观点（即库车拗陷中—下侏罗统煤系成烃与腐泥型烃源岩相似，以成油为主）的指导下进行的，得出库车拗陷石油资源量为 5.6 亿 t，天然气资源量只有 1400 亿 m^3，按该评价结果，该拗陷应以勘探石油为主。但截至 2006 年年底，该拗陷探明天然气储量 5864.6 亿 m^3，石油储量 9901 万 t，实践证明评价结果认为油多气少的结论欠妥。之后，根据煤系成烃以气为主以油为辅的观点重新进行资源评价，确定天然气资源量 22300 亿 m^3，石油资源量为 4.1 亿 t，指明了库车拗陷以气为主以油为辅的正确勘探方向，并为近年来大量勘探实践所证实。煤系成烃以气为主以油为辅的认识正确指导了煤系的资源评价，纠正了该拗陷勘探以油为主的偏向，转为以探气为主，使煤成气田及其储量不断增长，为“西气东输”提供了资源保证。

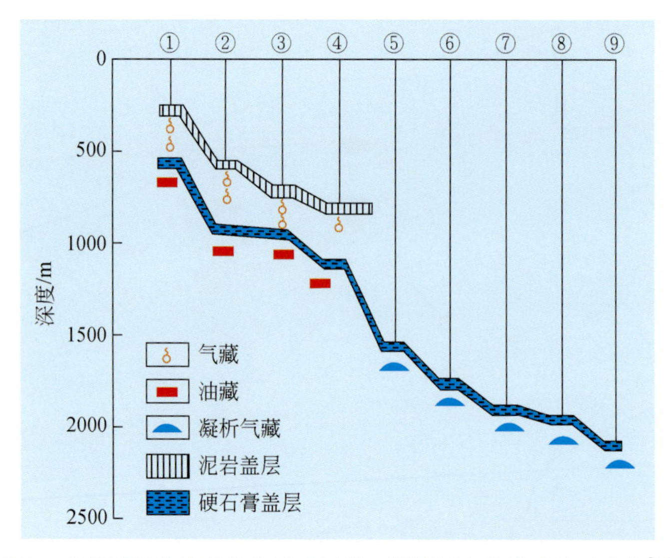

图9 卡拉库姆盆地东北缘煤成气田、凝析气田和煤成油田分布[75]

①卡拉克泰油气田；②谢拉兰捷佩油气田；③尤尔杜兹卡克油气田；④贾尔卡克油气田；⑤霍吉海拉姆凝析气田；⑥丘尔别什卡克凝析气田；⑦卡拉库姆凝析气田；⑧卡拉伊姆凝析气田；⑨阿库姆凝析气田

4. 飞仙关组烷烃气碳同位素组成证明其气源多样性

近几年来川东北和川北地区飞仙关组天然气勘探取得重大进展，发现了罗家寨、铁山坡、渡口河和普光等一批大气田[35,76~79]，从而使飞仙关组的探明储量超越黄龙组，成为四川盆地储量最大的层组。飞仙关组成为天然气勘探和研究热点后，其天然气的来源深受关注，因为这一问题决定能否在该组勘探更多储量和更多大气田。

飞仙关组未发现大气田之前，气源未受注意，但在川东北发现大气田后，该区气源受到了重视。关于川东北地区飞仙关组气源有以下几种观点：① 天然气主要来自上二叠统龙潭组和志留系龙马溪组，主力气源岩是龙潭组，其次为龙马溪组，不同的大气田气源不同，普光大气田主要捕获龙潭组烃源岩生成的天然气，也有志留系生成的原油裂解气，而渡口河、铁山坡和罗家寨大气田以志留系形成的原油裂解气为主，并混有大量龙潭组烃源岩生成的天然气[79]；② 普光大气田的气源岩可能主要是龙潭组泥岩类，下二叠统烃源岩可能贡献较少[38]；③ 普光大气田飞仙关组和长兴组气藏 $\delta^{13}C_2$ 一般轻于−28‰，故为原油二次裂解气[80]，即油型气，气源岩为二叠系龙潭组腐泥型有机质。

以上仅对川东北飞仙关组大气田（主要是普光大气田）的气源进行了较多的研究，这显然是不够的，因为在川东、川南、川中和川北，即四川盆地大部分地区都发现有飞仙关组气藏（田）。因此，有必要对整个四川盆地飞仙关组的气源进行研究，这对勘探更多飞仙关组气藏（田）具有重要意义。以下根据飞仙关组天然气烷烃气碳同位素组成特征讨论其气源。

当飞仙关组天然气中烷烃气仅有甲烷，且其以下层位没有气藏时，只有单一的甲烷碳同位素数据，此时准确认识气源与气的类型难度大；当飞仙关组烷烃气除甲烷外，还有乙烷、丙烷甚至丁烷，飞仙关组气藏之下深层有一个或两个层位发育气藏且这些气藏也有完整的（C_{1-4}）或较完整的（C_{1-3}）烷烃气时，用烷烃气碳同位素组成研究飞仙关组气源条件效果好。如川东地区高峰场气田（峰151井）、龙门气田（天东5-1井）、沙坪场气田（罐122井）以及板桥气田（板5井）的飞仙关组气藏均有完整的烷烃气（C_{1-4}），$\delta^{13}C_1$-

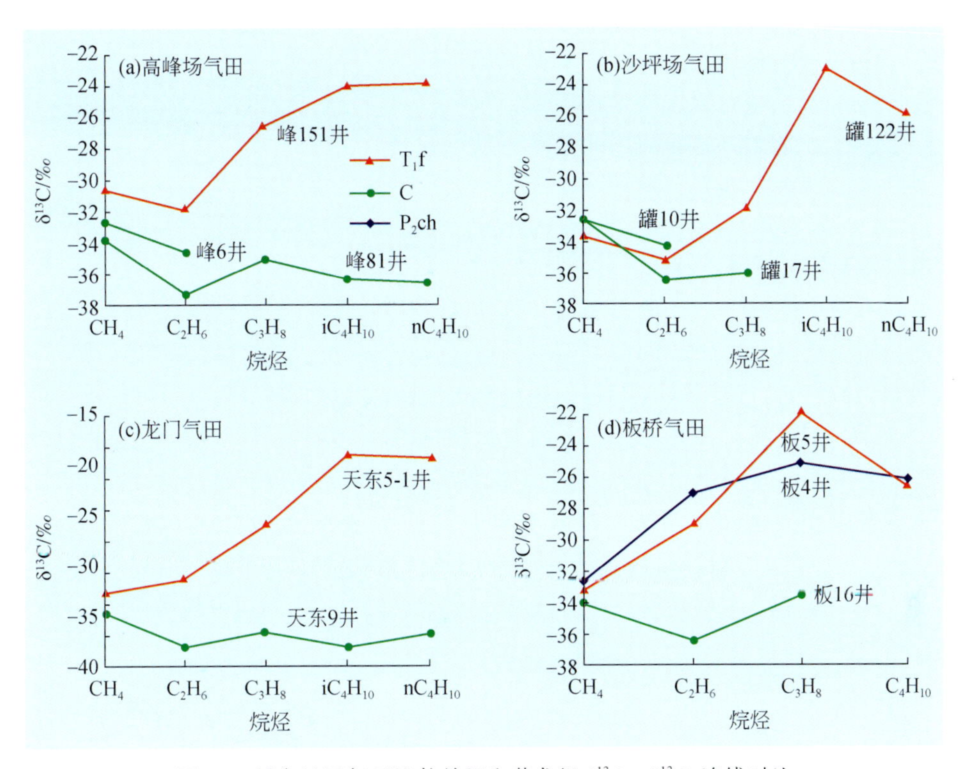

图10 川东地区气田飞仙关组和黄龙组 $\delta^{13}C_1$-$\delta^{13}C_4$连线对比

$\delta^{13}C_2$-$\delta^{13}C_3$-$\delta^{13}C_4$连线基本上是从轻至重的上扬型曲线。各气田飞仙关组气藏之下均发育石炭系黄龙组气藏，可能由于成熟度变高，沙坪场气田和板桥气田黄龙组气藏没有丁烷。从上述4个气田飞仙关组和黄龙组烷烃气碳同位素连线对比图（图10）明显可见，黄龙组的连线为水平波状线，各烷烃 $\delta^{13}C$ 相差2‰~4‰，与飞仙关组的上扬型连线明显不同，说明高峰场气田、龙门气田、沙坪场气田和板桥气田飞仙关组气藏的气源与黄龙组气源不同，后者的天然气是来自志留系的油型气[36,81]。上述4个气田飞仙关组气藏$\delta^{13}C_1$-$\delta^{13}C_4$连线不是正碳同位素系列，出现折状上扬型，说明这些气藏烷烃气受过次生改造或为混源气。王世谦根据对四川盆地各层烷烃气碳同位素的研究得出，当 $\delta^{13}C_2$ 大于-29‰时为煤成气[82]；张士亚等也认为 $\delta^{13}C_2$ 大于-29‰是煤成气[83]；戴金星等研究了中国烷烃气碳同位素后，综合指出 $\delta^{13}C_2$大于-27.5‰、$\delta^{13}C_3$ 大于-25.5‰的天然气是煤成气[58]。从这些指标衡量，龙门气田［图10（c）］和板桥气田［图10（d）］飞仙关组天然气可能是煤成气占相当大比例的混合气；板桥气田飞仙关组和长兴组烷烃气碳同位素组成连线较相似，故两气藏的气是同源的。同样根据上述 $\delta^{13}C_2$和 $\delta^{13}C_3$指标判别高峰场气田（图10a）和沙坪场气田（图10b）的 $\delta^{13}C_1$-$\delta^{13}C_4$连线，两者烷烃气是以油型气为主的混合气。

川南庙高寺气田也发现了飞仙关组气藏，该气藏与下伏长兴组及阳新统气藏的 $\delta^{13}C_1$-$\delta^{13}C_2$-$\delta^{13}C_3$ 连线对比显示，曲线均呈V型，以 $\delta^{13}C_2$最轻，出现碳同位素倒转，3个气藏连线基本相似，说明三者同源（图 11）。根据煤成气 $\delta^{13}C_2$ 和 $\delta^{13}C_3$ 鉴别指标，分析认为庙高寺气田 3 个气藏煤成气组分极少，高峰场气田［图 10（a）］和沙坪场气田［图 10（b）］的 $\delta^{13}C_1$–$\delta^{13}C_2$–$\delta^{13}C_3$ 连线也呈 V 型，说明庙高寺气田 3 个气藏可能主要是油型气。

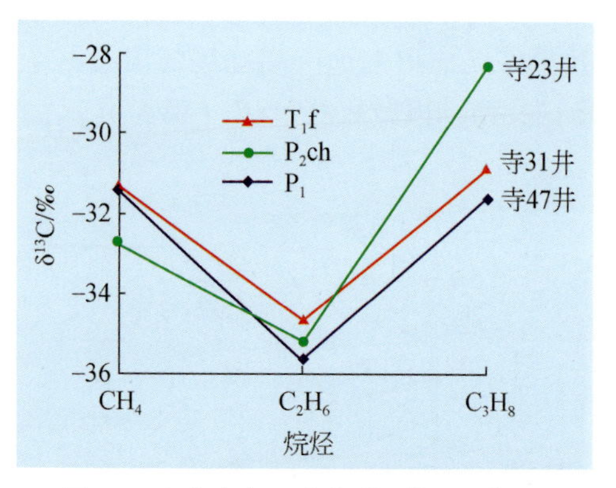

图 11　庙高寺气田各气藏 $\delta^{13}C_1$–$\delta^{13}C_2$–$\delta^{13}C_3$ 连线对比

近两年来，普光气田之西的川北地区飞仙关组气藏勘探取得重大进展，发现了龙岗大气田[84]，河坝气田河坝 2 井飞仙关组获得川东北单井单层测试最高日产 204 万 m^3[85]，同时元坝 1 井也有重大突破，获得高产气流。这些气田飞仙关组烷烃气具有正碳同位素系列，且 $\delta^{13}C_2$ 均重于–27.5‰，说明这些气都是煤成气（图 12）。从图 12 推断在普光大气田之西至元坝构造（元坝 1 井），南从龙岗气田（龙岗 1 井）北至河坝气田（河坝 1 井），存在一个 $\delta^{13}C_2$ 重于–29‰ 或–27.5‰ 的具有煤成气标志值的正异常中心，例如，龙岗气田龙岗 1 井飞仙关组 $\delta^{13}C_2$ 为–23.15‰[86]。推测这一 $\delta^{13}C_2$ 重值异常区是龙潭组煤系的煤成气生气中心，预测该中心及附近未来能发现一批大气田，成为四川盆地一个新气区。

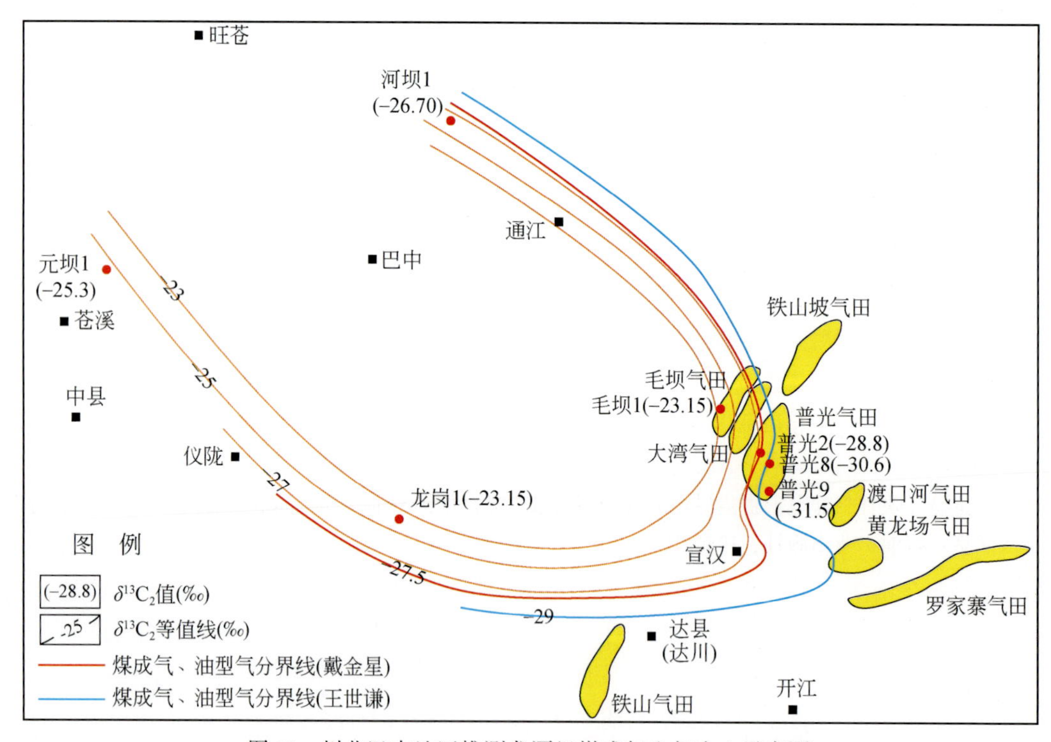

图 12　川北巴中地区推测龙潭组煤成气生气中心示意图

五、结论

煤系成烃以气为主以油为辅，含煤盆地是天然气勘探最重要的有利地区之一，煤系是最重要的气源岩之一。煤成气是目前中国探明天然气储量中最重要的天然气类型，占天然气储量的70%。

研究大气田形成的半定量和定量的主控因素和天然气聚集区带，是有效加速发现大气田的主要途径之一。根据研究成果，成功地提前4～11年预测了中国目前探明的11个储量在1000亿m^3以上大气田中的7个。

飞仙关组气藏是四川盆地探明储量最大的层系，其气源具有多样性，既有油型气，也有煤成气，或者两类气的混合气。在川北巴中地区推测有一个大的龙潭组煤成气生气中心，其中心及边缘是发现大型煤成气田的有利地区。

致　谢　王云鹏研究员提供了将发表的煤生烃动力学主生气期模拟图；马永生博士和郭彤楼博士提供了元坝1井和河坝1井烷烃气碳同位素资料，在此深表感谢。

参考文献

[1] 史训知，戴金星，朱家蔚等．联邦德国煤成气的甲烷碳同位素研究和对我们的启示．天然气工业，1985，(2)：1～9.

[2] 戴金星．油气与中国，科学与中国．济南：山东教育出版社，2004. 258～285

[3] Brooks J D，Smith J W. The diagenesis of plant lipids during the formation of coal , petroleum and natural gas—iv ：Changes in paraffin hydrocarbons. Geochemica et Cosmochimica Acta ，1967，31 ：2307～2389.

[4] Brooks J D，Smith J W. The diagenesis of plant lipids during the formation of coal , petroleum and natural gas colification and the formation of oil and gas in the Gippsland Basin. Geochemical et Cosmochimica Acta，1969，33：1183～1194

[5] 戴金星．成煤作用中形成的天然气与石油．石油勘探与开发，1979，6 (3)：10～17

[6] 戴金星．我国煤系地层含气性的初步研究．石油学报，1980，1 (4)：27～37

[7] 戴金星．我国煤成气藏的类型和有利的煤成气远景区．见：中国石油学会石油地质委员会．天然气勘探. 北京：石油工业出版社，1986. 15～31

[8] 田在艺，戚厚发．中国主要含煤盆地天然气评价．见：中国石油学会石油地质委员会．天然气勘探．北京：石油工业出版社，1986. 1～14

[9] 伍致中，王生荣，卡米力．新疆中下侏罗统煤成气初探．见：中国石油学会石油地质委员会．天然气勘探．北京：石油工业出版社，1986. 137～149

[10] 王少昌．陕甘宁盆地上古生界煤成气资源远景．见：中国石油学会石油地质委员会．天然气勘探．北京：石油工业出版社，1986. 125～136

[11] 戚厚发，张志伟，付金华．我国主要含煤盆地煤成气资源预测及勘探方向选择．见：《煤成气地质研究》编委会．煤成气地质研究．北京：石油工业出版社，1987. 229～237

[12] 裴锡古，费安琦，王少昌等．鄂尔多斯地区上古生界煤成气藏形成条件及勘探方向．见：《煤成气地质研究》编委会．煤成气地质研究．北京：石油工业出版社，1987. 9～20

[13] 罗启厚，陈盛吉，杨家琦，等．四川盆地上三叠统煤成气富集规律与勘探方向．见：《煤成气地质研究》编委会．煤成气地质研究．北京：石油工业出版社，1987. 86～96

[14] 徐世荣，刘庆国．论华北盆地南部煤成气前景及勘探方向．见：《煤成气地质研究》编委会．煤成气地质研究．北京：石油工业出版社，1987. 238～248

[15] 袁蓉，周兴熙．南华北盆地石炭–二叠系的化学动力学研究及煤成气资源探讨．见：《煤成气地质研究》编委会．煤成气地质研究．北京：石油工业出版社，1987. 249 ~ 264
[16] 张洪年，罗蓉，李维林．中国煤成气资源预测．见：地质矿产部石油地质研究所．中国煤成气研究．北京：地质出版社，1988. 270 ~ 283
[17] 谢秋元，余辉，丁春鸣．中国含煤含油气盆地的圈闭发育特征及气藏分类．见：地质矿产部石油地质研究所．中国煤成气研究．北京：地质出版社，1988. 16 ~ 31
[18] 包茨．天然气地质学．北京：科学出版社，1988. 312 ~ 313，328 ~ 331
[19] 陈荣书．天然气地质学．武汉：中国地质大学出版社，1989. 236 ~ 273
[20] 傅家谟，刘德汉，盛国英．煤成烃地球化学．北京：科学出版社，1990. 348 ~ 355
[21] 冯福闿．中国含气盆地研究．见：地质矿产部石油地质研究所．中国天然气地质研究．北京：地质出版社，1994. 1 ~ 10
[22] 王庭斌．中国天然气田（藏）特征及成藏条件．见：地质矿产部石油地质研究所．中国天然气地质研究．北京：地质出版社，1994. 11 ~ 26
[23] 杨昌贵，惠宽洋．鄂尔多斯盆地的天然气远景．见：地质矿产部石油地质研究所．中国天然气地质研究．北京：地质出版社，1994. 247 ~ 259
[24] 贝丰，焦守诠，高瑞祺等．松辽盆地北部深层烃源岩评价及成烃史恢复．见：地质矿产部石油地质研究所．中国天然气地质研究．北京：地质出版社，1994. 272 ~ 288
[25] 冯福闿，王庭斌，张士亚等．中国天然气地质．北京：地质出版社，1994. 330 ~ 337
[26] 王庭斌．中国大中型气田的勘探方向．王庭斌．天然气地质与勘探开发技术．北京：地质出版社，1998. 1233
[27] 徐永昌，傅家谟，郑建京等．天然气成因及大中型气田形成的地学基础．北京：科学出版社，2000. 103 ~ 106
[28] 戴金星，戚厚发，王少昌等．我国煤成气的地球化学特征：煤成气藏形成条件及资源评价．北京：石油工业出版社，2001
[29] 李景明，罗霞，李东旭．中国天然气地质研究的战略思考．天然气地球科学，2007，18（6）：777 ~ 781
[30] 张子枢．世界大气田概论．北京：石油工业出版社，1990 ：1 ~ 266
[31] 赵文智，汪泽成，王兆云等．中国高效天然气藏形成的基础理论研究进展及意义．地学前缘，2005，12（4）：499 ~ 506
[32] 王庭斌．中国大中型气田分布的地质特征及主控因素．石油勘探与开发，2005，32（4）：128.
[33] 赵文智，张光亚，王红军．石油地质理论新进展及其在拓展勘探领域中的意义．石油学报，2005，26（1）：1 ~ 7
[34] 赵文智，王兆云，汪泽成等．高效气源灶及其对形成高效气藏的作用．沉积学报，2005，23（23）：709 ~ 718
[35] 戴金星，邹才能，陶士振，等．中国大气田形成条件和主控因素．天然气地球科学，2007，18（4）：473 ~ 484
[36] 戴金星，陈践发，钟宁宁等．中国大气田及其气源．北京：科学出版社，2003. 170 ~ 194
[37] 戴金星，胡安平，杨春等．中国天然气勘探及其地学理论的主要新进展．天然气工业，2006，26（12）：1 ~ 5
[38] 马永生．四川盆地普光超大型气田的形成机制．石油学报，2007，28（2）：9 ~ 14
[39] 戚厚发，孔志平，戴金星等．中国较大气田形成及富集条件分析．见：石宝珩主编．天然气地质研究．北京：石油工业出版社，1992. 8 ~ 14
[40] 邓鸣放，陈伟煌．崖 13–1 大气田形成的地质条件．见：石宝珩主编．天然气地质研究．北京：石

油工业出版社，1992. 73～81
[41] 戴金星，王庭斌，宋岩等．中国大型天然气田形成条件与分布规律．北京：地质出版社，1997. 184～198
[42] 戴金星，卫延召，赵靖舟．晚期成藏对大气田形成的重大作用．中国地质，2003，30（1）：10～19
[43] 王庭斌．中国天然气的基本特征及勘探方向．见：杨朴主编．中国新星石油文集．北京：地质出版社，1999. 194～205
[44] 康竹林，付诚德，崔淑芬等．中国大中型气田概论．北京：石油工业出版社，2000. 320～328
[45] 戴金星，宋岩，张厚福．中国大中型气田形成的主要控制因素．中国科学（D辑），1996，26（6）：481～487
[46] 戴金星，裴锡古，戚厚发．中国天然气地质学（卷二）．北京：石油工业出版社，1996. 82～130
[47] 王涛．中国天然气地质理论与实践．北京：石油工业出版社，1997. 263～275
[48] 戴金星，夏新宇，洪峰等．中国煤成大中型气田形成的主要控制因素．科学通报，1999，44（22）：2455～2464
[49] 邹才能，陶士振．中国大气区和大气田的地质特征．中国科学（D辑），2007，37（增刊Ⅱ）：12～28
[50] 戴金星．中国煤成气潜在区．石油勘探与开发，2007，34（6）：641～645，663
[51] 戴金星，钟宁宁，刘德汉等．中国煤成大中型气田地质基础和主控因素．北京：石油工业出版社，2000. 210～223
[52] 戴金星．气聚集带和气聚集区的分类及其在天然气勘探上的意义．石油勘探与开发，1991，18（6）：1～10
[53] 李剑．中国重点含气盆地气源特征与资源丰度．徐州：中国矿业大学出版社，2000. 113～137
[54] 李剑，胡国艺，谢增业等．中国大中型气田天然气成藏物理化学模拟研究．北京：石油工业出版社，2001. 20～36
[55] 韩克猷．川东开江古隆起石炭系大中型气田的形成及勘探目标．天然气工业，1995，15（4）：1～5
[56] 李景明，魏国齐，曾宪斌等．中国大中型气田富集区带．北京：地质出版社，2002. 1～20
[57] 夏新宇，秦胜飞，卫延召等．煤成气研究促进中国天然气储量迅速增加．石油勘探与开发，2002，29（2）：17～20
[58] 戴金星，秦胜飞，陶士振等．中国天然气工业发展趋势和地学理论重要进展．天然气地球科学，2005，16（2）：127～142
[59] 龚再升．中国近海含油气盆地新构造运动和油气成藏．石油与天然气地质，2004，25（2）：133～139
[60] 卢双舫，付广，王朋岩等．天然气富集主控因素的定量研究．北京：石油工业出版社，2002：129～158
[61] 戴金星，夏新宇，秦胜飞等．中国天然气勘探开发的若干问题．见：中国石油天然气公司勘探与生产分公司．中国石油天然气股份有限公司2000年勘探技术座谈会报告集．北京：石油工业出版社，2001. 186～192
[62] 王启军，陈建渝．油气地球化学．武汉：中国地质大学出版社，1988. 75～79
[63] Hunt J M. 石油地球化学和地质学．胡伯良（译）．北京：石油工业出版社，1986. 109～111
[64] 赵文智，刘文汇，王云鹏等．高效天然气藏形成分布与凝析、低效气藏经济开发的基础研究．北京：科学出版社，2008. 21
[65] 戴金星．我国台湾油气地质梗概．石油勘探与开发，1980，7（1）：31～39
[66] 毛希森，蔺殿中．中国近海大陆架的煤成气．中国海上油气（地质），1990，4（2）：27～28
[67] 沈俊卿，郭政隆，周次雄．台湾地区第三纪沉积盆地之有机相及油气潜力．台湾石油地质，1994，

29：261～288

[68] 吴素慧，郭政隆，傅式齐．铁砧山地区油岩对比研究．台湾石油地质，1998，32：231～245

[69] 杜敏，王兰生，谢帮华等．四川盆地上三叠统须家河组烃源特征及天然气成因判识．石油勘探与开发，待刊

[70] 李明诚．石油与天然气运移（第二版）．北京：石油工业出版社，1994. 27～31

[71] 陈锦石，陈文正．碳同位素地质学概论．北京：地质出版社，1983. 128～129

[72] 陈义才，沈忠民，李延均等．大宛齐油田溶解气扩散特征及其扩散量的计算．石油勘探与开发，2002，29（2）：58～60

[73] 戴金星，何斌，孙永祥等．中亚煤成气聚集域形成及其源岩——中亚煤成气聚集域研究之一．石油勘探与开发，1995，22（3）：1～6

[74] 李国玉，金之钧．新编世界含油气盆地图集（下册）．北京：石油工业出版社，2005. 161～163

[75] 中俄土合作研究项目组．中俄土天然气地质研究新进展．北京：石油工业出版社，1995. 144

[76] 张水昌，朱光有．中国沉积盆地大中型气田分布与天然气成因．中国科学（D辑），2007，37（增刊Ⅱ）：1～11

[77] 马永生，郭旭升，郭彤楼等．四川盆地普光大型气田的发现与勘探启示．地质论评，2005，51（4）：477～480

[78] 冉隆辉，陈更生，徐仁芬．中国海相油气田勘探实例（之一）——四川盆地罗家寨大型气田的发现和探明．海相油气地质，2005，10（1）：43～47

[79] 张水昌，朱光有，陈建平等．四川盆地川东北部飞仙关组高含硫化氢大型气田群气源探讨．科学通报，2007，52（增刊Ⅰ）：86～94

[80] Fang H，Guo T L，Zhu Y M，*et al.* Source rocks for the Giant Puguang Gas Field，Sichuan Basin：Implication for pet roleum exploration in marine sequences in South China. Acta Geologica Sinica，2008，in press

[81] 胡光灿，谢姚祥．中国四川东部高陡构造石炭系气田．北京：石油工业出版社，1997. 47～62.

[82] 王世谦．四川盆地侏罗系—震旦系天然气地球化学特征．天然气工业，1994，14（6）：1～5

[83] 张士亚，郜建军，蒋泰然．利用乙烷碳同位素判别天然气类型的一种新方法．地质矿产部石油地质研究所．石油与天然气地质文集（第一集）．北京：地质出版社，1988. 45～58

[84] 新疆石油地质编辑部．龙岗气田有望成为中国最大天然气田．新疆石油地质，2007，28（4）：435

[85] 谭蓉蓉．川东北海相天然气勘探取得又一重大成果．天然气工业，2008，28（2）：135

[86] 陈盛吉，谢帮华，万茂霞，等．川北地区礁滩的烃源条件与资源潜力分析．天然气勘探与开发，2007，30（4）：1～5

煤成气是中国天然气工业的主角*

中国天然气工业已进入迅速发展时期，发展的速度越来越快，这由以下两个主要标志体现出来：其一，天然气年探明地质储量日益增长，至 2007 年年底全国探明天然气总地质储量为 59436.86 亿 m^3，近 5 年平均年探明储量为 5142 亿 m^3。目前年平均探明天然气储量相当于 1949 年至 1988 年 40 年累积探明储量（5127 亿 m^3）。其二，天然气年产量日益增多（图 1）。2007 年中国天然气产量为 694.05 亿 m^3，现在全国平均日产气量为 1.8986 亿 m^3，大于 1958 年全国年产量（1.0643 亿 m^3）。中国天然气年产量从 100 亿 m^3 至近 700 亿 m^3，每提高 100 亿 m^3 所需时间分别是 20 年、5 年、3 年、1.11 年、1.06 年和 0.997 年（图 1）。中国近期天然气工业出现的大好形势与煤成气的研究、勘探和开发密不可分。如中国发现的储量最大的气田是煤成气田（苏里格气田），中国大气田中储量丰度最高（59 亿 m^3/km^2）的克拉 2 气田也是煤成气田，后者在近年投入开发后便成为全国产量最大的气田，2007 年产天然气 111.39 亿 m^3，成为中国第一个年产超 100 亿 m^3 的气田。该气田 2007 年产量占全国天然气总产量的 16%。

煤成气是中国天然气工业的主角，在以下诸多方面体现出来。

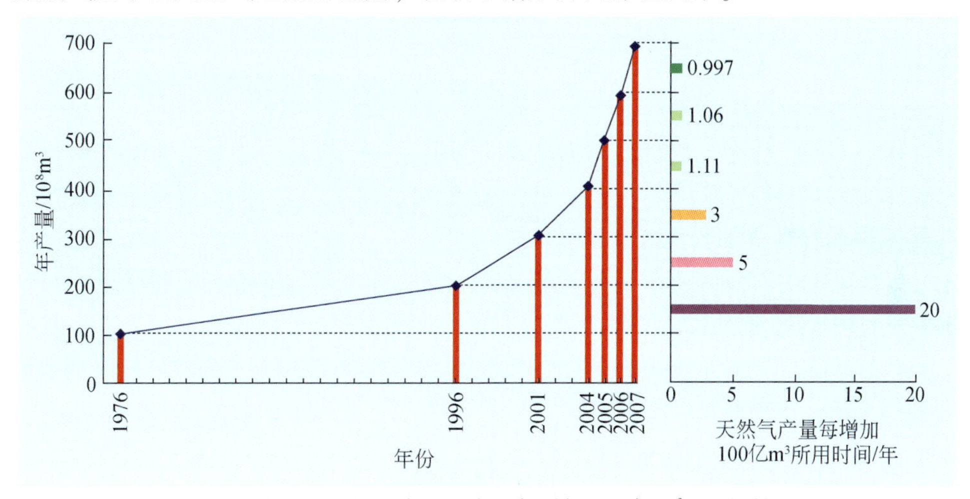

图 1　中国天然气年产量和产量每增加 100 亿 m^3 所需时间

一、煤成气是中国天然气储量的主体

1979 年我国出现了煤成气理论，在此之前仅以油型气理论指导天然气勘探，天然气探明储量小，1978 年年底全国累计探明天然气储量仅为 2264.33 亿 m^3。油型气理论认为

---

* 原载于《天然气地球科学》，2008，第 19 卷，第 6 期，733～740，作者还有杨春、胡国艺、倪云燕、陶小晚。

天然气均由低等生物形成，认为高等植物形成的煤系不是天然气勘探的气源岩和勘探目标。而煤成气理论则认为煤系是主要气源岩，是天然气的重要探区和目标，必须加强煤系有关气源地区的研究、评价和勘探。故煤成气理论的出现使中国天然气勘探指导理论从单一油型气“一元论”转变为煤成气和油型气理论指导勘探的“两元论”，从而使中国天然气探明储量不断增加[1,2]。中国天然气储量日益增长与煤成气占全国天然气储量比例日益增大基本呈正比（图2）。

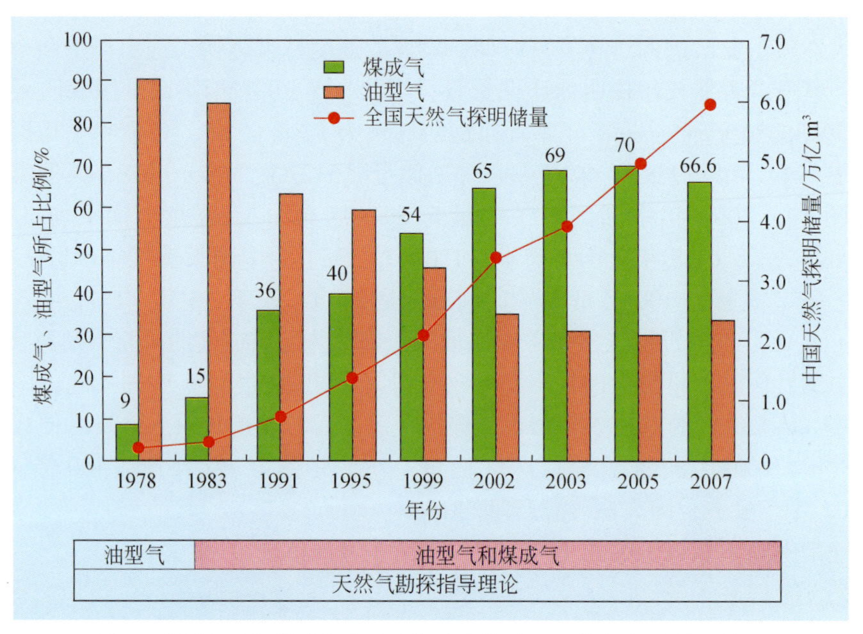

图2 中国各时期煤成气和油型气比例与全国天然气探明储量关系

2007年年底中国煤成气探明总地质储量为39583.80亿 m^3，占全国天然气探明总地质储量的66.60%，也就是说我国目前发现的天然气储量有2/3是煤成气。由图2可见：2005年我国煤成气占全国天然气总地质储量的70%。2006年至2007年年底其比例略有下降，这与此期间发现了一批油型气大气田（铁山坡、渡口河、塔中1号和塔河等气田）有关。苏联有大约65%探明的天然气资源分布在含煤地层中[3]，与我国2007年年底的相应比值十分接近。荷兰、土库曼斯坦和乌兹别克斯坦探明天然气总储量中煤成气均占90%以上。说明世界上一些重要产气国，煤成气储量在天然气总储量中也起主要作用。

二、煤成气大气田主宰着中国天然气储量

世界天然气工业实践证明，勘探与开发大气田是一个国家快速发展天然气工业的重要途径之一。大气田是天然气工业发展的基础。俄罗斯、美国、加拿大、伊朗、卡塔尔、英国、荷兰和土库曼斯坦等世界天然气储量和产气大国，均以发现与开发大气田为支柱而跻身世界天然气强国。俄罗斯（苏联）由于发现并开发了超大型气田（储量大于5000亿 m^3）和大气田（储量为300亿~5000亿 m^3），才使其从贫气国成为世界第一位的天然气储量和产气大国，2007年探明储量为44.65万亿 m^3，占世界总储量的25.2%；当年产气6074亿 m^3，占世界产气量的20.6%。但在1950年苏联还被认为是贫气国，探明天然

气储量不足 2230 亿 m^3，年产气量仅 57.6 亿 m^3。1960 ~ 1990 年，苏联天然气储量从 18548 亿 m^3 增长到 453069 亿 m^3，天然气产量从 453 亿 m^3 增长到 8150 亿 m^3，增加了近 17 倍。这是因为在此期间发现了 40 多个超大型气田和大气田。由于这些超大型气田及大气田的发现和部分投入开发，1983 年苏联产气量超过美国一跃成为世界第一产气大国[4]，并一直保持至今。上述已指出俄罗斯天然气储量中以煤成气为主，仅西西伯利亚盆地就发现原始可采储量 1 万亿 m^3 以上的超大型气田 11 个[4]。其中最大的是乌连戈依气田，名列第二的是亚姆堡气田。乌连戈依气田 1991 年高峰期产量为 2569 亿 m^3[5]，占当年俄罗斯产气量的 31.7% 与世界产气量的 11.7%。俄罗斯天然气是煤成气起主宰作用的一个范例，荷兰与土库曼斯坦与之相似，中国与这些国家也有相似之处。由于世界天然气强国各自地质条件不同，因而也并不全是以煤成气为主，如伊朗、卡塔尔的天然气主要是油型气。

中国天然气工业的快速发展，也是依靠对大气田的研究、勘探与开发，特别是依靠对煤成气大气田的研究、勘探与开发。至 2007 年年底，我国发现储量大于 300 亿 m^3 的大气田 41 个（除台湾省外，图 3）。41 个大气田探明总地质储量为 46557.4 亿 m^3，占全国天

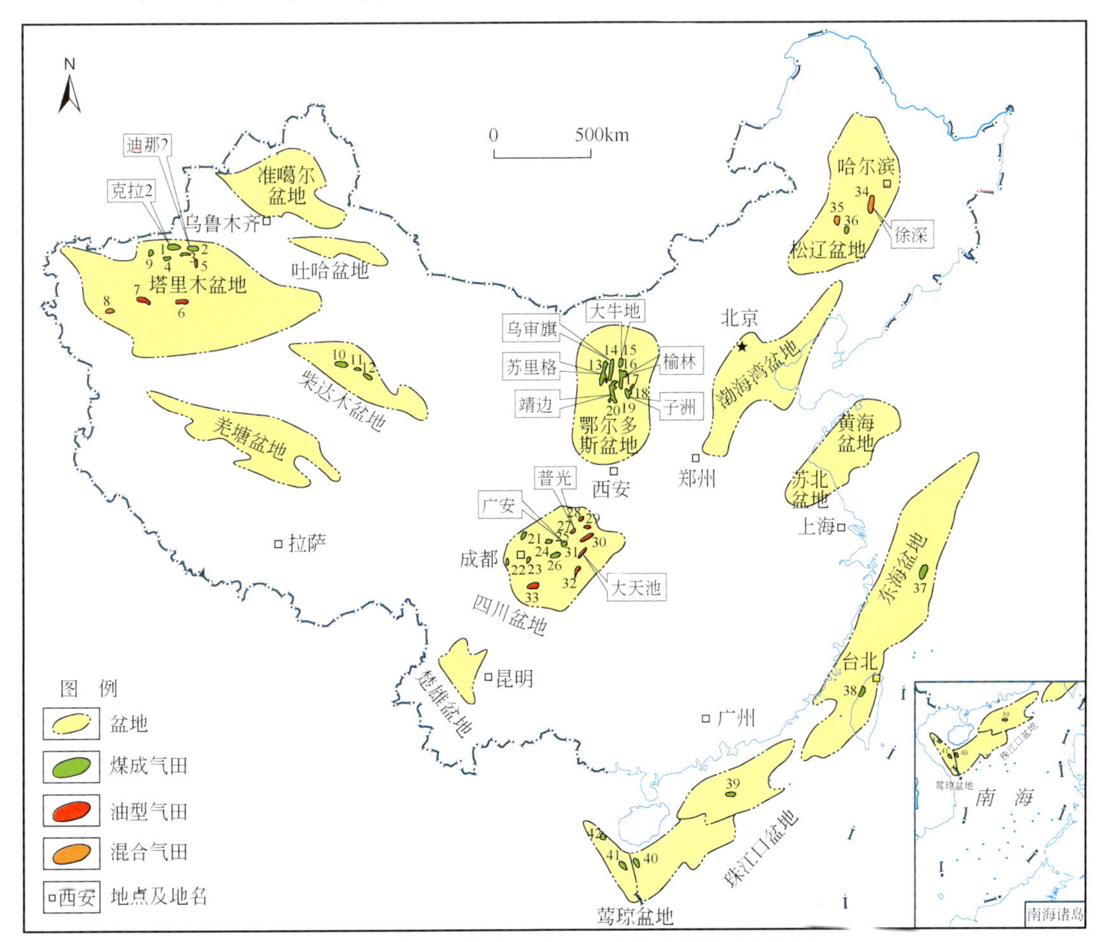

图 3 中国大气田分布示意（含台湾省的铁砧山气田）

1. 克拉 2；2. 迪那 2；3. 牙哈；4. 英买 7；5. 塔河；6. 塔中 1；7. 和田河；8. 柯克亚；9. 大北 1；10. 台南；11. 涩北一号；12. 涩北二号；13. 苏里格；14. 乌审旗；15. 大牛地；16. 神木；17. 榆林；18. 长东；19. 子洲；20. 靖边；21. 新场；22. 邛西；23. 洛带；24. 八角场；25. 广安；26. 磨溪；27. 普光；28. 铁山坡；29. 渡口河；30. 罗家寨；31. 大天池；32. 卧龙河；33. 威远；34. 徐深；35. 长岭 1 号；36. 松南；37. 春晓；38. 铁砧山；39. 番禺 30-1；40. 崖 13-1；41. 乐东 22-1；42. 东方 1-1

然气总储量的78.3%。在41个大气田中煤成气储量为35926.74亿m^3，占全国大气田总储量的77.1%；煤成气大气田总储量占全国探明天然气总储量的60.45%。由此可见，煤成气大气田在大气田中占主要地位。

在我国41个大气田中储量在1000亿m^3以上的有12个，按储量由大至小依次是苏里格、靖边、普光、大牛地、克拉2、徐深、榆林、迪那2、广安、子洲、大天池和乌审旗气田(图4)。其中苏里格气田是目前中国最大气田，探明地质储量为5336.5亿m^3[6,7]。在这12个储量大于1000亿m^3的大气田中除四川盆地大天池大气田是油型气、徐深大气田是煤成气和无机成因烷烃气的混合气、普光大气田是油型气和煤成气的混合气之外，其余九个大气田均是煤成气占绝大部分的大气田。这也说明煤成气在我国最大一批气田中起主角作用。

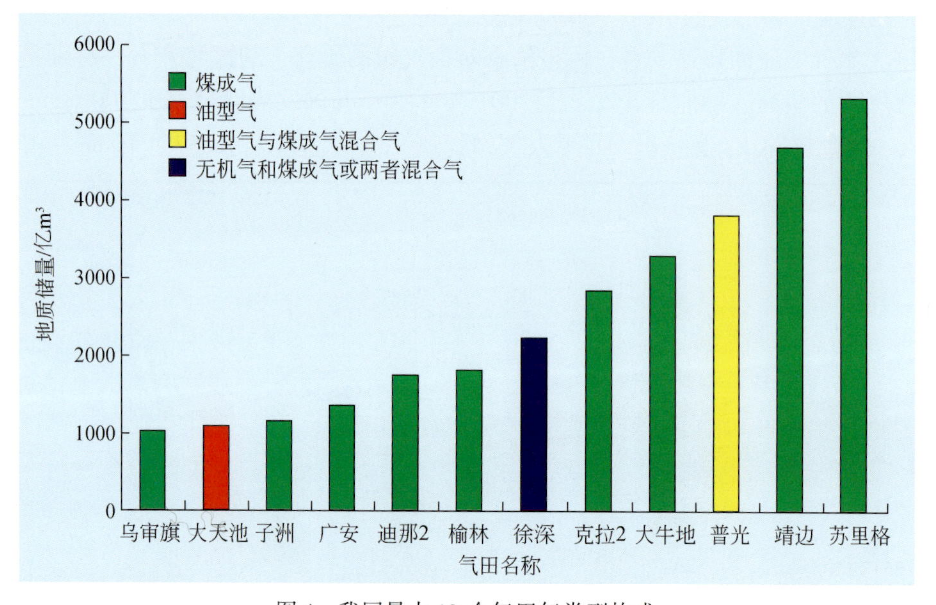

图4　我国最大12个气田气类型构成

徐深（庆深）大气田气源是无机烷烃气和煤成气或二者混合气。对两种气源谁为主谁为次，目前有两种观点：其一，以煤成气为主的混合气源[8~10]；其二，以无机烷烃气为主或无机烷烃气为主煤成气为辅的混合气源[11,12]。

徐深大气田是由大小不同气田（藏）群组合构成的大气田，其主力气田有兴城气田和升平气田等（图5）。表1为徐深大气田中沿徐中断裂带由北向南分布的主要气田和有关气藏烷烃气碳同位素组成。

关于天然气成因类型的鉴别，前人[13~16]研究成果指出：$\delta^{13}C_1>\delta^{13}C_2>\delta^{13}C_3>\delta^{13}C_4$为无机烷烃气；$\delta^{13}C_1<\delta^{13}C_2<\delta^{13}C_3<\delta^{13}C_4$为有机烷烃气，其中当$\delta^{13}C_2>-27.5‰$为煤成气；当烷烃气分子中碳数逐渐增大或减少，其碳同位素值不顺序变重或减少而产生碳同位素倒转是混合气的特征。据以上鉴别原则，由表1和图5可知，徐深大气田组成的诸气田气类型为：汪家屯气田为煤成气和混合气；升平气田以无机烷烃气为主，含有煤成气和混合气；兴城气田为无机烷烃气；徐深7气藏为无机烷烃气；徐深3-徐深9气田为无机烷烃气和混合气。综合以上诸气田的气类型，可见徐深大气田气的类型以无机烷烃气为主，同时含有部分煤成气及两者的混合气。

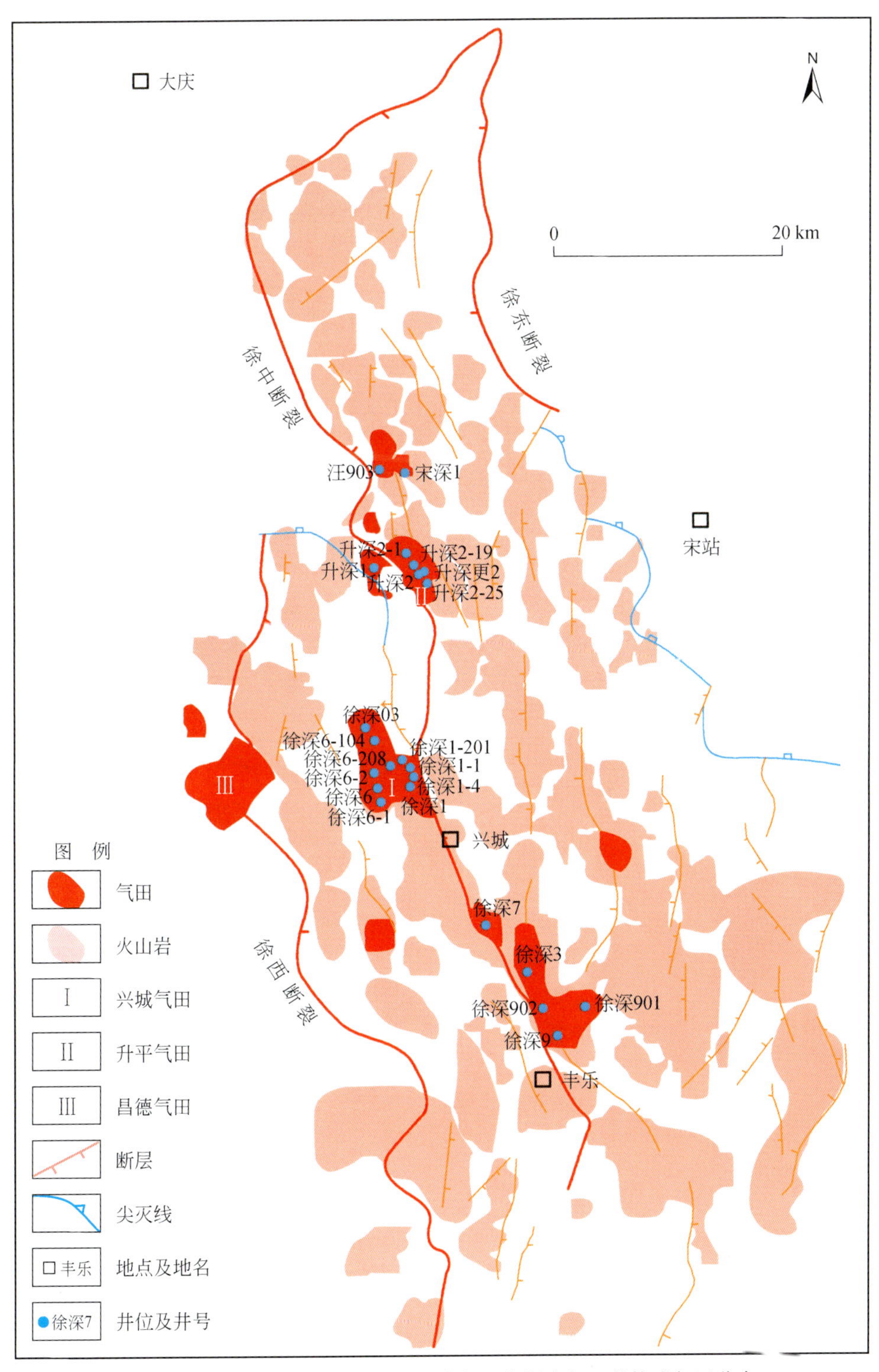

图5 徐家围子断陷营城组火山岩分布及徐深大气田的构成气田分布

表 1　徐深大气田沿徐中断裂带由北向南各气田气井天然气组分、碳同位素及类型

气田（藏）	井号	层位	井深/m	天然气主要组分/%						$\delta^{13}C$/‰, PDB				天然气的类型
				CH_4	C_2H_6	C_3H_8	iC_4 nC_4	CO_2	N_2	$\delta^{13}C_1$	$\delta^{13}C_2$	$\delta^{13}C_3$	$\delta i^{13}C_4$	
汪家屯	宋深 1	K_1d	2678.0～2713.8	93.74	2.06	0.51	0.10　0.08	0.19	3.29	-26.1	-24.7	-24.1	-22.4	煤成气
	汪 903		2651.8～2670.8	95.68	1.45	0.17	0.01　0.02	0.57	1.18		-28.6	-24.3	-25.9　-22.7	混合气
升平	升深 1	K_1d	2678.0～2713.8	93.74	2.06	0.51	0.10　0.08	0.19	3.29	-26.1	-24.7	-24.1	-22.4	煤成气
	升深 2	K_1d	3819.2～3822.2	94.60	1.57	0.29	0.02　0.05	0.16	3.29	-27.8	-29.1	-30.6	NA　-30.8	无机气
	升深 2-1	K_1yc	2860～2869	92.68	1.46	0.22	0.33	2.59	2.90	-26.8	-29.1	-33.5	-35.3　-37.8	无机气
	升深 2-25	K_1yc	2909～2917	92.65	1.44	0.29	0.03	2.61	2.89	-26.6	-28.8	-32.6	-34.8　-36.5	无机气
	升深更 2	K_1yc	2955～2965	91.98	1.44	0.19	0.03	0.71	3.60	-27.2	-28.1	-32.7	-33.9　-36.0	无机气
	升深 2-19	K_1yc	2887～2915							-28.1	-27.9	-32.4	-33.6	混合气
兴城	徐深 1	K_1yc	3440～3750	92.62	2.62	0.78	0.26	2.25	1.43	-27.4	-32.3	-33.9	-34.7	无机气
	徐深 1-1	K_1yc	3416～3424	93.94	2.13	0.40	0.08	1.17	1.86	-28.9	-32.6	-33.3	-34.1	无机气
	徐深 1-4	K_1yc	3530～3540	94.46	2.05	0.48	0.23	1.38	1.38	-27.4	-31.8	-33.7	-34.4	无机气
	徐深 1-201	K_1yc	3358～3328	94.56	2.13	0.36	0.07	1.53	1.30	-28.6	-32.2	-34.0	-35.1	无机气
	徐深 6	K_1sh	3629～3637	95.77	2.39	0.49	0.11	0.28	0.86	-28.3	-33.2	-34.3	-34.6	无机气
	徐深 6-1	K_1yc	3613～3640	94.38	2.45	0.64	0.27	0.32	1.86	-26.9	-33.8	-34.2	-34.6	无机气
	徐深 6-2	K_1yc	3570～3759	95.41	2.25	0.47	0.10	0.21	1.53	-25.9	-32.4	-33.1	-33.7	无机气
	徐深 6-208	K_1yc	3542～3550	95.56	2.24	0.22	0.08	0.32	1.33	-28.3	-31.1	-33.5	-35.1	无机气
	徐深 6-104	K_1yc	3505～3515	95.88	2.20	0.24	0.07	0.30	1.27	-27.9	-31.1	-32.8	-34.9	无机气
	徐深 603	K_1yc	3514～3521	95.48	2.17	0.28	0.08	0.45	1.47	-27.0	-30.4	-32.3	-34.3	无机气
徐深 7	徐深 7	K_1yc	3874～3880	94.72	2.48	0.43	0.13　0.09	1.44	1.64	-27.2	-32.7	-33.0	-33.4	无机气
徐深 3-徐深 9	徐深 3	K_1yc	3800～3806	92.29	2.34	0.40	0.14　0.09	1.99	2.63	-22.7	-32.1			无机气
	徐深 901	K_1yc	3892～3911.5	86.05	2.06	0.37	0.08　0.05	5.35	5.49	-22.4	-32.0	-32.8		无机气
	徐深 902	K_1yc	3770～3779	92.05	2.10	0.32	0.12　0.07	2.81	2.44	-27.8	-33.5	-33.6	-30.7　-35.2	混合气
	徐深 9	K_1yc	3592～3675	89.87	2.04	0.30	0.06　0.05	5.23	2.29	-27.5	-33.5	-34.4	-29.1　-30.5	混合气

普光大气田气源是以油型裂解气或煤成气为主，或者为两者混合气。其气源岩以龙潭组海陆交互相煤系或志留系海相气源岩为主，或者为两源，各家意见不一，综合起来有4种观点：其一，主要为油型裂解气，古油藏原油来自上二叠统[17,18]；其二，以油型气为主，其来自志留系海相原油的晚期热解气[19]；其三，是龙潭组煤系形成的煤成气和油型裂解气二者的混合气[20,21]；其四，主要是龙潭组生成的煤成气，但混有志留系生成的原油裂解气[22]。

普光气田天然气以甲烷为主（70% 以上）含有少量乙烷、丙烷（表2），所以烷烃气碳同位素是鉴别其气类型的最佳途径。表2 是笔者和有关研究人员[17,18,20,22]测试的普光气田各井主要产层飞仙关组和长兴组以及龙潭组和须家河组两个次要层系天然气的烷烃气碳同位素组成。从表2 可知：飞仙关组 $\delta^{13}C_1$ 绝大部分为-30‰ 级。个别井碳同位素重的达-29‰ 级（普光3 井、普光6 井），个别井碳同位素轻的为-31‰ 级（普光1 井、普光2井、普光7 侧1 井）和-33‰ 级（普光5 井、普光6 井）；长兴组 $\delta^{13}C_1$ 也主要在-30‰级，个别井碳同位素轻的为-31‰ 级（普光9 井）。四川盆地威远气田腐泥型气源岩是寒武系，也是目前四川盆地成熟度最高气源岩形成的油型气。威远气田灯影组气藏 $\delta^{13}C_1$ 值最小的在威63 井为-32.84‰ 最大的在威27 井为-31.96‰，20 个气样平均 $\delta^{13}C_1$ 为-32.55‰；$\delta^{13}C_3$ 最大的在威2 井为-30.95‰，最小的在威30 井为-32.00%。除威39 井的 $\delta^{13}C_1 > \delta^{13}C_2$ 外，所有井的 $\delta^{13}C_1 < \delta^{13}C_2$[23]。由上可知，普光气田 $\delta^{13}C_1$ 和 $\delta^{13}C_2$ 与威远气田灯影组相比均较大，显示了煤成气的特征。多数研究者[17,18,20~22]认为普光气田的气源岩为龙潭组（P_2l）。普光2 井龙潭组 $\delta^{13}C_1$ 为-30.60‰，与普光气田主要储层飞仙关组（T_1f）的 $\delta^{13}C_1$ 为-30.1‰～-30.9‰、长兴组（P_2ch）的 $\delta^{13}C_1$ 为-30.1‰～-30.6‰ 几乎相同，这也说明普光气田天然气类型主要是煤成气。由表2 可见普光8 井、普光9 井出现 $\delta^{13}C_1 < \delta^{13}C_2$，并且 $\delta^{13}C_2$ 值比该气田所有井的小，说明在普光气田东部边缘气源有较多油型气的混入，具混合气的特征。

三、大产气区生产的主要是煤成气

邹才能和陶士振[24]对中国大气区和大气田的地质特征进行了较全面的研究。大产气区首先必须在大气区中。大产气区必须有较大产气量，未大规模开发的大气区不是大产气区。也就是说大气区具有含气性好，储量规模大，同开发与否、产量大小的关系不密切。而大产气区则与开发程度、产量大小因素紧密相关，是大开发、大产气量时间段的大气区。如10 年前的库车拗陷，从含气性、储量规模已具备大气区条件，但它不是大产气区，只有近3～5 年来进入较大规模的开发，产量已相当大后才成为大产气区。根据我国具体情况，把年产气层气量达到或超过30 亿 m^3 的大气区称为大产气区。在2007 年我国已有四川盆地、塔里木盆地（主要在库车拗陷）、鄂尔多斯盆地（主要在盆地北部）、莺琼盆地和柴达木盆地（三湖拗陷）五 个大产气区。

根据国土资源部石油天然气储量评审办公室各大产气区诸气田产气量统计，上述五个大产气区2007 年产气量分别为：四川盆地169.47 亿 m^3，塔里木盆地154.89 亿 m^3，鄂尔多斯盆地123.03 亿 m^3，莺琼盆地46.45 亿 m^3，柴达木盆地33.12 亿 m^3。

表 2　普光大气田天然气组分和碳同位素

井号	层位	井深/m	天然气主要组分/%						碳同位素值 $\delta^{13}C$/‰,PDB			资料来源
			CH_4	C_2H_6	C_3H_8	H_2S	CO_2	N_2	$\delta^{13}C_1$	$\delta^{13}C_2$	$\delta^{13}C_3$	
普光 2	T_1f	4801	76. 1	0. 02	0	15. 5	7. 71	0. 44	-30. 9	-28. 5		马永生等,2007[20]
普光 2	T_1f	4958	74. 3	0. 22	0	17. 2	7. 9	0. 42	-30. 5	-29. 1		
普光 2	T_1f	5027	80	0. 06	0	14. 7	2. 55	0. 46				
普光 2	T_1f	5062	75. 6	0. 11	0	15. 8	7. 96	0. 44	-31. 0	-28. 8		
普光 2	P_2ch	5259	75	0. 33	0. 001	15. 4	8. 73	0. 47	-30. 1	-27. 7		
普光 2	P_2ch	5315	74. 2	0. 02	0. 001	16	9. 46		-30. 6	-25. 2		
普光 2	T1f	4911	76. 02	0. 02	0	15. 58	7. 81	0. 44	-30. 9	-28. 5		张水昌等,2007[7]
普光 2	T1f		75. 09	0. 02	0	14. 6	9. 04		-30. 2			
普光 2	P_2ch		74. 22	0. 02	0	15. 96	9. 46		-30. 1			
普光 2	T_1f	4776～4826	76. 69	0. 19	0	14. 8	7. 89	0. 4	-30. 9	-28. 5		Hao Fang *et al.* ,2008[18]
普光 2	T_1f	4959. 6	74. 46	C2+0. 22		16. 89	7. 89	0. 51	-30. 45	-29. 1		
普光 2	T_1f	5259. 3	75. 07	C2+0. 24		15. 66	8. 57	0. 43	-30. 1	-26. 7		
普光 2	P_2l	5314. 6	74. 2	0. 02		16	9. 46	0. 55	-30. 6	-25. 2		
普光 1	T_1f	5601. 5～5667. 5	77. 91	0. 02	0	12. 31	9. 07	0. 65	-31. 1	-25. 0	-27. 96	朱扬明等,2008[17]
普光 2	T_3x	3428～3429. 15	97. 03	0. 51	0. 06	0	0. 3	2. 03	-30. 8	-26. 0		
普光 3	T_1f^3	5295. 8～5349. 3	71. 16	0. 02	0. 01	9. 27	18. 03	0. 55	-29. 7			
普光 3	T_1f^2	5423. 6～5443	36. 01	0	0	45. 55	16. 56	0. 59	-29. 9			
普光 3	T_1f^2	5448. 3～5469. 2	22. 06	0. 05	0	62. 17	15. 32	0. 29	-30. 2			
普光 5	T_1j^1	4486～4500	89. 02	0. 05	0. 07		8. 27	0. 79	-31. 0			
普光 5	T_1f^3	4830～4868	90. 45	0. 06	0. 01	5. 1	7. 87	1. 51	-33. 7			
普光 6	T_1f^3	4850. 7～4892. 8	89. 88	0. 06	0. 02	6. 62	8. 62	1. 36	-33. 1			
普光 6	T_1f^{2-1}	5030～5158	75. 5	0. 03	0	13. 92	9. 92	0. 59	-29. 5			
普光 7 侧 1	T_1f^2	5484. 7～5546. 7	78. 31	0. 12	0	12. 5	8. 44	0. 29	-31. 9			
普光 8	$T_1f—P_2ch$	5502～5592	81. 75	0. 01	0. 01	6. 15	9. 19	2. 8	-32. 4			
普光 9	T_1f^{1-3}	5915. 8～5993	77. 42	0. 04	0. 02	13. 92	8. 08	0. 47	-31. 1			
普光 9	P_2ch	6110～6130	70. 53	0. 03	0	14. 6	14. 1	0. 61	-31. 3	-23. 9		
普光 8	$T_1f—P_2ch$	5502～5592	84. 23	0. 22	0. 09		8. 47	6. 89	-29. 6	-30. 6		本文
普光 9	P_2ch		84. 24	0. 58	0. 29		13. 67	1. 02	-30. 0	-31. 5		

天然气成因分类有多种依据，依气源岩的干酪根类型，可分为油型气或腐泥气和煤成气或腐殖气；依成气源岩成熟度可分为生物气、热解气和裂解气。柴达木盆地三湖拗陷天然气是未成熟烃源岩形成的生物气，但烃源岩有机质类型以Ⅲ型为主，有少部分$Ⅱ_2$型[25]，因此属于煤成气范畴。据此，统计了四川盆地、塔里木盆地、鄂尔多斯盆地、莺琼盆地和柴达木盆地 5 个大产气区 2007 年生产的煤成气，分别为 44.55 亿 m^3、139.43 亿 m^3、123.03 亿 m^3、46.45 亿 m^3和 33.12 亿 m^3。其中鄂尔多斯盆地和莺琼盆地大气区产出 100% 为煤成气。

从图 6 可见，除四川盆地大产气区煤成气产量仅占 26.29% 以外，塔里木盆地、鄂尔多斯盆地、莺琼盆地和柴达木盆地大产气区产的天然气中煤成气均占 90% ~100%。

四、结论

（1）2007 年年底中国煤成气探明总地质储量为 39583.80 亿 m^3，占全国天然气探明总地质储量的 66.60%。

（2）2007 年年底中国发现储量大于 300 亿 m^3的大气田 41 个（除台湾省外）。在这 41 个大气田中煤成气大气田的总储量为 35926.74 亿 m^3，占全国探明天然气总储量的 60.45%。在中国探明储量大于 1000 亿 m^3的 12 个大气田中，有九个为煤成气大气田。

（3）2007 年年底中国有年产气量 30 亿 m^3以上的大产气区 gg 个（四川盆地、塔里木盆地、鄂尔多斯盆地、莺琼盆地和柴达木盆地），除四川盆地大产气区煤成气占 26.29% 外，鄂尔多斯盆地和莺琼盆地大产气区所产气 100% 为煤成气，柴达木盆地和塔里木盆地大产气区所产天然气中煤成气分别占 99.97% 和 90.02%。

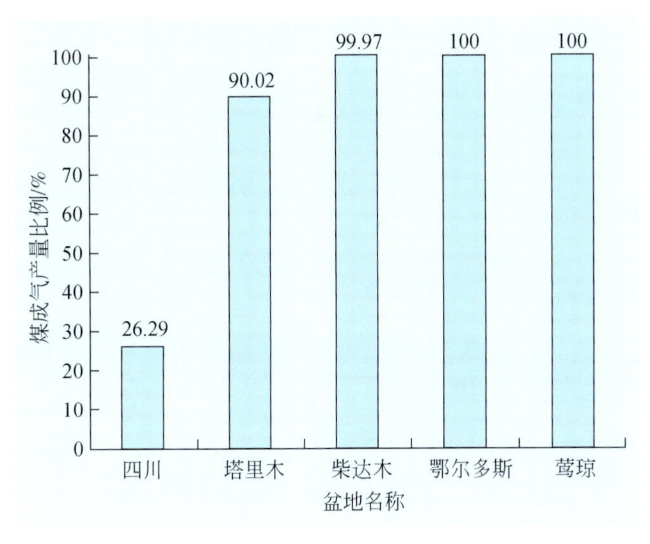

图 6　我国五大产气区中煤成气占各大气区产量比例

参 考 文 献

［1］傅诚德．天然气科学研究促进了中国天然气工业的起飞．见：戴金星，傅诚德，关德范．天然气地质研究新进展．北京：石油工业出版社，1997. 1 ~ 11

[2] 戴金星，秦胜飞，陶士振等．中国天然气工业发展趋势和天然气地学理论重要进展．天然气地球科学，2005，16（2）：127～142.
[3] Жабрев И Л，и др. Генезне газа и лрогноз газоносюсти. Гелогия Нефти и Газа，1979，（9）
[4] 戴金星．加强天然气地学研究勘探更多大气田．天然气地球科学，2003，14（1）：3～14
[5] 李国玉，金之钧．新编世界含油气盆地图集（下册）．北京：石油工业出版社，2005. 526～527
[6] 戴金星，邹才能，陶士振，等．中国大气田形成条件和主控因素．天然气地球科学，2007，18（4）：473～484
[7] 张水昌，朱光有．中国沉积盆地大中型气田分布与天然气成因．中国科学（D辑），2007，37（增刊Ⅱ）：1～11
[8] 冯子辉，刘伟．徐家围子断陷深层天然气的成因类型研究．天然气工业，2006，26（6）：18～20
[9] 张居和，冯子辉，霍秋立等．混源天然气源岩贡献定量测试轻烃指纹技术．石油学报，2006，27（增刊）：71～75
[10] Feng Z Q. Volcanic rocks as prolific gas reservoir：A case study from the Qingshen gas field in the Songliao Basin，NE China. Marine and Petroleum Geology，2008，25（4-5）：416～432
[11] 杨玉峰，张秋，黄海平等．松辽盆地徐家围子断陷无机成因天然气及其成藏模式．地学前缘，2000，7（4）：523～533
[12] 侯启军，杨玉峰．松辽盆地无机成因天然气及勘探方向探讨．天然气工业，2002，22（3）：5～10
[13] Dai J，Xia X，Qin S，*et al.* Origins of partially reversed alkaneδ13C values for biogenic gases in China. Organic Geochemistry，2004，35（4）：405～411
[14] Hosgormez H. Origin of the natural gas seep of Cirali（Chimera），Turkey：Site of the first Olympic fire. Journal of Asian Earth Sciences，2007，30（1）：131～141
[15] Galimov E M. Isotope organic geochemistry. Organic Geochemistry，2006，37（10）：1200～1262
[16] 戴金星．天然气碳氢同位素特征和各类天然气鉴别．天然气地球科学，1993：4（2～3）：1～40
[17] 朱扬明，王积宝，郝芳等．川东宣汉地区天然气地球化学特征及成因．地质科学，2008，43（3）：518～532
[18] Fang H. Evidence for multiple stages of oil cracking and thermochemical sulfate reduction in the Pugang gas field，Sichuan Basin，China. AAPG Bulletin，2008，92（5）：611～637
[19] 赵喆，钟宁宁，李艳霞等．生烃化学动力学在川东北普光气田的应用．石油勘探与开发，2006，33（6）：682～686
[20] 马永生，蔡勋育，郭彤楼．四川盆地普光大型气田油气充注与富集成藏的主控因素．科学通报，2007，52（增刊Ⅰ）：149～155
[21] Ma Y S，Zhang S C，Guo T L，*et al.* Petroleum geology of the Puguang sour gas field in Sichuan Basin，SW China. Marine and Petroleum Geology，2008，25：357～370
[22] 张水昌，朱光有，陈建平等．四川盆地川东北部飞仙关组高含硫化氢大型气田群气源探讨．科学通报，2007，52（增刊Ⅰ）：86～94
[23] 戴金星．威远气田成藏期及气源．石油实验地质，2003，25（5）：473～480
[24] 邹才能，陶士振．中国大气区和大气田的地质特征．中国科学（D辑），2007，37（增刊Ⅱ）：12～28
[25] 戴金星，陈践发，钟宁宁，等．中国大气田及气源．北京：科学出版社．2003. 73～93

油气藏形成机制与开发研究*

我国是一个油气资源丰富的国家，过去50多年，我国石油工业取得了辉煌成就，地质系统的科学家做出了巨大贡献。大地构造学研究决定了20世纪50年代中国石油勘探战略方向的正确选择，经过几代人的努力而建立、发展、完善的陆相石油地质理论（戴金星，2004）、源于松辽盆地油气勘探的成油体系理论（比内涵一致的国外含油气系统理论早10年）、源于渤海湾油气勘探的复式油气聚集带理论、源于中西部油气勘探的叠合盆地成油理论、经“六五”以来20多年科技攻关和勘探开发实践逐步建立、发展、完善的现代中国天然气地质学理论（戴金星等，1992，1996）、使大庆油田能够年产5000万t并稳定20年以上的陆相非均质砂岩油气田开发理论以及确保海相碳酸盐岩地层发育区油气田产量大幅度增加的裂缝-孔隙型碳酸盐岩油气田开发理论，奠定了我国石油天然气工业从创业到辉煌发展的理论基础，而构造地质学、沉积地质学、有机地球化学、成藏地质学及开发地质学的发展，则既是上述特色性综合理论得以建立的基础学科，也是解决勘探开发过程各阶段具体问题的理论依据。

目前，我国油气产、储量仍在稳定上升之中，尤其是天然气更是处于快速发展期，如2007年中国油（气）年产量为1.87亿t（693.1亿m^3），同比增长1.1%（18.4%）（中华人民共和国国家统计局，2008），但由于我国国民经济发展规模和发展速度更快，以及人口众多，人民生活水平日益提高，我国油气产储量的增长已远不能满足需要。中国自1993年开始纯进口石油，2007年进口量达1.968亿t（原油1.63亿t，成品油3380万t），约占我国石油消费总量的52%（张娥，2008），全年进口石油共支出962亿美元，同年天然气（LNG）也开始进口。预计到2020年我国石油消费可能达6.2亿t，对外依赖程度可能达到73%，而天然气消费可能达2000亿~2500亿m^3，缺口500亿~1000亿m^3左右，出现这种情况并非我国资源潜力不足；相反，我国油气资源还较丰富，目前，国际油气可采资源探明率分别为39%、23%，而中国油气可采资源探明率只有34.7%和15.3%，可见还有发展空间。因此，加强油气藏形成机制和油气开发研究，进一步提高油气地质理论水平和勘探开发技术，加速我国天然气工业发展，才是问题的关键和当务之急，这既是国家安全和国民经济稳定发展的迫切需要，也是利用国内外两种资源的需要。

今后15年，我国陆上，油气勘探仍将以松辽、渤海湾、四川、鄂尔多斯、柴达木、准噶尔、塔里木7个大型盆地为重点；海域，除东、南海疆目前探区外，将相机向深水区发展。地理上沙漠、山地、滩海、深海施工难度大的地区越来越多，地质上，除复杂性加大外，新领域、新类型、新层系将会增多，加大了理论认识和勘探开发的技术难度，所

---

* 原载于《21世纪中国地球科学发展战略报告》，北京：科学出版社，2009，320~334，作者还有贾承造，钱凯，郑军卫。

以，今后研究任务将会更重。

针对上述勘探对象与理论技术难点，研究至少要包括 6 个方面：盆地构造学、沉积学和储层地质学、油气地球化学、天然气地质学、油气藏地质学、开发地质学，而每个方面的研究重点将由其自身的作用，发展趋势和客观需求决定。

一、含油气盆地构造学研究

盆地是油气等能源储存的重要场所，为构造地质学研究的主要对象之一。含油气盆地构造分析是以板块构造学说为基础，以大陆动力学新进展为指导，应用构造地质学原理与方法对含油气区的构造特征进行研究，从而探讨构造对盆地沉积、油气成藏与油气田分布的控制因素。

1. 国内外研究现状

由于构造地质学理论的不断创新，岩石物理模拟实验、数值模拟技术的不断进步，尤其是地球物理技术（二维与三维数字地震勘探技术）的飞跃发展，对油区构造研究取得了很大的进展，目前主要体现在 4 个方面。

1）盆地分析

国外通过对气候、沉积物供给与盆地沉降速率之间，沉降、隆升机制与地幔过程、板块构造之间成因关系的研究，实现了沉积盆地的动态模拟。

中国学者在系统研究盆地构造特征与石油地质特点的基础上，特别指出了中国大多数盆地具有不同性质的盆地在横向上复合或纵向上叠加的特点，具有叠合复合盆地的性质。并具有相应的油气聚集规律。

2）盆地地球动力学研究

现在已可以模拟盆地的沉降机制、沉积充填、热史及其对含油气性的控制。提出了盆地模型的概念，如伸展盆地、壳上负荷盆地或挠曲盆地等。

中国三维数字地震技术在含油气盆地中的广泛应用，为盆地构造研究提供更为精确的几何学形态；中西部前陆盆地和前陆褶皱冲断带研究方面，发现了以克拉 2 大气田为代表的气藏，提出了复杂构造区的构造建模方法。

3）盆地构造解析的理论、技术与方法

借助于三维地震资料、岩石力学实验或数值模型，已经实现了对具体构造的解析由定性分析向定量化研究的过渡。根据褶皱、断裂机制可进行几何学、运动学规律预测和变形分布预测，这是构造地质学研究进展最快的领域，而且其基本概念不断应用到油气勘探的圈闭确定与变形分析（如裂缝预测）中。最为突出的是断层相关褶皱作用理论，中国在对此引入的基础上也有了进一步发展，提出了复杂构造区的构造建模方法，发现了以克拉 2 大气田为代表的气藏，有效地指导了塔里木盆地库车拗陷等的天然气勘探。

4）构造控油规律研究

构造对于油气的形成、运聚、保存等条件有明显的制约作用，是决定油气田分布的重要因素之一。据 Halbouty 2004 年统计全球有 799 个沉积盆地（区），1868 ~ 2003 年的 136 年间共发现了 877 个大油田。其中，特提斯构造带与环太平洋带发育了 80% 以上的大油田，其储量占到 90% 以上，主要赋存的盆地包括克拉通边缘、前陆盆地、克拉通内拗陷盆地等。

2. 发展趋势

上述研究中取得重要进展的方向，其实也正是未来发展的方向，一是因为油气形成机制和开发需要上述理论技术，二是上述每个方向上都还有需要发展和能够发展的空间。有些理论技术目前还不完善，有的其实才刚刚开始。所以含油气盆地构造学研究今后的发展趋势具有明显的继承性。

（1）进一步完善盆地分析的理论技术，扩大其应用范围。

（2）提高盆地地球动力研究的理论技术水平，发展盆地模型的概念和建模工作。

（3）大力发展盆地构造解析的理论技术和方法，更好地适应不同类型盆地、不同构造圈闭的确定与变形分析。加深扩大盆地构造带样式、成因与分布规律研究的领域，提高预测水平。

（4）从全球区域到盆地内的不同类型构造单元全面研究构造控油控气规律，提高预测水平，更好地指导成藏机制研究与油气勘探开发。

3. 今后 15 年研究重点

根据国内外现状、发展趋势和油气工业的实际需求，今后 15 年，我国盆地构造研究应用围绕盆地整体构造演化展开，其重点应是：

（1）叠合盆地研究，恢复原型盆地，把造盆作用与造山作用作为整体来进行研究，盆-山耦合的时空关系分析是其关键。

（2）应用平衡的观点，根据沉积史、古地热和地震剖面研究，建立各演化期合理的构造模式。

（3）开展盆地构造样式、类型、演化和地球动力学背景研究，以阐明我国盆地形成，分布和演化的规律性及能源潜力。

（4）地质、地球物理和地球化学综合研究，对油气盆地构造演化及油气迁移规律进行三维定量模拟。

（5）中西部前陆冲断带复杂构造地质建模研究。

（6）研究正断层组成不同形态和规模的垒堑构造、滚动背斜和掀斜断块的形成和发展演化及其控制油（气）作用。

二、沉积科学研究

1. 国内外研究现状

沉积科学（广义沉积学）是地球科学的主要基础学科之一，更是分析含油气盆地，认识油气藏形成获取烃类能源的主要理论依据之一。自 20 世纪初从地层学中分出，成为独立科学分支以来，经历了沉积岩石学、沉积学（狭义沉积学）和沉积地质学 3 个发展阶段。

19 世纪末，Sorby 率先将显微镜用于沉积岩的鉴定，开创了沉积岩石学研究的历史纪元。至 20 世纪 30 ~ 50 年代沉积岩发展已达到鼎盛时期。沉积岩石学的发展，为苏美等国

20～50 年代石油储量的第一个高速增长期做出了重要贡献。1951 年，美国学者 Douglas 发表“从沉积岩石学到沉积学”一文，正式提出沉积学是沉积岩石学发展新阶段。此后近 30 年中，在沉积学发展史上树起了两个重要里程碑，为欧美主要产油气国家产、储量高峰期的维持作出了重要贡献。第一个里程碑是由荷兰学者 Kuenen 发现并开创的浊流沉积作用的研究，打破了牵引流控制（沉积作用）论的一统天下，为研究油气储层分布提供了革命性的理论依据。第二个里程碑是美国一批沉积学家在对现代碳酸盐沉积物进行调查研究时得到的重要发现：非礁相碳酸盐岩颗粒，虽有不同的前期历史，但它们在沉积过程中的行为，与陆源碎屑颗粒一样服从沉积动力学的规律。这为认识油气形成机制和进行油气勘探开发提供了新的理论依据。

此后，沉积学研究进入爆发式发展时期，在蒸发岩、磷块岩、沉积构造、河流沉积作用、三角洲沉积作用、湖泊沉积作用、生物礁沉积作用、深海沉积作用和风成沉积作用等方面，都取得了令人瞩目的进展。沉积模拟实验也普遍受到重视。在这个爆发式发展时期，有两大划时代的重要进展：一是以“相模式”（Walker，1976）和“沉积环境与相”等为代表的环境体系与相模式研究，使沉积学研究理论和技术方法走上了系统化和可类比的境界。二是以 Mml（1985）的“构形要素分析法：应用于河流沉积相分析的新方法”和 Nemecw（1988）等提出的三角洲结构成因分析法为基础，建立了沉积作用定量地质知识库，使沉积学的层次性研究更具有可操作性，并为储层沉积学研究提供了范例。这标志着沉积学的不断完善与成熟。

沉积地质学探讨了四维空间里沉积物运动的规律，是沉积科学的最新发展，也代表了沉积科学现阶段的主流与大方向。

沉积地质学的主体还是沉积学，其差别在于将沉积过程纳入时间框架内进行研究。虽然“沉积地质学”杂志早已创刊，并提出了原则与概念，但真正揭开沉积科学新篇章的应该是 1988 年。这一年相继出版发行了“层序地层学工作手册”（Vail，1988）、“层序地层学基础”（Sagea，1988）、SEPM“层序地层学特刊”（Waganer，1988）。正是层序地层学建立起的系统原理、技术方法和等时格架层序，为将沉积作用与沉积过程纳入时间框架成为可能，也使了解沉积环境、沉积作用和沉积物在时间和空间上的变化与油气形成分布的关系成为可能。沉积岩石学从诞生到成熟大约经过了 50 年；沉积学从诞生到成熟大约经过了 30 年；而沉积地质学研究真正开始不过才十几年，已是声势浩大，应用广泛。目前正处于蓬勃发展期，未来几十年一定会大有作为。在新中国成立以后的 50 多年中，我国沉积科学研究一直坚持研究为生产服务的方向，为我国矿产资源勘探和沉积学理论做出了重要贡献（吴崇筠等，1993；冯增昭等，1994），目前已跻身国际先进行列，将会为将来的发展做出更大的贡献。

2. 发展趋势

沉积科学的上述 3 个阶段并不是相继排斥代替的关系，而是不同领域相对成熟，成长与新生的关系，是互依互补、连续进步的关系，现在各个领域都在发展之中。其总体发展趋势和研究方向是：

（1）重视理论，更强调理论向应用发展的趋势。储层沉积学、环境沉积学、比较沉积学是这个趋势的代表性方向。

（2）重视典型地区解剖，同时也强调由地区向全球发展的趋势。代表性方向有大地构造沉积学等。

（3）注重学科的深入，更强调单一学科向多学科发展的趋势。代表性方向有层序地层学等。

（4）十分重视由宏观向微观深入、定性向定量发展的趋势。代表性方向有沉积环境与相模式研究（室内、室外）、沉积作用物理模拟与数学模拟研究等。

（5）研究手段的计算机化趋势。代表性方向有：层序地层学计算机模拟研究等。

（6）强调由静态向动态发展。代表性方向有盆地古地理分析等。

总之，沉积科学已发展成为一门综合性学科，其重点是资源、环境、灾害和全球气候变化 4 个主题，特别是在矿产资源越来越紧张的 21 世纪，沉积科学必将发挥越来越重要的作用。

3. 今后 15 年研究重点

从我国社会需求和学科发展现状看，应以下列方向为重点：

1）陆相或湖相盆地碎屑岩储层沉积地质学研究

我国湖相盆地碎屑岩储层中冲积扇、河流、扇三角洲、三角洲、水下扇砂体是油气储集的主体，我国目前已开发的陆相含油气盆地中已探明和开发的油气储量 92% 赋存于陆相盆地碎屑岩储层中，因此，必须加强内陆湖盆碎屑岩储层砂体沉积地质学的研究。为全盆地岩性地层油气藏勘探提供理论支持。

2）海相碳酸盐岩储层地质学研究

我国海相碳酸盐岩分布既广（面积近 300 万 km^2）又特殊，近年来在塔里木盆地、四川盆地和鄂尔多斯盆地相继发现了大油田、大气田，迫切需要从普遍性和特殊性两方面出发加强我国海相碳酸盐岩沉积地质学和碳酸盐岩成岩作用的研究，为今后碳酸盐岩油气形成机制的认识和勘探开发服务。

3）浊流与深水扇沉积地质学研究

近 20 年来，与浊流有关的深水扇系统已成为国际油气产、储量增长的主角之一；同时，浊流理论本身也还有不完善、不适应实践需要从而必须大力修正之处。

我国开展此项研究，既有发展浊流理论的现实可能，也有对我国石油形成机制的认识与油气资源开发的重要意义。我国南海珠江口海域的大型盆地，已发现了大批相互叠置的低水位深水扇；中国的东海和南海是世界上最大的边缘海，同喜马拉雅一样，是地球科学的重要研究地区，对边缘海浊流与深水扇沉积地质学的研究，不仅是对我国，也将是对世界沉积学的贡献；我国还有广泛发育的与湖相浊积有关的深水扇，研究其沉积地质学同样具有重要的理论和实践意义。

4）层序地层学的计算机模拟研究

三维模拟是目前的主要发展方向，需采用下列数学模型：沉积作用模型、构造沉积模型、负载沉降模型、压实作用模型以及侵蚀作用模型（闫伟鹏等，2004）。随着研究的不断深入，层序地层模拟应在模拟方法、模拟设计、综合程度、模拟维数和陆相盆地应用等方面有长足的发展。研究中还要注意海陆并重，海相在引进的基础上结合国内情况修正发展，陆相则应加强创新发展。

5）实验沉积学与比较沉积学研究

相模式作为比较沉积学的一种基本手段，虽然为沉积相的确定和古环境的重建提供了一条捷径，但是许多边界条件都被简化了。因此，环境边界条件或相参数的定量研究，仍然是沉积学和沉积地质学进一步发展的需要。沉积学中的许多数学问题只能从实验得到解决。要开展更多物理的、化学的模拟实验，确定沉积变量之间的关系，并将其应用到古代岩石的成因分析中去。此外，成岩作用的实验研究也将为油气储层孔隙发育机理与规律性分布提供理论依据。

6）理论沉积学研究

这是亟待发展的一个领域。主要包括：沉积动力学的数理研究、沉积环境的地球化学研究、大地构造沉积学等。前者是理论沉积学的重要探讨方向之一，后者以大陆动力学、板块构造及沉积学的基础理论为基础，探讨各种大地构造背景中沉积盆地的形成与演化，研究各种沉积体系在盆地中的展布规律，进而对沉积矿产的分布进行预测。

以上所述6个方面仅是重点。从石油形成与开发的需求出发还有许多领域是需要给予关注的，如沉积有机相的研究、海洋和湖泊各种底流（以等深流为主）的研究、风成沉积作用的研究等。

三、油气地球化学

油气地球化学是应用化学的基本原理研究油气的化学特征、组分、成因、运移、聚集和次生变化的科学，在油气勘探中，是与石油地质、地球物理并存的基础理论学科之一。它通过研究油气成藏中地球化学的控制因素（如烃源岩质量分布、热成熟度及生成-运移-聚集的时间等），来提高勘探效率。现代油气地球化学用于勘探上的主要关键技术包括：①油气系统与勘探风险评价；②油、气源追踪分析；③热史与流体流动模拟；④油气组成次生蚀变控制因素分析。油气地球化学因具有评价速度快和成本低的特点在勘探与开发生产中得到广泛应用。

1. 国内外研究现状

我国油气地球化学的研究和综合应用基本处于国际前沿。中国陆相生油理论的形成、完善和发展，以及煤成烃理论的发展、海相油气形成理论的发展等都广泛采用了油气地球化学的现代理论和先进方法，目前已形成较系统的油气生成理论和评价方法。

1）生标分析对比技术的发展应用

在正确认识油气成因及生成过程的基础上，“生物标志化合物”概念的提出与生标分析对比技术的发展应用，使识别出一个含油气系统中对成藏有真正贡献的源岩成为可能。由于“含油气系统”中烃源岩起着源头或中心的作用，源岩的热演化史决定着盆地内石油的命运。因此，烃源岩中沉积有机质向烃类转化和烃类裂解动力学过程的研究使“含油气系统”学说变得更加具体而实用。

2）石油地球化学与沉积学等相关学科的结合

使对于烃源岩的认识有了长足的进步，现在已经可以确定某些特殊沉积层段的分布、体积、内部的非均一性及赋存的有机质类型等。

3）热模拟实验与数值模拟相结合

在烃类生成静态评价基础上，将热模拟实验与数值模拟相结合，认识地质体中各种烃类的演化，对盆地在任何演化阶段中排驱到储集层中的烃类的组成进行预测。

4）油气藏地球化学理论在油气藏工程上的应用

近年来发展起来的油气藏地球化学将油藏工程参数、储层参数和地球化学参数作为一个统一的地球化学体系来加以研究；通过垂向与侧向上流体连通性评价，可以发现新的油气层。同时，两者结合确定混合比可以评价不同产层的贡献，降低生产井数，提高效率。

5）天然气生成理论得到进一步发展

在过去20多年里，针对不同成因天然气（如生物成因气、干酪根早期和晚期裂解成因气、原油二次裂解气等）建立的判识方法和数学模型，并得到广泛的应用；天然气生成的多阶连续和气藏的阶段捕获丰富了天然气成藏理论。在天然气气源识别和成藏示踪等方面也建立了非常有效的多元系列指标。新近提出的沉积有机质在地史演化中接力生气的模式。中国在无机成因的烷烃气和二氧化碳气田的研究取得重大进展，在世界上发现首批有地球化学根据的无机烷烃气田，如松辽盆地兴城气田、昌德气田。

2. 发展趋势

1）油气成藏地球化学实验技术将进一步受到重视

20世纪60～70年代由于色-质联用技术发展促进了分子地球化学的研究，90年代由于在线碳、氢同位素分析新技术的出现促进油气碳氢同位素地球化学的发展，因此，油气地球化学的理论发展与实验新技术发明是密切相关的，相信油气地球化学的新技术仍然是今后一个重要的发展方向，特别是与成藏研究相关的实验分析技术将会受到关注。

2）天然气地球化学将进一步为成藏研究做出贡献

21世纪天然气工业将会得到快速发展，但面临的勘探问题也越来越多，天然气地球化学可以解决在天然气成藏中一些关键问题，将是今后油气地球化学的一个发展趋势。

3）新领域油气地球化学研究将得到发展

深海油气勘探是今后油气勘探的一个新领域，深海油气生成及检测将会引起重视。

4）油气地球化学与其他学科的结合将更加密切

与其他学科的结合可以带动油气地球化学的发展。与沉积学结合可加强烃源岩地球化学的研究，与物理学和构造地质学的结合可以促进油气成藏地球化学的应用等。

3. 今后15年研究重点

1）天然气地球化学

（1）天然气成藏地球化学的研究。

（2）非常规天然气（煤层气、页岩气和水合物等）地球化学研究。

（3）非烃气体（CO_2、N_2和H_2S）的地球化学研究。

2）含油气系统中流体运移与演化史研究

（1）含油气系统中烃类保存和运移机制：对在烃类的排驱和运移过程中吸附和解吸作用的定量评价及三维模型的建立；原油和天然气中的天然示踪信息（微量金属元素、稀有气体等）的最大限度地利用等。

（2）圈闭中流体存在时间及其与构造演化史关系的确定：在油气系统动力学体系中，对烃类聚集成藏的时间进行直接测定，有效地对烃类成藏模型进行调整，获取幕式运移各时间段的信息，并建立起与构造史的相关关系。

（3）研究圈闭中流体组成在地史中的变化对烃类商业价值以及开发条件影响：地下烃类与硫化物之间的相互作用研究具有重要应用前景。

（4）浅层油气藏细菌改造活动研究：生物降解烃类组成和性质的空间变化的预测研究，对油气田开采具有非常重要的作用。

3）近海深部等新领域地球化学

目前，海洋深部油气田的勘探和开发工作正成为我国油气工业发展的前景领域，由于风险性高，而且许多风险至少部分地与油气地球化学有关，降低这些风险就需要在认识尚不充分的地区快速地取得进展。

4）天然气水合物和无机成因烷烃气的气源地球化学

油气有机地球化学的发展得益于理论、技术的进步和工业的发展，油气有机地球化学能够而且势必在决策和降低勘探、储层评估和开采上的风险方面发挥重要的技术作用，相关含油气系统的特征、沉积有机质的赋存条件及其开采都要求我们去不断地充实这门学科。

四、油气成藏作用研究

1. 国内外研究现状

对油气藏形成机制与分布规律的认识是在油气勘探实践过程中不断深化和完善的，涉及油气生、储、盖、运、圈、保等各个方面及其相互制约作用。其热点（也是难点），则是关于成藏动力、运聚过程及其对油气分布控制作用的研究。基于油气运聚动力、作用方式、分布特征将油气藏成因机制和作用模式分为3类8种。3类是：① 突发式流压作用形成的油气藏；② 缓慢式烃势差形成的油气藏；③ 非常规介质条件下形成的特殊类型的（油）气藏。这3大类油气藏分别与构造活动区、构造稳定区和非常规地质环境对应一致。8种包括：① 高压流场驱赶油气运聚成藏；② 低压流场吸拉油气运聚成藏；③ 油水携带溶解气运移释放聚集成藏；④ 浮力顺优势通道输导油气运聚成藏；⑤ 毛细管力引入油气聚集成藏；⑥ 深盆（油）气向外排水聚集成藏；⑦ 煤层气吸附聚集成藏；⑧ 水合甲烷聚集成藏。自然界大多为混合或复合型油气藏。

基于对油气藏成因机制的认识，加深了对含油气系统和油气聚集带的认识。我国学者在引进国外含油气系统研究成果（Magoon and Dow，1994）的基础上，结合中国复杂地质条件的应用分别提出了改造型油气系统、复合型含油气系统以及亚含油气系统等新概念（赵文智等，2005）。对聚集带的研究则在强调静态要素的同时，考虑了动态因素的影响，因而提出了成藏体系的概念。

2. 发展趋势

当前的发展趋势可概括为3个方向。

一是从烃灶有效性、成藏过程有效性和要素组合有效性出发，量化研究成藏动力、作用方式及其在不同成藏组合条件下，油气富集的时空变化，为油气勘探开发提供理论依据。

二是从不同动力学成因油气藏的分布规律、主控因素和产状特征出发，进一步深化场势能量传递和物质传输的三维模拟、含油气系统和油气聚集带的研究（褚庆忠等，2002）。

三是一些过去研究不深，但在当前勘探上有重要意义的油气藏和非常规油气藏成藏作用机制的研究正在得到加强，包括岩性地层油气藏、火山岩油气藏、煤层气、深盆气等，甚至天然气水合物也比以往更受重视了（张莹等，2006）。

3. 今后15年研究重点

加强创新理论研究和发展技术是推动我国油气勘探进程的根本途径。今后研究重点应是：

1）西部叠合盆地复杂构造油气藏成藏机制研究

我国剩余油气资源总量的40%集中在西部叠合盆地。塔里木盆地是这些叠合盆地的典型代表，其中富集了西部50%左右的剩余资源量。这些盆地经历了多期构造变动、存在多套生储盖组合。油气多期成藏后经历了多次调整，成藏机制和分布规律十分复杂。勘探和开发这类油气藏需要揭示叠合盆地复杂油气藏（调整型、改造型和破坏型）形成机理及其对油气分布的影响控制作用。

2）东部老油气区岩性地层（隐蔽）油气藏成藏机制研究

我国东部中新生代陆相盆地是我目前主要的石油生产基地，它们提供的油气产量约占我国总产量的65%左右。随着大批的构造油气藏被发现和开采，岩性地层油气藏的勘探开发越来越受到重视。国外高成熟探区岩性地层油气藏的勘探结果表明，它们及其与构造复合形成的油气藏的储量比率可高达65%。我国东部陆相断陷盆地岩性、岩相变化大，岩性地层油气藏的比率可以高达75%～90%。这些都说明，在我国东部老油田基地开展以岩性地层为主的隐蔽油气藏勘探前景广阔。勘探和开发隐蔽油气藏面临的最大挑战是缺少有关隐蔽油气藏成因机理和分布规律的地质理论。因此必须在这方面有所发展、有所创新。

3）南海深水油气勘探

近20年，世界深水勘探获得巨大成功，促进了有关国家对这一领域的浓厚兴趣。我国海域广阔，油气资源丰富。以南海海域为例，初步评估的油气资源当量高达700亿t以上，加上其他海域的油气资源，总量约与陆地石油资源相当，勘探潜力巨大（周蒂等，2007）。勘探开发中国海域油气资源面临巨大挑战。其中首要一条就是勘探程度低，油气成藏特征与分布规律不明。我国关于该区成藏机制研究更属空白，急需填补。

4）加强非常规油气资源成藏机制与分布规律研究

非常规油气资源系指构造油气藏和岩性地层油气藏之外的其他形式富集起来的油气资源，包括煤层气、深盆气、天然气水合物（可燃冰）、水溶气、沥青砂、油页岩、露头油藏等。就21世纪中期油气勘探领域接替而言，对我国最具意义的当数前三类。

（1）煤层气形成机理研究。我国煤炭资源十分丰富，总量超过50000亿t，煤层气资源量高达33万亿m^3。勘探和开发我国煤层气资源必须针对我国的条件（如高煤阶煤层气是当前储量的主体等）研究煤层气成藏机制和分布规律，成藏机制认识不足。

（2）深层致密气藏形成机理研究。我国深盆气资源总量在100万亿m^3以上，比我国常规天然气资源还多，勘探潜力巨大。在我国复杂地质条件下，致密深盆气藏与致密的岩性气藏以及致密的构造气藏常常叠置共生，难于区别。勘探和开发这类天然气藏特别需要发展深盆气藏成因理论和分布模式、深盆气藏分布范围判识方法和预测技术及相关深盆气藏储量计算方法与甜点预测技术等。

（3）天然气水合物（可燃冰）成因机理研究。它是形成和富集在两极和深海（大陆坡）底部高压低温条件下特殊类型的天然气资源。据称全球这类资源碳含量是石油和天然气以及煤炭资源含碳总量的2倍。日本、美国、俄罗斯、加拿大等国已经投入巨额资金在开展有关课题研究，预计在2020年左右能够实现商业应用。中国海域宽广，地质条件有利于天然气水合物的形成。深化天然气水合物成因机理和预测技术研究，结合实际地质条件展开先导性开采试验，形成自己独立的知识产权，对于缓解我国未来油气资源短缺压力具有重大的现实意义。

五、天然气地质学

1. 国内外研究现状

过去20多年国内外在天然气成因、成藏及富气盆地和形成机制研究上都取得了重要进展，天然气成因由一元论发展到多元论，在成藏研究上静态模型发展到动力学模型。当然国内外也有差别，比如在多元成藏研究上，我国很重视地质、地化的综合研究；而国外学者更注重利用天然气组分和同位素组成的变化，来细致刻画天然气从烃源岩生成到聚集成藏之间经历包括生成、排驱、运移、聚集和成藏后的改造等作用，如利用天然气聚集过程对天然气组分和碳同位素的显著影响建立了天然气的“累计聚集”和“瞬间聚集”模型（Galimov，2006），并深入研究了天然气在运移途径中的部分散失（运移、逸散及滞留等）造成烃类组分和碳同位素组成的分馏。在含气盆地研究上，我国在叠合盆地、复合盆地、前陆盆地及陆相盆地天然气地质上多有发展创新，而国外则相对简单。

总的来看，我国在现代天然气地质研究上虽然起步较晚，但已经步入国际先进行列，并在以下诸方面有所创新发展。

（1）天然气成因理论。从20世纪80年代以前单一油型气成因的“一元论”发展到现今煤成气、油型气和无机成因气成藏的“多元论”（戴金星等，2005）。在天然气生成演化机理方面，发展了Tissot传统的有机质演化模式，在腐殖型有机质演化成气模式、生物气、生物热催化过渡带气（徐永昌等，1990）和煤成气成因机理研究上取得了重大进展。其中煤成气理论开辟了我国天然气勘探新的广阔领域。20世纪70年代，人们还未认识到煤系是重要的天然气源岩，煤成气探明储量仅占全国气层气探明储量的9%，现今已占全国气层气储量的70%以上（戴金星等，2007）。

（2）天然气成藏理论。提出了天然气成藏动平衡理论、天然气晚期成藏理论，并建立了不同类型大中型气田成藏模式。由于中国盆地具有多旋回性，新构造运动对天然气的晚期成藏起着非常重要的作用，首先晚期成盆有利于气源岩晚期供气，其次晚期快速沉降作用有利于气源岩的晚期快速熟化，并且新构造运动为天然气晚期成藏提供了新的动力。目前中国天然气勘探的3个主要领域即三大克拉通复合盆地（四川、鄂尔多斯、塔里木）、中西部前陆盆地以及近海的裂谷、陆缘盆地的勘探研究，表明晚期、超晚期成藏为主的盆地和拗陷是中国天然气最主要富集地区。

（3）天然气富集理论。总结了大气田富集和主控因素是受生气中心、区域性优质盖层、低气势、古隆起、适时构造、孔隙性储层及地岩性圈闭带控制（戴金星，2007）。

2. 发展趋势

1）进一步发展天然气成因理论

天然气生成虽初步建立了由煤成气、油型气和无机成因气多种生成方式的“多元成因论”。但除煤成气生成机理研究较为深入外，油型气和无机气的生成机理尚需深入研究，如高温裂解油型气的生成包含了干酪根裂解和原油裂解两个过程，尚需细化研究；无机烷烃气的来源及其合成并不清楚；生物气的微生物群落的生气方式及其活动环境尚未有统一的认识。因此这方面正在得到加强。

2）加强天然气成藏机理及其分布规律研究，建立不同地质领域成藏机理与分布模式

天然气成藏理论与分布规律研究取得了长足的进展，但是结合世界天然气地质研究的发展趋势，天然气成藏与分布研究仍是天然气地质研究面临的重大科学问题。我国在天然气成藏输导体系与优势运移通道形成机制、天然气成藏相关的动力学过程等研究薄弱需要加强，生物气成藏机制与分布模式，叠合盆地深层裂解气成藏机制与分布模式，海域及深水区天然气成藏机制与分布模式已是国内外都在积极研究的课题。

3）深化非常规天然气成藏机理

在深化深盆气、煤层气成藏机理研究的同时，拓展其他非常规天然气领域（如页岩气、致密砂岩储层气、天然气水合物等）的成藏机理的超前研究。

4）发展天然气地质研究和勘探的特色技术

天然气生成与成藏研究随天然气地质研究的分析技术、数值模拟技术和物理模拟技术的创新而深化；天然气勘探的特色评价技术如叠前属性与AVO分析、多波多分量地震技术等在天然气勘探中发挥了重要作用，要进一步发展。

3. 今后15年研究重点

国家对天然气的需求急剧增加，老区勘探难度增大，新区新领域尚有很多新问题有待研究，这些都将促进中国天然气地质理论继续向前发展。

1）天然气成因理论研究

一是研究原油与沥青裂解气、生物气、无机烷烃气成气机理，后者成藏富集规律，完善生烃动力学方法与模拟实验；二是天然气成因鉴别的理论基础与判识指标深化研究；三是加强不同类型气源灶有效性评价，及其对形成经济资源的贡献。

2）天然气成藏理论研究

一是地质、地化实验与模拟紧密结合深入开展大中型气田成藏动力、成藏过程及聚集作用的定量化与实用化研究；二是加强煤层气、天然气水合物等非常规气藏成藏理论的研究。

3）天然气分布规律研究

一是大气田主控因素定量化研究，以便更快探明大气田；二是加强叠合盆地中下组合、前陆盆地、海上深水区等新领域天然气分布规律的研究；三是加强高效大气田形成与

分布规律的研究；四是加强大中型低孔、低渗气田分布规律及其“甜点”预测的研究。

4）客观、准确评价天然气资源和储量的总量与质量研究

一是客观、准确提供探明储量、经济可采储量，特别是低孔渗气田的最终经济可采储量低值的研究；二是对非常规资源和储量规范研究。

5）天然气勘探特色技术研究与发展

一是发展基于天然气藏地球化学场响应的地表化探技术；二是发展基于天然气藏地球物理场响应的地震识别技术；三是发展基于复杂地区地震勘探和储层横向预测等的天然气勘探技术。

六、开发地质应用基础研究

1. 研究现状

开发地质应用基础研究是全球油气田开发领域中的一个关键问题。自20世纪80年代以来集中地质、地球物理和油藏工程多学科多专业综合攻关，取得了较大进展。油田开发工作包括认识油藏和改造油藏两大部分，在搞清油藏地下情况的基础上，决定开发战略，确定开发技术措施，优化开发方法，以最少的人力、财力投入，从油藏开发中获得最大的经济效益和石油采收率。

20世纪80年代末以来，世界上开发地质应用基础研究日趋精细。“精”就是要提高定量化和精确度；“细”是描述内容和尺寸愈来愈细，也就是分辨率要求愈来愈高。

在开发地质精细化的基础研究中，过去我们通过国家重点基础规划发展项目的攻关与研究，使针对我国储层特色的预测精度达到了100米×厘米级的水平，这一精度水平目前处于国际先进水平（李阳，2007）。

在储层沉积学、储层定量地质学及原型研究基地建立上国内外水平相近。但在陆相储层上研究的特色显著，建立了扇三角洲和辫状河流，定量地质知识率，为在更精细的尺度上描述预测储层的空向分布提供了依据。

在储层、测井、地震研究和储层建模随机算法上与国外先进国家相比则还存在某些差距。国外已建立了一套较成熟的算法体系，并形成了比较成熟的商业性软件，而国内则以引进应用为主。

2. 发展趋势

油田开发从不含水到部分含水再到全面高含水高采出，是国外油田开发过程中出现的普遍问题，以陆相储层为主的中国油田开发更是如此。从储采比平衡向严重失衡的形势迫使人们必须对开发地质基础进行更加深入全面的研究，这就决定了当前趋势的特点（王端平等，2000）。

（1）储层沉积学正向微观沉积学发展，以更准确掌握储层的微观结构特征，比较真实的展现储集岩体的形态、规模、物性变化及平面非均质性。

（2）在更加精细的尺度上，针对不同类型储层，建立完善储层原型地质模型，解决小变程变差函数的准确性问题，进一步地提高储层预测精度。

（3）建立了定量表征储层的地质知识库，完成沉积体系的物理模拟与数值模拟研究，

特别是沉积体系数值模拟技术的逐渐发展与完善，使储层的三维定量化研究成为可能。

（4）开发过程中，储层物性及水动态变化规律将更加受到重视。因为认识高含水期油层和流体的性质某些有利变化，对油藏开采会发挥积极作用，必须深入研究储集层和流体性质变化的规律，充分发挥和利用其有利因素，进一步改善油藏开发效果。这对中国显得尤为重要，因为像大庆、胜利这些成熟开发区来说大多已进入含水和高含水期。

（5）其他，如裂缝性储层描述、用高分辨率层序地层学研究冲积相储层开发地质特征等等也将受到进一步关注。

3. 今后15年研究重点

1）储层沉积学研究的进一步深化和发展

我国碎屑岩储层陆上与水下的储量各占一半，储层非均质性的研究需要大力加强。一定要发展一套针对不同沉积特征和不同参数的储层预测方法，使预测精度得到进一步提高。要建立更加符合实际的地质模型，为各种参数的计算和决策提供科学的依据。同时要对各种认识和方法进行反复实验与检验，提高技术方法的实用性与可靠性（刘颖等，2007）。

2）开展数字化油藏的研究

数字化油藏研究包括：露头参数分布特征研究、油藏井间非均质分布、三维地质和油层物性参数分布研究、岩石各向异性和渗透率三维空间变化特征研究、神经网络在油藏描述中的应用以及油藏参数的显示研究等。通过室内和油藏条件下物理模拟结果，建立相应的渗流数学模型及求解方法，模拟预测驱油过程和效果，实现水驱后剩余油分布的定量化描述，为提高采收率提供数字化的油藏基础（贾爱林等，2007）。

3）多学科协同发展及时推广、应用新技术新理论

我国大批油田进入了开发后期和晚期，必须在比以往更加精细的尺度上认识和研究储层，才能找出进一步挖潜的对象，实现老油田的稳产。新技术和方法的不断推出，使实现以上生产要求成为可能。而强大的计算机应用水平的发展又使多学科在同一个数据平台上研究储层提供了手段。在今后开发地质应用基础研究发展中，要着重以下几个方面的开发推广和应用：陆相高精度层序地层学的理论和应用技术，不断完善的原型地质模型与地质知识库及其在储层预测中的应用技术；不断开发优化中的测井新技术与系列建模算法、在三维地震的基础上，进一步发展的四维地震与多波地震技术等。这些都是今后15年开发地质应用基础研究的重要课题。

过去50多年地球科学系统的科学家和技术人员做出了无愧于时代的伟大贡献，相信当代科学家和技术人员在未来几十年中同样会做出无愧于我们时代的伟大贡献！

中国煤成气研究30年来勘探的重大进展*

《成煤作用中形成的天然气与石油》[1]一文发表整整30年了，该文是在科学的春天到来时节发表的。1978年秋天，《石油勘探与开发》编辑部负责人杨兆洁向笔者索稿，笔者给予了该文稿。实际上文稿在1976年底已经完成了，由于“文革”遗毒影响未及时主动提供出版。发表时文稿名是笔者经过反复琢磨而选定的。顾名思义，文稿名中天然气与石油先后排序，是笔者强调煤系在成煤作用中的成烃作用以天然气为主，石油为辅。

中国开始系统研究煤成烃，其标志是《成煤作用中形成的天然气与石油》一文的发表[2]。中国第一次天然气科技攻关始于“六五”的“煤成气的开发研究”，这项研究开辟了中国煤成气勘探的新领域，并为中国加速发展天然气工业提供了科学依据[3]。

一、煤成气研究推进了天然气勘探与开发

20世纪80年代以前，中国仅以油型气地质理论为指导（一元论），还没有把煤成气作为主要气源进行勘探，导致天然气勘探避开了具有良好含气远景的含煤盆地和含烃地层[2]，天然气勘探效果不佳。自从确定腐殖型煤系是好的气源岩，指出含煤盆地（地层）是天然气勘探的重要方向后，从20世纪80年代开始，指导天然气勘探理论从“一元论”发展为“二元论”（油型气和煤成气）。自此，中国天然气勘探和开发规模从小变大，中国天然气工业发展速度由慢变快。

中国天然气工业正处在发展高峰时期，且发展速度越来越快，这由以下两个主要标志体现出来[4,5]：其一，天然气年探明地质储量日益增长，至2008年年底全国探明天然气总地质储量为6.4万亿m^3，近6年平均年探明储量为5105亿m^3；目前年平均探明天然气储量相当于1949年至1988年40年累计探明储量（5127亿m^3）。其二，天然气年产量日益增多（图1)，2008年中国天然气产量为760亿m^3，全国平均日产气量为2.0821亿m^3，远大于1958年全国年产量（1.0643亿m^3）。中国天然气年产量从100亿m^3至近700亿m^3,每提高100亿m^3所需时间分别是20年、5年、3年、1.11年、1.06年和0.997年（图1)。30年来对煤成气的研究持续不断加强加深，先后有许多研究者发表了代表性、综合性的论著[1~35]，这些研究对中国天然气工业获得高速发展起着重大的作用，特别对中国开拓煤成气勘探新领域有重要意义，从而使煤成气储量在天然气储量中所占比例基本随时间不断提高，促进中国天然气储量也不断增加（图2)，为中国天然气工业迅速发展提供了资源保证。

中国天然气年产量逐年增加，主要是依靠煤成气在全国天然气产量中比例的不断增

* 原载于《石油勘探与开发》，2009，第36卷，第3期，264~279。

长，这在近10年来（1998～2007）表现得尤为明显：1998年全国煤成气产量69.51亿m^3，当年全国天然气产量为222.80亿m^3，煤成气占全国天然气总产气量的31.20%；经过10年至2007年，全国煤成气产量442.30亿m^3，是1998年的6.4倍，煤成气占全国天然气总产气量的63.65%，其所占比例比10年前增加了1倍多（图3）。煤成气产量对全国天然气总产量有重要作用，中国储量丰度最高（59亿m^3/km^2）的克拉2煤成气田2007年产气量为111.39亿m^3，成为中国第一个年产超过100亿m^3的气田，并占当年全国总产气量的16%。由此可见，煤成气的开发是推动中国天然气产量迅速提高的一个重要支柱。

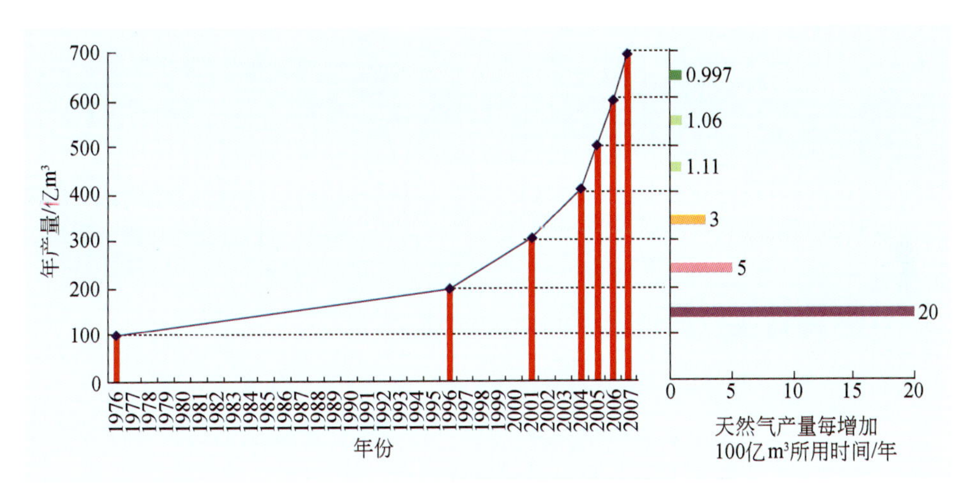

图1 中国天然气年产量和产量每增加100亿m^3所需时间[5]

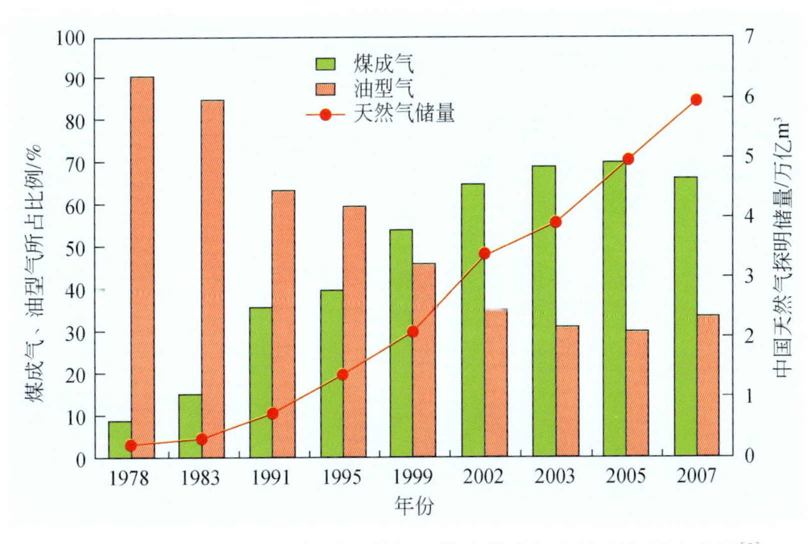

图2 中国各时期天然气探明总储量及其中煤成气和油型气所占比例[5]

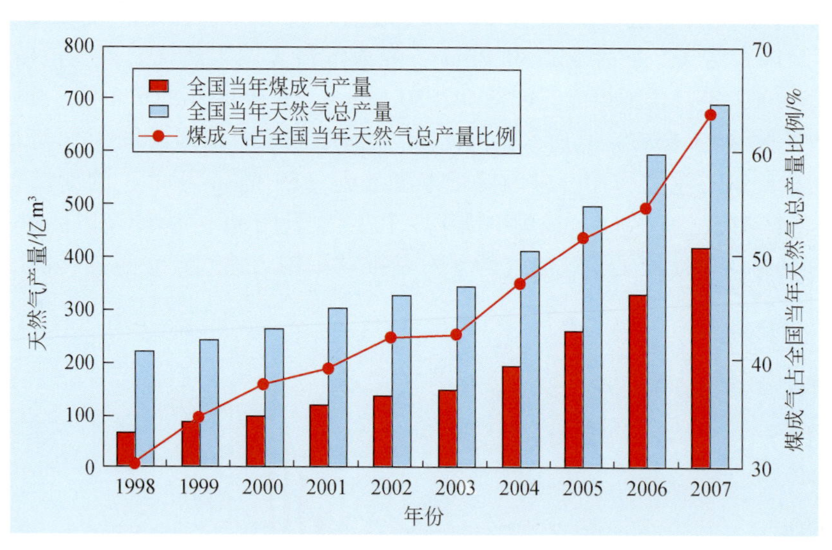

图3　中国近10年（1998～2007年）煤成气产量及在全国总产气量中的比例变化

二、中国30年来煤成气勘探的重大进展

在1979年之前仅用"一元论"指导天然气勘探，没能有的放矢地勘探煤成气，勘探效益甚微，中国探明天然气地质储量仅2264.33亿m^3，在勘探中偶然发现少量煤成气藏（田），所以全国天然气储量中只有9%是煤成气。1979年之前中国发现煤成气的盆地有6个（台西盆地、四川盆地、鄂尔多斯盆地、渤海湾盆地、塔里木盆地和柴达木盆地），其中除台西盆地发现较多煤成气田外，其他盆地仅发现1个或几个气田，如塔里木盆地柯克亚气田，鄂尔多斯盆地刘家庄气田，渤海湾盆地文留气藏，四川盆地中坝气田、大兴气田等，全国发现气田总数不足10个。1979年开始在"二元论"指导下进行天然气勘探，中国煤成气盆地增至11个，即新增加了莺琼盆地、珠江口盆地、东海盆地、松辽盆地、准噶尔盆地（图4），全国共发现气田124个。鄂尔多斯盆地、四川盆地和塔里木盆地勘探取得重大进展，发现了大量煤成气田。以下对这3个盆地进行重点阐述。

1. 鄂尔多斯盆地煤成气勘探的进展

在中国油气事业史上，鄂尔多斯盆地是个"功勋卓著"的含油气盆地，这是由于：其一，中国的"石油"一词源于该盆地，宋朝沈括在1080～1082年间担任陕北军政首长时，曾观察研究这里的石油，在《梦溪笔谈》一书中指出："鄜（今富县一带）延（今延安一带）境内有石油，旧说高奴县出脂水，即此也。"石油一词袭用至今。其二，中国最早记述的气苗发现于鄂尔多斯盆地，公元初班固在《汉书》中记载：鸿门（今陕西省神木县西南）有"火井"，"火从地中出"。张抗认为鸿门气苗是中国最早发现的煤成气[36]。2007年探明的神木大气田是煤成气气田，证明了我们的祖先在2000多年前已神奇地观察到了天然气田的存在。其三，中国陆上最早（1907年）的机械化石油勘探也始于鄂尔多斯盆地。

20世纪80年代以前，鄂尔多斯盆地天然气勘探一直是在"一元论"指导下进行的，

图4　中国煤成气盆地和煤成油盆地分布图

未把在盆地中广泛分布的石炭系和二叠系煤系作为气源岩来进行勘探。20世纪80年代初，引入煤型气理论[18]指导该盆地天然气勘探，使天然气勘探有了正确的目标和方向，从而使勘探储量不断增长，不仅探明了中国目前储量最大的气田——苏里格气田，而且使鄂尔多斯盆地成为中国含油气盆地中发现储量1000亿m^3以上大气田最多的盆地。至2007年底，在该盆地发现1000亿m^3以上大气田共6个（苏里格、靖边、大牛地、榆林、子洲和乌审旗大气田），还有储量在300亿~1000亿m^3的神木大气田和米脂大气田，以上8个大气田气源均是煤系。此外还有2个小型煤成气田（胜利井气田和刘家庄气田）。除刘家庄煤成气田外，以上所有的煤成气田均在20世纪80年代中期以后发现。鄂尔多斯盆地至今只发现一个很小的油型气田（直罗气田）。由此可见鄂尔多斯盆地发现的气田以煤成气田占绝对优势，而这些煤成气田是在以煤成气理论指导勘探以后才发现的（图5）。

目前鄂尔多斯盆地成为中国五大产气区（四川盆地、塔里木盆地、鄂尔多斯盆地、莺琼盆地和柴达木盆地）之一[4]。鄂尔多斯盆地产出的气几乎全部是煤成气，2007年产气123.03亿m^3，至2007年底鄂尔多斯盆地累计产气量为548.83亿m^3，与产生相同热量的煤相比，可分别减少二氧化碳、二氧化硫、粉尘和氮氧化物排放2.38亿t、263.43万t、120.74万t和65.86万t。该盆地产出的天然气，通过陕京一线、陕京二线、靖西线、陕宁线和陕蒙线分别向北京、西安、银川和包头输气，大大改善了这些大城市的空气质量和生态环境。

鄂尔多斯盆地上古生界气田都是煤成气已是共识，这由表1天然气烷烃气碳同位素组成可以确定。煤成气的 $\delta^{13}C_2$ 组成重是鉴别的重要标志。戴金星等认为 $\delta^{13}C_2$ 值大于-27.5‰是煤成气[27]；王世谦则认为 $\delta^{13}C_2$ 值大于-29‰是煤成气[37]。从表1可知鄂尔多斯盆地上古生界天然气的 $\delta^{13}C_2$ 值为-27.42‰（免西2井）～-22.13‰（苏1井），故均属于煤成气。

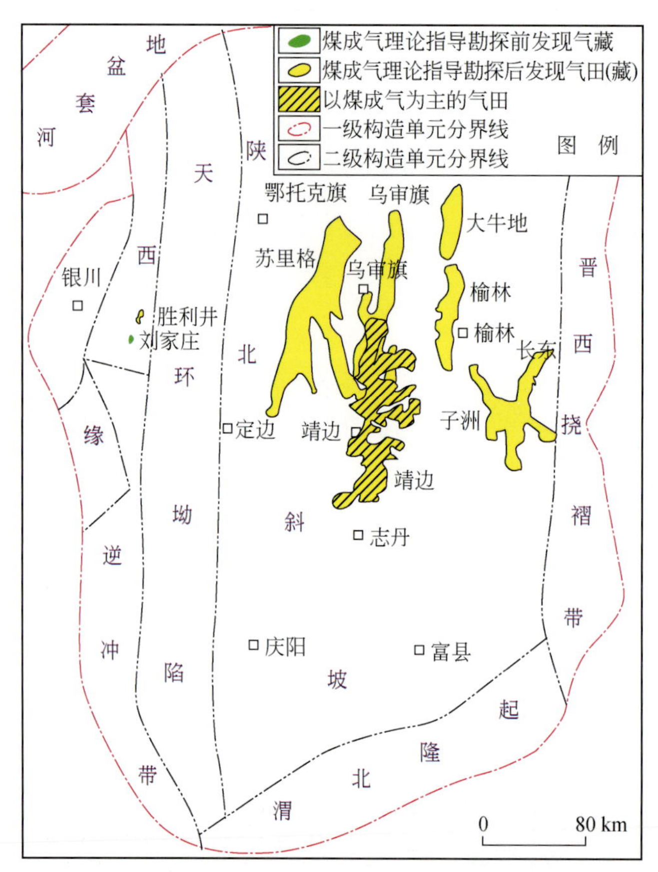

图5 鄂尔多斯盆地煤成气理论指导勘探前后发现气田对比图

表1 鄂尔多斯盆地上古生界各气田 $\delta^{13}C_{1-4}$ 值

气田	井号	层位	深度/m	$\delta^{13}C$/‰				
				CH_4	C_2H_6	C_3H_8	nC_4	iC_4
苏里格	苏1	P_1s	3600.0～3656.8	-34.37	-22.13	-21.77	-21.63	-21.53
	苏6	P_1x	3319.5～3329.0	-33.54	-24.02	-24.72	-23.23	-22.78
	苏20	P_1x	3442.1～3472.4	-33.01	-24.42	-24.67	-23.86	-23.11
	苏33-18	P_1x	3290.0～3296.0	-32.31	-25.23	-23.79	-23.08	-22.20
	苏36-13	P_1x	3317.5～3351.5	-33.40	-24.70	-24.40	-23.10	-22.10
	苏40-16	P_1x	3276.0～3295.0	-32.63	-24.86	-25.16	-24.86	-23.17

续表

气田	井号	层位	深度/m	$\delta^{13}C$/‰				
				CH_4	C_2H_6	C_3H_8	nC_4	iC_4
大牛地	DK4	盒$_1$	2667.0~2674.0	-34.49	-26.25	-24.67	-23.12	-22.12
	DK17	盒$_2$	2672.0~2675.0	-35.98	-27.19	-25.58	-23.47	-23.10
	DK22	太$_2$	2728.0~2740.0	-38.06	-25.29	-23.97	-21.72	-21.13
	D11	盒$_3$	2600.5~2602.5	-34.49	-26.25	-24.67	-23.01	-22.76
	D13	山$_2$	2707.0~2731.5	-36.58	-25.73	-24.54	-22.91	-22.27
	D24	盒$_1$	2659.0~2685.0	-37.12	-26.10	-25.34	-23.98	-23.52
榆林	陕117	P_1s	2914.0~2928.0	-32.24	-25.99	-24.89	-23.84	-23.17
	陕217	P_1s	2778.6~2788.5	-31.60	-26.00	-24.10	-24.00	-21.20
	榆28-12	P_1s	2817.8~2872.0	-32.40	-27.00	-24.80	-23.80	-23.60
	榆35-8	P_1s	2932.0~2936.0	-32.55	-24.87	-23.69	-22.53	-21.17
	榆43-7	P_1s	2818.0~2831.0	-32.90	-23.60	-23.10	-22.30	-22.00
	榆43-10	P_1s	2781.4~2798.3	-31.90	-26.40	-23.20	-24.06	-23.69
子洲	洲4	C_3t	2356.0~2372.0	-32.87	-23.55	-24.69	-23.31	
	洲5	C_3t	2383.0~2394.0	-32.70	-24.34	-23.60	-22.90	
	铺2	P_1s		-32.30	-25.10	-23.10	-23.20	
乌审旗	陕167	P_1x	3118.0~3124.6	-33.80	-23.50	-23.40	-22.80	-21.30
	陕240	P_1x	3157.8~3161.0	-31.40	-24.30	-24.60	-23.50	-22.30
	陕243	P_1x	3042.2~3080.2	-35.00	-24.00	-23.60	-22.90	-22.00
	乌19-8	P_1x	3108.0~3161.5	-32.30	-24.00	-25.20	-24.00	-21.60
	乌22-7	P_1x	3119.8~3142.0	-32.60	-23.70	-24.20	-22.70	-21.20
	乌24-5	P_1s	3205.6~3210.4	-32.20	-23.50	-24.90	-23.60	-21.80
神木	神1	P_1x	2618.0~2622.0	-37.10	-24.65	-24.45	-23.90	
	神1	P_1s	2727.0~2731.0	-37.35	-23.85	-21.45	-21.97	
	台7	P_1s	2756.5~2759.0	-36.72	-24.46	-21.76		
	双4	P_1x	2627.0~2630.0	-33.21	-24.65	-24.94		
米脂	米1	P_1x		-32.60	-23.00	-21.90	-20.6	
	米1	C_3t	2266.1~2271.8	-31.67	-26.94	-25.23		
	镇1	P_1x	2079.6~2083.6	-34.93	-23.77	-21.77	-21.01	
	镇川6	P_1x	2041.5~2044.5	-33.84	-23.01	-22.66	-23.50	
胜利井	任4	P_1x	2299.0~2303.0	-33.78	-26.39	-24.05		
	任6	P_1x	2243.0~2250.0	-35.34	-26.38	-24.33	-23.23	
	任13	P_1s	2392.2~2394.8	-33.37	-25.95	-25.68	-24.39	
	色1	P_1s	2141.0~2156.0	32.04	25.58	24.22	23.14	
	免西2	P_1s	2976.0~2979.0	-33.92	-27.42	-26.28	-25.54	

研究者对鄂尔多斯盆地靖边气田奥陶系中天然气成因归属则有不同意见。由表2可见，陕20井、陕26井、陕30井、陕36井和陕45井的$\delta^{13}C_2$值小于-29‰，具有油型气特征，但其余多数井$\delta^{13}C_2$值大于-29‰，故是煤成气。陈安定[38,39]、徐永昌[40]和黄第藩等[41]认为奥陶系马家沟组碳酸盐岩既是储层也是主要气源岩，故靖边气田以油型气为主。陈安定计算得出油型气占75%，而来自石炭-二叠系煤系的煤成气仅占25%左右[38]。另

一种意见指出靖边气田奥陶系有机碳平均含量为0.19%～0.24%。张水昌等认为有机质丰度低至0.1%～0.2%的纯碳酸盐岩不能作为有效烃源岩[42]；梁狄刚等认为海相工业烃源岩不必很厚，但TOC值应大于等于0.5%[43]；Tissot等[44]和Bjirlykke[45]指出碳酸盐岩烃源岩有机碳下限为0.3%或更高，由此可见靖边地区奥陶系很难作为烃源岩。蒋助生等[46]和李剑等[47]研究指出III型烃源岩比I型烃源岩的苯和甲苯的碳同位素组成重。榆林、乌审旗和苏里格3个上古生界气田煤成气$\delta^{13}C_B$（苯碳同位素组成）为-21.34‰～-18.61‰，$\delta^{13}C_T$（甲苯碳同位素组成）为-23.71‰～-17.15‰；靖边气田马家沟组天然气的$\delta^{13}C_B$为-20.84‰～-15.15‰，$\delta^{13}C_T$为-21.72‰～-16.04‰，具有相似的特征，证明气源基本相同，靖边气田天然气来自煤系。塔里木盆地碳酸盐岩形成的油型气的$\delta^{13}C_B$值（-28.89‰～-23.78‰）和$\delta^{13}C_T$（-31.11‰～-23.18‰）则比靖边气田天然气的相应同位素轻得多[48]。张文正等指出鄂尔多斯盆地中部奥陶系天然气、凝析油轻烃与石炭-二叠系凝析油一致，因此，奥陶系产层的天然气主要来自上古生界[49,50]。但上述陕20井等井油型气从何而来？夏新宇认为这些油型气来自以上古生界太原组为主的石灰岩，因为其有机碳含量一般为0.5%～3.0%，但由于石灰岩较薄，形成油型气量相对不大，生气强度为0.86亿～2.6亿m^3/km^2，约为含煤地层生气强度的10%[51]。也就是说，靖边气田气源中煤成气大约占90%，油型气占10%。

表2 靖边气田烷烃气碳同位素组成

井号	层位	深度/m	$\delta^{13}C$/‰			
			CH_4	C_2H_6	C_3H_8	C_4H_{10}
陕参1	$O_1m_5^{1-3}$	3443.0～3472.0	-33.92	-27.57	-26.00	-22.87
林2	$O_1m_5^3$	3190.0～3195.0	-35.20	-25.93	-25.40	-23.83
陕2	$O_1m_5^4$	3364.4～3369.4	-35.30	-26.15	-25.45	-23.22
陕12	$O_1m_5^{1-4}$	3638.0～3700.0	-34.21	-25.46	-26.37	-20.67
陕20	$O_1m_5^{1-3}$	3522.0～3524.0	-34.58	-30.96	-27.50	-22.10
陕21	$O_1m_5^{1-3}$	3305.0～3308.0	-34.71	-27.95	-26.87	-22.98
陕26	$O_1m_5^{3-4}$	3502.0～3525.0	-38.27	-34.13	-21.56	-25.17
陕27	$O_1m_5^{2-3}$	3333.9～3342.8	-36.90	-26.26	-22.47	-22.60
陕30	$O_1m_5^4$	3643.0～3659.0	-33.06	-33.58	-26.46	-25.57
陕33	O_1m	3560.3～3614.2	-34.99	-26.71	-25.53	-22.10
陕34	$O_1m_5^4$	3437.0～3441.0	-33.99	-24.51	-22.42	-23.77
陕36	$O_1m_5^4$	3538.0～3559.0	-34.42	-32.12	-24.11	-23.25
陕41	$O_1m_5^{6-7}$	3390.0～3530.0	-38.87	-28.67	-22.62	-20.40
陕45	$O_1m_5^{1-2}$	3245.0～3298.0	-33.45	-30.56	-22.89	-22.51
陕61	$O_1m_5^{1-2}$	3459.0～3506.0	-33.95	-27.72	-28.39	-24.80
陕65	P_1x	3149.0～3154.0	-29.12	-23.46	-25.48	-24.10
陕68	$O_1m_5^1$	3675.0～3681.0	-34.04	-23.52	-21.60	-20.52
陕85	O_1m_5	3266.6～3287.0	-33.05	-26.65	-20.88	-19.00

2. 四川盆地煤成气勘探的进展

四川盆地是中国乃至世界最早开始利用和勘探天然气的盆地。2007年产气量169.47

亿 m^3，是当年中国产气最多的盆地[4]。四川盆地主要发育两套煤系：上三叠统陆相须家河组；上二叠统海陆交互相龙潭组。这两套煤系均是煤成气的烃源岩，并皆发现了与之有关的煤成气田（藏）。与须家河组煤系有关的煤成气田（藏）勘探开发较早，规模相对较大；与龙潭组煤系有关的煤成气田（藏）发现较晚。

1）与须家河组煤系有关的煤成气田（藏）

根据对须家河组及其上层位中众多气田（藏）大量煤成气的碳同位素组成进行对比研究，发现须家河组煤系形成的煤成气大部分在本组成藏，因而在煤系发现许多气田（藏），主要分布在川中与川西地区；但也有少部分运移至上覆地层中成藏，在其中发现部分气藏，主要分布在川西地区；在极少部分须家河组储层中也发现来自下伏地层气源岩的油型气气藏。目前共发现与须家河组煤成气有关的气田（藏）39 个。

须家河组煤系中煤与暗色泥岩以 II_2 和 Ⅲ 型有机质为主，盆地不同地区气源岩厚度（图6）与生气强度不一。在川西拗陷区，该组厚度达 1800 ~ 2500m，而在川中隆起厚度为 600 ~ 1000m，向东南方向逐渐减薄[52]，煤层与暗色泥岩有随地层变薄而变薄的特征[53]，由此决定了气田主要分布在川西和川中地区，而川东和川南地区的须家河组仅为少数气田含气层段，储层厚度和气藏规模均较小，例如卧龙河气田和合江气田的须家河组气藏。须家河组一、三、五段以煤和暗色泥岩为主，是气源岩；二、四、六段以碎屑岩为主，是储层。

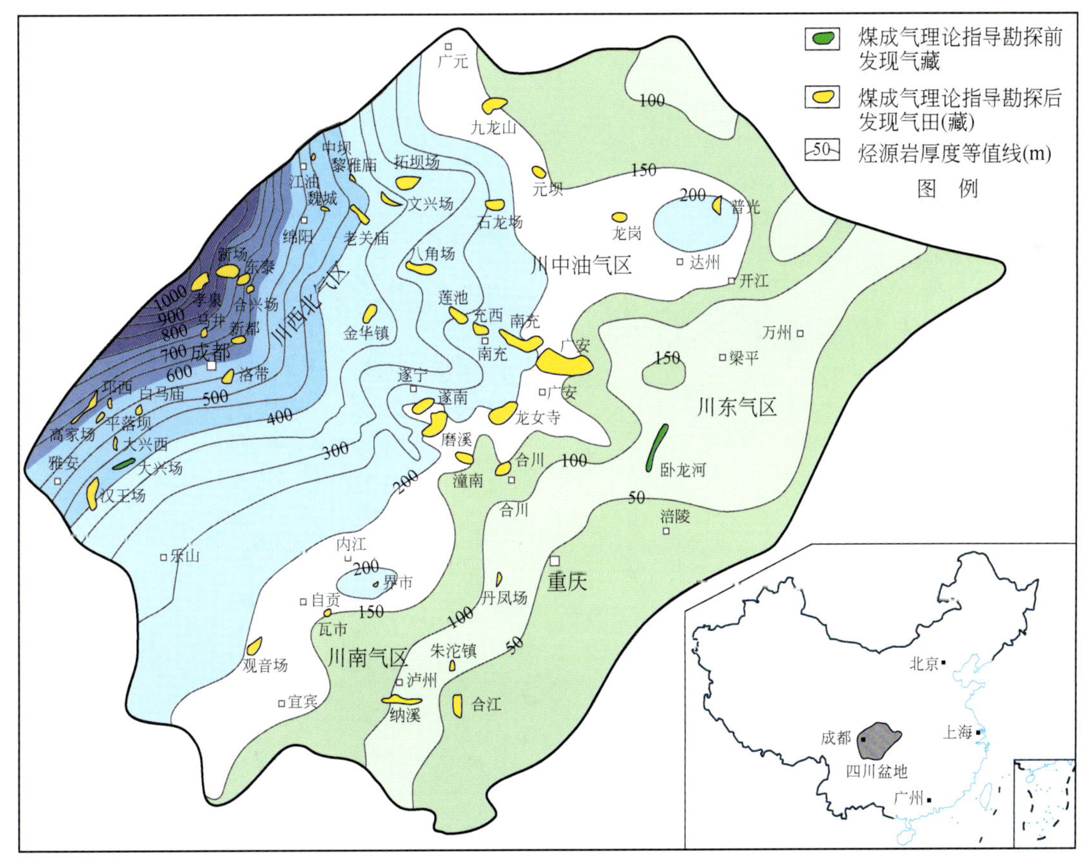

图6 四川盆地须家河组煤成气田（藏）分布图

（1）须家河组中煤成气田（藏）。由表3可知，须家河组自生自储煤成气田（藏）的烷烃气碳同位素组成绝大部分呈正碳同位素系列，即$\delta^{13}C_1<\delta^{13}C_2<\delta^{13}C_3<\delta^{13}C_4$，证明是原生型煤成气；因为这些气田（藏）$\delta^{13}C_2$值为-28.30‰（西72井）~-20.68‰（大兴5井），均与王世谦研究四川盆地各时代天然气碳同位素组成后指出的$\delta^{13}C_2$值大于-29‰是煤成气[37]的标准吻合，所以表3中各气田（藏）都是煤成气，其中广安气田是目前须家河组最大的煤成气田，至2007年年底探明地质储量为1355.6亿m^3。

表3 四川盆地须家河组气田（藏）烷烃气碳同位素组成

气田（藏）	井号	层位	井深/m	$\delta^{13}C$/‰					文献
				CH_4	C_2H_6	C_3H_8	nC_4	$iC4$	
中坝	中29	T_3x_2	2269.00~2361.00	-34.77	-24.76	-23.70	-23.52		本文
中坝	中31	T_3x_2	2522.00~2590.00	-36.44	-25.61	-24.01	-23.64		本文
中坝	中34	T_3x_2	2373.00~2409.00	-36.10	-26.04	-23.36			本文
中坝	中39	T_3x_2	2422.90~2461.00	-36.86	-25.61	-23.20			本文
文兴场	文4	T_3x_3	3696.95~3791.59	-37.04	-24.05	-19.93			本文
文兴场	文9	T_3x_2	4258.22~4495.78	-34.83	-23.81	-19.16			本文
拓坝场	拓2	T_3x_2	4331.24~4489.50	-37.51	-25.22				本文
八角场	角13	T_3x_{2-4}	2963.50~3341.00	-38.92	-26.99	-25.59			本文
八角场	角47	T_3x_6	2746.18~2748.33	-39.52	-25.11	-21.70	-24.05		本文
八角场	角48	T_3x_6	3383.39~3395.00	-40.59	-26.44	-23.57			本文
八角场	角53	T_3x_4	3016.60~3109.90	-40.10	-27.40	-24.60	-24.40	-24.80	本文
遂南	遂8	T_3x_2	2265.00~2284.00	-41.44	-27.31	-22.67			本文
广安	广安5-1	T_3x_6	1745.00~1769.00	-39.20	-27.40	-26.00	-23.40	-25.00	本文
广安	广安106	T_3x_4	2506.00~2512.00	-37.80	-25.70	-24.70	-22.10	-23.10	本文
广安	广安128	T_3x_4	2322.00~2327.00	-37.70	-25.20	-23.30	-21.10	-22.00	本文
广安	广安11	T_3x_6		-37.09	-27.37	-22.70	-23.65		[54]
广安	广安15	T_3x_6		-42.35	-27.82	-25.90	-25.63		[54]
广安	广安5	T_3x_4		-37.20	-24.97	-23.70	-22.17		[54]
广安	广安13	T_3x_4		-42.21	-24.52	-21.35	-19.56		[54]
充西	西20	T_3x_4		-41.70	-27.80	-25.40	-24.60	-23.70	本文
充西	西51	T_3x_4		-40.40	-27.00	-24.50	-22.90	-23.30	本文
充西	西72	T_3x_4		-41.70	-28.30	-26.00	-25.60	-24.30	本文
磨溪	磨64	T_3x_4		-42.50	-28.20	-25.30	-25.80	-24.00	本文
磨溪	磨85	T_3x_2	2095.00~2096.80	-42.30	-27.90	-24.60	-25.20	-23.40	本文
莲池	莲深1	T_3x_2		-40.50	-27.40	-24.50	-23.40	-23.00	本文
潼南	潼南101	T_3x_2	2231.80~2251.00	-42.20	-27.40	-24.20	-26.40	-23.80	本文
金华镇	金2	T_3x_{2+4}	3074.00~3390.00	-38.36	-26.33	-22.90			本文
金华镇	金17	T_3x_2		-38.90	-25.00	-23.40	-22.60	-22.50	本文
孝泉	川孝93	T_3x_4	2625.00~2630.00	-34.99	-24.38	-21.62	-20.75		本文
孝泉	川孝96	T_3x_5	3356.40	-38.92	-25.98	-22.31	-22.26		本文

续表

气田（藏）	井号	层位	井深/m	$\delta^{13}C$/‰					文献
				CH_4	C_2H_6	C_3H_8	nC_4	$iC4$	
平落坝	平落1-2	T_3x	3465.00	-34.31	-22.67	-22.75	-21.79		[55]
	平落3	T_3x	3710.00	-33.30	-21.66	-21.33	-20.32		
	平落8	T_3x	3594.00	-33.57	-21.64	-21.58	-20.00		
	平落10	T_3x	3672.00	-33.70	-21.72	-22.69	-22.58		
大兴	大兴5	T_3x	3292.00	-32.67	-20.68	-21.58	-20.16		
南充	N-X2	T_3x_2		-40.49	-26.51	-23.92			[52]
	N-X6	T_3x_4		-41.31	-26.32	-23.70			
	N-X35	T_3x_2		-42.03	-27.65	-24.18			
龙女寺	L-X1	T_3x_2		-39.37	-25.68	-23.00			
	L-X2	T_3x_4		-41.12	-26.10	-22.82			[56]
邛西	邛西3	T_3x_2		-33.84	-21.80	-22.11			
	邛西5	T_3x_2		-36.50	-24.24	-21.16			
	邛西6	T_3x_2		-34.55	-22.14	-22.04			
	邛西13	T_3x_2		-33.19	-21.52	-21.71			
普光	PG-1	T_3x		-37.44	-26.96				[57]
	PG-2	T_3x		-30.81	-25.95				
新场	X851	T_3x_2		-30.30	-27.06				[58]
合兴场	CH127	T_3x_2		-31.97	-26.04				
	CH100	T_3x_4		-34.57	-21.35				

（2）须家河组上覆地层中煤成气藏。由表3和表4对比可知，在新场、孝泉、遂南、金华镇、平落坝、大兴等须家河组煤成气田（藏）的上覆地层中，发现了$\delta^{13}C_{1-4}$值与之基本相似的气藏，即天然气$\delta^{13}C_2$组成很重，$\delta^{13}C_2$值为-27.76‰（金7井）～-21.20‰（川孝163井），具有煤成气特征，这些天然气是从须家河组运移来的[55]。这些煤成气藏绝大部分分布在川西地区，这可能与西部紧邻具有多期构造活动和大地震的龙门山断裂带有关，使煤成气便于向上运移。

（3）须家河组中油型气藏。须家河组煤系是气源岩，通常推测在其中分布的应均是煤成气藏，但系统分析须家河组各气藏$\delta^{13}C_{1-4}$值发现，除绝大部分$\delta^{13}C_2$值大于-29‰的煤成气外（表3），还有一小部分气藏（5.3%）$\delta^{13}C_2$值小于-29‰（表5）。由表5可知，卧龙河气田卧浅1井、纳溪气田纳浅1井和纳14井以及合江气田合8井须家河组天然气$\delta^{13}C_2$值分别为-30.32‰、-30.03‰、-30.66‰和-33.79‰，均小于-29‰。戴金星等研究中国天然气烷烃气碳同位素组成后指出，凡$\delta^{13}C_2$小于-29‰的天然气是油型气[27]，所以须家河组这部分气藏是油型气藏。这类油型气藏发现于须家河组气源岩明显变薄的川南和川东地区。这些油型气来自哪些气源岩？根据这些油型气藏与下伏各地层中气藏烷烃气碳同位素组成的对比，确定气源来自下伏不同地层。

表4　四川盆地须家河组煤成气在上覆地层中形成气藏烷烃气碳同位素组成

气田（藏）	井号	层位	井深/m	$\delta^{13}C$/‰				文献
				CH_4	C_2H_6	C_3H_8	C_4H_{10}	
新场	川孝162-2	J_3p	1037.6～1041.4	-34.50	-24.90	-27.40	-22.40	本文
	川孝134-2	J_2s	2171.0～2379.0	-36.70	-22.40	-23.40	-19.30	
	川孝163	J_2q	2722.0～2730.0	-36.00	-21.20	-26.10	-19.10	
孝泉	川孝37	J_2s	1745.0～1952.0	-36.10	-23.00	-25.50	-21.00	
遂南	遂48	J_1t_1	1715.4～1748.0	-42.40	-27.42	-25.09	-26.50	
金华镇	金7	J_1t_4	2363.8～2432.4	-38.73	-27.76	-25.27	-26.96	
平落坝	平落2	J_2s	1605.0	-39.21	-25.45	-21.89	-21.20	[55]
	平落1-1	J_2s	2040.0	-38.25	-25.01	-21.38	-20.40	
大兴	大兴2	J_2s	1787.0	-34.49	-23.48	-21.15	-20.79	
	大兴3	J_2s	1982.0	-34.05	-24.21			
	大兴浅5	J_2s	2543.0	-33.34	-22.47	-21.35	-20.94	
白马庙	白马1	J_3p	795.0	-33.89	-22.43	-19.76	-19.69	
	白马2	J_3p	870.0	-33.86	-22.29	-19.48	-19.40	

从表5可知，卧龙河气田和纳溪气田的须家河组气藏（卧浅1井、纳浅1井和纳14井）与嘉陵江组各气藏$\delta^{13}C_2$值相当接近，并具有正碳同位素系列（$\delta^{13}C_1<\delta^{13}C_2<\delta^{13}C_3$），因此其气源来自嘉陵江组的天然气。关于嘉陵江组天然气的气源岩，以往观点认为主要是上二叠统龙潭组煤系，并有志留系腐泥型烃源岩的贡献[59,60]。由于产于普光2井龙潭组的天然气$\delta^{13}C_2$值为-25.19‰[57]，组成很重，所以卧龙河气田和纳溪气田的须家河组气藏以及嘉陵江组气藏气源岩不可能是龙潭组煤系；同时，卧龙河气田卧67井、卧127井、卧58井、卧88井、卧120井嘉陵江组以下层位（P_1和C_2hl）和纳溪气田纳6井、纳17井、纳21井、纳33井嘉陵江组以下层位（P_1m）（表5）烷烃气碳同位素组成均发生了倒转，即表现为$\delta^{13}C_1>\delta^{13}C_2$且$\delta^{13}C_3>\delta^{13}C_2$（前人研究指出具有$\delta^{13}C_1>\delta^{13}C_2$且$\delta^{13}C_3>\delta^{13}C_2$特征的天然气其气源岩为志留系[57,61]），与该两气田须家河组煤成烷烃气具正碳同位素系列不同，所以此两气田须家河组油型气也不可能来自P_1及更深的烃源岩。推测这两个气田须家河组油型气可能是有机碳含量基本达到0.5%、高的达1.06%[61,62]的上二叠统长兴组碳酸盐岩的产物[63]。

表5　须家河组中油型气藏及下伏各气藏天然气碳同位素组成

气田	井号	层位	井深/m	$\delta^{13}C$/‰		
				CH_4	C_2H_6	C_3H_8
卧龙河	卧浅1	T_3x	244.00～290.45	-36.46	-30.32	-25.28
	卧2	T_1j_5	1633.00～1673.00	-32.77	-28.71	-23.53
	卧12	T_1j_5		-33.40	-30.00	-25.80
	卧5	T_1j_{3-4}	1783.00～1890.00	-33.49	-29.16	-23.92
	卧50	T_1j_{3-4}	1855.00～1950.00	-33.56	-30.24	-24.15

续表

气田	井号	层位	井深/m	$\delta^{13}C$/‰		
				CH_4	C_2H_6	C_3H_8
卧龙河	卧67	P_1m	3275.00～3368.50	-31.89	-32.23	-26.71
	卧127	P_1q	4245.50	-31.36	-32.84	-31.42
	卧58	C_2hl	3752.00	-32.65	-36.32	-27.10
	卧88	C_2hl	4372.00	-32.70	-34.58	-31.53
	卧120	C_2hl	4439.00	-32.06	-36.10	-32.02
纳溪	纳浅1	T_3x_6	440.00～441.95	-36.61	-30.03	-25.17
	纳14	T_3x_{4-6}	530.09～651.69	-36.42	-30.66	-27.60
	纳10	T_1j_{1-2}	1793.50～1831.00	-34.68	-32.13	-27.72
	纳1	T_1j_1	1165.50～1185.00	-33.38	-32.97	-29.89
	纳6	P_1m	2300.00～2339.24	-32.25	-35.17	-31.89
	纳17	P_1m	2051.00～2052.31	-32.91	-35.44	-31.88
	纳21	P_1m	2543.00～2649.00	-32.09	-35.14	-31.94
	纳33	P_1m	2333.50～2355.00	-32.95	-35.38	-31.69
合江	合8	T_3x_6	1262.00～1276.98	-30.19	-33.79	
	合10	T_1j_3	1882.00～1918.68	-29.91	-35.08	
	合12	T_1j_2	1935.00～1975.00	-30.24	-33.75	
	合9	T_1j_{1-2}	2000.00～2195.00	-29.42	-33.19	-29.51
	合18	T_1f_1	2694.50～2700.50	-30.77	-33.92	-30.52
	合4	P_1m	2891.00～2897.20	-30.72	-34.67	-31.08

由表5可见，合江气田须家河组气藏（合8井）烷烃气$\delta^{13}C_1>\delta^{13}C_2$，发生倒转，与卧龙河气田和纳溪气田须家河组气藏烷烃气具正碳同位素系列不同，气源岩不可能是长兴组碳酸盐岩。合江气田须家河组（合8井）油型气$\delta^{13}C_1$与$\delta^{13}C_2$值与下伏嘉陵江组（合10井、合12井、合9井）、飞仙关组（合18井）和茅口组（合4井）天然气相近，说明不同层位的天然气气源具有同一性，同时不同层位烷烃气碳同位素组成均发生了倒转，表示气源岩均为志留系烃源岩。

2）与龙潭组烃源岩有关的煤成气田（藏）

龙潭组是一套海陆过渡相含煤沉积，主要为深灰、灰黑色泥页岩、岩屑砂岩夹煤层，在盆地各处沉积相有变化。向川北、川东一带，逐渐过渡为浅海碳酸盐岩沉积，称吴家坪组，主要为石灰岩、含硅质灰岩，有时夹硅质层，底部见铝土质黏土岩、碳质页岩夹薄煤层。在川西南地区，相变为一套以陆相含煤砂页岩为主的地层，称宣威组[64]。但在盆地内不管相变如何，都含煤层或薄煤层，均具有形成不同丰度煤成气的气源岩基础，对煤成气资源有贡献。

与龙潭组有关的煤成气藏的发现，是四川盆地近几年勘探的重要成果，但至今未在龙潭组中发现自生自储的气藏。根据$\delta^{13}C_2$值大于-29‰划为煤成气的标准[37]，判断近年来川北地区许多气井在长兴组和飞仙关组中发现的天然气是由下伏龙潭组运移来的煤成气（表6）。普光2井龙潭组（P_2l）、长兴组（P_2ch）和飞仙关组（T_1f）的$\delta^{13}C_1$为-31.00‰～-30.05‰，非常接近，$\delta^{13}C_2$为-28.81‰～-25.19‰（除4958.0m处为-29.10‰及

4959.6m 处为-29.87‰外），基本是煤成气的特征（表6）。但四川盆地飞仙关组和长兴组气藏并不是只聚集龙潭组的煤成气，如龙门气田和板桥气田飞仙关组气藏中天然气是煤成气占相当大比例的混合气；沙坪场气田和高峰场气田飞仙关组气藏是以油型气为主的混合气；庙高寺气田飞仙关组和长兴组中聚集志留系油型气为主的混合气[5]。因此，四川盆地飞仙关组气藏和长兴组气藏的气源具多源性，可以根据烷烃气碳同位素组成来确定气源归属。

表6 四川盆地北部地区龙潭组一些煤成气有关井的烷烃气碳同位素值

气田	井号	层位	井深/m	$\delta^{13}C$/‰			文献
				CH_4	C_2H_6	C_3H_8	
普光	普光2	T_1f	4801.0	-30.90	-28.50		[65]
	普光2	T_1f	4958.0	-30.50	-29.10		
	普光2	T_1f	5062.0	-31.00	-28.80		
	普光2	P_2ch	5259.0	-30.10	-27.70		
	普光2	P_2ch	5315.0	-30.60	-25.20		
	普光2	T_1f	4801.4	-30.93	-28.51		[57]
	普光2	T_1f	4911.0	-30.89	-28.49		
	普光2	T_1f	4959.6	-30.49	-29.87		
	普光2	T_1f	5064.8	-30.96	-28.81		
	普光2	P_2ch	5259.3	-30.05	-26.67		
	普光2	P_2l	5314.6	-30.61	-25.19		
	普光1	T_1f	5601.5～5667.5	-31.10	-25.00	-27.96	[66]
	普光9	P_2ch	6110.0～6130.0	-31.30	-23.90		
东岳寨	DYZ	P_2l	4857.8	-31.72	-28.71		[57]
	DYZ	P_2l	4903.1	-30.67	-28.90		
毛坝	毛坝1	T_1f_3	4323.5～4352.5	-31.03	-25.12		本文
	毛坝1	P_2ch	4729.0～4923.0	-30.00	-27.20		
元坝	元坝1、侧1	T_1f_{1-2}	7330.7～7367.6	-28.86	-25.31		
龙岗	龙岗1	T_1f		-29.31	-23.15		[67]
	龙岗1	P_2ch		-29.44	-22.68		

3. 塔里木盆地煤成气勘探的进展

20世纪50年代在塔里木盆地北部库车拗陷北缘发现了与中-下侏罗统煤系有关的依奇克里克煤成油田。据此，人们一直想找此类油田，但长期未取得明显效果，这是由于当时未认识到中-下侏罗统成烃以气为主以油为辅，以及该油田原为深埋煤成气田，后由于储层埋藏显著变浅，烃类轻组分烷烃气比分子大的油类组分更易快速扩散而形成残余型煤成油田[5]。煤成油的伴生气具有明显的煤成气的碳同位素组成特征（表7）。20世纪70年代末煤成气理论在中国出现后，许多学者[7~9,21,24]都指出塔里木盆地气源岩为中-下侏罗统煤系，是我国煤成气勘探最有利地区，“煤成气远景最佳”、“发现煤成气田可能性很大”[7]，为塔里木盆地之后煤成气勘探和重大发现提供了重要的理论基础和方向。

20世纪末克拉2大气田的探明，特别是“西气东输”工程兴建，大大促进了塔里木盆地天然气特别是煤成气的勘探。目前该盆地发现的煤成气田分布在盆地边缘的库车拗陷及南缘毗邻处，另外在塔西南拗陷也发现少量煤成气田（图7）。

1）库车拗陷煤成气田

由表7可见，在库车拗陷，所有天然气的$\delta^{13}C_2$值均比鄂尔多斯盆地（表1）和四川盆地（表3、表4）的重，$\delta^{13}C_2$为-25.5‰（英买6井）~-17.8‰（吐孜2井），具有明显的煤成气特征。由图7可见，凡是分布在R^o值小于1.4%区域的煤成气田（藏）（吐孜洛克、依南2、迪那1、迪那2、提尔根、牙哈、红旗、英买7、羊塔克、玉东2）及煤成油田（依奇克里克、却勒）中的天然气，几乎都是湿气（除依奇克里克地区由于储层上升，轻烷烃气快速扩散被改造为煤成油田外），这充分说明煤系在生油窗内不是成油为主，而是成气为主。这些湿气气田大部分是凝析气田，$\delta^{13}C_1$主要分布在-35‰~-31‰，$\delta^{13}C_2$主要在-23‰~-20‰（表7）。位于R^o值大于1.6%区域的气田（克拉2、克拉3和大北1）均是干气气田（大宛齐油田除外，关于该油田如何形成，将另文阐明），$\delta^{13}C_1$主要在-29.30‰~-25.1‰，$\delta^{13}C_2$主要在-21.4‰~-18.0‰。由上可见湿气气田的$\delta^{13}C_1$和$\delta^{13}C_2$组成明显比干气气田的轻。因此，气田的干燥系数和$\delta^{13}C_1$及$\delta^{13}C_2$值受属地烃源岩成熟度的控制，这从一个侧面反映了气田气聚集具有显著的地域性，天然气未经历长距离的运移聚集。干燥系数的不同以及$\delta^{13}C_1$和$\delta^{13}C_2$的差异，反映两者成藏的区别。

在中国所有煤成气盆地或地区中，库车拗陷的煤成气总体上储量丰度最高，该地区也是中国目前年产煤成气最多的地区，2008年的产气量为135.6亿m^3，占全国天然气总产量（760亿m^3[71]）的17.8%。

2）塔西南拗陷煤成气田

在塔西南拗陷发现了柯克亚气田和阿克莫木气田，对其天然气成因有不同的观点。

对柯克亚凝析气田天然气（油）成因有以下观点：①煤成气[72,73]；②煤成气和油型气的混合气[74]；③深源无机成因气[75]。由表8可见，柯克亚气田各井烷烃气不具有无机成因气负碳同位素系列（即$\delta^{13}C_1>\delta^{13}C_2>\delta^{13}C_3>\delta^{13}C_4$）的特征，故不是深源无机成因气，反而具有有机成因气特征，基本为正碳同位素系列（即$\delta^{13}C_1<\delta^{13}C_2<\delta^{13}C_3$）[76]，仅$\delta^{13}C_3$、$\delta^{13}C_4$值发生部分倒转（$\delta^{13}C_3>\delta^{13}C_4$）。柯克亚气田各井的$\delta^{13}C_2$组成很重，为-26.28‰~-25.68‰（表8），均重于四川盆地煤成气判别标准$\delta^{13}C_2$值（大于-29‰）[37]和全国煤成气划分标准$\delta^{13}C_2$值（大于-27.5‰）[27]，因此，柯克亚气田的天然气是煤成气。柯克亚气田是中国煤成气理论形成前塔里木盆地发现的唯一的煤成气田。

由表8可见，阿克莫木气田阿克1井各层段天然气的乙烷含量均很低，为干气。该井各层位都具有$\delta^{13}C_1<\delta^{13}C_2$的正碳同位素系列，同时$\delta^{13}C_1$和$\delta^{13}C_2$组成都很重，$\delta^{13}C_1$为-25.20‰~-22.60‰；$\delta^{13}C_2$为-21.90‰~-19.90‰。对该井的天然气成因和气源，前人有不同的观点：①根据阿克1井$\delta^{13}C_1$和$\delta^{13}C_2$组成很重认为，这样重的$\delta^{13}C$值“在世界范围内也属罕见”，故这些天然气为石炭-二叠系烃源岩高温裂解气，或为混合气，以石炭-二叠系气源岩为主，有侏罗系煤系气源的混入[77~80]；②根据阿克1井δD值(-13.1‰)以及$\delta^{13}C_1$和$\delta^{13}C_2$值均是塔里木盆地中最重的认为，这可能与少量的深部物质混入有关[81]。

表 7　库车坳陷及南缘煤成气地球化学参数表

气田/油田	井号	层位	井深/m	天然气主要组分含量/%						$\delta^{13}C$/‰				文献
				CH_4	C_2H_6	C_3H_8	iC_4　nC_4	CO_2	N_2	CH_4	C_2H_6	C_3H_8	iC_4　nC_4	
牙哈	牙哈 1	K	5600.0	77.65	7.91	2.92	2.61	1.59	3.16	-30.9	-21.8	-22.3	-24.1　-24.4	本文
	牙哈 4	N_1j	4997.0～5001.0	76.55	14.91	4.88	0.76　0.78	0.82	1.12	-32.9	-24.7	-21.2	-21.2	
	牙哈 701	E	6000.0	86.20	5.66	2.24	0.47　0.61	0.22	4.00	-32.8	-23.3	-21.0	-22.1　-21.8	
英买 7	英买 6	N_1j	4420.0～4426.0	76.11	10.12	4.28	3.48	0.12	5.28	-35.2	-25.5	-21.6	-22.2	
	英买 7	E	4707.5～4725.0	86.63	8.01	1.38	0.28　0.28	0.32	2.97	-33.5	-24.1	-23.9		
	英买 7-H1	E		90.14	4.62	1.27	0.30　0.39	0.12	2.58	-32.4	-22.7	-19.8	-21.2　-20.5	
羊塔克	羊塔克 1	E+K	5234.0～5332.0	91.17	5.32	1.11	0.16　0.20	0.12	1.84	-38.9	-22.9	-20.9	-22.1	[68]
	羊塔克 2	K	5387.0～5396.0	92.35	4.96	0.97	0.51	0.15	1.06	-37.3	-23.0	-26.0	-24.6	
	羊塔克 101	E	5329.0～5333.0	89.22	7.01	1.49	0.53	6.05	1.70	-36.2	-23.2	-25.4	-25.3	
提尔根	提 1	N	4836.5～4839.5	85.65	8.55	2.39		0.26	2.19	-35.7	-23.2	-21.5	-21.4	本文
	提 101	K	5298.0	86.65	6.31	2.74	0.55　0.63	0.31	2.22	-32.8	-23.4	-21.1	-21.0　-20.0	
红旗	红旗 1	E		73.51	11.83	7.67	1.69　1.56	0.29	2.19	-32.4	-22.3	-21.4	-22.9　-22.0	
迪那 1	迪那 102	N	5768.1	89.47	7.25	1.60	0.47	0.30	0.89	-33.5	-21.1	-19.7	-20.8　-20.2	
迪那 2	迪那 2	N_1j	4597.4～4875.6	88.68	7.24	1.36	0.53	0.37	1.55	-34.3	-20.9	-15.6	-25.9　-267	
	迪那 22	E	4748.0～4774.0	87.66	7.32	1.40	0.70	1.00	1.72	-35.1	-22.5	-20.5	-19.2　-18.6	
吐孜洛克	吐孜 1	N_1j	1680.7～1884.0	90.41	5.11	0.45	0.15	0.27	3.56	-29.4	-18.6	-18.3	-18.9	[68]
	吐孜 2	K	2637.0 ～ 2730.0	94.77	3.94	0.38	0.13	0.07	0.04	-30.8	-17.8			
	吐孜 3	E	2085.0 ～ 2093.0								-32.6	-19.1		
依南 2	依南 2	J_1a	4578.8～4758.0	90.86	5.02	1.58	0.66	0.34	1.28	-34.8	-22.4	-25.9	-21.7	
玉东 2	玉东 2	E—K	4728.8～4744.8	82.28	7.66	2.06	1.83	1.01	5.09	-37.5	-21.5	-24.5	-23.7	
大北 1	大北 1	E	5568.0～5620.0	91.44	2.17					-29.3	-21.4	-20.8	-21.9	[69]

续表

气田/油田	井号	层位	井深/m	天然气主要组分含量/%						δ13C/‰				文献
				CH_4	C_2H_6	C_3H_8	iC_4 nC_4	CO_2	N_2	CH_4	C_2H_6	C_3H_8	iC_4 nC_4	
克拉2	克2	E	3500.0~3535.0	96.90	0.31			1.24	1.55	-27.3	-19.4	-18.5	-17.8	本文
	克2-7	E		98.41	0.78	0.05	0.01 0.01	0.05	0.69	-27.6	-18.0	-19.9	-21.0	
	克203	E	4050.0	97.86	0.82	0.05	0.01 0.01	0.66	0.58	-27.3	-18.5	-19.0	-19.7 -20.8	
克拉3	克拉3	E	3104.6~3198.8	98.05	0.62	0.09		0	1 24	-25.1	-18.8			[70]
依奇克里克	依590	J		64.49	16.16	9.17	2.33 2.66	0.09	2.44	-31.1	-23.5	-22.1	-22.1	本文
大宛齐	大宛齐117-3	$N_{1-2}k$	285.0~518.0	88.31	4.72	1.53	0.31 0.35	0	4.53	-32.8	-21.6	-21.2	-22.5 -21.6	
	大宛齐109-19	$N_{1-2}k$	456.0~461.0	90.04	5.49	1.50	0.30 0.35	0	2.01	-29.7	-21.9	-21.2	-23.0 -22.3	
	大宛1	$N_{1-2}k$	537.0~539.0	86.91	4.45	3.58	3.46	0	1.60	-32.0	-19.5	-22.6	-21.9	
却勒	却勒1	K	5930.0	84.38	6.80	3.23	0.74 0.97	0.17	2.50	-31.2	-23.9	-22.8	-24.6 -23.0	

表8　塔西南拗陷气田天然气地球化学参数表

气田	井名	层位	井深/m	天然气主要组分/%						δ13C/‰				献
				CH_4	C_2H_6	C_3H_8	iC_4 nC_4	CO_2	N_2	CH_4	C_2H_6	C_3H_8	iC_4 nC_4	
柯克亚	柯7	$N_1x_4^2$	3247.5~3303.9	79.46	9.65	3.05	0.47 0.93	0.22	5.61	-38.36	-26.28	-24.80	-26.03	本文
	柯18	N_1x	3194.6~3272.4	82.41	8.75	2.29	0.28 0.55	0.11	5.39	-38.02	-25.99	-25.33	-26.14	
	柯351	$N_1x_5^2$	3287.0~3318.4	85.35	7.85	2.38	0.37 0.80	0	2.68	-36.94	-25.68	-24.44	-25.61	
	柯401	$N_1x_4^2$—$N_1x_5^1$	3137.2~3355.3	75.40	8.49	3.34	0.87 1.45	0	4.19	-37.04	-25.92	-24.64		
	柯深102			79.16	7.83	4.58	2.85	0	1.69	-29.30	-25.80	-25.10	-26.70 -26.00	
阿克莫木	阿克1	T	4209.5	77.16	0.21	0	0.03	13.33	3.97	-22.60	-19.90	-20.30	-20.00 -20.70	
	阿克1	K	3325.0~3345.0	81.05	0.26	0.04	0.04	10.15	3.39	-25.20	-21.10			[77,78]
	阿克1	K	3234.0~3341.0							-24.70	-21.20	-20.10	-20.70	
	阿克1	K	3371.0~3376.0	90.79	0.21	0.02	0	8.90	3.08	-25.00	-21.90			
	阿克1	K		80.00	0.02					-23.00	-20.20			[79]

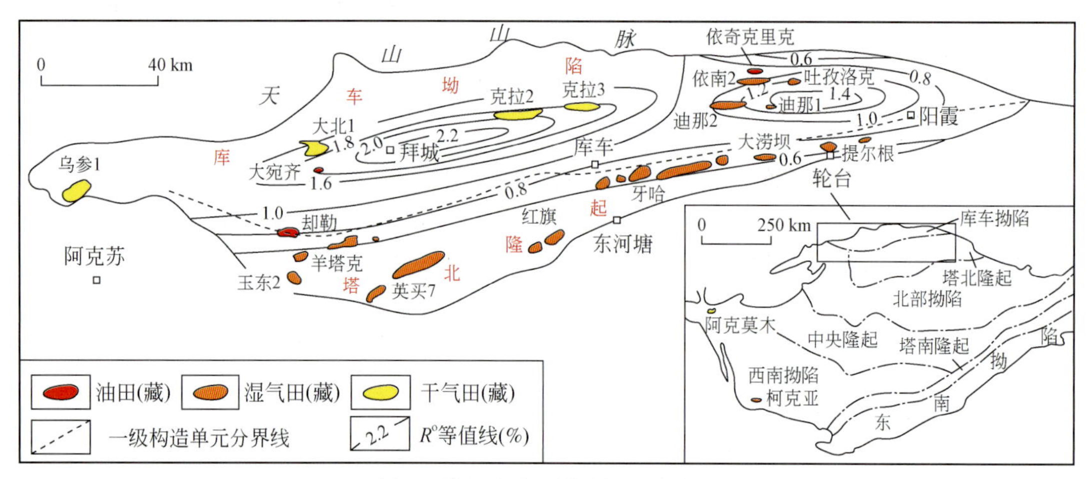

图7　塔里木盆地煤成气田分布图

阿克1井气源岩以石炭-二叠系为主[77~80]的观点值得商榷，因为下二叠统灰色泥岩和泥灰岩有机碳含量平均值为0.31%，低于有效烃源岩标准。石炭系为海相深灰色泥岩、泥灰岩，烃源岩厚度525m，残余有机质总有机碳含量为0.38%～5.98%。该烃源岩原始有机质以藻类等低等生物为主，同时混有大量高等陆源植物[81]。由此可见，石炭系有机质混有陆相植物，但以藻类等低等生物为主，该类烃源岩不可能形成阿克1井$\delta^{13}C_1$和$\delta^{13}C_2$组成这样重的天然气。例如，四川盆地以低等生物为主的过成熟烃源岩成气的威远气田，其$\delta^{13}C_1$为-32.84‰～-31.96‰，$\delta^{13}C_2$为-33.91‰～-29.15‰。阿克1井$\delta^{13}C_1$和$\delta^{13}C_2$组成虽重，但绝不像一些学者认为的是世界范围内罕见的，其重的$\delta^{13}C_1$和$\delta^{13}C_2$组成与中欧盆地由石炭系煤系形成的煤成气十分相似。在德国埃姆斯河流域至威悉河以西地区36个气田或气点，Stahl W. J. 测了119个天然气的$\delta^{13}C_1$值，其变化区间为-31.8‰～-20.0‰，一般是-28‰～-23‰，如埃姆利希海姆气田上石炭统Z16井天然气的$\delta^{13}C_1$为-24.7‰，$\delta^{13}C_2$为-24.1‰，$\delta^{13}C_3$为-22.1‰[82]。故阿克1井气源岩不是以石炭-二叠系为主，应是中-下侏罗统的煤系。

塔西南拗陷面积相当大，地腹深埋中-下侏罗统煤系，煤成气源条件好，但目前仅发现柯克亚和阿克莫木两个煤成气田，这与气源岩分布面积大、成气条件好不匹配，今后应可发现更多的煤成气田。

三、结论

煤成气理论在中国出现并应用于天然气勘探，是近期中国天然气工业迅速发展的重要因素之一。目前煤成气储量占全国气层气储量的2/3，天然气产量中煤成气占近2/3，证明煤成气研究、勘探与开发对中国天然气工业发展具有重大意义。

煤成气理论产生30年来，对煤系成烃作用的认识经历了煤成气、煤成油和煤系成烃以气为主以油为辅的3个阶段。对煤系成烃作用认识从片面的以成气为主或以成油为主，强调在煤系中勘探油，到最后发展为以气为主以油为辅。中国学者对煤成烃以气为主以油为辅研究做出了重大的贡献。

张文正教授提供了神木气田烷烃气碳同位素组成数据，马永生博士和郭彤楼博士提供了元坝1 井等气样，杨春、倪云燕、胡国艺和陶小晚博士协助图件编制及文献检索，在此深表感谢！

参考文献

[1] 戴金星．成煤作用中形成的天然气与石油．石油勘探与开发，1979，6（3）：10～17

[2] 时华星，宋明水，徐春华，等．煤型气地质综合研究思路与方法．北京：地质出版社，2004.1～6

[3] 傅诚德．天然气科学研究促进了中国天然气工业的起飞．见：戴金星．天然气地质研究新进展．北京：石油工业出版社，1997.1～11

[4] 戴金星，杨春，胡国艺等．煤成气是中国天然气工业的主角．天然气地球科学，2008，19（6）：733～740

[5] 戴金星，倪云燕，周庆华等．中国天然气地质与地球化学研究对天然气工业的重要意义．石油勘探与开发，2008，35（5）：513～525

[6] 戴金星．我国煤系地层含气性的初步研究．石油学报，1980，1（4）：27～37

[7] 戴金星．我国煤成气藏的类型和有利的煤成气远景区．见：中国石油学会石油地质委员会．天然气勘探．北京：石油工业出版社，1986.15～31

[8] 田在艺，戚厚发．中国主要含煤盆地天然气资源评价区．见：中国石油学会石油地质委员会．天然气勘探．北京：石油工业出版社，1986.1～14

[9] 伍致中，王生荣，卡米力．新疆中下侏罗统煤成气初探区．见：中国石油学会石油地质委员会．天然气勘探．北京：石油工业出版社，1986.137～149

[10] 王少昌．陕甘宁盆地上古生界煤成气资源远景区．见：中国石油学会石油地质委员会．天然气勘探．北京：石油工业出版社,1986.125～136

[11] 戚厚发，张志伟，付金华．我国主要含煤盆地煤成气资源预测及勘探方向选择．见：《煤成气地质研究》编委会．煤成气地质研究．北京：石油工业出版社．1987：229～237

[12] 裴锡古，费安琦，王少昌等．鄂尔多斯地区上古生界煤成气藏形成条件及勘探方向．见：《煤成气地质研究》编委会．煤成气地质研究．北京：石油工业出版社，1987.9～20

[13] 罗启厚，陈盛吉，杨家琦等．四川盆地上三叠统煤成气富集规律与勘探方向．见：《煤成气地质研究》编委会．煤成气地质研究．北京：石油工业出版社，1987.86～96

[14] 地质矿产部石油地质研究所．石油与天然气地质文集（第1 集：中国煤成气研究）．北京：地质出版社，1988.1～315

[15] 傅家谟，刘德汉，盛国英．煤成烃地球化学．北京：地质出版社，1990.348～355

[16] 冯福闿．中国含气盆地研究．见：地质矿产部石油地质研究所．中国天然气地质研究．北京：地质出版社，1994.1～10

[17] 王庭斌．中国天然气田（藏）特征及成藏条件．见：地质矿产部石油地质研究所．中国天然气地质研究．北京：地质出版社，1994.11～26

[18] 杨俊杰，裴锡古．中国天然气地质学（卷四：鄂尔多斯盆地）．北京：石油工业出社，1996.1～291

[19] 冯福闿，王庭斌，张士亚等．中国天然气地质．北京：地质出版社，1994.1～355

[20] 毛希森，蔺殿中．中国近海大陆架的煤成气．中国海上油气（地质），1990，4（2）：27～28

[21] 戴金星，戚厚发，王少昌等．我国煤系的气油地球化学特征、煤成气藏形成条件及资源评价．北京：石油工业出版社，2001.1～159

[22] 戴金星，夏新宇，秦胜飞等．中国天然气勘探开发的若干问题．见：中国石油天然气股份有限公司勘探与生产分公司．中国石油天然气股份有限公司2000 年勘探技术座谈会报告集．北京：石油工

业出版社，2001. 186 ~ 192
[23] 夏新宇，秦胜飞，卫延召等．煤成气研究促进中国天然气储量迅速增加．石油勘探与开发，2002，29（2）：17 ~ 20
[24] 戴金星，何斌，孙永祥等．中亚煤成气聚集域形成及其源岩——中亚煤成气聚集域研究之一．石油勘探与开发，1995，22（3）：1 ~ 6
[25] 戴金星．中国煤成气潜在区．石油勘探与开发，2007，34（6）：641 ~ 645，663
[26] 戴金星，钟宁宁，刘德汉等．中国煤成大中型气田地质基础和主控因素．北京：石油工业出版社，2000. 210 ~ 223
[27] 戴金星，秦胜飞，陶士振等．中国天然气工业发展趋势和天然气地学理论重要进展．天然气地球科学，2005，16（2）：127 ~ 142
[28] 李剑，罗霞，单秀琴等．鄂尔多斯盆地上古生界天然气成藏特征．石油勘探与开发，2005，32（4）：54 ~ 59
[29] 丁巍伟，庞彦明，胡安平．莺-琼盆地天然气成藏条件及地球化学特征．石油勘探与开发，2005，32（4）：97 ~ 102
[30] 陶士振，邹才能．东海盆地西湖凹陷天然气成藏及分布规律．石油勘探与开发，2005，32（4）：103 ~ 110
[31] 秦建中，李志明，张志荣．不同类型煤系烃源岩对油气藏形成的作用．石油勘探与开发，2005，32（4）：131 ~ 136，141
[32] 刘德汉，傅家谟，肖贤明等．煤成烃的成因与评价．石油勘探与开发，2005，32（4）：137 ~ 141
[33] 徐永昌．“六五”国家重大科技攻关项目“中国煤成气的开发研究”的重要成果和意义．天然气地球科学，2005，16（4）：403 ~ 405
[34] 赵文智，刘文汇．高效天然气藏形成分布与凝析、低效气藏经济开发的基础研究．北京：科学出版社，2008. 1 ~ 188
[35] 邹才能，陶士振，方向．大油气区形成与分布．北京：科学出版社，2009. 96 ~ 132，253 ~ 309
[36] 张抗．神木天封苑火井祠气苗是我国最早发现的煤型气．天然气工业，1987，7（4）：26
[37] 王世谦．四川盆地侏罗系—震旦系天然气的地球化学特征．天然气工业，1994，14（6）：1 ~ 5
[38] 陈安定．陕甘宁盆地中部气田奥陶系天然气的成因及运移．石油学报，1994，15（2）：1 ~ 10
[39] 陈安定．论鄂尔多斯盆地中部气田混合气的实质．石油勘探与开发，2002，29（2）：33 ~ 38
[40] 徐永昌．天然气成因理论及应用．北京：科学出版社，1994. 182 ~ 187
[41] 黄第藩，熊传武，杨俊杰等．鄂尔多斯盆地中部气田气源判识和天然气成因类型．天然气工业，1996，16（6）：1 ~ 5
[42] 张水昌，梁狄刚，张大江．关于古生界烃源岩有机质丰度的评价标准．石油勘探与开发，2002，29（2）：8 ~ 12
[43] 梁狄刚，张水昌，张宝民，等．从塔里木盆地看中国海相生油问题．地学前缘，2000，7（4）：534 ~ 547
[44] Tissot B P，Welte D H. Petroleum formation and occurrence. New York：Springer-Verlag，1984. 669
[45] Bjirlykke K. Sedimentology and petroleum geology. Berlin，New York：Springer-Verlag，1989. 363
[46] 蒋助生，罗霞，李志生等．苯、甲苯碳同位素组成作为气源对比新指标的研究．地球化学，2000，29（4）：410 ~ 415
[47] 李剑，罗霞，李志生等．对甲苯碳同位素值作为气源对比指标的新认识．天然气地球科学，2003，14（3）：177 ~ 180
[48] 戴金星，李剑，罗霞等．鄂尔多斯盆地大气田的烷烃气碳同位素组成特征及其气源对比．石油学报，2005，26（1）：18 ~ 26

[49] 张文正，裴戈，关德师．鄂尔多斯盆地中、古生界原油轻烃单体系列碳同位素研究．科学通报，1992，37（3）：248～251
[50] 关德师，张文正，裴戈．鄂尔多斯盆地中部气田奥陶系产层的油气源．石油与天然气地质，1993，14（3）：191～199
[51] 夏新宇．碳酸盐岩生烃与长庆气田气源．北京：石油工业出版社，2000. 136～162
[52] 陈义才，郭贵安，蒋裕强，等．川中地区上三叠统天然气地球化学特征及成藏过程探讨．天然气地球科学，2007，18（5）：737～742
[53] 王兰生，陈盛吉，杜敏等．四川盆地三叠系天然气地球化学特征及资源潜力分析．天然气地球科学，2008，19（2）：222～228
[54] 李登华，李伟，汪泽成等．川中广安气田天然气成因类型及气源分析．中国地质，2007，34（5）：829～836
[55] 樊然学，周洪忠，蔡开平．川西坳陷南段天然气来源与碳同位素地球化学研究．地球学报，2005，26（2）：157～162
[56] 王顺玉，明巧，黄羚等．邛西地区邛西构造须二段气藏流体地球化学特征及连通性研究．天然气地球科学，2007，18（6）：789～792
[57] Hao F，Guo T L，Zhu Y M，*et al.* Evidence for multiple stages of oil cracking and the rmochemical sulfate reduction in the Puguang gas field，Sichuan Basin，China. AAPG Bulletin，2008，92（5）：611～637
[58] 叶军．川西新场851井深部气藏形成机制研究——X851井高产工业气流的发现及其意义．天然气工业，2001，21（4）：16～20
[59] 高岗．卧龙河气田．见：戴金星，陈践发，钟宁宁等．中国大气田及其气源．北京：科学出版社，2003. 9～16
[60] 胡安平，陈汉林，杨树峰等．卧龙河气田天然气成因及成藏主要控制因素．石油学报，2008，29（5）：643～649
[61] 胡光灿，谢姚祥．中国四川东部高陡构造石炭系气田．北京：石油工业出版社，1997. 47～62.
[62] 黄籍中，陈盛吉，宋家荣等．四川盆地烃源体系与大中型气田形成．中国科学（D辑），1996，26（6）：504～510
[63] Dai J X，Ni Y Y，Zou C N，*et al.* Stable carbon isotopes of alkane gases from the Xujiahe coal measures and implication for gas-source correlation in the Sichuan Basin，SW China. Organic Geochemistry，2009，40：638～646
[64] 张继铭．中国石油地质志（卷十）．北京：石油工业出版社，1989. 55～56
[65] Ma Y S，Cai X Y，Guo T L. The controlling factors of oil and gas charging and accumulation of Puguang gas field in the Sichuan Basin. Chinese Science Bulletin，2007，50（Supp）：193～200
[66] 朱扬明，王积宝，郝芳等．川东宣汉地区天然气地球化学特征及成因．地质科学，2008，43（3）：518～532
[67] 陈盛吉，谢邦华，万茂霞等．川北地区礁、滩气藏的烃源条件与资源潜力分析．天然气勘探与开发，2007，30（4）：1～5，14
[68] 秦胜飞，李先奇，肖中尧等．塔里木盆地天然气地球化学及成因与分布特征．石油勘探与开发，2005，32（4）：70～78
[69] 李贤庆，肖中尧，胡国艺等．库车拗陷天然气地球化学特征和成因．新疆石油地质，2005，26（5）：489～492
[70] 李剑，谢增业，李志生等．塔里木盆地库车拗陷天然气气源对比．石油勘探与开发，2001，28（5）：29～32，41
[71] 国家统计局．中国统计年鉴2008. 北京：中国统计出版社，2008

[72] 李景明，魏国齐，曾宪斌等．中国大中型气田富集区带．北京：地质出版社，2002

[73] 王屿涛，杨斌．塔里木盆地西南拗陷油源探讨．新疆石油地质，1987，8（4）：30～36

[74] 戴金星．从碳、氢同位素组成特征剖析柯克亚油气田的油气成因．石油勘探与开发，1989，16（6）：18～23

[75] 陈荫祥．从深部地质结构着眼开发塔里木盆地油气资源．石油与天然气地质，1985，6（增刊）：35～36

[76] Dai J X，Xia X Y，Qin S F，*et al.* Origins of partially reversed alkane δ13C values for biogenic gases in China. Organic Geochemistry，2004，35（4）：405～411

[77] 刘胜，王东良，王招明等．塔里木盆地阿克 1 井天然气成藏地球化学分析．石油实验地质，2004，26（3）：273～280，286

[78] 李贤庆，肖贤明，肖中尧等．塔里木盆地阿克 1 气藏天然气的地球化学特征和成因．天然气地球科学，2005，16（1）：48～53

[79] 赵孟军，夏新宇，秦胜飞等．塔里木盆地阿克 1 井气藏气源研究．天然气工业，2003，23（2）：31～33

[80] 张秋茶，王福焕，肖中尧等．阿克 1 井天然气气源探讨．天然气地球科学，2003，14（6）：484～487

[81] 王晓锋，刘文汇，徐永昌等．塔里木盆地天然气碳、氢同位素地球化学特征．石油勘探与开发，2005，32（3）：55～58

[82] Stahl W J. Geochemischedaten nordwestdeutscher oberkarbon，zechstein-und buntsandst eingase. Erdoelund Kohle-Erdgas-Petrochemie，1979，32：65～70

中国东部天然气分布特征*

中国东部主要是指大兴安岭—太行山—武陵山—雪峰山一线以东部分。中国油气资源较丰富，在中西部的塔里木盆地、准噶尔盆地、柴达木盆地、吐哈盆地、鄂尔多斯盆地和四川盆地油气丰富，后两个盆地以产气为主。东部的陆上松辽盆地、渤海湾盆地以产油为主；大陆架上的东海盆地、莺琼盆地以产气为主（图1）。

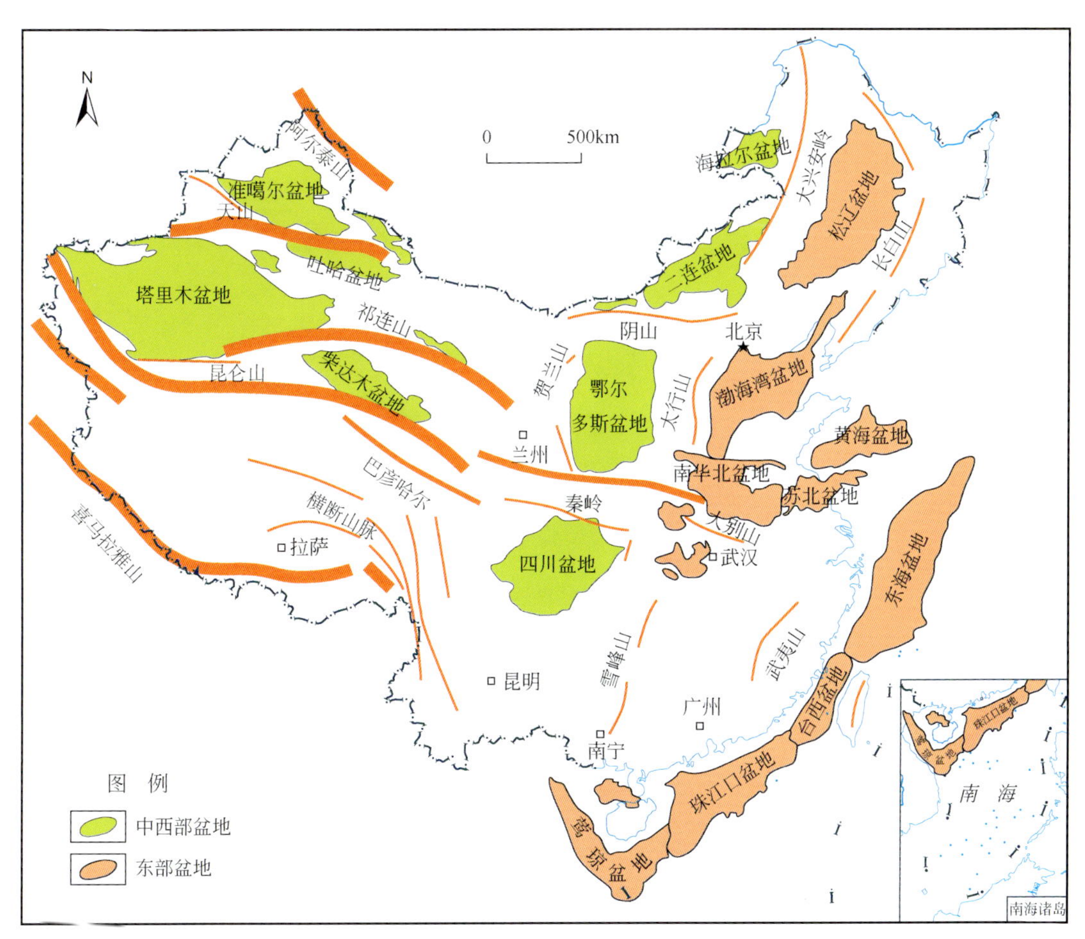

图1 中国含油气盆地分布示意[1]

---

* 本文据笔者2008年3月12日在俄罗斯科学院Vernadsky地球化学和分析化学研究所的报告修改而成，原报告已在该所用俄、英文出版。中文原载于《天然气地球科学》，2009，第20卷，第4期，471～487，作者还有胡国艺、倪云燕、李剑、罗霞、杨春、胡安平、周庆华。

截至2006年年底，中国累计探明天然气储量达到5.45万亿m^3[2]，其中，中西部地区天然气探明储量为4.5万亿m^3，占总储量的83%，这是因为构造环境相对稳定。东部地区天然气探明储量为0.95万亿m^3，占17.4%，天然气探明储量较低，这是由于该地区中-新生代构造运动和岩浆活动频繁。本区的天然气成因类型多，分布复杂，除有机成因的烷烃气外，在松辽盆地北部发现了具有商业价值的无机成因烷烃气田；另外，东部地区另一个显著特点是CO_2分布较广，且资源较丰富。下面分别从有机成因烷烃气大气田、无机成因烷烃气大气田和CO_2气田（藏）3个方面介绍中国东部天然气的分布特征。

一、中国东部有机成因烷烃气大气田分布特征

1. 中国东部有机成因烷烃气大气田分布

中国东部有机成因烷烃气大气田主要分布在大陆架盆地中。

1）中国大气田的分布

根据中国的标准，天然气探明储量大于300亿m^3的气田称为大气田。按照这一标准，截至2006年年底，中国累计发现大气田38个（图2）。

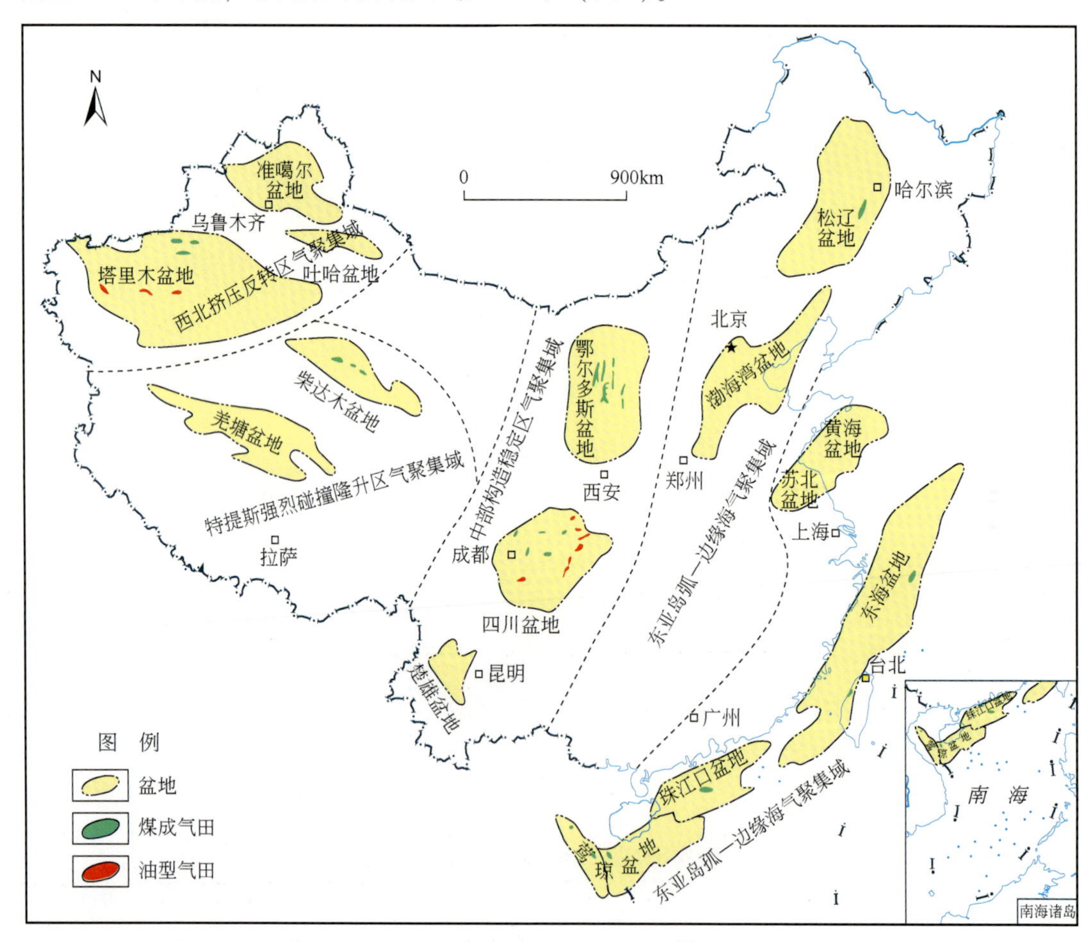

图2 中国大气田分布示意[3]

中国大气田主要分布在中西部地区，在38 个大气田中有31 个分布在中西部的四川盆地、鄂尔多斯盆地、塔里木盆地和柴达木盆地，占总数的82%，在东部地区有7 个大气田(图2)，占总数的18%，大气田个数相对较少，储量相对较低。

中国大气田天然气成因类型主要有煤成气和油型气两种，并以煤成气为主，除在塔里木盆地的台盆区和四川盆地的东部、南部地区分布有油型气大气田外，在中国大部分地区分布的均为煤成气大气田。

2）东部地区大气田的分布

东部地区目前发现有7 个大气田，分别为松辽盆地的徐深气田、东海盆地的春晓气田、台西盆地的铁砧山气田、珠江口盆地的番禺30-1 气田、莺琼盆地的东方1-1 气田、乐东22-1 气田和崖13-1 气田。在这些气田中除徐深气田和铁砧山气田在陆上外，其余均分布在海上。

东部地区大气田中除徐深气田是由若干个不同成因气田群组成（其中兴城气田等天然气为无机烷烃气，第2 部分将详细论述）外，其他大气田均为煤成气田。

2. 烃源岩有机质类型和天然气成因

1）烃源岩有机质类型

中国南部海上莺琼盆地烃源岩的热解参数 I_H 与 T_{max} 关系如图3 所示，从图中可以看出，烃源岩氢指数都比较低，一般小于300mg/g，有机质类型为Ⅲ-Ⅱ$_2$型，以生气为主，这些特征从本质上决定了海域盆地主要富含天然气。

2）天然气成因

根据戴金星等[5]提出的天然气成因鉴别指标，对中国海域天然气成因类型进行了分析，结果如图4 所示，海域天然气 $\delta^{13}C_1$ 分布在-40‰～-30‰（PDB，下同）之间，$C_1/(C_2+C_3)$ 值一般小于100，表现为凝析气和煤成气的成因特征。

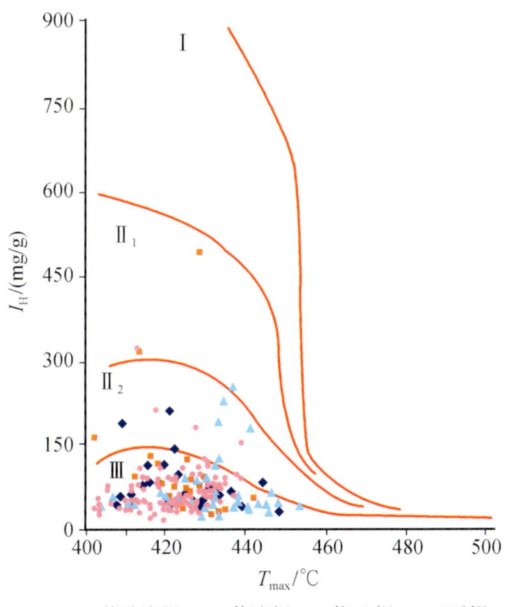

图3 莺琼盆地烃源岩 I_H 与 T_{max} 关系[4]

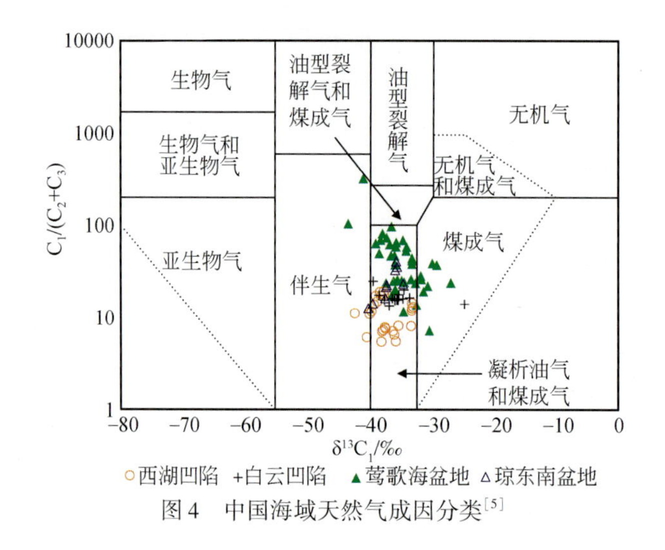

图4 中国海域天然气成因分类[5]

3. 典型大气田成藏分析

1）崖 13-1 气田和东方 1-1 气田

（1）基本地质情况。崖 13-1 气田和东方 1-1 气田位于莺琼盆地（图 5）。该盆地为一新生代大陆边缘伸展盆地，其中古近系属断陷性质，新近系属拗陷性质，具明显的双层结构。有利烃源岩和有利储气层均分布在古近-新近系，烃源岩有机质类型为海相、湖沼相 II_2-Ⅲ型。1990 年在该盆地发现崖 13-1 大气田，成为我国第一个探明储量近 1000 亿 m^3 的大气田，之后在盆地西部相继发现了东方 1-1、乐东 22-1、乐东 15-1 等超压大中型气田。这些超压气田是由于深部热流体活动、天然气在泥拱背斜带聚集而形成的。盆地雄厚的生烃物质基础和成群成带的泥拱背斜带预示着该区天然气勘探具有良好的前景。

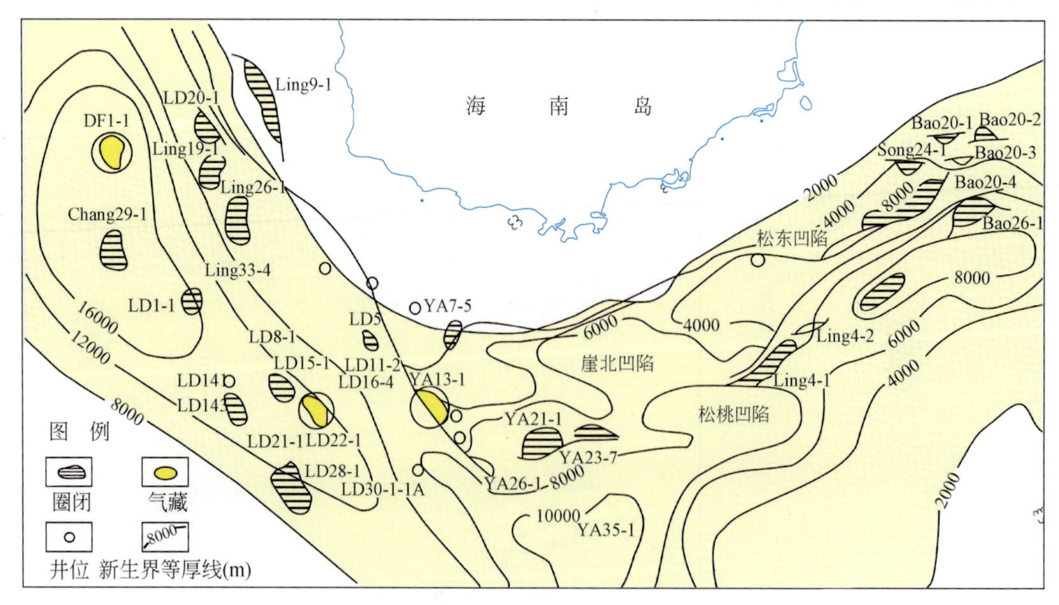

图5 莺琼盆地大气田分布及新生界厚度等值线[4]

莺琼盆地共发育 3 套烃源岩，分别为崖城组、三亚组（下部）和莺黄组（下部），均为含煤地层。其中崖城组是盆地的主要气源岩，其次为三亚组。

（2）崖 13-1 气田。崖 13-1 气田地处莺琼盆地崖南凹陷西缘的崖 13-1 构造带上，构造带呈北西向，西陡东缓，长约 80km，宽约 10km。天然气探明地质储量为 978.51 亿 m^3，目前已投入开发并向香港供气。

储层主要为陵水组三段，次为陵水组二段和三亚组一段[6]。陵三段厚约 200m，以含砾粗砂岩为主，次为砂砾岩和中-细砂岩。最主要的储渗空间为残余原生粒间孔、溶蚀扩大孔和颗粒内溶孔，气层平均孔隙度为 14.9%，渗透率为 213mD。

崖 13-1 气田天然气中甲烷含量从 83.2% 到 89.0%，C_{2-5} 含量从 1.0% 到 8.3%（表 1），为湿气，可能来源于现今成熟烃源岩。组分中 CO_2 相对含量很高，从 5.0% 到 10.5%。乙烷碳同位素值很重，$\delta^{13}C_2$>-27‰，为典型的煤成气。甲烷碳同位素之间的差异很大，$\delta^{13}C_1$ 值分布在-35‰～-40‰，可能说明气藏中聚集了不同阶段产生的天然气。

崖 13-1 气田的气源主要来自崖城组沼泽相含煤地层，烃源岩母质以陆源高等植物为主，为$Ⅱ_2$-Ⅲ型，陵水组及梅山组可能也有贡献。气源区主要是崖南凹陷（R^o 值在 0.97%～1.29%，有机质已进入热解大量成气阶段）。

崖 13-1 气田位于基岩隆起断棱带的继承性古构造中（图 6）[4]。中新统的三亚组、梅山组和渐新统陵水组的构造闭合度和面积具有下部大、上部小、两翼地层加厚的同生构造特征，古构造主要成型于渐新世。莺黄组的异常高压区成为该气田优质盖层。气藏主要位于陵水组二段，烃源岩主要是崖城组含煤地层。崖城组主要生气期在第四纪，气田主要形成于距今 2Ma 以后[8]，因此，有利于气藏形成与保存。

表 1　崖 13-1 气田天然气组分及碳同位素组成[7]

井号	深度/m	层位	天然气组分/%				$\delta^{13}C$/‰		
			C_1	C_{2-5}	CO_2	N_2	C_1	C_2	CO_2
YA13-1-1	3574～3586	E_3^1	85.0	3.7	9.6	0.72	-35.8	-25.2	-4.9
YA13-1-2	3709～3726	E_3^1	89.0	2.9	8.0	0	-35.0	-24.4	-5.1
	3772～3850	E_3^1	88.5	1.0	10.1	0.3	-34.8	-24.6	
YA13-1-4	3898～3921	E_3^1	84.6	4.7	8.7	1.8	-37.1	-26.3	-7.7
YA13-1-3	3789～3817	E_3^1	83.2	7.0	8.5	1.0	-39.4	-26.5	-7.9
YA13-1-6	3775～3818	E_3^1	85.5	8.3	5.0	0.9	-39.9	-26.8	-10.3

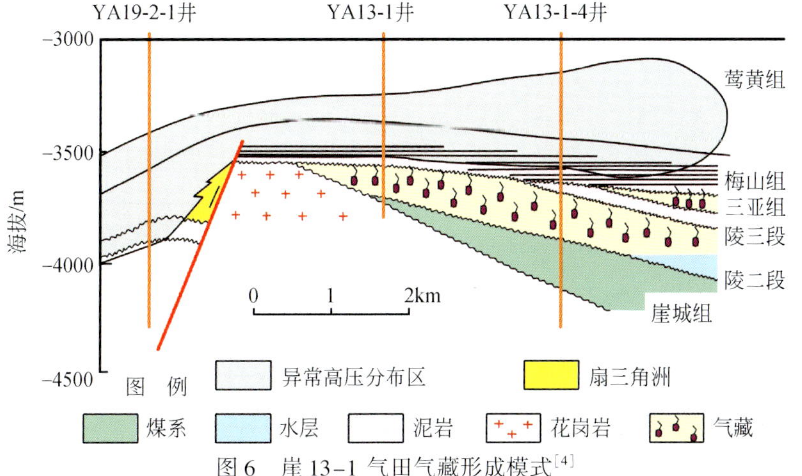

图 6　崖 13-1 气田气藏形成模式[4]

（3）东方1-1气田。东方1-1气田位于南海莺琼盆地西部，距离海南省东方市约113km，气田所在海域水深63～70m。该气田含气面积为287.7km²，天然气储量约为966.8亿m³。东方1-1井位于生气中心附近，明显表明大气田的形成受气源灶的控制。东方1-1气田天然气组分含量变化很大（表2），甲烷含量在16%～80%，CO_2含量在0.2%～71.5%，N_2含量在4.7%～31.2%，但是C_{2+}含量很低，属于典型的干气。天然气中$\delta^{13}C_2$值很重，为典型的煤成气，$\delta^{13}C_1$值分布在-31.7‰～-54.1‰，存在部分生物气。

根据东方1-1气田储层流体组成均一性、天然气成熟度及流体包裹体均一温度，可将流体的注入过程分为4期（图7）[9]。第一期：主要是来自储层附近上新统未成熟泥岩的生物气。其特点是天然气以CH_4为主（73.5%～82.4%），C_{2+}重烃气含量很低（0.8%～1.5%），干燥系数大，$\delta^{13}C_1$值明显偏小（-54.1‰～-50.3‰），显然是以生物气为主的天然气被掺杂入了后来来自深部的热成因气。第二期：来自深部烃源岩腐殖型有机质在生油窗范围生成的天然气，沿着底辟活动派生的断裂突破高压顶面的封隔层，运移至浅部。其特点是，天然气以CH_4为主，高含N_2（15.3%～35.2%），仅含少量有机CO_2，$\delta^{13}C_1$值为-40.45‰～-38‰。明显区别于第三、第四期充注的天然气（图7）。第三期：这是东方1-1气田规模最大的一次烃类运移期，来自深部烃源岩成气高峰期的富烃气注入储层。天然气组成与第二期注入的天然气相似，但$\delta^{13}C_1$值变重（-36.5‰～-34.6‰），相应的R^o值为1.1%～1.3%，干燥系数增大，明显较前期的天然气成熟度要高。第四期：富CO_2天然气大规模注入储层。随着盆地的持续沉降，烃源岩有机质进入成气晚期，达到了这套含钙烃源岩中的碳酸盐矿物热分解所需的温度条件（250～300℃），大量无机CO_2开始生成。其最显著的特点是天然气富含CO_2（50%～80%），$\delta^{13}C_{CO_2}$值为-3.4‰～-2.8‰，$^3He/^4He$值通常为0.44×10^{-7}～2.44×10^{-7}，为典型壳源无机CO_2。

表2 东方1-1气田天然气组分及同位素组成[8]

井号	深度/m	天然气主要组分/%				$C_1/\Sigma C_n$	$\delta^{13}C$/‰					$^3He/^4He$/10^{-6}	$\delta^{15}N$/‰
		CO_2	N_2	C_1	C_{2+}		$\delta^{13}C_1$	$\delta^{13}C_2$	$\delta^{13}C_3$	$\delta^{13}C_4$	$\delta^{13}C_{CO_2}$		
DF1-1-4	1340	0.2	27.2	70.7	1.7	0.98	-35.5	-24.9	-24.0	-21.6	-20.7	0.177	-5
DF1-1-4	1293	1.0	28.7	68.9	1.3	0.98	-38.0	-25.4	-23.7	-22.3	-19.9	0.166	-3
DF1-1-4	1240	0.7	18.8	78.8	1.7	0.98	-38.7	-26.6	-26.0	-24.9	-16.2	0.145	8
DF1-1-5	1410	0.2	31.2	67.3	1.3	0.98	-34.6	-25.4	-24.3	-22.2	-12.5	0.25	-8
DF1-1-5	1326	0.2	27.2	71.3	1.4	0.98	-35.6	-25.0	-24.5	-22.4	-16.9	0.697	-3
DF1-1-6	1502	71.5	11.2	16.8	0.4	0.98	-34.0	-25.5	-24.1	-22.0	-3.8	0.465	-3
DF1-1-7	1415	63.6	4.7	30.5	1.2	0.96	-31.7	-23.6	-23.2	-20.6	-2.8	0.049	-2
DF1-1-7	1386	57.0	5.2	35.9	1.9	0.95	-31.8	-23.7	-23.3	-24.2	-3.4	0.054	-3
DF1-1-8	1405	0.4	18.6	77.8	2.0	0.98	-50.3	-25.9	-25.8	n. d.	-14.6	0.105	-7
DF1-1-8	1358	0.4	18.6	79.6	1.4	0.98	-54.1	-26.9	-26.9	-24.4	-18.4	0.114	-1

2）春晓气田

（1）基本地质情况。春晓气田位于东海盆地。该盆地是我国陆架盆地中面积最大的中—新生代沉积盆地，面积约为25万km²，沉积岩厚度逾万米，其内蕴藏着丰富的油气资源。东海盆地自西向东可分为3个带，即西部断陷带、中部隆起带和东部断拗带（图8）。目前，东海盆地最具勘探前景的地区是西湖凹陷。

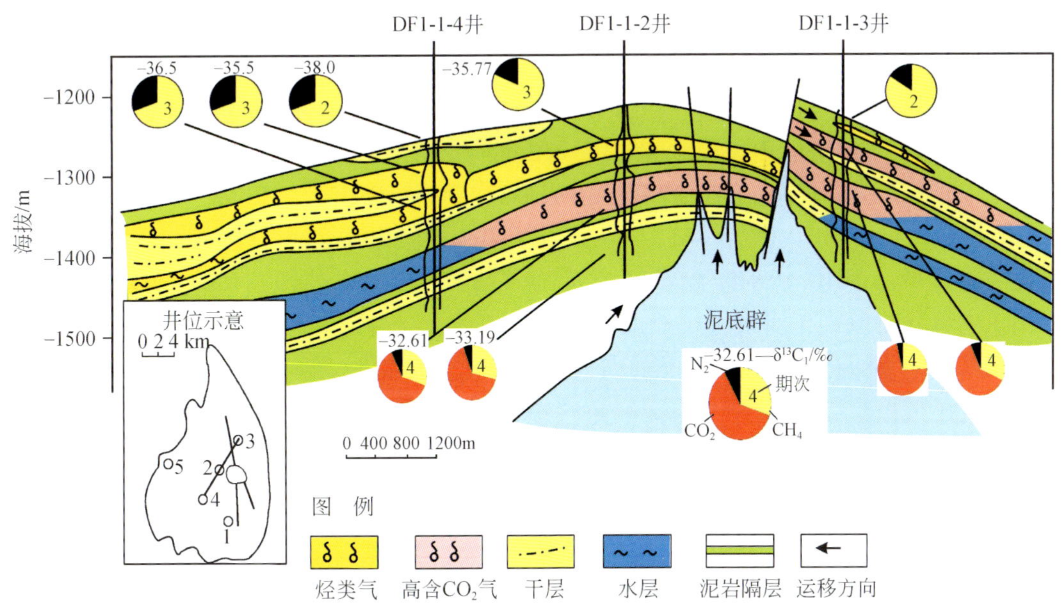

图7 东方1-1气田浅层气形成模式横剖面（据董伟良等[9]，1999，修改）

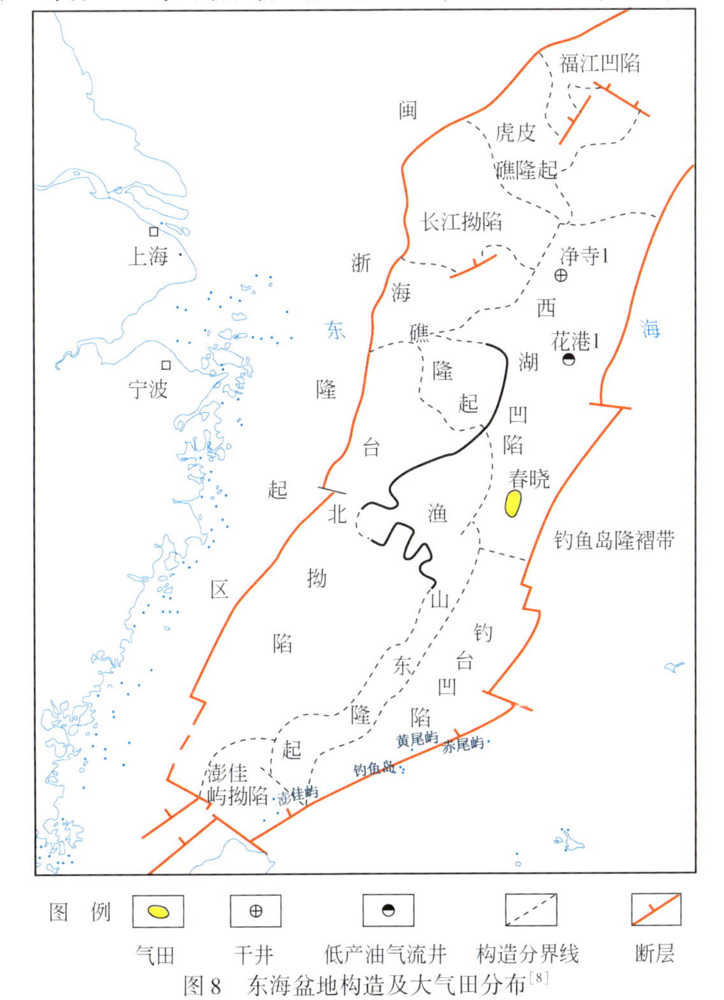

图8 东海盆地构造及大气田分布[8]

西湖凹陷位于东海盆地的中部，其所在的海域距浙江和上海以东300～400km，面积为4.6万km^2。西湖凹陷长约400km，宽约150km。西湖凹陷沉积以新生界为主，具有良好的油气生成、储集和形成大型气田的地质条件。经勘探证实，西湖凹陷富含天然气，是我国近海的一个重要含油气区，以产出天然气为主，并有一些轻质原油。天然气质量好，烃类气体成分高，富含凝析油。凹陷的中西部有利勘探区面积达2万km^2。

目前，已在西湖凹陷钻探井37口，发现了7个油气田［包括3个凝析油气田和4个凝析气藏（田）］和5个含油气构造，是东海盆地勘探成功率最高的地区。其中，春晓凝析油气田是唯一一个大气田（图9）。

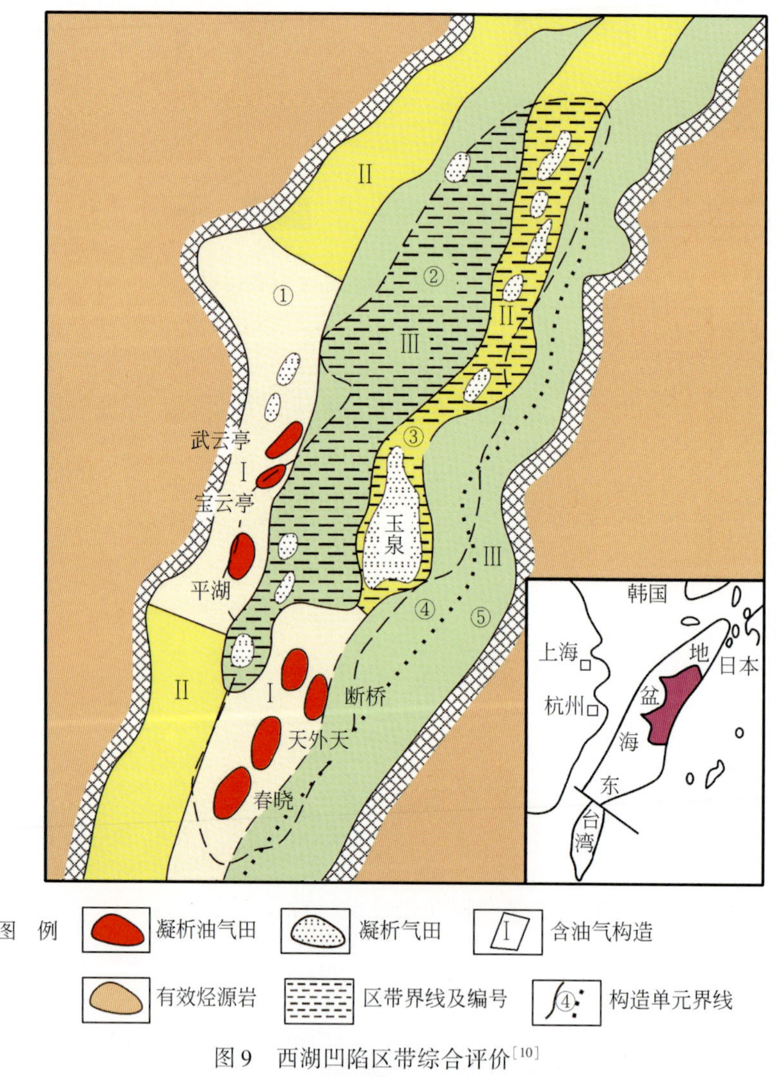

图9 西湖凹陷区带综合评价[10]

①西斜坡带；②西部次洼带；③中央隆起带；④东部次洼带；⑤东部断陷带

（2）春晓气田。春晓凝析气田位于上海市东南方向450km的中国东海大陆架上，距离北面的平湖气田约为60km。区域构造位置处于东海陆架盆地西湖凹陷南部。

春晓气田探明含气面积为19.3km^2，探明天然气地质储量为330.43亿m^3[8]。春晓气田甲烷含量高达84.8%以上（表3），其他烃类气占5%～10%，属于湿气。同时，含有少量的氮气和二氧化碳。相对密度为 0.660 ~ 0.724；乙烷碳同位素很重，$\delta^{13}C_2$值大于 −28‰，属于典型的煤成气（表4）。

表3 春晓气田天然气组分[8]

井号	层位	天然气主要组分/%						
		N_2	CO_2	C_1	C_2	C_3	C_4	C_5
春晓1	Hu-2B	1.7	0.3	90.7	3.7	2.2	1.3	0.3
	HI-1BC	1.3	2.2	89.7	3.7	1.8	1.0	0.3
		1.5	3.3	87.2	3.6	2.5	1.6	0.4
春晓3	Hu-2A	1.2	3.6	88.8	3.6	1.8	0.8	0.2
		1.7	3.3	86.6	4.1	2.6	1.4	0.4
	Hu-2A	0.3	0.2	88.3	5.0	2.8	2.7	0.7
	HI-1AB	0.1	0.6	89.6	4.9	2.2	2.1	0.5
		0.1	1.0	89.1	5.0	2.4	2.0	0.4
	HI-1C	0.1	1.7	87.3	5.2	2.7	2.4	0.6
	HI-2BC	0.1	3.3	84.8	5.4	3.1	2.6	0.8
	PZ	0.1	4.0	86.8	4.8	2.2	1.8	0.4
春晓5	Hu-1		9.1	87.2	2.3	0.9	0.2	0.2
			8.9	87.5	2.3	0.9	0.2	0.1
	Hu-2B		3.9	87.0	4.2	3.3	1.1	0.6
			1.0	90.0	4.2	3.3	1.1	0.4

表4 春晓气田春晓5井天然气碳同位素组成[8]

深度/m	$\delta^{13}C$/‰						
	C_1	C_2	C_3	nC_4	iC_4	nC_5	iC_5
3686.2 ~ 3702.6	−35.4	−26.8	−25.3				
2528 ~ 2532	−35.5	−26.9	−24.1	−25.2	−23.3	−24.2	−23.8
3621.5 ~ 3635.8	−39.6	−24.7	−24.5	−25.1	−24.4	−24.2	−24.7
2779 ~ 2786	−35.2	−27.1	−24.3	−25.0	−23.8	−24.6	−24.3

二、中国东部无机成因烷烃气气田分布特征

我国东部无机成因烷烃气主要发现在松辽盆地徐家围子断陷。

1. 地质背景

松辽盆地是我国东北的一个大型中生代沉积盆地，徐家围子断陷是该盆地北部的一个最大的箕状断陷，受徐西、徐中和徐东3条断裂控制（图10）。断陷近南北向展布，南北长95km，中部最宽60km，断陷主体面积为4300km²。在断陷内已发现若干个气田，包括兴城气田、昌德气田和升平气田等（图10）。庆深大气田位于徐家围子断陷升平−兴城断裂构造带南端，由兴城、升平、昌德等若干个气田群组成。在徐家围子断陷中曾报道有不同来源的烷烃气[11,12]，而兴城气田为第一个大的以无机烷烃气而著名的气田。

松辽盆地的基底为海西褶皱带，基底主要由千枚岩、片岩、花岗岩和片麻岩组成。根

据锆石 U-Pb 测年法地质时间大约为 360 ~ 165Ma[13]。上覆地层主要由深部断陷层和上部拗陷层双层结构组成（图 11），在上部拗陷层砂岩储层中，石油资源丰富（如大庆油田）；在深部断陷层火山岩储层中，天然气资源丰富（如徐深气田）。

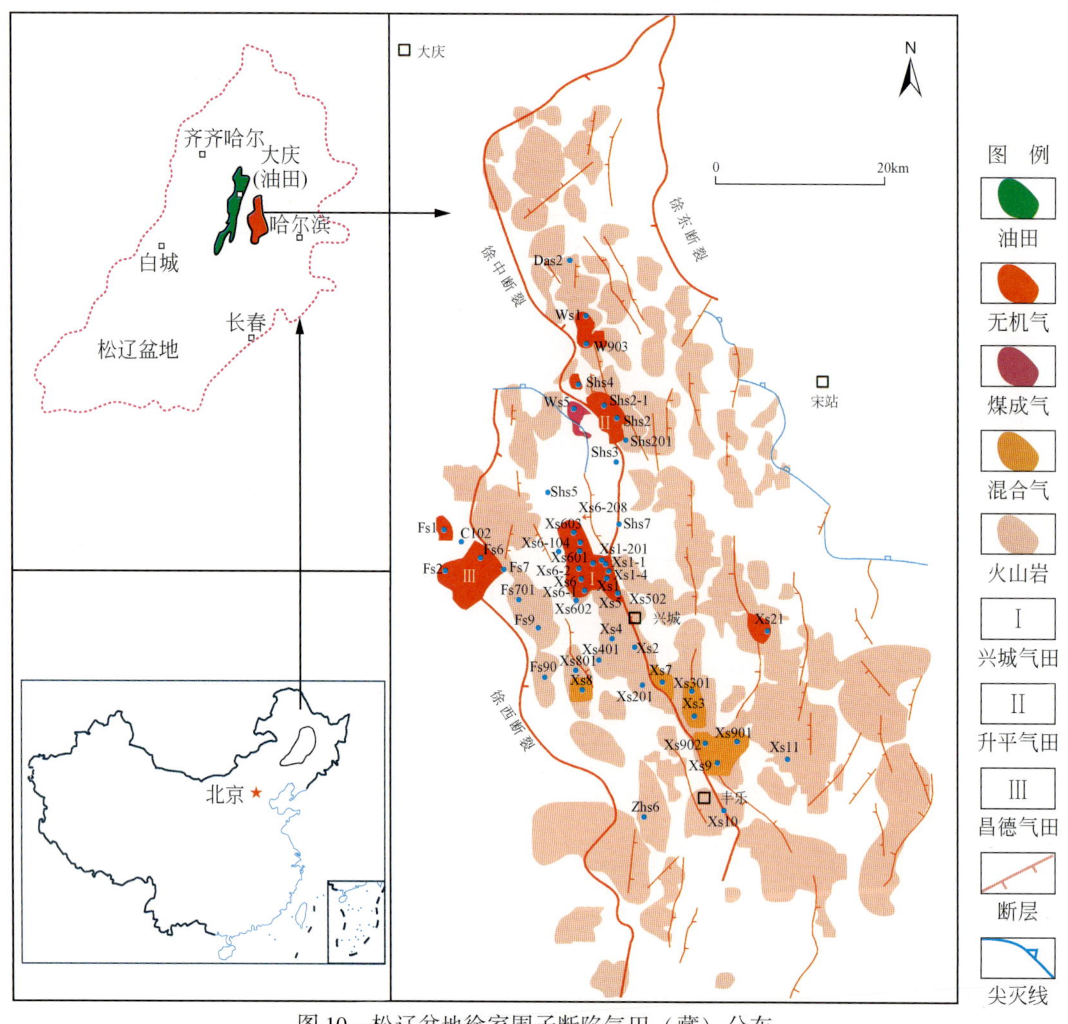

图 10 松辽盆地徐家围子断陷气田（藏）分布

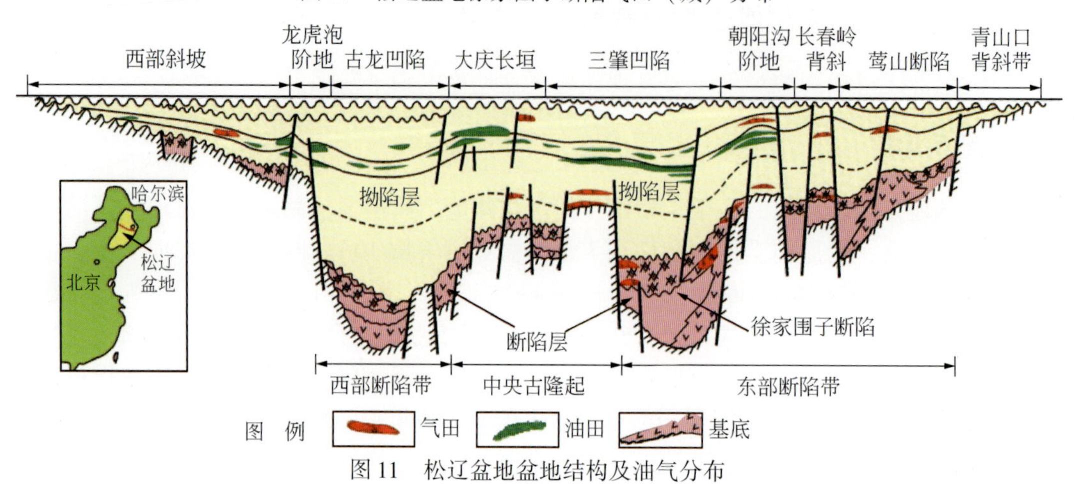

图 11 松辽盆地盆地结构及油气分布

图12为松辽盆地北部深层油气地质综合柱状图。从图中可以看出，深层天然气主要分布在下白垩统火山岩储层中，气藏中天然气曾被认为来源于煤系腐殖型烃源岩[12]，但根据多种资料认为部分气田如兴城气田、昌德气田和升平气田天然气属于无机成因的烷烃气。

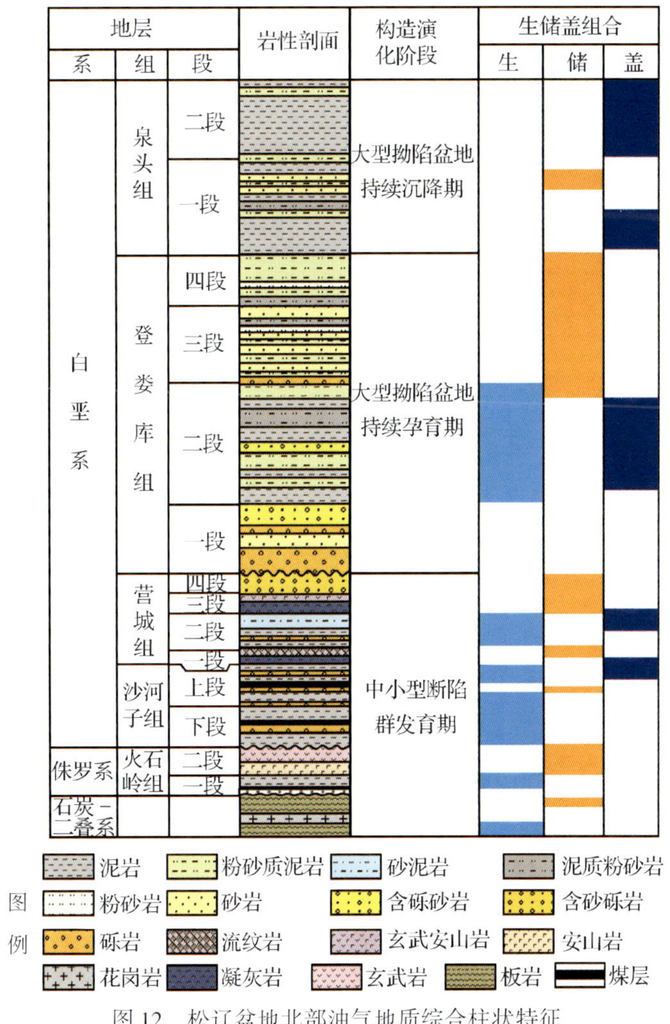

图12 松辽盆地北部油气地质综合柱状特征

2. 无机烷烃气田天然气地球化学特征

1）兴城气田

兴城气田是火山岩气藏，含气面积为62.6km^2，可采储量达207亿m^3。钻井24口，期望产量为8亿m^3/a，目前该气田尚处于开发初期阶段。兴城气田主要储层为下白垩统营城组一段、营城组四段（图13），分别探明天然气可采资源量为171亿m^{3}和35亿m^3。储层以酸性火山岩为主，可分为火山熔岩和火山角砾岩两大类。岩相类型有爆发相、溢流相、火山沉积相、火山通道相和侵出相5种类型，其中爆发相和溢流相分布范围广、物性好，是有利的储集相带。

营城组天然气中甲烷含量普遍较高，分布在91.04%～95.88%，乙烷以上烃类气含量在2.5%～3.8%，属于干气。存在少量的非烃气体。组分碳同位素组成完全反转，甲烷碳同位素值在-25.9‰～-28.9‰，乙烷的碳同位素值在-29.3‰～-33.9‰（表5）。

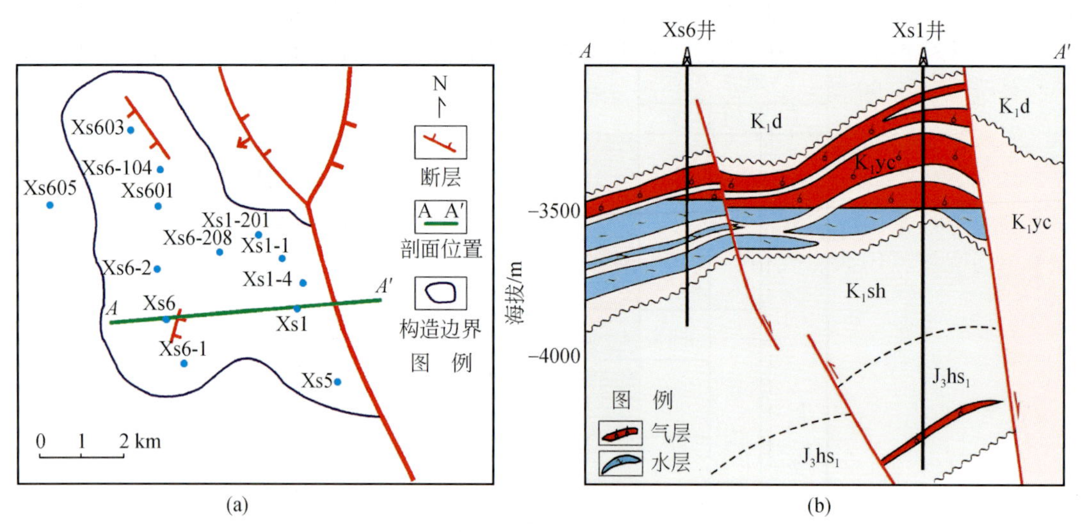

图13 兴城气田平面分布（a）及气藏剖面（b）

表5 兴城气田天然气组分及碳同位素

井号	地层	岩性	组分/%					$\delta^{13}C$/‰					氦同位素		
			CH_4	C_2H_6	C_3H_8	C_4H_{10}	CO_2	$\delta^{13}C_1$	$\delta^{13}C_2$	$\delta^{13}C_3$	$\delta^{13}C_4$	$\delta^{13}C_{CO_2}$	$^3He/^4He$ $/10^{-6}$	R/R_a	$CH_4/^3He$ $/10^9$
徐深1	K_1yc	凝灰岩	92.62	2.62	0.78	0.26	2.25	-27.4	-32.3	-33.9	-34.7	-5	—	—	—
徐深1	J_3hsl	砂砾岩	93.17	3.18	0.51	0.18	1.81	-29.7	-32.9	-34.3	NA	-5.9	1.54	1.1	6.65
徐深1-1	K_1yc	凝灰岩	93.64	3.08	0.37	0.13	1.44	-28.9	-32.6	-33.3	-34.1	-5.5	1.54	1.1	6.1
徐深1-4	K_1yc	火山岩	94.46	2.05	0.48	0.23	1.38	-27.4	-31.8	-33.7	-34.4	-6.8	1.15	0.8	6.84
徐深1-201	K_1yc	凝灰岩	94.56	2.13	0.36	0.07	1.53	-28.6	-32.2	-34	-35.1	-7.6	1.62	1.2	5.31
徐深5	K_1yc	凝灰岩	91.04	2.33	0.62	0.15	4.09	-28.6	-33.9	-34.4	-35.2	-5.1	1.24	0.9	5.1
徐深6	K_1yc	流纹岩	94.52	3.12	0.48	0.19	0.43	-28.3	-33.2	-34.3	-34.6	-13	1.46	1	8.63
徐深6-1	K_1yc	砾岩	94.38	2.45	0.64	0.27	0.32	-26.9	-33.8	-34.2	-34.6	-8.2	1.69	1.2	4.65
徐深6-2	K_1yc	火山岩	95.41	2.25	0.47	0.1	0.21	-25.9	-32.4	-33.1	-33.7	-11.1	1.21	0.9	7.17
徐深603	K_1yc	流纹岩	94.98	3.08	0.27	0.12	0.42	-27.0	-30.4	-32.3	-34.3	-12.3	1.69	1.2	4.71
徐深6-102	K_1yc	凝灰岩	94.46	2.23	0.22	0.11	0.2	-27.5	-29.3	-31.4	-31.4	—	—	—	—
徐深6-104	K_1yc	凝灰岩	95.88	2.2	0.24	0.07	0.3	-27.9	-31.1	-32.8	-34.9	-15.9	1.81	1.3	4.07
徐深6-208	K_1yc	凝灰岩	95.67	2.24	0.22	0.08	0.32	-28.3	-31.1	-33.5	-35.1	-14.8	1.74	1.2	5

2）升平气田

升平气田处于徐家围子断陷带北部升平－兴城断裂构造上，是一个长期继承性发育的被断层复杂化了的背斜构造，受北西向断裂控制明显，呈北西向展布。2005年升平气田深层火山岩气藏探明地质储量为128.32亿m^3，含气面积为18.48km^2。

依据钻井揭示，升平气田自下而上发育石炭-二叠系基底（C-P）、下侏罗统火石岭组（K_1h）、下白垩统沙河子组（K_1sh）、营城组（K_1yc）、登娄库组（K_1d）、泉头组（K_1q）及以上地层，主要目的层是营城组。营城组沉积仍然受到控陷断层的控制，沉积范围比沙河子组沉积范围大，此期内基底断裂活动频繁，火山活动强烈，在断陷内，形成了大范围分布的火山岩（图14）。

营城组和登娄库组天然气中甲烷含量在92.0%～94.6%，存在一定量的非烃气。CO_2含量在0.2%～2.6%，并有较多的N_2，含量在2.9%～3.6%，其他组分见表6。上述组分数据表明，本区深层天然气以干气为主。升平气田天然气组分碳同位素也呈负碳同位素系列，与兴城气田天然气相似。R/R_a值高，达1.744～1.77。

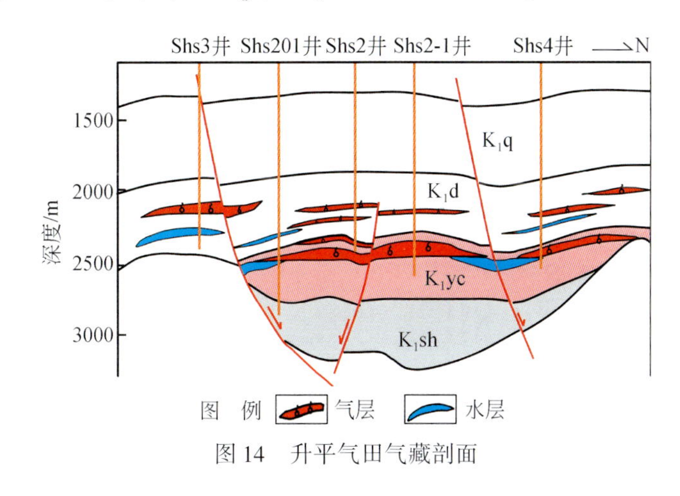

图14 升平气田气藏剖面

表6 升平气田天然气组分及碳同位素组成

井号	地层	岩性	组分/%							$\delta^{13}C$/‰				
			CH_4	C_2H_6	C_3H_8	C_4H_{10}	CO_2	N_2	H_2	$\delta^{13}C_1$	$\delta^{13}C_2$	$\delta^{13}C_3$	$\delta^{13}C_4$	$\delta^{13}C_{CO_2}$
升深2	K_1d	细砂岩	94.6	1.6	0.3	0.1	0.2	3.3	NA	-27.8	-29.1	-30.6	-30.8	—
升深2-1	K_1yc	流纹岩	92.7	1.5	0.2	0.3	2.6	2.9	0	-26.8	-29.1	-33.5	-36.5	-14.5
升深2-25	K_1yc	流纹岩	92.7	1.4	0.3	0	2.6	2.9	0	-26.6	-28.8	-32.6	-35.7	-13.2
升深更2	K_1yc	流纹岩	92.0	1.4	0.2	0	0.7	3.6	1.9	-27.2	-28.1	-32.7	-34.9	-14.8

3）昌德气田

昌德气田位于松辽盆地北部昌德大青山构造上。与形成气藏密切相关的地层为泉头组二段以下的下白垩统，包括登娄库组（K_1d）、营城组（K_1yc）、沙河子组（K_1sh）（图15）。沙河子组为深湖、半深湖相沉积，岩性以暗色泥岩为主，夹泥质砂岩、砂砾岩，厚度可达1000m以上；营城组以大套火山岩为主，夹湖相沉积岩，厚度变化较大，形成该区主要的火山岩储层。登娄库组厚度400m左右，可划分为4个层段：登一段为砂砾岩，为近物源的扇三角洲辫状河沉积，地层厚度为20～57m；登二段为滨浅湖相沉积，岩性以暗色泥岩为主，为本区较好的盖层；登三段、登四段为河流相的砂、泥岩互层沉积并形成上部的另一套储层。泉一段、泉二段总厚度为300～500m，以滨浅湖、河流相的暗紫色泥岩为主，夹泥质粉砂岩、粉砂岩，分布稳定，为本区另一套区域盖层。

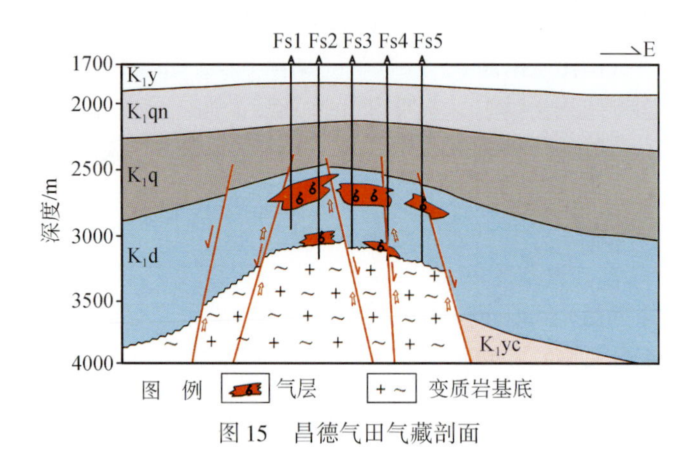

图 15 昌德气田气藏剖面

昌德气田登娄库组和营城组天然气甲烷含量普遍较高，在 92.06% ~95.11% ，乙烷以上烃类气含量在 0.89% ~1.87%，属于干气，并存在少量的非烃气体。天然气组分碳同位素组成与兴城气田和升平气田相似，呈负碳同位素系列（表 7）。

表 7 昌德气田天然气组分及碳同位素组成

井号	地层	岩性	组分/%								$\delta^{13}C$/‰				
			CH_4	C_2H_6	C_3H_8	C_4H_{10}	CO_2	N_2	He	H_2	$\delta^{13}C_1$	$\delta^{13}C_2$	$\delta^{13}C_3$	$\delta^{13}C_4$	$\delta^{13}C_{CO_2}$
芳深 1	K_1d	细砂岩	92.06	1.42	0.13	0.02	0	6.35	—	—	-18.9	-22.8	-25.3	-27.6	-18.9
芳深 2	K_1d	细砂岩	93.87	0.74	0.11	0.04	0.0003	5.03	0.03	0.12	-17.4	-22.2	-30.5	-31.4	-16.5
芳深 5	K_1d	细砂岩	95.11	1.54	0.28	0.03	0.46	2.48	0.02	0.01	-27.1	-28.5	-30.8	-32.2	-16

3. 有机成因和无机成因烷烃气鉴别

有机成因和无机成因烷烃气鉴别一般通过以下 3 项指标[14~22]。

1）利用 $\delta^{13}C_1$ 值鉴别有机和无机成因的甲烷

甲烷是有机成因和无机成因天然气的烷烃气中最常见的组分。甲烷碳同位素是区分天然气成因的重要参数。戴金星等[23~25]分析了世界上无机成因甲烷 $\delta^{13}C$ 值特征，认为将划分无机成因和有机成因甲烷的 $\delta^{13}C_1$ 界限值确定为-30‰较合理与实用。

兴城气田天然气甲烷碳同位素 $\delta^{13}C_1$ 为-29.7‰ ~ -25.9‰（表 5），这些值要比 Jenden 等[21]提出的标准无机甲烷 $\delta^{13}C_1$>-25‰ 低。但一些研究发现在不同环境中均存在一些甲烷碳同位素值重于-30‰ 的天然气被公认为是无机烷烃气。例如，在 New Zealand 地热区[26]以及中国一些温泉中[14,15]就发现这种无机成因的甲烷。兴城气田、升平气田和昌德气田的天然气甲烷碳同位素 $\delta^{13}C_1$ 值分布在-29.7‰ ~ -17.4‰之间（表 5 ~ 表 7），大于-30‰，表明是无机成因的烷烃气。

2）利用碳同位素系列（$\delta^{13}C_{1-4}$ 值）鉴别有机和无机成因烷烃气

在鉴别无机成因和有机成因烷烃气时，烷烃气碳同位素系列对比是个很有效的指标，有机成因烷烃气具有随烷烃气分子碳数顺序递增 $\delta^{13}C$ 值依次变重的正碳同位素系列，无机成因烷烃气具有随烷烃气分子碳数顺序递增 $\delta^{13}C$ 值依次变轻的负碳同位素系列[5,24,27~30]。

兴城气田、升平气田和昌德气田天然气碳同位素具有非常明显的负碳同位素系列特征［图 16（a）］与俄罗斯希比尼地块、土耳其奥林帕斯山的一些无机气烷烃系列同位素分布特征相似，而与徐家围子断陷中的有机成因煤成气和油型气正碳同位素系列明显不同［图 16（b）］，表明兴城气田、升平气田和昌德气田烷烃气属于无机成因的烷烃气。

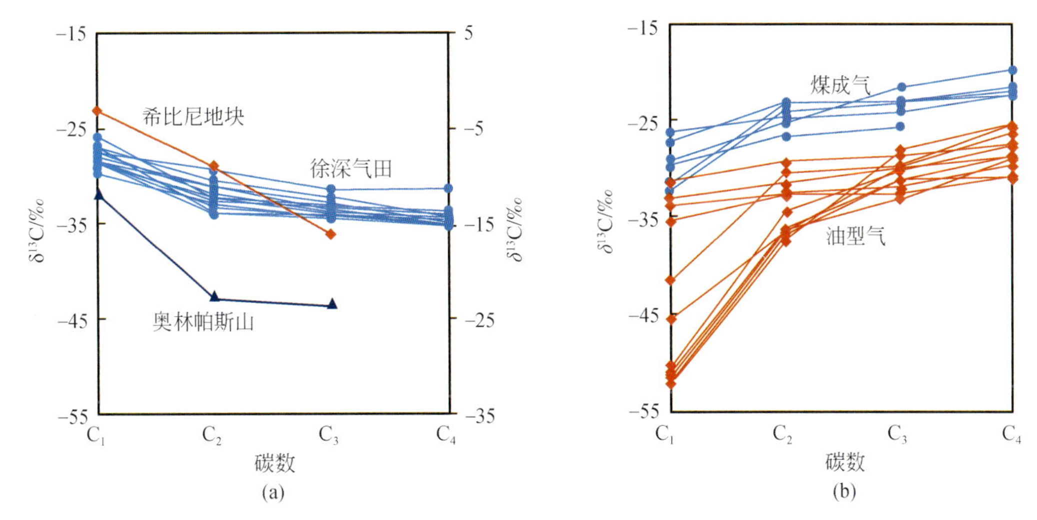

图 16　有机与无机烷烃气（C_1—C_4）碳同位素系列对比

（a）中徐深气田用左边纵坐标轴，希比尼地块、奥林帕斯山用右边纵坐标轴

3）利用 $\delta^{13}C_1$–$\delta^{13}C_2$ 值和 R/R_a 值指标鉴别有机和无机成因烷烃气

根据中国东部渤海湾盆地、松辽盆地、苏北盆地、大陆架上的东海盆地和莺琼盆地若干气井的 R/R_a 值与 $\delta^{13}C_1$–$\delta^{13}C_2$ 值资料编制图 17，其中 R 为样品中的 $^3He/^4He$ 值，R_a 为大气中的 $^3He/^4He$ 值。

由图 17 可见，只有松辽盆地徐家围子断陷和长岭断陷中许多井在 $R/R_a>0.5$、$\delta^{13}C_1$–$\delta^{13}C_2>0$ 时，烷烃气才是无机成因；在 $\delta^{13}C_1$–$\delta^{13}C_2<0$ 时，R/R_a 值即使大于 0.5 烷烃气也是有机成因的。Jenden[21] 曾经以 $\delta^{13}C_1>-25‰$、$\delta^{13}C_1>\delta^{13}C_2>\delta^{13}C_3>\delta^{13}C_4$ 以及 $R/R_a>0.1$ 作为鉴别无机成因烷烃气的指标，但笔者认为只有利用 $\delta^{13}C_1$–$\delta^{13}C_2>0$、$R/R_a>0.5$ 综合指标或图版才能有效确定无机成因烷烃气（图 17）。兴城气田、升平气田和昌德气田天然气 $\delta^{13}C_1$–$\delta^{13}C_2>0$、$R/R_a>0.5$，按照 $\delta^{13}C_1$–$\delta^{13}C_2$ 值和 R/R_a 值指标鉴别

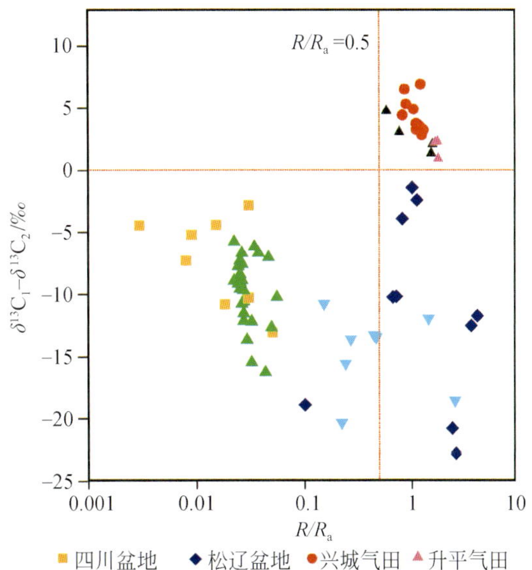

图 17　中国不同盆地烷烃气 $\delta^{13}C_1$–$\delta^{13}C_2$ 与 R/R_a 关系

有机和无机成因烷烃气标准，属于无机烷烃气的范畴。

三、中国东部 CO_2 气田（藏）分布特征

1. 无机成因 CO_2 和有机成因 CO_2 鉴别

概括来说，CO_2 的成因可分为有机成因和无机成因两大类，无机成因和有机成因 CO_2 的鉴别主要根据 CO_2 含量和碳同位素等方法。

1）CO_2 含量鉴别法

戴金星等[31]在对大量资料分析的基础上提出当 CO_2 含量大于 60% 时是无机成因的；含量在 15% ~60% 之间时主要是无机成因的，部分是有机成因和无机成因混合成因；含量小于 15% 时则无机成因、有机成因和混合成因的皆有。

2）CO_2 碳同位素鉴别法

CO_2 碳同位素（$\delta^{13}C_{CO_2}$）是一种鉴别有机成因和无机成因 CO_2 的有效方法，国内外许多学者对此做过较多研究。戴金星[25]指出中国 $\delta^{13}C_{CO_2}$ 值区间在+7‰ ~ −39‰，其中有机成因 $\delta^{13}C_{CO_2}$ 值主要在−10‰ ~ −39. 14‰，主频率段在−12‰ ~ −17‰；无机成因的 $\delta^{13}C_{CO_2}$ 值主要分布在+7‰ ~ −8‰ 范围内，主频率段在−3‰ ~ −8‰（图 18）。表 8 和表 9 为中国一些无机成因 CO_2 地球化学数据，这些无机成因 CO_2 的碳同位素均较重，处于−3‰ ~ −8‰。

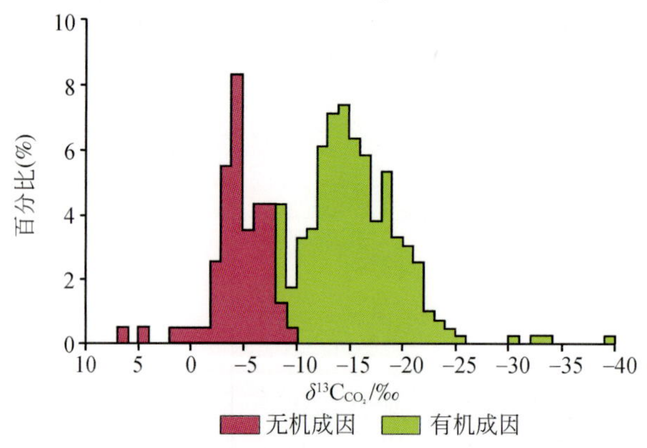

图 18 中国有机成因和无机成因 $\delta^{13}C_{CO_2}$ 频率[25]

3）CO_2 含量与 $\delta^{13}C_{CO_2}$ 组合鉴别法

根据中国不同成因的 212 个气样的 CO_2 含量及对应 $\delta^{13}C_{CO_2}$ 值，同时还利用了澳大利亚、泰国、新西兰、菲律宾、加拿大、日本和俄罗斯各种成因 100 多个样品的 CO_2 含量及对应 $\delta^{13}C_{CO_2}$ 值资料，编绘了不同成因 CO_2 鉴别图（图 19）。从整体上看，当 CO_2 含量小于 15%，$\delta^{13}C_{CO_2}<-10‰$ 是有机成因；当 $\delta^{13}C_{CO_2}\geqslant -8‰$，都是无机成因；当 CO_2 含量大于 60% 都是无机成因。该鉴别图编制后近 10 年来，中国发现了大量有机成因和无机成因 CO_2，取得的数据与该鉴别图吻合度很好。

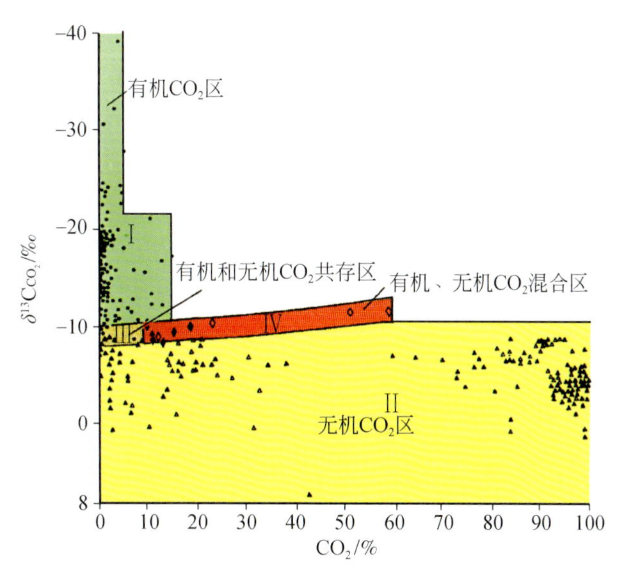

图 19 有机成因和无机成因 CO_2 的鉴别[25]

表 8 中国东部陆上一些无机成因二氧化碳气田（藏）地球化学数据

盆地	气田（藏）	井号	层位	组分/%						碳同位素/‰	
				N_2	CO_2	CH_4	C_2H_6	C_3H_8	C_4H_{10}	$\delta^{13}C_1$	$\delta^{13}C_{CO_2}$
松辽	万金塔	万 6	K_1q_3	0.8	97.8	1.4				-40.1	-4.3
	孤店	孤 9	K_1q_4		97.1	2.7	2.20			-44.0	-5.7
	长深	长深 1	K_1yc	4.9	16.5	77.9	0.7	0.1		-20.8	-5.3
		长深 1-1	K_1yc	7.4	69.6	22.0	1.0			-22.2	-7.5
		长深 1-2	K_1yc	3.2	77.8	18.6	0.44			-29.9	-5.8
		长深 2	K_1d	1.4	94.0	4.2	0.4			-19.3	-6.7
		长深 2	K_1yc	0.6	98.5	0.9				-16.8	-6.6
		长深 6	K_1yc	0.9	98.7	0.4				-25.1	-6.3
	红岗	红 75-5-21		5.3	30.7	52.8	6.0			-42.1	-8.0
	乾安	乾深 2	K_1q	6.0	82.1	10.6	1.1			-35.7	
		乾深 11	K_1q	1.3	95.7	2.2	0.6			-30.3	-5.3
		乾 198	K_1q	0.4	95.6	2.6	0.7			-47.4	-4.9
渤海湾	旺 21	旺 21	Es_1	3.7	79.0	17.1	0.12	0.1			
	旺古 1	旺古 1	O	3.0	95.1	2.0					
	友爱村	港 87	O	0.3	88.1	11.0	0.17	0.1			
	蜀庄子	港 151	Es_1	0.2	98.6	1.2				-28.6	-3.8
	齐家务	齐古 1	O		67.4	15.3	5.82	6.9	1.2		
	阳 25	阳 25	Es_4	3.1	96.5	0.4				-42.5	-4.4
	八里泊	阳 2	O	0.1	98.6	1.3					
	平方王	平气 4	Es_4	0.5	75.3	20.9	1.25	1.1	0.6	-51.7	-4.5
	平南	滨古 14	O	0.5	97.0	1.2	0.27	0.6	0.4	-47.5	-4.8
	花沟	花 17	Es_3	1.6	93.8	3.9		0.3	0.3	-54.4	-3.4
	高气 3	高气 3	Ng	5.4	94.4	0.1	0.01	0.1		-35.0	-4.4

续表

盆地	气田（藏）	井号	层位	组分/%						碳同位素/‰	
				N_2	CO_2	CH_4	C_2H_6	C_3H_8	C_4H_{10}	$\delta^{13}C_1$	$\delta^{13}C_{CO_2}$
苏北	丁庄垛	苏东 203	E_2d	5.1	92.1	2.6		0.1			-3.8
	纪 1	纪 1	E_1t	5.3	92.3	0.8		0.8			-4.1
	黄桥	苏 174	D_3w	0.4	96.9	0.7				-40.0	-3.3
三水	沙头圩	水深 9	$E_{1-2}b$	0.3	99.6	0.2					-4.6
	坑田	水深 24	E_{1-2}	0.2	99.5	0.2		0.1			-5.8

表 9　中国大陆架盆地无机成因 CO_2 气藏地球化学数据

盆地	气田（藏）	井号	井深/m	组分/%					碳同位素/‰	
				CO_2	N_2	CH_4	C_2H_6	C_3H_8	$\delta^{13}C_1$	$\delta^{13}C_{CO_2}$
东海	石门潭	石门潭 1	井 2574～2587.5	95.7	0.7	1.6	0.2	0.6	-34.1	-4.5
珠江口	惠州 18-1	惠州 18-1-1	3127～3135.5	93.6	5.3	0.6	0.1	0.1	-43.2	-3.6
	惠州 22-2	惠州 22-1-1	2431～2452.5	99.5	0.1	0.2	0.1		-38.0	-4.0
	番禺 28-2	番禺 28-2-1	2943	73.7	7.7	9.1	0.7		-37.3	-3.8
		番禺 28-2-1	3301	82.7	9.0	5.7	0.6		-41.4	-3.9
莺琼盆地	BD19-2	BD19-2-2		87.9	1.5	9.8	0.7		-38.8	-7.5
	BD15-3	BD15-3-1		97.6	0.5	1.8			-42.7	-4.6
	东方 1-1	东方 1-1-2	1414～1452.5	62.4	6.8	30.3	0.4	0.1	-33.2	-2.9
	乐东 15-1	乐 15-1-1	1417～1429	66.5	5.0	26.3	1.5	0.5	-34.6	-4.3
	乐东 8-1	乐 8-1-1	1910～1921	68.0	4.4	25.9	0.7	0.6	-31.4	-3.3
	乐东 21-1	乐 21-1-1	1553～1556.0	83.9	6.6	8.7	0.7		-36.1	-4.2
北部湾盆地	福山	F8	1687.6～1689.0	90.4	4.1	2.3	1.9	0.3		
		F10	1587.8～1600	20.7	3.3	66.1	5.5	3.4		

2. 中国东部无机 CO_2 气田（藏）的分布

中国东部目前发现有 35 个 CO_2 气田（藏），这些气田（藏）CO_2 含量均大于 60%，绝大部分在 90% 以上，其分布如图 20 所示。CO_2 气田（藏）主要分布在中国东部的断陷盆地中，如陆上的松辽盆地、渤海湾盆地、苏北盆地、三水盆地和海上的东海盆地、珠江口盆地和莺琼盆地。在区域构造上，这些 CO_2 气田（藏）主要分布在中国东部的环太平洋断裂带上。

中国东部无机成因 CO_2 气藏分布与新近纪至第四纪北西西向玄武岩浆活动带展布相一致，岩浆活动与近东西向挤压造成的北西西–北西向深断裂的重新活动有关，各带岩浆在时间上具有大体一致的活动特点[32]，岩浆活动带成为无机成因气排放和聚集（主要在盆地中有利处）的有利区带。中国东部自北向南分布着 9 条北西西向新近纪至第四纪玄武岩带[32]，与无机成因 CO_2 气藏（田）的分布有密切关系（图 21）。

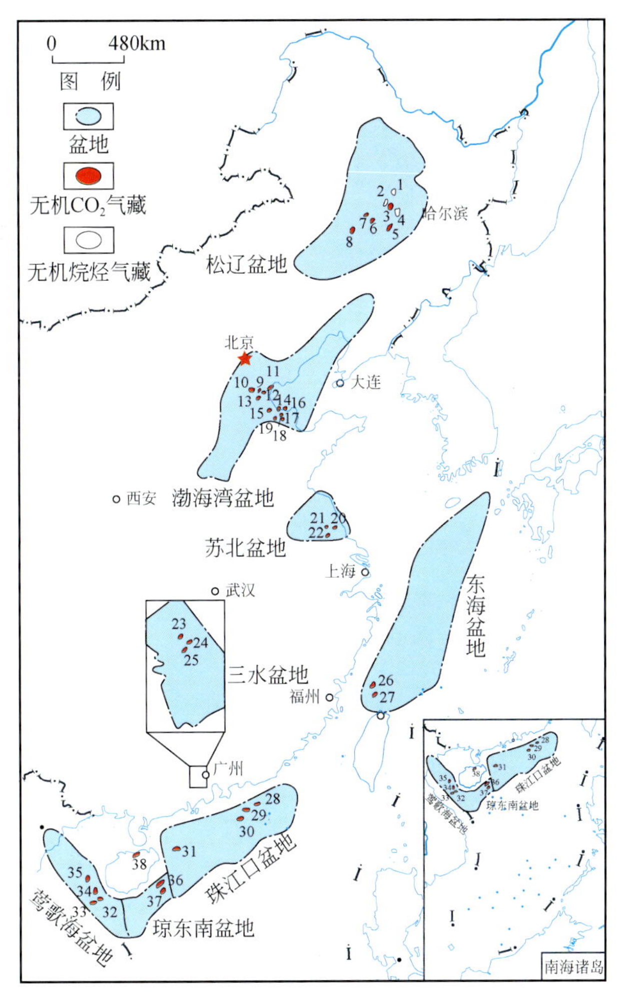

图 20　中国东部无机气田分布示意

1. 升平；2. 昌德；3. 农安村；4. 兴城；5. 乾安；6. 万金塔；7. 孤店；8. 长岭；9. 旺 21；10. 旺古 1；11. 友爱村；12. 翟庄子；13. 齐家务；14. 阳 25；15. 八里泊；16. 平方王；17. 平南；18. 花沟；19. 高气 3；20. 丁家垛；21. 纪 1 井；22. 黄桥；23. 南岗；24. 沙头圩；25. 坑田；26. 石门潭；27. 温州 13-1；28. 惠州 18-1；29. 惠州 22-1；30. 番禺 28-2；31. 文昌 15-1；32. 乐东 15-1；33. 乐东 21-1；34. 乐东 8-1；35. 东方 1-1；36. 宝岛 19-2；37. 宝岛 15-3；38. 福山

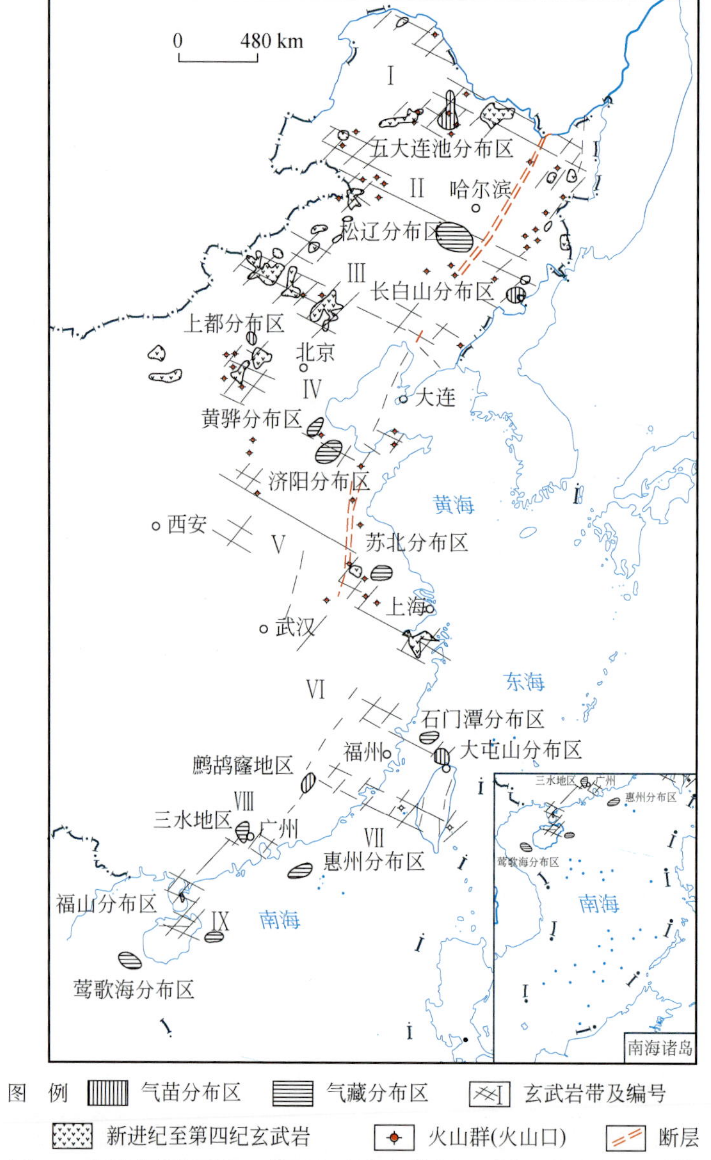

图 21 中国东部新近纪—第四纪玄武岩带与无机成因气分布示意[26]

玄武岩分布据文献[32]

如万金塔、昌德等 CO_2 气藏分布在北部的第二个玄武岩带（松辽盆地），苏北盆地的 CO_2 气藏分布在东部的第 5 个玄武岩带（松辽盆地），在南部的琼州海峡玄武岩带中发现一些（如宝岛等）高含 CO_2 气藏。

3. 典型 CO_2 气田（藏）气体地球化学特征

中国东部有 35 个 CO_2 气藏，这里以北部的松辽盆地和南部的莺琼盆地 CO_2 气藏为代表分析气体地球化学特征。

1）松辽盆地无机 CO_2 气田（藏）

松辽盆地一共有 8 个与无机成因相关的气藏，其中兴城气田、升平气田、昌德气田属于无机烷烃气藏，剩下的属于无机 CO_2 气田（藏），下面将主要介绍农安村、万金塔和长岭等 CO_2 气藏。

（1）农安村 CO_2 气藏。农安村 CO_2 气藏地处黑龙江省肇州县榆树乡农安村孙家围子屯一带，位于松辽盆地徐家围子断陷（图 22）。该 CO_2 气藏是个纯无机成因气藏，天然气各组分几乎均是无机成因的，CO_2 含量为 84.2% ~90.4%，$\delta^{13}C_{CO_2}$ 值为-4.1‰ ~ -5.5‰，岩浆-幔源 $\delta^{13}C_{CO_2}$ 值在-6‰±2‰ 范围内。其烷烃气具负碳同位素系列特征，说明烷烃气是无机成因的。$^3He/^4He$ 值大，为 4.5×10^{-6}（表 10）。

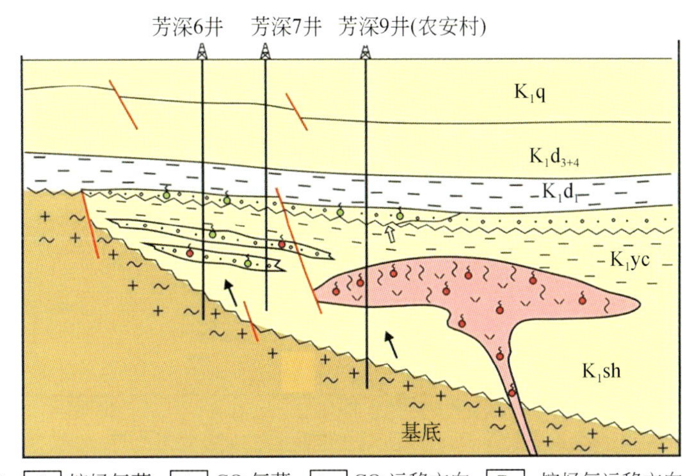

图 22 农安村 CO_2 气藏剖面（据戴金星等[33]，2006，修改）

表 10 农安村 CO_2 气藏地球化学数据

气田（藏）	井号	组分/%				碳同位素/‰					氦同位素/10^{-6}
		CO_2	CH_4	C_{2+}	N_2	$\delta^{13}C_{CO_2}$	$\delta^{13}C_1$	$\delta^{13}C_2$	$\delta^{13}C_3$	$\delta^{13}C_4$	$^3He/^4He$
农安村	芳深 9	89.3	9.6	0.1	0.5	-4.1	-27.5	-32.1			
		84.2	15.1	0.2	0.5	-5.5	-23.8	-30.1	-30.5	-33	
		84.2	15.1	0.2	2.4	-4.1	-27.1	-30.1	-30.5	-33	
		88.7	10.9	0.2	0.2	-5.5	-27.3				4.5
		90.4	9.4	0.2	0.1	-5.5	-27.3				

（2）万金塔 CO_2 气藏。万金塔 CO_2 气田位于吉林省农安县境内。地质构造上位于松辽盆地东南隆起区德惠凹陷西缘，农安-万金塔背斜北端（图 23）。

松辽盆地万金塔气藏以产 CO_2 气为主，次为甲烷。其 $\delta^{13}C_{CO_2}$ 为-4.0‰ ~ -8.8‰，$\delta^{13}C_1$ 值为-45.4‰ ~ -38.7‰，$^3He/^4He$ 值为 4.67×10^{-6} ~ 6.94×10^{-6}（表 11）。以此地球化学特征与松辽盆地其他地区的煤成气、油型气及国内外典型的无机成因气进行对比，并结合地质资料，确认万金塔气藏中的 CO_2 主要是通过大断裂来自于地幔岩浆，属无机成因。

（3）长岭 CO_2 气藏。长岭气藏是 2006 年在长岭地区发现的储量规模较大的 CO_2 气藏，其气藏剖面如图24所示。该气藏CO_2含量较高，分布在16.5%～98.7%，特别是长深2井、长深4井、长深6井中CO_2含量非常高，可达到90%以上（表12）。

松辽盆地南部$\delta^{13}C_{CO_2}$>-8‰，分布在-7.5‰～-5.3‰，为无机成因，R/R_a为1.9～2.3，主要是无机幔源成因。而烃类气体成因复杂，深层（营城组）的烃类气体碳同位素普遍偏重，表现出无机成因特征（表12）。

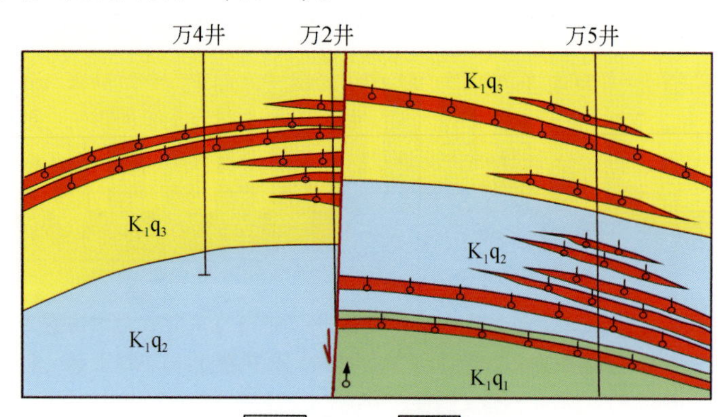

图23 万金塔CO_2气藏剖面

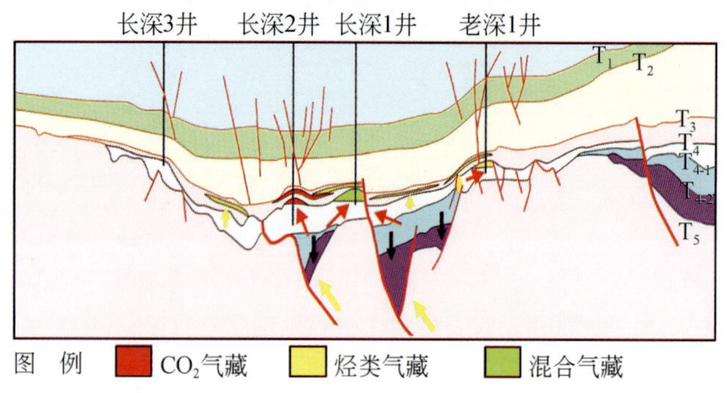

图24 长岭CO_2气藏剖面（据吉林油田分公司，2007）

表11 万金塔CO_2气藏地球化学数据

气田	井号	地层	埋深/m	组分/%				碳同位素/‰		氦同位素/10^{-6}
				CO_2	CH_4	C_{2+}	N_2	$\delta^{13}C_{CO_2}$	$\delta^{13}C_1$	$^3He/^4He$
万金塔	万2	K_1q_3	778～809	69.5	27.5	0.5	2.5			
		K_1q_3	838.8～863.4	99.0	0.6		0.4	-4.0		6.87±0.22
		K_1q_3	838.8～863.4	99.8	0.1					
	万4	K_1q_3	774.5～788.5	89.9	9.7	0.4		-8.8	-45.4	
	万5	K_1q_3	740	93.4	3.7		2.7	-5.0	-38.7	4.67±0.08
		K_1q_3	939～952	97.9	0.1	2.1				
		K_1q_{1+2}	1011～1072	99.5	0.5			-4.6	-42.1	
	万6	K_1q_3	603	99.8	1.4		0.8	-4.3	-40.1	6.94±0.20

2）莺琼盆地无机 CO_2 气田（藏）

莺琼盆地位于我国海南岛南西部海域，是一个新生代的裂谷型沉积盆地。目前，在该盆地发现6个 CO_2 气田（藏）（图20），西部主要为LD 15-1、LD 21-1、LD 8-1 和DF1-1等气田（藏），东部有BD 19-2（图25）和BD 15-3 等气田（藏）。CO_2 气田（藏）气体组分以 CO_2 为主（表13），CO_2 相对含量分布在64.7% ~97.6% ，而甲烷含量较低，在0 ~18.7% 。CO_2 碳同位素较重，$\delta^{13}C_{CO_2}$ 值分布在-7.9‰ ~ -0.6‰ ，均大于-8‰，为无机成因。对 R/R_a 值而言，位于西部的东方1-1 和乐东 CO_2 气田（藏）R/R_a<0.31，显示出壳源氦的特征，何家雄等[34~36]认为莺琼盆地在中国南海渐新世的海底扩张期基底上有过火山活动，无机 CO_2 可能在深埋和岩浆双重作用下，由前古近系碳酸盐高温分解产生的；另一观点认为高含钙泥质岩在高地温梯度下高温分解。东部宝岛气藏 R/R_a 值大于4.0，显示出幔源氦多的特征（表13）。

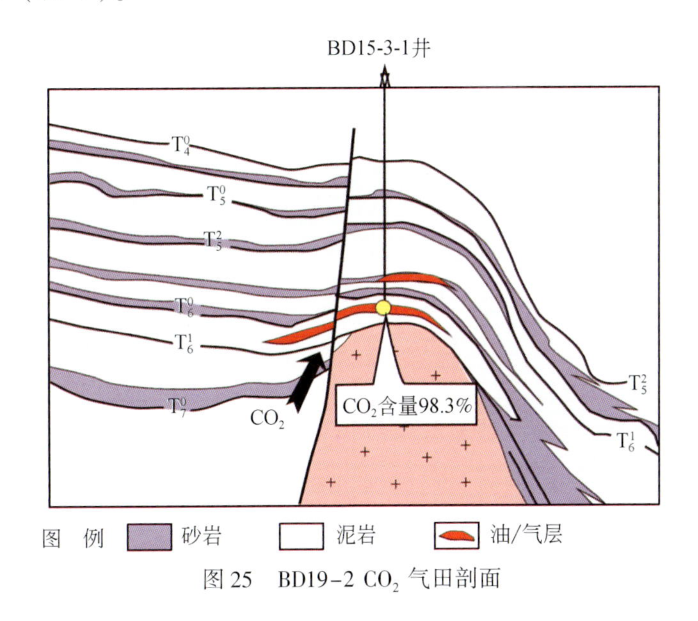

图25 BD19-2 CO_2 气田剖面

表12 长岭 CO_2 气藏地球化学数据

代表井	层位	组分/%						碳同位素/‰		R/R_a
		N_2	CO_2	CH_4	C_2H_6	C_3H_8	C_4H_{10}	$\delta^{13}C_1$	$\delta^{13}C_{CO_2}$	
长深1	K_1yc	4.9	16.5	77.9	0.7	0.1		-20.8	-5.3	2.1
长深1-1	K_1yc	7.4	69.6	22.0	1.0			-22.2	-7.5	2.1
长深1-2	K_1yc	3.2	77.8	18.6	0.44			-29.9	-5.8	1.9
长深2	K_1d	1.4	94.0	4.2	0.4			-19.3	-6.7	
长深2	K_1yc	0.6	98.5	0.9				-16.8	-6.6	4.6
长深4	K_1yc	0.7	98.5	0.8	0.1					
长深6	K_1yc	0.9	98.7	0.4				-25.1	-6.3	3.9

表 13 莺琼盆地 CO_2 气田气体组分和同位素组成

气田（藏）	井号	层位	气体主要组分/%		碳同位素/‰		R/R_a
			CO_2	CH_4	$\delta^{13}C_{CO_2}$	$\delta^{13}C_1$	
东方 1-1	东方 1-1-2	Ny_2	64.7	17.9	-3.8		0.07
	东方 1-1-2	Ny_2	65.6		-3.7	-34.6	
	东方 29-1-1	Ny_2	71.4		-3.8		
	东方 29-1-1	Ny_2	88.9	5.3	-2.0		0.14
	东方 29-1-2	Ny_2	88.9		-2.8		
乐东	乐东 15-1-1	Ny_1	75.2	18.7	18.7		0.26
	乐东 15-1-1	Ny_1	93.0		-5.6		
	乐东 15-1-4	Ny_1	83.9	8.7	-4.2		-37.60.31
	乐东 22-1-1	Ny_1	80.4		-0.6		
	乐东 28-1-1	Ny_1	88.1		-7.9		
	乐东 8-1-1	Ny_1	71.2		-3.7		
宝岛	宝岛 19-2-2	E_1s	87.9	9.8	-7.5		4.25
	宝岛 15-3	E_1s	97.6	1.8	-4.6		4.58

四、结论

（1）中国东部分布 3 种成因类型的天然气，分别为有机成因的烷烃气、无机成因的烷烃气和无机成因的 CO_2。

（2）中国东部目前发现有 7 个烷烃大气田，其中有 6 个是有机成因的烷烃气大气田，这些大气田主要分布在大陆架上盆地中，天然气成因类型为煤成气，来源于古近—新近系煤系烃源岩和腐殖型烃源岩。

（3）无机成因的烷烃气田分布在松辽盆地的深层，在盆地北部徐家围子断陷发现了具有商业价值的兴城、升平和昌德等无机成因的烷烃气田，这些气田天然气地球化学组成具有典型的无机气组成特征，分布在深大断裂附近，来源于盆地深部。

（4）中国东部 CO_2 资源较丰富，共发现了 35 个气田（藏），主要为无机成因，其来源可能大部分与新近纪至第四纪玄武岩浆活动有关。

参考文献

[1] 李国玉，吕鸣岗．中国含油气盆地图集．北京：石油工业出版社，2002

[2] 李景明，魏国齐，赵群．中国大气田勘探方向．天然气工业，2008，28（1）：13～16

[3] Zou C N，Tao S Z. Geological characteristics of large gas provinces and large gas fields in China. Science in China：Series D，Earth Science，2008，51（1）：14～35

[4] 龚再升．南海北部大陆边缘盆地分析与油气聚集．北京：科学出版社，1997. 1～510

[5] 戴金星．各类天然气的成因鉴别．中国海上油气：地质，1992，（1）：11～19

[6] 邓鸣放，陈伟煌．崖 13-1 大气田形成的地质条件．中国海上油气：地质，1989，3（6）：19～26

[7] 胡忠良，肖贤明，黄保家等．琼东南盆地崖 13-1 气田气源区圈定与成藏运聚模式．地球化学，2005，34（1）：66～72

[8] 戴金星，陈践发，钟宁宁，等．中国大气田及其气源．北京：科学出版社，2003
[9] 董伟良，黄保家．东方1-1气田天然气组成的不均一性与幕式充注．石油勘探与开发，1999，26（2）：15～18
[10] 陶士振，邹才能．东海盆地西湖凹陷天然气成藏及分布规律．石油勘探与开发，2005，32（4）：103～110
[11] 霍秋立，杨步增，付丽．松辽盆地北部昌德东气藏天然气成因．石油勘探与开发，1998，25（4）：17～19
[12] 冯子辉，刘伟．徐家围子断陷深层天然气的成因类型研究．天然气工业，2006，26（6）：18～20
[13] Wu F Y，Song D Y，Li H M，*et al*. Zircon U-Pb dating of rocks in southern basement of Songliao basin. Chinese Science Bulletin（in Chinese），2000，45（6）：656～660
[14] Dai J，Song Y，Dai C，*et al*. Conditions governing the formation of abiogenic gas and gas pools in the Eastern China. Beijing：Science Press，2000. 13～18
[15] Dai J，Li J，Luo X，*et al*. Geochemistry and occurrence of inorganic gas accumulations in Chinese sedimentary basins. Organic Geochemistry，2005，36：1664～1688
[16] Sherwood L B，Westgate T D，Ward J A，*et al*. Abiogenic formation of alkanes in the Earths crust as a minor source for global hydrocarbon reservoirs. Nature，2002，416：522～524
[17] 陈荣书．天然气地质学．武汉：中国地质大学出版社，1989. 126～128
[18] 沈平，徐永昌，王先彬等．气源岩和天然气地球化学特征及成气机理研究．兰州：甘肃科学技术出版社，1991. 120～121
[19] 张义纲．天然气的生成、聚集和保存．南京：河海大学出版社，1991. 56～58
[20] 徐永昌，刘文汇，沈平等．辽河盆地天然气的形成与演化．北京：科学出版社，1993. 96
[21] Jenden P D，Hilton D R，Kaplan I R，*et al*. Abiogenic hydrocarbons and mantle helium in oil and gas fields. In：Howell D G（ed）. The Future of Energy Gases. US Geological Survey Professional Paper，1993，1570：31～56
[22] Fuex A N. The use of stable carbon isotopes in hydrocarbon exploration. Journal of Geochemical Exploration，1977，7：155～188
[23] 戴金星．云南省腾冲县硫磺塘天然气的碳同位素组成特征和成因．科学通报，1988，33（15）：1168～1170
[24] 戴金星．各类烷烃气的鉴别．中国科学（B辑），1992，（2）：185～193
[25] 戴金星，宋岩，戴春森等．中国东部无机成因气及其气藏形成条件．北京：科学出版社，1995
[26] Hulston J R，McCabe W J. Mass spectrometer measurements in the thermal areas of New Zealand，Part II：Carbon isotope ratios. Geochimica et Cosmochimica Acta，1962，26：399～410
[27] Dai J X. Composition characteristics and origin of carbon isotope of liuhuangtang natural gas in tengchong count，Yunnan Province. Chinese Science Bulletin，1989，34（12）：1027～1030
[28] 戴金星，文亨范，宋岩．五大连池地幔成因的天然气．石油实验地质，1992，（2）：200～203
[29] Galimov E M，Petersil I. On isotopic composition of carbon in hydrocarbonic gases contained in alkaline rocks of Khibiny Lovozero and Illimaussak Massifs. Doklady Akademii Nauk Sssr，1967，176（4）：914～917
[30] Galimov E M. Izotopy Ugleroda v neftegazovoy Geologii（Carbon Isotopes in Petroleum Geology）. Moscow：Nedra，1973
[31] 戴金星，宋岩，张厚福等．中国天然气的聚集区带．北京：科学出版社，1997. 185～186
[32] 国家地震局地质研究所．郯庐断裂．北京：地震出版社，1987. 107～116
[33] 戴金星，秦胜飞，陶士振等．中国天然气工业发展趋势和天然气地学理论重要进展．天然气地球科

学，2005，16（2）：127～142

［34］何家雄．莺歌海盆地东方1-1构造的天然气地质地化特征及成因探讨．天然气地球科学，1994，5（3）：1～8

［35］何家雄，张伟和，陈刚．莺歌海盆地CO_2成因及运聚特征的初步研究．石油勘探与开发，1995，22（6）：8～15

［36］何家雄，李明兴，陈伟煌等．莺琼盆地天然气中CO_2的成因及气源综合判识．天然气工业，2001，21（3）：15～21

中国天然气勘探开发60年的重大进展*

1949年之前中国几乎谈不上有什么天然气工业，尽管当时中国大陆已在四川发现了自流井、石油沟和圣灯山气田，在台湾省有锦水、竹东、牛山和六重溪气田，但这7个都是小气田，产量很少，故1949年全国天然气产量为1117万m^3[1,2]。因为1949年全国只有8台钻机，当时在全国用油紧缺的情况下，天然气勘探开发几乎是空白。

新中国成立60年以来（1949～2009年），中国天然气勘探开发从一穷二白走向快速发展的道路：探明天然气地质储量从微不足道跻身于世界排名前列；天然气年产量从微乎其微跃为世界第七的产气大国，为中国低碳经济作出了重大贡献。

60年以来，中国天然气勘探开发取得了诸多重大进展。

一、储量上从贫气国变为世界前列国

1949年，中国天然气探明地质储量仅为3.85亿m^3[3]，显然是贫气国。至2009年年底，全国天然气探明地质储量超过7万亿m^3（不包括台湾省，下同），进入世界天然气储量前列国。我国天然气地质储量从1979年之后30年来逐年增长明显，尤其是近年逐年储量陡增（图1），如2003～2008年近6年年平均天然气探明储量为5105亿m^3，相当于1949年至1988年40年全国累计探明天然气储量（5127亿m^3）[4]。

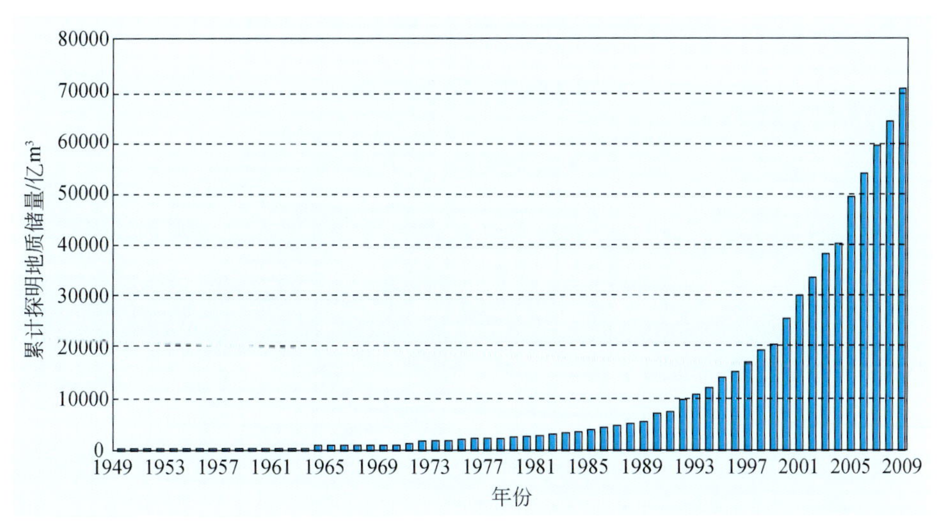

图1　1949～2009年中国天然气累计探明地质储量

* 原载于《石油与天然气地质》，2010，第31卷，第6期，689～698，作者还有黄士鹏、刘岩、廖凤蓉。

1949 年之前仅在四川盆地和台西盆地发现气田，60 年来我国发现天然气的盆地大大增加，至今在四川、鄂尔多斯、塔里木、柴达木、准噶尔、吐哈、松辽、渤海湾、苏北、东海、台西、珠江口、琼东南和莺歌海 14 个盆地均发现规模性气田，此外还有一些发现少数小气田的小盆地，例如保山盆地、三水盆地、曲靖盆地和陆良盆地。这些盆地中以发现烷烃气小气田为主，也有仅发现 CO_2 含量大于 90% 的 CO_2 气田，如三水盆地中沙头圩 CO_2 气田。以上说明我国有广阔的天然气勘探区域，还能探明更多的天然气储量。

二、年产气量从微不足道至今跃为世界第七位产气大国

1949 年中国天然气产量只有 1117 万 m^3[1,2]，2009 年则产气 852 亿 m^3 成为位居世界第七位的产气大国[5]。中国 2009 年天然气产量是 1949 年的 7628 倍，说明 60 年来中国天然气的开发取得了巨大成果。尽管我国天然气开发进展巨大，但我国是世界人口第一大国，故人均年天然气产量在全世界上是很低的，2009 年中国人均年天然气拥有量仅为 $65m^3$，远低于世界人均天然气产量 $439m^3$，即约为世界人均天然产量的 1/7（表 1）。在 2009 年世界前 10 名产气大国中，虽然我国产气量排名第七，但年人均拥有天然气量仅为 $65m^3$ 而排名第十。在 2009 年世界 10 个产气大国中，除印度尼西亚年人均拥有天然气产量为 $334m^3$ 外，多数国家（美国、俄罗斯、加拿大、伊朗、阿尔及利亚和沙特阿拉伯）均在 $1800m^3$ 至 $5000m^3$ 之多。卡塔尔年人均拥有气量为 $106563m^3$，位居世界年人均拥有天然气量的第一位，而挪威位居第二，其年人均拥有天然气量为 $22115m^3$（表 1）。由上对比可见，中国虽在天然气开发生产上取得重大进展成为产气大国，但年人均拥有天然气量还很低，要不断提高年人均拥有天然气量是中国天然气工业今后一个重要的任务。中国从目前年产天然气大国，要走向年人均产天然气量高的产气强国将任重道远。

表 1　2009 年世界前 10 名产气大国及各国年人均拥有天然气量

名次	国家	年产气量/亿 m^3[5]	人口/万人[6]	年人均拥有气量/m^3
1	美国	5934	30000.00（2006）	1978
2	俄罗斯	5275	14220.00（2006）	3710
3	加拿大	1614	3161.29（2006）	5106
4	伊朗	1312	7004.90（2006）	1873
5	挪威	1035	468.00（2006）	22115
6	卡塔尔	893	83.80（2006）	106563
7	中国	852	131448.00（2006）	65
8	阿尔及利亚	814	3380.00（2006）	2408
9	沙特阿拉伯	775	2460.00（2006）	3150
10	印度尼西亚	719	21500.00（2006）	334
世界		29870	680000.00（2009）	439

1949 年至 1957 年我国天然气产量微不足道，年产量均在 1 亿 m^3 以下；1958 年年产气量突破 1 亿 m^3；在 1961 年天然气产量为 14.7185 亿 m^3，形成一个小高峰，但 1962 年开始下降；从 1964 年之后开始缓慢上升，1976 年天然气产量才上百亿立方米（100.9501 亿 m^3）；

1979 年天然气产量为 145. 1506 亿 m^3,成为中国天然气产量的第二个高峰。1982 年天然气产量降至谷底，为 119. 3220 亿 m^3。从 1983 年开始，即我国第一批国家重大科技攻关“煤成气的开发研究”项目立项开始 27 年以来，我国天然气年产量几乎年年节节上升，至今未达我国第三个产气高峰，且上升的趋势强劲（图 2，表 2）。2008 年，全国平均天然气日产量为 2. 0821 亿 m^3，远大于 1958 年的全国年产量（1. 0643 亿 m^3）。中国天然气年产量从 100 亿 m^3 至 700 亿 m^3，每提高 100 亿 m^3 所需时间分别是 20 年、5 年、3 年、1. 11 年、1. 06 年和 0. 977 年[4],说明产气率和强度逐年提高，形势大好。

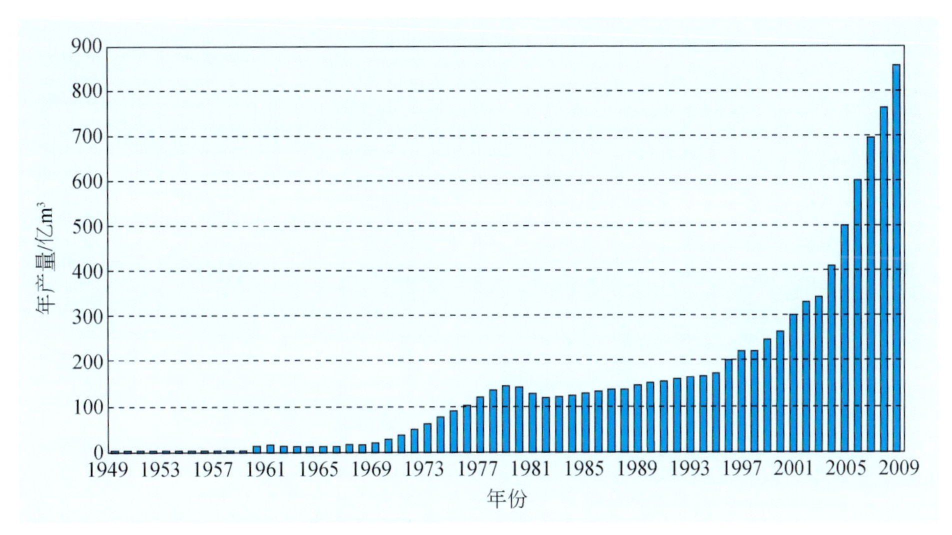

图 2　1949 ~ 2009 年中国历年天然气产量

表 2　1949 ~ 2009 年中国历年天然气产量[1]

年份	年产气量/亿 m^3	累计产气量/亿 m^3	年份	年产气量/亿 m^3	累计产气量/亿 m^3
1949	0. 1117	0. 1117	1965	11. 1284	74. 9530
1950	0. 0737	0. 1854	1966	13. 6763	88. 6293
1951	0. 0258	0. 2112	1967	14. 9078	103. 5371
1952	0. 0786	0. 2898	1968	14. 3959	117. 9330
1953	0. 1134	0. 4032	1969	19. 5901	137. 5231
1954	0. 1593	0. 5571	1970	28. 6984	166. 2215
1955	0. 1674	0. 7245	1971	37. 2649	203. 4864
1956	0. 2630	0. 9875	1972	50. 2898	253. 7762
1957	0. 7007	1. 6882	1973	59. 7317	313. 5079
1958	1. 0643	2. 7525	1974	75. 3400	388. 8479
1959	2. 9169	5. 6694	1975	88. 4678	477. 3157
1960	10. 3852	16. 0546	1976	100. 9501	578. 2658
1961	14. 7185	30. 7731	1977	121. 2315	699. 4973
1962	12. 0541	42. 8272	1978	137. 3419	836. 8392
1963	10. 4245	53. 2517	1979	145. 1506	981. 9898
1964	10. 5729	63. 8246	1980	142. 7600	1124. 7498

续表

年份	年产气量/亿 m^3	累计产气量/亿 m^3	年份	年产气量/亿 m^3	累计产气量/亿 m^3
1981	127.4165	1252.1663	1996	201.2000	3464.8205
1982	119.3220	1371.4883	1997	223.1000	3687.9205
1983	121.1073	1492.5956	1998	222.8000	3910.7205
1984	123.1606	1615.7562	1999	244.0000	4154.7205
1985	128.3314	1744.0876	2000	264.8100	4419.5305
1986	133.8449	1877.9325	2001	303.0000	4722.5305
1987	135.3707	2013.3032	2002	328.0000	5050.5305
1988	139.0857	2152.3889	2003	341.2800	5391.8105
1989	144.9316	2297.3205	2004	409.8000	5801.6105
1990	152.2000	2449.5205	2005	499.5000	6301.1105
1991	153.6000	2603.1205	2006	597.7800	6898.8905
1992	157.0000	2760.1205	2007	694.0500	7592.9405
1993	162.8000	2922.9205	2008	760.0000	8352.9405
1994	166.7000	3089.6205	2009	852.0000	9204.9405
1995	174.0000	3263.6205			

三、煤成气理论推进了中国天然气勘探开发的快速发展

实践证明天然气成因理论对天然气勘探开发有重大的指导意义。天然气勘探的指导理论在决定天然气勘探的领域、地区、方向和层系上至关重要，进而影响着一个地区、一个盆地和一个国家天然气工业发展的快慢。

我国60年来指导天然气勘探的理论主要有两个：油型气理论和煤成气理论。前期仅以油型气理论（即“一元论”）指导勘探，效果低，后期则以油型气和煤成气理论（即“二元论”）指导勘探，效果显著。

1. “一元论”指导天然气勘探效果低

1979年之前，我国油气工作者传统认为油气主要是由海洋或大型湖泊中低等动植物遗体形成，即由腐泥型有机质生成油气，仅把海相和陆相泥质岩和碳酸盐岩作为烃源岩的“一元论”观点。故此阶段局限于腐泥型地层才是气源岩的认识指导天然气勘探选层选区，天然气勘探效益差。如中国大陆最早开始现代机械化勘探的鄂尔多斯盆地，从1907年开始只在陆相三叠系和侏罗系及海相下古生界作为油气勘探领域和目的层，不把石炭—二叠系煤系作为勘探领域和目的层，天然气勘探毫无进展。全国其他盆地天然气勘探的指导理论也与鄂尔多斯盆地一样仅用“一元论”，故天然气勘探和天然气工业没有起色，发展缓慢。至1978年年底，全国探明天然气地质储量仅为2264.33亿 m^3[4,7]，处于贫气国地位。

2. “二元论”指导天然气勘探效果大

1979年“成煤作用中形成的天然气与石油”[8]一文的发表，被认为“是中国开始系统研究煤成烃的标志”[7,9]，“第一次系统阐述了中国煤成气理论的核心要点，是中国煤成气理论研究的里程碑”[10]。从此我国许多学者[11~29]把煤系（煤与暗色泥岩）作为主要气源

岩，把以往认为油气勘探的禁区——煤系，开拓为天然气勘探的新领域，从而开辟了指导中国天然气勘探理论“二元论”局面，使中国天然气勘探步伐日益增快，天然气勘探成果日益增多，天然气年产量逐年增大，天然气在化石能源中的地位逐年增高。中国天然气勘探开发快速发展的重要因素之一，就是在研究和勘探中选准了“煤成气是中国天然气最为重要的气源”。“统计中国已发现的大中型气田的储量，煤成气占71% 以上，以煤成气为主以及有煤成气混源的储量约占15%”[29]。我国著名学者，对煤成气理论在天然气勘探实践中推动中国天然气工业高速发展，以及促进中国天然气地质学的产生予以积极评价：前石油部部长王涛在专著《中国天然气地质理论基础与实践》中评论说“70 年代末煤成气理论在中国的建立（戴金星，1979），使中国开辟了一个新的天然气勘探领域，天然气成因得到完善和发展，从而大大促进了天然气储量的迅速增长，使中国近期天然气勘探比石油勘探取得更好效益”[30]；中国科学院院士孙枢在2001 年出版一书[26]序中指出：“16 年来煤成气勘探史实，证明了煤成气理论的重要性和实践意义。当煤成气理论在我国出现时，煤成气储量不足全国天然气储量的1/10，而今天占6/10；那时没有大气田，而现今发现了21 个大气田，其中7 个最大的都是煤成气田”；中国工程院院士康玉柱最近评述“天然气成因从‘一元论’拓展到‘二元论’，促成了中国天然气地质学的产生及快速发展。为我国天然气勘探开辟了一个新的领域。煤成气比例在天然气探明储量中比例逐年增大，至2004 年底已占全国探明储量的70% 以上”[31]。

在鄂尔多斯盆地天然气勘探中作出重大贡献的杨俊杰和裴锡古指出在20 世纪80 年代初期，由于该盆地应用“煤型气”[23]理论指导勘探天然气获得重大突破。如今鄂尔多斯盆地探明的几乎全是煤成气，生产的几乎均是煤成气。该盆地是我国发现大气田最多的盆地，共有苏里格、靖边、大牛地、榆林、子洲、乌审旗、神木和米脂8 个大气田（图3），其中前6 个大气田储量均大于1000 亿 m^3，苏里格是我国第一大气田。该盆地是我国第一个年产天然气上200 亿 m^3的盆地，2009 年天然气产量为208.15 亿 m^3。

从1979 年之后，特别从1983 年“煤成气的开发研究”成为我国第一批科技重点攻关项目后，中国天然气探明地质储量基本上呈上升趋势（图1）。尤其近10 多年来，我国逐年天然气探明地质储量高速率增长。通过对近11 年来逐年逐盆地逐煤成气田的探明地质储量分析（图4），1999 年我国天然气累计探明地质储量为20698 亿 m^3；至2009 年则达71414 亿 m^3，此期间储量增加了2.5 倍（图4）。在相同期间煤成气累计探明地质储量从11201 亿 m^3增长至47274 亿 m^3，此期间储量增加了3.2 倍（图4）。除1999 年煤成气探明地质储量占全国天然气总储量的54.3% 外，从1999 年至2009 年各年探明煤成气储量均占全国天然气总储量的60% 以上，其中2003 年所占比例最大为68.5%（图4）。俄罗斯煤成气储量占该国天然气总储量的75%[32]，与之对比，中国煤成气储量占全国天然气总储量的比例还有提高的余地。

我国1998 年以来天然气产量较之前大幅度提高（图2）。通过对1998 年以来全国天然气与其中煤成气逐年产量变化关系及其年增长率变化特征分析来看（图5），从1998 年至2009 年，全国天然气与其中煤成气产量是逐年升高的，而且除2003 年和2009 年外煤成气年增长率明显大于天然气的年增长率。2004 年煤成气增长率最大，为33.5%，比当年天然气增长率20.1% 高13% 多，其他年份中前者比后者增长率相对高4% 至16%（图5），这说明近年来煤成气产量对我国天然气年产量的增加起重要的作用。分析表明，从

1998 年至 2009 年煤成气各年产量在全国相应年产量比例中基本在逐年增大（图 5），2008 年我国天然气总产量中煤成气占 65. 6%，即全国产的天然气中有 2/3 是煤成气，说明煤成气对中国天然气工业具有重要的意义。

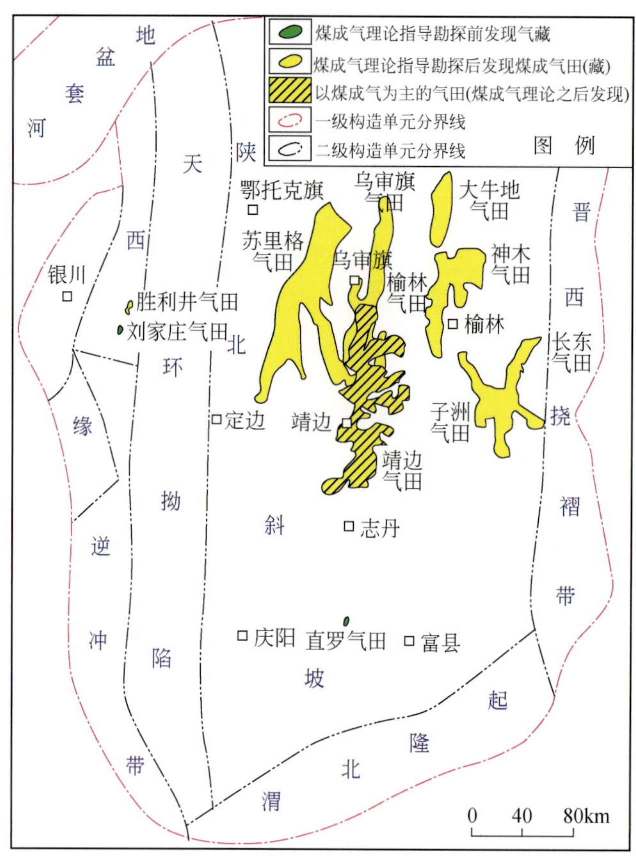

图 3 鄂尔多斯盆地煤成气理论指导勘探前、后发现气田对比

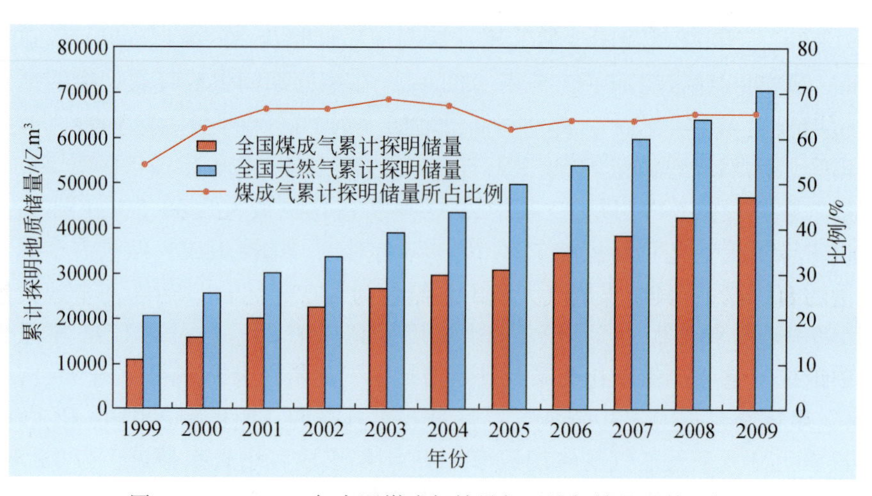

图 4 1999 ~ 2009 年中国煤成气储量与天然气储量及其比例

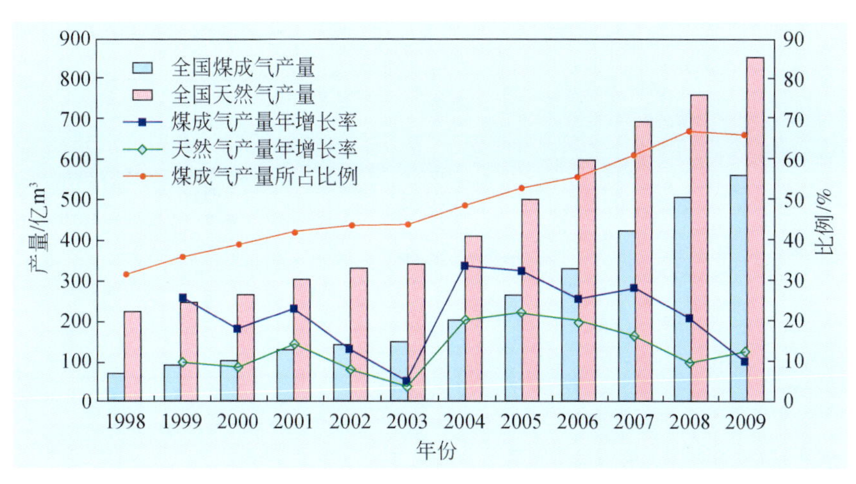

图5 1998~2009年中国天然气产量与煤成气产量及其相关增长率

四、勘探开发大气田是快速发展中国天然气工业的一个重要途径

关于大气田的划分，世界各国及不同的学者没有统一的标准，气田大小的涵义也不尽相同，有的指面积大小，有的指储量大小，有的指经济效益的高低，有的国家把在天然气工业发展史上具有重要意义的气田也称为大气田。但总的来说，通常是以储量的大小来划分大气田[33]。

在划分大气田储量的级别上，中国和俄罗斯（苏联）采用探明地质储量，欧美各国大多采用原始可采储量。在划定大气田的下限储量标准上，不同国家、不同学者甚至同一学者不同时期提出的划定标准也不一致。中国和俄罗斯把储量大于300亿m^3的气田称为大气田，本文亦采用此标准。

从“六五”国家重点科技攻关“煤成气的开发研究”项目以来，特别是“七五”后历次国家天然气攻关项目中，非常重视对大气田的研究和勘探，总结出大量成果[30,33~62]，从而加快了大气田的发现（图6），大大加速了我国天然气工业的发展。

1. 大气田的储量占全国天然气总储量的4/5

至2009年年底，中国共发现大气田44个（图7），其中储量在1000亿m^3以上的大气田16个（苏里格、靖边、普光、大牛地、克拉2、塔中1号、合川、徐深、新场、榆林、迪那2、广安、子洲、大天池、克拉美丽和乌审旗气田）。中国第一大气田是苏里格气田，而中国储量丰度最大的大气田是克拉2气田，丰度高达59亿m^3/km^2。

至2009年年底，中国44个大气田探明地质储量为57469亿m^3，大气田储量占全国天然气总储量的80.5%；其中煤成气大气田总储量为43033亿m^3，后者占全国天然气总储量的60.2%。由上可见，大气田的储量和煤成气大气田的储量在中国天然气储量中占据着举足轻重的地位，为中国天然气工业快速发展提供了坚实的资源基础。

至2009年年底，中国共发现气田231个，其中44个大气田仅占总气田数的19%，但其储量却占80.5%。可见，研究和勘探大气田是快速增加我国天然气储量极重要的一环，俄罗斯与世界许多天然气大国也如此。例如俄罗斯共有大气田（大型和特大型）139个，仅占该国总气田700个的19.86%，但其储量却占97.4%（表3）[62]。

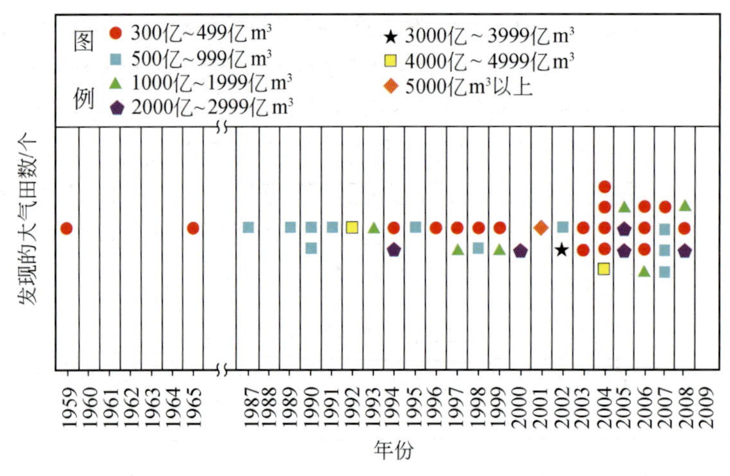

图6 中国逐年大气田发现数目

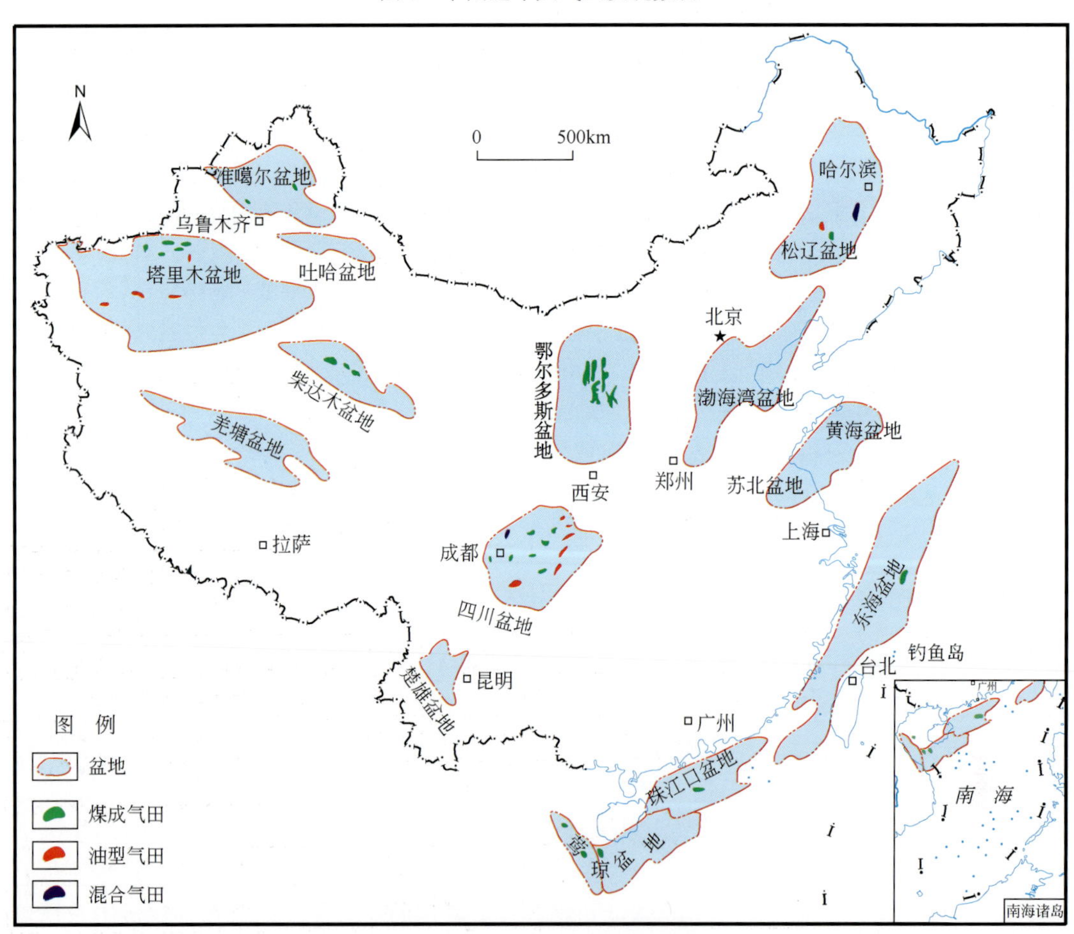

图7 中国大气田分布示意图

2. 大气田的产量起主宰作用

在 2009 年中国 44 个大气田中投入开发的有 38 个，2009 年共产天然气 564 亿 m^3，占全国天然气产量的66.4%，而俄罗斯大气田产气量则占该国年产量的98.6%（表3）[63]。我国大气田占全国总气田的19%，俄罗斯大气田占该国总气田的19.6%，两者比例十分接近，但我国大气田产量占全国天然气总产量的66.4%，而俄罗斯的则高达98.6%，两者相差32.2%，究其原因可能是：① 俄罗斯大气田中的特大型气田多，仅储量1万亿 m^3 以上的就有13个，而我国目前还未发现；② 我国多数大气田储层物性差，属低孔低渗储层，有的储层是非均质性的火山岩，如苏里格大气田、广安大气田、徐深大气田；③我国有些大气田不是整装大气田，是由若干气田群组成。

表3 俄罗斯大、中、小型气田数目及其所占储量和产量的比例

气田类型	气田数/个	占全国探明储量比例/%	1993年产量/亿 m^3	占全国当年产量比例/%
特大型	21	74.1	5546	92.3
大型	118	23.3	380	6.3
中型	61	1.3	24	0.4
小型	500	1.3	58	1.0
合计	700	100.0	6008	100.0

在众多大气田中，储量大和丰度高的明星大气田对国家以至世界天然气产量往往有重大的作用（表4）。例如，我国储量丰度最高的克拉2大气田，从2007至2009年一直是我国唯一年产逾100亿 m^3 的大气田，年产量占全国的13%至16%，此外苏里格大气田、榆林大气田和靖边大气田各年产量均占全国的5%至9%。2009年上述4个大气田天然气产量占全国的34.48%（表4）。俄罗斯、荷兰、法国和新西兰一些明星大气田对各自国家产气量均有重大的贡献。特别是俄罗斯乌连戈依大气田和亚姆堡大气田，它们的年产量不仅在俄罗斯而且在世界天然气产量中均作出关键的贡献，如1999年乌连戈依大气田和亚姆堡大气田产天然气3470亿 m^3，占俄罗斯天然气年产量的58.8%，占世界的14.7%（表4）。由此可见开发明星大气田对一个国家天然气工业快速发展意义重大。

表4 大气田对相关国家与世界天然气产量的重大作用

<table>
<tr><th>国家</th><th>盆地</th><th>大气田</th><th>可采储量/亿 m^3</th><th>年份</th><th>年产气量/亿 m^3</th><th>占当年该国产气量比例/%</th><th>占当年世界产量比例/%</th></tr>
<tr><td rowspan="10">中国</td><td rowspan="3">塔里木</td><td rowspan="3">克拉2</td><td rowspan="3"></td><td>2007</td><td>111.39</td><td>15.90</td><td></td></tr>
<tr><td>2008</td><td>117.08</td><td>15.40</td><td></td></tr>
<tr><td>2009</td><td>111.23</td><td>13.08</td><td></td></tr>
<tr><td rowspan="7">鄂尔多斯</td><td rowspan="2">榆林</td><td rowspan="2"></td><td>2008</td><td>50.20</td><td>6.60</td><td></td></tr>
<tr><td>2009</td><td>54.59</td><td>6.42</td><td></td></tr>
<tr><td rowspan="2">苏里格</td><td rowspan="2"></td><td>2008</td><td>45.68</td><td>6.00</td><td></td></tr>
<tr><td>2009</td><td>78.12</td><td>9.19</td><td></td></tr>
<tr><td rowspan="3">靖边</td><td rowspan="3"></td><td>2007</td><td>52.07</td><td>7.50</td><td></td></tr>
<tr><td>2008</td><td>40.91</td><td>5.40</td><td></td></tr>
<tr><td>2009</td><td>49.22</td><td>5.79</td><td></td></tr>
</table>

续表

国家	盆地	大气田	可采储量/亿 m^3	年份	年产气量/亿 m^3	占当年该国产气量比例/%	占当年世界产量比例/%
法国	阿基坦	拉克	2000	2002	16.50	94.40	
荷兰	西荷兰	格罗宁根	27000	1977	930.00	98.30	6.40
新西兰	塔拉纳基	毛依	1380	1990	36.00	78.30	
俄罗斯	伏尔加—乌拉尔	奥伦堡	17000	1978	约500.00	13.40	
	西西伯利亚	乌连戈依	102000	1985	2500.00	54.10	17.00
				1991	2569.00	39.90	11.90
		亚姆堡	52420	1999	3470.00	58.80	14.70

五、结论

从1949年到2009年的60年间，中国天然气的勘探与开发取得了重大进展，天然气探明储量和产量均实现飞跃性增长，现今储量跃至世界前列，产量排名位居世界第七位；1979年中国煤成气理论的出现，使指导天然气勘探理论从“一元论”发展到“二元论”，开辟了天然气勘探的一个新的广阔领域，并取得了显著的勘探成果；2009年，中国44个大气田的探明储量和天然气年产量分别占全国的4/5和近2/3，大气田的勘探和开发是快速发展中国天然气工业的重要途径。

参考文献

[1]《百年石油》编写组．百年石油（1878—2000）．北京：当代中国出版社，2001. 39，511

[2] 傅诚德．石油科学技术发展对策与思考．北京：石油工业出版社，2010. 54～87

[3] 戴金星，夏新宇，洪峰．天然气地学研究促进了中国天然气储量的大幅度增长．新疆石油地质，2002，23（5）：357～365

[4] 戴金星．中国煤成气研究30年来勘探的重大进展．石油勘探与开发，2009，36（3）：264～279

[5] BP. BP statistical review of world energy 2010［EB/OL］.（2010-06）［2010-11-02］. http://www.bp.com

[6] 世界知识年鉴编辑委员会．世界知识年鉴2007/2008. 北京：世界知识出版社，2008. 3，11，163，228，254，272，603，696，883，894

[7] 石宝衍，薛超．科技攻关与中国天然气工业发展．石油勘探与开发，2009，36（3）：257～263

[8] 戴金星．成煤作用中形成的天然气与石油．石油勘探与开发，1979，6（3）：10～17

[9] 时华星，宋明水，徐春华等．煤型气地质综合研究思路与方法．北京：地质出版社，2004. 1～6

[10] 赵文智，王红军，钱星凡．中国煤成气理论发展及其在天然气工业发展中的地位．石油勘探与开发，2009，36（3）：280～289

[11] 戴金星．我国煤系地层含气性的初步研究．石油学报，1980，1（4）：27～37

[12] 戴金星．我国煤成气藏的类型和有利的煤成气远景区．见：中国石油学会石油地质专业委员会编．天然气勘探．北京：石油工业出版社，1986. 15～31

[13] 田在艺，戚厚发．中国主要含煤盆地天然气资源评价．见：中国石油学会石油地质专业委员会编．天然气勘探．北京：石油工业出版社，1986. 1～14

[14] 伍致中，王生荣，卡米力．新疆中下侏罗统煤成气初探．见：中国石油学会石油地质专业委员会编．天然气勘探．北京：石油工业出版社，1986. 137 ~ 149
[15] 王少昌．陕甘宁盆地上古生界煤成气资源远景．见：中国石油学会石油地质专业委员会编．天然气勘探．北京：石油工业出版社，1986. 125 ~ 136
[16] 戚厚发，张志伟，付金华．我国主要含煤盆地煤成气资源预测与勘探方向选择．见：《煤成气地质研究》编委会编．煤成气地质研究．北京：石油工业出版社，1987. 229 ~ 237
[17] 裴锡古，费安琦，王少昌等．鄂尔多斯地区上古生界煤成气藏形成条件及勘探方向．见：《煤成气地质研究》编委会编．煤成气地质研究．北京：石油工业出版社，1987. 9 ~ 20
[18] 罗启厚，陈盛吉，杨家琦等．四川盆地上三叠统煤成气富集规律与勘探方向．见：《煤成气地质研究》编委会编．煤成气地质研究．北京：石油工业出版社，1987. 86 ~ 96
[19] 地质矿产部石油地质研究所．石油与天然气地质文集（第1集：中国煤成气研究）．北京：地质出版社，1988. 1 ~ 315
[20] 傅家谟，刘德汉，盛国英．煤成烃地球化学．北京：科学出版社，1990. 348 ~ 355
[21] 冯福闿．中国含气盆地研究．见：地质矿产部石油地质研究所编．中国天然气地质研究．北京：地质出版社，1994. 1 ~ 10
[22] 王庭斌．中国天然气田（藏）特征及成藏条件．见：地质矿产部石油地质研究所编．中国天然气地质研究．北京：地质出版社，1994. 11 ~ 26
[23] 杨俊杰，裴锡古．中国天然气地质学（卷四：鄂尔多斯盆地）．北京：石油工业出版社，1996. 1 ~ 291
[24] 冯福闿，王庭斌，张士亚等．中国天然气地质．北京：地质出版社，1994. 1 ~ 355
[25] 毛希森，蔺殿中．中国近海大陆架的煤成气．中国海上油气地质，1990，4（2）：27 ~ 28
[26] 戴金星，戚厚发，王少昌等．我国煤系的气油地球化学特征、煤成气藏形成条件及资源评价．北京：石油工业出版社，2001. 1 ~ 159
[27] 秦建中，李志明，张志荣．不同类型煤系烃源岩对油气藏形成的作用．石油勘探与开发，2005，32（4）：131 ~ 136，141
[28] 徐永昌．“六五”国家重大科技攻关项目“中国煤成气的开发研究”的重要成果和意义．天然气地球科学，2005，16（4）：403 ~ 405
[29] 王庭斌．中国天然气储量快速增长的主要因素．石油勘探与开发，2009，36（3）：290 ~ 296
[30] 王涛．中国天然气地质理论基础与实践．北京：石油工业出版社，1997. 1 ~ 285
[31] 康玉柱．中国油气地质新理论的建立．地质学报，2010，84（9）：1231 ~ 1274
[32] 戴金星，夏新宇，卫延召．中国天然气资源及前景分析．石油与天然气地质，2001，22（1）：1 ~ 8
[33] 戴金星，陈践发，钟宁宁等．中国大气田及其气源．北京：科学出版社，2003. 1 ~ 5
[34] 戚厚发，孔志平，戴金星等．我国较大气田形成与富集条件分析．见：石宝珩编．天然气地质研究．北京：石油工业出版社，1992. 8 ~ 14
[35] 邓鸣放，陈伟煌．崖13-1大气田形成的地质条件．见：石宝珩编．天然气地质研究．北京：石油工业出版社，1992. 73 ~ 81
[36] 韩克猷．川东开江古隆起大中型气田的形成及勘探目标．天然气工业，1995，15（4）：1 ~ 5
[37] 戴金星，宋岩，张厚福．中国大中型气田形成的主控因素．中国科学（D辑），1996，26（6）：1 ~ 8
[38] 王庭斌．中国大中型气田的勘察方向．见：王庭斌编．石油天然气地质文集（第7集）．北京：地质出版社，1997. 1 ~ 33
[39] 龚再升．中国近海大油气田．北京：石油工业出版社，1997. 7 ~ 69，159 ~ 223
[40] 康竹林，傅诚德，崔淑芬等．中国大中型气田概论．北京：石油工业出版社，2000. 320 ~ 328

[41] 李剑，胡国艺，谢增业等．中国大中型气田成藏物理化学模拟研究．北京：石油工业出版社，2001. 20～36
[42] 康玉柱．塔里木盆地大气田形成的地质条件．石油与天然气地质，2001，22（1）：21～25
[43] 蒋炳南，康玉柱．新疆塔里木盆地油气分布规律及勘探靶区评价研究．乌鲁木齐：新疆科技卫生出版社，2001. 147～156
[44] 李德生．大油气田地质学与中国石化油气勘探方向．见：李德生编．中国含油气盆地构造学．北京：石油工业出版社，2002. 186～191
[45] 李景明，魏国齐，曾宪斌等．中国大中型气田富集区带．北京：地质出版社，2002. 1～20
[46] 贾承造，周新源，王招明等．克拉2气田石油地质特征．科学通报，2002，47（增刊）：9～96
[47] 赵孟军，卢双舫，王廷栋等．克拉2气田天然气地球化学特征与成藏过程．科学通报，2002，47（增刊）：109～115
[48] 王庭斌．中国大中型气田成藏的主控因素及其勘探领域．石油与天然气地质，2005，26（5）：572～582
[49] 王庭斌．中国大中型气田分布的地质特征及主控因素．石油勘探与开发，2005，32（4）：1～7
[50] 赵文智，汪泽成，王红军等．近年来我国发现大中型气田的地质特点与21世纪初天然气勘探前景．天然气地球科学，2005，16（6）：687～692
[51] 马永生，蔡勋育，李国雄．四川盆地普光大型气藏基本特征及成藏富集规律．地质学报，2005，79（6）：858～865
[52] 冉隆辉，陈更生，徐仁芬．四川盆地罗家寨大型气田的发现与探明．海相油气地质，2005，10（1）：43～47
[53] 周新源，杨海军，李勇等．塔里木盆地和田河气田的勘探与发现．海相油气地质，2006，11（3）：55～62
[54] 马永生．四川盆地普光超大型气田的形成机制．石油学报，2007，28（2）：9～14，21
[55] 朱伟林，张功成，杨少坤等．南海北部大陆边缘盆地天然气地质．北京：石油工业出版社，2007. 1～391
[56] 张水昌，朱光有．中国沉积盆地大中型气田分布与天然气成因．中国科学（D辑），2007，37（增刊Ⅱ）：1～11
[57] 邹才能，陶士振．中国大气区和大气田的地质特征．中国科学（D辑），2007，37（增刊Ⅱ）：12～28
[58] 金之钧．中国大中型油气田的结构及分布规律．新疆石油地质，2008，29（3）：385～388
[59] 赵文智，刘文汇．高效天然气藏形成分布与凝析、低效气藏经济开发的基础研究．北京：科学出版社，2008. 1～188
[60] Dai J，Zou C，Qin S，*et al*. Geology of giant gas fields in China. Marine and Petroleum Geology，2008，25（4-5）：320～334
[61] 邹才能，陶士振，方向．大油气区形成与分布．北京：科学出版社，2009. 96～190，253～309
[62] 戴金星，倪云燕，邹才能等．四川盆地须家河组煤系烷烃气碳同位素特征及气源对比意义．石油与天然气地质，2009，30（5）：519～529
[63] 李国玉，金之钧．世界含油气盆地图集（新编）（下册）．北京：石油工业出版社，2005. 497～503

中国致密砂岩气及在勘探开发上的重要意义*

一、致密砂岩及致密砂岩气藏分类

1. 致密砂岩定义

按渗透率和孔隙度，可将砂岩分为多种类型。国内外学者和研究机构在致密砂岩气藏类型划分前提下提出了致密砂岩的孔隙度和渗透率划分标准，由表1可知，致密砂岩常泛指渗透率小于1mD（更多文献限定为小于0.1mD）、孔隙度小于10%的砂岩[1~14]。

表1 致密砂岩分类孔隙度和渗透率参数

孔隙度上限/%	渗透率上限/mD	参考文献
	0.1	[1]
	0.1	[2]
10	0.1	[3]
	0.1	[4]
12	1.0（空气渗透率）	[5]
	0.1	[6]
10	0.1（有效渗透率）	[7]
5	0.1（有效渗透率）	[8]
	0.1（覆压基质渗透率）	[9]
12	0.1	[10]
10	0.5	[11]

---

* 原载于《石油勘探与开发》，2012，第39卷，第3期，257~264，作者还有倪云燕、吴小奇。

续表

孔隙度上限/%	渗透率上限/mD	参考文献
3~12	0.1	[12]
12	1.0	[13]
10	1.0	[14]

2. 致密砂岩气藏（田）分类

致密砂岩气藏系指聚集工业天然气的致密砂岩场晕或圈闭。根据其储层特征、储量大小及所处区域构造位置高低，可将致密砂岩气藏分为两类。

1）“连续型”致密砂岩气藏（田）

通常位于构造的低部位，圈闭界限模糊不清，储层展布广，往往气水分布倒置或无统一气水界面，储量很大，储量丰度相对较低，储源一体或近源。例如中国鄂尔多斯盆地苏里格气田石炭-二叠系盒8段砂岩平均孔隙度仅9.6%，渗透率仅1.01mD，山1段砂岩平均孔隙度仅7.6%，渗透率仅0.60mD[14]，截至2011年年底，苏里格气田致密砂岩气藏探明地质储量为2.8万亿m^3；西加拿大阿尔伯达盆地艾尔姆沃斯（Elmworth）气田气层孔隙度为0.9%~17.7%，渗透率为0.1~13.5mD[15]，可采储量为4760亿m^3[12]；美国圣胡安盆地向斜轴部白垩系致密砂岩气田气层孔隙度为1.2%~5.8%，渗透率为0.06~0.96mD[16]，可采储量为7079亿m^3；丹佛盆地向斜轴部瓦腾堡气田储层也是白垩系致密砂岩，储量为368亿m^3[15]。以上气田均为气水分布倒置的深盆气田。需要指出的是，艾尔姆沃斯气田为典型的致密砂岩深盆气，但该气田部分地区孔隙度和渗透率超出表1中界限值，这些地区为“甜点”所在，故只要具备连续型致密砂岩气藏基本特征，孔渗标准也可变通。

2）“圈闭型”致密砂岩气藏（田）

与“连续型”致密砂岩气藏（田）共同点是储层为低孔渗致密砂岩，不同之处是天然气往往聚集在圈闭高处，气水关系正常，上气下水，储量规模相对偏小。中国四川盆地孝泉气藏天然气即聚集在侏罗系致密砂岩的高部位（图1）[17]；渤海湾盆地户部寨气藏，储层沙河街组四段砂岩平均孔隙度为8.3%，平均渗透率为0.3mD，天然气在受断层复杂化的地垒高部位聚集成藏，储层裂缝发育[18,19]；塔里木盆地库车拗陷大北气田下白垩统巴什基奇克组（K_1bs）为致密砂岩气层，大北302井7203.64~7247.18m的5个岩样孔隙度为1.00%~4.63%，平均2.62%；渗透率为0.0137~0.0610mD，平均0.0362mD，气藏分布在断背斜高部位（图2）。

致密砂岩气藏一般自然产能不大或低于工业气流下限，甚至无自然产能，但在一定经济和技术措施下可获得工业天然气产能。

姜振学等[20]根据致密砂岩气藏烃源岩生排烃高峰期与储层致密演化史二者之间的先后关系，把致密砂岩气藏分为两种类型：①“先成型”致密砂岩气藏，储层致密化过程发生在烃源岩生排烃高峰期天然气充注之前；②“后成型”致密砂岩气藏，储层致密化过程

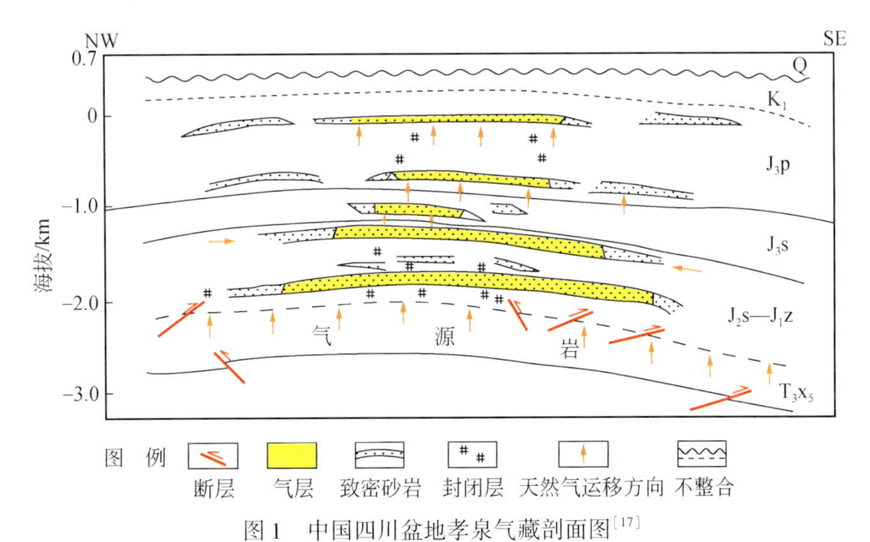

图 1 中国四川盆地孝泉气藏剖面图[17]

J_3p. 上侏罗统蓬莱镇组；J_3s. 上侏罗统遂宁组；J_2s. 中侏罗统沙溪庙组；

J_1z. 下侏罗统自流井组；T_3x. 上三叠统须家河组

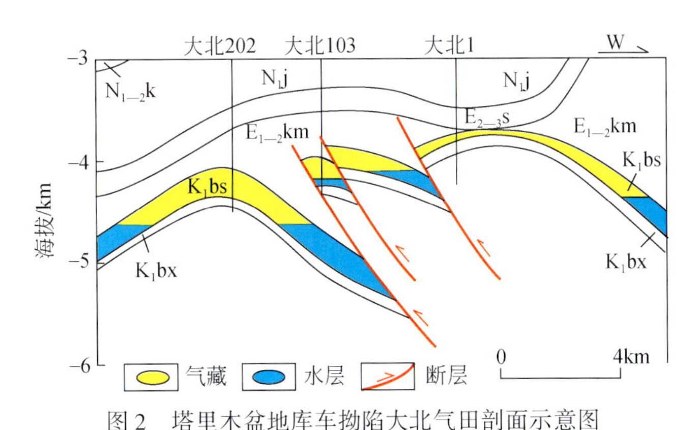

图 2 塔里木盆地库车坳陷大北气田剖面示意图

$N_{1-2}k$. 中-上新统康村组；N_1j. 中新统吉迪克组；$E_{2-3}s$. 始新统—渐新统苏维依组；

$E_{1-2}km$. 古新统—始新统库姆格列木组；K_1bs. 下白垩统巴什基奇克组；K_1bx. 下白垩统巴西改组

发生在烃源岩生排烃高峰期天然气充注之后。

二、中国致密砂岩大气田概况

目前中国把地质储量达300亿m^3及以上的气田定为大气田。截至2010年年底，中国共发现了45个大气田，其中致密砂岩大气田15个（图3）；致密砂岩大气田探明天然气地质储量28656.7亿m^3（表2），分别占全国探明天然气地质储量和大气田地质储量的37.3%和45.8%。2010年全国致密砂岩大气田共产气222.5亿m^3，占当年全国产气量的23.5%（表2）。可见，中国致密砂岩大气田总储量和年总产量已分别约占全国天然气储量和产量的1/3和1/4。

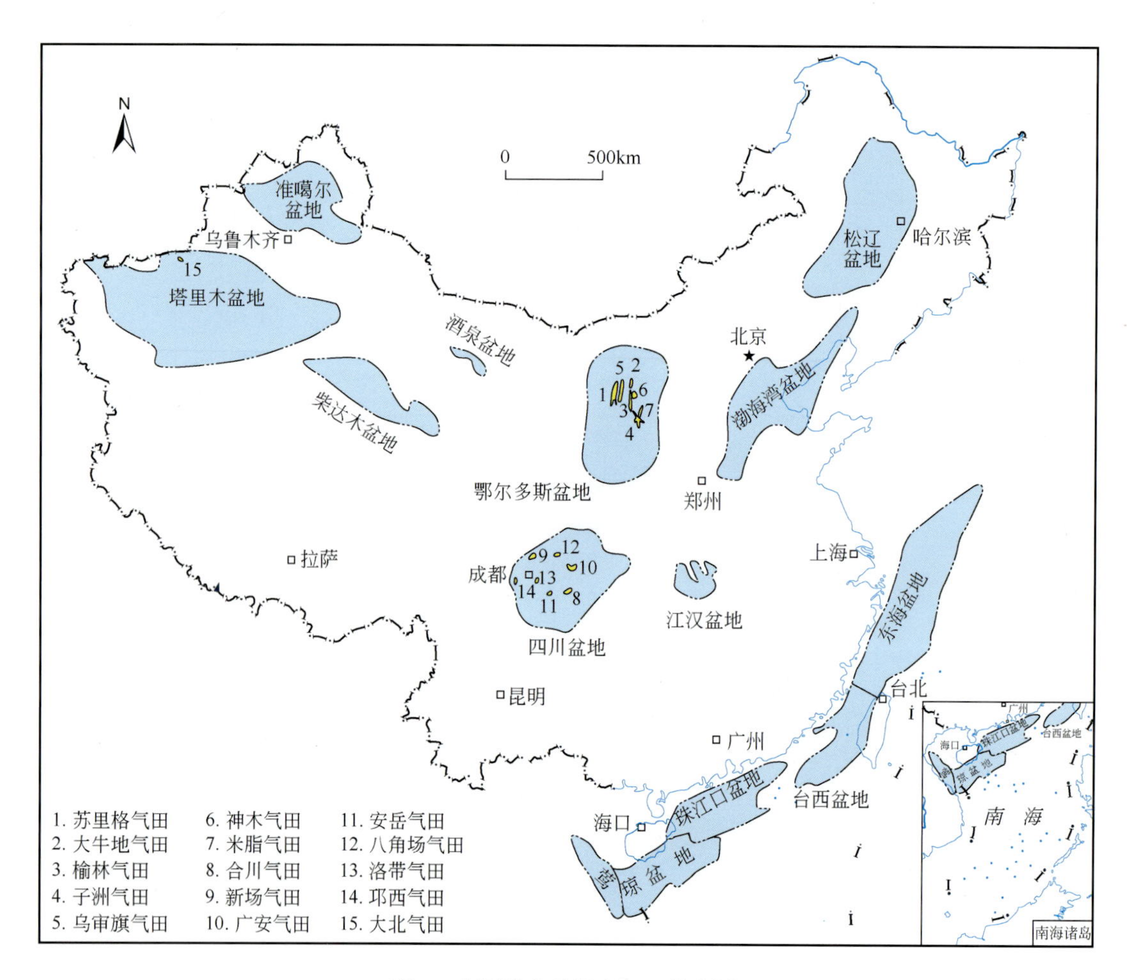

图 3 中国致密砂岩大气田分布图

表 2 中国致密砂岩大气田基础数据

盆地	气田	主要产层	气藏类型	地质储量①/亿 m^3	年产量①/亿 m^3	平均孔隙度/%	渗透率/mD		文献
							范围	平均值	
鄂尔多斯	苏里格	P_2sh、P_2x、P_1s_1	连续型	11008.2	104.75	7.163（1434）	0.001～101.099	1.284（1434）	本文
	大牛地	P、C		3926.8	22.36	6.628（4068）	0.001～61.000	0.532（4068）	
	榆林	P_1s_2		1807.5	53.30	5.630（1200）	0.003～486.000	4.744（1200）	
	子洲	P_1s、P_2x		1152.0	5.87	5.281（1028）	0.004～232.884	3.498（1028）	
	乌审旗	P_2sh、P_2x、O_1		1012.1	1.55	7.820（689）	0.001～97.401	0.985（687）	
	神木	P_1t、P_1s、P_2x		935.0	0.00	4.712（187）	0.004～3.145	0.353（187）	
	米脂	P_1s_1、P_2x、P_2sh		358.5	0.19	6.180（1179）	0.003～30.450	0.655（1179）	

续表

盆地	气田	主要产层	气藏类型	地质储量[①]/亿 m^3	年产量[①]/亿 m^3	平均孔隙度/%	渗透率/mD		文献
							范围	平均值	
四川	合川	T_3x	连续型	2299.4	7.46	8.45		0.313	[21]
	新场	J_3、T_3x	圈闭型为主	2045.2	16.29	12.31 (>1300)		2.560(>1300)	[22]
	广安	T_3x	连续型	1355.6	2.79	4.20		0.350	[23]
	安岳	T_3x	连续型	1171.2	0.74	8.70		0.048	[21]
	八角场	J、T_3x	圈闭型为主	351.1	1.54	T_3x_4平均 7.93		0.580	[24]
	洛带	J_3	圈闭型	323.8	2.83	11.80 (926)		0.732 (814)	[25]
	邛西	J、T_3x	圈闭型为主	323.3	2.65	T_3x_2平均 3.29		0.0636	[24]
塔里木	大北	K	圈闭型	587.0	0.22	2.62 (5)		0.036 (5)	本文

注：①数据采集年份为 2010 年；括号内数据为样品数。

三、中国致密砂岩气藏的气源

由表 3 可知，中国致密砂岩大气田具有以下天然气地球化学特征：① 天然气组分中非烃气（主要是 CO_2 和 N_2）含量低，一般为 1.5% ~2.5%，神木气田双 20 井非烃气含量最高，为 3.29%。② 天然气组分以烷烃气（C_{1-4}）为主，含量为 96.23%（安岳气田岳 101 井）~99.59%（广安气田广安 106 井），其中甲烷含量最高，为 84.38%（安岳气田岳 101 井）~96.04%（大北气田大北 201 井），故为优质商品气。由于天然气组分以烷烃气占绝对优势，因此研究气源即是讨论烷烃气的气源。③ 表 3 中除个别井（如大北 201 井）碳同位素组成局部发生倒转外，绝大部分均为正碳同位素系列，说明这些烷烃气为有机成因[26]。④ 将表 3 中 $\delta^{13}C_1$、$\delta^{13}C_2$ 和 $\delta^{13}C_3$ 值投入戴金星于 1992 年提出的有机成因气 $\delta^{13}C_1$-$\delta^{13}C_2$-$\delta^{13}C_3$ 鉴别图中（图 4）[27]①，并把 $\delta^{13}C_1$ 与 C_1/C_{2+3} 值投入 Whiticar 天然气成因鉴别图（图 5）[28]，可见目前中国发现的致密砂岩大气田天然气均为煤成气，即气源都来自煤系中Ⅲ型泥岩和腐殖煤。鄂尔多斯盆地苏里格、大牛地、榆林、子洲、乌审旗、神木和米脂 7 个致密砂岩大气田气源来自石炭系本溪组、二叠系太原组和山西组 3 套煤系[29~31]；四川盆地合川、新场、广安、安岳、八角场、洛带和邛西 7 个致密砂岩大气田气源来自上三叠统须家河组煤系[32~36]。此外，“圈闭型”致密砂岩气藏，如渤海湾盆地户部寨沙河街组四段致密砂岩气藏，其气源为下伏石炭 二叠系煤系[18]。四川盆地孝泉侏罗系致密砂岩气藏，其气源为下伏须家河组煤系[17]。塔里木盆地库车拗陷东部依南 2 侏罗系阿合组致密砂岩气藏气源主要来自下伏三叠系塔里奇克组煤系[13]，依南 2 井天然气 $\delta^{13}C_1$ 为 -32.2‰，$\delta^{13}C_2$ 为 -24.6‰，$\delta^{13}C_3$ 为 -23.1‰，$\delta^{13}C_4$ 为 -22.8‰[36]，为煤成气特征。综上可知，中国致密砂岩气藏的天然气都是煤成气，这是由于致密砂岩孔渗极低，只有

① 戴金星，关于有关成因气 $\delta^{13}C_1$-$\delta^{13}C_2$-$\delta^{13}C_3$ 鉴别图的简化和完善，2012。

“全天候”气源岩煤系连续不断供气，才能形成大气藏。

表 3　中国致密砂岩大气田天然气地球化学参数

盆地	气田	井号	层位	天然气主要组分/%								$\delta^{13}C$/‰，VPDB				文献
				CH_4	C_2H_6	C_3H_8	iC_4	nC_4	C_{1-4}	CO_2	N_2	CH_4	C_2H_6	C_3H_8	C_4H_{10}	
鄂尔多斯	苏里格	苏1	P_2x	92.24	4.16	0.81	0.18	0.14	97.53	1.70	0.56	-34.2	-22.2	-22.1	-21.6	本文
		苏80	P_2x	88.34	3.94	3.02	1.69	1.52	98.51	1.46	0	-34.5	-26.5	-26.1	-25.0	
		苏38	P_1s	92.98	3.45	0.79	0.31	0.32	97.85	2.15	0	-31.7	-22.1	-21.5	-20.6	
	大牛地	D16	P_2sh	94.37	2.52	0.26	0.06	0.09	97.30	0.37	1.96	-35.1	-27.1	-26.0	-23.9	
		DK13	P_1s	94.49	1.71	0.31	0.07		96.58	0.28	2.35	-36.6	-25.7	-24.5	-22.6	
	榆林	榆37	P_1s	94.66	2.93	0.42	0.06	0.06	98.13	1.11	0.66	-31.8	-26.1	-24.6	-23.0	
		榆44-4	P_1s	89.62	5.66	1.67	0.40	0.43	97.78			-31.4	-25.0	-22.8	-22.8	
	子洲	洲16-19	P_1s	91.53	5.22	1.16	0.19	0.20	98.30			-34.5	-24.3	-21.7	-21.7	
		洲26-26	P_1s	91.63	4.60	0.99	0.17	0.20	97.59			-31.6	-25.0	-22.9	-22.7	
	乌审旗	陕215	P_2sh	93.60	3.79	0.55	0.08	0.08	98.10	0.76	0.46	-32.9	-26.0	-24.0	-22.3	
		陕243	P_2x	90.85	5.46	1.03	0.18	0.17	97.69	0.54	1.55	-35.0	-24.0	-23.6	-22.4	
	神木	神1	P_2x	92.86	4.69	1.23	0.16	0.18	99.12		0.73	-37.1	-24.7	-24.5	-23.9	
		双20	P_1t	93.06	3.22	0.56	0.11	0.10	97.05	2.47	0.82	-35.8	-25.6	-24.0	-23.0	
	米脂	榆17-2	P_2sh	91.16	5.31	0.84	0.14	0.14	97.59	1.81	0.11	-34.2	-25.5	-23.1	-21.1	[37]
		米1	P_2x	93.39	3.53	0.40	0.09	0.06	97.47	0.32	1.79	-32.6	-23.0	-21.9	-20.6	
四川	合川	合川106	T_3x_2	89.28	6.83	1.87	0.46	0.37	98.81	0.21	0.39	-39.8	-27.0	-24.1		本文
		潼南105	T_3x_2	87.77	7.42	2.32	0.57	0.50	98.58	0.27	0.37	-40.4	-27.4	-24.0		
	新场	JS12	J	88.82	5.66	1.95	0.42	0.51	97.36		2.01	-34.4	-25.2	-22.3	-21.9	[32]
		新882	T_3x_4	93.41	3.78	0.93	0.20	0.18	98.50	0.46	0.85	-34.3	-23.1	-21.4	-20.0	
	广安	广安106	T_3x_4	94.16	4.78	0.49	0.09	0.07	99.59		0.39	-37.8	-25.7	-24.7	-22.5	[33]
		广安128	T_3x_4	94.31	4.33	0.54	0.20	0.07	99.45		0.59	-37.7	-25.2	-23.3	-21.3	
	安岳	岳101	T_3x_2	84.38	7.87	2.50	0.69	0.79	96.23	0.35	0.71	-41.3	-26.8	-23.7	-25.2	[35]
		安岳2	T_3x_2	87.20	7.59	2.38	0.56	0.44	98.17	0.87	0.70	-41.2	-26.7	-23.8	-24.5	
	八角场	角33	T_3x_6	92.28	5.02	1.20	0.23	0.27	99.00		0.86	-39.5	-25.7	-24.4	-23.4	本文
		角53	T_3x_4	92.95	4.93	1.14	0.20	0.24	99.46		0.38	-40.1	-27.4	-24.6	-24.6	
	洛带	LS35	J	88.72	6.00	2.03	0.41	0.52	97.68		1.70	-33.5	-24.0	-21.5	-21.2	[32]
		Long42	$J_3p_4^2$	90.52	4.96	1.50	0.32	0.39	97.69		1.80	-32.9	-24.0	-21.2	-21.3	
	邛西	QX6	T_3x_2	95.95	2.48	0.30	0.04	0.04	98.81	0.92	0.21	-31.2	-23.2	-23.1	-20.9	
		QX13	T_3x_2	93.49	3.90	0.63	0.11	0.08	98.21	1.47	0.25	-33.7	-24.1	-23.4	-20.9	
塔里木	大北	大北102	K	96.01	2.08	0.38	0.09	0.09	98.65	0.44	0.64	-29.5	-21.6	-21.0	-22.5	本文
		大北201	K	96.04	1.93	0.35	0.08	0.09	98.49	0.53	0.65	-28.9	-21.7	-20.9	-22.3	

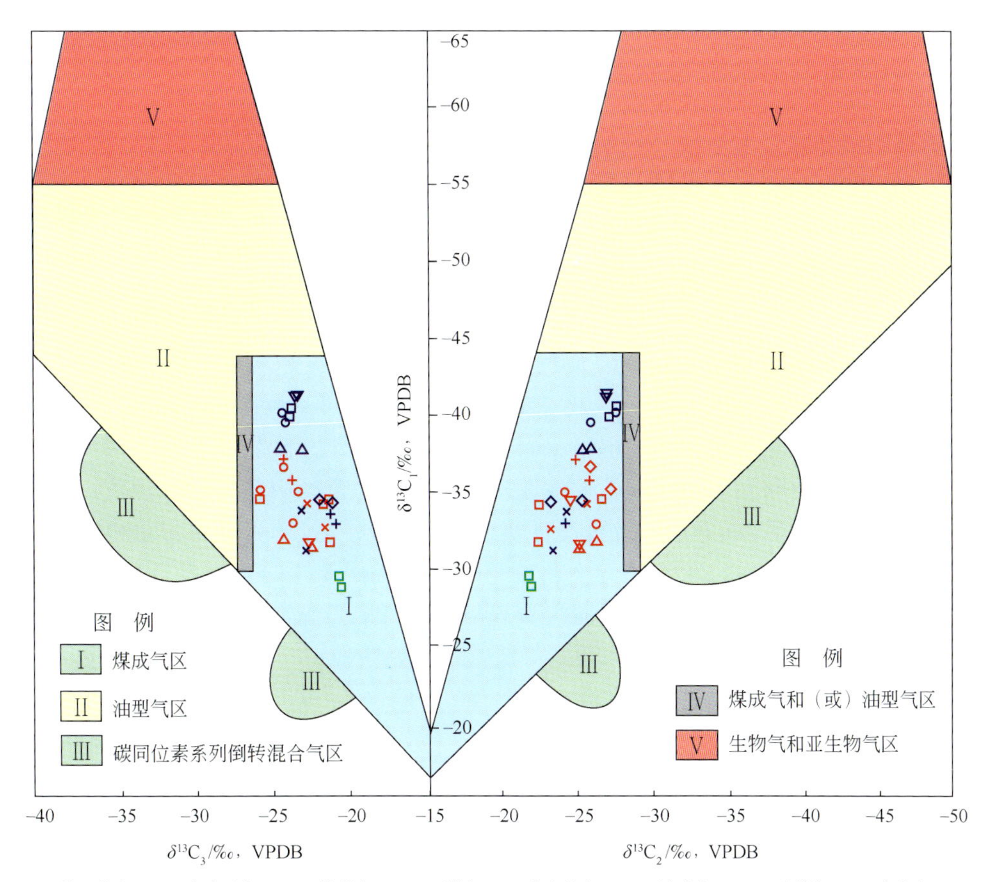

图 4 有机成因气 $\delta^{13}C_1$-$\delta^{13}C_2$-$\delta^{13}C_3$ 鉴别图版（图版据文献［27］）

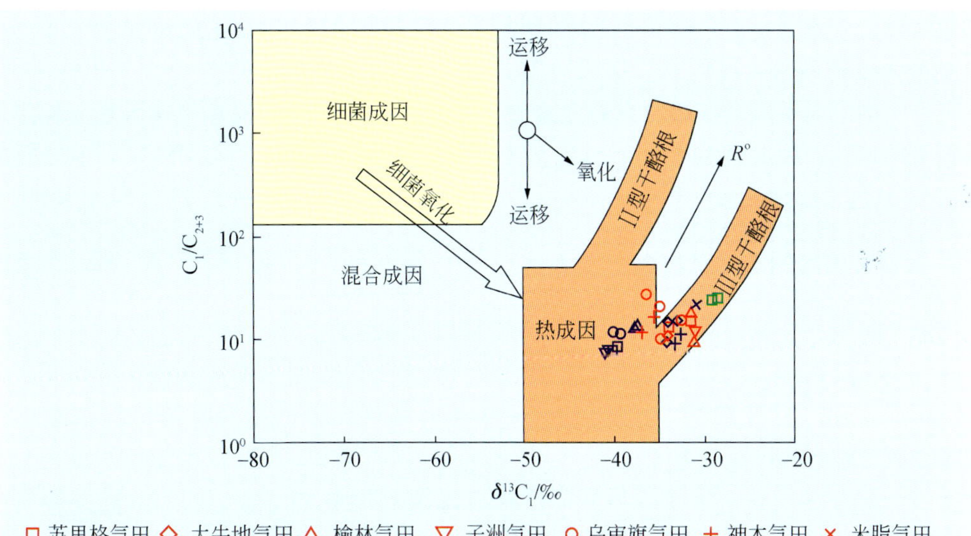

图 5 $\delta^{13}C_1$-C_1/C_{2+3} 天然气成因鉴别图版（图版据文献［28］）

四、中国致密砂岩气勘探开发优势

目前在中国非常规天然气（致密砂岩气、页岩气、煤层气和气水合物）勘探开发中，笔者认为应以致密砂岩气为先导，重点发展，以下从技术可采储量、探明储量、产量3个方面加以论证。

1. 致密砂岩气技术可采资源量大且可信度最高

中国致密砂岩气技术可采资源量为11万亿m^3，页岩气技术可采资源量为11万亿m^3，煤层气技术可采资源量为12万亿m^3[38]（文献［39］报道可采资源量约10.8万亿m^3），3类天然气的可采资源量几乎相当。但可采资源量可信度以致密砂岩气最高，因为致密砂岩气可采资源量主要分布在鄂尔多斯盆地和四川盆地等，为全国第三次资源评价以及一些研究单位和众多学者先后40年多次评价所证实[40]。对煤层气技术可采资源量也曾做过几次资源评价，但在研究层次、深度等方面与致密砂岩气相比差距较大，且近年来产量欠佳，说明其技术可采资源量可信度尚待检验。页岩气技术可采资源量与致密砂岩气等同，为11万亿m^3，但中国2003年才开始进入页岩气研究的初始阶段[41]，因此，页岩气技术可采资源量可信度远差于致密砂岩气。

2. 非常规气中致密砂岩气储量最丰富

由表2可见，截至2010年年底，中国15个致密砂岩大气田探明天然气储量共计28656.7亿m^3，占当年全国天然气总探明储量的37.3%，如再加上全国中小型致密砂岩气田储量（1452.5亿m^3），中国致密砂岩气探明储量将达30109.2亿m^3，占全国天然气总探明储量的39.2%。由图6可见，1990～2010年的20年间美国天然气年产气量基本呈增长之势，这主要是由于有致密砂岩气产量增长作支撑（美国储量排名前100的气藏中有58个是致密砂岩气藏[42]）。中国截至2010年年底共发现储量大于1000亿m^3的大气田18个，其中9个为致密砂岩大气田，总探明地质储量25777.9亿m^3，占18个大气田的53.5%。由此可见，中国与美国致密砂岩气储量有相似之处，即致密砂岩气在全国天然气储量中占举足轻重的地位，因此把致密砂岩气作为中国今后一段时间非常规气勘探开发之首是合理的。

3. 致密砂岩气的产量已占全国1/4

由图7可见，中国近20年来的天然气产量以常规气占优势，但其所占比例逐年下降，非常规气则以致密砂岩气为主，产量逐年增加。页岩气至今尚未形成规模工业产量，煤层气如前所述目前产量还很低。1990年中国常规天然气产量占绝对优势，约占总产量的95.1%，致密砂岩气产量（年产气量7.48亿m^3）仅占4.9%，并仅产于四川盆地；2000年常规气产量占84.7%，致密砂岩气产量所占比例上升为15.3%，四川盆地和鄂尔多斯盆地致密砂岩气产量分别为20.5亿m^3和20.2亿m^3；2010年中国致密砂岩气产量大幅度攀升，15个致密砂岩大气田产量达222.5亿m^3，再加上中小型致密砂岩气田产量（10.46亿m^3），2010年中国致密砂岩气产量为232.96亿m^3，占全国天然气总产量的24.6%（图

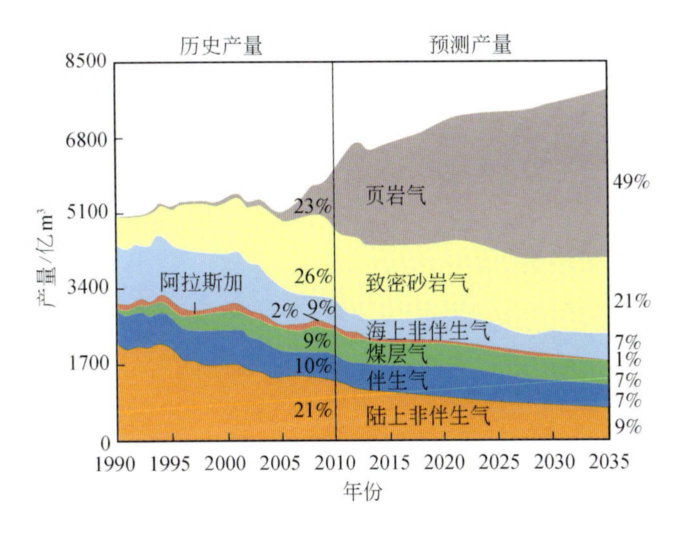

图6 美国 1990 ~ 2035 年各类天然气历史产量和预测产量结构图[43]

图中数字为各类天然气占总产气量的比例

7)，成为中国近期天然气产量迅速提高的主要支撑。对比中美致密砂岩气产量递增趋势（图6、图7），笔者预计，至少在未来10年内，中国致密砂岩气对天然气总产量迅速提高有稳定支撑作用。Khlaifat 等指出，近年来致密砂岩气产量几乎约占全球非常规气产量的70%[44]，说明了致密砂岩气在开发中的重要作用。

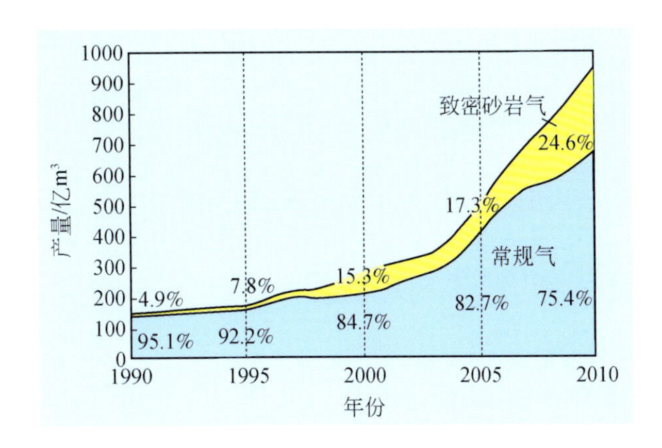

图7 中国 1990 ~ 2010 年致密砂岩气与常规气历年产量及占全国产气量的比例

五、结论

致密砂岩气藏根据其储层特征、储量大小及所处区域构造位置高低，可分为两类："连续型"致密砂岩气藏及"圈闭型"致密砂岩气藏。前者圈闭界限模糊不清，无统一气水界面，往往气水倒置，常处构造低部位，储源一体或近源；后者位于圈闭高处，气水关系正常，上气下水，储量规模相对较小。

中国致密砂岩气均为煤成气，组分以烷烃气（C_{1-4}）为主，甲烷含量最高，非烃气

（主要是 CO_2 和 N_2）含量低；烷烃气具正碳同位素系列特征。截至目前，中国共发现了 15 个致密砂岩大气田。

在致密砂岩气、页岩气和煤层气 3 种非常规气中，近期对中国天然气产量和储量迅速提高作出最重要贡献的首推致密砂岩气，截至 2010 年年底，致密砂岩气的储量和年产量分别占中国天然气总储量和产量的 39.2% 和 24.6%，预计这一比例还将继续提高。因此，在今后一段时间内，中国非常规气勘探开发应以致密砂岩气为先。

致　谢　王兰生教授提供了安岳气田的数据，胡国艺和朱光有高级工程师协助提供有关

资料，在此一并谨致谢意！

参考文献

[1] Federal Energy Regulatory Commission. Natural gas policy act of 1978. Washington：Federal Energy Regulatory Commission，1978

[2] Elkins L E. The technology and economics of gas recovery from tight sands. New Mexico：SPE Production Technology Symposium，1978

[3] Wyman R E. Gas recovery from tight sands. SPE 13940，1985

[4] Spencer C W. Geologic aspects of tight gas reservoirs in the Rocky Mountain region. Journal of Petroleum Geology，1985，37（7）：1308～1314

[5] Surdam R C. A new paradigm for gas exploration in anomalously pressured “tight gas sands” in the Rocky Mountain Laramide Basins. In：AAPG Memoir 67：Seals，traps，and the petroleum system. Tulsa：AAPG，1997

[6] Holditch S A. Tight gas sands，Journal of Petroleum Technology，2006，58（6）：86～93

[7] 中国石油天然气总公司．SY/T 6168—1995 中华人民共和国石油和天然气行业标准．北京：石油工业出版社，1995

[8] 国家能源局．SY/T 6168—2009 中华人民共和国石油和天然气行业标准．北京：石油工业出版社，2009

[9] 国家能源局．SY/T 6832—2011 中华人民共和国石油和天然气行业标准．北京：石油工业出版社，2011

[10] 关德师，牛嘉玉．中国非常规油气地质．北京：石油工业出版社，1995. 60～85

[11] 戴金星，裴锡古，戚厚发．中国天然气地质学：卷二．北京：石油工业出版社，1996. 66～73

[12] 邹才能，陶士振，侯连华等．非常规油气地质．北京：地质出版社，2011. 50～71，86～92

[13] 邢恩袁，庞雄奇，肖中尧等．塔里木盆地库车坳陷依南 2 气藏类型的判别．中国石油大学学报：自然科学版，2011，35（6）：21～27

[14] 邹才能，陶士振，袁选俊等．“连续型”油气藏及其在全球的重要性：成藏、分布与评价．石油勘探与开发，2009，36（6）：669～682

[15] Masters J A. Deep basin gas trap，Western Canada. AAPG Bulletin，1979，63（2）：152～181

[16] Bruce S H. Seismic expression of fracture-swarm sweet sports，Upper Cretaceous tight-gas reservoirs，San Juan Basin. AAPG Bulletin，2006，90（10）：1519～1534

[17] 耿玉臣．孝泉构造侏罗系“次生气藏”的形成条件和富集规律．石油实验地质，1993，15（3）：262～271

[18] 许化政．东濮凹陷致密砂岩气藏特征的研究．石油学报，1991，12（1）：1～8

[19] 曾大乾，张世民，卢立泽．低渗透致密砂岩气藏裂缝类型及特征．石油学报，2003，24（4）：36～39
[20] 姜振学，林世国，庞雄奇等．两种类型致密砂岩气藏对比．石油实验地质，2006，28（3）：210～214
[21] 杜金虎，徐春春，魏国齐等．四川盆地须家河组岩性大气田勘探．北京：石油工业出版社，2011. 125～127
[22] 康竹林，傅诚德，崔淑芬等．中国大中型气田概论．北京：石油工业出版社，2000. 252～257
[23] 邹才能，杨智，陶士振等．纳米油气与源储共生型油气聚集．石油勘探与开发，2012，39（1）：13～26
[24] 刘宝和．中国油气田开发志：西南“中国石油”油气区油气田卷（一）．北京：石油工业出版社，2011. 385～386，893～894
[25] 刘宝和．中国油气田开发志：西南“中国石化”油气区油气田卷．北京：石油工业出版社，2011. 111～112
[26] Dai J X, Xia X Y, Qin S F, *et al.* Origins of partially reserved alkane $\delta^{13}C$ values for biogenic gases in China. Organic Geochemistry, 2004, 35 (4): 405～411
[27] Dai J X. Identification and distinction of various alkane gases. Science in China: Series B, 1992, 35 (10): 1246～1257
[28] Whiticar M J. Carbon and hydrogen isotope systematics of bacterial formation and oxidation of methane. Chemical Geology, 1999, 161: 291～314
[29] 戴金星，李剑，罗霞等．鄂尔多斯盆地大气田的烷烃气碳同位素组成特征及其气源对比．石油学报，2005，26（1）：18～26
[30] 李贤庆，胡国艺，李剑等．鄂尔多斯盆地中东部上古生界天然气地球化学特征．石油天然气学报，2008，30（4）：1～4
[31] Hu G Y, Li J, Shan X Q, *et al.* The origin of natural gas and the hydrocarbon charging history of the Yulin gas field in the Ordos Basin, China. International Journal of Coal Geology, 2010, 81: 381～391
[32] Dai J X, Ni Y Y, Zou C N. Stable carbon and hydrogen isotopes of natural gases sourced from the Xujiahe Formation in the Sichuan Basin, China. Organic Geochemistry, 2012, 43 (1): 103～111
[33] Dai J X, Ni Y Y, Zou C N, *et al.* Stable carbon isotopes of alkane gases from the Xujiahe coal measures and implications for gas-source correlation in the Sichuan Basin, SW China. Organic Geochemistry, 2009, 40 (5): 638～646
[34] 李登华，李伟，汪泽成等．川中广安气田天然气成因类型及气源分析．中国地质，2007，34（5）：829～836
[35] 王兰生，陈盛吉，杜敏等．四川盆地三叠系天然气地球化学特征及资源潜力分析．天然气地球科学，2008，19（2）：222～228
[36] 李贤庆，肖中尧，胡国艺等．库车坳陷天然气地球化学特征和成因．新疆石油地质，2005，26（5）：489～492
[37] 冯乔，耿安松，廖泽文等．煤成天然气碳氢同位素组成及成藏意义：以鄂尔多斯盆地上古生界为例．地球化学，2007，36（3）：261～266
[38] 邱中建，邓松涛．中国非常规天然气的战略地位．天然气工业，2012，32（1）：1～5
[39] 徐凤银，刘琳，曾文婷等．中国煤层气勘探开发现状与发展前景．见：钟建华．国际非常规油气勘探开发（青岛）大会论文集．北京：地质出版社，2011. 372～380
[40] 戴金星．加强天然气地学研究勘探更多大气田．天然气地球科学，2003，14（1）：3～14
[41] 徐国盛，徐志星，段亮等．页岩气研究现状及发展趋势．成都理工大学学报：自然科学版，2011，

38（6）：603～610

[42] Baihly J，Grant D，Fan L，*et al.* Horizontal wells in tight gas sands：a method for risk management to maximize success. SPE 110067，2009

[43] U. S. Energy Information Administration. Annual energy outlook 2012. Washington：U. S. Energy Information Administration，2012

[44] Khlaifat A，Qatob H，Barakat N. Tight gas sands development is critical to future world energy resources. SPE 142049，2011

煤成气研究对中国天然气工业发展的重要意义*

中国煤成气研究始于20世纪70年代末，《成煤作用中形成的天然气与石油》[1]一文“第一次系统阐述了中国煤成气理论的核心要点，是中国煤成气理论研究的里程碑”[2]或“标志”[3]，一般将其“作为中国天然气地质学的开端”[4]。1980年发表的《我国煤系地层含气性的初步研究》[5]则明确指出鄂尔多斯盆地、四川盆地和准噶尔盆地等是中国煤成气田勘探的有利盆地，石宝珩等[6]对该文评论时指出“煤系是生气的良好烃源岩，可以形成工业性气田，推动了中国煤成气勘探工作”。

但在中国煤成气研究初期，除多数学者赞同外，还有部分人员认为煤是能生成煤层气，但难于运移出来聚集成工业性气田。为此，1983年年底中国石油工业部组成由史训知领导、戴金星等为成员的5人考察组，专门赴联邦德国考察煤成气勘探开发情况，在野外考察了上石炭统煤系气源岩以及雷登（Reden）等3个煤成气田。带着国内部分学者质疑煤与煤系可否作为气源岩，煤系是否能找到与其相关的气田等问题，考察组访问了6个研究所并与2位国际著名的油气地球化学家（W. J. Stahl，D. H. Welte）、2位煤岩学家（R. Teichmüller，Köwing）和2位地质学家（W. Philepp，H. J. Kerch）进行了交流，全部学者均对上述问题给予肯定答复。这些学者指出，20世纪40年代，德国学者已认识到含煤地层能生成大量天然气，并能成为工业性气田，1961年德国西北盆地发现第一个上石炭统煤系自生自储煤成气田（雷登气田）[7]。由此可知，煤成气理论是20世纪40年代首先在德国诞生。Stahl[8]对德国西北盆地埃姆斯河流域至威悉河以西地区36个气田和含气构造的天然气稳定碳同位素研究后指出：该盆地在赤底统（Rotligendes）、蔡希斯坦统（Zechstein）和斑砂岩（Buntsandstein）中发现的气田，气源是下伏上石炭统气源岩形成的煤成气。1959年在西荷兰盆地东北部紧邻德国的格罗宁根（Groningen）赤底统发现可采储量达2.7万亿m^3的格罗宁根气田[9]，这是世界上第一个储量超万亿立方米级煤成大气田。在西荷兰盆地西邻的英吉利盆地的北海南部，发现与上石炭统煤系有关的一批煤成气田，并有不屈（Indafatigable）、利曼滩（Leman Bank）和维尔特（Hewett）等大气田。总之在德国西北盆地发现40个气田、西荷兰盆地发现约40个气田，在英吉利盆地海上部分上石炭统、赤底统分别发现10个和52个气田，以上所有气田气源均为上石炭统煤系[9,10]，由此证明煤成气对荷兰、德国和英国天然气工业具有重要意义。

苏联较早对煤成气进行研究。在20世纪50年代中期，应用电子显微镜发现顿涅茨盆地烟煤中有一些孔径相近的圆孔相互衔接，构成长链孔，为煤中产生的气泡链现象，表明

---

* 原载于《天然气地球科学》，2014，第25卷，第1期，1～22，作者还有倪云燕、黄士鹏、廖凤蓉、于聪、龚德瑜、吴伟。

了在成煤作用演化过程中存在气体缓慢而均匀逸出的迹象[11]。20 世纪 60 ~70 年代，苏联学者对成煤作用模拟实验中煤的生气量做了研究，Koglov 等[12]指出从褐煤至无烟煤过程中，每吨煤可生成甲烷 351m^3，同时还确定各煤阶间每吨煤生气量从 17m^3 至 100m^3 不等；Zhabrev 等[13]得出从泥炭至无烟煤的成煤作用全过程中每吨煤的成气量大于 400m^3。煤形成大量的天然气，留在煤中的煤层气仅为其一小部分，而大量的天然气则运移出煤之外。在顿涅茨盆地 1800m 深度以浅的石炭系煤生成的天然气（甲烷），留在煤中的煤层气仅占 1/4，3/4 的甲烷即 27.7 万亿 m^3 从煤中运移出来了[12]，也就是说煤形成的天然气可成为气田丰富的气源。Bagrintzeva 等[14]估算苏联煤成气有 4000 万亿 m^3 至 5000 万亿 m^3。苏联有大约 65% 探明的天然气资源与含煤地层有关[15]。Epmakov[16]对煤系中分散含煤物质的成气情况进行了研究，并提出了一个计算 1km^2 当量煤层生成甲烷量的公式。依此公式计算结果显示，西西伯利亚盆地、中亚卡拉库姆盆地和高加索山前盆地中分散含煤物质可以形成大量烷烃气，如在西西伯利亚盆地鄂毕-塔佐夫凹陷中部，泥欧克姆-赛诺曼阶含煤地层甲烷的生气强度高达 70 亿 m^3/km^2。全苏天然气科学研究所从 1968 起对苏联年轻地台区（西西伯利亚盆地、中亚卡拉库姆盆地和北高加索山前盆地）的中生界含煤和亚含煤地层含气性进行了研究，并在此基础上对其成气规模进行了区域性评价[15]。这些天然气的评价预测研究，为苏联发现煤成气大气区与大气田指出了勘探方向和提供了选区依据。

在开展煤成气研究、勘探和开发之前，苏联的天然气工业极其落后和不景气。1940 年，苏联探明天然气储量只有 150 亿 m^3，年产气 32 亿 m^3（其中 87% 是伴生气）。1950 年苏联还是个贫气国，当年仅产气 57 亿 m^3。但由于 20 世纪 50 年代起开始煤成气研究并用于指导天然气勘探，从 60 年代中后期至 70 年代在西西伯利亚盆地和中亚卡拉库姆盆地发现了大量煤成气大型和特大型气田，包括当时世界第一大气田乌连戈伊气田和第二大气田亚姆堡气田。由于这些大型和特大型煤成气田的投入开发，1983 年起苏联天然气年产量超过美国成为世界第一天然气大国，1990 年产量高达 8150 亿 m^3。故煤成气研究、勘探和开发曾使苏联从贫气国跃居世界第一产气大国[17]。2011 年西西伯利亚盆地天然气年产量和储量分别占俄罗斯的 84% 和 72%，该年俄罗斯年产气量和储量分别为 6420 亿 m^3 和 44.6 万亿 m^3[18,19]，由此换算该年西西伯利亚盆地产气量和储量分别为 5393 亿 m^3 和 32.1 万亿 m^3，也就是无论苏联时代或现今俄罗斯，西西伯利亚盆地是世界上煤成气最大的产储盆地和天然气产量最高的盆地。

一、中国的煤成气研究

煤成气理论在中国出现 30 多年来，在以下几方面研究成果突出，为中国天然气勘探提供了理论根据和指出了有利方向，推进了中国天然气工业的快速发展。

1. 煤系成烃以气为主以油为辅（R^o 为 0.5% ~1.5%）

众所周知，无论腐泥型或腐殖型有机质在未成熟（R^o<0.5%）和高过成熟（R^o>1.5%）阶段均以成气为主。在 R^o 为 0.5% ~1.5% 阶段，腐泥型烃源岩以成油为主成气为辅（伴生气）。笔者所谓煤系成烃以气为主以油为辅，是相对于 R^o 为 0.5% ~1.5% 阶段腐泥型烃源岩的“生油窗”而言，在此阶段腐殖型烃源岩则处在“生气窗”，所以腐殖型烃源岩在成烃作用中是长期成气的全天候气源岩。上述煤系指腐殖煤，因为地质历史上尽管有少许腐泥煤，如中国山西省浑源二叠系有由 Pila 藻形成藻煤，在太原组 7 煤层下部腐泥煤层相对稳定，山东省鲁西煤田上石炭统腐泥煤，但总体上腐泥煤大多呈透镜体或薄层夹在腐殖煤中，其只是煤系中附属部分或者没有。从华北盆地淮北、兖州、徐州和大同等 22 个煤田山西组主要煤层的煤层柱状图可知：只有一个煤田（浦县煤田）中有不足 1/10 厚度的腐泥煤，其余均为腐殖煤[20~22]。

中国煤系成烃以气为主以油为辅，这是因为以下几个方面的原因。

1）中国煤的有机显微组分以利于生气的镜质组和惰性组为主

根据煤系分布面积、聚煤量和煤成气资源前景，中国重要煤系有西北地区侏罗系煤系、华北地区石炭-二叠系煤系、东北-内蒙古地区侏罗系—下白垩统煤系、西南地区二叠系和上三叠统煤系、南方地区二叠系煤系和沿海古近—新近系煤系。对以上重要煤系的 2618 个煤样、731 个泥岩样品的显微组分 13752 个数据分析得出：煤的显微组成平均值为镜质组占 68.5%、惰性组占 21.4%、壳质组+腐泥组占 10.1%；泥岩的显微组分组成平均值为镜质组占 57.1%、惰性组占 14.1%、壳质组+腐泥组占 28.8%（图 1）。这两组显微组分数据都反映出煤系有机质富含高等植物木质纤维组织生源物质的特征，表征了腐殖煤特征[23]。

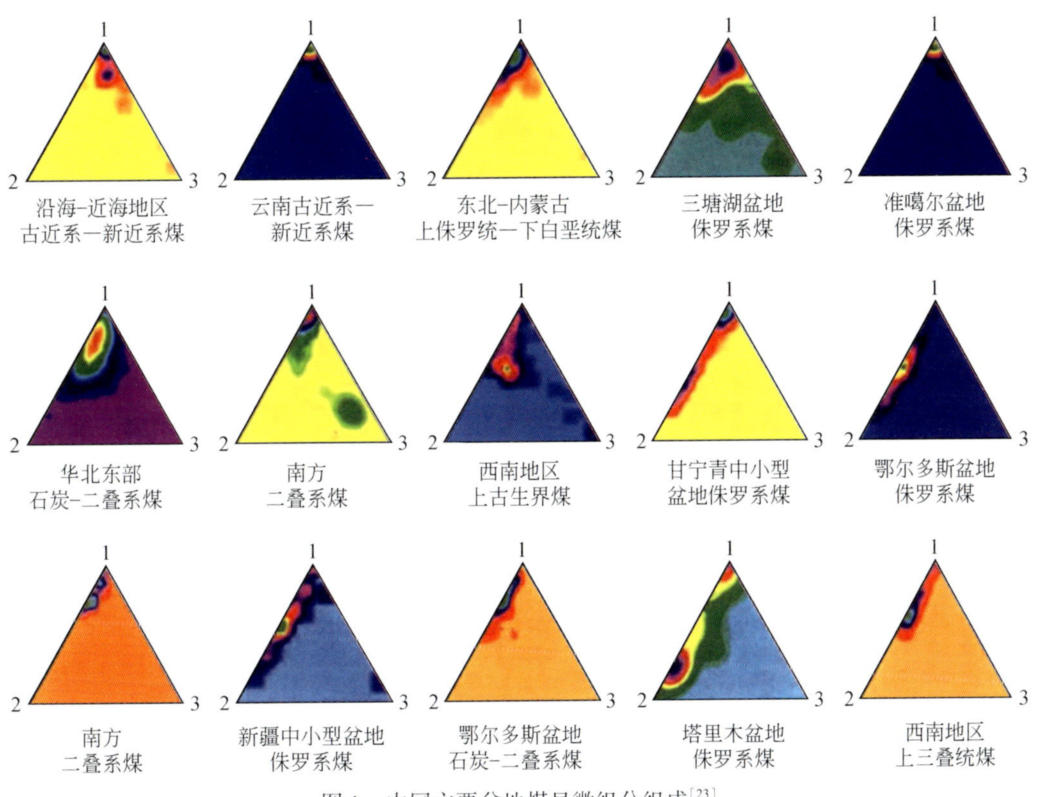

图 1 中国主要盆地煤显微组分组成[23]

1. 镜质组；2. 惰质组；3. 壳质组+腐泥组

2）腐殖煤原始物质组成以利于生气的纤维素和木质素占优势

腐殖煤的原始物质组分以木本植物为主，其组成中以生气为主的低 H/C 值（原子）

的纤维素和木质素占60%～80%；以生油为主的高H/C值（原子）的蛋白质含量一般不超过5%[24]。腐殖煤这种生烃物质组成的特征决定了以生气为主生油为辅。这从不同显微组分H/C值（原子）的模拟成烃实验获得的气油当量比证明，H/C值（原子）低的镜质组和惰质组成烃以气为主，即气油当量比均大于1，最大的大于6（图2）。

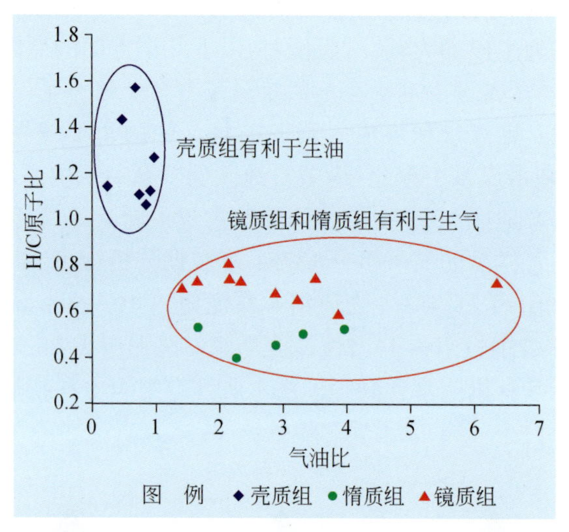

图2 不同显微组分H/C原子比与气油比关系

3）化学结构上腐殖型有机质（干酪根）以利于生气的甲基和缩合芳环为主

Hunt[25]指出生油的腐泥型有机质结构与生气的腐殖型有机质结构是不同的。腐殖型原始有机质结构上只有几个短侧链加简单甲烷基和大量的缩合环，在受地热作用成烃中利于形成以甲烷为主并伴有重烃气的天然气；而腐泥型原始有机质结构上有很多长链和环的小基团，它们能裂解形成石油的液体馏分（图3）。

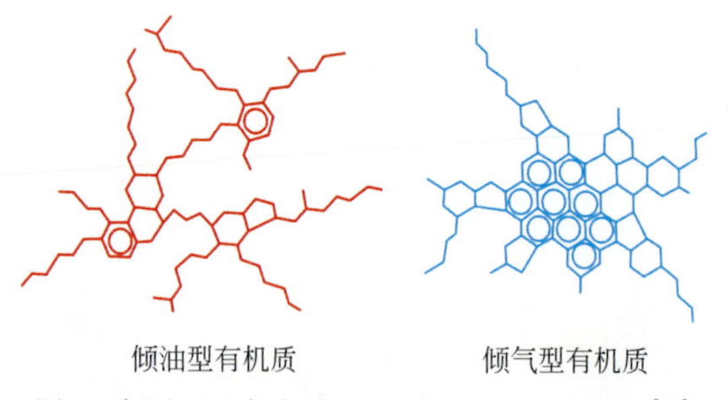

图3 倾油型和倾气型有机质的有机化学结构[25]

4）腐殖煤（Ⅲ型干酪根）模拟煤化作用中以成气为主

Tissot等[26]指出腐殖煤和Ⅲ型干酪根是很相似的，在成烃演化中遵循着相同的趋势。中国从20世纪80年代以来，许多学者[21,23,27～34]以未熟和低熟的腐殖煤、泥岩或Ⅲ型干酪根和煤的各种有机显微组分来进行煤化作用模拟。实验容器由前期的玻璃管发展为钢制高温高压釜。各家模拟实验范围和条件不一：按温压条件可分为低温高压、中温中压和高温高压；按实验体系分为封闭体系、开放体系和半开放体系；按传压介质条件又可分为液体传压、气体传压和固体传压；按样品的配置可分为原始样、加水和加催化剂。尽管各家模拟实验条件、方法和边界不同，但获得以下共同结论（表1）：① 不同实验煤的有机显微组分成气成油能力不同，但组分有以下生气量和生油量特征：壳质组（藻质体、角质体、树皮体、烛煤、孢子体、基质镜质体）> 腐殖组（均质镜质体）> 惰质组；② 壳质组、腐殖组和惰质组总体上随 R^o 值增大成气量增加；③ 壳质组、腐殖组和惰质组随 R^o 值的增大生油量从小变大再变小，此特点对壳质组是十分突出的，其一般在温度 320℃ 即 R^o 为 1.2% 时成为产油高峰，高峰期产油量是起始实验温度 200℃时的 2.6 ~ 59.4 倍，终止实验温度 400℃时的 8 ~ 45.3 倍，即有一个明显生油高峰期，而腐殖组和惰质组相对应平稳生油仅有小幅高峰期，分别是起始时和终结时实验温度产油量的 1.3 ~ 1.9 倍和 1.95 ~ 2.9 倍。由于腐殖煤以镜质组（腐殖组）和惰质组为主，所以煤系成烃作用以气为主以油为辅。张文正等[29]、程克明等[33]和秦建中[34]用不同地区腐殖煤模拟实验均得出此结论（图4）。

表1　煤的各有机显微组分随模拟实验温度/R^o产气和液态烃产率[23]

地区	显微组分	时代	R^o/%	气态烃产率/液态烃产率[（mL/g TOC）/（mg/g TOC）]					
				280℃/0.9%①	320℃/1.2%	360℃/1.5%	400℃/1.98%	200℃/0.7%	240℃/0.8%
甘肃民和	藻质体	J	0.49	0.468/6.35	4.80/2.55	8.73/64.9	37.4/377.4	140.0/75.4	350.0/23.4
云南禄劝	角质体	Di	0.55	0.009/33.8	0.487/39.0	3.45/73.6	31.8/278.9	108.0/121.1	335.0/19.1
江西乐平	树脂体	P	0.60	0.046/12.7	0.287/12.4	3.86/20.8	55.4/40.3	123.0/4.32	246.0/8.86
辽宁抚顺	烛煤	E	0.54	0.048/10.9	0.442/15.5	6.08/57.6	37.0/87.7	97.0/1.18	224.0/6.40
加拿大	孢子体	D	0.52	0.216/7.19	0.593/8.10	6.26/22.2	32.8/69.8	75.1/9.48	182.0/1.54
吐哈雁3井	基质镜质体	J_1b	0.60	0.384/3.31	1.01/4.30	5.37/7.82	31.6/8.86	32.6/2.26	164.0/1.1
吐哈来1井	基质镜质体	J_2q	0.53	0.200/18.8	0.70/18.1	4.04/21.7	20.1/12.2	59.0/1.84	122.0/1.1
广东茂名	腐殖组	E	0.32	0.151/1.35	1.23/1.47	4.51/1.28	22.2/0.32	58.8/1.77	120.0/0.91
吐哈雁1井	均质镜质体	J_1b	0.60	0.236/0.82	0.786/0.97	4.70/1.42	22.1/1.57	57.3/0.73	98.6/0.54
新疆伊宁	惰质组	J_2x	0.38	0.061/0.42	0.008/0.46	0.40/0.75	2.0/0.72	6.4/0.46	29.5/0.31

注：①分子为实验温度，分母为镜质组反射率（R^o）。

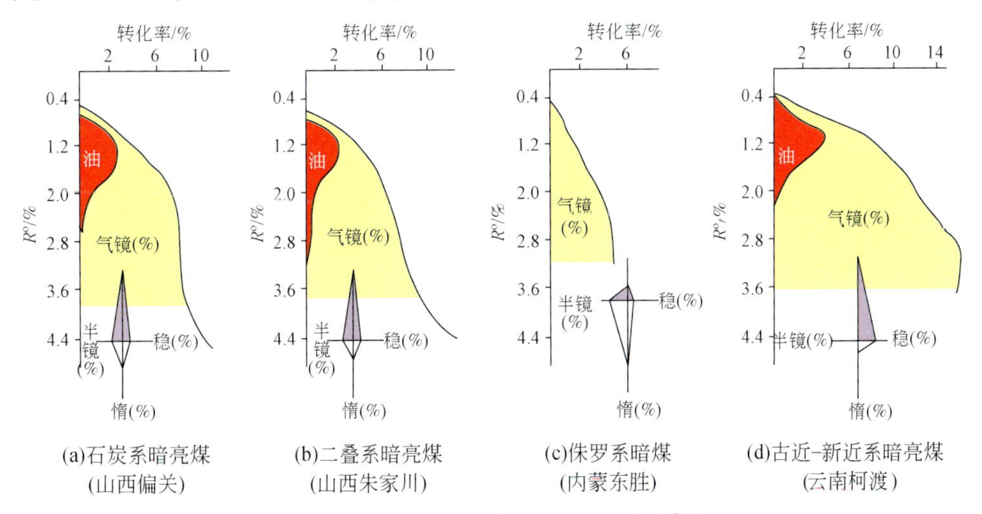

(a)石炭系暗亮煤（山西偏关）　(b)二叠系暗亮煤（山西朱家川）　(c)侏罗系暗煤（内蒙东胜）　(d)古近-新近系暗亮煤（云南柯渡）

图4　中国不同时代煤热模拟生烃曲线[29]

2. 含煤盆地含气潜力及有利探区评价

1979 年之前，中国油气地质工作者以天然气只能由海相碳酸盐岩和泥页岩及湖相泥页岩生成，即以油型气（一元论）观点指导天然气勘探。1979 年开始出现煤系和亚煤系是良好的气源岩，可形成气田，使指导中国天然气勘探的理论从“一元论”发展为“二元论”（油型气和煤成气），促进了中国天然气工业的迅速发展[5,6,35]。

煤系成烃以气为主以油为辅的论点，为含煤盆地含气潜力和有利探区评价提供了理论支撑，中国许多学者为此进行了出色研究。限于篇幅，以下仅对重要煤成气盆地或聚集域，在重大发现之前代表性预测研究推动煤成气勘探作用予以剖述。

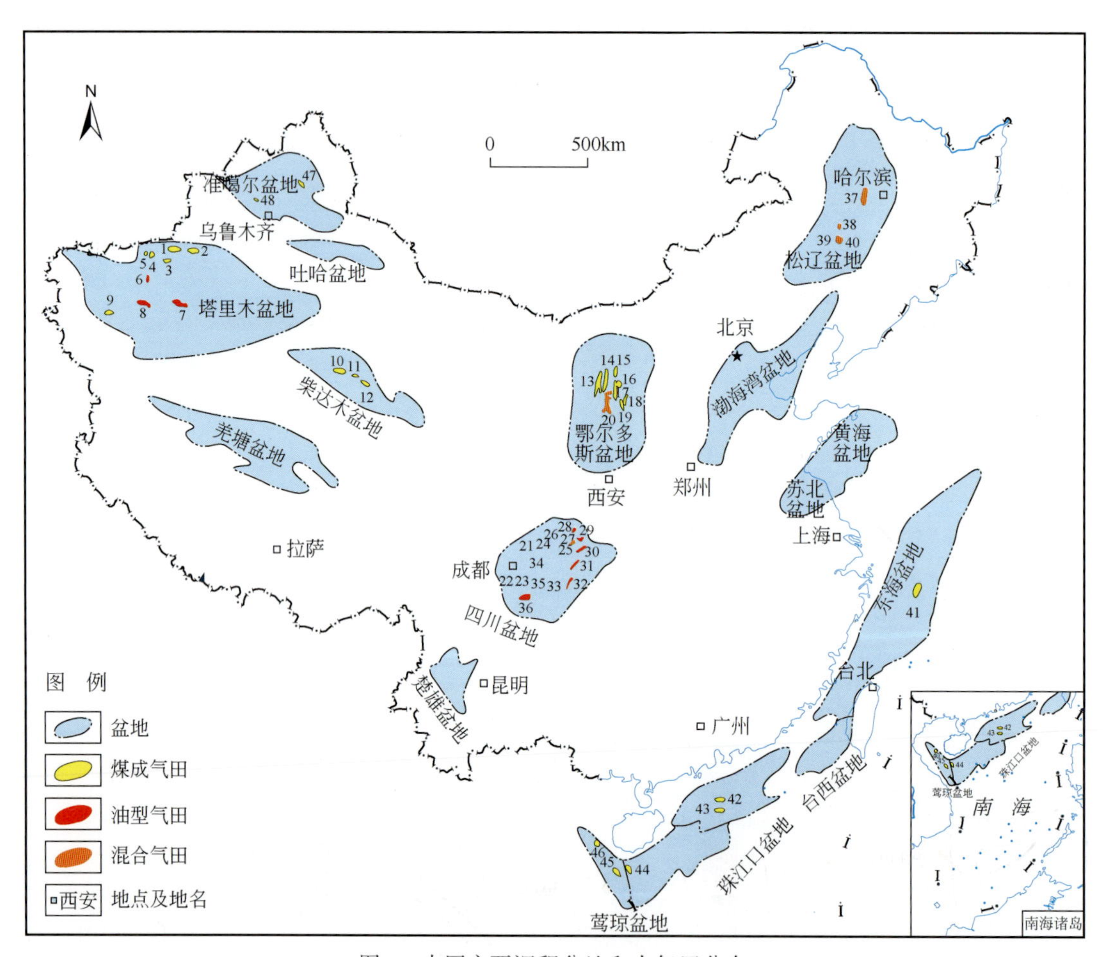

图5 中国主要沉积盆地和大气田分布

塔里木盆地（9 个）：1. 克拉 2，2. 迪那 2，3. 英买 7，4. 大北，5. 大北 1，6. 塔河，7. 塔中 1，8. 和田河，9. 柯克亚；柴达木盆地（3 个）：10. 台南，11. 涩北一号，12. 涩北二号；鄂尔多斯盆地（8 个）：13. 苏里格，14. 乌审旗，15. 大牛地，16. 神木，17. 榆林，18. 米脂，19. 子州，20. 靖边；四川盆地（16 个）：21. 新场，22. 邛西，23. 洛带，24. 八角场，25. 广安，26. 元坝，27. 普光，28. 铁山坡，29. 渡口河，30. 罗家寨，31. 大天池，32. 卧龙河，33. 合川，34. 磨溪，35. 安岳，36. 威远；松辽盆地（4 个）：37. 徐深，38. 龙深，39. 长岭 1 号，40. 松南；东海盆地（1 个）：41. 春晓；珠江口盆地（2 个）：42. 番禺 30-1，43. 荔湾 3-1；莺琼盆地（3 个）：44. 崖 13-1，45. 乐东 22-1，46. 东方 1-1；准噶尔盆地（2 个）：47. 克拉美丽，48. 玛河

1）鄂尔多斯盆地

鄂尔多斯盆地（图5）自1907年开始机械化油气勘探至20世纪80年代初，未将广泛分布的石炭-二叠系作为气源岩，70多年来天然气勘探几乎无进展。根据煤成气理论，戴金星[5]指出石炭-二叠系煤系是良好气源岩，该盆地“是煤成天然气聚集区，可能找到成群成带的煤成气田”。1986年戴金星[36]进一步指出“该盆地的北部和中部，特别是中部古隆起及西翼是古风化壳气藏的主要发育区”，“在奥陶系中勘探上生下储煤成气藏不能轻视”。在陕参1井1989年的重大突破前，众多学者开展了鄂尔多斯盆地煤成气生气量、资源量、生气强度和有利地区的研究[37~42]，认为鄂尔多斯盆地石炭—二叠系煤系煤成气资源丰富，并对勘探煤成气的有利区进行了科学预测。正是这些科学预测，使鄂尔多斯盆地的油气勘探方向由仅勘探油转变为20世纪90年代以来的油气兼探，并演变成为今天的中国最大产气区。

2）四川盆地

分布于四川盆地（图5）的上二叠统龙潭组和上三叠统须家河组两套煤系，都是煤成气的源岩，可勘探两套层系的煤成气[5,36,39,42~46]。对煤成气资源、生气强度和有利地区进行的评价和预测，为21世纪初四川盆地广安、合川、安岳、元坝和龙岗等大气田的发现提供了理论支持（图6）。

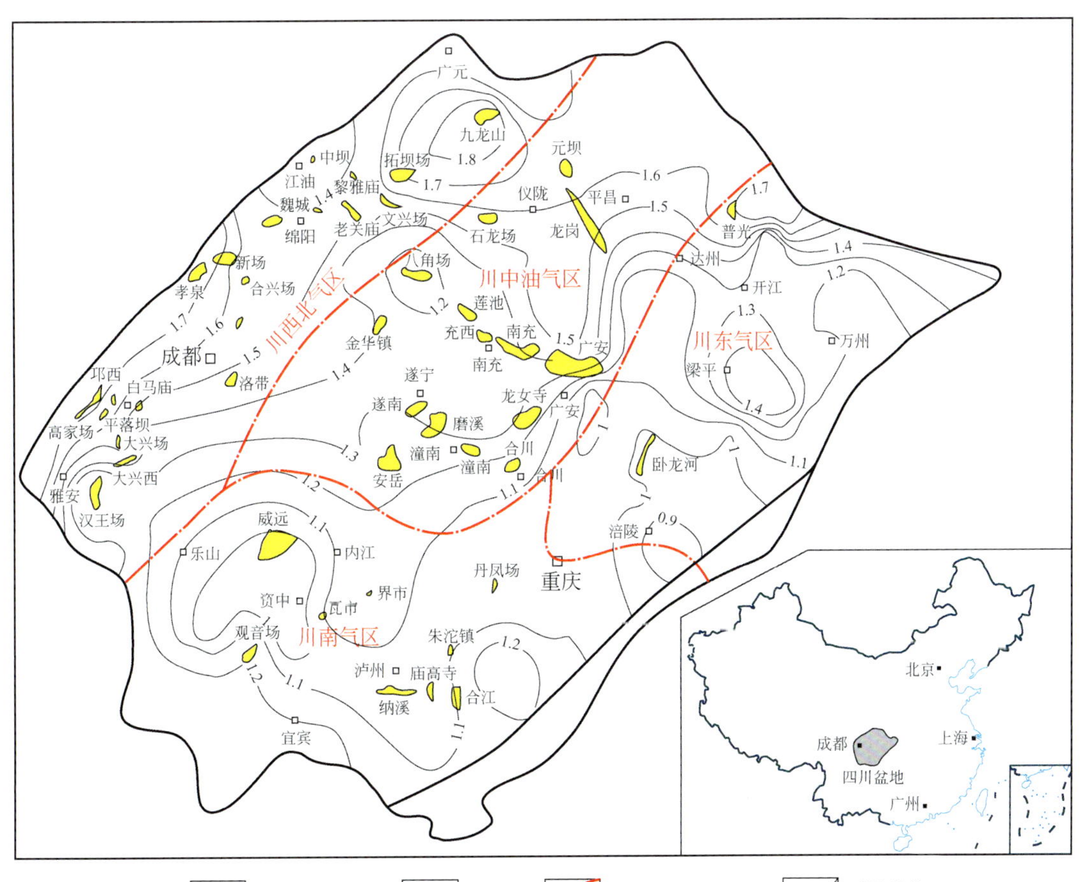

图6 四川盆地须家河组须三段烃源岩R^o等值线以及气田分布示意图

3）中亚煤成气聚集域东部

中亚煤成气聚集域西起里海之滨的孟什拉克盆地，经卡拉库姆盆地分为2支：南支过阿富汗–塔吉克盆地通过阿莱依地堑进入塔里木盆地；北支可能通过锡尔河盆地南部至费尔干纳盆地，经伊犁盆地到准噶尔盆地，再至吐哈盆地和三塘湖盆地（图7）。这些盆地主要展布在亚洲中部天山海西褶皱带周边或内部，煤成气（烃）源岩是中–下侏罗统煤系。形成的煤成气（烃）既可聚集于煤系中（吐哈盆地），也常向上运移聚集在上侏罗统、白垩系和古近–新近系中。这些盆地分属于中国、哈萨克斯坦、吉尔吉斯斯坦、塔吉克斯坦、乌兹别克斯坦、土库曼斯坦和阿富汗[47,48]。

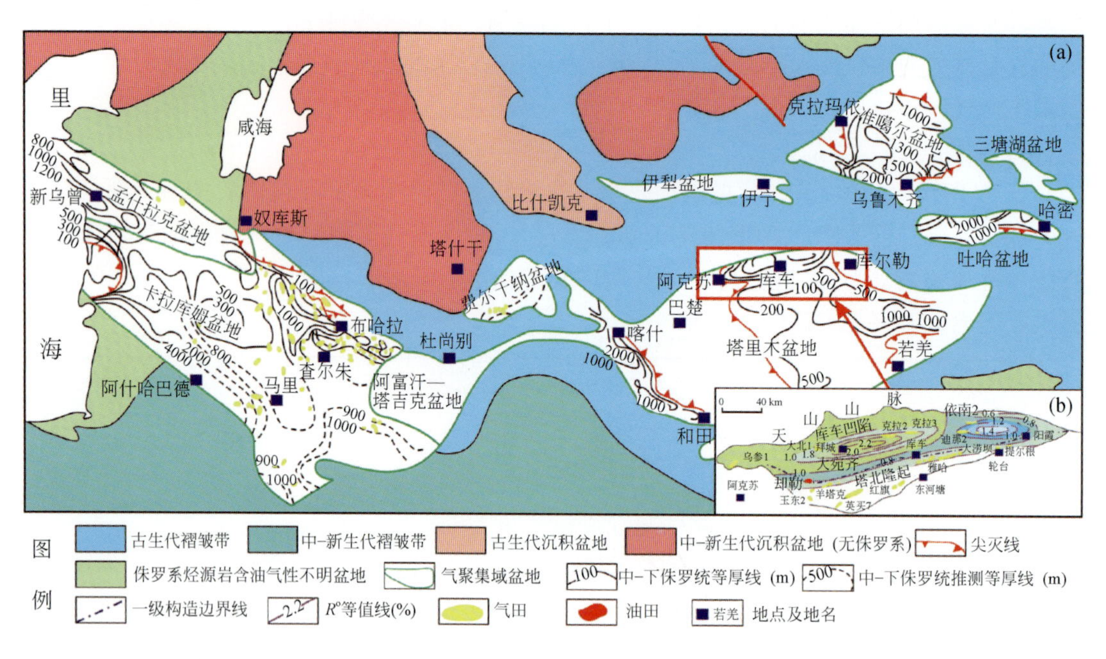

图7 中亚煤成气聚集域中–下侏罗统煤系烃源岩等厚分布（a）和库车拗陷煤成气田分布（b）

该聚集域曾称为欧亚巨型煤成气聚集带[49]。我国的塔里木盆地、准噶尔盆地、伊犁盆地、吐哈盆地和三塘湖盆地，称为聚集域东部。这些盆地广泛发育中–下侏罗统煤系，其煤炭资源占到全国的60%[36]，所以我国许多学者[36,39,42,47,49,50]认为中–下侏罗统煤成气资源丰富、有生气强度大于20亿m^3/km^2的有利勘探区，并重点指出该聚集域西部的卡拉库姆盆地、塔吉克–阿富汗盆地与费尔干纳盆地都发现与中–下侏罗统煤系有关的许多煤成气田，其中卡拉库姆盆地就发现了121个气田，其中大气田14个[49]。根据煤成气聚集域天然气聚集规律性，科学推断聚集域东部我国诸盆地是煤成气勘探有利区，这推动了20世纪80年代后才开始在准噶尔盆地、塔里木盆地和吐哈盆地进行有的放矢的少量煤成气勘探，为90年代以来库车拗陷成为中国最大煤成气区之一起到了推动作用。

4）亚洲东缘煤成气聚集域中部

亚洲东缘煤成气聚集域北起堪察加–鄂霍茨克盆地、萨哈林盆地，过日本海盆地，进入中国东海盆地、台西盆地、珠江口盆地、琼东南盆地、莺歌海盆地至泰国湾马来盆地[47]。该聚集域最初构思是由戴金星在1986年提出。聚集域内各盆地具有共同特点：气源岩是古近–新近系煤系和亚煤系，是全球的古近–新近系聚煤区之一[51]，天然气源同为煤成气；各盆地地理上均位于亚洲东缘大陆架上；盆地形成时有相似的大地构造条件。

为了行文方便，把中国境内诸含煤盆地称为亚洲东缘聚煤域中部。最近朱伟林等[52]和邓运华[53]把中国东部大陆架盆地分为靠近大陆内带或第一盆地带，远离大陆外带或第二盆地带（图8）。第一盆地带主力烃源岩为古新统—始新统的湖相泥岩，有机物以腐泥型为主；第二盆地带主力烃源岩是始新统—渐新统陆源海相（海陆过渡相）煤系，实际上该带气源岩还应包括中新统煤系，有机物以腐殖型为主。第二盆地带是该聚集域中部核心部分，但把台西盆地划为第一盆地带有待商榷[53]，因为该盆地主体在台湾岛西部平原带主要分布是以煤成气田为主，气源岩是中新统煤系[54]。

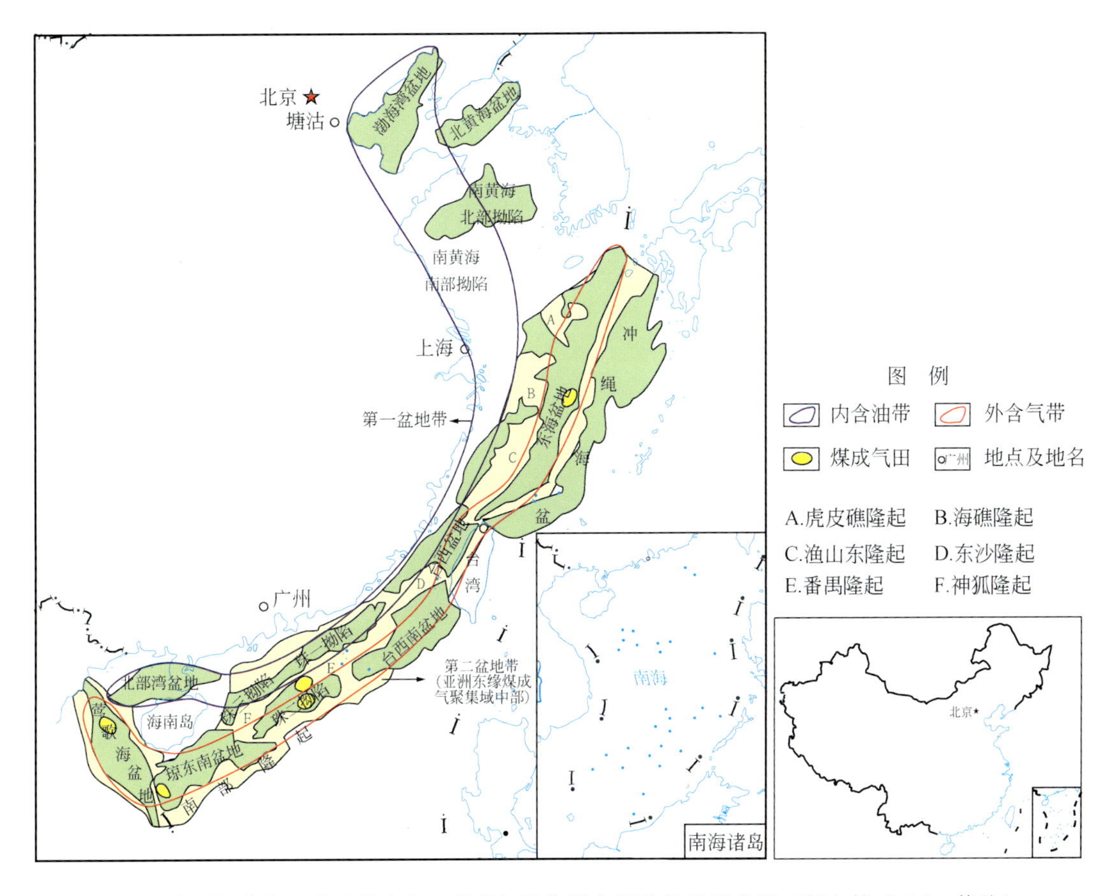

图8 中国两个海上盆地带和东亚煤成气聚集域之间的关系示意图（据文献［53］，修改）

中国许多学者对该聚集域中部煤成气潜力予以高度评价：“是勘探煤成气极有利地区[36,55]，中国大陆架盆地煤成气资源量达5万亿 m^3”[56]。第二盆地带是勘探煤成气有利地区，具备形成和发现大气田的条件[52,53,57~59]，这些研究评价为发现东方1–1气田、崖13–1气田、春晓气田、荔湾3–1气田和崖13–2气田等大气田起到了推动作用，在第二盆地带还有相当大发现大气田的潜力。

3. 煤成气成因鉴别取得重大进展

在中国煤成气研究和勘探初期，部分人对是否可找到煤成气田存在疑问，同时认为鉴定煤成气的方法和手段不多，天然气鉴别研究极薄弱和简单（以气组分为主）。例如，有人认为成熟阶段油型气是湿气，煤成气是干气即重烃气含量低于4% 以内[60]。后者指标是错误的，实际上成熟阶段煤成气也以湿气为主。这种状况严重影响了煤成气勘探工作的开展和有利区的确定。

在1980 年之前，鄂尔多斯盆地天然气勘探几乎一无所获。但20 世纪80 年代初期，在煤成气理论推动下，在鄂尔多斯盆地开始了煤成气勘探，在盆地西北部胜利井背斜带上探明4 个小断块背斜气藏，1982 年在任4 井和任6 井杂色地层分别获得日产3.95 万m^3 和7.8 万m^3气流，与其后发现大部分工业气井均在没有生油气能力的石盒子组杂色地层中。当时对其气源有不同推测：一种认为是石炭–二叠系含煤地层的产物，是煤成气；另一种则认为可能是下伏下古生界气源，甚至还有可能是上覆延长统烃源岩的产物，是油型气。根据储油层中的原油碳同位素值与生油岩中抽提物的碳同位素相应组成相似，抽提物的碳同位素值比干酪根的低，原油的碳同位素值比抽提物的低，确定同类烃源岩的碳同位素值按以下次序增高：饱和烃< 原油< 芳香烃< 非烃< 沥青质< 干酪根[61]，若为气源岩烷烃气$\delta^{13}C$ 值应为最低的，即$\delta^{13}C$ 值次序应为：烷烃气< 饱和烃< 原油< 芳香烃< 非烃< 沥青质< 干酪根[62,63]。为鉴别任4 井气源，分析了该盆地西北部下古生界O_2w（刘庆7 井）泥岩、上三叠统延长组（大东9 井）泥岩、石炭–二叠系泥岩和煤（任6 井）等可能烃源岩相关有机产物碳同位素系列并编制图9。

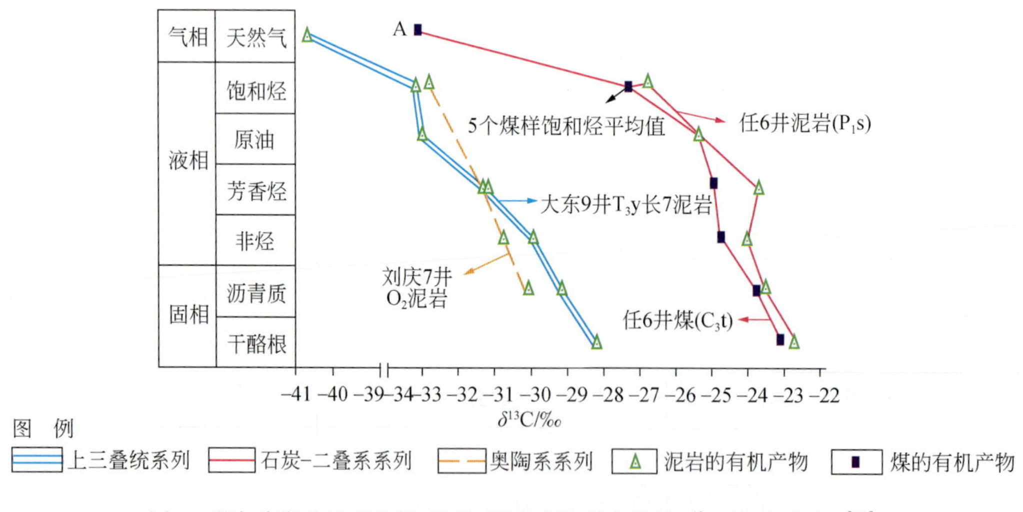

图9 鄂尔多斯盆地西北部不同气源岩有机质产物的$\delta^{13}C$ 值系列对比[63]

由图9 可知：上三叠统和奥陶系烃源岩的各自有机产物碳同位素系列对应组分$\delta^{13}C$ 值较接近，最大差值不超过1‰；石炭–二叠系烃源岩中泥岩和煤的各自有机物碳同位素系列对应组分$\delta^{13}C$ 值也较接近（除芳香烃$\delta^{13}C$ 值差超过1‰ 外）。但上三叠统和奥陶系烃源岩各自有机物碳同位素连线，比石炭–二叠系的相对应组分的连线低约5‰ 至7‰（除天然气外）。由该图可见：大东9 井上三叠统泥岩系列有机产物$\delta^{13}C$ 值最完备，即从干酪根→沥青质→非烃→芳香烃→原油→饱和烃至伴生气的$\delta^{13}C$值从高逐渐变低，特别值得注意的是气态烃$\delta^{13}C$值比饱和烃$\delta^{13}C$值低约7.5‰。戚厚发等[62]指出东濮凹陷古近系油型气源岩系列$\delta^{13}C$值，天然气的$\delta^{13}C$值比饱和烃或石油的$\delta^{13}C$值也低约7.5‰；石炭-二叠系煤系烃源岩气态烃$\delta^{13}C$值比原油的$\delta^{13}C$值低约2‰。任4井全烃气$\delta^{13}C$值为-33.2‰，把其标在图9上为A点。根据上述同一类烃源岩有机产物$\delta^{13}C$值展布规律，A点不能与O_2泥岩和T_3y泥岩的饱和烃$\delta^{13}C$值相连而划入油型气，因为若这样就使得全烃气$\delta^{13}C$值高于饱和烃$\delta^{13}C$值。故只能把A点和任6井C_3t煤和P_1s泥岩煤系烃源岩的饱和烃$\delta^{13}C$值点相连，即任4井全烷气$\delta^{13}C$值比煤系烃源岩饱和烃$\delta^{13}C$值低约5.5‰，合于同一烃源岩有机系列产物$\delta^{13}C$值展布规律，故由此鉴定任4井气源是来自石炭-二叠系煤系的煤成气。这一认识在鄂尔多斯盆地天然气勘探初期科学地肯定了煤成气源的存在，为勘探提供了一个新的领域，为该盆地目前成为中国天然气储量和产量最多盆地奠定了基础(详见后述)。

图9把煤成气鉴别从单一气相扩展到液相（石油、饱和烃、芳香烃、非烃）和固相(干酪根)，大大扩展了鉴别领域，提高了鉴别可信度和精度。30多年来，戴金星等众多学者[21,32,63~75]在天然气鉴别上做了大量综合研究，在以碳同位素系列、轻烃组分、凝析油和储层沥青中生物标志化合物3个方面，以及鉴别图版上取得重要进展和形成一批鉴别指标。

1）碳同位素系列鉴别指标

表2为烷烃气与气同源的凝析油和原油或其组分的碳同位素鉴别指标，这些指标可信度高，是气源对比中的常用指标。表中$\delta^{13}C_1-R_o$方程式是由戴金星[65]在1985年提出的。表2中后4项指标是综合戴金星等[63,65]、沈平等[71]和傅家谟等[21]有关研究的结果。

表2　利用碳同位素及组分鉴别煤成气和油型气

项目	油型气	煤成气
$\delta^{13}C_1$（‰）	$-30>\delta^{13}C_1>-55$	$-10>\delta^{13}C_1>-43$
$\delta^{13}C_2$（‰）	<-29	>-28.0
$\delta^{13}C_3$（‰）	<-27	>-25.5
$\delta^{13}C_1-R^o$关系	$\delta^{13}C_1\approx15.80\lg R^o-42.21$	$\delta^{13}C_1\approx14.13\lg R^o-34.39$
C_{5-8}轻烃$\delta^{13}C$（‰）	<-27	>-26
与气同源凝析油$\delta^{13}C$（‰）	轻（一般<-29）	重（一般>-28）
凝析油的饱和烃和芳香烃$\delta^{13}C$（‰）	饱和烃$\delta^{13}C$<-27	饱和烃$\delta^{13}C$>-29.5
	芳香烃$\delta^{13}C$<-27.5	芳香烃$\delta^{13}C$>-27.5
与气同源原油$\delta^{13}C$（‰）	轻（$-26>\delta^{13}C>-35$）	重（$-23>\delta^{13}C>-30$）
苯和甲苯$\delta^{13}C$（‰）	$\delta^{13}C_{苯}<-24$，$\delta^{13}C_{甲苯}<-23$	$\delta^{13}C_{苯}>-24$，$\delta^{13}C_{甲苯}>-23$

碳同位素系列鉴别指标在气源对比和确定气源岩上起到了重要作用，不仅在中国各油气田得到广泛应用，而且还被国内外著名学者引用[76~78]。

2）轻烃组分鉴别指标

天然气中轻烃组分鉴别指标研究开发，大大扩展了气源对比范畴，如表3所示。在20世纪80~90年代，陈海树[79]利用苯和甲苯、秦建中等[80]利用C_{6-7}芳香烃和支链烷烃组分含量、戴金星等[65,67]利用轻烃鉴别煤成气和油型气。而21世纪以来，胡国艺等[81~84]利用轻烃判别煤成气和油型气的研究（表3）。

表3 利用轻烃鉴别煤成气和油型气

项目	油型气	煤成气
甲基环己烷指数	<50±2%	>50±2%
C_{6-7}支链烷烃含量	>17%	<17%
甲苯/苯	一般<1	一般>1
苯	148μg/L±	475μg/L±
甲苯	113μg/L±	536μg/L±
凝析油C_{4-7}烃族组成	富含链烷烃，贫环烷烃和芳香烃，芳香烃一般<5%	贫链烷烃，富环烷烃和芳香烃，芳香烃一般>10%
C_7的五环烷、六环烷和nC_7族组成	富nC_7和五环烷	贫nC_7，富六环烷
nC_7，MCC_6和$DMCC_5$	nC_7>35%，MCC_6>35%	nC_7<35%，$DMCC_5$<20%
nC_6/MCC_5	<1.8	>3.0
支链化合物/直链化合物	>2.0	<1.8

轻烃组分鉴别指标，被广泛应用到中国各油气田气源对比并取得良好效果，获得国内外著名学者引用和评论[35,76,85]，同时，其已成为普通高等教育“十一五”国家规划教材《油气地球化学》的一部分[86]。

3）生物标志化合物鉴别指标

与碳同位素系列和轻烃组分的鉴别指标相比，生物标志化合物鉴别指标应用就局限多了，因为生物标志化合物鉴别指标仅能从与气同源的凝析油和储层沥青中获得。Pr/Ph值是生物标志化合物作为鉴别指标最普遍最常见也是最易获取的指标。中国许多学者[21,63,73]均用凝析油（部分为原油）中Pr/Ph值来鉴别与之同源的煤成气和油型气。

倍半萜类中桉叶油烷和杜松烷均属高等植物香精油或树脂的组分，多见于煤系烃源岩中。中国煤系烃源岩发育，在渤海湾盆地苏桥凝析油气田的残植煤中检出4β(H)-桉叶油烷[21]，琼东南盆地崖13-1气田崖城组含煤地层泥岩抽提物中发现杜松烷及其二聚物双杜松烷，在澳大利亚一些煤成油中可检测出杜松烷和桉叶油烷[87]。四川盆地中坝气田须家河组煤系二段凝析油和砂岩储层沥青中检出少量4β(H)-降异海松烷，该组三段页岩中有较多4β(H)-降异海松烷[88]。抚顺煤树脂体中二萜类最丰富的是松香烯，其次是松香烷、脱氢松香烷以及少量降海松烷[21]。琼东南盆地崖13-1气田陵水组的凝析油和崖城组煤系的泥岩与煤抽提物中，发现了一系列双杜松烷型的C_3O五环三萜烷树脂化合物[87]。沈平等[73]研究了煤型凝析油和油型凝析油中二环倍半萜C_{15}/C_{16}值，并指出其可用于鉴别煤成气和油型气。表4为主要综合以上研究成果而成的鉴别指标。

表4　利用生物标志化合物鉴别煤成气和油型气

项目	油型气	煤成气
Pr/Ph 值	一般<1.8	一般>2.7
杜松烷、桉叶油烷	没有杜松烷，难以检测到桉叶油烷	可检测到杜松烷和桉叶油烷
松香烷系列和海松烷系列	贫海松烷和松香烷	成熟度不高时，可检测到海松烷系列和松香烷系列化合物
二环倍半萜C_{15}/C_{16}值	<1 和>3	1.1~2.8
双杜松烷	无	有
C_{27}—C_{29}甾烷	一般C_{27}、C_{28}含量丰富，C_{29}含量少	一般C_{29}含量丰富，C_{27}、C_{28}含量较少

4）鉴别图版

30多年来中国学者提出全国性和地区性天然气鉴别图版较多，笔者选择几种实用、精确度高的图版介绍如下。

（1）$\delta^{13}C_1$-$\delta^{13}C_2$-$\delta^{13}C_3$有机成因烷烃气鉴别图版。戴金星等[65]综合了中国各盆地、德国西北盆地、库珀盆地、瓦尔沃得-德拉瓦尔盆地、北海盆地、安大略盆地以及苏联11个油气田大量的油型气和煤成气的$\delta^{13}C_1$值、$\delta^{13}C_2$值和$\delta^{13}C_3$值，编制了鉴别煤成气和油型气的$\delta^{13}C_1$-$\delta^{13}C_2$-$\delta^{13}C_3$图版。近20年来，戴金星继续从事此方面的研究，在大量新资料的基础上，完善并简化了1992年图版而形成新的$\delta^{13}C_1$-$\delta^{13}C_2$-$\delta^{13}C_3$鉴别图版（图10）。

（2）C_7轻烃系统有机成因烷烃气鉴别图版。利用与天然气共生同源的C_7系统轻烃，可较好地确定烷烃气属类。C_7系统的化合物包括3类：正庚烷（nC_7）、甲基环己烷（MCC_6）及各种结构的二甲基环戊烷（$\sum DMCC_5$）。正庚烷主要来自藻类和细菌，对成熟度作用十分敏感，是良好的成熟度指标。各种结构二甲基戊烷主要来自水生生物的类脂化合物。甲基环己烷主要来自高等植物木质素、纤维素、糖类，是反映陆源母质类型的良好参数，热力学性质相对稳定。因此，以上述3类化合物为顶点编制的三角图（图11），能较好判别有机成因烷烃气[65]。

（3）C_{5-7}脂肪族三角图鉴别图版。源于腐泥型母质的轻烃组成中富含正构烷烃，源于腐殖型母质的轻烃组成中则富含异构烷烃和芳香烃[89]，而含环烷烃的凝析物也是陆源母质的重要特征[90]，故可利用这些特征，来鉴别与之同生的油型气和煤成气。胡惕麟等[91]就利用四川盆地不同产层天然气C_5、C_6和C_7脂肪族组成上述特征编制三角图（图12）来鉴别煤成气和油型气。

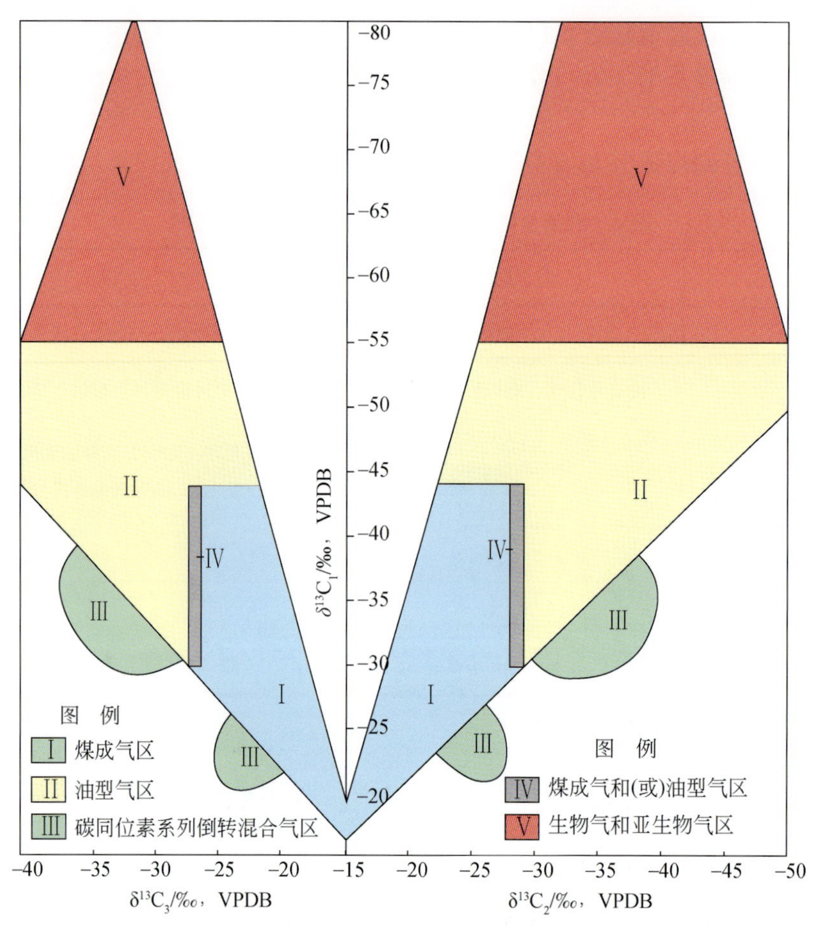

图 10　$\delta^{13}C_1$-$\delta^{13}C_2$-$\delta^{13}C_3$不同成因有机烷烃气鉴别图版（据文献[65]，完善并简化）

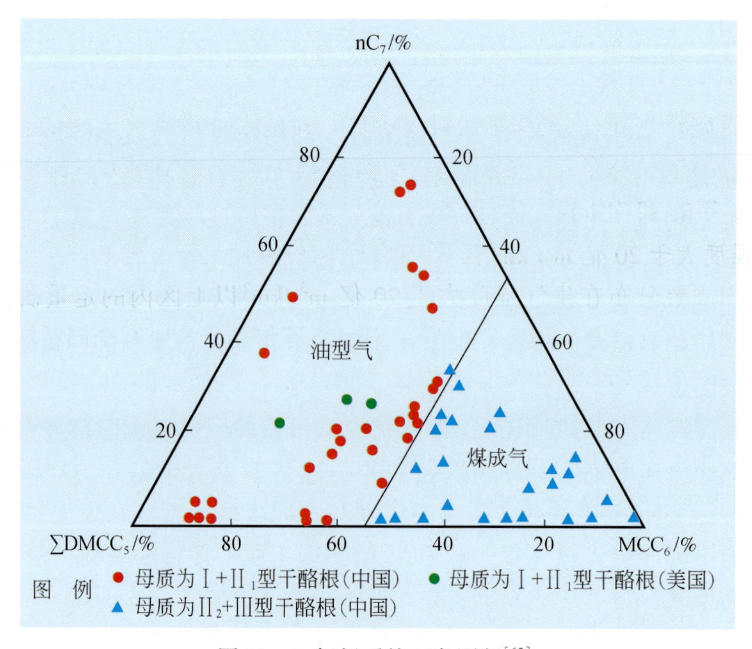

图 11　C_7轻烃系统三角图版[65]

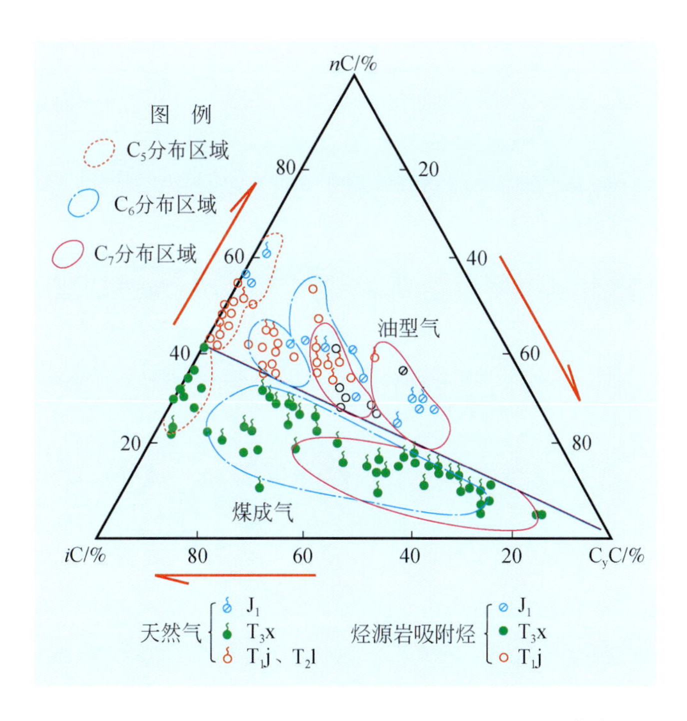

图 12　四川盆地 J_1z—T_1j C_{5-7}脂肪族组成三角图[91]

4. 大气田形成的主控因素研究指导了大气田的快速发现

中国从 1959 年发现第一个大气田起至 1988 年的 30 年间仅发现 3 个大气田。研究、勘探和开发大气田是一个国家迅速发展天然气工业的重要途径。在 1950 年苏联探明天然气储量不足 2230 亿 m^3，年产气仅 57.6 亿 m^3，是个贫气国。1960 ~ 1990 年，苏联由于发现 40 多个超大型气田（储量大于 5000 亿 m^3）和大气田（储量大于 300 亿 m^3），使天然气储量从 18548 亿 m^3增长到 453069 亿 m^3，年产气量从 453 亿 m^3增长到 8150 亿 m^3，成为世界第一产气大国[92]。因此，中国从 20 世纪 80 年代末起，一些学者就加强大中型气田形成主控因素研究[23,92 ~ 103]，尤其注意对煤成大气田的主控因素研究。其中生气强度、晚期成藏和低气势的定量和半定量控制因素研究，指导和加快发现大气田的效益显著，从 1989 年至 2011 年的 22 年间就发现了 45 个大气田。

1）生气强度大于 20 亿 m^3/km^2 区是发现大气田的有利区

根据大气田主要分布在生气强度大于 20 亿 m^3/km^2 以上区内的定量研究[23,92,95,97,98]，科学地预测了大气田的分布区域。提前 4 ~ 18 年对鄂尔多斯盆地 6 个储量超过千亿立方米的大气田（苏里格、靖边、大牛地、乌审旗、榆林和子洲）（图 13）以及提前 10 ~ 17 年对塔里木盆地 2 个超过千亿立方米的大气田（克拉 2 和迪那 2）（图 14）作出了预测。这些煤成大气田是现今中国天然气工业快速发展的支柱。

2）晚期成藏是大气田的主要特点

一个大气田的成藏期可以是一期的，也可以是二期或多期的。晚期成藏是指多期成藏大气田的最后一次成藏时间。除鄂尔多斯盆地大气田成藏期在白垩纪外，中国几乎所有大气田均成藏于新生代的古近纪、新近纪和第四纪，即成藏期晚（图 15）[94 ~ 96,99 ~ 101,103 ~ 106]。

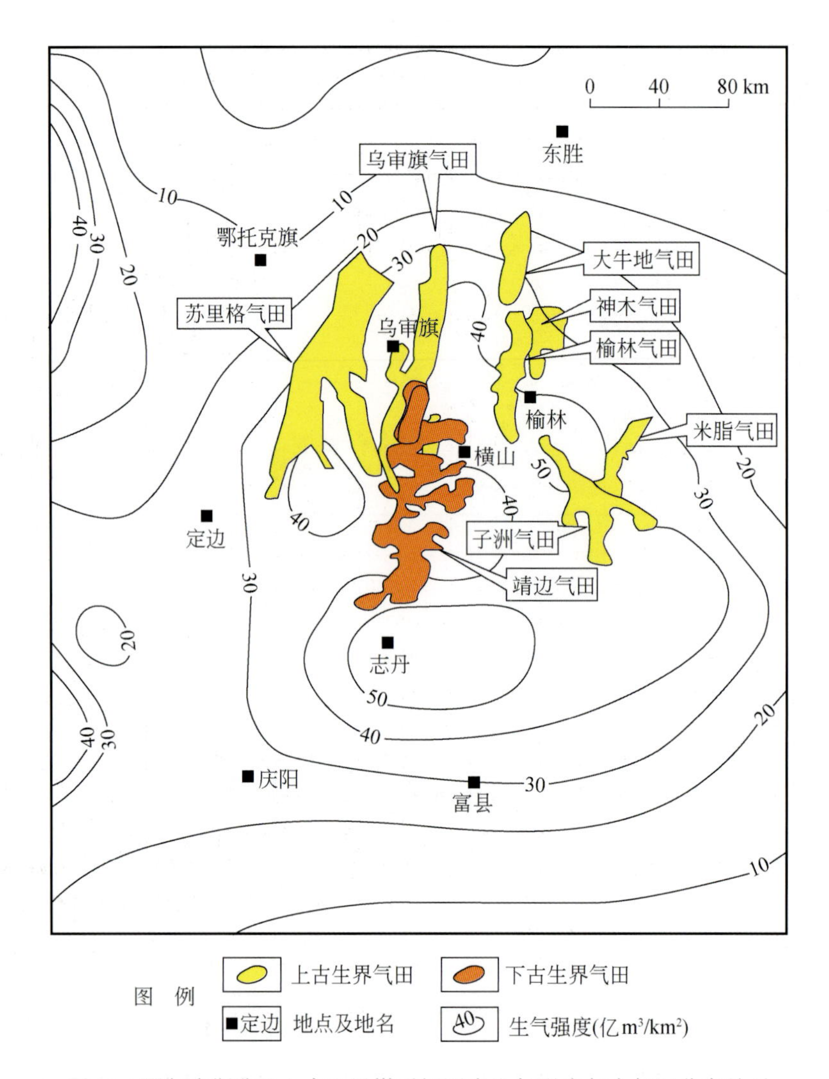

图13 鄂尔多斯盆地上古生界煤系烃源岩生气强度与大气田分布关系

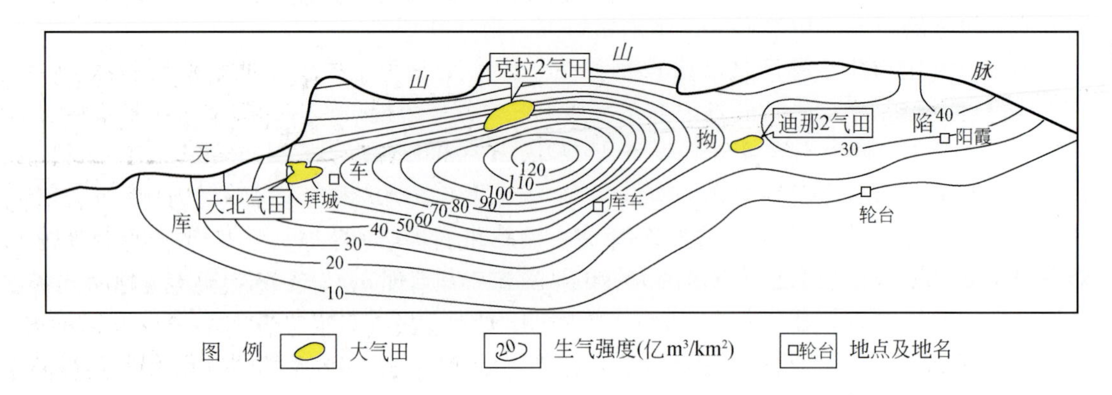

图14 塔里木盆地库车拗陷生气强度与大气田分布的关系示意图

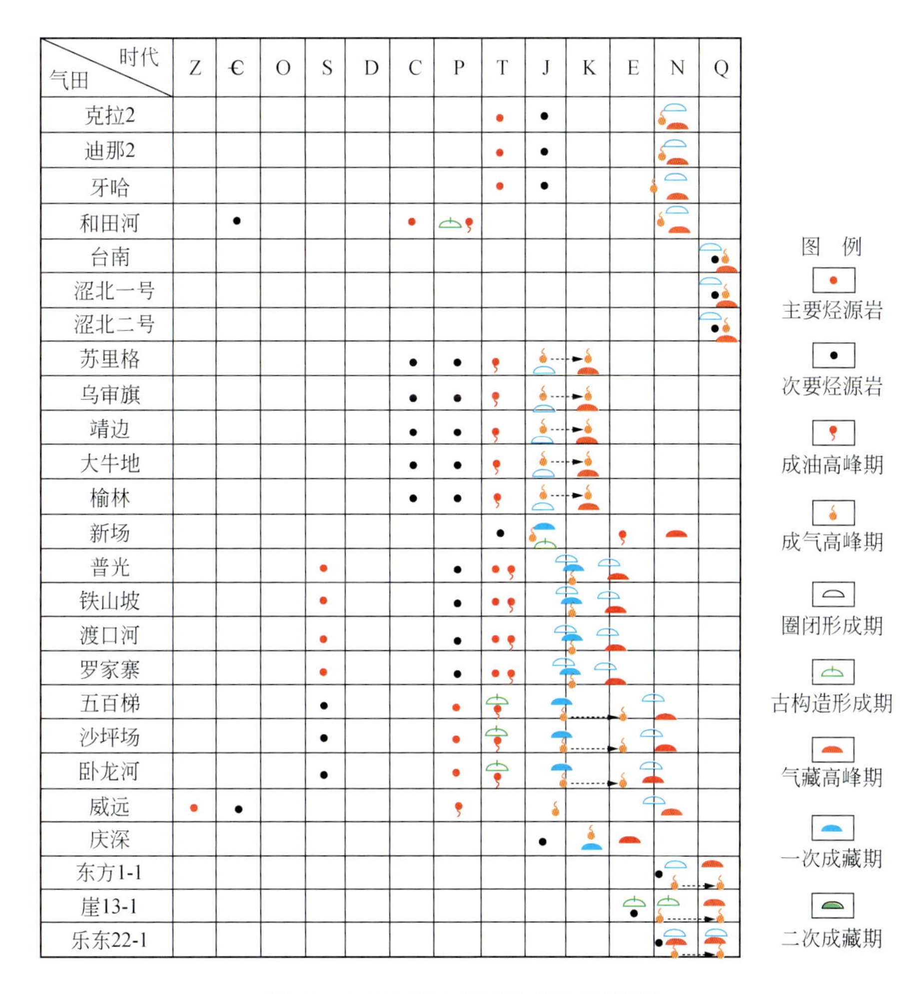

图 15 中国主要大气田天然气成藏期次

蒋炳南等[104]指出：塔里木盆地大、中、小型所有气藏均在喜马拉雅晚期和末期成藏，即 100% 晚期成藏；但大、中、小型油藏只有 69.96% 是晚期成藏，如塔中 4 大型油藏是海西期末成藏的。

中国大气田为什么要求晚期成藏？戴金星等[92,99]认为主要由于两种原因所致：①天然气分子的质量小、易扩散且扩散速率大。烷烃气中甲烷、乙烷、丙烷和正戊烷的分子直径分别为 3.8×10^{-10}m、4.4×10^{-10}m、5.1×10^{-10}m 和 5.8×10^{-10}m，而石油中杂环结构分子直径和沥青分子直径分别为 $10\times10^{-10}\sim30\times10^{-10}$m 和 $50\times10^{-10}\sim100\times10^{-10}$m，故小分子烷烃气比大分子液态烃运移速度快，扩散速率大，这决定了大气田必须晚期成藏，避免长期散失，而大油田未必都要晚期成藏。② 中国盆地的多旋回性要求大气田晚期成藏。多旋回性（多次褶皱、多次抬升间断或沉降、多期构造断裂和多次岩浆活动等）是中国盆地的重要特征。多旋回性使天然气更易散失，只有晚期成藏才可避免或减轻了多旋回性的破坏作用。

3）低气势区富集大气田

在低气势区带，中国发现了大量煤成气和油型气的大气田[95,96,107~109]，这可由四川盆地东部油型气大气田与气势图关系得到验证（图16）。煤成气大气田同样发现在低气势区带，如塔里木盆地克拉2气田（图17）、莺琼盆地崖13-1气田和东方1-1气田。

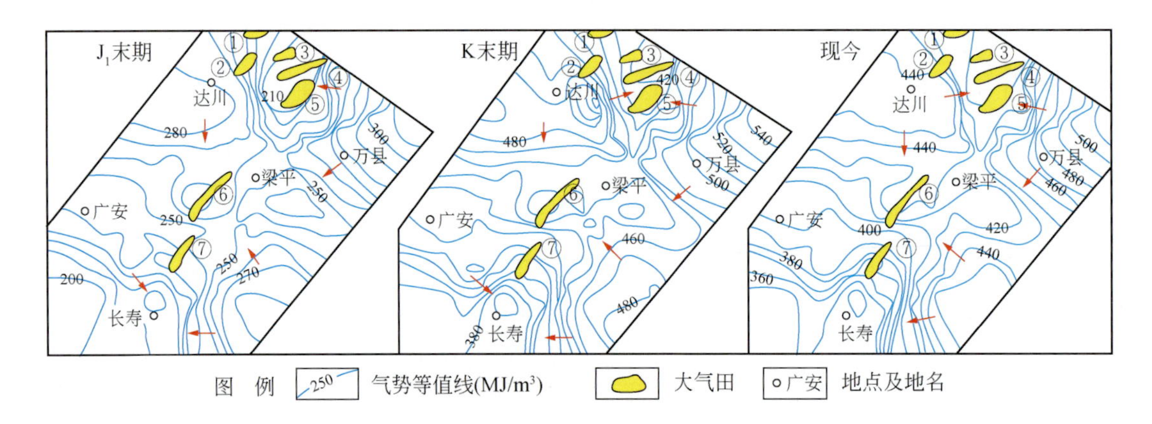

图16 四川盆地石炭系气势与大气田分布[109]

①铁山坡气田；②普光气田；③渡口河气田；④罗家寨气田；⑤五百梯气田；⑥沙坪场气田；⑦卧龙河气田

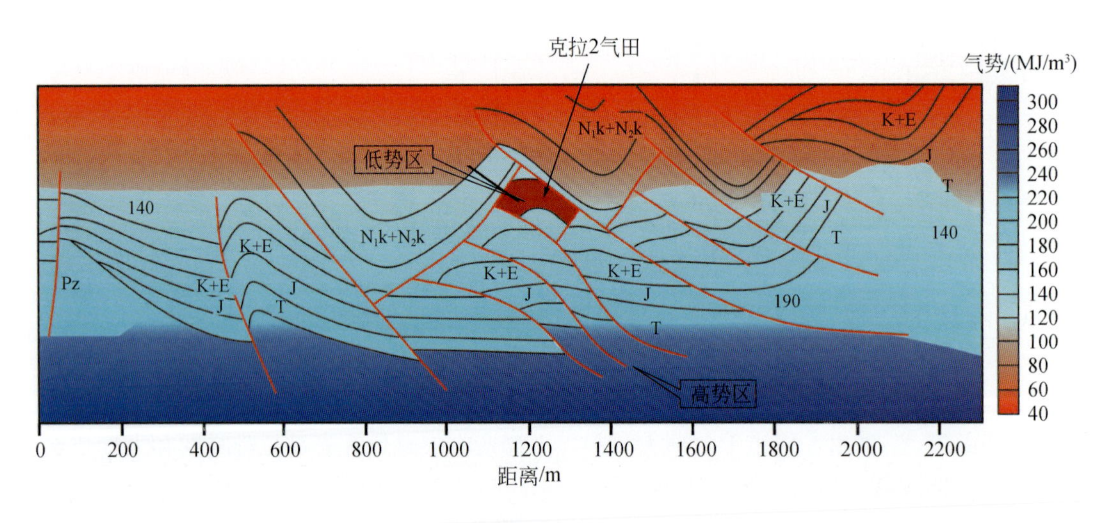

图17 塔里木盆地克拉2气田第四纪气势[106]

二、煤成气研究推动了中国天然气工业迅速发展

1. 中国从贫气国走向天然气大国

煤成气理论出现之前的1978年，中国天然气探明总地质储量和年产量分别仅为2264亿m^3和137.3亿m^3，是个贫气国。但在煤成气理论指导勘探后，至2011年年底，天然气探明总地质储量高达83377.6亿m^3，储量提高了36倍（图18）；年产量达1025亿m^3，是1978年的7.5倍，而成为世界第六产气大国（图19）。

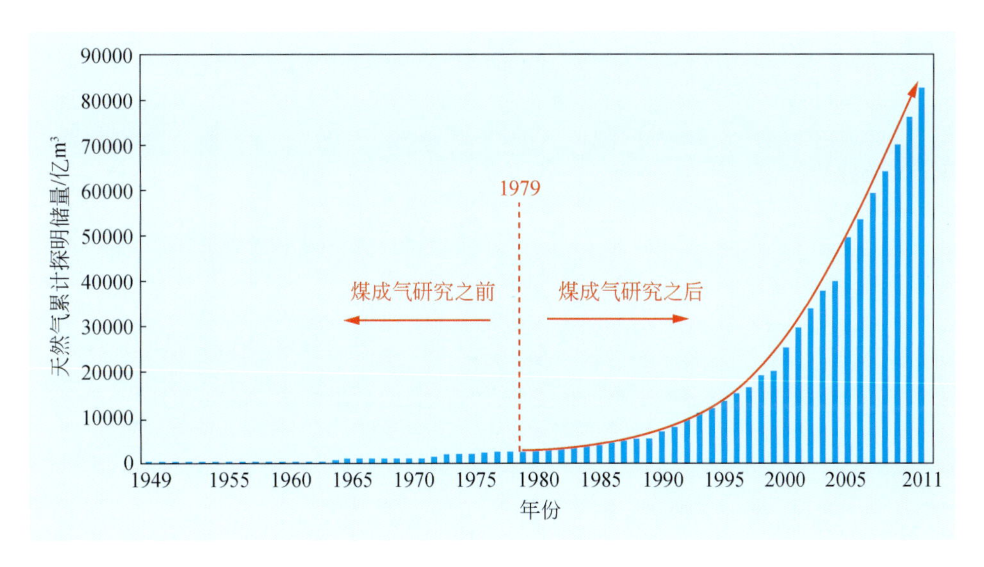

图 18　1949～2011 年中国天然气累计探明储量

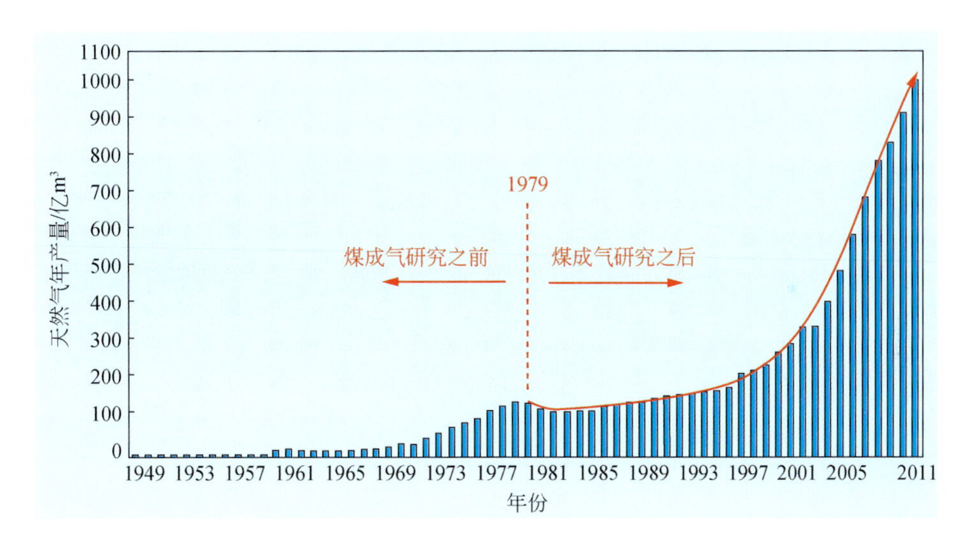

图 19　1949～2011 年中国天然气年产量

2. 煤成气是中国天然气储量和产量的主体

2011 年年底，煤成气总探明储量为 58134.79 亿 m^3，占中国天然气总探明储量的 69.72%（图 20）。现今煤成气探明储量是煤成气研究前 1978 年的 285 倍。2011 年，中国煤成气产量为 648.08 亿 m^3，占全国天然气总产量的 63.23%（图 21）。

3. 中国大气田以煤成气田为主

至 2011 年年底，中国共发现地质储量大于 300 亿 m^3 的大气田 48 个，其中煤成气大气田 31 个；1000 亿 m^3 以上的大气田 20 个，其中煤成气田占 15 个（图 5）。

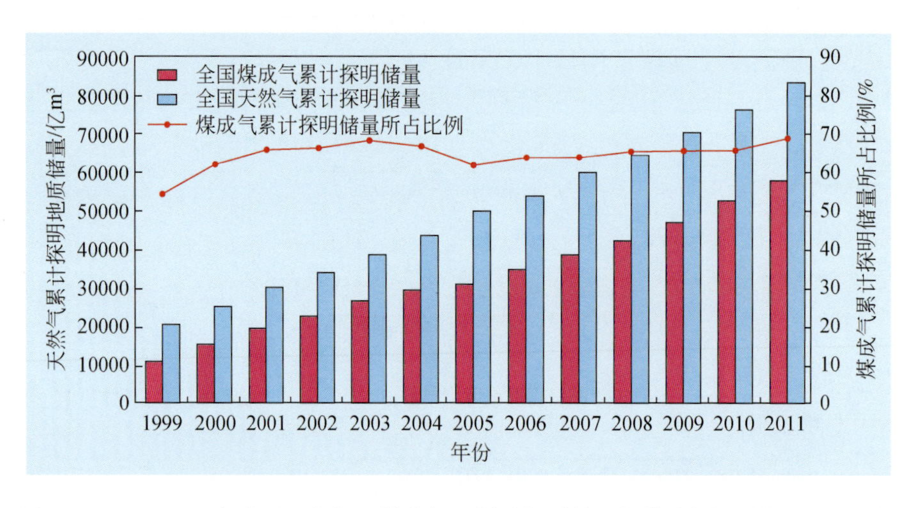

图 20　1999～2011 年中国天然气（煤成气）累计探明储量与煤成气探明储量所占比例

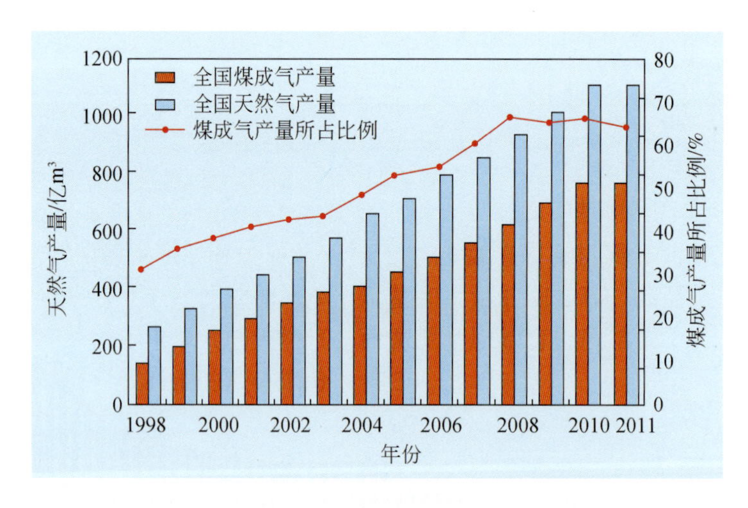

图 21　1998～2011 年中国天然气和煤成气产量及煤成气产量所占比例

4. 煤成气理论指导了鄂尔多斯盆地勘探，使其成为中国天然气探明储量最多、产量最高、大气田储量最大的盆地

自 1907 年开始至 1980 年，在鄂尔多斯盆地以油型气理论指导油气勘探，未将石炭-二叠系作为气源岩和目的层，仅发现储量很小的刘家庄气田和直罗气田。1980 年之后用煤成气理论指导勘探，至 2011 年探明天然气储量 26102.10 亿 m³，年产气 264.28 亿 m³，发现储量 12725.79 亿 m³的苏里格气田，成为中国探明储量最多、年产量最高、气田最大的盆地，几乎所有气都是煤成气（图 22）。

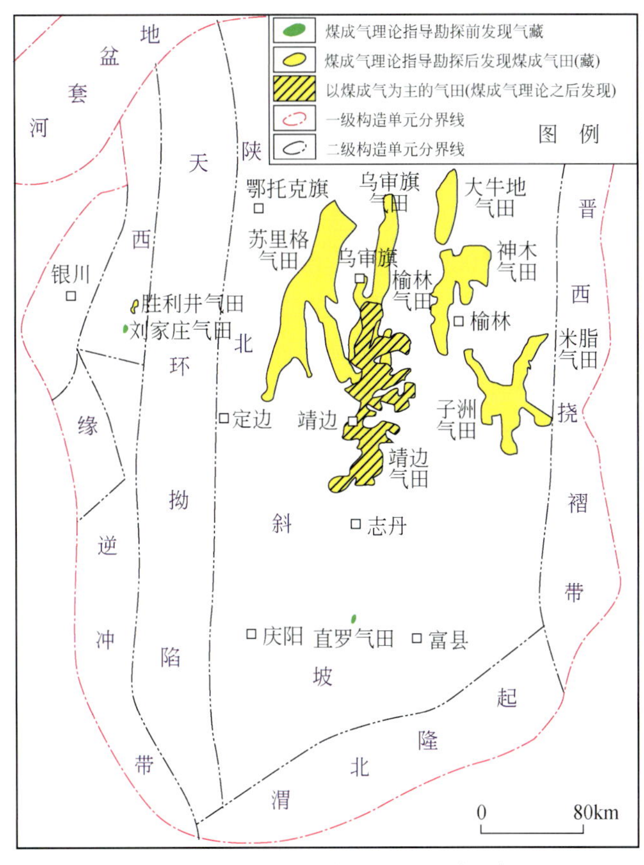

图 22 鄂尔多斯盆地煤成气理论出现前后气田对比

三、结论

1979 年煤成气理论在中国产生后，研究取得 4 个方面重要进展：① 煤系成烃以气为主以油为辅（R^o为 0.5% ~1.5%），指出煤系是重要气源岩，可为煤成气田提供充足气源；② 开展了含煤盆地含气潜力和有利勘探区研究，从煤成气资源量、含气强度大的区带选择、形成大气田条件诸方面评价了鄂尔多斯盆地、四川盆地、塔里木盆地、准噶尔盆地与中国大陆架上莺歌海盆地、琼东南盆地、珠江口盆地和东海盆地的煤成气，开辟了中国煤成气勘探新领域；③ 煤成气成因鉴别取得重大进展，建立了 24 类鉴别指标和 3 个鉴别图版；④ 进行了大气田形成的定量和半定量主控因素（生气强度、晚期成藏和低气势）研究，缩小了大气田选择区带，加速了大气田的发现，如根据大气田发育于生气强度大于 20 亿 m^3/km^2 处的定量的主控因素，在鄂尔多斯盆地提前 4 ~ 18 年发现了 6 个储量 1000 亿 m^3 以上的大气田。

煤成气研究推动了中国天然气工业迅速发展。中国从贫气国走向天然气大国，1978 年中国天然气总地质储量和年产量分别为 2264 亿 m^3 和 137.3 亿 m^3，是个贫气国。但有了煤成气理论后，2011 年的地质总储量和年产量，比 1978 年分别提高了 36 倍和 7.5 倍而成为世界第六产气大国。在中国成为天然气大国的过程中，煤成气在全国总储量和年产量的不断增长中占有举足轻重的地位。1978 年煤成气总储量和年产量仅分别占全国总储量和年产量的 9% 和 2.5%，而 2011 年则分别提高至 69.7% 和 63.2%。同时目前中国储量最大和年产量最高的苏里格气田，气源是煤成气。

参考文献

[1] 戴金星．成煤作用中形成的天然气与石油．石油勘探与开发，1979，6（3）：10～17

[2] 赵文智，王红军，钱凯．中国煤成气理论发表及其在天然气工业发展中的地位．石油勘探与开发，2009，36（3）：280～289

[3] 时华星，宋明水，徐春华等．煤型气地质综合研究思路与方法．北京：地质出版社，2004.1～6

[4] 孙鸿烈．20 世纪中国知名科学家学术成就概览：地学卷地质学分册（卷二）．北京：科 学出版社，2013.53～56

[5] 戴金星．我国煤系地层含气性的初步研究．石油学报，1980，1（4）：27～37

[6] 石宝珩，薛超．科技攻关与中国天然气工业发展．石油勘探与开发，2009，36（3）：257～263

[7] 史训知，戴金星，王则民等．联邦德国煤成气的甲烷碳同位素研究和对我们的启示．天然气工业，1985，5（2）：1～9

[8] Stahl W. Geochemische daten nordwestdeutscher oberkarbon，zechstein－und buntsandsteingase. Erdoel und Kohle－Erdgas－Petrochemie，1979，32：65～70

[9] 李国玉，金之钧．世界含油气盆地图集（下册）．北京：石油工业出版社，2005.451～453

[10] Gluyas J，Hichens H. United Kingdom Oil and Gas Fields . London. Geological Society，2003.25～36

[11] Kasatochkin V P，Shlyatsnikov V F，Nepomniachtchi L L. Osubmikroskopicheskoy structure of coal. Academy of Sciences，1954，96（3）：547～548

[12] Koglov V P，Tokarev L V. Gas－forming volume in sedimentary strata（with reference to the Donets Basin）. Soviet Geology，1961，（7）：19～33

[13] Zhabrev I. Genesis of hydrocarbon gases and the formation of deposit. Science Press，1977.6～19

[14] Bagrintzeva K，Vasilyev V，Ermakov V. The role of coal－bearing formations while the processes of generation of natural gas. Oil and Gas Geology，1968，（6）：7～11

[15] Zhabrev I，Ermakov V，Oryol V，*et al.* Genesis of gas and gas potential prediction. Oil and Gas Geology，1974，（9）：1～8

[16] Epmakov V. Features of formation and accumulation of natural gases in Uglsnosnyh Formations. M E. Vizms，1972，42

[17] 戴金星．近四十年来世界天然气工业发展的若干特征．天然气地球科学，1991，2（6）245～252

[18] Brekhuntsov A，Nechiporuk L，Nesterov I. Elaboration and realization of principles of program－target planning in evaluation oil and gas potential prospects of west Siberian oil and gas province. Oil and Gas Geology，2012，（5）：47～56

[19] Popov A，Plasovskikh I，Vaxlamov A，*et al.* The state of oil and gas resource base of Russian federation. Oil and Gas Geology，2012，（5）：4～25

[20] 杨起，韩德馨．中国煤田地质学（上册）．北京：煤炭工业出版社，1984.32～33，46～47

[21] 傅家谟，刘德汉，盛国英．煤成烃地球化学．北京：科学出版社，1990.31～32，37～76，103～113

[22] 中国煤田地质总局．中国煤岩学图鉴．徐州：中国矿业大学出版社，1996.52～57

[23] 戴金星，钟宁宁，刘德汉等．中国煤成大中型气田地质基础和主控因素．北京：石油工业出版社，2000.24～76

[24] 王启军，陈建渝．油气地球化学．武汉：中国地质大学出版社，1988. 75 ~ 79
[25] Hunt J. Petroleum Geochemistry and Geology. New York：W H Freeman and Company，1979. 109 ~ 110，178
[26] Tissot B，Welte D. Petroleum Formation and Occurrence. Berlin，Heidelberg，New York，Tokyo：Spriger-Verlag，1984. 159 ~ 167
[27] 杨天宇，王涵云．褐煤干酪根煤化作用成气的模拟实验及其地质意义．石油勘探与开发，1983，(6)：29 ~ 36
[28] 方祖康，陈章明，庞雄奇等．大雁褐煤在煤化模拟实验中的产物特征．大庆石油学院学报，1984，(3)：1 ~ 9
[29] 张文正，刘桂霞，陈安定等．低阶煤岩显微组分的成烃模拟实验．见：煤成气地质研究编委会．煤成气地质研究．北京：石油工业出版社，1987. 222 ~ 228
[30] 关德师，戚厚发，甘利灯．煤和煤系泥岩产气率实验结果讨论．见：煤成气地质研究编委会．煤成气地质研究．北京：石油工业出版社，1987. 182 ~ 193
[31] 张文正，徐正球．低阶煤热演化生烃的模拟实验研究．天然气工业，1986，6（2）：1 ~ 7
[32] 徐永昌，沈平，刘文汇等．天然气成因理论与应用．北京：科学出版社，1994. 69 ~ 71，344 ~ 375
[33] 程克明，王铁冠，钟宁宁等．烃源岩地球化学．北京：科学出版社，1995. 108 ~ 111
[34] 秦建中．中国烃源岩．北京：科学出版社，2005. 311 ~ 334
[35] 王涛．中国天然气地质理论与实践．北京：石油工业出版社，1997. 63 ~ 74
[36] 戴金星．我国煤成气藏的类型和有利的煤成气远景区．见：中国石油学会石油地质委员会．天然气勘探．北京：石油工业出版社，1986. 15 ~ 31
[37] 王少昌，刘雨金．鄂尔多斯盆地上古生界煤成气地质条件分析．石油勘探开发，1983，(1)：13 ~ 23
[38] 王少昌．陕甘宁盆地上古生界煤成气资源前景．见：中国石油学会石油地质专业委员会．天然气勘探．北京：石油工业出版社，1986. 125 ~ 136
[39] 田在艺，戚厚发．中国主要含煤盆地天然气资源评价．见：中国石油学会石油地质委员会．天然气勘探．北京：石油工业出版社，1986. 1 ~ 14
[40] 裴锡古，费安琦，王少昌．鄂尔多斯地区上古生界煤成气藏形成条件及勘探方向．见：《煤成气地质研究》编委会．煤成气地质研究．北京：石油工业出版社，1987. 9 ~ 20
[41] 杨昌贵．鄂尔多斯盆地北部上古生界煤成气藏的形成与分布．见：地质矿产部石油地质研究所．中国煤成气研究（第 1 集）．北京：地质出版社，1988. 227 ~ 236
[42] 张洪年，罗蓉，李继林．中国煤成气资源预测．见：地质矿产部石油地质研究所．中国煤成气研究（第 1 集）．北京：地质出版社，1988. 270 ~ 283
[43] 包茨，李懋钧，韩克献等．四川盆地地质特征及今后勘探前景．见：中国石油学会石油地质委员会．天然气勘探．北京：石油工业出版社，1986. 32 ~ 45
[44] 罗启厚，陈盛吉，杨家琦．四川盆地上三叠统煤成气富集规律与勘探方向．见：《煤成气地质研究》编委会．煤成气地质研究．北京：石油工业出版社，1987. 86 ~ 96
[45] 演怀玉．四川盆地上三叠统烃类气体生成量的分配及评价的初步探讨．见：地质矿产部石油地质研究所．中国煤成气研究（第 2 集）．北京：地质出版社，1989. 89 ~ 100
[46] 王庭斌，安凤山．四川盆地油气地质特征及资源前景分析．见：地质矿产部石油地质研究所．中国煤成气研究（第 2 集）北京：地质出版社，1989. 144 ~ 159
[47] 戴金星，何斌，孙永祥等．中亚煤成气聚集域及其源岩——中亚煤成气聚集域研究之一．石油勘探与开发，1995，22（3）：1 ~ 6
[48] 戴金星，宋岩，张厚福等．中国天然气的聚集区带．北京：科学出版社，1997. 144 ~ 181

[49] 戴金星. 我国煤成气资源勘探开发和研究的重大意义. 天然气工业, 1993, 13 (2): 7~12

[50] 伍致中, 王生荣, 卡米力. 新疆中下侏罗统煤成气初探. 见: 中国石油学会石油地质委员会. 天然气勘探. 北京: 石油工业出版社, 1986. 137~149

[51] 赵隆业. 世界第三纪煤田. 北京: 地质出版社, 1982. 25~34

[52] 朱伟林, 张功成, 黄保家等. 南海北部大陆边缘盆地天然气地质. 北京: 石油工业出版社, 2007. 15~22

[53] 邓运华. 试论中国近海两个盆地带找油与找气地质理论及方法的差异性. 中国海上油气, 2012, 24 (6): 1~11

[54] 戴金星. 我国台湾油气地质梗概. 石油勘探与开发, 1980, (1): 31~39

[55] 毛希森, 蔺殿中. 中国近海大陆架的煤成气. 中国海上油气: 地质, 1990, 4 (2): 27~28

[56] 毛希森. 中国沿海大陆架盆地含油气特征. 石油学报, 1994, 15 (3): 1~7

[57] 陈伟煌. 崖13-1气田煤成气特征及气藏形成条件. 见:《煤成气地质研究》编委会. 煤成气地质研究. 北京: 石油工业出版社, 1987. 97~102

[58] 邓鸣放, 陈伟煌. 崖13-1大气田形成的地质条件. 见:《煤成气地质研究》编委会. 煤成气地质研究. 北京: 石油工业出版社, 1987. 73~81

[59] 龚再升, 郭水生, 张启明等. 中国近海大油气田. 北京: 石油工业出版社, 1997. 159~221

[60] 张子枢. 识别天然气源的地球化学指标. 石油学报, 1983, 4 (2): 36.

[61] Stahl W. Carbon and nitrogen isotopes in hydrocarbon research and exploration. Chemical Geology, 1977, 20 (2): 121~149

[62] 戚厚发, 朱家蔚, 戴金星. 稳定碳同位素在东濮凹陷天然气源对比的作用. 科学通报, 1984, 29 (2): 110~113

[63] 戴金星, 宋岩, 关德师等. 鉴别煤成气的指标. 见:《煤成气地质研究》编委会. 煤成气地质研究. 北京: 石油工业出版社, 1987. 156~170

[64] 戴金星, 戚厚发, 宋岩. 鉴别煤成气和油型气若干指标的初步探讨. 石油学报, 1985, 6 (2): 31~38

[65] 戴金星, 裴锡古, 戚厚发. 中国天然气地质学(卷一). 北京: 石油工业出版社, 1992. 65~87

[66] 戴金星. 天然气碳氢同位素特征和各类天然气鉴别. 天然气地球科学, 1993, 4 (2-3): 1~40

[67] 戴金星. 利用轻烃鉴别煤成气和油型气. 石油勘探与开发, 1993, 20 (5): 26~32

[68] 戴金星, 秦胜飞, 陶士振等. 中国天然气工业发展趋势和天然气地学理论重要进展. 天然气地球科学, 2005, 16 (2): 127~142

[69] 徐永昌, 沈平. 中原-华北油气区"煤型气"地球化学特征初探. 沉积学报, 1985, 3 (2): 37~46

[70] 徐永昌, 沈平, 陈践发等. 凝析油的地球化学特征. 中国科学(B辑), 1988, 18 (6): 643~650

[71] 沈平, 王先彬, 徐永昌. 天然气同位素组成与气源对比. 石油勘探与开发, 1982, 4 (6): 34~38

[72] 沈平, 申歧祥, 王先彬等. 气态烃同位素组成特征及煤型气判识. 中国科学(B辑), 1987, 17 (6): 647~656

[73] 沈平, 徐永昌, 王先彬等. 气源岩和天然气地球化学特征及成气机理研究. 兰州: 甘肃科学技术出版社, 1991. 72~122

[74] 张义纲. 识别天然气的碳同位素方法. 见: 有机地球化学论文集. 北京: 地质出版社, 1987. 1: 14

[75] 刘文汇, 陈孟晋, 关平等. 天然气成烃、成藏三元地球化学示踪体系及实践. 北京: 科学出版社, 2009. 143~171

[76] 翟光明. 中国石油地质学. 北京: 石油工业出版社, 1997. 437~459

[77] 陈骏, 王鹤年. 地球化学. 北京: 科学出版社, 2004. 250~257

[78] Galimov E M. Isotope organic geochemistry. Organic Geochemistry, 2006, 37 (10): 1200 ~ 1262
[79] 陈海树. 含煤岩系成因天然气识别和新指标——苯和甲苯. 见:《煤成气地质研究》编委会. 煤成气地质研究. 北京: 石油工业出版社, 1987. 171 ~ 181
[80] 秦建中, 郭树之, 王东良. 苏桥煤型气田地化特征及其对比. 天然气工业, 1991, 11 (5): 21 ~ 26
[81] Hu G, Li J, Li J, *et al.* Preliminary study on the origin identification of natural gas by the parameters of light hydrocarbon. Science in China: Earth Science, 2008, 51 (1): 131 ~ 139
[82] Hu G, Zhang S, Li J, *et al.* The origin of natural gas in the Hutubi gas field, Southern Junggar foreland sub-basin, NW China. International Journal of Coal Geology, 2010, 84 (3-4): 301 ~ 310
[83] Hu G, Li J, Shan X, *et al.* The origin of natural gas and the hydrocarbon charging history of the Yulin gas field in the Or- dos Basin, China . International Journal of Coal Geology, 2010, 81 (4): 381 ~ 391
[84] Hu G, Zhang S. Characterization of low molecular weight hydrocarbons in Jingbian gas field and its application to gas sources identification. Energy Exploration δ Exploitation, 2011, 29 (6): 777 ~ 796
[85] Odden W, Patience R, Van Graas G. Application of light hydrocarbons (C_4—C_13) to oil/source rock correlations: A study of the light hydrocarbon compositions of source rocks and test fluids from offshore Mid-Norway. Organic Geochemistry, 1998, 28 (12): 823 ~ 847
[86] 卢双舫, 张敏. 油气地球化学. 北京: 石油工业出版社, 2008. 147 ~ 161
[87] 王铁冠. 生物标志物地球化学研究. 北京: 中国地质大学出版社, 1990. 12 ~ 23, 42 ~ 45, 55 ~ 65
[88] 王廷栋, 蔡开平. 生物标志物在凝析气藏天然气运移和气源对比中的应用. 石油学报, 1990, 11 (1): 23 ~ 31
[89] Leythaeuser D, Schaefer R, Cornford C, *et al.* Generation and migration of light hydrocarbons (C_2-C_7) in sedimentary basins. Organic Geochemistry, 1979, 1 (4): 191 ~ 204
[90] Snowdon L, Powell T. Immature oil and condensate - modification of hydrocarbon generation model for terrestrial organic matter. AAPG Bulletin, 1982, 66 (6): 775 ~ 778
[91] 胡惕麟, 戈葆雄, 张义纲等. 源岩吸附烃和天然气轻烃指纹参数的开发和应用. 石油实验地质, 1990, 12 (4): 375 ~ 394
[92] 戴金星, 陈践发, 钟宁宁等. 中国大气田及其气源. 北京: 科学出版社, 2003. 170 ~ 194
[93] 石宝珩, 戚厚发, 戴金星等. 加速天然气勘探步伐努力寻找大中型气田. 见:《天然气地质研究论文集》编委会. 天然气地质研究论文集. 北京: 石油工业出版社, 1989. 1 ~ 7
[94] 戚厚发, 孔志平, 戴金星等. 我国较大气田形成及富集条件分析. 见: 石宝珩. 天然气地质研究. 北京: 石油工业出版社, 1992. 73 ~ 81
[95] 戴金星, 宋岩, 张厚福. 中国大中型气田形成的主要控制因素. 中国科学 (D 辑), 1996, 26 (6): 481 ~ 487
[96] 戴金星, 夏新宇, 洪峰等. 中国煤成大中型气田形成的主要控制因素. 科学通报, 1999, 44 (22): 2455 ~ 2464
[97] Dai J, Xia X, Hong F. Preliminary study of the major controls on the formation of coal-derived large-medium gas fields. Chinese Science Bulletin, 2000, 45 (5): 394 ~ 404
[98] 戴金星, 邹才能, 陶士振等. 中国大气田形成条件和主控因素. 天然气地球科学, 2007, 18 (4): 473 ~ 484
[99] Dai J, Zou C, Qin S, *et al.* Geology of giant gas fields in China. Marine and Petroleum Geology, 2008, 25 (4): 320 ~ 334
[100] 王庭斌. 中国大中型气田的勘探方向. 见: 王庭斌. 石油与天然气地质文集 (第 7 集) 北京: 地质出版社, 1998. 1 ~ 33
[101] 王庭斌. 中国大中型气田分布的地质特征和主控因素. 石油勘探与开发, 2005, 32 (4): 1 ~ 8

[102] 徐永昌，傅家谟，郑建京．天然气成因及大中型气田形成的地学基础．北京：科学出版社，2000. 1 ~ 225
[103] 李景明，魏国齐，曾宪斌等．中国大中型气田富集区带．北京：地质出版社，2002. 151 ~ 207
[104] 蒋炳南，康玉柱．新疆塔里木盆地油气分布规律及勘探靶区评价研究．乌鲁木齐：新疆科技卫生出版社，2001. 147 ~ 156
[105] 赵文智，张光亚，王红军．石油地质理论新进展及其在拓展勘探领域中的意义．石油学报，2005，26（1）：1 ~ 7
[106] 赵文智，王兆云，汪泽成等．高效气源灶及其对形成高效气藏的作用．沉积学报，2005，23（4）：709 ~ 718
[107] 郝石生，陈章明，高耀斌等．天然气藏的形成和保存．北京：石油工业出版社，1995. 22 ~ 27
[108] 杨俊杰，裴锡古．中国天然气地质学（卷四）鄂尔多斯盆地．北京：石油工业出版社，1996. 1 ~ 291
[109] 胡光灿，谢兆祥．中国四川盆地东部高陡构造石炭系气田．北京：石油工业出版社，1997. 63 ~ 67，113 ~ 130

中国大气田的地质和地球化学若干特征*

一、中国大气田概况

截至2011年年底，中国共发现地质储量逾300亿m^3的大气田48个（图1），总探明地质储量67945.9亿m^3，占全国天然气总探明储量的81.5%。2011年，48个大气田产气733.16亿m^3，占全国产气量的71.5%。全国储量最大和年产气量最多的气田——苏里格气田，其储量和产量分别占全国的15.3%和13.0%。由此可见，大气田在中国天然气工业中起举足轻重作用，因此，研究大气田的地质和地球化学特征意义重大，这将进一步促进中国大气田的勘探和开发。

二、地球化学特征

1. 气组分

本文的烷烃气仅包括甲烷、乙烷、丙烷和丁烷（C_{1-4}），即不包括戊烷。根据中国9个盆地48个大气田1025个气样组分分析结果（截至2011年年底）编制了中国大气田气组分含量柱状图，由图2可见，中国大气田的气组分以烷烃气为主，甲烷平均含量为88.22%，乙烷、丙烷和丁烷平均含量分别为3.31%、0.97%和0.49%，非烃组分含量中CO_2、N_2和H_2S的平均含量分别为3.58%、2.94%和5.13%。H_2S几乎存在于所有碳酸盐岩储层中[1]，但由于中国发现碳酸盐岩大气田不多，所以大气田中含H_2S天然气田不多。普光气田普光3井H_2S含量为49.66%，是中国大气田中含H_2S最高的井。分析图2中烷烃气各组分含量可见以下两个规律：① 烷烃气随其分子中碳数的增加，组分平均含量依次下降；② 烷烃气最高含量也呈现出相似特征，即CH_4到C_4H_{10}的最高含量也依次递减。

中国大气田1025个气样C_{1-4}、N_2和CO_2含量三角图（图3）表明：大气田中绝大部分井（1002口）烷烃气含量大于70%，仅莺琼盆地东方1-1气田5口井CO_2含量约为60%～80%、松辽盆地长岭1号气田CO_2含量为16.5%～98.7%。东方1-1气田$\delta^{13}C_{CO_2}$值为-3.4‰～-2.8‰，R/R_a值为0.07～0.14，为典型壳源型无机成因CO_2，但与之共生烷烃气具有正碳同位素系列，为有机成因；长岭1气田$\delta^{13}C_{CO_2}$值为-7.5‰～-5.3‰，R/R_a值为1.9～4.6，为幔源无机成因CO_2[2]，与之共生烷烃气多数具有负碳同位素系列，为无机成因，但也有少量井具煤成气碳同位素组成特征。

---

* 原载于《石油勘探与开发》，2014，第41卷，第1期，1～16，作者还有于聪、黄士鹏、龚德瑜、吴伟、房忱琛、刘丹。

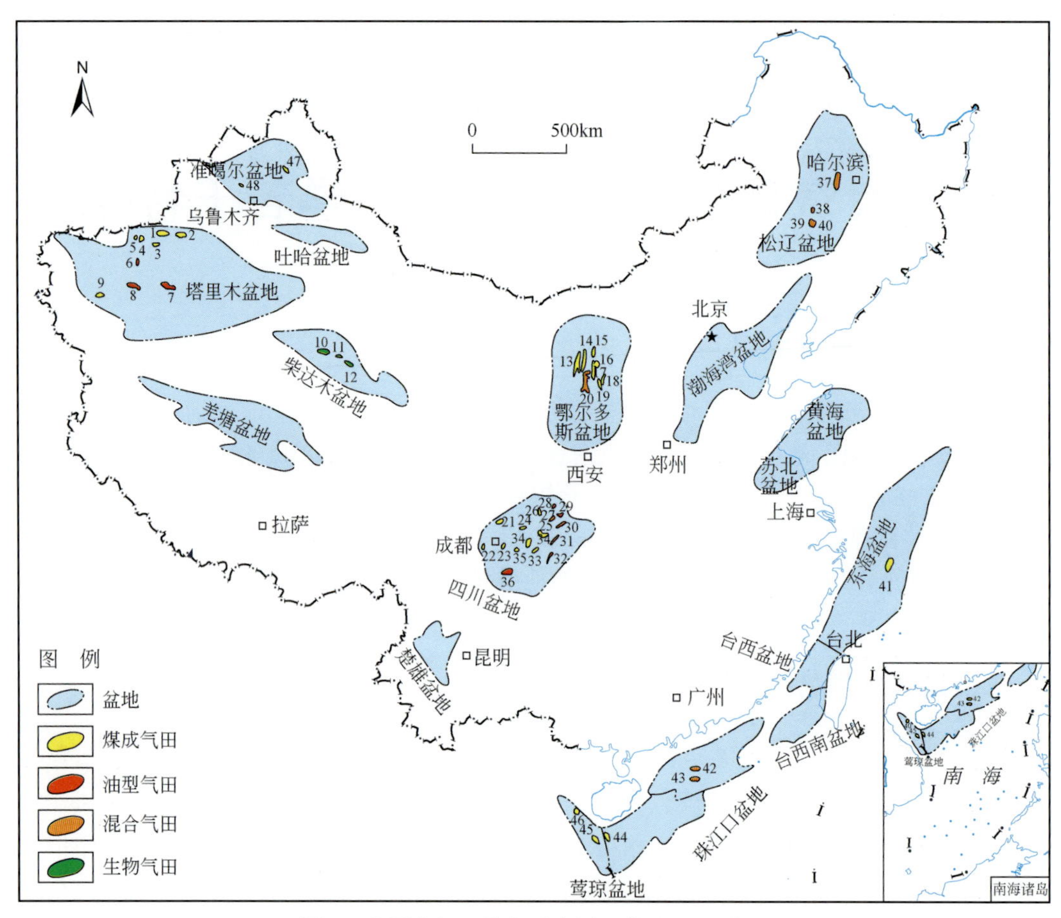

图1 中国大气田分布示意图（截至2011年）

1. 克拉2气田；2. 迪那2气田；3. 英买7气田；4. 大北气田；5. 大北1气田；6. 塔河气田；7. 塔中1气田；8. 和田河气田；9. 柯克亚气田；10. 台南气田；11. 涩北一号气田；12. 涩北二号气田；13. 苏里格气田；14. 乌审旗气田；15. 大牛地气田；16. 神木气田；17. 榆林气田；18. 米脂气田；19. 子州气田；20. 靖边气田；21. 新场气田；22. 邛西气田；23. 洛带气田；24. 八角场气田；25. 广安气田；26. 元坝气田；27. 普光气田；28. 铁山坡气田；29. 渡口河气田；30. 罗家寨气田；31. 大天池气田；32. 卧龙河气田；33. 合川气田；34. 磨溪气田；35. 安岳气田；36. 威远气田；37. 徐深气田；38. 龙深气田；39. 长岭1号气田；40. 松南气田；41. 春晓气田；42. 番禺30-1气田；43. 荔湾3-1气田；44. 崖13-1气田；45. 乐东22-1气田；46. 东方1-1-气田；47. 克拉美丽气田；48. 玛河气田

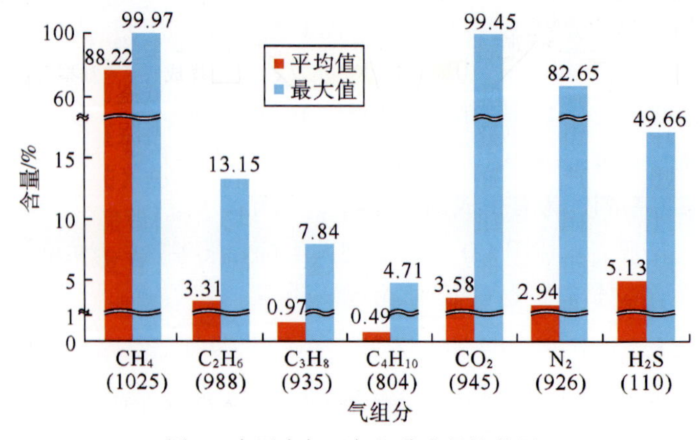

图2 中国大气田气组分含量柱状图

括号内数字为气样数

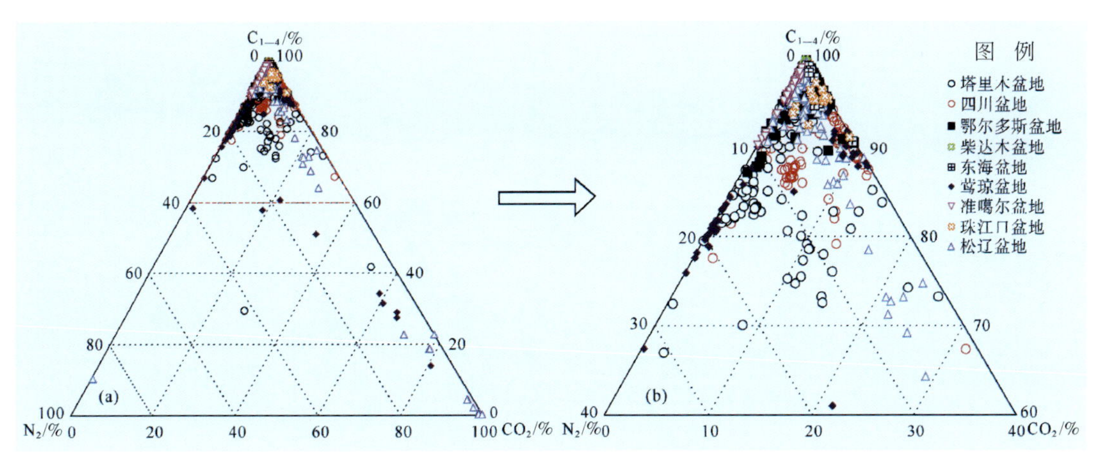

图3 中国大气田 C_{1-4}–N_2–CO_2 三角图

2. 气源

大气田的气源系指占气组分绝大部分的烷烃气的类型[3]。戴金星等[4]最近研究了中国储量1000亿m^3以上20个大气田烷烃气的成因类型，根据气田气组分和$\delta^{13}C_1$、$\delta^{13}C_2$和$\delta^{13}C_3$数据，用$\delta^{13}C_1$–$\delta^{13}C_2$–$\delta^{13}C_3$鉴别图[4]和$\delta^{13}C_1$–C_1/C_{2+3}鉴别图[2,5]确定了烷烃气的气源（图4、图5），发现中国大气田气源类型多且以煤成气为主，14个气田（苏里格、大牛地、榆林、子洲、乌审旗、合川、广安、安岳、元坝、新场、克拉2、迪那2、东方1-1和克拉美丽）烷烃气主要为煤成气；2个气田（塔中1和大天池）的烷烃气为油型气，1个气田为生物气型烷烃气（台南），另外还有3个气田（靖边、普光、徐深）为混合气型烷烃气[4]。

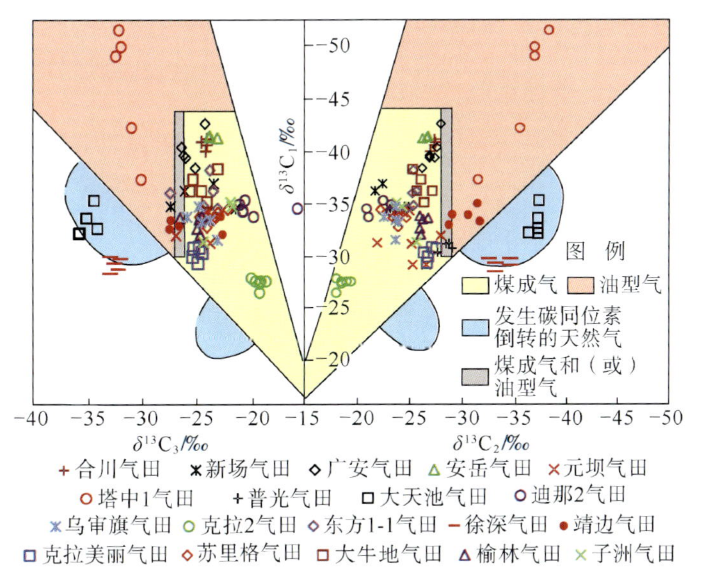

图4 应用$\delta^{13}C_1$–$\delta^{13}C_2$–$\delta^{13}C_3$图鉴别中国储量1000亿m^3以上大气田烷烃气类型据文献[4]补充

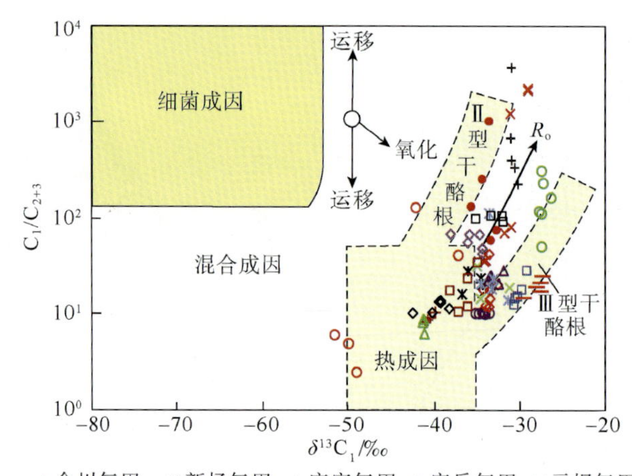

图5 应用$\delta^{13}C_1$-C_1/C_{2+3}图鉴别中国储量1000亿m^3以上大气田烷烃气类型图版转引自文献[5]

中国48个大气田除上述20个大气田外，其他28个气田烷烃气类型基本与上述20个大气田相似：根据图6及其他学者研究结果[6~11]确定，28个大气田中有13个属煤成气型烷烃气（八角场、洛带、邛西、英买7、大北、大北1、柯克亚、神木、米脂、崖13-1、乐东22-1、春晓和玛河），7个为油型气型烷烃气（和田河、塔河、威远、渡口河、铁山坡、罗家寨和卧龙河），2个生物气型烷烃气（涩北1号和涩北2号），6个混合型烷烃气（番禺30-1、荔湾3-1、磨溪、松南、长岭1号、龙深）（图1）。

关于混合型烷烃气大气田中煤成气、油型气和无机气的比例，不同研究者持不同观点。

（1）煤成气为主、油型气为辅靖边型混合烷烃气。鄂尔多斯盆地靖边气田的主要储层为经历140Ma岩溶的古喀斯特碳酸盐岩（奥陶系马家沟组）[12~15]。关于马家沟组气藏气源认识不一，主要有以下观点：①马家沟组本身为气源岩，以储集自生自储油型气为主、上覆石炭-二叠系煤成气为辅[12,13]。陈安定认为马家沟组约75%的气源为奥陶系油型气[12]。戴金星等[14]对马家沟组449个样品进行了TOC测定，夏新宇[15]对马家沟组702个样品进行了TOC测定，得到TOC平均值分别为0.240%及0.198%，故马家沟组碳酸盐岩不是气源岩，不可能作为油型气的气源。②马家沟组天然气以煤成气为主油型气为辅[14,16~18]。一般煤成气$\delta^{13}C_2$值大于-28‰（或-28.5‰），油型气$\delta^{13}C_2$值小于-29‰[19]。由表1可见，产自奥陶系的天然气样品中，2/3以上样品$\delta^{13}C_2$值大于-28.5‰，为煤成气源特征，来自石炭-二叠系煤系；1/3样品$\delta^{13}C_2$值小于-29‰，为油型气，来自石炭-二叠系石灰岩烃源岩，该石灰岩在靖边气田最厚约40m，向气田外减薄而尖灭，有机质类型为$Ⅱ_2$型，TOC平均值为0.59%。石炭-二叠系煤系和石灰岩气源岩生成的天然气通过古岩溶风化壳和溶沟向下方和侧向运移到马家沟组中成藏[20]，勘探证实了此观点。

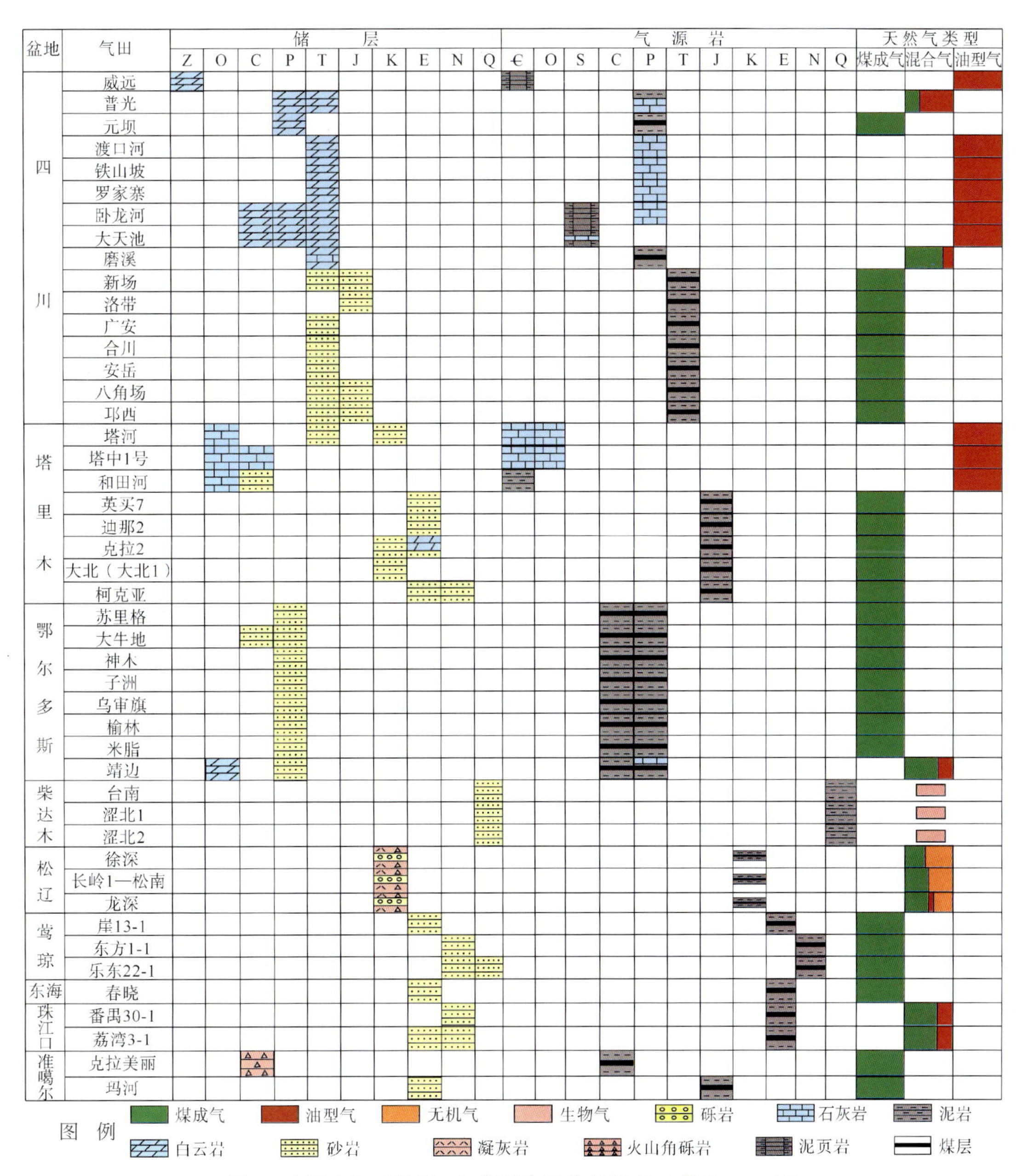

图6　中国大气田储层、气源岩和天然气类型（截至2011年）

表1　鄂尔多斯盆地靖边气田烷烃气 $\delta^{13}C_1$–$\delta^{13}C_4$ 值[14]

井号	地层	$\delta^{13}C$/‰				井号	地层	$\delta^{13}C$/‰			
		C_1	C_2	C_3	C_4			C_1	C_2	C_3	C_4
陕参1	$O_1m_5^{1-3}$	-33.9	-27.6	-26.0	-22.9	陕34	$O_1m_5^{1-2}$	-35.3	-25.5	-24.4	-21.9
林1	$O_1{}^{1-4}m_5$	-33.7	-27.8	-25.6		陕34	$O_1{}^{4}m_5$	-34.0	-24.5	-22.4	-23.8
林2	$O_1m_5^{3}$	-35.2	-25.9	-25.4	-23.9	陕35	$O_1m_5^{1-3}$	-33.7	-26.3	-21.7	-20.1

续表

井号	地层	$\delta^{13}C$/‰				井号	地层	$\delta^{13}C$/‰			
		C_1	C_2	C_3	C_4			C_1	C_2	C_3	C_4
陕2	O_1m_5	-35.3	-26.2	-25.5	-23.2	陕46	P_1s	-31.0	-22.7	-21.3	-21.1
陕7	O_1m_5	-36.2	-23.7	-23.5	-21.5	陕67	P_1s	-32.5	-22.2	-21.9	-20.9
陕12	$O_1m_5^{1-4}$	-34.2	-25.5	-26.4	-20.7	陕68	$O_1m_5^1$	-34.0	-23.5	-21.6	-20.5
陕19	C_2b	-35.4	-25.8	-24.9	-23.2	陕85	O_1m_5	-33.1	-26.7	-20.9	-19.0
陕21	$O_1m_5^1$	-35.0	-24.6	-26.1	-24.3	陕68	P_1s	-34.8	-29.3	-27.8	-24.5
陕21	$O_1m_5^2$	-34.9	-24.5	-24.7	-23.0	陕26	$O_1m_5^{3-4}$	-38.3	-34.1	-21.6	-25.2
陕21	$O_1m_5^{1-3}$	-34.7	-28.0	-26.9	-23.0	陕30	$O_1m_5^4$	-33.1	-33.6	-26.5	-25.6
陕27	$O_1m_5^{2-3}$	-36.9	-26.3	-22.5	-22.6	陕41	$O_1m_5^{1-7}$	-38.9	-28.7	-22.6	-20.4
陕28	O_1m_5	-34.1	-28.5	-27.3	-24.1	陕44	$O_1m_5^{1-4}$	-33.0	-34.9	-29.9	
陕33	O_1m	-35.0	-26.7	-25.3	-22.1	陕106	$O_1m_5^1$	-30.7	-37.5	-30.0	

注：O_1m. 奥陶系马家沟组；C_2b. 石炭系本溪组；P_1s. 二叠系山西组。

（2）油型气为主、煤成气为辅普光型混合烷烃气。普光气田发育飞仙关组和长兴组两个富含 H_2S 的生物礁白云岩气藏。由于储层中发现许多沥青，故烷烃气被认为是石油裂解形成的油型气。一些学者在研究该气田的 TSR（硫酸盐热化学还原反应）作用后认为，烷烃气碳同位素组成随着 TSR 作用增强而变重[21~23]。在普光气田，TSR 作用对甲烷碳同位素的影响不是很明显；而乙烷碳同位素受 TSR 影响较明显，当 H_2S 含量高于 10% 时，$\delta^{13}C_2$ 值显著变大[23]。此结论与四川盆地中坝气田和西加拿大盆地许多含 H_2S 气田 $\delta^{13}C_2$ 值没有变大的事实相矛盾（表2）。表2中前8个气样 H_2S 含量为 3.56%~16.20%，其 $\delta^{13}C_{1-3}$ 值均具有 $\delta^{13}C_1<\delta^{13}C_2<\delta^{13}C_3$ 的正常序列，$\delta^{13}C_2$ 值并未增大，这说明，无论气样 H_2S 含量是否大于 10%，TSR 作用均不能使其 $\delta^{13}C_2$ 值变大。表2中后5个气样 H_2S 含量为 3.1%~29.5%，$\delta^{13}C_{1-3}$ 值均表现为 $\delta^{13}C_1>\delta^{13}C_2$，$\delta^{13}C_2$ 值变小。故笔者认为 TSR 作用与 $\delta^{13}C$ 值变化没有必然联系。Barbala 等[24]研究了西加拿大盆地 54 个气样（H_2S 含量从小于 0.01% 变化至 29.50%）的 $\delta^{13}C$ 值，亦得出了相同结论。因此普光气田 $\delta^{13}C_2$ 值"变大"并非 TSR 作用导致，而与气源岩固有性质有关。同时，$\delta^{13}C_2$ 值"变大"的错误解释还掩盖了该气田存在煤成气气源的事实：由表3可见，PG-2 井 P_2ch 天然气 $\delta^{13}C_1$ 值为 -30.1‰，$\delta^{13}C_2$ 值为 -27.7‰，PG-2 井 P_2l 天然气 $\delta^{13}C_1$ 值为 -30.6‰，$\delta^{13}C_2$ 值为 -25.2‰，其 $\delta^{13}C_2$ 值明显大于 -28‰，具有煤成气特征，应为煤成气。表3中其他井则主要具有油型气特征，因此可以认为普光气田烷烃气是油型气为主煤成气为辅的混合气，$\delta^{13}C_1$-$\delta^{13}C_2$-$\delta^{13}C_3$ 图版鉴别证实了此结论（图4），这也与马永生等的观点一致[25]。

表 2 四川盆地和西加拿大盆地天然气 H_2S 含量和 $\delta^{13}C_1$–$\delta^{13}C_4$ 值

盆地	井号	地层	深度/m	主要组分/%					$\delta^{13}C$/‰				参考文献
				CH_4	C_2H_6	C_3H_8	CO_2	H_2S	C_1	C_2	C_3	C_4	
四川盆地（中坝气田）	中 18	T_2l_3	3 170.00	84.92	1.63	0.52	4.57	4.90	−35.2	−30.2	−30.1	−29.7	本文
	中 21	T_2l_3	3 303.00	87.92	1.82	0.54	3.65	3.56	−35.0	−29.0	−27.8		
	中 23	T_2l_3	3 100.00	82.91	1.62	0.49	4.48	7.28	−35.1	−29.2	−27.9	−30.4	
	中 46	T_2l_3	3 134.51	82.94	1.62	0.50	5.10	7.15	−34.2	−29.3	−27.5	−28.4	
	中 81	T_2l_3	3 231.70	81.45	1.66	0.57	6.01	8.84	−34.2	−28.6	−26.8	−28.6	
西加拿大盆地	AB-UT200	T_3	1 992.10	88.20	0.51	0.04	4.50	6.40	−36.1	−24.5	−23.0		[24]
	AB-P234	P	3 099.40	79.80	0.10	<0.01	6.00	14.10	−32.7	−32.4	−28.2		
	AB-UD2056	D_3	4 094.80	79.10	0.02	<0.01	4.60	16.20	−30.8	−25.8			
	Su-P100	P	2 882.00	91.50	0.20	<0.01	4.20	3.10	−27.5	−31.2	−32.0		
	Su-UT27	T_3	1 411.30	84.50	0.28	0.01	6.80	8.30	−32.8	−38.8	−35.2		
	Su-UT15	T_3	805.10	77.90	0.17	<0.01	8.60	13.30	−31.8	−38.1			
	Su-UT11	T_3	1 293.10	65.80	0.15	0.01	11.30	22.80	−31.9	−41.1	−41.8		
	Su-UT16	T_3	1 094.70	54.40	0.09	0.01	14.00	29.50	−31.8	−42.1	−42.6		

注：T_2l. 三叠系雷口坡组。

表 3 四川盆地普光气田天然气地球化学数据

井号	地层	主要组分/%						$\delta^{13}C$/‰		参考文献
		CH_4	C_2H_6	C_3H_8	CO_2	N_2	H_2S	C_1	C_2	
PG7	T_1f_1	78.31	0.12		8.44	0.29	12.50	−29.5	−29.1	本文
PG8	P_2ch，T_1f	80.22	0.21		8.07	6.56	5.00	−39.0	−31.5	
PG9	P_2ch	76.02	0.16	0.01	9.37	1.01	13.50	−29.6	−30.6	
PG-2	T_1f	76.69	0.19		7.89	0.40	14.80	−30.9	−28.5	[26]
PG-2	T_1f	76.02	0.02		7.81	0.44	15.58	−30.9	−28.5	
PG-2	T_1f	74.46	0.22		7.89	0.51	16.89	−30.5	−29.1	
PG-2	P_2ch	75.00	0.33		8.73	0.47	15.40	−30.1	−27.7	
PG-2	P_2l	74.20	0.02		9.46	0.55	16.00	−30.6	−25.2	
G2	T_1f_1	75.63	0.11		7.96	0.44	15.82	−31.0	−28.8	[23]

注：T_1f. 三叠系飞仙关组；P_2ch. 二叠系长兴组；P_2l. 二叠系龙潭组。

（3）无机烷烃气为主、煤成气为辅徐深型混合烷烃气。松辽盆地徐家围子断陷徐深大气田（曾称庆深大气田）储层为下白垩统营城组火山岩。徐深大气田由众多较小的营城组气藏（田）群组成，主要有汪家屯、升平、兴城和丰乐气藏（田）（图 7）。众多学者[2,27~30]研究指出，这些营城组烷烃气为无机成因，混有煤成气，但关于两者的相对比例则有不同观点。有人认为徐深气田以煤成气为主，但有无机烷烃气的掺入而成混合气[28,29]；也有人认为以无机烷烃气为主，有部分煤成烷烃气相混[2]。笔者认为徐深大气田是无机烷烃气为主、煤成气为辅的混合气，理由如下。

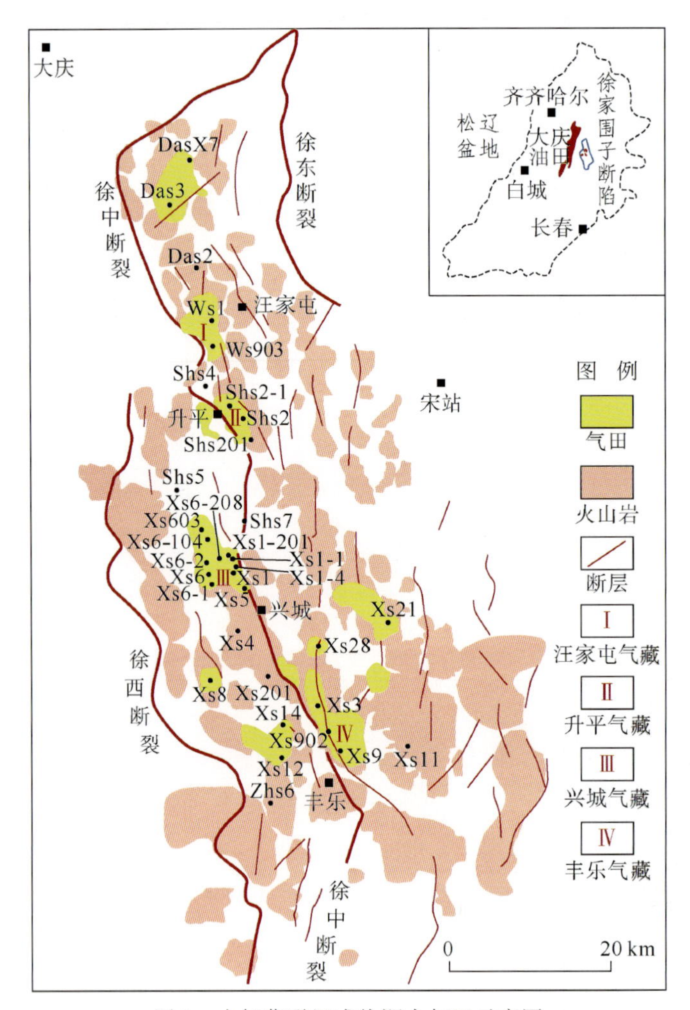

图7　小气藏群组成徐深大气田示意图

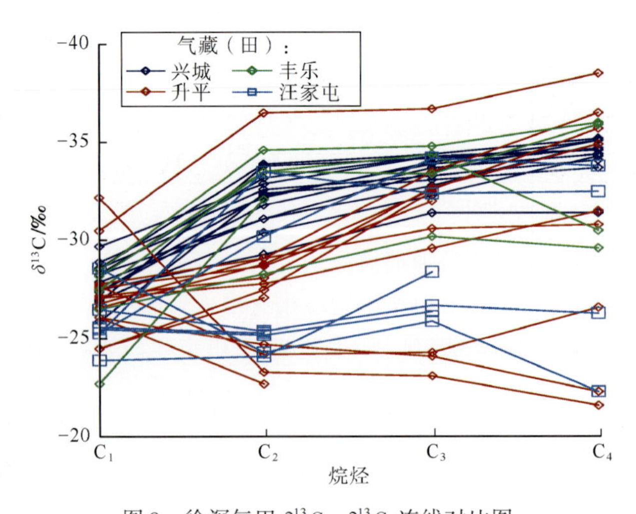

图8　徐深气田 $\delta^{13}C_1$-$\delta^{13}C_4$ 连线对比图

表 4 松辽盆地徐深气田天然气地球化学数据

气田	井名	地层	组分/%					$\delta^{13}C$/‰				氦同位素		Hg 含量/(Mng/m³)	参考文献
			CH_4	C_2H_6	C_3H_8	C_4H_{10}	CO_2	C_1	C_2	C_3	C_4	$R/10^{-6}$	R/R_a		
兴城	Xs1	K_1yc	92.60	2.60	0.80	0.30	2.30	-27.4	-32.3	-33.9	-34.7				[2]
	Xs1	J_3hs_1	93.20	3.20	0.50	0.20	1.80	-29.7	-32.9	-34.3		1.5	1.1		
	Xs1-1	K_1yc	93.60	3.20	0.40	0.10	1.40	-28.9	-32.6	-33.3	-34.1	1.5	1.1		
	Xs1-4	K_1yc	94.50	2.20	0.50	0.20	1.40	-27.4	-31.8	-33.7	-34.4	1.2	0.8		
	Xs1-201	K_1yc	94.60	2.10	0.40	0.10	1.50	-28.6	-32.2	-34.0	-35.1	1.6	1.2		
	Xs5	K_1yc	91.00	2.30	0.60	0.20	4.10	-28.6	-33.9	-34.4	-35.2	1.2	0.9		
	Xs6	K_1yc	94.50	3.10	0.50	0.20	0.40	-28.3	-33.2	-34.3	-34.6	1.5	1.0		
	Xs6-1	K_1yc	94.40	2.50	0.60	0.30	0.30	-26.9	-33.8	-34.2	-34.6	1.7	1.2		
	Xs6-2	K_1yc	95.40	2.30	0.50	0.10	0.20	-25.9	-32.4	-33.1	-33.7	1.2	0.9		
	Xs603	K_1yc	95.00	3.10	0.30	0.10	0.40	-27.0	-30.4	-32.3	-34.3	1.7	1.2		
	Xs6-102	K_1yc	94.50	2.20	0.20	0.10	0.20	-27.5	-29.3	-31.4	-31.4				
	Xs6-104	K_1yc	95.90	2.20	0.20	0.10	0.30	-27.9	-31.1	-32.8	-34.9	1.8	1.3		
	Xs6-208	K_1yc	95.70	2.20	0.20	0.10	0.30	-28.3	-31.1	-33.5	-35.1	1.7	1.2		
升平	Shs2	K_1d	94.60	1.60	0.30	0.10	0.20	-27.8	-29.1	-30.6	-30.8				
	Shs2-1	K_1yc	92.70	1.50	0.20	0.30	2.60	-26.8	-29.1	-33.5	-36.5	2.5	1.9		
	Shs2-25	K_1yc	92.70	1.40	0.30	0	2.60	-26.6	-28.8	-32.6	-35.7	2.4	1.7	3.50	
	Shs2	K_1yc	92.00	1.40	0.20	0	0.70	-27.2	-28.1	-32.7	-34.9	2.5	1.8		
	Shs1	K_1yc	93.70	2.10	0.50	0.10	0.20	-26.1	-24.7	-24.1	-22.3	1.4	1.0		本文
	Shs1	K_1d	92.10	2.10	0.40	0.10		-27.7	-24.2	-24.3	-26.6				[31]
	Shs4	K_1d	91.20	1.60	0.60	0.20		-27.1	-27.8	-29.6	-31.5				
	Shs4	K_1yc	88.50	1.50	1.00	0.40		-30.5	-36.5	-36.7	-38.5				
	Shs6	K_1sh	86.70	4.60	1.10	0.30		-32.2	-23.3	-23.1	-21.6				
	Shs2	K_1yc	81.60	1.90	0.20	0.20		-28.3	-27.7	-35.3	-37.6				
	Shs2	K_1yc	94.74	1.24	0.06	0.01	0.38	-26.1	-22.7						[29]
	Shs2-7	K_1yc	92.19	1.56	0.12	0.04	2.73	-24.5	-27.1						
	Shs2-12	K_1yc	91.90	1.56	0.12	0.04	2.73	-24.5	-27.5	-32.5					
	Shs2-21	K_1yc	92.69	1.51	0.12	0.04	2.64	-27.6	-28.7	-32.0					
丰乐	Xs3	K_1yc	92.48	2.39	0.40	0.23	2.02	-22.7	-32.1						
	Xs302	K_1yc	89.88	1.38	0.29	0.29	4.05	-26.5	-28.3	-30.2	-29.6				
	Xs9	K_1yc	89.85	2.04	0.30	0.11	5.33	-27.5	-33.5	-34.4	-30.5				
	Xs902	K_1yc	91.99	2.10	0.32	0.19	2.80	-28.2	-33.5	-33.4	-35.9				
	Xs903	K_1yc	83.28	2.10	0.42	0.17	8.96	-28.5	-34.6	-34.8	-36.0				
汪家屯	W905	K_1yc	85.86	1.89	0.71	0.41	7.44	-25.3	-30.2	-34.2	-33.8				
	Ws1	K_1yc	90.99	1.57	0.23	0.10	1.56	-25.6	-25.3	3.37				3.37	
	Ws1	K_1yc	92.97	1.52	0.21	0.09	0.12	-25.5	-25.2	-26.4					[28]
	Ws101	K_1yc	93.07	1.07	0.05	0.01	0.96	-23.9	-24.1	-28.4					
	Ws902	K_1d	95.68	1.45	0.17	0.03	0.57	-28.6	-24.3	-25.9	-22.3				
	Ws902	基底	94.90	1.73	0.16	0.06	0.37	-26.5	-25.4	-26.7	-26.3				
	Ws903	基底	82.22	1.30	0.18	0.05	12.21	-25.3	-33.5	-32.4	-32.5				

注：K_1yc. 下白垩统营城组；J_3hs_1. 上侏罗统火石岭组；K_1sh. 下白垩统沙河子组；K_1d. 下白垩统登娄库组。

① 负碳同位素系列占优势，说明无机烷烃气为主。从图8 和表4 可见：该大气田烷烃气碳同位素主要是负碳同位素系列（$\delta^{13}C_1>\delta^{13}C_2>\delta^{13}C_3>\delta^{13}C_4$），在39 个气样中有23 个为负碳同位素系列，占总数的59.0%；具有正碳同位素系列（$\delta^{13}C_1<\delta^{13}C_2<\delta^{13}C_3<\delta^{13}C_4$）的气样仅有4 个，占总数的10.3%；碳同位素倒转的气样有12 个，占总数的30.7%。负碳同位素系列一般是无机成因气的特征[2,27,31~34]，负碳同位素系列烷烃气在俄罗斯克拉半岛岩浆岩包裹体、北大西洋 Lost City 大洋中脊和澳大利亚 Muchison 碳质陨石中均有发现[33,35,36]。有机成因烷烃气既可是煤成气，也可是油型气。表4 中呈正碳同位素系列特征的4 口井（Shs1 井、Shs2 井[29]、Shs6 井[31]、Ws1 井[29]），其 $\delta^{13}C_2$ 值为 -24.7‰、-22.7‰、-23.3‰ 和-25.3‰，按油型气、煤成气判别标准[19]，这4 口井烷烃气均属煤成气。综上所述，徐深大气田的无机成因烷烃气占59%，煤成烷烃气仅占10.3%，而碳同位素倒转的烷烃气占30.7%，故由此得出结论，徐深大气田的烷烃气以无机成因烷烃气为主，煤成气为辅[4]。

② 幔源氦含量多，证实深源无机烷烃气的存在。一般认为地壳氦 R/R_a 值为0.01 ~ 0.10[37]，Jenden 等[38]指出 R/R_a 值大于0.1 时指示有幔源氦存在。由表4 可见，徐深气田天然气 R/R_a 值为0.8 ~ 1.9，说明其中含有10.3% ~ 21.6% 的幔源氦。戴金星指出当 R/R_a 值大于0.5、$\delta^{13}C_1-\delta^{13}C_2$ 值大于0 时，烷烃气才是无机成因[39]。表4 中有 R/R_a 数据的井其 $\delta^{13}C_1-\delta^{13}C_2$ 值均大于0，说明这些井烷烃气多是无机成因。

③ 升平气藏和汪家屯气藏部分气井汞含量极高（Shs2 井 Hg 含量为4.05Mng/m^3；Shs2-25 井 Hg 含量为3.50Mng/m^3；Ws1 井 Hg 含量为3.37Mng/m^3）。以往认为世界上汞含量最高的天然气为德国 Woostorove 气田赤底统天然气，其 Hg 含量为3.00Mng/m^3[1,40]，后来在德国北部发现 Hg 含量可高达4.35Mng/m^{3}的天然气[41]（图9）。高、极高含汞天然气中汞的成因主要有两种：其一，地壳深部无机来源汞常在深断裂带活化期间，形成沿断裂带延伸的汞晕或单个汞晕环，或在断裂带相关的圈闭中形成高含汞气田或油气田，此为地球排汞气作用，汞与地幔氦具有相关关系[42~44]。刘全有最近指出，塔里木盆地汞含量最高的 KS102 井和高含汞的 AK1 井不仅汞含量高，同时也是该盆地天然气 R 值（$^3He/^4He$）最高者，有幔源氦踪迹，表现了天然气高含汞与地幔氦的相关性，高含量的汞和一些幔源氦通过南天山和昆仑山深大断裂运移到地壳[45]。其二，根据美国和中国一些煤岩中汞含量的统计，李剑等认为煤岩以其自身的汞就可形成汞含量为6550 ~ 14077670ng/m^{3}的天然气，并指出松辽盆地天然气中的汞不可能为幔源成因[46]。由表4 可见，Shs2-25 井汞含量极高，为3.50Mng/m^3，R/R_a 值为1.7，即含有20.7% 幔源氦，表明高含汞气具有幔源成因标志，同时烷烃气具有负碳同位素系列，也证明为无机成因。

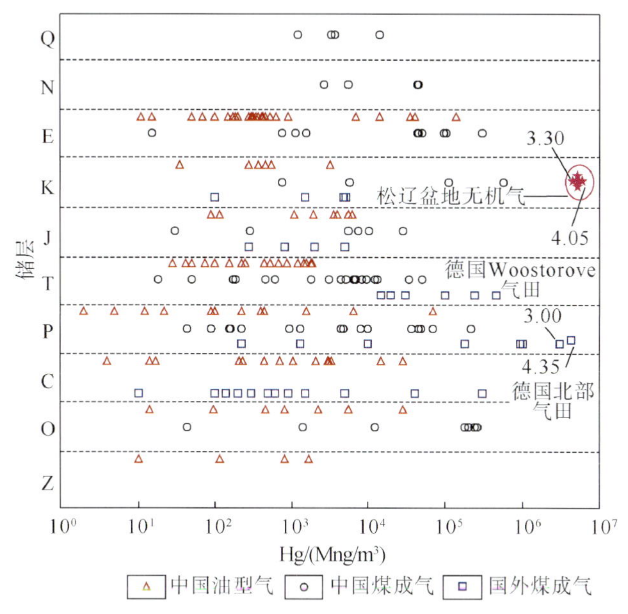

图9 世界煤成气[47]、油型气和无机气中汞含量对比

三、地质特征

1. 储层

1）储层层系

威远大气田为“中国最古老的气藏”，储层为震旦系灯影组[48]；中国还在“最年轻”的第四系中发现储量分别达 1062 亿 m^3、990 亿 m^3 和 826 亿 m^3 的台南、涩北一号和涩北二号 3 个大气田，在极“年轻”地层中发现储量如此大的气田，在世界上独一无二。张子枢[49]曾指出世界上有 114 个大气田，但未在第四系中发现大气田。由图 6 可见，截至 2011 年，中国除在寒武系、志留系和泥盆系外，其他各层系均发现了大气田。另外最近在四川盆地川中地区寒武系龙王庙组发现了大气田，在蜀南地区志留系龙马溪组页岩中打出高产页岩气井，均预示寒武系和志留系也可形成大气田。因此，中国在古生界、中生界和新生界的各层系中均有发现大气田的潜力。图 6 还显示，二叠系和三叠系是中国发现大气田最多的层系，分别有 12 个和 14 个大气田。各储层不仅发现大气田数目有别，同时探明天然气储量也不一。由图 10 可见：中国大气田发现储量最多的储层是二叠系和三叠系，探明储量分别为 23642.7 亿 m^3 和 14314.7 亿 m^3，分别占大气田储量的 34.8% 和 21.1%。二叠系和三叠系发现大气田数量及其探明储量分别居全国第一、第二，与这两个层系中发育煤系气源岩有关，如鄂尔多斯盆地二叠系山西组和太原组煤系气源岩[14,50,51]；四川盆地三叠系须家河组煤系气源岩[8,50~52]。根据对世界储量大于 500 亿 m^3 的 306 个气田的统计，白垩系储量最大，占 37.4%，第二位为石炭-二叠系，占 26.3%[49]，也与两层系中发育煤系气源岩有关。

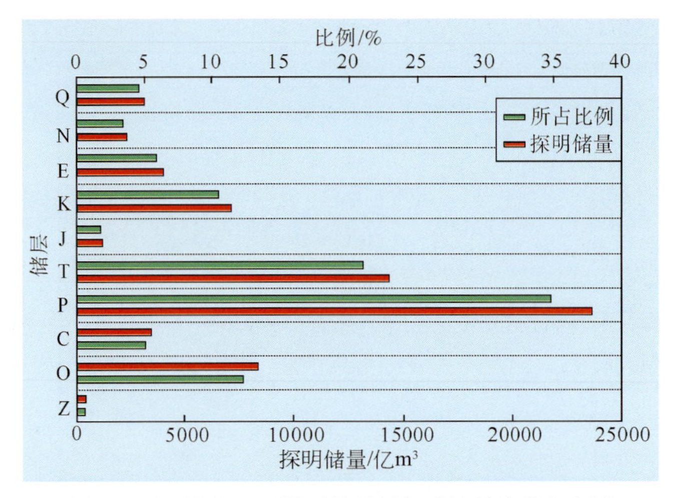

图10　中国大气田不同时代储层探明储量及所占比例

2）储层岩类

中国大气田储层岩类多，在砂岩、碳酸盐岩和火山岩三大岩类中均有发现。砂岩中天然气储量达44744.02亿m^3，碳酸盐岩中储量为18422.13亿m^3，火山岩中储量为4779.75亿m^3，分别占全国大气田总储量的65.9%、27.1%和7.0%。虽然砂岩中储量为碳酸盐岩的2.4倍，但中国未来在碳酸盐岩中发现大气田的潜力不容忽视。中国火山岩大气田主要储集层系为下白垩统和石炭系（图6）。松辽盆地徐深、长岭1-松南和龙深气田在下白垩统营城组近火山口或火山口附近流纹岩、流纹质晶屑熔结凝灰岩中发现天然气。在徐深大气田所在徐家围子断陷，据不完全统计，已发现95个火山岩气藏。在准噶尔盆地克拉美丽大气田，天然气主要聚集在英安岩、玄武岩和流纹岩中[53]。

截至1990年，世界114个大气田中，砂岩中天然气储量占62.7%，碳酸盐岩中储量占37.3%[48]，未发现火山岩大气田。但1990年后世界发现了火山岩大气田，如在澳大利亚Browse盆地溶流玄武岩中发现储量为3877亿m^3的Scott Reef油气田；在纳米比亚Orange盆地玄武岩中探明储量为849亿m^3的Kudu大气田；在美国Monroe Uplift盆地凝灰岩中探明储量为399亿m^3的Richland气田[54]。以此类推，在中国东部和西部火山岩发育的沉积盆地，还有继续发现火山岩大气田的潜力。

3）致密砂岩大气田作用

致密砂岩大气田作用举足轻重。截至2011年年底，中国共发现48个大气田，其中16个致密砂岩大气田，共探明天然气储量32032.51亿m^3，占全国大气田储量（67945.9亿m^3）的47.1%，占全国天然气总储量（83418亿m^3）的38.4%。2011年16个致密砂岩大气田共产气267.99亿m^3，为当年全国大气田产气量的36.6%，全国产气量的26.1%。

2. 成藏期及时间

中国大部分大气田具有“晚期成藏”或“超晚期成藏”特征。由图11可见，除鄂尔多斯盆地大气田成藏期在侏罗纪—白垩纪外，中国其他大气田最晚一期成藏均为新生代的古近纪、新近纪和第四纪。根据大气田生气高峰、储层和气源岩的关系，中国气田成藏历程可归纳为[55,56]：①超晚期（新近纪—第四纪）生烃成藏型，如莺琼盆地崖13-1气田主要成藏期为第四纪，自距今5.2Ma至今，现今仍处于聚气阶段[57]；塔里木盆地库车拗陷克拉2气田天然气的主要充注期为距今1～3Ma[58]。②晚期（古近纪—新近纪）生烃成藏型，如准噶尔盆地南缘的主要气源岩为侏罗系煤系，天然气成藏的主要时期为新近纪。③早期（中生代为主）生烃聚集、晚期（新近纪—第四纪）定型成藏型，如四川盆地川西拗陷的上三叠统煤系主要生气期为晚侏罗世—早白垩世，但后经喜马拉雅运动多期改造，定型于新近纪—第四纪（新场气田）。④早期（中生代为主）生烃成藏型，如鄂尔多斯盆地为稳定的克拉通盆地，后期的构造运动较为微弱，盆地内主要大气田的成藏期为侏罗纪—白垩纪。前人对苏里格气田的充注和成藏期认识有所不同，但都认为距今156～168Ma或154～190Ma为主要充注期，距今143～148Ma或96～137Ma是主要成藏期[59～62]。

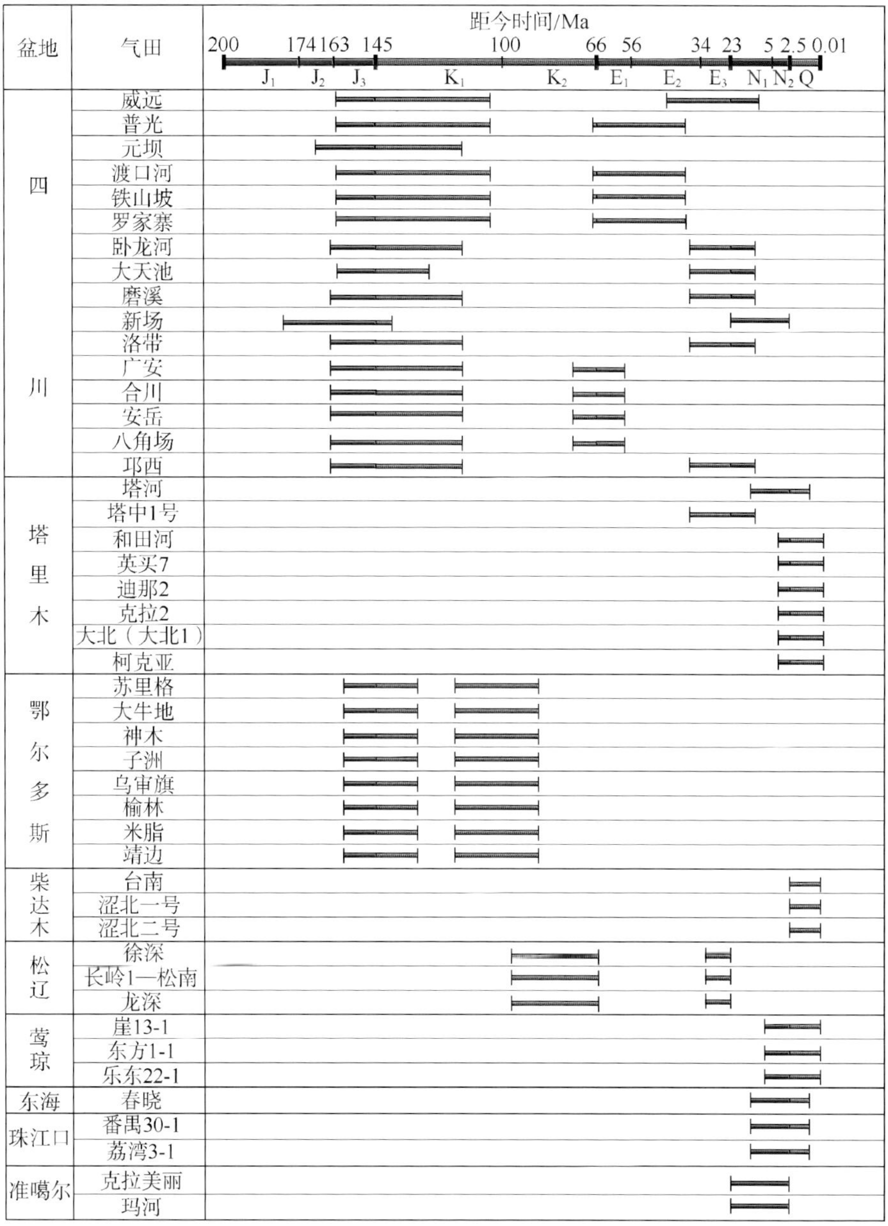

图11　中国大气田成藏期次

中国盆地具有多旋回性（多次褶皱、多次圈闭形成、多次抬升间断和沉降、多期构造断裂、多期岩浆活动、多套生储盖组合和多次成藏等），导致早期形成的大气田遭到破坏，只有晚期成藏才有利于天然气保存而形成大气田[63]。而鄂尔多斯盆地的大气田却为早期生烃成藏型，这是由于鄂尔多斯盆地是中国最稳定的沉积盆地之一，盆地内部地层倾角小于1°，后期的多旋回性十分微弱，早期形成的致密砂岩储层为石炭-二叠系煤系生成的天然气提供了良好的储集场所。

3. 气藏类型

天然气藏的分类对于认识各类天然气藏的形成和分布特征、指导天然气的勘探和开发意义重大。许多石油地质学家依据不同的划分标准对油气藏进行了分类[64~68]，并以“油气藏”统一论述，把气藏置于从属地位，依附于油藏，并未根据气藏的特殊性单独进行分类。直到近来才出现了对气藏的专门分类[69~72]，如司徒愈旺[69]将天然气藏分为构造圈闭气藏、岩性圈闭气藏和地层圈闭气藏三大类8 小类；戴金星和戚厚发[70]将天然气藏归纳为构造气藏、岩性气藏和古风化壳气藏三类7 型和若干式。本文依照科学性和实用性原则，以圈闭的成因为主要分类依据，将天然气藏划分为构造、岩性、地层三大类，在各大类中按圈闭形成的主导因素进一步细分为若干亚类（图12），可见中国大气田气藏类型较多。

1）构造气藏

（1）背斜气藏：在构造运动作用下，地层发生弯曲，形成向周围倾伏的背斜，称为背斜圈闭。中国柴达木盆地台南、涩北一号、涩北二号及四川盆地威远等气藏为典型的背斜气藏。

（2）断背斜气藏：断背斜是指明显受断层切割或由断层作用形成的背斜，这类气藏在塔里木盆地库车拗陷较为常见，如克拉2 气田，四川盆地卧龙河气田也属于此类气藏。

（3）底辟拱升背斜气藏：底辟拱升背斜圈闭是塑性地层如泥岩、盐岩或石膏层在不均匀重力负荷或水平应力条件下蠕动抬升，使上覆地层发生变形形成的背斜圈闭，莺歌海盆地东方1-1 气藏和乐东22-1 气藏即属于此类气藏。

2）岩性气藏

（1）生物礁型气藏和鲕滩型气藏，这两类气藏在近年中国海相碳酸盐岩油气勘探中取得了重要发现，普光气藏为典型代表。

（2）火山岩型气藏：储集体主要是具有一定孔隙度和渗透性的火山岩，这类气藏在中国准噶尔盆地和松辽盆地取得了重要发现，如克拉美丽气田、徐深气田等。

（3）致密型气藏：致密型气藏主要指致密砂岩气藏，其储层覆压渗透率低于0.1mD，是一类低孔、低渗气藏，这类气藏在中国鄂尔多斯盆地石炭-二叠系、四川盆地三叠系须家河组等煤系中广为发现，如苏里格、大牛地、广安、合川等气藏。

3）地层气藏

这类气藏以鄂尔多斯盆地靖边气田为典型代表，其奥陶系顶部经历了长达140Ma 的风化剥蚀，形成风化壳和古岩溶体系，为天然气提供了有利储集空间，上部或侧向被致密白云岩或石炭系泥岩封堵而形成圈闭。

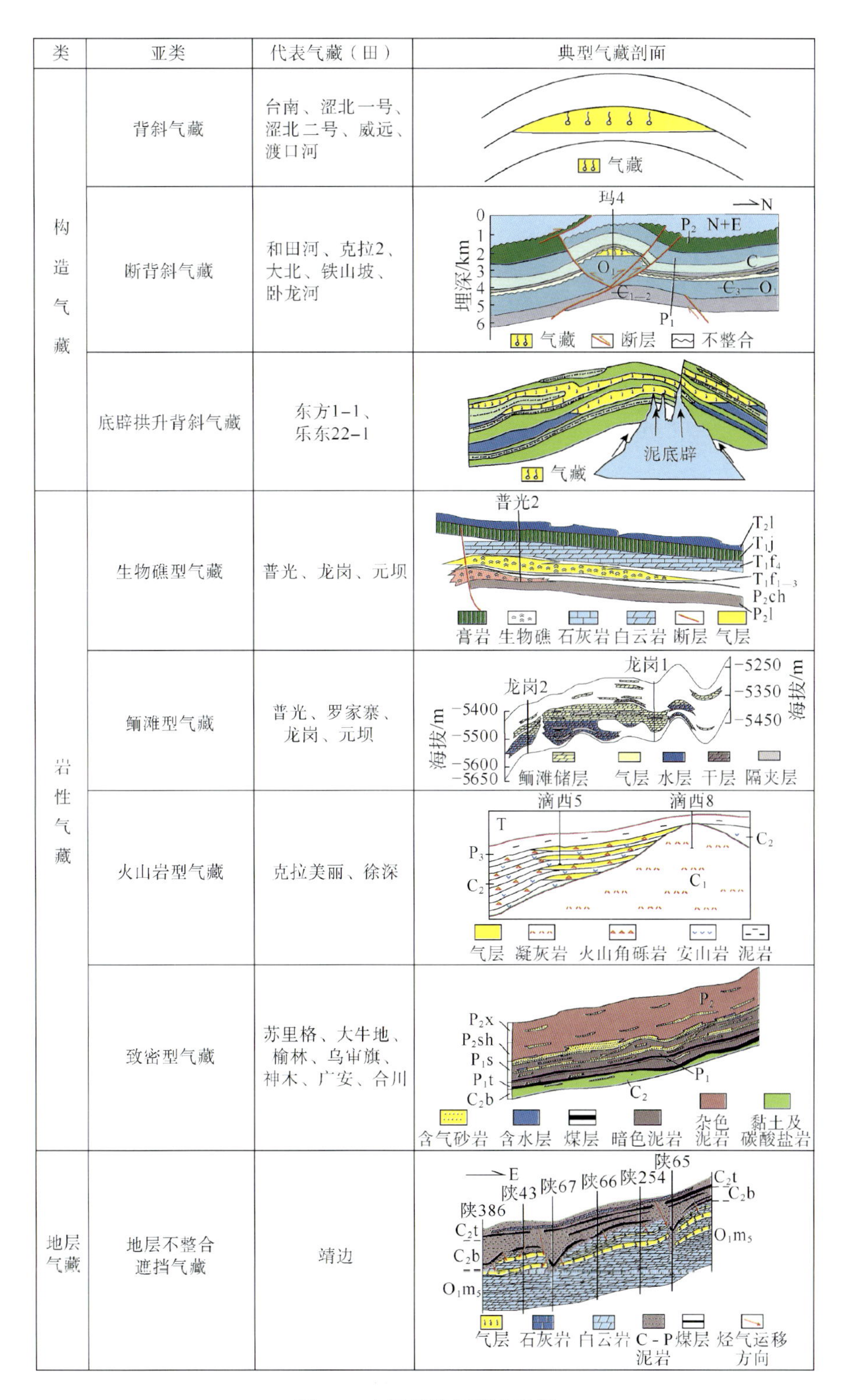

类	亚类	代表气藏（田）	典型气藏剖面
构造气藏	背斜气藏	台南、涩北一号、涩北二号、威远、渡口河	气藏
	断背斜气藏	和田河、克拉2、大北、铁山坡、卧龙河	玛4 N P_2 N+E C O_1 C_{1-2} $C_3—O_1$ P_1 埋深/km 0 1 2 3 4 5 6 气藏 断层 不整合
	底辟拱升背斜气藏	东方1-1、乐东22-1	泥底辟 气藏
岩性气藏	生物礁型气藏	普光、龙岗、元坝	普光2 T_2l T_1j T_1f_4 T_1f_{1-3} P_2ch P_2l 膏岩 生物礁 石灰岩 白云岩 断层 气层
	鲕滩型气藏	普光、罗家寨、龙岗、元坝	龙岗1 龙岗2 −5250 −5350 −5450 海拔/m −5400 −5500 −5600 −5650 海拔/m 鲕滩储层 气层 水层 干层 隔夹层
	火山岩型气藏	克拉美丽、徐深	滴西5 滴西8 T C_2 P_3 C_2 C_1 气层 凝灰岩 火山角砾岩 安山岩 泥岩
	致密型气藏	苏里格、大牛地、榆林、乌审旗、神木、广安、合川	P_2 P_2x P_2sh P_1s P_1t C_2b P_1 C_2 含气砂岩 含水层 煤层 暗色泥岩 杂色泥岩 黏土及碳酸盐岩
地层气藏	地层不整合遮挡气藏	靖边	E 陕43 陕67 陕66 陕254 陕65 陕386 C_2t C_2b O_1m_5 气层 石灰岩 白云岩 C-P泥岩 煤层 烃气运移方向

图12 中国天然气藏分类图

T_2l. 三叠系雷口坡组；T_1j. 三叠系嘉陵江组；T_1f. 三叠系飞仙关组；P_2ch. 二叠系长兴组；P_2l. 二叠系龙潭组；P_2x. 二叠系上石盒子组；P_2sh. 二叠系下石盒子组；P_1t. 二叠系太原组；C_2b. 石炭系本溪组；O_1m. 奥陶系马家沟组；P_1s. 二叠系山西组

四、结论

中国大气田的主要地质和地球化学特征为：① 天然气组分以烷烃气为主，根据1025个气样统计，甲烷平均含量达88.22%，乙烷、丙烷和丁烷平均含量分别为3.31%、0.97%和0.49%；② 天然气类型以煤成气为主，全国储量最大和年产气量最多的气田——苏里格气田就为典型煤成气田；③ 储层的层系和类型较多，中国古生界、中生界和新生界各层系均有发现大气田的潜力，大气田主要储存在砂岩、碳酸盐岩和火山岩中；④ 致密砂岩大气田起举足轻重作用，截至2011年致密砂岩大气田的探明储量和产气量分别占全国的47.1%和26.1%；⑤“晚期成藏”和“超晚期成藏”，除鄂尔多斯盆地大气田成藏期在侏罗纪—白垩纪外，所有大气田最晚期成藏均在新生代；⑥ 气藏类型多，即有构造、岩性和地层3类。

参考文献

[1] 戴金星，戚厚发，郝石生．天然气地质学概论．北京：石油工业出版社，1989. 24～27
[2] 戴金星，胡国艺，倪云燕等．中国东部天然气分布特征．天然气地球科学，2009，20（4）：471～487
[3] 戴金星，廖凤蓉，倪云燕．四川盆地元坝和通南巴地区须家河组致密砂岩气藏气源探讨：兼答印峰等．石油勘探与开发，2013，40（2）：250～256
[4] Dai J X，Gong D Y，Ni Y Y，*et al.* Genetic types of the alkane gases in giant gas fields with proven reserves over $1000\times10^8 m^3$ in China. Energy Exploration and Exploitation，2014，32（1）：1～13
[5] Whiticar M. Carbon and hydrogen isotope systematics of bacterial formation and oxidation of methane. Chemical Geology，1999，161：291～314
[6] 戴金星．中国煤成气研究30年来勘探的重大进展．石油勘探与开发，2009，36（3）：264～279
[7] 戴金星，陈践发，钟宁宁等．中国大气田及其气源．北京：科学出版社，2003. 83～163
[8] Dai J X，Ni Y Y，Zou C N. Stable carbon and hydrogen isotopes of natural gases sourced from the Xujiahe Formation in the Sichuan Basin，China. Organic Geochemistry，2012，43：103～111
[9] Dai J X，Wu X Q，Ni Y Y，et al. Geochemical characteristics of natural gas from mud volcanoes in the southern Junggar Basin. Science in China：Series D，2012，55（3）：355～367
[10] 康竹林，傅诚德，崔淑芬等．中国大中型气田概论．北京：石油工业出版社，2000. 67～319
[11] 邓鸣放，陈伟煌．崖13-1大气田形成的地质条件．见：煤成气地质研究论文集．北京：石油工业出版社，1992. 73～81
[12] 陈安定．陕甘宁盆地中部气田奥陶系天然气的成因及运移．石油学报，1994，15（2）：1～10
[13] 黄第藩，熊传武，杨俊杰等．鄂尔多斯盆地中部气田气源判别和天然气成因类型．天然气工业，1996，16（6）：1～5
[14] Dai J X，Li J，Luo X，*et al.* Stable carbon isotope compositions and source rock geochemistry of the giant gas accumulations in the Ordos Basin，China. Organic Geochemistry，2005，36：1617～1635
[15] 夏新宇．碳酸盐岩生烃与长庆气田气源．北京：石油工业出版社，2000. 136～162
[16] 张文正，裴戈，关德师．鄂尔多斯盆地中生界原油轻烃单体系列碳同位素研究．科学通报，1992，37（3）：248～251
[17] 关德师，张文正，裴戈．鄂尔多斯盆地中部气田奥陶系产层的油气源．石油与天然气地质，1993，14（3）：191～199
[18] 杨华，张文正，昝川莉等．鄂尔多斯盆地东部奥陶系盐下天然气地球化学特征及其对靖边气田气

源再认识．天然气地球科学，2009，20（1）：8～14
[19] 戴金星．天然气烷烃气碳同位素研究的意义．天然气工业，2011，31（12）：1～6
[20] 赵文智，王红军，曹宏等．中国中低丰度天然气资源大型化成藏理论与勘探开发技术．北京：科学出版社，2013. 99
[21] Cai C F，Worden R H，Bottrell S H. Thermochemical sulphate reduction and the generation of hydrogen sulphide and thiols（mercaptans）in Triassic carbonate reservoirs from the Sichuan Basin，China. Chemical Geology，2003，202：39～57
[22] 朱光有，张水昌，梁英波等．川东北地区飞仙关组高含 H_2S 天然气 TSR 成因的同位素证据．中国科学（D 辑），2005，35（11）：1037～1046
[23] 郭旭升，郭彤楼．普光、元坝碳酸盐岩台地边缘大气田勘探理论与实践．北京：科学出版社，2012. 280～308
[24] Barbala T，Scott M，Stephen H，et al. Gas isotope reversals in fractured gas reservoirs of the western Canadian Foothills：Mature shale gases in Disguise. AAPG Bulletin，2011，95（8）：1399～1422
[25] Ma Y S，Cai X Y，Guo T L. The controlling factors of oil and gas charging and accumulation of Puguang gas field in the Sichuan Basin. Chinese Science Bulletin，2007，52（Suppl）：193～200
[26] Hao F，Guo T L，Zhu Y M，*et al.* Evidence for multiple stages of oil cracking and thermochemical sulfate reduction in the Puguang gas field，Sichuan Basin，China. AAPG Bulletin，2008，92（5）：611～637
[27] Dai J X，Yang S F，Chen H L，*et al.* Geochemistry and occurrence of inorganic gas accumulation in Chinese sedimentary basin. Organic Geochemistry，2005，36（12）：1664～1688
[28] Feng Z Q. Volcanic rock as prolific gas reservoir：A case study from the Qingshen gas field in the Songliao Basin，NE China. Marine and Petroleum Geology，2008，25：416～432
[29] Zeng H S，Li J K，Huo Q L. A review of alkane gas geochemistry in the Xujiaweizi fault-depression，Songliao Basin. Marine and Petroleum Geology，2013，43：284～296
[30] 邹才能，赵文智，贾承造等．中国沉积盆地火山岩油气藏形成与分布．石油勘探与开发，2008，35（3）：257～271
[31] 杨玉峰，任延广，李景坤等．松辽盆地汪升地区深层天然气地球化学特征及成因．石油勘探与开发，1999，26（4）：18～21
[32] Galimov E M. Carbon isotopes in petroleum geology. Moscow：National Press. 1973
[33] Zorkin L M，Starobinets I S，Stadnik E V. Natural gas geochemistry of oil-gas bearing basin. Moscow：Mineral Press. 1984
[34] Dai J X. Identification and distinction of various alkane gases. Science in China：Series B，1992，35（10）：1246～1257
[35] Proskurowski G，Lilley M D，Seewald J S，*et al.* Abiogenic hydrocarbon production at Lost City hydrothermal field. Science，2008，319（5863）：604～607
[36] Yuen G，Blair N，Des Marais D J，*et al.* Carbon isotope composition of low molecular weight hydrocarbons and monocarboxylic acids from Murchison meteorite. Nature，1984，307（5948）：252～254
[37] 王先彬．稀有气体同位素地球化学和宇宙化学．北京：科学出版社，1989
[38] Jenden P D，Kaplan I R，Hilton D R，et al. Abiogenic hydrocarbons and mantle helium in oil and gas fields. United States Geological Survey，Professional Paper，1993，1570：31～56
[39] 戴金星，邹才能，张水昌等．无机成因和有机成因烷烃气的鉴别．中国科学（D 辑），2008，38（11）：1329～1341
[40] Якучени В П. Интенсивное Газонокопление в Недрах. Ленинград：Наука. 1984
[41] Zettlitzer M. Determination of elemental，inorganic and organic mercury in North German condensates and

formation brines. SPE 37260，1997：509～513
[42] Озерова Н А. Новый ртутный рудный пояс в западной европе. Геология Рудных Месторождений，1981，23（6）：49～56
[43] Ozerova N A. Mercury and Endogenic Ore Formation. Moscow：Nauka. 1986
[44] 黄学，牛彦良，陈树耀．地球排气作用：地球动力学、地球流体、石油与天然气．上海：上海远东出版社，2008. 29～30
[45] 刘全有．塔里木盆地天然气中汞含量与分布特征．中国科学（D 辑），2013，43（5）：789～797
[46] 李剑，韩中喜，严启田等．中国气田天然气中汞的成因模式．天然气地球科学，2012，23（3）：413～419
[47] 戴金星，戚厚发，王少昌等．我国煤系的气油地球化学特征、煤成气藏形成条件及资源评价．北京：石油工业出版社，2001. 58
[48] 徐永昌，沈平，李玉成．中国最古老的气藏：四川威远震旦纪气藏．沉积学报，1989，7（4）：1～11
[49] 张子枢．世界大气田概论．北京：石油工业出版社，1990. 246～272
[50] 赵文智，卞丛胜，徐兆辉．苏里格气田与川中须家河组气田成藏共性与差异．石油勘探与开发，2013，40（4）：400～408
[51] 邹才能，陶士振，袁选俊等．“连续型”油气藏及其在全球的重要性：成藏、分布与评价．石油勘探与开发，2009，36（6）：669～682
[52] 赵文智，王红军，徐春春等．川中地区须家河组天然气藏大范围成藏机理与富集条件．石油勘探与开发，2010，37（2）：146～157
[53] 邹才能，陶士振，侯连华等．非常规油气地质．北京：地质出版社，2011. 206～230
[54] Petford N，Mccaffrey K J W. Hydrocarbon in crystalline rocks. London：The Geological Society of London，2003
[55] 王庭斌．中国气田的成藏特征分析．石油与天然气地质，2003，24（2）：103～108
[56] 王庭斌．天然气与石油成藏条件差异及中国气田成藏模式．天然气地球科学，2003，14（2）：79～88
[57] 郝石生，陈章明．天然气藏的形成与保存．北京：石油工业出版社，1995. 44～59
[58] 赵靖舟，戴金星．库车油气系统油气成藏期与成藏史．沉积学报，2002，20（2）：314～319
[59] 刘建章，陈红汉，李剑等．运用流体包裹体确定鄂尔多斯盆地上古生界油气成藏期次和时期．地质科技情报，2005，24（4）：60～66
[60] 刘新社，周立发，侯云东．运用流体包裹体研究鄂尔多斯盆地上古生界天然气成藏．石油学报，2007，28（6）：37～42
[61] 张文忠，郭彦如，汤达祯等．苏里格气田上古生界储层流体包裹体特征及成藏期次划分．石油学报，2009，30（5）：685～691
[62] 李贤庆，李剑，王康东等．苏里格低渗砂岩大气田天然气充注、运移及成藏特征．地质科技情报，2012，31（3）：55～62
[63] 戴金星．晚期成藏对大气田形成的重大作用．中国地质，2003，30（1）：10～19
[64] Levorsen A I. Geology of Petroleum. 2nd Edition. San Francisco：W H Freeman，1967. 236～380
[65] 胡见义，黄第藩，徐树宝等．中国陆相石油地质理论基础．北京：石油工业出版社，1991. 238～258
[66] 陈荣书．石油及天然气地质学．武汉：中国地质大学出版社，1994. 64～95
[67] 翟光明．中国石油地质志：总论．北京：石油工业出版社，1996. 562～574
[68] 张厚福，方朝亮，高先志等．石油地质学．北京：石油工业出版社，1998. 228～271

[69] 司徒愈旺．试论我国气藏的圈闭类型及其分布特点．天然气工业，1981，2（3）：5～17
[70] 戴金星，戚厚发．我国天然气藏类型的划分．石油学报，1982，3（4）：13～19
[71] 张子枢．天然气藏分类问题综述．天然气地球科学，1991，2（2）：55～60
[72] 田信义，王国苑，陆笑心等．气藏分类．石油与天然气地质，1996，17（3）：206～212

2000年以来中国大气田勘探开发特征*

进入21世纪，中国天然气产业整体呈现出良好的发展态势：储量持续高峰增长、产量快速上升、管网建设蓬勃发展、市场需求旺盛。总结2000年以来中国大气田勘探、开发的特征，可以为发现更多的大气田提供借鉴和思路。我国把探明天然气地质储量等于或大于300亿m^3的气田称为大气田。探明天然气地质储量处于边界的个别大气田（千米桥、玛河和番禺30-1气田等），由于之后天然气地质储量核算值降低而被除名。因此，目前中国探明大气田的数量较之于以往的研究成果[1-2]有所变化。截至2013年年底，中国探明的51个大气田地理与年代分布情况如图1、2所示。

一、勘探（地质）特征

关于中国大气田的地质特征，包括形成条件、分布规律、主控因素、储层岩性及年代，天然气成因及气源、圈闭和成藏期次等，前人已有不少的研究成果[3-8]，此不赘述。以下仅涉及尚少研究的勘探特征。

1. 大气田发现集中在面积逾10万km^2的盆地

中国共有沉积盆地417个，其中面积大于10万km^2的18个，介于1万~10万km^2的67个，小于1万km^2的332个[9]。从图1可见：我国已在四川、鄂尔多斯、塔里木、柴达木、准噶尔、松辽、莺琼、东海、珠江口9个盆地发现了大气田（台湾盆地发现铁砧山大气田，由于具体储量不明，故未包括在内，下同）。我国发现大气田的盆地面积最大的为塔里木盆地（约56万km^2），盆地面积最小的为柴达木盆地（10.4万km^2），目前尚未在盆地面积小于10万km^2的沉积盆地发现大气田。

由于我国18个面积大于10万km^2的盆地中仅有9个发现了大气田，还有9个盆地具有发现大气田的良好远景。除了在已发现大气田的9个面积大于10万km^2盆地继续发现大气田外，另外9个未发现大气田的盆地潜力也很大。因此，中国今后有可能陆续探明更多大气田。

沉积盆地越大，往往烃源岩面积也随之增大且层位增多，构造也稳定，为形成大气田提供了充足气源和良好保存两个最关键的条件，所以大盆地形成大气田往往储量就大、数

* 原载《天然气工业》. 2015. 第35卷，第1期，1~9，作者还有吴伟，房忱琛、刘丹

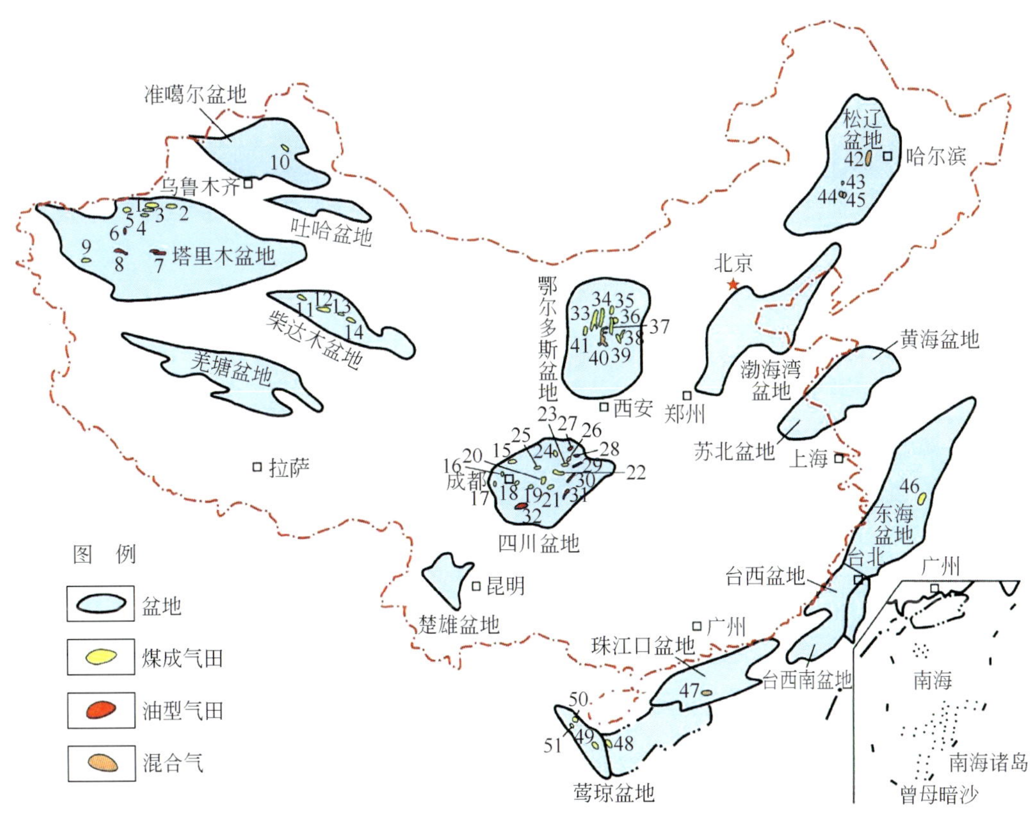

图1 中国主要沉积盆地和大气田分布图（截至2013年年底）

1. 克拉2；2. 迪那2；3. 克深2；4. 英买7；5. 大北；6. 塔河；7. 塔中Ⅰ；8. 和田河；9. 柯克亚；10. 克拉美丽；11. 东坪；12. 台南；13. 涩北一号；14. 涩北二号；15. 新场；16. 成都；17. 邛西；18. 洛带；19. 安岳；20. 磨溪；21. 合川；22. 广安；23. 龙岗；24. 元坝；25. 八角场；26. 普光；27. 铁山坡；28. 渡口河；29. 罗家寨；30. 大天池；31. 卧龙河；32. 威远；33. 苏里格；34. 乌审旗；35. 大牛地；36. 神木；37. 榆林；38. 米脂；39. 了洲；40. 靖边；41. 柳杨堡；42. 徐深；43. 龙深；44. 长岭1号；45. 松南；46. 春晓；47. 荔湾3-1；48. 崖13-1；49. 乐东22-1；50. 东方1-1；51. 东方13-2

量就多、产量就高。

中国面积最大的盆地——塔里木盆地迄今发现大气田9个，这里有全国天然气储量丰度最大的克拉2气田，也是我国第一个年产气量超过100亿 m^3 的气田（2007年）；还有中国累计产气量最多的气井——克拉2-7井，该井至2014年8月底累计产气101.7776亿 m^3。鄂尔多斯盆地是中国第三大盆地，面积为25万 km^2，迄今已发现大气田9个，其中苏里格气田2013年底天然气储量达1.27258万亿 m^3，年产气212.2亿 m^3，是中国储量最大、年产气量最高的气田。同时鄂尔多斯盆地2013年产气379.63亿 m^3，成为中国产气最多的盆地，年产气量占全国的31.4%。

世界上有4个面积大于100万 km^2 的盆地（波斯湾盆地、西西伯利亚盆地、墨西哥湾盆地和阿尔伯达盆地），在其中都发现了大量大气田和顶级大气田。波斯湾盆地面积为256.5万 km^2，是世界第一大盆地，在此探明储量超过1000亿 m^3 的大气田达41个，其中储量超过1.0万亿 m^3 的特大气田7个，世界上储量最大的气田——北方-南帕斯气田（天然气储量达42.52万亿 m^3）就在该盆地内。西西伯利亚盆地面积为250万 km^2，是世界第

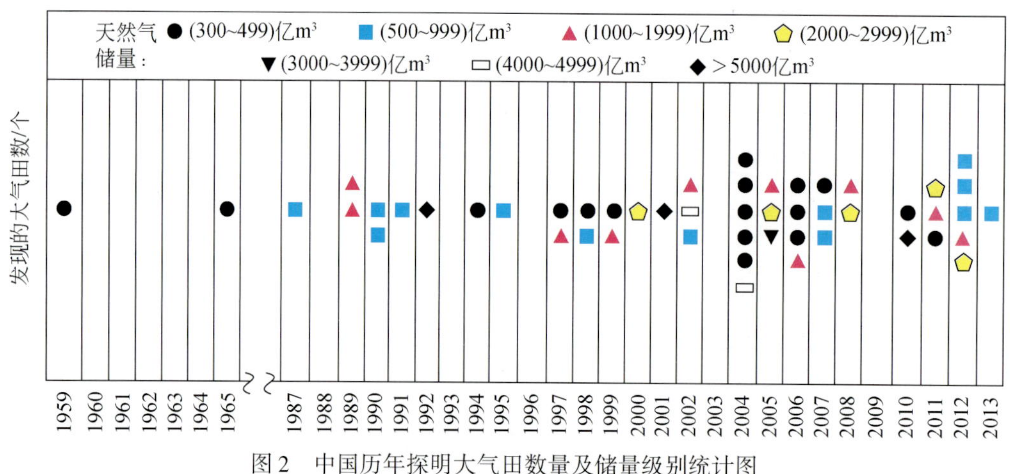

图 2　中国历年探明大气田数量及储量级别统计图

二大盆地，在此探明储量超过 1000 亿 m³ 的大气田至少 24 个，其中储量超过 1 万亿 m³ 的特大气田 10 个，世界上第二大气田——乌连戈伊气田储量为 13.5 万亿 m³，1989 年的年产天然气量为 3300 亿 m³[10]，分别占当年苏联（俄罗斯）和世界天然气总产量的 41.4% 和 15.7%。

2. 发现大气田盆地的储量

由图 3 可见，中国 9 个发现大气田盆地的天然气储量从发现时间和天然气类型上有所不同。在发现时间上，2005 年是个拐点，其前仅在鄂尔多斯盆地、四川盆地、塔里木盆地、柴达木盆地、莺琼盆地和东海盆地发现了大气田且总的储量相对较小，总共为 2.708588 万亿 m³。从 2005 年至 2013 年增加了松辽盆地、准噶尔盆地和珠江口盆地大气田的储量，故大气田的总储量大大增加，达 8.168377 万亿 m³。从天然气的类型来分析，具有两个特征：① 煤成气占优势，2013 年全国大气田中煤成气总储量占大气田总储量的 74.6%；② 虽然全国 9 个盆地大气田都有煤成气储量，但其在各盆地的贡献值不同，煤成气储量排名前三位分别为鄂尔多斯盆地、四川盆地和塔里木盆地，2013 年其探明煤成气总储量分别为 2.861415 万亿 m³、1.481989 万亿 m³ 和 0.793651 万亿 m³。

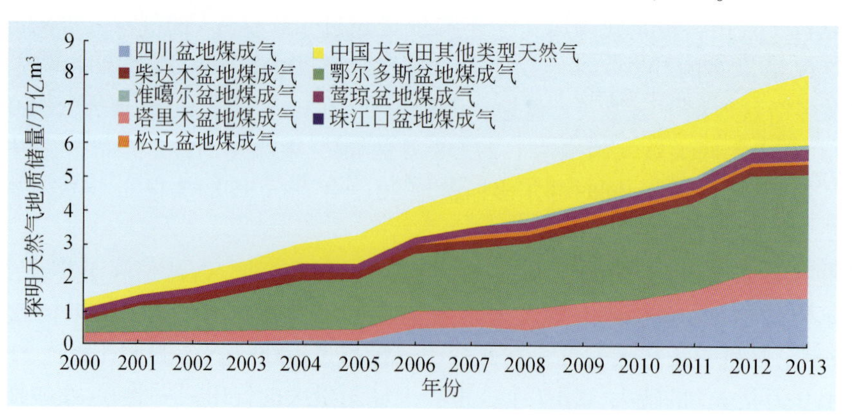

图 3　2000～2013 年中国各盆地煤成气及其他类型天然气探明地质储量统计图

3. 大气田的储量丰度

中国大气田的储量丰度最大的和最小的相差悬殊，达 86 倍之多，储量丰度最大的克拉 2 气田为 59. 05 亿 m^3/km^2，而储量丰度最小的靖边气田仅为 0. 684 亿 m^3/km^2。鄂尔多斯盆地 9 个大气田储量丰度均低，其中储量丰度最高的大牛地气田也仅为 2. 289 亿 m^3/km^2，我国储量丰度小于 1 亿 m^3/km^2 的 3 个大气田（靖边、米脂和子洲气田）均在该盆地。这显然与鄂尔多斯盆地大气田储层岩性为致密砂岩有关[11-12]。

虽然中国大气田储量丰度最小仅为 0. 684 亿 m^3/km^2，但国外还有储量丰度更小的，如加拿大埃尔姆沃斯大气田储量丰度仅为 0. 37 亿 m^3/km^2。世界上储量丰度最大气田是美国的洛克里吉（Loekrige）气田，储量丰度高达 102. 2 亿 m^3/km^2。

中国和国外大气田的储量丰度比较有相似之处（图 4）。由图 4 可知：储量丰度介于 1 万亿 ~ 5 万亿 m^3/km^2 的大气田占首位，其次为储量丰度介于 5 万 ~ 10 万亿 m^3/km^2 的大气田，而储量丰度小于 1 亿 m^3/km^2 的大气田所占比例则不大。所不同的是中国储量丰度大于 30 亿 m^3/km^2 的大气田比例低，而国外则较高。

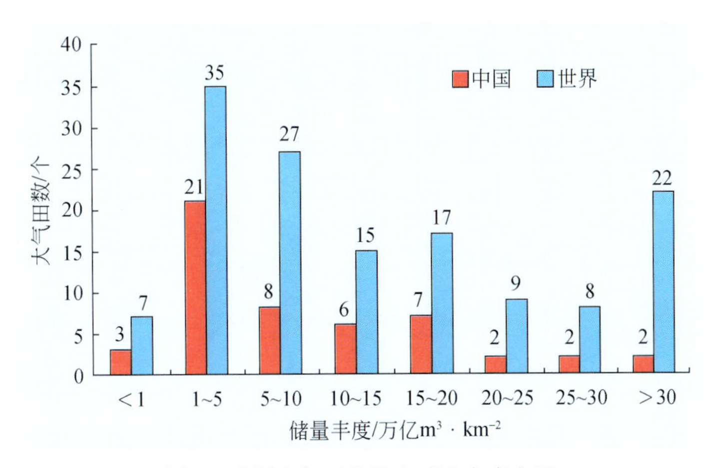

图 4 世界大气田储量丰度分布直方图

4. 大气田的深度

至 2013 年年底，中国已探明的 51 个大气田中，气层最深的是位于塔里木盆地的克深 2 大气田，产气层深度介于 6550 ~ 6987. 3m，气层最浅的是位于柴达木盆地的涩北二号大气田，产气层深度介于 400 ~ 1420m。由图 5 可见：我国大气田气层埋深主要介于 3000 ~ 4500m。1990 年张了枢统计了国外储量大于 1000 亿 m^3、500 亿 m^3 和 300 亿 m^3 的大气田储量与埋深的关系（表 1）[3]。由表 1 可知，国外 236 个储量大于 300 亿 m^3 和 293 个储量大于 500 亿 m^3 的大气田中，埋深介于 1500 ~ 3000m 的储量分别占总储量 49. 9% 和 56. 2%，为大气田储量的黄金井段，而储量大于 1000 亿 m^3 的 114 个大气田，其储量的黄金井段则更浅，即小于 1500m 的占 52. 8%。我国大气田储量黄金井段比国外的更深，即集中在 3000 ~ 4500m 井段的储量占全国天然气总储量的 46. 11%（图 5）。由此可见，我国大气田勘探难度和成本均比国外的要大。

随着油气勘探理论和手段以及钻井、开发工艺技术等的日益进步，加之油气需求量的逐年增加，油气勘探呈现出由浅至深、由易到难的变化趋势。如今深层油气勘探已成为一个重要的方向。不同学者、不同国家和不同机构对深层的定义和标准都不尽相同。通常把大量液态烃的生成趋于结束而转变为气态烃的生成深度作为深层界线。由于各盆地的地温梯度不同，故不同盆地深层的深度不一。地温梯度高的则深层的深度浅些，反之亦然。地温梯度高的渤海湾盆地和松辽盆地深层的深度标准大于3500m[13-14]；李小地认为，深度超过4000m才为深层[15]；周世新等把深度大于4000m或4500m的称为深层[16]。国际上把埋深大于或等于15000ft（约4500m，1ft=0.3048m）划为深层；全国矿产储量委员会（简称全国储委）颁布的《石油天然气储量计算规范》（2005）把深度介于3500～4500m定义为深层，大于4500m定义为超深层；中国钻井工程界普遍采用的标准是：深度介于4500～6000m为深层，大于6000m为超深层。2014年9月召开的第四届石油地质基础研究进展学术研讨会，以深层—超深层油气地质与成藏为主题，与会学者认为以大于或等于4500m为深层。综上所述，以大于或等于4500m为深层是各方的主流认识。

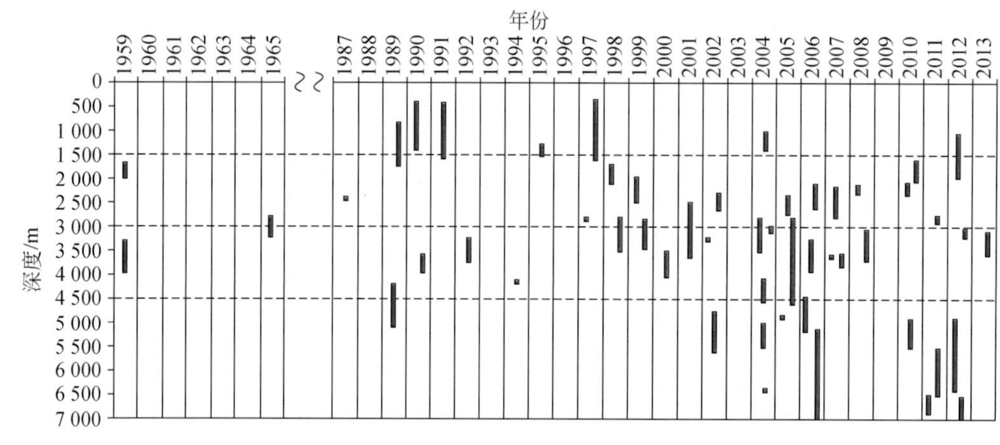

图5　中国大气田埋深和发现年代关系图

表1　天然气储量在深度上的分布统计结果表

深度/m	储量大于1000亿m^3的气田		储量大于500亿m^3的气田		储量大于300亿m^3的气田	
	储量/亿m^3	占比	储量/亿m^3	占比	储量/亿m^3	占比
<1500	327710	52.8%	311750	35.7%	291185	38.8%
1500～3000	268118	43.3%	490180	56.2%	373743	49.9%
3000～4500	17929	2.9%	55670	6.3%	79012	10.5%
>4500	5996	1.0%	15510	1.8%	6060	0.8%
合计	619753（114个）	100.0%	873110（293个）	100.0%	750000（236个）	100.0%

由图5可见：中国深层大气田的探明主要集中在2000年之后。其后随年代进展深层大气田探明数量增多，21世纪以来中国探明了11个深层大气田，第一个深层大气田迪那2大气田（深度介于4750～5590m）于2002年探明。目前储层在6000m以深的两个大气田（克深2、元坝气田）气层埋深分别为6550～6987.3m和6480～6880m。世界上最深的气田为美国米尔斯·兰奇气田（产气层深度介于7663～8083m）。探明储量为365亿m^3，

单井产量为6万 m^3/d[17]。

由此可以预见，中国深层天然气勘探潜力还很大。

二、开发特征

在此不涉及开发技术方法及工程工艺等特征，仅研究大气田产出气的类型、数量及在中国天然气工业发展中的意义等特征。

由图6可见，中国大气田的天然气年总产量随年代推进不断增长，2000年大气田产量为90.92亿 m^3，占全国天然气总产量的34.33%；而2013年产气量为922.72亿 m^3，占全国天然气总产量的76.3%。可见，大气田是中国天然气工业发展的顶梁柱。

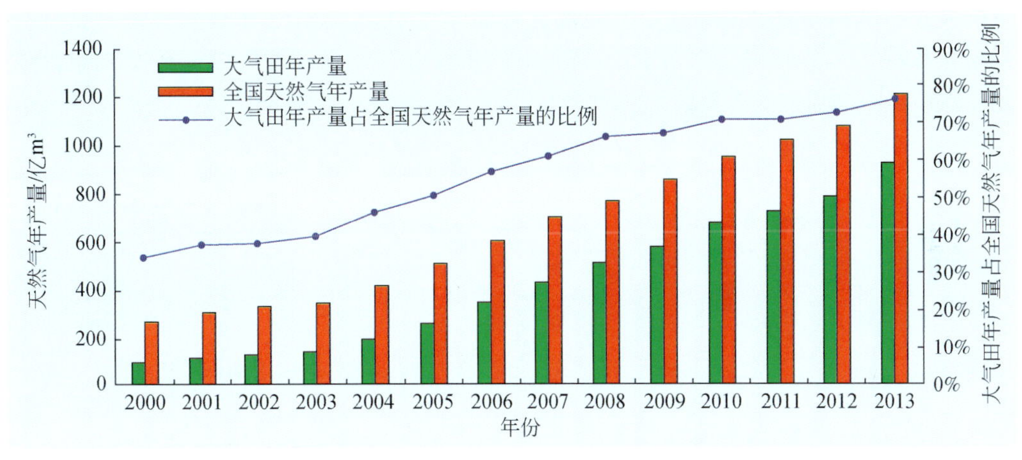

图6 2000~2013年中国大气田产量及其比例变化情况图

1. 大气田产量中以煤成气为主

由图6、图7可见，在中国大气田产量中，煤成气起到了主宰作用：2000年大气田总产量为90.92亿 m^3，其中煤成气为70.62亿 m^3，煤成气占全国大气田总产量的77.7%；2013年大气田总产气量为922.72亿 m^3，其中煤成气为710.13亿 m^3，煤成气占全国大气田总产量的77.0%。由图7可见，2008年和2009年煤成气产量占全国大气田总产量的比例达到高值，为90%。

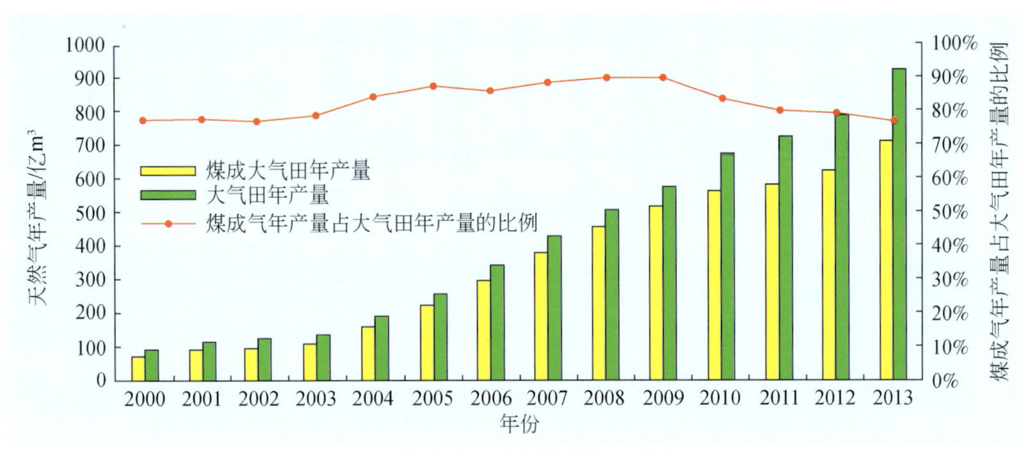

图7 2000年~2013年中国大气田年产量与其中煤成气产量的关系图

2. 关键大气田产量是支撑产气大国的基石

在支撑我国成为产气大国的各大气田中，往往是其中几个关键气田起了重大作用[18]。所谓关键大气田系指储量为全国前几位或储量丰度很大的大气田，中国天然气储量排名第一、二、四、五名的苏里格大气田、靖边大气田、大牛地大气田和普光大气田，全国储量丰度最大的克拉2大气田，这五个关键大气田2001～2013年产量占全国天然气总产量的比例从近11.0%逐年上升到38.0%（图8），其中苏里格气田2013年产气量达212.2亿m^3，占全国天然气总产量的17.6%。卡塔尔依靠北方大气田、荷兰依靠格罗宁根大气田、俄罗斯依靠乌连戈伊大气田等关键大气田成为产气大国。以俄罗斯为例，该国依靠乌连戈伊、亚姆堡和扎波里扬尔这3个关键大气田，从1995～2012年各年3个气田合计产气量均在5000亿～6200亿m^3范围内（图9）。2004年，上述3个气田合计年产气4582.3亿m^3，占俄罗斯全国总产气量的75.4%[18]。

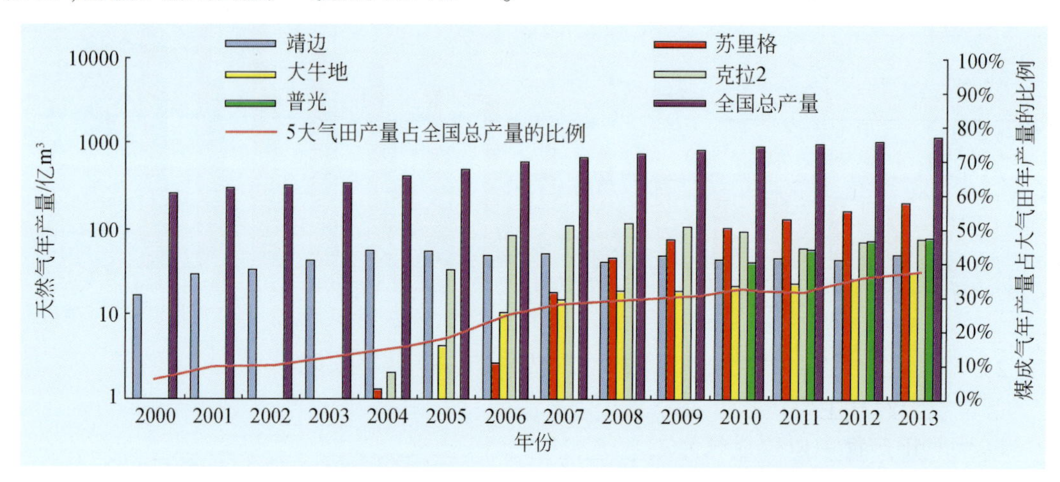

图8 2000～2013年中国关键大气田年总产量和占全国产气量的比例图

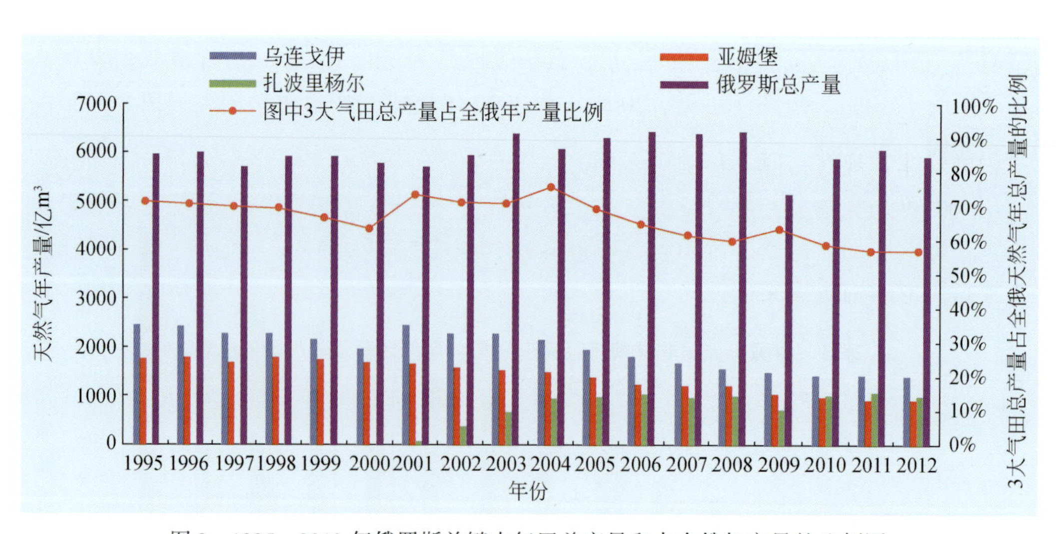

图9 1995～2012年俄罗斯关键大气田总产量和占全俄年产量的比例图

关键大气田年产量据Wood数据库

三、中国天然气工业发展前景展望

一个国家天然气发展前景的优劣，主要由资源潜力和开发（生产）潜力决定。资源潜力的基础是资源量的多少，开发（生产）潜力则取决于储量。

3. 天然气资源量

1）常规天然气资源量

我国常规天然气地质资源量1981年为5.4万亿～7.0万亿m^3[19]，至2010年为63万亿m^3，而可采资源量为39.0万亿～39.2万亿m^3[20]。这些资源量是经30年多学者多部门多次评价所获得的[21]，故可信度高，我国常规气可采资源量可与世界上产气大国媲美（表2）[22]，故我国天然气工业有可持续发展的基础。

表2 中国和国外主要产气国的常规气资源量、储量和非常规气资源量表

国家	天然气可采资源量/万亿 m^3		2013年天然气可采常规剩余储量/万亿 m^3	2013年产气量/亿 m^3	储采比
	常规	非常规页岩气			
俄罗斯	107.24	8.07	31.3	6048	51.7
美国	40.43	32.88	9.3	6876	13.6
中国	39.00～39.20	31.57	3.3	1 171	28.0
伊朗	35.37		33.8	1 666	202.9
加拿大	13.75	16.23	2.0	1 548	13.1
沙特阿拉伯	13.73		8.2	1 030	79.9

2）非常规天然气的资源量

非常规天然气主要包括致密砂岩气、页岩气、煤层气和天然气水合物。目前在生产中起重要作用的为前三者，故本文仅述及前三者对近期天然气工业发展的意义。全球致密砂岩气、页岩气和煤层气资源量一种说法是约为921.9万亿m^3；另一种说法是介于800万亿～6521万亿m^3，相当于常规天然气资源量的1.7～13.8倍[23]。上述数据说明非常规天然气资源前景被看好。美国是非常规气研究、勘探开发的先行者，并于20世纪80年代对致密砂岩气、20世纪90年代对煤层气、21世纪初对页岩气实现了大规模开发，使美国近年来成为世界第一产气大国。

中国对非常规气的研究和勘探开发比美国滞后，但从中国与美国致密砂岩气、页岩气和煤层气的可采资源量和可采储量对比情况来看（表3），尽管2013年上述3类气产量差别很大，但两国的可采资源量相近，说明中国今后上述3类气开发潜力很大，是中国天然气工业持续发展的重要支撑。

表3 中国与美国非常规气可采资源量、可采储量及年产量对比表

天然气类型	可采资源量/万亿 m^3		可采资源量/万亿 m^3		可采资源量/万亿 m^3	
	中国	美国	中国	美国	中国	美国
致密砂岩气	9～13	13	1.15	5	420	1 370
页岩气	31.57	32.88	0.0267	4.51	2	3 228
煤层气	10.9	3.46	0.2025	0.35	30	约415

2. 天然气可采储量

一个国家天然气剩余可采储量的多少，是量度其天然气生产前景、行业兴衰的基础。

1）常规天然气的剩余可采储量

表2中列出了俄罗斯、美国、中国、伊朗、加拿大和沙特阿拉伯6个产气大国2013年常规气剩余可采储量、年产量和储采比。俄罗斯、伊朗和沙特阿拉伯储采比大，说明它们天然气年产量不仅可以长期稳定而且还有提高的基础；而美国和加拿大储采比均在13左右，要保持目前年产量长期稳定难度大，要提高年产气量条件欠佳；中国储采比为28，说明具备保持目前的年产量并可提高的条件。

2）非常规天然气的剩余可采储量

由表3可见，中国和美国致密砂岩气、页岩气和煤层气的可采资源量相近，但致密砂岩气可采储量差距在4倍以上，两国的页岩气和煤层气的剩余储量差值很大。中美两国致密砂岩气、页岩气和煤层气可采资源量和可采储量的差值大小也反映在其2013年各自的气产量上。这一方面说明了目前页岩气和煤层气产量对我国天然气工业贡献值不大；另一方面也说明页岩气和煤层气今后可采储量潜力大，是今后我国天然气工业持续发展的重要潜在力量。

四、结论

至2013年年底中国共探明51个大气田。2000～2013年中国大气田的勘探开发特点如下。

（1）勘探特征：大气田发现在沉积面积大于10万km^2的盆地；已在9个盆地中探明了大气田，2005年之前探明天然气储量较少，之后则较大；大气田储量丰度最大的和最小的相差达86倍多；中国产气层深度介于3000～4500m的大气田所探明的天然气储量占我国天然气总储量的46.11%。

（2）开发特点：大气田的产量是中国天然气工业的支柱；大气田的产量中，以煤成气为主；关键大气田（苏里格、靖边、大牛地、普光、克拉2等气田）的产量是支撑产气大国的基石。

参考文献

[1] 戴金星，胡安平，杨春，周庆华．中国天然气勘探及其地学理论的主要新进展．天然气工业，2006，26（12）：1～5

[2] 戴金星，黄士鹏，刘岩，廖风蓉．中国天然气勘探开发60年的重大进展．石油与天然气地质，2010，31（6）：689～698

[3] 张子枢．世界大气田概论．北京：石油工业出版社，1990. 260～263

[4] 戴金星，宋岩，张厚福．中国大中型气田形成的主要控制因素．中国科学（D辑），1996，26（6）：481～487

[5] 戴金星，钟宁宁，刘德汉，夏新宇，杨建业，杨德祯等．中国煤成大中型气田地质基础和主控因素．北京：石油工业出版社，2000. 210～223

[6] 李一平．四川盆地已知大中型气田成藏条件研究．天然气工业，1996，16（增刊1）：1～12

[7] 王庭斌．中国大中型气田分布的地质特征及主控因素．石油勘探与开发，2005，32（4）：1～8

[8] 邹才能，陶士振，方向．大油气区形成与分布．北京：科学出版社，2009. 96 ~ 113
[9] 李国玉，吕鸣岗．中国含油气盆地图集．2 版．北京：石油工业出版社，2002. 8 ~ 9
[10] 朱伟林，王志欣，宫少波，李劲松，王学军，丁保来等．俄罗斯含油气盆地．北京：科学出版社，2012. 83 ~ 187
[11] 戴金星，倪云燕，胡国艺，黄士鹏，廖风蓉，于聪等．中国致密砂岩大气田的稳定碳氢同位素组成特征．中国科学：地球科学，2014，44（4）：563 ~ 578
[12] 杨华，刘新社．鄂尔多斯盆地古生界煤成勘探进展．石油勘探与开发，2014，41（2）：129 ~ 137
[13] 妥进才，王先彬，周世新，陈晓东．深层油气勘探现状与研究进展．天然气地球科学，1999，10（6）：1 ~ 8
[14] 谯汉生，方朝亮，牛嘉玉，关德师．中国东部深层石油地质．北京：石油工业出版社，2002. 162 ~ 165
[15] 李小地．中国深部油气藏的形成与分布初探．石油勘探与开发，1994，21（1）：34 ~ 39
[16] 周世新，王先彬，妥进才，陈晓东．深层油气地球化学研究新进展．天然气地球科学，1999，10（6）：9 ~ 15
[17] Jemison Jr R M. Geology and development of Mills Ranch complex - world's deepest field：Geologic Notes. AAPG Bulletin，1979，63（5）：804 ~ 809
[18] 戴金星，邹才能，李伟，胡国艺，朱光有，陶士振等．中国煤成大气田及气源．北京：科学出版社，2014. 1 ~ 8
[19] 戴金星．加强天然气地学研究勘探更多大气田．天然气地球科学，2003，14（1）：3 ~ 14
[20] 李建忠，郑民，张国生，杨涛，王社教，董大忠等．中国常规与非常规天然气资源潜力及发展前景．石油学报，2012，33（增刊 1）：89 ~ 98
[21] BP. BP statistical review of world energy 2014. [EB/OL]. [2014-10-11]. http：//www. bp. corn/
[22] EIA. Technically recoverable shale oil and shale gas re-sources：An assessment of 137 shale formations in 41 countries outside the United States [EB/OL]. [2014-10-11]. http：// www. eia. gov/analysis/studies/worldshale-gas/pdf/overview. pdf
[23] 邹才能，陶士振，侯连华，朱如凯，袁选俊．宋岩等．非常规油气地质学．北京：地质出版社，2014. 32 ~ 46